EUROPA-FACHBUCHREIHE
für Bautechnik

Bautechnik Fachmathematik

Lehr- und Übungsbuch

9. Auflage

Bearbeitet von Lehrern an beruflichen Schu

Lektorat: Dipl.-Ing. Hansjörg Frey

VERLAG EUROPA-LEHRMITTEL · Nourney, Vollmer GmbH & Co. KG
Düsselberger Straße 23 · 42781 · Haan-Gruiten

Europa-Nr.: 42012 mit Formelsammlung
Europa-Nr.: 42013 Programm-CD

Bearbeiter der **Fachmathematik Bautechnik**

Frey, Hansjörg	Dipl.-Ing.	Göppingen
Hellmuth, Michael	Dipl.-Ing. (FH), Oberstudienrat	Tauberbischofsheim
Herrmann, August	Dipl.-Ing. (FH), Oberstudienrat a.D.	Schwäbisch Gmünd
Kuhn, Volker	Dipl.-Ing., Architekt	Höpfingen
Massinger, Emil	Dr.-Ing., Studiendirektor a.D.	Pforzheim
Schulz, Peter	Dipl.-Gewerbelehrer, Studiendirektor a.D.	Leonberg
Waibel, Helmuth	Bauingenieur	Ummendorf

Lektorat und Leitung des Arbeitskreises:
Hansjörg Frey, Dipl.-Ing., Göppingen

Bildbearbeitung:
Zeichenbüro Irene Lillich, Schwäbisch Gmünd

Das vorliegende Buch wurde auf **Grundlage der aktuellen amtlichen Rechtschreibregeln** erstellt.

9. Auflage 2012

Druck 5 4 3 2 1

Alle Drucke derselben Auflage sind parallel einsetzbar, da sie bis auf die Behebung von Druckfehlern untereinander unverändert sind.

ISBN 978-3-8085-4209-5 mit Formelsammlung

Satz und Druck: Tutte Druckerei GmbH, Salzweg

Vorwort zur 4. Auflage

Das Unterrichtswerk **„Bautechnik – Fachmathematik"** mit **„Bautechnik – Formeln und Tabellen"** gehört neben der **„Fachkunde Bau"**, der **„Bautechnik – Technisches Zeichnen"** und dem **„Tabellenbuch Bautechnik"** zu der bewährten EUROPA-Fachbuchreihe für Bauberufe.

Das vorliegende Buch vermittelt mathematische Grundkenntnisse im Berufsfeld Bautechnik und Fachkenntnisse für die Ausbildung zum **Hochbaufacharbeiter**/zur **Hochbaufacharbeiterin** sowie zu den Einzelberufen **Maurer/Maurerin, Beton- und Stahlbetonbauer/Beton- und Stahlbetonbauerin.** Es enthält wesentliche Ausbildungsinhalte für den Beruf **Bauzeichner/Bauzeichnerin.**

Nach dem **„Rahmenlehrplan für den Unterricht nach Lernfeldern"** ist eine wichtige Aufgabe der beruflichen Bildung die Vermittlung von **Fach- und Handlungskompetenz.** Auf der Grundlage fachlichen Wissens und Könnens sollen die Auszubildenden lernen, berufsbezogene Aufgaben und Probleme sachgerecht und selbständig zu lösen. Deshalb sind in diesem Buch alle zur Lösung der fachbezogenen Aufgaben notwendigen Grundlagen griffbereit dargestellt und helfen damit die Handlungskompetenz des Auszubildenden zu stärken. Die den jeweiligen Abschnitten zugehörenden Rechenregeln und mathematischen Gesetzmäßigkeiten sind in Merksätzen und Formeln dargestellt. Ausführlich beschriebene Beispiele dienen als Muster für die Bearbeitung der Übungsaufgaben. Zahlreiche praxisnahe Zeichnungen sollen durch selbständiges Üben im Zeichnungslesen das schnelle und sichere Erfassen des Sachverhalts fördern. Als Besonderheit können im Kapitel „Rechnen mit Tabellenkalkulation" mithilfe des Programms EXCEL Aufgaben aus den Bereichen Mauerwerksbau, Betonbau, Stahlbetonbau, Holzbau, Treppenbau und Wärmeschutz gelöst werden. Musterlösungen werden in den genannten Bereichen unter der Überschrift Arbeitsmappen aufgezeigt. Am Ende der Musterlösungen kennzeichnen Piktogramme die mit Tabellenkalkulation lösbaren Aufgaben und die ausdruckbaren Arbeitsblätter.

Auf einer zum Buch lieferbaren **CD-ROM** sind die zur Lösung notwendigen Arbeitsblätter mit Auswahlmenues gespeichert. In dem Beiheft **„Bautechnik – Formeln und Tabellen"** sind die im Buch enthaltenen Formeln und die zur Lösung der Übungsaufgaben erforderlichen Tabellen zusammengestellt. Dieses Beiheft enthält keine Musterlösungen und ist deshalb als Hilfsmittel bei Prüfungen zugelassen. Die **„Lösungen zur Fachmathematik Bautechnik"** enthalten die vollständigen Rechengänge, ermöglichen das Überprüfen der Lösungen und stellen eine Erleichterung der Unterrichtsvorbereitung für den Lehrer dar.

Sommer 1999

Hansjörg Frey

Vorwort zur 9. Auflage

Das Buch **„Bautechnik – Fachmathematik"** wurde überarbeitet und Fehler berichtigt, die Kurzzeichen von Betonstabstählen, Betonstahlsorten, Biegedurchmessern bei Betonstählen und die Grundwerte für Längen bei Aufbiegungen der Norm angepasst. Bei den Kosten im Hochbau sind die in der Norm neu aufgenommenen Kostengruppen ergänzt.

Für weitere Anregungen und Verbesserungen sind Autoren und Verlag immer dankbar. Sie können dafür unsere Adresse lektorat@europa-lehrmittel.de nutzen.

Sommer 2012

Hansjörg Frey

Inhaltsverzeichnis

1 Rechnerische Grundlagen

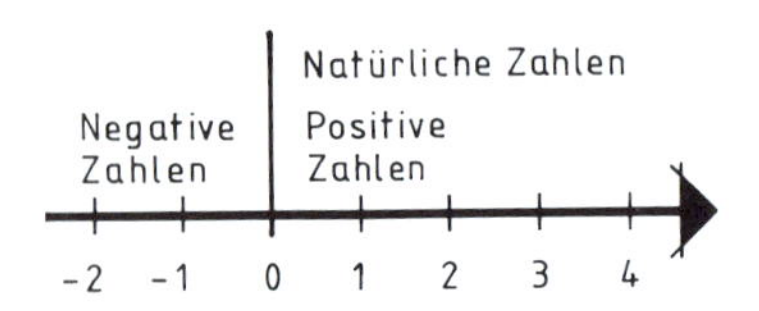

Bild 6/1: Zahlenstrahl

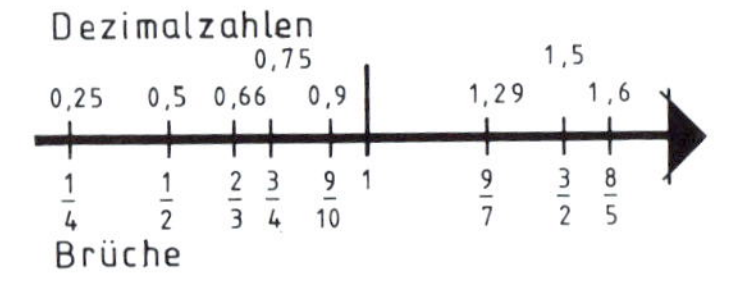

Bild 6/2: Rationale Zahlen

Tabelle 6/1: Mathematische Zeichen		
Zeichen	Bezeichnung	Rechenbeispiel
+	plus	5 + 3 = 8
–	minus	9 – 5 = 4
·	multipliziert	3 · 6 = 18
:	dividiert	21 : 7 = 3
=	gleich	6 + 4 = 10
≠	ungleich	8 ≠ 13
≙	entspricht	1 kg ≙ 10 N
≈	nahezu gleich	$\frac{1}{3} \approx 0{,}33$
<	kleiner als	5 < 8
>	größer als	7 > 2

In der Bautechnik sind häufig Berechnungen erforderlich, z. B. zur Ermittlung des Baustoffbedarfs, zur Herstellung von Mörtel- und Betonmischungen und zum Nachweis der Standsicherheit von Bauteilen. Zum Rechnen benötigt man Zahlen und Zeichen.

Zahlen können auf dem Zahlenstrahl dargestellt werden **(Bild 6/1)**.

Natürliche Zahlen sind alle ganzen und positiven Zahlen. Auf dem Zahlenstrahl werden sie von Null aus nach rechts im gleichen Abstand abgetragen.

Positive Zahlen werden vor der Zahl mit einem Pluszeichen gekennzeichnet, z. B. +8. Fehlt das Pluszeichen, gilt diese Zahl als positiv, z. B. 8.

Negative Zahlen werden immer mit einem Minuszeichen vor der Ziffer geschrieben. Auf dem Zahlenstrahl liegen die negativen Zahlen links der Null.

Rationale Zahlen sind Brüche oder Dezimalzahlen, die auf dem Zahlenstrahl den Abstand zwischen den ganzen positiven und den ganzen negativen Zahlen verkleinern, z. B. $\frac{1}{2}$ oder 0,5, $\frac{2}{3}$ oder 0,666..., $\frac{8}{5}$ oder 1,6. Auch ganze positive und negative Zahlen sind rationale Zahlen **(Bild 6/2)**.

Mathematische Zeichen geben an, welche Rechenvorgänge vorzunehmen sind oder welche mathematischen Beziehungen zwischen Zahlen bestehen **(Tabellen 6/1 und A 3/2)**.

1.1 Grundrechenarten

Addition und Subtraktion, Multiplikation und Division gehören zu den Grundrechenarten. Für das Rechnen ist die Kenntnis von Rechenregeln notwendig **(Tabellen 6/2 und A 3/1)**.

Tabelle 6/2: Grundrechenarten

Rechenart		Rechenzeichen	Rechenvorgang mit Beispiel				
Strichrechnung	Addition	+	Summand 3	plus +	Summand 6	gleich =	Summe 9
	Subtraktion	–	Minuend 8	minus –	Subtrahend 3	gleich =	Differenz 5
Punktrechnung	Multiplikation	·	Faktor 7	mal ·	Faktor 4	gleich =	Produkt 28
	Division	:	Dividend 15	geteilt durch :	Divisor 3	gleich =	Quotient 5

1.1.1 Punkt- und Strichrechnung

Kommen in einer Aufgabe sowohl Punkt- als auch Strichrechnungen vor, so müssen die **Punktrechnungen vor den Strichrechnungen** durchgeführt werden.

Beispiel: 9 · 3 + 6 · 5 + 3 · 4 – 4 · 6 : 2 – 12 : 3

Lösung: 27 + 30 + 12 – 12 – 4 = **53**

1.1.2 Rechnen mit Klammern

Zusammengehörende Rechenvorgänge werden in Klammern gesetzt. Der Wert innerhalb der Klammern ist zuerst auszurechnen. Bei mehreren Klammern beginnt man mit dem Rechnen bei der innersten Klammer.

Beispiele: (2 + 3) − (4 − 2)
Lösungen: 5 − 2 = **3**

(3 + 8) − (9 − (4 − 2))
11 − (9 − 2)
11 − 7 = **4**

1.1.3 Dezimalzahlen

Dezimalzahlen, auch Dezimalbrüche genannt, bestehen aus Ziffernfolgen vor und hinter dem Komma. Die Stellen vor dem Komma, vom Komma aus beginnend, nennt man Einer (E), Zehner (Z), Hunderter (H) und Tausender (T). Die Stellen nach dem Komma heißen Zehntel (z), Hundertstel (h) und Tausendstel (t) und werden als Dezimalstellen bezeichnet.

Beispiel: 3415,927 ist eine Dezimalzahl mit 3 Dezimalstellen

Ziffer	3	4	1	5	,	9	2	7
Stelle	T	H	Z	E	,	z	h	t

Die Grundrechenarten gelten auch für Dezimalzahlen.

Beispiele: 0,4 + 0,3 = **0,7**
12,113 − 0,08 = **12,033**

61,25 · 0,5 = **30,625**
43,75 : 12,5 = **3,5**

1.1.4 Runden von Dezimalzahlen

Die Anzahl der Dezimalstellen kann durch Runden herabgesetzt werden, wobei die letzte gewünschte Ziffer die Rundstelle ist. Steht rechts neben der Rundstelle eine der Ziffern von 0 bis 4, wird abgerundet. Alle Ziffern rechts neben der Rundstelle entfallen. Steht rechts neben der Rundstelle eine der Ziffern von 5 bis 9, wird aufgerundet. Die Rundstelle wird um 1 erhöht.

In der Bautechnik sind Größen mit Dezimalzahlen in der Regel auf 2 oder 3 Stellen zu runden. Auf 2 Stellen werden z. B. Längen, Flächen und Kosten gerundet, auf 3 Stellen z. B. Volumen, Massen und Kräfte.

Beispiele: Runden auf 2 Stellen
19,6792 m ergibt **19,68 m**
28,5442 m^2 ergibt **28,54 m^2**
65,2138 € ergibt **65,21 €**

Runden auf 3 Stellen
53,14159 m^3 ergibt **53,142 m^3**
71,41426 kg ergibt **71,414 kg**
36,78492 N ergibt **36,785 N**

1.1.5 Vorzeichenregeln

Bei der Addition und Subtraktion von positiven und negativen Zahlen gelten folgende Regeln:

Bei der **Addition einer negativen Zahl** wird die negative Zahl subtrahiert.
Bei der **Subtraktion einer negativen Zahl** wird die negative Zahl addiert.

Beispiele:

5 + (−4)
5 − 4 = **1**

5 − (−4)
5 + 4 = **9**

18 + 5 + (−12) + (−3)
18 + 5 − 12 − 3 = **8**

22 − 3 − (−16) − (−7)
22 − 3 + 16 + 7 = **42**

Bei der Multiplikation und Division von positiven und negativen Zahlen gelten folgende Regeln:

Bei der **Multiplikation und Division von Zahlen mit gleichen Vorzeichen** wird das Ergebnis positiv.

(+1) · (+1) = **(+1)**
(−1) · (−1) = **(+1)**

Beispiele: (+8) · (+5) = **(+40)**
(−8) · (−5) = **(+40)**

(+12) : (+4) = **(+3)**
(−12) : (−4) = **(+3)**

6 · 2 = **12**
(−9) : (−3) = **3**

Bei der **Multiplikation und Division von Zahlen mit ungleichen Vorzeichen** wird das Ergebnis negativ.

(+1) · (−1) = **(−1)**
(−1) · (+1) = **(−1)**

Beispiele: (+3) · (−9) = **(−27)**
(−7) · (+2) = **(−14)**

(+45) : (−5) = **(−9)**
(−18) : (+6) = **(−3)**

8 : (−4) = **−2**
(−24) : 4 = **−6**

Aufgaben zu 1.1 Grundrechenarten

1 Addition und Subtraktion

a) $3758 + 95 + 15,78 + 0,617 + 0,003$

b) $540 - 68,9 - 12,46 - 3,245 - 0,5$

c) $780,5 - 60,2 + 18,53 - 5,176 - 0,141$

d) $21,005 + 173 - 305,07 + 191$

2 Multiplikation und Division

a) $8,76 \cdot 3,24$

b) $2,01 \cdot 0,615$

c) $1,76 \cdot 1,76$

d) $6324 \cdot 0,74 \cdot 0,115$

e) $825 \cdot 0,24 \cdot 0,365$

f) $5,125 \cdot 3 \cdot 2,01$

g) $8,75 : 3$

h) $0,625 : 0,115$

i) $732 : 1,05$

j) $5,125 : 0,24 : 3$

k) $0,875 : 0,125 : 0,24$

l) $2,01 : 2 : 0,125$

3 Punkt- und Strichrechnung. Die Ergebnisse sind auf 2 Dezimalstellen zu runden.

a) $15,7 \cdot 3,5 + 8,2 \cdot 3,5 - 14$

b) $0,785 \cdot 18 + 0,785 \cdot 9$

c) $127 : 25,4 + 215,5 : 4,25$

d) $182 \cdot 4,5 - 0,5 : 0,125$

e) $40,65 + 20 \cdot 35 - 10 - 6 : 5$

f) $8765 : 30 - 31 : 30 + 7 \cdot 8,5$

4 Klammeraufgaben. Die Ergebnisse sind auf 2 Dezimalstellen zu runden.

a) $15 \cdot (5 + 7) - 3 \cdot 14$

b) $15 \cdot (5 + 7 - 3) \cdot 14$

c) $(12 - 4) \cdot (9 + 11)$

d) $(7 + 8) : (6 - 2)$

e) $(423 - 78) \cdot 16 + (24 - 8) \cdot 6$

f) $((36 - 18 + 56) : 3,5) - 7,8 : 2$

g) $(13 \cdot (3,14 - 1,141)) \cdot 2 : (7 + 5)$

h) $13 \cdot (3,14 - 1,141) \cdot 2 : 7 + 5$

5 Gemischte Aufgaben. Die Ergebnisse sind auf 3 Dezimalstellen zu runden.

a) $(36,5 - 6,25) : 1,5 - 2 \cdot 8,8$

b) $36,5 - 6,25 : (1,5 - 2 \cdot 8,8)$

c) $(17 + 3) - 3 \cdot (4,2 - 1,6)$

d) $(17 + 3) - (3 \cdot (4,2 - 1,6))$

e) $((8 + 4) \cdot (4 + 6) + 3) : 1,25$

f) $(8 + 4 \cdot 4 + 6 + 3) : 1,25$

g) $((8,2 + 4,4) - 4,2 - 6,6) : 3,7$

h) $((8,2 + 4,4) - (4,2 - 6,6)) : 3,7$

1.2 Brüche

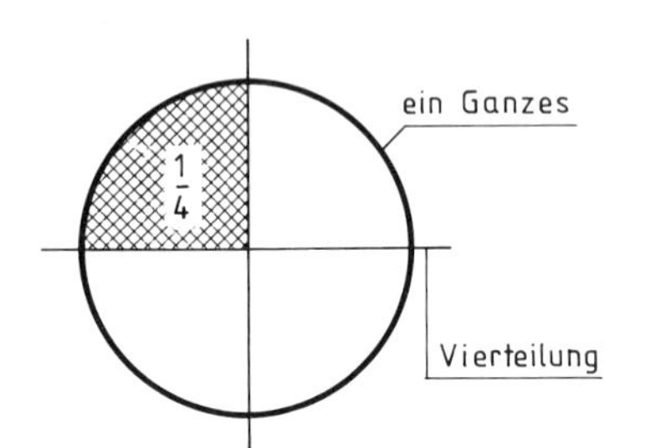

Bild 8/1: Kreisfläche

Wird ein Ganzes, z.B. eine Kreisfläche, in 4 gleiche Teile geteilt, so ist jedes Teil ein Viertel **(Bild 8/1)**.

Ein Teil von 4 gleichen Teilen des Ganzen ist gleich ein Viertel.

$$1 : 4 = \frac{1}{4}$$

Das Divisionszeichen wird durch einen Bruchstrich ersetzt. Die Zahl über dem Bruchstrich heißt **Zähler**. Die Zahl unter dem Bruchstrich bezeichnet man als **Nenner**.

Bei Brüchen unterscheidet man verschiedene Arten **(Tabellen 8/1 und A 3/3)**.

Tabelle 8/1: Arten von Brüchen

Art	Bedingung	Beispiele		
Echter Bruch	Zähler ist kleiner als Nenner	$\frac{1}{3}$	$\frac{4}{5}$	$\frac{7}{8}$
Unechter Bruch	Zähler ist größer als Nenner	$\frac{4}{3}$	$\frac{9}{5}$	$\frac{17}{8}$
Gleichnamige Brüche	Nenner sind gleich	$\frac{1}{5}$	$\frac{2}{5}$	$\frac{4}{5}$
Ungleichnamige Brüche	Nenner sind nicht gleich	$\frac{1}{3}$	$\frac{2}{7}$	$\frac{3}{5}$
Gemischte Zahl	Ganze Zahl mit Bruch	$3\frac{1}{3}$	$2\frac{1}{5}$	$7\frac{5}{9}$
Dezimalbruch	Nenner ist 10 oder ein Vielfaches	$\frac{9}{10}$	$\frac{12}{100}$	$\frac{25}{1000}$

1.2.1 Umwandlung von Brüchen

Umwandlung eines unechten Bruches in eine gemischte Zahl

Man dividiert den Zähler durch den Nenner und erhält eine ganze Zahl. Der Rest bleibt als Bruch stehen und wird zu der ganzen Zahl addiert. Dabei ist zu beachten, daß das Pluszeichen entfällt.

Beispiele: $\frac{25}{8} = 25 : 8 = 3 + \frac{1}{8} = \mathbf{3\frac{1}{8}}$ $\qquad \frac{72}{5} = 72 : 5 = 14 + \frac{2}{5} = \mathbf{14\frac{2}{5}}$

Umwandlung einer gemischten Zahl in einen unechten Bruch

Die ganze Zahl wird mit dem Nenner des Restbruches erweitert und zu dessen Zähler addiert.

Beispiele: $8\frac{1}{4} = \frac{8 \cdot 4}{4} + \frac{1}{4} = \frac{32 + 1}{4} = \mathbf{\frac{33}{4}}$ $\qquad 16\frac{2}{3} = \frac{16 \cdot 3}{3} + \frac{2}{3} = \frac{48 + 2}{3} = \mathbf{\frac{50}{3}}$

Umwandlung eines Bruches in einen Dezimalbruch

Der Bruch erhält den Nenner 10, 100, 1000 ... Der Zähler wird entsprechend verändert und als Ziffernfolge für den Dezimalbruch (Dezimalzahl) übernommen. Die Anzahl der Kommastellen entspricht der Anzahl der Nullen im Nenner.

Beispiele:

$\frac{2}{5} = \frac{2 \cdot 2}{5 \cdot 2} = \frac{4}{10} = \mathbf{0{,}4}$ $\qquad \frac{3}{4} = \frac{3 \cdot 25}{4 \cdot 25} = \frac{75}{100} = \mathbf{0{,}75}$ $\qquad 1\frac{3}{8} = 1\frac{3 \cdot 125}{8 \cdot 125} = 1\frac{375}{1000} = \mathbf{1{,}375}$

Umwandlung eines Dezimalbruches in einen Bruch

Ist eine Dezimalzahl in einen Bruch umzuwandeln, wird die Ziffernfolge nach dem Komma als Zähler übernommen. Der Nenner des Bruches ist 10 oder ein Vielfaches davon, je nach der Anzahl der Stellen hinter dem Komma.

Beispiele: $0{,}9 = \mathbf{\frac{9}{10}}$ $\qquad 0{,}63 = \mathbf{\frac{63}{100}}$ $\qquad 1{,}773 = \mathbf{1\frac{773}{1000}}$

1.2.2 Rechnen mit Brüchen

Zähler und Nenner eines Bruches können so verändert werden, dass der Wert des Bruches erhalten bleibt. Die Rechenvorgänge dazu nennt man Erweitern oder Kürzen von Brüchen.

Erweitern heißt Zähler und Nenner mit der gleichen Zahl multiplizieren.

Kürzen heißt Zähler und Nenner mit der gleichen Zahl dividieren.

Beispiele:

$\frac{3}{4} = \frac{3 \cdot 5}{4 \cdot 5} = \mathbf{\frac{15}{20}}$

$\frac{6}{8} = \frac{6 : 2}{8 : 2} = \mathbf{\frac{3}{4}}$

$1\frac{8}{12} = 1\frac{8 : 4}{12 : 4} = \mathbf{1\frac{2}{3}}$

Um beim Rechnen mit Brüchen große Zahlen zu vermeiden, sind Brüche so weit als möglich zu kürzen.

Summanden im Zähler und Nenner dürfen nicht gekürzt werden.

Summanden sind vorher, wenn möglich, zusammenzufassen.

$\frac{24 + 4}{8} = \frac{28}{8} = \frac{28 : 4}{8 : 4} = \frac{7}{2} = \mathbf{3\frac{1}{2}}$

$\frac{5 + 12 - 8}{50 - 24 + 16} = \frac{9}{42} = \frac{9 : 3}{42 : 3} = \mathbf{\frac{3}{14}}$

Addition und Subtraktion von Brüchen

Bei gleichnamigen Brüchen werden die Zähler addiert oder subtrahiert und der Nenner beibehalten.

$\frac{1}{4} + \frac{5}{4} - \frac{4}{4} = \frac{1 + 5 - 3}{4} = \mathbf{\frac{3}{4}}$

$1\frac{2}{27} + 3\frac{13}{27} = 4\frac{2 + 13}{27} = 4\frac{15}{27} = \mathbf{4\frac{5}{9}}$

Ungleichnamige Brüche müssen vor dem Addieren oder Subtrahieren gleichnamig gemacht werden, d.h. alle Brüche müssen denselben Nenner haben. Dieser Nenner wird als Hauptnenner bezeichnet.

Der Hauptnenner ist das kleinste gemeinsame Vielfache (kgV).

Beispiel: $\frac{2}{5} - \frac{1}{10} + \frac{3}{2} = \frac{2 \cdot 2}{5 \cdot 2} - \frac{1}{10} + \frac{3 \cdot 5}{2 \cdot 5} = \frac{4 - 1 + 15}{10} = \frac{18}{10} = \mathbf{\frac{9}{5}}$

Bei Brüchen mit größeren Zahlen im Nenner findet man den Hauptnenner durch Zerlegen der einzelnen Nenner in ihre kleinsten Faktoren. Mehrmals auftretende Faktoren werden nur einmal berücksichtigt. Die Multiplikation der Faktoren ergibt den Hauptnenner. Damit alle Brüche den gleichen Nenner (Hauptnenner) erhalten, sind diese mit den entsprechenden Faktoren zu erweitern.

Beispiel: $\frac{47}{12} + 2\frac{7}{9} - \frac{23}{18} + 3$

$= \frac{47 \cdot 3}{12 \cdot 3} + \frac{25 \cdot 4}{9 \cdot 4} - \frac{23 \cdot 2}{18 \cdot 2} + \frac{3 \cdot 36}{1 \cdot 36}$

$= \frac{141 + 100 - 46 + 108}{36} = \frac{303}{36} = \mathbf{\frac{101}{12}}$

Nenner	Faktoren				Erweiterungsfaktor
12	2	2	3		$\frac{36}{12} = \mathbf{3}$
9			3	3	$\frac{36}{9} = \mathbf{4}$
18		2	3	3	$\frac{36}{18} = \mathbf{2}$

Hauptnenner ▽ ▽ ▽ ▽ $2 \cdot 2 \cdot 3 \cdot 3 = \mathbf{36}$

Multiplikation von Brüchen

Bruch mit ganzer Zahl

Die ganze Zahl wird mit dem Zähler multipliziert. Der Nenner bleibt unverändert.

Bruch mit Bruch

Zähler wird mit Zähler und Nenner mit Nenner multipliziert.

Gemischte Zahl

Die gemischten Zahlen werden zuerst in unechte Brüche verwandelt und dann miteinander multipliziert.

Beispiele:

$\frac{4}{9} \cdot 7 = \frac{4 \cdot 7}{9} = \frac{28}{9} = \mathbf{3\frac{1}{9}}$

$\frac{3}{5} \cdot \frac{4}{7} = \frac{3 \cdot 4}{5 \cdot 7} = \mathbf{\frac{12}{35}}$

$2\frac{1}{2} \cdot 3\frac{2}{3} = \frac{5}{2} \cdot \frac{11}{3} = \frac{5 \cdot 11}{2 \cdot 3} = \frac{55}{6} = \mathbf{9\frac{1}{6}}$

Division von Brüchen

Bruch durch Bruch (Doppelbruch)

Erster Bruch wird mit dem Kehrwert des zweiten Bruches multipliziert.

$\frac{\frac{5}{8}}{\frac{4}{3}} = \frac{5}{8} : \frac{4}{3} = \frac{5 \cdot 3}{8 \cdot 4} = \mathbf{\frac{15}{32}}$

Bruch durch ganze Zahl

Die ganze Zahl wird als Bruch geschrieben und dessen Kehrwert mit dem ersten Bruch multipliziert.

$\frac{7}{9} : 4 = \frac{7}{9} : \frac{4}{1} = \frac{7 \cdot 1}{9 \cdot 4} = \mathbf{\frac{7}{36}}$

Ganze Zahl durch Bruch

Die ganze Zahl wird mit dem Kehrwert des Bruches multipliziert.

$7 : \frac{3}{4} = 7 \cdot \frac{4}{3} = \frac{7 \cdot 4}{3} = \mathbf{\frac{28}{3}}$

Gemischte Zahlen

Die gemischten Zahlen sind in unechte Brüche umzuwandeln. Der erste Bruch wird mit dem Kehrwert des zweiten Bruches multipliziert.

$4\frac{1}{2} : 1\frac{1}{4} = \frac{9}{2} : \frac{5}{4} = \frac{9 \cdot 4}{2 \cdot 5} = \frac{36}{10} = \mathbf{\frac{18}{5}}$

Aufgaben zu 1.2 Brüche

Umwandlung unechter Brüche in gemischte Zahlen:

1 $\frac{11}{4}$; $\frac{29}{7}$; $\frac{36}{8}$; $\frac{312}{15}$; $\frac{1252}{144}$

2 $\frac{12}{5}$; $\frac{14}{4}$; $\frac{23}{16}$; $\frac{116}{3}$; $\frac{58}{28}$

Umwandlung gemischter Zahlen in unechte Brüche:

3 $2\frac{1}{3}$; $5\frac{3}{7}$; $3\frac{7}{15}$; $2\frac{11}{26}$; $9\frac{3}{50}$

4 $4\frac{7}{4}$; $65\frac{2}{7}$; $4\frac{1}{11}$; $10\frac{4}{15}$; $15\frac{6}{25}$

Umwandlung von Brüchen in Dezimalbrüche:

5 $\frac{3}{4}$; $\frac{22}{5}$; $\frac{7}{8}$; $\frac{6}{25}$; $\frac{132}{50}$

6 $\frac{9}{10}$; $\frac{5}{8}$; $\frac{28}{15}$; $\frac{7}{125}$; $\frac{1500}{175}$

Umwandlung von Dezimalbrüchen in Brüche:

7 0,4; 0,07; 0,25; 0,875; 0,0015

8 1,82; 16,004; 100,4; 38,76; 125,755

Kürzen von Brüchen:

9 $\frac{56}{16}$; $\frac{90}{36}$; $\frac{28}{42}$; $\frac{30}{45}$; $\frac{126}{90}$

10 $\frac{24}{108}$; $\frac{135}{120}$; $\frac{36}{126}$; $\frac{102}{136}$; $\frac{72}{162}$

11 $\frac{385}{165}$; $\frac{112}{840}$; $\frac{28}{126}$; $\frac{85}{102}$; $\frac{36}{54}$

12 $\frac{160}{785}$; $\frac{102}{222}$; $\frac{462}{120}$; $\frac{-35}{49}$; $\frac{-36}{-84}$

Addition und Subtraktion von Brüchen:

13 a) $\frac{1}{4} + \frac{3}{4} - \frac{2}{4}$

b) $\frac{7}{8} + \frac{3}{8} - \frac{1}{8} + \frac{5}{8} - \frac{9}{8}$

14 a) $\frac{3}{12} + \frac{3}{24} - \frac{8}{36}$

b) $\frac{3}{7} + \frac{3}{5} + \frac{3}{10} - \frac{3}{35}$

15 a) $\frac{1}{6} - \frac{3}{12} + \frac{5}{2} - \frac{4}{3} + \frac{5}{6}$

b) $\frac{6}{7} - \frac{5}{8} + \frac{1}{4} - \frac{12}{8} + \frac{5}{4} + \frac{2}{7}$

16 a) $\frac{11-3}{12} - \frac{3+2}{4} + \frac{5+8}{8}$

b) $\frac{18-2}{6} + \frac{127+3}{30} - \frac{12+7}{12-7}$

17 a) $6\frac{11}{13} + \frac{16}{13} - 2\frac{5}{13}$

b) $\frac{18}{4} + 8\frac{1}{4} - \frac{26}{4} + 1\frac{1}{2}$

18 a) $8{,}5 + 9\frac{1}{9} - 2\frac{2}{3} - 0{,}75$

b) $3\frac{1}{2} - \left(4\frac{1}{2} + 4\frac{3}{4} - 4\frac{5}{6}\right) + 5\frac{4}{5} - 2\frac{10}{15}$

Multiplikation von Brüchen:

19 a) $\frac{3}{11} \cdot 4$; $\frac{7}{4} \cdot 10$; $\frac{4}{9} \cdot 18$; $\frac{2}{3} \cdot 3$; $\frac{65}{12} \cdot 6$

b) $\frac{4}{9} \cdot 18$; $\frac{9}{8} \cdot 4$; $\frac{5}{12} \cdot 3$; $\frac{7}{22} \cdot 8$; $\frac{8}{15} \cdot 3$

20 a) $\frac{3}{4} \cdot \frac{3}{5}$; $\frac{2}{3} \cdot \frac{4}{9}$; $\frac{2}{5} \cdot \frac{3}{4}$; $\frac{74}{4} \cdot \frac{16}{14}$; $\frac{72}{5} \cdot \frac{15}{36}$

b) $\frac{7}{8} \cdot \frac{3}{5} \cdot \frac{1}{2} + \frac{5}{8} \cdot \frac{7}{10} \cdot \frac{2}{3} - \frac{4}{5} \cdot \frac{1}{4} \cdot \frac{3}{8}$

21 a) $2\frac{3}{5} \cdot 7$; $4\frac{2}{3} \cdot 3$; $3\frac{3}{4} \cdot 4$; $1\frac{1}{6} \cdot 9$; $2\frac{11}{27} \cdot 3$

b) $6\frac{3}{4} \cdot 5\frac{2}{3} + 2\frac{7}{9} \cdot 5\frac{3}{4} - 3\frac{5}{6} \cdot 4\frac{1}{3}$

22 a) $1\frac{1}{8} \cdot 4\frac{8}{9} + 2\frac{2}{15} \cdot 2\frac{11}{12} + \frac{5}{18}$

b) $\left(1\frac{1}{15} + \frac{1}{4}\right) + 1\frac{1}{15} \cdot \frac{1}{4} + \left(1\frac{1}{15} - \frac{1}{4}\right)$

Division von Brüchen:

23 a) $\frac{2}{5} : \frac{4}{15}$; $\frac{6}{7} : \frac{2}{3}$; $\frac{7}{12} : \frac{5}{6}$; $\frac{11}{28} : \frac{3}{7}$; $\frac{5}{6} : \frac{25}{72}$

b) $\frac{\frac{3}{16}}{\frac{3}{7}}$; $\frac{\frac{4}{20}}{4}$; $\frac{\frac{9}{16}}{\frac{27}{36}}$; $\frac{\frac{17}{125}}{\frac{85}{25}}$; $\frac{\frac{39}{49}}{\frac{26}{84}}$

24 a) $5 : \frac{5}{7} + 7 : \frac{4}{7} + 10 : \frac{3}{8} - 3 : \frac{15}{11}$

b) $4\frac{3}{4} : \frac{3}{5}$; $1\frac{2}{5} : 2\frac{2}{3}$; $3\frac{3}{7} : 1\frac{7}{11}$;

$3\frac{4}{15} : 1\frac{2}{3}$; $2\frac{5}{11} : 1\frac{7}{22}$

1.3 Potenzen und Wurzeln

1.3.1 Potenzieren

Ein Produkt aus mehreren gleichen Faktoren kann als Potenz dargestellt werden.

Beispiel: $10 \cdot 10 \cdot 10 \cdot 10 = 10^4$ (gesprochen: 10 hoch 4)

10 Grundzahl (Basis)
4 Hochzahl (Exponent)

Eine **Potenz** besteht aus **Grundzahl** (Basis) und **Hochzahl** (Exponent). Der **Potenzwert** wird ermittelt, indem man die Grundzahl so oft mit sich selbst multipliziert, wie es die Hochzahl angibt.

Beispiel: $10^4 = 10 \cdot 10 \cdot 10 \cdot 10$
$10^4 = 10000$ 10000 Potenzwert

In der Mathematik schreibt man die Potenz in allgemeiner Form mit Buchstaben.

$a^n = c$
$a^n = a \cdot a \cdot a \ldots \cdot a$
***a* kommt *n*-mal als Faktor vor**

a Grundzahl
n Hochzahl
c Potenzwert

Tabelle 12/1: Berechnung von Potenzen

Regel	allgemeine Form	Zahlenbeispiele
Jede Potenz mit der Basis 1 hat den Potenzwert 1.	$1^n = 1$	$1^3 = 1 \cdot 1 \cdot 1 = 1$
Jede Potenz mit der Basis 0 und einem ganzen positiven Exponenten hat den Potenzwert 0.	$0^n = 0$	$0^2 = 0 \cdot 0 = 0$
Jede Potenz mit dem Exponent 0 hat den Potenzwert 1.	$a^0 = 1$	$(+5)^0 = 1 \quad (-5)^0 = 1$
Jede Potenz mit dem Exponent 1 hat den gleichen Potenzwert wie die Basis.	$a^1 = a$	$(+3)^1 = 3 \quad (-3)^1 = -3$
Eine Potenz mit negativer Basis und geradem Exponent hat immer einen positiven Potenzwert.	$(-a)^{2n} = +a^{2n}$	$(-6)^2 = (-6) \cdot (-6) = +36$
Eine Potenz mit negativer Basis und ungeradem Exponent hat immer einen negativen Potenzwert.	$(-a)^{2n+1} = -a^{2n+1}$	$(-4)^3 = (-4) \cdot (-4) \cdot (-4) = -64$
Eine Potenz mit negativem Exponent kann als Bruch mit der Basis und positivem Exponenten im Nenner geschrieben werden.	$a^{-n} = \frac{1}{a^n}$	$3^{-2} = \frac{1}{3^2} = \frac{1}{9}$
Zehnerpotenzen mit positivem Exponenten sind größer als 1.	$a \cdot 10^n$	$2{,}5 \cdot 10^3 = 2{,}5 \cdot 1000 = 2500$
Zehnerpotenzen mit negativem Exponent sind kleiner als 1.	$a \cdot 10^{-n}$	$25 \cdot 10^{-2} = \frac{25}{100} = 0{,}25$

Das Potenzieren wird in der Bautechnik insbesondere bei Flächenberechnungen und Volumenberechnungen angewendet. Auch Einheiten können als Potenzen vorkommen, z. B. m^2 und m^3.

Bei der Berechnung einer quadratischen Fläche wird die Seitenlänge l mit sich selbst multipliziert:

$$A = l \cdot l \quad \text{oder} \quad A = l^2$$

Wird eine Zahl mit sich selbst multipliziert, spricht man von **Quadrieren**. Der Potenzwert ist dann eine Quadratzahl.

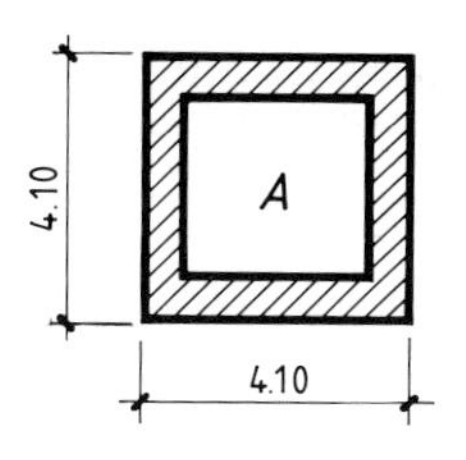

Bild 13/1: Turmgrundfläche

Beispiel: Ein Turm hat eine quadratische Grundfläche. Die Seitenlänge l ist 4,10 m **(Bild 13/1)**.
Welche Grundfläche A in m^2 hat der Turm?

Lösung: $A = 4{,}10\,m \cdot 4{,}10\,m$ oder $A = (4{,}10\,m)^2$
$\mathbf{A = 16{,}81\ m^2}$

Das Volumen eines Würfels erhält man, indem man die Kantenlänge l dreimal mit sich selbst multipliziert. Den Potenzwert nennt man Kubikzahl.

$$V = l \cdot l \cdot l \quad \text{oder} \quad V = l^3$$

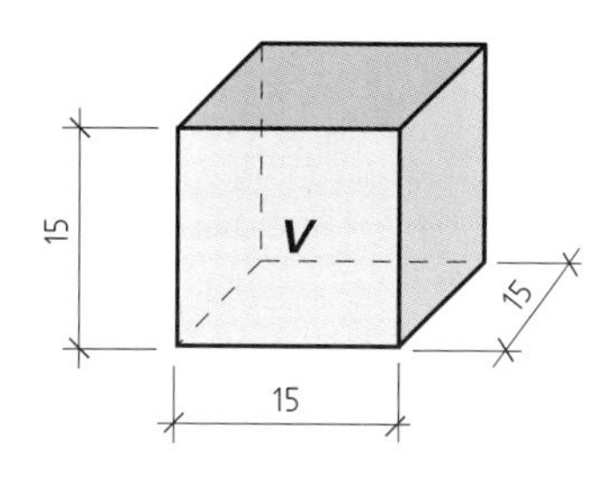

Bild 13/2: Betonprobewürfel

Beispiel: Ein Betonprobewürfel hat eine Kantenlänge von 15 cm **(Bild 13/2)**
Wie groß ist das Volumen des Würfels?

Lösung: $V = 15\text{ cm} \cdot 15\text{ cm} \cdot 15\text{ cm}$ oder $V = (15\text{ cm})^3$
$\mathbf{V = 3375\ cm^3}$

Aufgaben zu 1.3.1 Potenzieren

Welche Potenzwerte ergeben sich?

1 a) 12^2; 28^2; $0{,}5^2$; $1{,}3^2$; $0{,}004^2$; $10{,}2^2$
b) 7^3; 16^3; $0{,}4^3$; $0{,}02^3$; $2{,}1^3$; $3{,}3^3$
c) $(2{,}5\text{ m})^2$; $(4{,}62\text{ m})^2$; $(0{,}84\text{ cm})^2$; $(4{,}12\text{ dm})^2$; $(14{,}75\text{ m})^2$
d) $(1{,}2\text{ m})^3$; $(3{,}34\text{ m})^3$; $(0{,}44\text{ cm})^3$; $(1{,}50\text{ dm})^3$; $(24{,}5\text{ mm})^3$

2 a) $4^2 - 3^2 + 5^2$
b) $10^3 + 2^3 - 3^3$
c) $5^3 + 3^2 - 2^3$
d) $2 \cdot 3^3 + 4 \cdot 3^3 - 5 \cdot 3^3$
e) $3 \cdot 10^2 - 4 \cdot 10^2 + 6 \cdot 10^2$
f) $2{,}5 \cdot 4^2 - 0{,}5 \cdot 4^2 + 4 \cdot 10^3$
g) $1{,}8\,(-2)^3 + 2{,}2\,(-2)^3$
h) $3 \cdot 3^3 - 2 \cdot 3^2 + 3 \cdot 3^1$
i) $18 \cdot 2^0 - 5 \cdot 2^1 + 6 \cdot 2^3$

3 a) $(-6)^2 - (-6)^3$
b) $2^3 + 2^4 - 2^0$
c) $4^3 - (-3)^4$
d) $\left(1\frac{1}{2}\right)^2 + \left(2\frac{2}{3}\right)^2$
e) $\frac{3}{4} \cdot 12^2 + \frac{2}{3} \cdot 12^2$
f) $6^{-2} \cdot 6^3 + 6^{-4} \cdot 6^2$

4 a) $3^6 : 3^3$
b) $6^4 : 6^3$
c) $10^3 : 10^2$
d) $15^3 : 5^3$
e) $0{,}25^2 : 0{,}05^2$
f) $25^3 : 625^2$

5 a) $1{,}25 \cdot 10^2$
b) $0{,}3 \cdot 10^4$
c) $2{,}1 \cdot 10^{-4}$

6 Wie groß sind die Flächeninhalte von Quadraten mit folgenden Seitenlängen?
a) 11,5 cm
b) 25,4 cm
c) 8,3 dm
d) 67,55 dm
e) 2,75 m
f) 184,20 m

7 Wie groß sind die Rauminhalte von Würfeln mit folgenden Kantenlängen?
a) 35 mm
b) 12,6 cm
c) 6,8 dm
d) 1,5 dm
e) 2,75 m
f) 12,32 m

1.3.2 Wurzelziehen

Das Wurzelziehen (Radizieren) ist die Umkehrung des Potenzierens. Um diesen Rechenvorgang anzeigen zu können, benutzt man das Wurzelzeichen $\sqrt{\ }$.

Beispiel: Potenzieren

$2^3 = 2 \cdot 2 \cdot 2$

$2^3 = \mathbf{8}$

Wurzelziehen

$\sqrt[3]{8} = \sqrt[3]{2^3}$

$\sqrt[3]{8} = \mathbf{2}$

8 Radikand
3 Wurzelexponent
2 Wurzelwert

Eine **Wurzel** besteht aus dem **Radikanden**, dem **Wurzelzeichen** und dem **Wurzelexponenten** (Wurzelhochzahl).

Der Wurzelexponent gibt an, die wievielte Wurzel aus dem Radikanden gezogen werden soll, z.B. $\sqrt[3]{8}$ (gesprochen: dritte Wurzel aus acht). Die zweite Wurzel bezeichnet man als Quadratwurzel. Da Berechnungen mit der Quadratwurzel sehr häufig vorkommen, lässt man den Wurzelexponenten 2 entfallen und spricht nur noch vereinfacht von Wurzel $\sqrt{\ }$. Bei der Quadratwurzel kann der Wurzelwert positiv oder negativ sein.

Beispiel: $\sqrt[2]{169} = \sqrt{169} \Rightarrow \sqrt{169} = \sqrt{13^2} \Rightarrow \sqrt{169} = \mathbf{\pm 13}$

Der **Wurzelwert** ist die Zahl, die, sooft wie der Wurzelexponent angibt, mit sich selbst multipliziert, den Wert des Radikanden ergibt. Wurzelwerte werden mit Hilfe von Zahlentafeln oder Rechengeräten ermittelt.

In allgemeiner Form mit Buchstaben beschreibt man das Wurzelziehen:

$\sqrt[n]{a} = c$

$a = c \cdot c \cdot c \ldots \cdot c$

c kommt *n*-mal als Faktor vor

a Radikand
$\sqrt{\ }$ Wurzelzeichen
n Wurzelexponent
c Wurzelwert

Für die Berechnung von Wurzeln gibt es Regeln **(Tabelle 14/1)**.

Tabelle 14/1: Berechnung von Wurzeln

Regel	allgemeine Form	Zahlenbeispiele
Jede Wurzel aus dem Radikanden 1 ergibt den Wurzelwert 1.	$\sqrt[n]{1} = 1$	$\sqrt{1}$; $\sqrt[3]{1}$
Jede Wurzel aus dem Radikanden 0 ergibt den Wurzelwert 0.	$\sqrt[n]{0} = 0$	$\sqrt{0}$; $\sqrt[3]{0}$
Die Quadratwurzel aus einem positiven Radikanden ergibt einen Wurzelwert mit positivem und negativem Vorzeichen.	$\sqrt{a^2} = \pm a$	$\sqrt{9} = \sqrt{(\pm 3)^2}$ $\sqrt{9} = \pm 3$
Die Quadratwurzel aus einem negativen Radikanden kann nicht gezogen werden.	–	$\sqrt{-9}$
Beim Ziehen der Quadratwurzel werden beim Radikanden immer zwei Stellen abgestrichen. Diese ergeben beim Wurzelwert jeweils 1 Stelle.	–	$\sqrt{1\vert 00\vert 00} = 100$ $\sqrt{0{,}00\vert 01} = 0{,}01$
Ist beim Wurzelziehen der Radikand keine Quadratzahl, die aufgeht, so versucht man dan Radikanden in Quadratzahlen zu zerlegen und daraus teilweise die Wurzel zu ziehen.	$\sqrt{a^2\, b} = a\sqrt{b}$	$\sqrt{10\vert 00} = \sqrt{10 \cdot 100}$ $\sqrt{1000} = 10\sqrt{10}$

In der Bautechnik kommt das Wurzelziehen häufig bei Flächenberechnungen, bei Volumenberechnungen und bei der Anwendung des Satzes von Pythagoras vor.

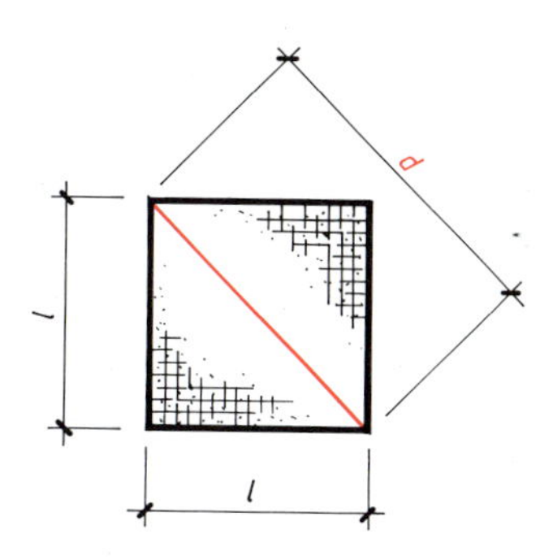

Bild 15/1: Pflasterfläche

Beispiel: Eine Pflasterung in quadratischer Form hat einen Flächeninhalt von $A = 39{,}06\ \text{m}^2$ **(Bild 15/1)**.

a) Wie groß ist die Seitenlänge l der gepflasterten Fläche?

b) Wie lang ist die Diagonale d, wenn dazu die Seitenlänge l mit $\sqrt{2}$ multipliziert werden muß?

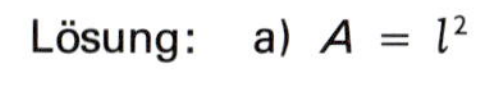

Lösung: a) $A = l^2$ $\qquad l^2 = 39{,}06\ \text{m}^2$

$l = \sqrt{39{,}06\ \text{m}^2}$

$\boldsymbol{l = 6{,}25\ \text{m}}$

b) $d = l\sqrt{2}$ $\qquad d \approx 6{,}25\ \text{m} \cdot 1{,}414$

$\boldsymbol{d \approx 8{,}84\ \text{m}}$

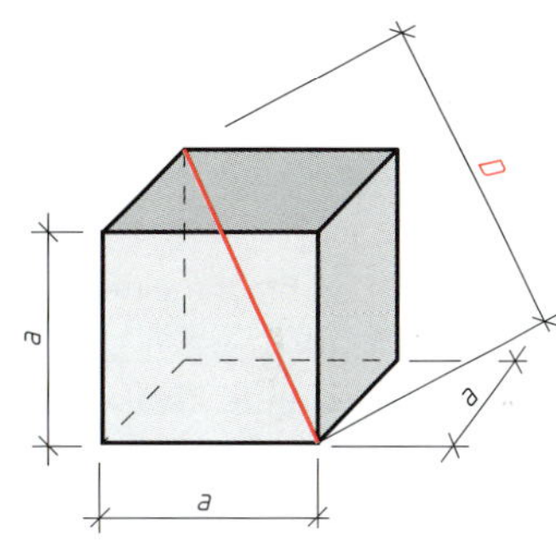

Bild 15/2: Betonprobewürfel

Beispiel: Ein Betonprobewürfel hat ein Volumen V von $3{,}375\ \text{dm}^3$ **(Bild 15/2)**.

a) Wie groß ist seine Kantenlänge a?

b) Wie lang ist seine Raumdiagonale D, wenn die Kantenlänge a mit $\sqrt{3}$ multipliziert werden muß?

Lösung: a) $V = a^3$ $\qquad a^3 = 3{,}375\ \text{dm}^3$

$a = \sqrt[3]{3{,}375\ \text{dm}^3}$ $\qquad \boldsymbol{a = 1{,}5\ \text{dm}}$

b) $D = a\sqrt{3}$ $\qquad D \approx 1{,}5\ \text{dm} \cdot 1{,}732$ $\qquad \boldsymbol{D \approx 2{,}6\ \text{dm}}$

Aufgaben zu 1.3.2 Wurzelziehen

Welche Wurzelwerte ergeben sich?

1 a) $\sqrt{81};\ \sqrt{144};\ \sqrt{1024};\ \sqrt{72{,}25};\ \sqrt{\frac{25}{64}};\ \sqrt{\frac{121}{625}};\ \sqrt{12{,}1};\ \sqrt{0{,}0251};\ \sqrt{0{,}000001};\ \sqrt{50000000\ \text{cm}^2}$

b) $\sqrt[3]{27};\ \sqrt[3]{343};\ \sqrt[3]{0{,}125};\ \sqrt[3]{64};\ \sqrt[3]{\frac{27}{8}};\ \sqrt[3]{\frac{1}{125}};\ \sqrt[3]{2000};\ \sqrt[3]{0{,}002};\ \sqrt[3]{0{,}2};\ \sqrt[3]{216\ \text{cm}^3}$

2 a) $\sqrt{4+4+1};\quad \sqrt{169-144};\quad \sqrt{(-36)\cdot(-1)};\quad \frac{7}{\sqrt{49}};\quad \frac{\sqrt{25}}{\sqrt{250}};\quad \frac{2\sqrt{2}}{\sqrt{32}}$

b) $\frac{\sqrt{28}}{\sqrt{7}};\quad \frac{2\sqrt{3}}{\sqrt{6}};\quad \frac{8}{\sqrt[3]{64}};\quad \frac{4\sqrt[3]{216}}{\sqrt[3]{8}};\quad \frac{\sqrt{48}}{\sqrt{6}};\quad \frac{\sqrt{12}}{\sqrt{48}}$

3 Wie groß sind die Seitenlänge l und die Diagonale d von Quadraten mit folgenden Flächeninhalten A?

a) $7482{,}25\ \text{cm}^2$ c) $2{,}38\ \text{m}^2$ e) $2{,}25\ \text{dm}^2$

b) $163{,}84\ \text{cm}^2$ d) $85{,}56\ \text{m}^2$ f) $26487{,}56\ \text{m}^2$

4 Wie groß sind die Kantenlänge a und die Raumdiagonale D von Würfeln mit folgenden Rauminhalten V?

a) $1000\ \text{cm}^3$ c) $1{,}73\ \text{m}^3$ e) $3241{,}79\ \text{m}^3$

b) $30\ \text{dm}^3$ d) $11{,}39\ \text{m}^3$ f) $614125\ \text{mm}^3$

1.4 Gleichungen

Eine Gleichung besteht aus zwei mathematischen Ausdrücken, die gleich groß sind. Die Ausdrücke stehen jeweils auf der linken bzw. der rechten Seite der Gleichung. Zwischen den beiden Seiten der Gleichung steht ein Gleichheitszeichen. Jede Gleichung läßt sich mit einer Waage vergleichen, deren Waagschalen sich im Gleichgewicht befinden **(Bild 16/1)**.

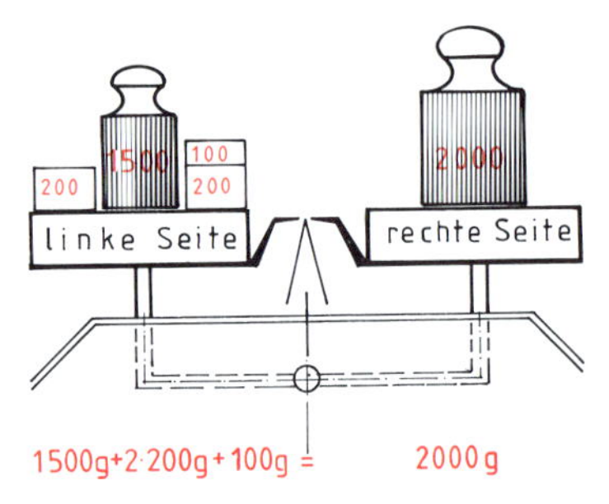

Bild 16/1: Waage im Gleichgewicht

Mit Hilfe einer Gleichung kann eine unbekannte Zahl, dargestellt z. B. durch den Buchstaben x, in ihrem Wert bestimmt werden. Alle anderen Zahlen der Gleichung müssen bekannt sein.

Bei Gleichungen unterscheidet man Bestimmungsgleichungen und Formelgleichungen.

Bestimmungsgleichungen enthalten außer der unbekannten Zahl x nur Zahlen, z. B. $x + 2 = 5$. Solche Gleichungen nennt man auch Zahlengleichungen.

Bei Textgleichungen sind zwei Sachverhalte in Worten dargestellt. Diese Sachverhalte sind in zwei mathematische Ausdrücke umzusetzen.

Beispiel: Das 5fache einer Zahl ist genau so groß, wie wenn man zum 3fachen dieser Zahl 6 addiert.

Umgesetzt in 2 gleiche mathematische Ausdrücke ergibt sich aus der Aufgabe, wenn die gesuchte Zahl x ist: $5\,x = 3\,x + 6$

Formelgleichungen geben mathematische und physikalische Zusammenhänge mit Formelzeichen wieder, z. B.: $U = 2\,(l + b)$

Die Lösung einer Gleichung geschieht durch Umformen. Dabei wird die unbekannte Zahl in der Regel auf der linken Seite alleine gestellt. Alle anderen Zahlen müssen dann auf der rechten Seite der Gleichung stehen und ergeben, ausgerechnet, den gesuchten Lösungswert.

Das Umformen einer Gleichung kann in beiden Richtungen erfolgen. Das Gleichgewicht der beiden Seiten muß aber stets erhalten bleiben. Wird eine Seite einer Gleichung demnach verändert, muß die andere Seite in gleicher Weise verändert werden.

Beispiele:

$$x + 5 = 15 \qquad x + 5 - 5 = 15 - 5 \qquad \mathbf{x = 10}$$

$$x - 5 = 15 \qquad x - 5 + 5 = 15 + 5 \qquad \mathbf{x = 20}$$

$$5 \cdot x = 15 \qquad \frac{5 \cdot x}{5} = \frac{15}{5} \qquad \mathbf{x = 3}$$

$$\frac{x}{5} = 15 \qquad \frac{x \cdot 5}{5} = 15 \cdot 5 \qquad \mathbf{x = 75}$$

Eine Gleichung bleibt im Gleichgewicht, wenn auf beiden Seiten die gleichen Rechenoperationen vorgenommen werden.

Beispiele in vereinfachter Darstellung:

$$x + 5 = 15 \qquad x = 15 - 5 \qquad \mathbf{x = 10}$$

$$x - 5 = 15 \qquad x = 15 + 5 \qquad \mathbf{x = 20}$$

$$5\,x = 15 \qquad x = \frac{15}{5} \qquad \mathbf{x = 3}$$

$$\frac{x}{5} = 15 \qquad x = 15 \cdot 5 \qquad \mathbf{x = 75}$$

Eine Gleichung bleibt im Gleichgewicht, wenn eine Zahl von der einen Seite zur anderen Seite mit umgekehrtem Rechenzeichen gebracht wird.

Das Lösen von Formelgleichungen geschieht in gleicher Weise wie bei den Bestimmungsgleichungen. Sie kann aber nur erfolgen, wenn gleichartige Größen auch gleiche Einheiten aufweisen.

Beispiel: Wie groß ist der Umfang eines Rechtecks mit einer Länge von 1,50 m und einer Breite von 65 cm?

Lösung: Formelgleichung $U = 2 \cdot l + 2 \cdot b$

$U = 2 \cdot 1{,}50\ \text{m} + 2 \cdot 0{,}65\ \text{m}$ oder $U = 2 \cdot 150\ \text{cm} + 2 \cdot 65\ \text{cm}$

$\mathbf{U = 4{,}30\ m}$ $\mathbf{U = 430\ cm}$

Aufgaben zu 1.4 Gleichungen

1 a) $x + 14 = 32$ b) $x - 4 = 16$ c) $42 + z = 65$
d) $18 + x = 20$ e) $36 - y = 28$ f) $24 + r = 126{,}5$

2 a) $4x = 12$ b) $36 = 6k$ c) $2{,}3y = 18{,}4$
d) $14x = -154$ e) $15y = -5$ f) $34 = 2x - 32$

3 a) $\frac{x}{2} = 24$ b) $3\frac{1}{3}x = 20$ c) $2\frac{3}{4} = \frac{5}{8}x$
d) $9\frac{4}{5}y = 14$ e) $\frac{3}{8}t = 1\frac{1}{5}$ f) $\frac{15}{7} = 2\frac{4}{7}x$

4 a) $15x + 5 = 20$ b) $16 - x = 26 - 6x$ c) $3x + (9 - x) = 11$
d) $12x + 7 = 20x + 9$ e) $5x = 50 - (6x + 17)$ f) $12x - 11 = 6 - (5 - 9x) + 2x - 7$

5 a) $5(x - 5) = x - 9$ b) $3(x - 2) - 8 = 7$ c) $6(x + 9) = (6 - x)4$
d) $8(6x - 5) = 152$ e) $(x - 1)(x - 2) = (x - 3)(x + 1)$ f) $8(32 - 6x) + (2x - 2)3 = 82$

6 a) $\frac{3}{4x} = 9$ b) $\frac{6}{x - 1} = 2$ c) $\frac{20}{1 - x} = 5$
d) $\frac{1}{x} = \frac{1}{3} + \frac{1}{4} + \frac{1}{5}$ e) $\frac{2}{x} - \frac{3}{x} = 5$ f) $\frac{8{,}5}{x} = \frac{5}{4}$

7 a) $9x + 22 - 2x = 100 - 11x - 42$
b) $7x + 15 + 5x + 6 - 10x = 9x$
c) $6 + 12x - 9 - 8x + 10 + x = 0$
d) $100 + 2x - 9x + 15 = 10 - 7x + 5 - 11x$

8 a) $\frac{18 + (4x - 8)2}{5} = x + 7\frac{3}{5}$ b) $\frac{5(3x + 4)}{12} = 2x + \frac{1}{6}$
c) $\frac{x}{2} + \frac{x}{4} - \frac{x}{3} - \frac{x}{6} + \frac{x}{8} + \frac{x}{12} = 11$ d) $3 - \frac{3 - 7x}{10} + \frac{x+1}{2} = 4 - \frac{7 - 3x}{5}$

9 a) $\frac{3x - 8}{5} + \left(\frac{7 - x}{3} - \frac{x - 1}{4}\right) = \frac{4 - x}{3} - \frac{8 - 5x}{10}$ b) $\frac{3x}{5} - \frac{x}{12} = \frac{2}{6} + \frac{9x}{4} - \frac{7}{15}$
c) $\frac{1}{2}x + \frac{2}{3}x - \frac{3}{4}x + \frac{4}{5}x - \frac{5}{6}x + 2 = \frac{5}{12}x$ d) $\frac{2x}{3} - \frac{3x}{5} = \frac{x}{15} - x + 7$

10 a) $7x + 3(x - 8) = 2(x + 3) + 3(2x + 2)$
b) $5(8x - 4) + 2(5 - 4x) = 20 + 3(2 - 6x)$
c) $2{,}5x - 0{,}5 - 3 = 2(5x - 3) + 0{,}5(3x + 2)$

11 Aus folgenden Formelgleichungen ist jedes Formelzeichen zu berechnen.

a) $\alpha + \beta = 90°$
b) $O = M + 2 \cdot A$
c) $\alpha + \beta + \gamma = 180°$
d) $s = v \cdot t$
e) $U = I \cdot R$
f) $U = 2 \pi r$
g) $A = \frac{\pi}{4} d^2$
h) $M = 2 \cdot \pi \cdot r \cdot h$
i) $M = \frac{\pi d s}{2}$
k) $V = l \cdot b \cdot h$
l) $A = \frac{l \cdot b}{2}$
m) $\varrho = \frac{m}{V}$
n) $A = \frac{\pi \cdot d^2}{4}$
o) $b = \frac{\pi \cdot d \cdot \alpha}{360°}$
p) $A = \frac{l_1 + l_2}{2} \cdot b$
q) $V = \frac{A \cdot h}{3}$
r) $V = \frac{\pi \cdot d^2 \cdot h}{12}$
s) $\sigma = \frac{F}{A}$

12 Welche Zahl muß mit 567 addiert werden, um 765 zu erhalten?

13 Welche Zahl ergibt um $\frac{2}{3}$ vermehrt den Wert $\frac{3}{4}$?

14 Welche Zahl ergibt von 5,5 subtrahiert ebensoviel wie zu 2,75 addiert?

15 Ein kreisförmiger Tisch hat einen Umfang von $U = 7{,}07$ m. Welchen Durchmesser hat der Tisch?

16 Aus Draht ist ein Kantenmodell eines Würfels zu formen. Es stehen 1,80 m Draht zur Verfügung. Wie lang ist eine Kante des Würfels?

17 Es ist das Kantenmodell eines Quaders mit quadratischem Querschnitt aus Draht zu formen. Der Quader ist 4mal so hoch wie seine quadratische Grundseite a. Wieviel cm Draht werden für das Modell gebraucht, wenn die Grundseite a 12 cm mißt?

18 Eine runde Stütze hat einen Umfang von 1,95 m. Welchen Durchmesser hat die Stütze?

19 Der Flächeninhalt eines rechteckigen Grundstücks beträgt 480 m². Die Straßenseite ist 18,50 m lang. Wie tief ist das Grundstück?

20 Ein Dreieck hat einen Umfang von 40 cm. Die zweite Seite ist um 4 cm länger als die erste und die dritte Seite um 6 cm kürzer als die erste Seite. Wie lang sind die drei Seiten?

21 Die Umzäunung eines rechteckigen Grundstücks hat eine Länge von 128 m. Wie groß ist die kürzere Seite des Grundstücks, wenn die längere Seite dreimal so lang ist wie die kürzere?

22 Die Fassungsvermögen zweier Öltanks verhalten sich wie 5 zu 7,5. Wieviel Liter faßt der zweite Öltank bei einem Inhalt des ersten Tanks von 620 Litern?

23 Eine Akkordprämie von 2352 € soll auf drei Facharbeiter verteilt werden. Der zweite und dritte Arbeiter soll je halb soviel erhalten wie der erste Arbeiter. Wieviel € bekommt jeder?

24 In einem Dreieck ist der Winkel $\alpha = 48°$. Von zwei Winkeln ist das Verhältnis $\alpha : \beta = 3:4$ bekannt. Wie groß ist β?

25 Eine Zahl wird aufgeschrieben. Verdoppelt man die Zahl und vermindert das Ergebnis um 13, so ergibt sich der gleiche Wert, wie wenn man das Fünffache der aufgeschriebenen Zahl um 55 vermindert. Wie heißt die aufgeschriebene Zahl?

26 Die Summe dreier Zahlen beträgt 40. Die zweite Zahl ist um 3 größer als die erste, die dritte um 8 kleiner als die erste Zahl. Wie heißen die drei Zahlen?

27 Zwei Gehwege sind zusammen 48 m lang. Der eine ist doppelt so lang wie der andere. Wie lang ist jeder der beiden Gehwege?

28 Der Schenkel eines gleichschenkligen Dreiecks ist um 4 m länger als die Seite eines Quadrates. Die beiden Umfänge messen jeweils 71,4 m. Wie lang sind die Dreiecksseiten und die Quadratseite?

29 In einem Unternehmen werden 14 Lehrlinge ausgebildet. Es sind zweieinhalb mal soviel Jungen wie Mädchen. Wieviele Jungen und wieviele Mädchen werden ausgebildet?

1.5 Dreisatzrechnen

Beim Dreisatzrechnen wird aus bekannten Größen von der Vielheit auf die Einheit und dann von der Einheit auf die neue Vielheit geschlossen. Die gesuchte Größe steht am Ende des Satzes.

Dreisatzaufgaben können ein gerades Verhältnis oder ein umgekehrtes Verhältnis haben. Beim geraden Verhältnis nehmen alle veränderlichen Größen zu oder ab; beim umgekehrten Verhältnis nimmt eine Größe zu, die andere ab.

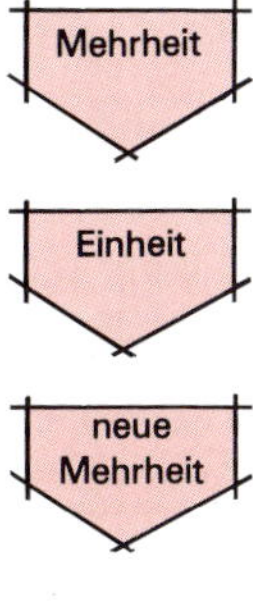

Beispiel für einen Dreisatz mit geradem Verhältnis:

10 Schrauben kosten 1,80 €
Wieviel kosten 24 Schrauben?

Lösung:

1. Satz	10 Schrauben kosten	1,80 €
2. Satz	1 Schraube kostet	$\frac{1{,}80}{10}$ €
3. Satz	24 Schrauben kosten	$\frac{1{,}80 \cdot 24}{10}$ €

24 Schrauben kosten 4,32 €

Beispiel für einen Dreisatz mit umgekehrtem Verhältnis:

3 Arbeiter benötigen für eine Arbeit 18 Tage.
Wieviel Tage benötigen 6 Arbeiter?

Lösung:

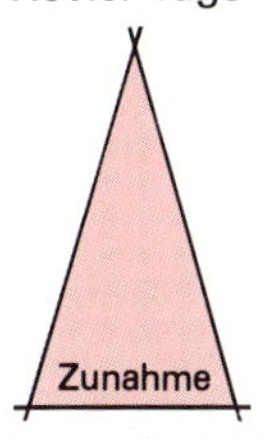

3 Arbeiter benötigen 18 Tage

1 Arbeiter benötigt 18 Tage · 3

6 Arbeiter benötigen $\frac{18 \text{ Tage} \cdot 3}{6}$

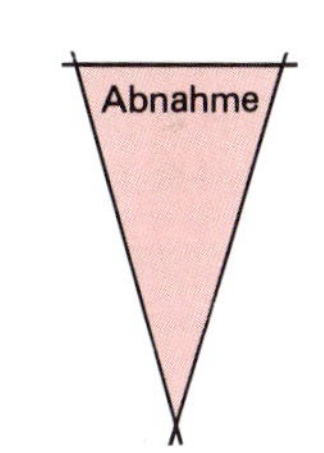

6 Arbeiter benötigen 9 Tage

Bei einer **zusammengesetzten Dreisatzaufgabe** sind mehr als drei Größen bekannt. Deshalb muß auch entsprechend mehrmals von der Mehrheit auf die Einheit und umgekehrt geschlossen werden.

Beispiel für einen zusammengesetzten Dreisatz:

5 Lkw fahren in 8 Stunden 640 Tonnen Boden ab.
Wieviel Tonnen fahren 6 Lkw in 10 Stunden ab?

Lösung:

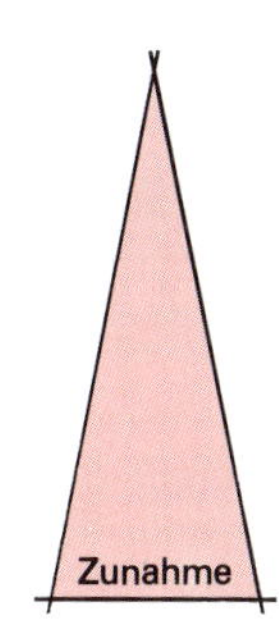

5 Lkw fahren in 8 Std. 640 t

1 Lkw fährt in 8 Std. $\frac{640 \text{ t}}{5 \text{ Lkw}}$

1 Lkw fährt in 1 Std. $\frac{640 \text{ t}}{5 \cdot 8}$

6 Lkw fahren in 1 Std. $\frac{640 \text{ t} \cdot 6}{5 \cdot 8}$

6 Lkw fahren in 10 Std. $\frac{640 \text{ t} \cdot 6 \cdot 10}{5 \cdot 8}$

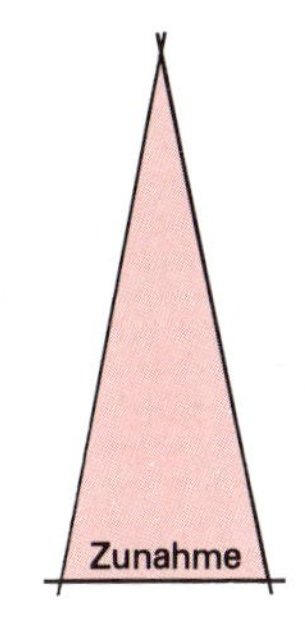

6 Lkw fahren in 10 Std. 960 t Boden ab

Aufgaben zu 1.5 Dreisatzrechnen

1 Für 3 (4) Stahlbetonstützen werden 0,75 m^3 (1,22 m^3) verdichteter Beton benötigt. Wieviel m^3 verdichteter Beton werden für 10 (16) Stahlbetonstützen benötigt?

2 Für 6 Unterzüge werden 25,60 m^2 Schalung benötigt. Wieviel m^2 Schalung müssen für 8 (14) Unterzüge bereitgehalten werden?

3 Ein Stahlträger mit einer Länge von 2,20 m wiegt 134,86 kg. Was würde er bei einer Länge von 4,75 m wiegen?

4 Ein Pkw verbraucht für 450 km Wegstrecke 36 l Benzin. Wieviel Liter Benzin verbraucht er für 100 km?

5 Wie lange dauert das Einfüllen von 12000 Litern Heizöl, wenn ein Behälter mit 8000 Litern in 35 min eingefüllt wurde?

6 Zum Abtransport des Aushubs eines 12,75 m langen Grabens sind 5 Lkw-Fahrten notwendig? Wieviele Lkw-Fahrten sind zum Abtransport des Aushubs eines 76 m langen Grabens erforderlich?

7 Ein Lkw benötigt 15 Minuten Fahrzeit für eine 16 km lange Strecke. Wieviel Minuten benötigt der Lkw für 24 km?

8 Eine Schalung soll von 6 Zimmerern in 12 Stunden erstellt werden. Die Schalung wird aber nur von 4 Zimmerern hergestellt. Wie lange benötigen sie für die Arbeit?

9 Für eine Garteneinfriedung sind 19 Pfähle mit einem Abstand von 2,00 m vorgesehen. Wieviele Pfähle sind notwendig, wenn der Abstand auf 3,00 m vergrößert wird?

10 Ein Treppenlauf mit 13 Steigungen hat eine Stufenhöhe von 17,5 cm. Welche Stufenhöhe hat die Treppe mit 14 Steigungen?

11 Ein Fußboden wird statt mit 45 Dielen zu je 12 cm Breite mit Dielen zu je 9 cm Breite belegt. Wieviele Dielen müssen bereitgehalten werden?

12 Aus dem Pumpensumpf einer Baugrube fördern 2 Pumpen in 8 Stunden 4500 l Wasser. Wieviel Liter fördern 4 Pumpen gleicher Bauart in 6 Stunden?

13 An 8 Facharbeiter werden in 5 Arbeitstagen und einer täglichen Arbeitszeit von 8 Stunden Löhne von insgesamt 2.290 € bezahlt. Wieviel Geld ist bei gleichem Lohn an 5 Facharbeiter in 4 Arbeitstagen und 10 Stunden täglicher Arbeitszeit zu bezahlen?

14 Für die Schalung einer Stützwand mit einer Höhe von 1,75 m werden 297,5 m Bretter von 12 cm Breite benötigt. Wieviel m Bretter mit 10 cm Breite werden bei gleicher Länge der Stützmauer, aber 2,15 m Höhe gebraucht?

15 Wieviel m^2 Deckenschalung können 4 Facharbeiter in 4 Tagen und 10-stündiger Arbeitszeit aufbauen, wenn 3 Facharbeiter in 5 Tagen und 8-stündiger Arbeitszeit 280 m^2 Deckenschalung fertigstellen?

16 Einer Baustelle werden für den Verbrauch von 140 m^3 Wasser 243,60 € berechnet. Einer ähnlichen Baustelle wurden 377,58 € berechnet. Wie hoch war dort der Wasserverbrauch?

17 Der Aushub einer Baugrube hat ein Volumen von 750 m^3. Für die Abfuhr benötigen 2 Lkw 8 Stunden. Wieviel Stunden werden benötigt, wenn sich das Volumen des Aushubs auf 930 m^3 erhöht und 3 Lkw eingesetzt werden können?

18 In 90 Minuten tropft aus einem undichten Wasserventil 1 Liter Wasser. Wie groß ist der Wasserverlust in 10 Stunden (1 Tag, 1 Monat)?

19 Ein Platz soll mit 1536 Platten 20 cm x 20 cm ausgelegt werden. Es werden jedoch Platten 25 cm x 25 cm geliefert. Wieviele Platten sind übrig?

20 Bei Kanalisationsarbeiten heben 12 Arbeiter bei 8 Stunden je Arbeitstag in 6 Tagen 912 m^3 Erde aus. Nun sind noch 1875 m^3 auszuheben. Es werden zusätzlich 2 Arbeiter eingestellt und die tägliche Arbeitszeit um 2 Stunden erhöht. In wieviel Tagen ist der gesamte Aushub fertig?

21 Von 5 Fliesenlegern werden bei einer täglichen Arbeitszeit von 9 Stunden 72 m^2 Bodenfliesen verlegt. Um wieviel Stunden kann die tägliche Arbeitszeit verkürzt werden, wenn für die restlichen 163,2 m^2 Bodenfläche 4 Fliesenleger noch 3 Tage beschäftigt sein sollen?

22 Ein Straßenabschnitt soll in 21 Tagen gepflastert sein. 32 Straßenbauer stellten in 11 Tagen bei 8 Stunden täglicher Arbeitszeit 842 m Straße fertig. Damit die Arbeit termingerecht fertiggestellt werden kann, teilt die Firmenleitung weitere 10 Straßenbauer der Baustelle zu und erhöht die tägliche Arbeitszeit auf 9 Stunden. Wie lang ist der gesamte Bauabschnitt der Straße?

1.6 Prozentrechnen

Um Zahlen und Größen vergleichen zu können, z. B. bei Neigungen oder bei Kosten, bezieht man sich auf 100. Der Vergleich mit 100 heißt Prozent (%). Man spricht vom Prozentrechnen.

Bei sehr kleinen Werten bezieht man sich auf 1000. Man spricht dabei von Promille (‰).

Beim Prozentrechnen unterscheidet man **Grundwert, Prozentsatz** und **Prozentwert.**

Unter **Grundwert *G*** versteht man den Wert, der stets 100 Teilen (100%) entspricht.

Der **Prozentsatz *p*** in % gibt die Anzahl der Teile von 100 Teilen an. Der Prozentsatz kann auch als Bruch oder Dezimalzahl geschrieben werden, z. B. $15\% = \frac{15}{100} = 0{,}15$. Dadurch wird häufig das Rechnen erleichtert.

Der **Prozentwert *W*** ist der Teil des Grundwerts, der sich mit Hilfe des Prozentsatzes aus dem Grundwert errechnen läßt.

Prozentrechnungen können auch mit Hilfe des Dreisatzes gelöst werden.

Berechnung des Prozentwertes *W*

Beispiel: Bei der Bezahlung einer Rechnung in Höhe von 634,30 € erhält der Kunde 3% Nachlass. Wie hoch ist dieser Nachlass in €?

Lösung: 100% entsprechen 634,30 €

1% entspricht $\frac{634{,}30\ €}{100}$

3% entsprechen $\frac{634{,}30\ € \cdot 3}{100}$

Prozentwert = Grundwert · Prozentsatz

$$\boldsymbol{W = \frac{G \cdot p}{100}}$$

$$W = \frac{634{,}30\ € \cdot 3}{100}$$

Nachlass W = 19,03 €

Berechnung des Prozentsatzes *p*

Beispiel: Bei der Bezahlung einer Rechnung in Höhe von 760,00 € erhält der Kunde 16,00 € Nachlass. Wie groß ist der Prozentsatz?

Lösung: 760,00 € entsprechen 100%

1,00 € entspricht $\frac{100\%}{760{,}00\ €}$

16,00 € entsprechen $\frac{100\% \cdot 16{,}00\ €}{760{,}00\ €}$

$$\textbf{Prozentsatz} = \frac{\textbf{100\% · Prozentwert}}{\textbf{Grundwert}}$$

$$\boldsymbol{p = \frac{100\% \cdot W}{G}}$$

$$p = \frac{100\% \cdot 16{,}00\ €}{760{,}00\ €}$$

Prozentsatz *p* = 2,10%

Berechnung des Grundwertes *G*

Beispiel: Ein Kunde erhält auf einen Rechnungsbetrag 2% Skonto. Dieser entspricht 4,20 €. Wie hoch ist der Rechnungsbetrag?

Lösung: 2% entsprechen 4,20 €

1% entspricht $\frac{4{,}20\ €}{2}$

100% entsprechen $\frac{4{,}20\ € \cdot 100}{2}$

$$\textbf{Grundwert} = \frac{\textbf{Prozentwert · 100}}{\textbf{Prozentsatz}}$$

$$\boldsymbol{G = \frac{W \cdot 100}{p}}$$

$$G = \frac{4{,}20\ € \cdot 100}{2}$$

Rechnungsbetrag G = 210,00 €

Beim Prozentrechnen kommt häufig die Summe oder die Differenz von Grundwert und Prozentwert vor. Man spricht von **vermehrtem Grundwert (Bild 22/1)** und **vermindertem Grundwert (Bild 22/2)**. Die Vermehrung und Verminderung kann auch durch einen Prozentsatz angegeben sein.

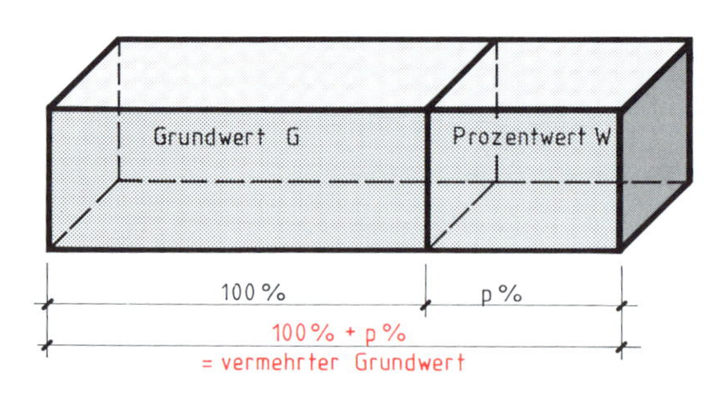

vermehrter Grundwert = Grundwert + Prozentwert

Bild 22/1: Vermehrter Grundwert

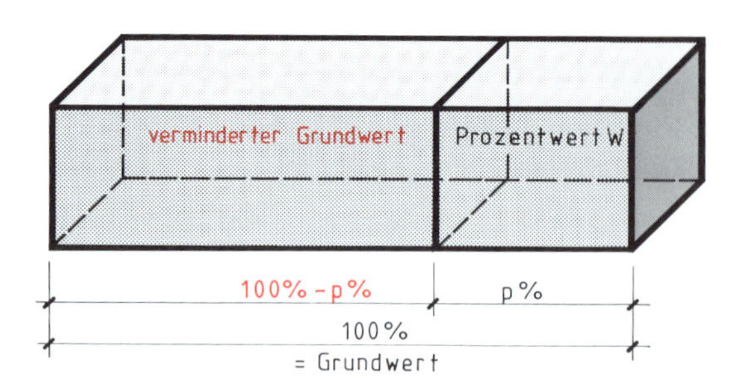

verminderter Grundwert = Grundwert − Prozentwert

Bild 22/2: Verminderter Grundwert

Berechnungen mit vermehrtem Grundwert

Beispiel: Für Putzarbeiten wir ein Betrag von 7 811,75 € berechnet. Es sind noch 16 % Mehrwertsteuer zuzurechnen.
Wie hoch ist der Rechnungsbetrag?

Lösung: Der vermehrte Grundwert entspricht 116 %

100% entsprechen 7 811,75 €

1% entspricht $\frac{7\,811{,}75\ €}{100}$

116% entsprechen $\frac{7\,811{,}75\ € \cdot 116}{100}$

Rechnungsbetrag: 9 061,63 €

Beispiel: Eine Steintreppe wird einschließlich 20% Gewinn um 2 450,00 € angeboten. Wieviel € beträgt der Gewinn?

Lösung: Der vermehrte Grundwert entspricht 120%

120% entsprechen 2 450,00 €

1% entspricht $\frac{2\,450{,}00\ €}{120}$

20% entsprechen $\frac{2\,450{,}00\ € \cdot 20}{120}$

Gewinn 408,33 €

Berechnungen mit vermindertem Grundwert

Beispiel: Auf eine Baustelle wurden 265 m^2 Schalbretter geliefert. Bei der Verarbeitung entstand 12% Verschnitt. Wieviel m^2 Betonschalung konnten hergestellt werden?

Lösung: Der verminderte Grundwert entspricht 88%.

100% entsprechen 265 m^2

1% entspricht $\frac{265\ m^2}{100}$

88% entsprechen $\frac{265\ m^2 \cdot 88}{100}$

Betonschalfläche 233,20 m^2

Beispiel: Es wurden 168 m^3 Aushub abgefahren. Die Auflockerung des Materials betrug 15%. Wie groß ist die Auflockerung in m^3?

Lösung: Der verminderte Grundwert entspricht 85%.

100% entsprechen 168 m^2

1% entspricht $\frac{168\ m^2}{100}$

15% entsprechen $\frac{168\ m^2 \cdot 15}{100}$

Auflockerung 25,200 m^3

Beispiel: Nach Zuschlag der Mehrwertsteuer von 16% beträgt der Verkaufspreis 765,00 €.
Wie groß ist der Nettopreis?

Lösung: Der vermehrte Grundwert ist 116% des Grundwertes.

116% entsprechen 765,00 €

1% entspricht $\frac{765{,}00\ €}{116}$

100% entsprechen $\frac{765{,}00\ € \cdot 100}{116}$

Nettopreis 659,48 €

Beispiel: Nach Abzug von 30% Rabatt zahlt der Kunde noch 133,00 €.
Wie hoch war der ursprüngliche Preis?

Lösung: Der verminderte Grundwert ist 70% des Grundwertes.

70% entsprechen 133,00 €

1% entspricht $\frac{133{,}00\ €}{70}$

100% entsprechen $\frac{133{,}00\ € \cdot 100}{70}$

ursprünglicher Preis 190,00 €

Aufgaben zu 1.6 Prozentrechnen

1 Bei Barzahlung einer Rechnung von 456,00 € (175 332,80 €) erhält ein Kunde 2% (3%) Skonto. Welcher Betrag ist zu zahlen?

2 Eine Werkstatteinrichtung mit 125 000 € (178 500 €) Neuwert ist mit einer Jahresprämie in Höhe von 2,3 ‰ (1,9 ‰) des Neuwertes versichert. Wie hoch ist die Versicherungsprämie in €?

3 Bei Teilzahlung erhöht sich der Preis einer Maschine von 8 250 € auf 8 750 €. Um wieviel % erhöht sich der Betrag bei Teilzahlung?

4 Ein rechteckiges Baugrundstück darf bis zu 40% seiner Fläche überbaut werden. Die Länge des Grundstücks beträgt 28,35 m, die Breite 35,85 m. Wieviel m^2 Fläche dürfen höchstens bebaut werden?

5 Ein Arbeiter raucht täglich 12 Zigaretten zu je 0,16 €. Von seinem 18. bis zu seinem 28. Lebensjahr hatte er ein Einkommen in Höhe von 181 995 € netto. Wieviel % seines Einkommens hat er für Zigaretten ausgegeben?

6 Für eine 25 cm dicke Wand ist beidseitig Sichtbeton mit rauher Oberfläche verlangt. Die Wand soll 13,00 m lang und 2,50 m hoch werden.
   a) Die Schalung wird aus sägerauhen Brettern hergestellt. Es ist ein Holzverschnitt von 15% zu berücksichtigen. Wieviel m^2 Bretter sind vom Lagerplatz anzufordern?
   b) Die Wand wird mit Beton C20/25 und plastischer Konsistenz (F1) betoniert. Wieviel Frischbeton muss bestellt werden, wenn der Beton sich beim Rütteln um 16% verdichtet?

7 Eine Baugrube mit 13,90 m Länge und einer Breite von 10,20 m wird 1,25 m tief ausgehoben. Wieviel m^3 Aushub müssen abgefahren werden, wenn die Auflockerung des Bodens 15% beträgt?

8 Nach einem Preisabschlag von 12% kostete eine Mörtelmischmaschine 1 545 €. Wie teuer war sie vorher?

9 Für ein Dach wurden 5 600 Dachziegel benötigt. Verlust und Verschnitt betrugen 15% der gelieferten Dachziegel. Wieviele Dachziegel wurden geliefert?

10 Eine Ware wird im Preis von 34,60 € auf 29,90 € reduziert. Wie hoch ist der Preisnachlaß in %?

11 Wegen kleiner Fehler wird eine Rechnung in Höhe von 9 934,20 € um 248,35 € gekürzt. Wieviel % beträgt der Preisnachlass?

12 Eine Ware soll nach Abzug eines Rabatts von 16⅔% noch 7 899,50 € kosten. Wie hoch war der ursprüngliche Verkaufspreis?

13 Der Jahresumsatz einer Baufirma in Höhe von 1 876 548 € liegt 9% niedriger als im letzten Jahr. Wie hoch war der letztjährige Umsatz?

14 Eine Bauunternehmung beschäftigt 482 Personen. 72% sind Facharbeiter, 6% Bauhelfer, 9% Auszubildende, 12% Angestellte und der Rest Sonstige. Wieviele Personen gehören zu den einzelnen Gruppen?

1.7 Zinsrechnen

Das Zinsrechnen ist dem Prozentrechnen ähnlich. Für ein Kapital kann Zins berechnet werden. Die Höhe des **Zinses (Z)** ist abhängig von der Höhe des **Kapitals (K)**, des **Zinssatzes (p)** und von der **Laufzeit (t)** der Kapitalanlage. Der Zinssatz bezieht sich, wenn nicht anders angegeben, immer auf 1 Jahr Laufzeit. Dabei ist zu beachten, daß die Laufzeit von

1 Jahr ≙ 12 Monaten ≙ 360 Tagen

1 Monat ≙ 30 Tagen ≙ $\frac{1}{12}$ Jahr   1 Tag ≙ $\frac{1}{360}$ Jahr.

Für die Berechnung des Zinses multipliziert man das Kapital mit dem Zinssatz und der Laufzeit.

$$\textbf{Zins} = \frac{\textbf{Kapital} \cdot \textbf{Zinssatz} \cdot \textbf{Laufzeit}}{\textbf{100}} \qquad Z = \frac{K \cdot p \cdot t}{100}$$

$$\text{Kapital} = \frac{\text{Zins} \cdot 100}{\text{Zinssatz} \cdot \text{Laufzeit}} \qquad K = \frac{Z \cdot 100}{p \cdot t}$$

$$\text{Zinssatz} = \frac{\text{Zins} \cdot 100}{\text{Kapital} \cdot \text{Laufzeit}} \qquad p = \frac{Z \cdot 100}{K \cdot t}$$

$$\text{Laufzeit} = \frac{\text{Zins} \cdot 100}{\text{Kapital} \cdot \text{Zinssatz}} \qquad t = \frac{Z \cdot 100}{K \cdot p}$$

Beispiel: Ein Kapital von 8 000 € wird mit einem Zinssatz von 3,5 % verzinst. Wie hoch sind die Zinsen nach 3 Jahren?

Lösung: $Z = \frac{K \cdot p \cdot t}{100}$ $Z = \frac{8000\text{ €} \cdot 3{,}5 \cdot 3}{100}$ $\mathbf{Z = 840\text{ €}}$

Beispiele:

In 5 Jahren erbringt ein Kapital bei einem Zinssatz von 3,5% einen Zins von 437,50 €. Wie hoch ist das Kapital?

Für ein Kapital von 25 000 € erhält man nach 3 Jahren 3 750 € Zins. Wie hoch ist der Zinssatz?

Ein Kapital von 1000 € bringt bei einem Zinssatz von 3% 250 € Zinsen. Wie lang ist die Laufzeit?

Lösungen:

$K = \frac{Z \cdot 100}{p \cdot t}$

$K = \frac{437{,}50\text{ €} \cdot 100}{3{,}5 \cdot 5}$

$\mathbf{K = 2\,500\text{ €}}$

$p = \frac{Z \cdot 100}{K \cdot t}$

$p = \frac{3\,750\text{ €} \cdot 100}{25\,000\text{ €} \cdot 3}$

$\mathbf{p = 5\%}$

$t = \frac{Z \cdot 100}{K \cdot p}$

$t = \frac{250\text{ €} \cdot 100}{1000\text{ €} \cdot 3}$

$t = 8\frac{1}{3}$ J. = 8 Jahre 4 Monate

Aufgaben zu 1.7 Zinsrechnen

1 Wie hoch sind die Zinsen bei

a) Kapital 1 400 €; Zinssatz 4,5%; Laufzeit 2,5 Jahre,

b) Kapital 42 340 €; Zinssatz 3,0%; Laufzeit 5 Monate

2 Ein Kredit von 42 000 € wird nach 18 Monaten zurückgezahlt mit 47 000 €. Welcher Zinssatz war vereinbart worden?

3 Nach welcher Zeit ergeben sich 1 250 € bei 3,5%iger Verzinsung 150 € Zinsen?

4 Bei einem Zinssatz von 4% werden 125 € Zinsen in 9 Monaten bezahlt. Wie hoch ist das Kapital?

5 Ein Kapital von 10000 € wird für 4 Jahre zu einem Zinssatz von 6,5% angelegt. Nach jedem Jahr erhöht der Zins das Kapital. Wie hoch ist das Kapital nach 4 Jahren?

6 Ein Hauseigentümer vermietet sein Haus für eine monatliche Miete von 850 €. Der Wert des Hauses ist 400 000 €. Wie hoch ist die jährliche Kapitalverzinsung?

1.8 Koordinatensystem

Zahlen und Größen können grafisch dargestellt werden, z.B. mit Hilfe eines **Zahlenstrahles**.

Beispiel: Es ist die Gleichung 2 N + 4 N = 6 N auf einem Zahlenstrahl darzustellen **(Bild 25/1)**.

Häufig sind Zahlen oder Größen voneinander abhängig. Um diese Abhängigkeit darstellen zu können, benötigt man zwei Zahlenstrahlen, die rechtwinklig zueinander angeordnet sind. Der waagerechte Zahlenstrahl wird als x-Achse, der senkrechte als y-Achse bezeichnet. Diese Darstellung heißt **Koordinatensystem (Bild 25/2)**.

Die Lage eines Punktes P im Koordinatensystem wird von den Abständen zu den Achsen bestimmt. Diese Abstände bezeichnet man als die Koordinaten x und y des Punktes P. Die Koordinate x wird immer zuerst genannt und gibt den Abstand von der y-Achse an. Dieser wird auf der x-Achse gemessen. Für die zweite Koordinate y gilt dies in entsprechender Weise.

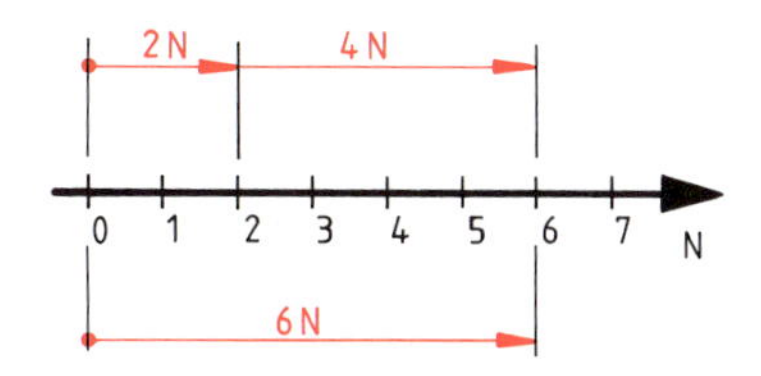

Bild 25/1: Zahlenstrahl

Beispiel: Es ist der Punkt P (5/3) im Koordinatensystem darzustellen **(Bild 25/2)**.

Lösung: Die Parallele zur y-Achse durch x = 5 schneidet die Parallele zur x-Achse durch y = 3 in Punkt **P (5/3)**.

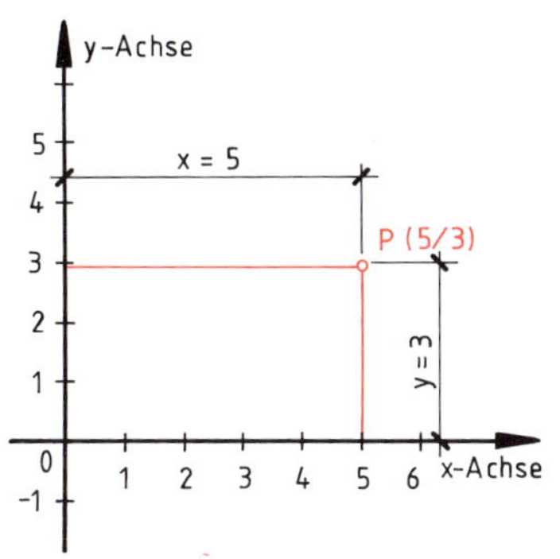

Bild 25/2: Koordinatensystem

Im Koordinatensystem können nicht nur Punkte, sondern auch fortlaufende Abhängigkeiten zwischen Zahlen oder Größen als Gerade, Strecke oder Kurve dargestellt werden **(Bild 25/3)**. Die Lage im Koordinatensystem wird durch Punkte bestimmt.

Beispiel: Ein Pkw fährt mit einer durchschnittlichen Geschwindigkeit von 90 km/h. Wie groß ist die zurückgelegte Wegstrecke nach 3 Stunden?

Lösung: Auf der x-Achse ist die Zeit *t* in Stunden, auf der y-Achse die Wegstrecke *s* in Kilometern angetragen. Das Fahrzeug startet zur Stunde 0 und hat noch keinen Weg zurückgelegt. Dieser Punkt hat die Koordinaten (0/0). Fährt der Pkw 1 Stunde, so hat er 90 km zurückgelegt. Dieser Punkt hat im Koordinatensystem die Koordinaten (1/90). Die Gerade durch diese beiden Punkte stellt die durchschnittliche Geschwindigkeit $v = 90$ km/h dar. Um herauszufinden, wieviel Kilometer nach 3 Stunden gefahren wurden, geht man auf der x-Achse bei 3 h senkrecht nach oben bis die Gerade v geschnitten wird und von diesem Punkt aus waagerecht zur y-Achse. Auf der y-Achse läßt sich der zurückgelegte Weg von **270 km** ablesen.

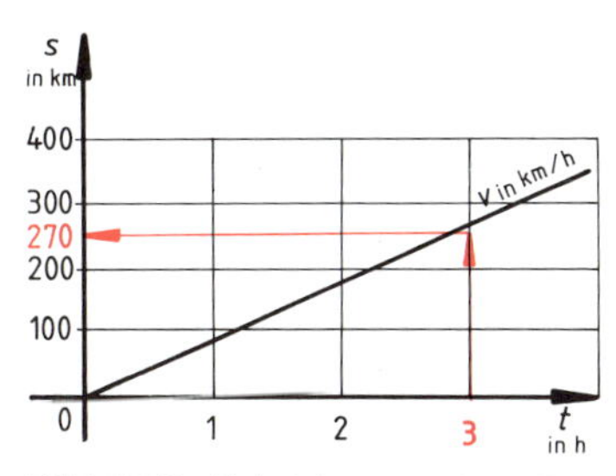

Bild 25/3: Fahrleistung eines Pkw

In einem Koordinatensystem lassen sich auch Flächen darstellen und mit Hilfe der Koordinaten ihrer Eckpunkte Längen- und Flächenberechnungen durchführen.

Beispiel: Es sind die Punkte A (1/1), B (5/2) und C (2,5/4) im Koordinatensystem festzulegen und zu verbinden. Welche Figur entsteht?

Lösung: Die Punkte A, B und C sind in das Koordinatensystem einzuzeichnen. Durch Verbinden der Punkte erhält man ein **Dreieck (Bild 25/4)**.

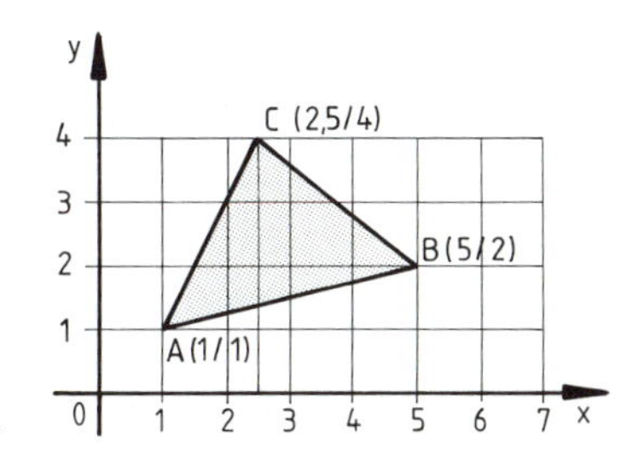

Bild 25/4: Dreieck im Koordinatensystem

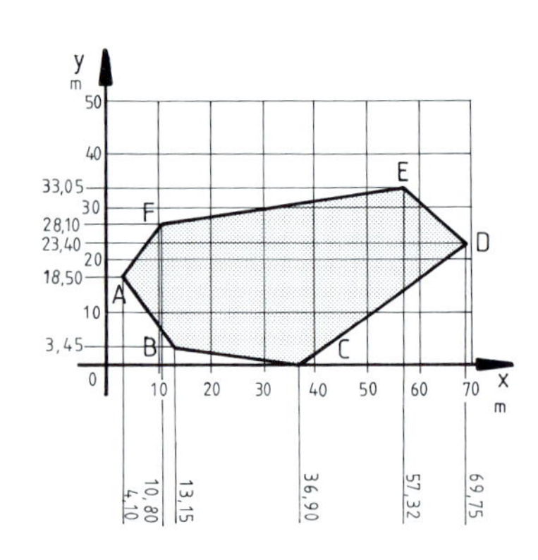

Bild 26/1: Vieleck im Koordinatensystem

Beispiel: Eine unregelmäßige Fläche wird aufgemessen. Das Aufmaß der Eckpunkte ist in einem Koordinatensystem dargestellt **(Bild 26/1)**. Welche Koordinaten haben die Eckpunkte A bis F?

Lösung: Die Koordinaten der Eckpunkte lauten:

A (4,10/18,50) **B (13,15/3,45)** **C (36,90/0,00)**
D (69,75/23,40) **E (57,32/33,05)** **F (10,80/28,10)**

Im Koordinatensystem können auch Grenzbereiche zeichnerisch dargestellt werden.

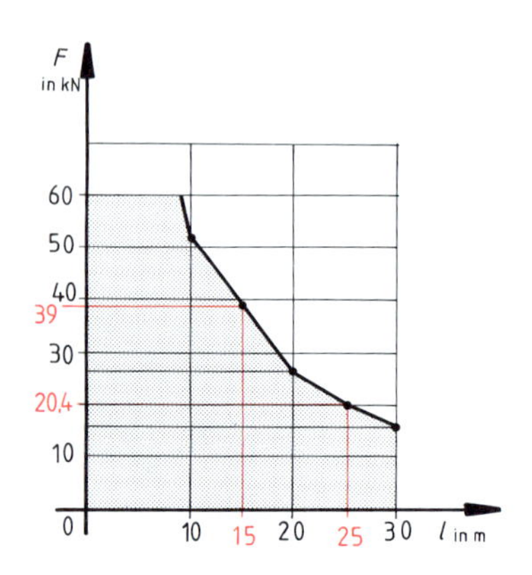

Bild 26/2: Tragkraft eines Krans

Beispiel: Ein Turmdrehkran kann bei größerer Auslegerstellung weniger Last heben als bei kleinerer Auslegerstellung **(Bild 26/2)**.

a) Es ist die Tragkraft des Krans im Koordinatensystem darzustellen.

Bei 30 m Auslegerlänge hebt der Kran 17,33 kN, bei 20 m Auslegerlänge nimmt die Tragkraft auf 26 kN zu und bei 10 m auf 52 kN. Auf der x-Achse soll die Auslegerlänge *l*, auf der y-Achse die Tragkraft *F* abgetragen werden.

b) Welche Tragkraft hat der Kran bei 15 m (25 m) Auslegerlänge?

Lösung: a) Einzeichnen der Punkte im Koordinatensystem mit den Werten (30/17,33); (20/26); (10,52). Verbinden der Punkte mit dem Lineal.

Im Bereich zum Koordinatenkreuz hin liegen alle Lasten, die vom Kran gehoben werden können. Die Linie stellt die äußere Grenze für die Tragkraft dar.

b) Bei *l* = 15 m (25 m) auf der x-Achse geht man senkrecht nach oben bis zur Grenzlinie. Die Parallele zur x-Achse durch den Schnittpunkt mit der Grenzlänge gibt auf der y-Achse die für die jeweilige Auslegerlänge größtmögliche Tragkraft an. Bei **15 m** (25 m) liest man **39 kN** (20,4 kN) ab.

Aufgaben zu 1.8 Koordinatensystem

1 Die Punkte P_1 (3/0); P_2 (3/4); P_3 (5/5,5); P_4 (7/3); P_5 (7/0) sind in ein Koordinatensystem einzutragen und miteinander zu verbinden.

2 In einem Koordinatensystem liegen 4 Geraden, die durch jeweils 2 Punkte gegeben sind.

a) g_1 ist gegeben durch (0/0) und (5,5/5,5); g_2 durch (0/4) und (12/0); g_3 durch (11/0) und (0/11); g_4 ist die Parallele zur x-Achse durch (0/4,5). Die Geraden sind zu zeichnen.

b) Welche Koordinaten haben die Schnittpunkte?

3 Ein Grundstück ist durch 5 Eckpunkte festgelegt. P_1 (25/40); P_2 (75/20); P_3 (140/25); P_4 (145/60); P_5 (125/80); P_6 (25/75).

a) Das Grundstück ist im Koordinatensystem darzustellen (Einheit: 1 cm ≙ 10 m).

b) Die y-Achse wird so verschoben, daß sie durch die Punkte P_1 und P_6 geht. Die Koordinaten der Eckpunkte sind neu zu bestimmen.

c) Zusätzlich wird die x-Achse durch den Punkt P_2 gelegt. Welche Koordinaten haben die Eckpunkte dann?

1.9 Diagramme

Diagramme sind Schaubilder. Sie zeigen auf anschauliche Weise verschiedene Größen und ermöglichen, diese miteinander zu vergleichen **(Bild 27/1)**. In der Bautechnik verwendet man häufig Diagramme, aus denen man gewünschte oder erforderliche Daten ablesen kann, z. B. den Wasseranspruch von Zuschlägen oder die Betondruckfestigkeit in Abhängigkeit vom Wasserzementwert.

Diagramme können auf verschiedene Arten dargestellt werden.

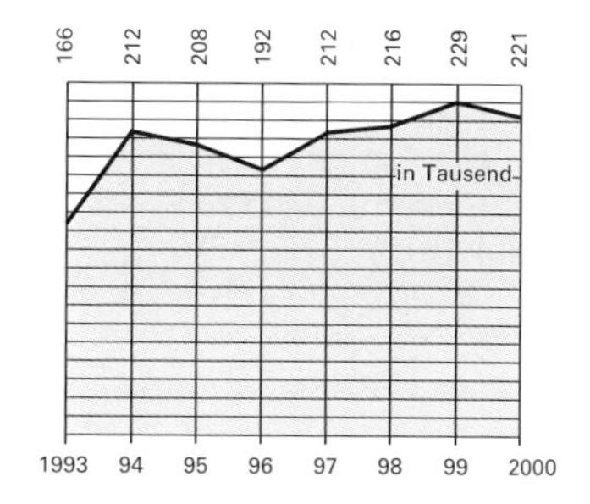

Bild 27/1: Fertiggestellte Wohnungen

Balkendiagramme und Säulendiagramme

Werden die darzustellenden und zu vergleichenden Größen als waagerecht liegende oder senkrecht stehende Balken dargestellt, spricht man vom Balkendiagramm. Mit einem Balkendiagramm läßt sich z. B. zeigen, daß 1987 die Lohnkosten je Arbeitsstunde in der Bundesrepublik Deutschland nach der Schweiz zu den höchsten der Welt zählen **(Bild 27/2)**.

Stellt man die Größen als Rechteck- oder Rundsäulen dar, spricht man von einem Säulendiagramm. Aus einem Säulendiagramm kann man z. B. die Abnahme der Arbeitsstunden, die Zunahme der Freizeit, die Verlängerung des Ruhestands und die Zunahme der Lebenserwartung ersehen **(Bild 27/3)**.

Stundenlohn	Land
7,85 €	Italien
8,95 €	Frankreich
11,17 €	Niederlande
11,23 €	Belgien
11,86 €	Großbritanien
11,91 €	Japan
12,84 €	USA
13,86 €	Deutschland

Bild 27/2: Stundenlöhne im Vergleich

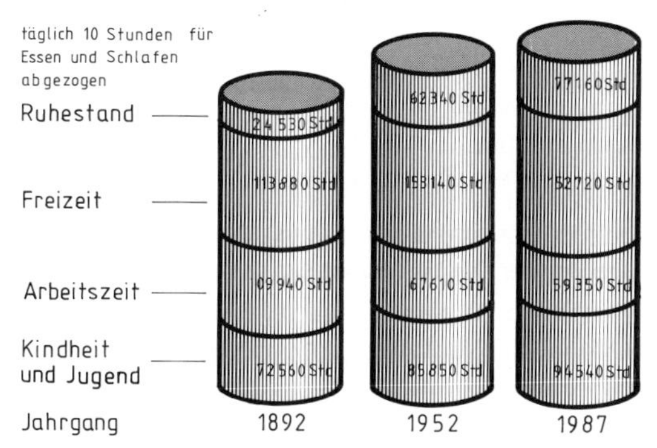

Bild 27/3: Lebenszeit in Stunden

Kurvendiagramme

Wird die Abhängigkeit von verschiedenen Größen in einem Schaubild als Kurve dargestellt, spricht man von einem Kurvendiagramm. Anhand eines Kurvendiagramms läßt sich z. B. aus dem Wasserzementwert und der Zementfestigkeitsklasse die jeweilige Betondruckfestigkeit ermitteln **(Bild 27/4)**. Aus einem Spannungs-Dehnungsdiagramm für Betonstabstahl kann man seine Festigkeit in Abhängigkeit von der Dehnung ablesen **(Bild 27/5)**.

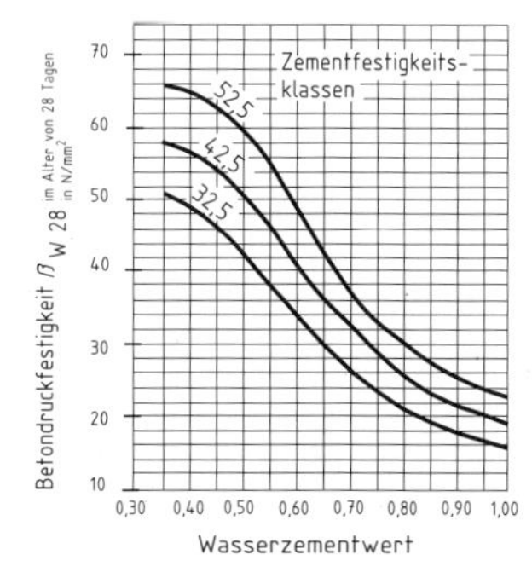

Bild 27/4: Zusammenhang zwischen Betondruckfestigkeit, Zementfestigkeitsklasse und Wasserzementwert (nach Walz)

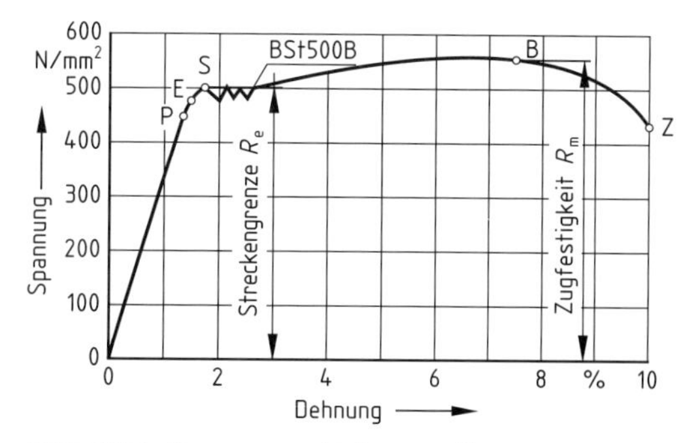

Bild 27/5: Spannungs-Dehnungsdiagramm für Betonstabstahl

Kreisdiagramme

Ein Kreisdiagramm liegt vor, wenn man die Kreisfläche in Sektoren aufteilt. Die Größe eines Sektors entspricht dem prozentualen Anteil am Mittelpunktswinkel (360° ≙ 100%). Beispiele für Kreisdiagramme sind die Zusammensetzung der Luft **(Bild 28/1)** und die Art der Bodennutzung in Baden-Württemberg **(Bild 28/2)**.

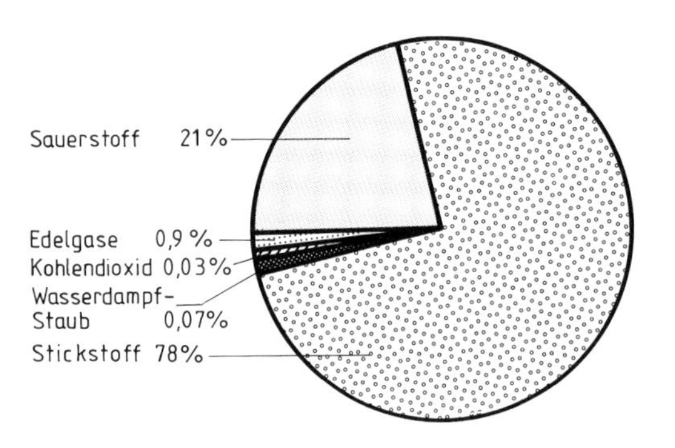

Bild 28/1: Zusammensetzung der Luft

Verkehrswege 4,9%
Bebauung 6,5%
Gewässer 0,9%
Sonstige Landwirtschaftl. Nutzung 10,2%
Wald 36,5%
Ackerland 25%
Wiesen 16%

Bild 28/2: Bodennutzung in Baden-Württemberg

Aufgaben zu 1.9 Diagramme

1 Lufttrockenes Fichtenholz nimmt bei Wasseraufnahme an Masse zu. Die Zunahme der Masse beträgt nach 3 Tagen 21%, nach 7 Tagen 29%, nach 15 Tagen 43%, nach 22 Tagen 54% und nach 30 Tagen 62%. Für die Zunahme der Holzmasse (10% ≙ 1 cm) ist ein Kurvendiagramm zu zeichnen.

2 Drei verschiedene Betonmischungen enthalten unterschiedliche Zementmengen je m^3 verdichtetem Beton. Der Festbeton erreicht dadurch auch unterschiedliche Druckfestigkeiten.

Bei 200 kg Zement/m^3 beträgt die Betondruckfestigkeit 13 N/mm^2, bei 300 kg Zement/m^3 21 N/mm^2 und bei 400 kg Zement/m^3 28 N/mm^2.

Die Abhängigkeit der Betondruckfestigkeit vom Zementgehalt ist in einem Kurvendiagramm darzustellen.

3 Die durchschnittlichen Gesamtkosten eines Einfamilienhauses betrugen 1962 33745 €, 1972 78740 € und 1982 173330 €.

Für einen Vergleich sind die Kosten als Säulendiagramm und als Balkendiagramm darzustellen.

4 Bei einem Einfamilienhaus mißt man 180 m^2 Außenwandfläche, 40 m^2 Fenster- und Türfläche sowie 320 m^2 Dachfläche.

Die jeweiligen Flächen sind in einem Kreisdiagramm zu veranschaulichen.

Tabelle 28/1: Kostenverteilung bei Stahlbetonbauteilen

Bewehrung	Lohnkosten Anteil in %	Baustoffkosten Anteil in %	Gesamtkosten Anteil in %
Bewehrung	6	19	25
Schalung	22	6	28
Beton	8	12	20
Sonstiges	9	18	27
Insgesamt	45	55	100

5 Die Flächeninhalte von Kreisen sind in Abhängigkeit der Durchmesser von 1 cm bis 10 cm in einem Kurvendiagramm darzustellen (10 cm^2 ≙ 1 cm).

6 Die Kosten für Stahlbetonbauteile gliedern sich in Kosten für Bewehrung, Schalung, Beton und Sonstiges **(Tabelle 28/1)**.

Mit Hilfe von Balkendiagrammen lassen sich jeweils die Lohnkosten, die Baustoffkosten und der entsprechende Anteil an den Gesamtkosten vergleichen (10% ≙ 2 cm).

7 Die Rohdichten folgender Baustoffe sind als Säulendiagramme darzustellen (1000 kg/m^3 ≙ 2 cm): Beton 2400 kg/m^3, Leichtziegel 700 kg/m^3, Kalksandlochsteine 1400 kg/m^3, Porenbetonsteine 800 kg/m^3, Gipsplatten 900 kg/m^3, Fichtenholz 600 kg/m^3, Glas 2500 kg/m^3, Stahl 7800 kg/m^3.

1.10 Rechnen mit elektronischen Taschenrechnern

Bei allen Berechnungsarten zählt der elektronische Taschenrechner zu den üblichen Hilfsmitteln. Am Beispiel eines technisch-wissenschaftlichen Rechners sollen Aufbau und Handhabung dargestellt werden.

1.10.1 Aufbau eines Taschenrechners

Gebräuchliche elektronische Taschenrechner haben ein Bedienfeld, ein Anzeigefeld und bei Rechnern mit Batteriebetrieb einen Ein-Aus-Schalter. Umweltfreundliche Taschenrechner werden mit Solarzellen betrieben **(Bild 29/1)**.

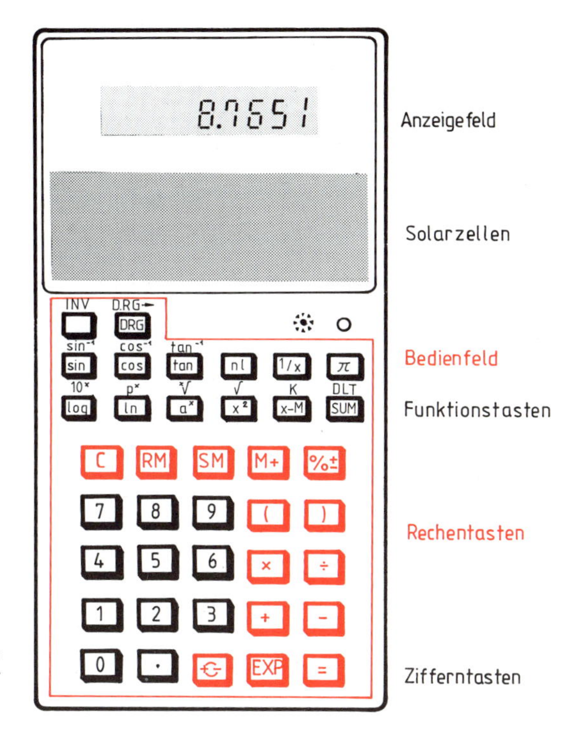

Bild 29/1: Aufbau eines Taschenrechners

Anzeigefeld

Eingegebene Zahlenwerte und Rechenergebnisse können im Anzeigefeld abgelesen werden.

Bedienfeld

Das Bedienfeld umfaßt die Zifferntasten, die Rechentasten und die Funktionstasten.

Die Anordnung der **Zifferntasten** von 0 bis 9 ist international genormt und bei allen Taschenrechnern gleich. Die Dezimalpunkttaste (Kommataste) befindet sich meist neben der Null-Taste.

Mit den **Rechentasten** werden die Grundrechenarten ausgeführt.

Die **Funktionstasten** sind mit Symbolen versehen, aus denen ihre mathematische Wirkung erkennbar ist **(Tabelle 29/1)**.

Die Anordnung der Funktionstasten und deren Symbole können je nach Art des Taschenrechners verschieden sein.

Eingabe von Zahlen

Die Bearbeitung von Rechenaufgaben erfolgt im Taschenrechner nach den üblichen mathematischen Regeln. Dadurch ist es möglich, Aufgaben in der gleichen Reihenfolge wie im rechnerischen Ansatz über die Tastatur einzugeben und zu lösen. Um sicherzugehen, daß der Rechenspeicher keine Werte einer vorhergehenden Aufgabe enthält, muß zu Beginn einer Eingabe die Löschtaste C gedrückt werden.

Beispiel:
Die Zahl 987,654 soll in den Rechner eingegeben werden.

Lösung:
Die Ziffern werden in der Reihenfolge ihrer Schreibweise eingegeben. Im Anzeigefeld wandert dabei die zuerst eingegebene Ziffer von rechts bei jeder nachfolgend eingegebenen Ziffer um eine Stelle nach links: **987.654**

Tabelle 29/1: Wichtige Funktionstasten

Taste	Bedeutung	Taste	Bedeutung
INV	Umkehrtaste	DRG	Gradeinheiten
sin	Sinustaste	cos	Cosinustaste
tan	Tangenstaste	%	Prozenttaste
1/x	Kehrwerttaste	π	Konstante π (Pi)
a^x	Taste für Potenzen	x^2	Quadriertaste
C	Löschtaste	RM	Speicherabruf
SM	Speichertaste	M+	Speicheraddition

1.10.2 Grundrechenarten

Addition und Subtraktion

Bei diesen beiden Operationen wird zunächst die erste Zahl in den Rechner eingegeben. Durch anschließendes Drücken der Additionstaste [+] bzw. der Subtraktionstaste [−] wird der Rechner angewiesen, die nächste eingegebene zweite Zahl zu addieren bzw. zu subtrahieren. Mit der Ergebnistaste [=] wird der Rechenvorgang abgeschlossen. Im Anzeigefeld erscheint das Ergebnis.

Beispiel: 73,65 + 3,444 − 29,268

Lösung:

Eingabe	[C]	37,65	[+]	3,444	[+]	29,268	[=]
Anzeige	0	73.65	73.65	3.444	77.094	29.268	**47.826**

Soll eine negative Zahl eingegeben werden, so muss **nach** Eingabe der Zahl die Vorzeichenwechseltaste [+/−] gedrückt werden.

Beispiel: 382,5 − (−114,5)

Lösung:

Eingabe	[C]	382,5	[−]	114,5	[+/−]	[=]
Anzeige	0	382.5	382.5	114.5	−114.5	**497.**

Multiplikation und Division

Bei diesen Rechenarten wird nach Eingabe der ersten Zahl die Multiplikationstaste [x] bzw. die Divisionstaste [÷] betätigt. Dadurch wird der Rechner angewiesen, mit der nächsten eingegebenen Zahl zu multiplizieren bzw. zu dividieren. Das Abschließen des Rechenvorgangs erfolgt wieder durch Drücken der Ergebnistaste [=], worauf das Rechenergebnis im Anzeigefeld erscheint.

Beispiel: 37,5 · 0,2 · 3,6

Lösung:

Eingabe	[C]	37,5	[x]	0,2	[x]	3,6	[=]
Anzeige	0	37.5	37.5	0.2	7.5	3.6	**27.**

Beispiel: 62,5 · 16,2 : 24

Lösung:

Eingabe	[C]	62,5	[x]	16,2	[÷]	24	[=]
Anzeige	0	62.5	62.5	16.2	1012.5	24.	**42.1875**

1.10.3 Klammern

Rechenaufgaben mit Klammern, Bruchstrichen oder sonstigen Funktionen lassen sich mit Hilfe der beiden Klammertasten [(] und [)] in einem Rechengang ohne Zwischenergebnisse lösen.

Beispiel: 42,5 : (6,25 − 6,42)

Lösung:

Eingabe	[C]	42,5	[÷]	[(]	6,25	[−]	6,42	[)]	[=]
Anzeige	0	42.5	42.5	0	6.25	6.25	6.42	−0.17	**−250.**

Beispiel: Ein Trapez hat die Längen l_1 = 3,60 m und l_2 = 1,80 m. Der Flächeninhalt beträgt 6,75 m². Wie groß ist die Breite b dieses Trapezes in m?
Formel: $b = A : ((l_1 + l_2) : 2)$

Lösung:

Eingabe	[C]	6,75	[÷]	[(]	[(]	3,6	[+]	1,8	[)]	[÷]	2	[)]	[=]
Anzeige	0	6.75	6.75	0	0	3.6	3.6	1.8	5.4	5.4	2.	2.7	**2.5**

1.10.4 Quadratzahlen, Quadratwurzeln

Mit der Taste [x²] kann die Quadratzahl der eingegebenen Zahl ermittelt werden. Ebenso kann mit der Wurzeltaste [√] die Quadratwurzel aus der im Anzeigefeld stehenden Zahl gezogen werden.

Bei vielen Taschenrechnern werden diese beiden Rechenvorgänge mit einer Funktionstaste ausgeführt (doppelt belegte Taste). In diesem Falle ist für die Umkehrfunktion vor der Funktionstaste die Taste [INV] zu drücken.

Beispiele: $6{,}8^2$ $\sqrt{48\,400}$

Lösungen:

Eingabe	[C]	6.8	[x²]
Anzeige	0	6.8	**46.24**

Eingabe	[C]	48 400	[√]
Anzeige	0	48 400	**220.**

Beispiel: Aus dem Flächeninhalt eines Kreises mit $A = 7\,853{,}9816\ \text{mm}^2$ ist der Durchmesser d zu ermitteln.

Lösung: $d = \sqrt{4 \cdot A : \pi}$ (für Rechner mit doppelt belegter Taste)

Eingabe	[C]	4	[x]	7 853.9816	[÷]	[π]	[=]	[INV]	[x²]
Anzeige	0	4	4	7 853.9816	31415.926	3.1415927	10 000	10 000	**100.**

1.10.5 Winkelfunktionen

Mit Hilfe der Funktionstasten [sin], [cos] und [tan] werden aus den eingegebenen Winkeln die Funktionswerte ermittelt. Will man dagegen aus gegebenen Funktionswerten die dazugehörenden Winkel bestimmen, so ist nach Eingabe des Funktionswertes die [INV]-Taste und danach die entsprechende Funktionstaste zu drücken.

Beispiele:
Für folgende Winkel sind die Funktionswerte zu bestimmen.

a) sin 30°
b) cos 45°
c) tan 68°
d) sin 36,75°

Lösungen:

a)

Eingabe	[C]	30	[sin]
Anzeige	0	30	**0.5**

b)

Eingabe	[C]	45	[cos]
Anzeige	0	45	**0.7071**

c)

Eingabe	[C]	68	[tan]
Anzeige	0	68	**2.47508**

d)

Eingabe	[C]	36.75	[sin]
Anzeige	0	36.75	**0.59832**

Beispiel:
Aus den angegebenen Funktionswerten sind die Winkel zu ermitteln.

a) $\sin \alpha = 0{,}866$
b) $\cos \beta = 0{,}5$
c) $\tan \varepsilon = 1{,}0$
d) $\tan \delta = 0{,}75$

Lösungen:

a)

Eingabe	[C]	0.866	[INV] [sin]
Anzeige	0	0.866	**59.997**

b)

Eingabe	[C]	0.5	[INV] [cos]
Anzeige	0	0.5	**60.**

c)

Eingabe	[C]	1.0	[INV] [tan]
Anzeige	0	1.0	**45.**

d)

Eingabe	[C]	0.75	[INV] [tan]
Anzeige	0	0.75	**36.86989**

Aufgaben zu 1.10 Rechnen mit elektronischen Taschenrechnern

Grundrechenarten

1 a) $23{,}8 + 57{,}3$ b) $47{,}3 - 21{,}8$ c) $22{,}7 - 52{,}7$

2 a) $198{,}29 + 301{,}71$ b) $207{,}11 - 160$ c) $13{,}11 - 0{,}07$

3 a) $79{,}56 - 34{,}22 + 8{,}28$ b) $47{,}11 - 97{,}53 + 50{,}42$ c) $9{,}11 - 9{,}44 - 9{,}28$

4 a) $17{,}5 \cdot 7{,}85$ b) $2{,}25 \cdot 0{,}785$ c) $875 \cdot 3{,}14159$

5 a) $24 \cdot 12 \cdot 50 \cdot 2{,}7$ b) $48{,}8 \cdot 25{,}45 \cdot 3{,}73$ c) $7{,}9 \cdot 5{,}2 \cdot 0{,}0075$

6 a) $768 : 11{,}9$ b) $96{,}55 : 8{,}01$ c) $87{,}5 : 0{,}125$

7 a) $\frac{350}{17{,}5 \cdot 5}$ b) $\frac{942{,}33}{25{,}47 \cdot 48{,}98}$ c) $\frac{6{,}655}{0{,}741 \cdot 0{,}0125}$

8 a) $\frac{5{,}75 \cdot 3{,}6 \cdot 0{,}24}{0{,}066 \cdot 8{,}5}$ b) $\frac{1{,}09 \cdot 34{,}77 \cdot 276}{43{,}16 \cdot 15{,}79}$ c) $\frac{0{,}022 \cdot 38{,}75 \cdot 9{,}81}{10{,}09 \cdot 0{,}11 \cdot 5{,}2}$

Rechnungen mit Klammern

1 a) $25{,}8 \cdot (2{,}95 + 1{,}45)$ b) $64{,}8 : (8{,}75 - 0{,}65)$ c) $12{,}3 : (1{,}22 - 5{,}47)$

2 a) $\frac{24 \cdot 0{,}5 + 12 \cdot 0{,}9}{5 \cdot 0{,}82 - 8 \cdot 0{,}15}$ b) $\frac{(2{,}05 - 7{,}1) \cdot (-2{,}92)}{0{,}024 \cdot (9{,}88 - 7{,}13)}$ c) $4{,}64 \cdot \frac{8{,}13}{3} \cdot \frac{2{,}86}{4} \cdot 5{,}78$

Rechnungen mit Funktionstasten

1 a) $\frac{\pi \cdot 25^2 \cdot 48}{4}$ b) $\frac{27{,}5 \cdot 78{,}6 \cdot \sqrt{6{,}25}}{\pi \cdot 12{,}8 \cdot 0{,}05}$ c) $\frac{50^3 \cdot \pi}{6}$

2 a) $\frac{(24^2 - 20^2) \cdot \pi}{4}$ b) $\frac{\sqrt{4 \cdot 10{,}0}}{\pi}$ c) $\frac{4{,}8 \cdot \sqrt{4{,}8^2 - 3{,}6^2}}{2 \cdot \pi \cdot 50}$

3 Die Funktionswerte der Winkel sind zu bestimmen.

a) $\sin 30°$ b) $\sin 74{,}5°$ c) $\sin 9{,}33°$
d) $\cos 30°$ e) $\cos 53{,}25°$ f) $\cos 15{,}48°$
g) $\tan 60°$ h) $\tan 12{,}5°$ i) $\tan 35{,}166°$

4 Die Winkel aus den Funktionswerten sind zu bestimmen.

a) $\sin \alpha = 0{,}7071$ b) $\sin \beta = 0{,}812$ c) $\sin \delta = 0{,}244$
d) $\cos \alpha = 0{,}125$ e) $\cos \beta = 0{,}025$ f) $\cos \delta = 0{,}968$
g) $\tan \alpha = 2{,}666$ h) $\tan \beta = 0{,}125$ i) $\tan \delta = 0{,}825$

5 a) $\frac{36^2}{2} \cdot \frac{\pi \cdot 36}{180} \cdot \sin 36°$ b) $\frac{\sqrt{121} - (4{,}25 - 2{,}0)}{32{,}5 - 7{,}46}$ c) $2{,}8^2 + 5{,}6^2 - 4 \cdot 15 \cdot \sin 45°$

6 a) $\sin 45° \cdot (2{,}8^2 - 2{,}3^2)$ b) $\frac{\pi \cdot 150}{360} \cdot \sqrt{2} \cdot \frac{(18^2 + 24^2)}{2}$ c) $\frac{\sqrt{48^2 + (123 - 69)^2}}{2} \cdot 24^2$

1.11 Rechnen mit Computern

Mit dem Computer als Rechenhilfe können nicht nur komplizierte Rechenoperationen sehr schnell ausgeführt, sondern auch beliebig oft mit neuen Werten wiederholt werden. Zudem lassen sich mit Hilfe der modernen Computertechnik große Datenmengen verarbeiten, speichern und jederzeit wieder abrufen.

1.11.1 Aufbau eines Computersystems

Ein Computersystem ist aus mehreren Teilen aufgebaut **(Bild 33/1)**.

Zentraleinheit mit Mikroprozessor (CPU) und internen Speichern (Arbeitsspeicher)
CPU = Central Processing Unit

Peripheriegeräte

- Eingabegeräte
  z. B. Tastatur, Lichtstift, Grafiktablett, Maus, Handsteuergerät oder Mikrofon
- Ausgabegeräte
  z. B. Monitor (Bildschirm), Drucker oder Plotter (Zeichenmaschine)
- Ein-/Ausgabegeräte mit externen Speichern z. B. Compactdisc-Laufwerk (CD-ROM), Diskettenlaufwerk oder Plattenlaufwerk.

Alle Peripheriegeräte werden über sogenannte Interfaces (Anpaßbausteine) mit der Zentraleinheit verbunden.

Zentraleinheit und Peripheriegeräte werden als **Hardware** bezeichnet (Hardware = harte, greifbare Geräte).

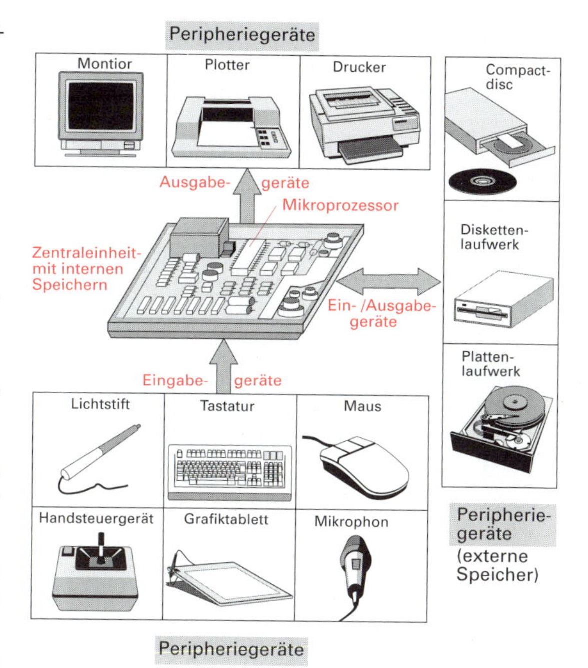

Bild 33/1: Aufbau eines Computersystems

Arbeitsweise eines Computers

Der Computer verarbeitet Daten grundsätzlich nach dem gleichen Prinzip wie der Mensch. (**EVA**-Prinzip: **E**ingabe → **V**erarbeitung → **A**usgabe)

- Nach erfolgter Eingabe werden Programme und Daten im Arbeitsspeicher der Zentraleinheit gespeichert.
- Zur Verarbeitung in der Zentraleinheit lenkt ein Steuerwerk die Daten in der richtigen Reihenfolge zum Rechenwerk. Die hohe Verarbeitungsgeschwindigkeit sorgt dafür, daß große Datenmengen schnell verarbeitet werden können.
- Die Datenausgabe liefert das Ergebnis der Datenverarbeitung in kurzer Zeit in fast jeder gewünschten Form.

Betriebssystem eines Computers

Damit der Datenverkehr innerhalb des Computers sowie zwischen Mikroprozessor und den Peripheriegeräten organisiert abläuft, sind Software-Programme erforderlich (Software = weiche Ware). Bei den Mikrocomputern befindet sich ein Startprogramm in einem nicht löschbaren Speicher, der als Festwertspeicher **(ROM)** bezeichnet wird. Es sorgt dafür, daß das für die Datenverarbeitung erforderliche Betriebssystem in den löschbaren Arbeitsspeicher **(RAM)** geladen wird. Erst wenn das Betriebssystem, z. B. DOS, im Arbeitsspeicher geladen ist, meldet sich der Computer betriebsbereit **(DOS = Disk Operating-System)**.

1.11.2 Bedienung eines Computers

Das wichtigste Dateneingabegerät ist die Tastatur **(Bild 34/1)**. Mit der Tastatur können sowohl Daten als auch Programme in den Arbeitsspeicher des Computers eingegeben werden.

Übliche Tastaturen besitzen Tasten zur Eingabe:

- Normale deutsche Schreibmaschinentastatur nach DIN 2137,
- Funktionstastatur,
- Numerisches Tastenfeld mit Sondertasten.

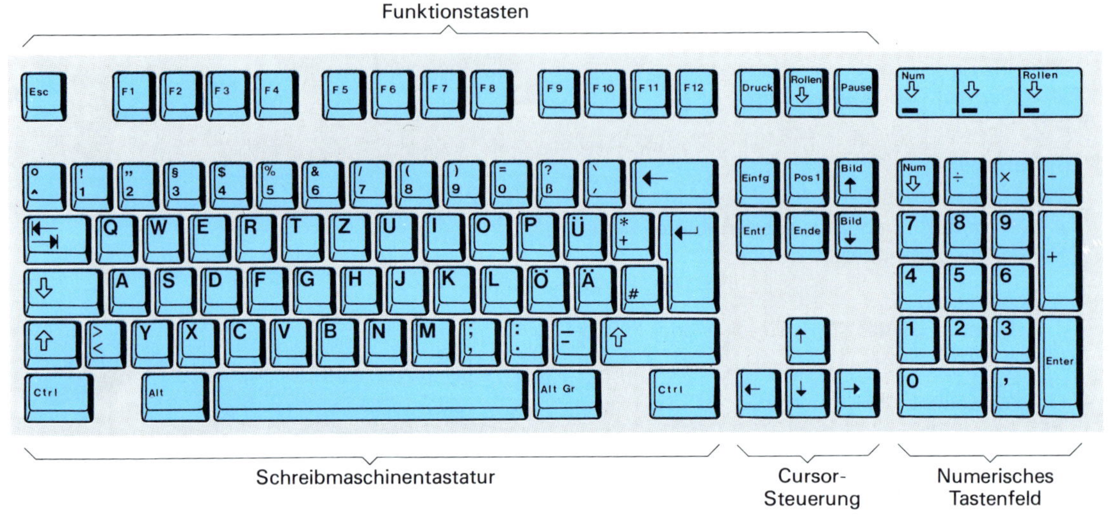

Bild 34/1: Deutsche Tastatur eines Computers

Die normale Schreibmaschinentastatur enthält Tasten, die bei Betätigung auf dem Bildschirm folgende Wirkung hervorrufen können:

- Erzeugen von sichtbaren Zeichen wie bei einer Schreibmaschine, z. B. Buchstaben, Ziffern, Rechenzeichen und Satzzeichen.
- Hervorrufen von Steuerbefehlen, z. B. Umschalten von Klein- auf Großbuchstaben mit der **SHIFT**-Taste.
- Auslösen von bestimmten Funktionen, z. B. Speichern einer Bildschirmzeile mit der **Return**-Taste.

Die Funktionstastatur enthält Tasten, die beliebig belegbar sind, um z. B. wiederholbare Schreibtätigkeit zu vermeiden.

Das numerische Tastenfeld mit Sondertasten enthält die Zifferntasten und Tasten mit besonderen Funktionen, um z. B. mit der **Einfg**-Taste Text einzufügen.

Besonderheiten bei der Eingabe in den Computer

Bei Tastaturen mit Dauerfunktion wird bei Dauerbetätigung einer Taste das entsprechende Zeichen oder die Funktion solange wiederholt, wie die Taste gedrückt bleibt.

Die Zeichen Punkt, Doppelpunkt, Komma, Strichpunkt und Fragezeichen werden häufig auch als Steuerzeichen benutzt. Bei Dezimalzahlen muß das Komma durch den Dezimalpunkt ersetzt werden.

Der Kleinbuchstabe l darf nicht mit der Ziffer 1 oder dem Großbuchstaben I verwechselt werden.

Für die Ziffer 0 darf nicht der Buchstabe O oder o geschrieben werden. Um eine Verwechslung auszuschließen, wird häufig die Ziffer Null mit einem Schrägstrich (Ø) dargestellt.

Bedeutung wichtiger Sondertasten

Cursor-Steuertasten

Der Cursor ist ein Bildschirmzeiger, der als Lichtmarke, Strich, Pfeil oder blinkendes Rechteck auf dem Bildschirm sichtbar ist. Seine Position gibt an, an welcher Stelle des Bildschirms das nächste Zeichen eingegeben werden kann.

Mit Hilfe der **Cursor-Steuertasten** kann der Cursor an jede gewünschte Stelle des Bildschirms bewegt werden. Manche Tastaturen haben für die Cursor-Steuerung vier zusätzliche Tasten.

Return-Taste

Die Return- oder Enter-Taste bewirkt, daß eine geschriebene Zeile vom Rechner angenommen wird und der Cursor an den Anfang der nächsten Zeile springt.

Leertaste

Durch Betätigen der Leertaste wird ein Leerzeichen ausgegeben. Dabei erscheint zwar kein sichtbares Zeichen, aber der Cursor springt ein Zeichen weiter.

Pos 1

Pos1-Taste

Bei Betätigen der Pos1-Taste wird der Cursor bei manchen Programmen in die linke obere Ecke des Bildschirms gesetzt.

Shift-Taste

Durch gleichzeitiges Drücken der Shift-Taste und einer Buchstabentaste wird der entsprechende Großbuchstabe eingegeben. Nach der gleichen Methode werden Sonderzeichen wie %, $, ?, : usw. der doppelt belegten Tasten erzeugt.

Caps Lock-Taste

Eine Dauerumschaltung auf Großbuchstaben wird durch die eingerastete Caps Lock-Taste erreicht. Sie hat jedoch keinen Einfluß auf die Sonderzeichen.

Ctrl

Alt

Ctrl-Taste, Alt-Taste

Die Funktionstasten Ctrl und Alt haben nur dann eine Bedeutung, wenn sie zusammen mit anderen Tasten gedrückt werden. Z. B. **Ctrl P** ⇒ Ctrl und P drücken, schaltet den Drucker ein.

Ctrl C ⇒ Ctrl und C drücken, unterbricht ein Programm.

Esc

Esc-Taste

Die Escape-Taste kann bei Betätigung z. B. ein Programm vor dem Ende unterbrechen oder eine Bildschirmzeile löschen.

Rück-Taste

Die Rück-Taste bewegt den Cursor um eine Stelle nach links und löscht dabei das überfahrene Zeichen.

Einfg

Einfg-Taste

Die Einfg-Taste ermöglicht ein nachträgliches Einfügen von Zeichen an der aktuellen Position des Cursors. Rechts des Cursors stehende Zeichen wandern dabei jeweils um ein Zeichen nach rechts.

Entf

Entf-Taste

Bei Betätigung der Entf-Taste wird das Zeichen an der Cursor-Position gelöscht. Nachfolgende Zeichen rücken bei jedem Tastendruck um eine Stelle nach links.

Num

Num Lock-Taste

Mit der Num Lock-Taste kann die Doppelbelegung des numerischen Tastenbereiches ein- bzw. ausgeschaltet werden.

1.11.3 Starten eines Computers

Beim Einschalten des Computers müssen sich im Hauptspeicher Programme befinden, die dem Mikroprozessor weitere Anweisungen geben. Eine solche Anweisung ist z. B. das Laden des Arbeitsspeichers mit Programmen zur Unterstützung des Benutzers.

Die in den Arbeitsspeicher geladenen Programme nennt man die Systemsoftware, die in der Regel der Computerhersteller mit dem Gerät liefert.

Zur Systemsoftware gehören

- das Monitorprogramm, mit dessen Hilfe eingegebene Zeichen auf dem Bildschirm erscheinen,
- der Sprachübersetzer, der eingegebene Informationen in die für den Mikroprozessor lesbare Maschinensprache umwandelt (Compiler, Interpreter),
- Das Diskettenbetriebssystem DOS, welches den Datenverkehr zwischen den internen und den externen Speichern (Diskette, Plattenlaufwerk) ermöglicht.

Diskettenbetriebssystem DOS

Daten und Programme werden zur Sicherung auf externen Speichern, wie z. B. Diskette oder Plattenlaufwerk, gespeichert. Alle zusammengehörenden Informationen werden als eine Datei oder ein File bezeichnet. Jede Datei muss unter einem bestimmten Dateinamen abgespeichert werden, damit sie beim Laden wieder aufgefunden werden kann. Für den Dateinamen gelten meist besondere Vorschriften des Herstellers, die unbedingt einzuhalten sind, z. B. Länge des Namens höchstens acht Zeichen.

Zum Schutz der gespeicherten Informationen darf die Diskette keinen Magnetfeldern, keinen extremen Temperaturen, keiner Verschmutzung und keiner mechanischen Beschädigung ausgesetzt werden.

Das in den Arbeitsspeicher des Computers geladene Diskettenbetriebssystem DOS (DOS = Disk Operating System) ermöglicht dem Benutzer, folgende Hilfsprogramme für die Datenorganisation aufzurufen:

- Vorbereiten einer neuen Diskette zur Aufnahme von Informationen auf dem jeweiligen Computertyp (formatieren).
- Laden von Daten und Programmen von Diskette oder Plattenlaufwerk in den Arbeitsspeicher.
- Ändern von Programmnamen oder Programminhalten (editieren).
- Löschen von Daten und Programmen von Diskette oder Plattenlaufwerk.
- Speichern von Daten und Programmen auf Diskette oder Plattenlaufwerk.
- Auflisten des Inhalts von Diskette oder Plattenlaufwerk (Inhaltsverzeichnis).
- Kopieren von Daten von Diskette zu Diskette bzw. von Diskette zu Plattenlaufwerk.
- Ausgabe von Daten oder Programmen auf einen Drucker.

Diese Programme werden dem Benutzer oft als Auswahlmenue dargestellt. In diesem **MENUE** sind die verschiedenen Programmfunktionen tabellarisch auf dem Bildschirm gezeigt. Der Benutzer kann dann durch Eingabe einer Ziffer oder eines Buchstabens die gewünschte Programmfunktion aufrufen.

Abhängig von der Aufgabenstellung werden verschiedene Programmiersprachen verwendet, z. B. BASIC, PASCAL, FORTRAN, LOGO usw. In den folgenden Abschnitten wird mit der Programmiersprache **BASIC** gearbeitet.

Das Übersetzerprogramm für die Programmiersprache BASIC befindet sich entweder im Festwertspeicher des Computers oder muß nach dem System-Start erst in den Arbeitsspeicher geladen werden. Die Bezeichnung **BASIC** bedeutet „**B**eginners **A**ll-Purpose **S**ymbolik **I**nstruction **C**ode".

1.11.4 Computer als Rechner

Die direkte Betriebsart (direct mode) ist möglich, sobald sich das BASIC-Übersetzerprogramm im Arbeitsspeicher befindet.

Beispiel: Die Zahl 3 ist mit der Zahl 5 zu multiplizieren.

Lösung: Über die Tastatur ist folgende Anweisung einzugeben: **PRINT 3*5**
Durch Drücken der Return-Taste erscheint das Ergebnis in der nächsten Zeile: **15**
Die Return-Taste entspricht der Taste [=] beim Taschenrechner.

Der PRINT-Befehl gibt die Anweisung an den Computer, den Wert eines mathematischen Ausdrucks zu berechnen und das Ergebnis auf dem Bildschirm auszugeben. Die Ausführung der Anweisung erfolgt erst mit dem <RET>-Befehl.

Für die Rechenoperationen ist die BASIC-Schreibweise zu verwenden **(Tabelle 37/1)**.

Bei der Eingabe von Winkeln ist vorher die Umrechnung von Grad auf das Bogenmaß durchzuführen. Die Umrechnung geschieht nach der Formel: Winkel im Bogenmaß = Winkel in Grad / 180 * π.

Tabelle 37/1: Mathematische Rechenoperationen in BASIC-Schreibweise

Rechenoperation	Beispiel	BASIC-Schreibweise	Ergebnis
Addition	12 + 178,5 + 0,056	PRINT 12 + 178.5 + .056	190.556
Subtraktion	34,7 – 19,01 – 0,69	PRINT 34.7 – 19.01 – .69	15
Multiplikation	$25 \cdot 0{,}06 \cdot 36$	PRINT 25 * 0.06 * 36	54
Division	48 : 20,5 : 0,075	PRINT 48 / 20.5 / 0.075	31.219512
Potenzen	32.4^2	PRINT 32.4 ^ 2	1049.76
Quadratwurzeln	$\sqrt{0{,}0625}$	PRINT SQR (0.0625)	0.25
Sinus	sin 45° ($\pi/4$ im Bogenmaß)	PRINT SIN (0.7854)	0.7071
Cosinus	cos 60° ($\pi/3$ im Bogenmaß)	PRINT COS (1.0472)	0.5
Tangens	tan 30° ($\pi/6$ im Bogenmaß)	PRINT TAN (0.5236)	0.57735
Arcustangens	arctan 1 (im Bogenmaß)	PRINT ATN (1)	0.785398

Aufgaben zu 1.11.4 Computer als Rechner

Folgende Rechenaufgaben sind in BASIC-Anweisungen umzuwandeln:

a) $217{,}583 - 25{,}4 \cdot 0{,}05 + 18$

b) $96 : 16 - 65 : 13$

c) $(5{,}35 - 2{,}85)^2$

d) $4 \cdot \sqrt{49 - 13}$

e) $18 : (5 - 1{,}4)$

f) $7 \cdot 2 - 3 : 2 \cdot (3 + 2)$

g) $\sqrt{7{,}85 - 1{,}60}$

h) $\sqrt{400 : 16}$

i) $75 - 15 : 6$

j) $(-5) \cdot (-7) + 14 : 2{,}8$

k) $3^2 - 2^2 \cdot (9 - 5)$

l) $\sqrt{66 : 11 + 7 : 28}$

1.11.5 Programmieren in BASIC

Der Vorteil von Computern liegt nicht in der Bearbeitung einzelner PRINT-Anweisungen und Befehle, sondern in der Abarbeitung einer Folge von Anweisungen, die als Programm bezeichnet wird. Für das Erstellen von BASIC-Programmen sind folgende wichtige Regeln zu beachten:

- Ein Programm ist eine Folge von Anweisungen und Befehlen.
- Ein Programm besteht aus Programmzeilen.
- Jede Zeile beginnt mit einer Zeilennummer.
- Um später Programmzeilen ergänzen zu können, wählt man zunächst Zehner- oder Hunderter-Schrittweiten.
- Der Computer ordnet Programmzeilen nach der Eingabe selbständig nach aufsteigenden Zeilennummern.
- Nach jeder Programmzeile muß zum Abschließen der Anweisung die Return-Taste gedrückt werden.
- Zum Verbessern einer Zeile kann der Fehler korrigiert oder die ganze Zeile neu geschrieben werden. Die alte Anweisung wird dabei von der neuen überschrieben.
- Die LIST-Anweisung bewirkt, dass das Programm auf dem Bildschirm ausgegeben wird.
- Der Befehl CLS löscht den gesamten Bildschirm und setzt den Cursor in die linke, obere Ecke des Bildschirms.
- Mit dem Befehl RUN beginnt der Programmlauf. Der Computer arbeitet dabei die Anweisungen nach aufsteigenden Zeilennummern ab.
- Der Befehl NEW muss vor Beginn eines Programms eingegeben werden, damit der Arbeitsspeicher gelöscht wird.
- Mit einer REM-Anweisung können Hinweise für den Benutzer in das Programm geschrieben werden. Sie ist ohne Einfluß auf den Programmablauf.
- Mit der PRINT-Anweisung kann Text auf dem Bildschirm ausgegeben werden. Der Text ist dazu nach der PRINT-Anweisung zwischen zwei Anführungszeichen zu setzen.
- Leere PRINT-Anweisungen bewirken das Einfügen von Leerzeilen. Zwei leere PRINT-Anweisungen in einer Zeile, durch Doppelpunkt getrennt, erzeugen zwei Leerzeilen.
- Eine LET-Anweisung ist eine Wertzuweisung und wird verwendet, um einer Variablen einen Wert oder einen mathematischen Ausdruck zuzuordnen.
- Mit der INPUT-Anweisung werden Daten in einem gestarteten Programm einer Variablen zugeordnet. Erläuternder Text muss dabei wie bei der PRINT-Anweisung zwischen zwei Anführungszeichen gesetzt werden.
- Am Programmende muß eine END-Anweisung stehen.

1.11.6 Das unverzweigte Programm

Beim unverzweigten Programm, auch als lineares Programm bezeichnet, werden Anweisungen und Befehle nacheinander abgearbeitet.

Beispiel: Umfang und Flächeninhalt eines Rechtecks sind zu berechnen.

a) Das dafür notwendige Programm ist zu erstellen.

b) Wie groß sind Umfang und Flächeninhalt, wenn die Länge 24 cm und die Breite 15 cm betragen?

Lösung: a) Programm

```
 10 REM Rechteckberechnung
 20 CLS
 30 PRINT"Rechteckberechnung"
 40 PRINT
 50 INPUT "Länge des Rechtecks in cm  ";L
 60 INPUT "Breite des Rechtecks in cm ";B
 70 LET U = 2 * L + 2 * B
 80 LET A = L * B
 90 PRINT : PRINT : PRINT
100 PRINT "Umfang                      U = ";U;" cm"
110 PRINT "Flächeninhalt               A = ";A;" cm^2"
120 END
```

b) Start des Programms durch Eingabe des RUN-Befehls.

Bildschirminhalt:

```
Rechteckberechnung

Länge des Rechtecks in cm  ?24
Breite des Rechtecks in cm ?15



Umfang                      U = 78 cm
Flächeninhalt               A = 360 cm^2
ok
```

Variable

Man unterscheidet Numerische Variable und Stringvariable (Textvariable).

Unter numerischen Variablen versteht man Speicherplätze in einem Programm, denen Zahlenwerte oder mathematische Formeln zugewiesen werden können. Der Name dieser Variablen kann aus einem oder aus zwei Zeichen bestehen, wobei das erste Zeichen des Variablennamens ein Buchstabe sein muss.

Beispiele: A, L, AB, D1, D2, PI

Als Stringvariable bezeichnet man einen Speicherplatz, dem man Texte oder Sonderzeichen zuordnen kann. Auch bei Stringvariablen muss das erste Zeichen ein Buchstabe sein. Zur Kennzeichnung der Stringvariablen ist dem Variablennamen ein Dollarzeichen ($) anzufügen.

Beispiele: A$, L$, AB$, D1$, D2$, PI$

Zahlenwerte oder Texte werden in einem Programm mit Hilfe der LET-Anweisung den jeweiligen Variablen zugewiesen. Bei den meisten BASIC-Versionen kann bei Wertzuweisungen das Wort LET entfallen. Dann kann die Zeile **70 LET A = L * B** auch heißen
70 A = L * B

Programmablaufplan, Struktogramm

Bei der Lösung einer Aufgabe mit Hilfe des Computers muss zunächst für die Erstellung des Programms eine genaue Reihenfolge der Anweisungen, der Algorithmus, festgelegt werden. Die Praxis hat gezeigt, dass grafische Darstellungen des Lösungsweges anschaulicher sind als reine Beschreibungen.

Deshalb werden Lösungswege durch Programmablaufpläne (PAP) oder Struktogramme (STG) dargestellt. Die dafür verwendeten Symbole sind nach DIN 66001 genormt **(Tabelle 40/1)**.

Beispiel: Von einem Quadrat sollen nach Eingabe der Seitenlänge *a* der Umfang *U*, die Länge der Diagonalen *d* und der Flächeninhalt *A* berechnet werden.

Lösung:

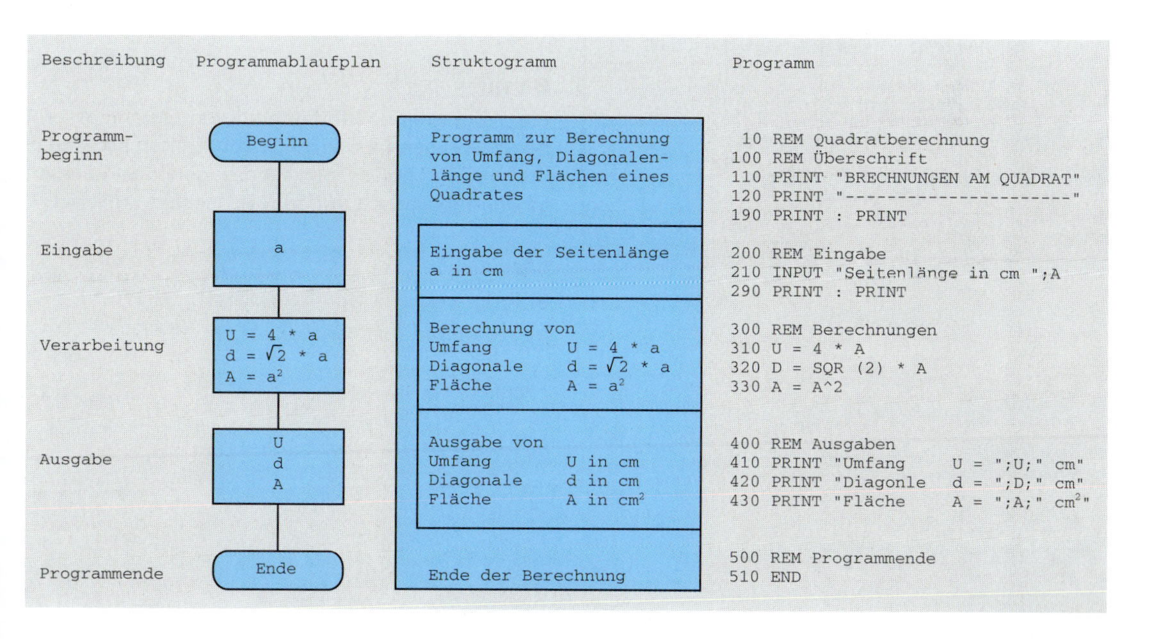

1.11.7 Verzweigtes Programm

Bei einem verzweigten Programm kann innerhalb des Programmdurchlaufes in eine beliebige Programmzeile gesprungen, eine Bedingung abgefragt oder eine bestimmte Anzahl von Programmdurchläufen festgelegt werden. Zur Erstellung eines verzweigten Programmes sind weitere BASIC-Anweisungen erforderlich.

Tabelle 40/1: Sinnbilder für Programmablaufpläne

Sinnbild	Bedeutung	BASIC-Anweisung (Beispiel)
(abgerundetes Rechteck)	**Grenzstelle**: Beginn, Ende eines Programms	END
(Rechteck)	**Operation**, allgemein: Eingabe, Ausgabe, arithmetische Operation	INPUT, PRINT, LET
(Raute)	**Verzweigung**	IF...THEN
(Linie)	**Verbindungslinie**	
(Kreis)	**Zusammenführung**	
- - -[	**Bemerkung** (kann an jedes Sinnbild angefügt werden)	

Tabelle 40/2: Vergleichsoperationen

Mathematische Zeichen	Bezeichnung	BASIC-Zeichen	Beispiel
=	gleich	=	A = 5*B
<	kleiner als	<	X < 1.5
≦	kleiner oder gleich	< =	2*X+8 < = Y
>	größer als	>	X > Ø
≧	größer oder gleich	> =	3*Y > = 8
≠	ungleich	oder >< <>	2*X+4 >< Ø

GOTO-Anweisung

Mit der Sprunganweisung GOTO wird der Rechner veranlaßt, in eine bestimmte Programmzeile zurückzuspringen. Damit beginnt ein neuer Durchlauf des Programmteils, bis der Rechner wieder zur GOTO-Anweisung gelangt. Mit dieser Anweisung ist es möglich, bestimmte Programmteile in einer Schleife mehrmals abzuarbeiten (Endlosschleife).

Das Abbrechen des Programmlaufs ist nur durch Eingabe des Steuerbefehls **Ctrl C** möglich.

IF...THEN-Anweisung

Die IF...THEN-Anweisung ist eine Verzweigungsanweisung, bei der eine Abfragebedingung in den Programmlauf eingefügt wird. Ist die Bedingung erfüllt (wahr), arbeitet der Computer mit der Anweisung weiter, die nach THEN programmiert ist. Ist die Bedingung nicht erfüllt (falsch), arbeitet der Rechner mit der in der nächsten Zeile enthaltenen Anweisung weiter.

Bei der Verzweigung mit der IF...THEN-Anweisung entscheidet der Computer mit Hilfe mathematischer Vergleiche (Vergleichsoperationen) über den weiteren Ablauf des Programms **(Tabelle 40/2)**.

Beispiel:

Ein Programm soll fortlaufend von Durchmesser 1 beginnend den Flächeninhalt von Kreisen berechnen und die Durchmesser sowie dazugehörige Flächeninhalte tabellarisch auf dem Bildschirm auflisten.

Lösungen:

a) Programm mit Sprunganweisung GOTO

b) Programm mit Verzweigung IF...THEN

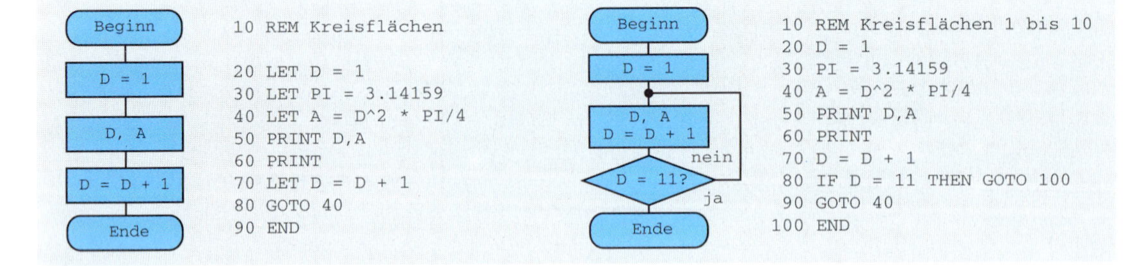

Schleifenbildung mit FOR-NEXT

Die Schleifenbildung mit der Anweisung FOR-NEXT ermöglicht, Anfangswert und Endwert der Schleife, die Anzahl der Wiederholungen sowie die Schrittweite festzulegen.

Beispiel:

20 FOR L = A TO E STEP S	L = Laufvariable
30	A = Anfangswert der Laufvariablen
40	E = Endwert der Laufvariablen
80 NEXT L	S = Schrittweite der Laufvariablen

Der Schleifenanfang beginnt mit der FOR-Anweisung. Die Laufvariable dient als Zähler für die Anzahl der Schleifendurchläufe. Diese ergibt sich aus Anfangswert und Endwert der Laufvariablen sowie aus der Schrittweite STEP. Am Schleifenende steht die NEXT-Anweisung.

Bei Laufanweisungen ohne STEP wird die Schrittweite 1 gesetzt. Alle Anweisungen zwischen FOR und NEXT werden solange wiederholt, bis die Laufvariable den Endwert E erreicht. Anschließend wird die Anweisung bearbeitet, welche im Programm nach der NEXT-Anweisung folgt.

Beispiel: Schachproblem

Mit Hilfe eines BASIC-Programms soll sich die Gesamtsumme der Reiskörner auf einem Schachbrett mit 64 Feldern berechnen lassen, wenn auf dem ersten Feld 1 Korn und auf jedem folgenden Feld doppelt so viele Körner liegen wie auf dem vorhergehenden Feld.

Lösung:

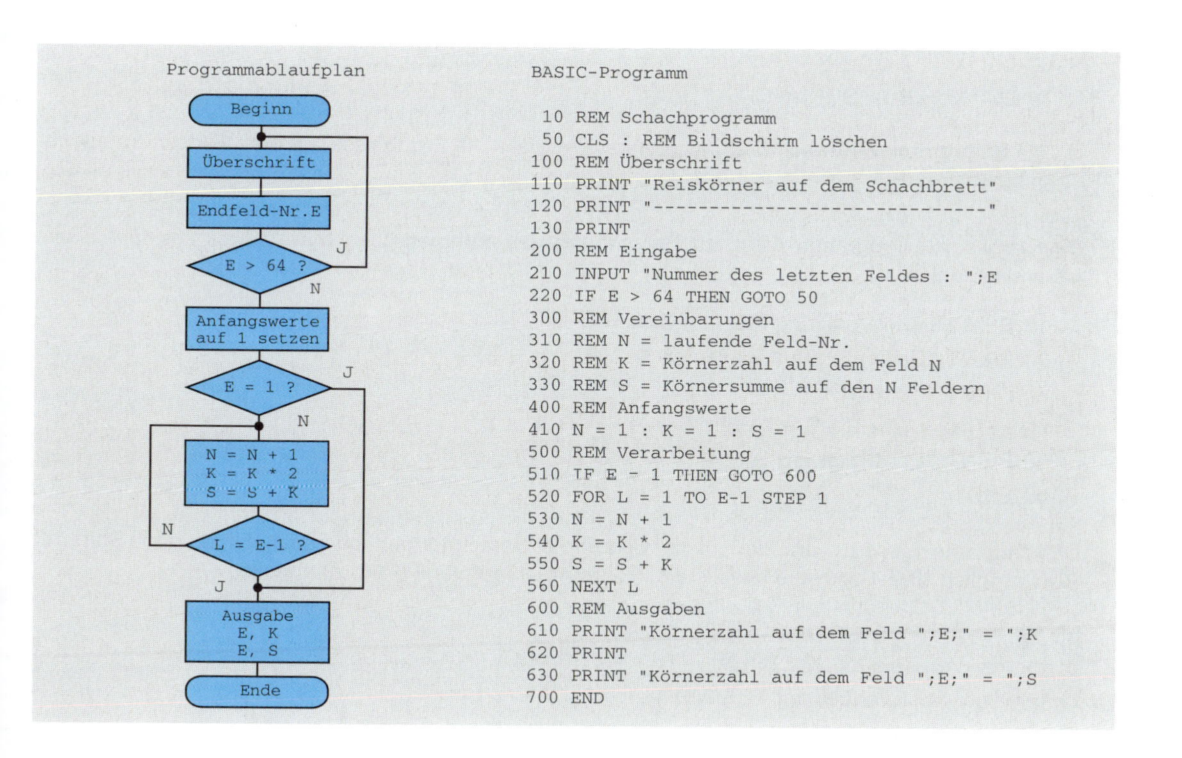


```
 10 REM Schachprogramm
 50 CLS : REM Bildschirm löschen
100 REM Überschrift
110 PRINT "Reiskörner auf dem Schachbrett"
120 PRINT "------------------------------"
130 PRINT
200 REM Eingabe
210 INPUT "Nummer des letzten Feldes : ";E
220 IF E > 64 THEN GOTO 50
300 REM Vereinbarungen
310 REM N = laufende Feld-Nr.
320 REM K = Körnerzahl auf dem Feld N
330 REM S = Körnersumme auf den N Feldern
400 REM Anfangswerte
410 N = 1 : K = 1 : S = 1
500 REM Verarbeitung
510 IF E = 1 THEN GOTO 600
520 FOR L = 1 TO E-1 STEP 1
530 N = N + 1
540 K = K * 2
550 S = S + K
560 NEXT L
600 REM Ausgaben
610 PRINT "Körnerzahl auf dem Feld ";E;" = ";K
620 PRINT
630 PRINT "Körnerzahl auf dem Feld ";E;" = ";S
700 END
```

Aufgaben zu 1.11 Rechnen mit Computern

1 Aus dem Programm sind anzugeben:

```
10 REM Mittelwert aus fünf Zahlen
20 LET X  = 109+375+79+237+581
30 LET A$ = "Mittelwert ist"
40 LET Y  = X/5
50 PRINT A$;Y
60 END
```

a) eine Wertzuweisung
b) eine numerische Variable
c) eine Stringvariable
d) eine Wertzuweisung als Text
e) eine Ausgabeanweisung

2 Welche der folgenden Wertzuweisungen sind richtig?

a) 10 LET 5 = A
b) 20 LET A = C+7
c) 30 LET C$ = 3
d) 40 LET A$ = "JA"
e) 50 LET Z = "NEIN"
f) 60 LET Z$ = "13"

3 Aus den folgenden Programmen ist jeweils der Wert von X nach Ausführung der Anweisungen zu ermitteln.

a)
```
10 LET A = 8
20 LET B = 6
30 LET C = 2
40 LET X = A/B − C
50 LET X = C*A − B
60 LET X = A^C+B
70 LET X = B − SQR(A/C)
```

b)
```
10 LET A = 4
20 LET B = 5
30 LET C = 3
40 LET X = (A+B) / C
50 LET X = A/B*C
60 LET X = SQR((A+B) * A) / C
70 LET X = SQR(B^C − A)
```

c) Die Programme a) und b) sind so zu erweitern, dass die Ergebnisse auf dem Bildschirm ausgegeben werden.

4 Das dargestellte Programm dient zur Berechnung des arithmetischen Mittelwertes aus fünf einzugebenden Zahlen.

```
10 REM Mittelwertbildung aus fünf Zahlen
20 PRINT "Geben Sie fünf Zahlen ein"
30 INPUT A;B;C;D;E
40 LET X = (A+B+C+D+E) / 5
50 PRINT "Der Mittelwert ist";X
60 END
```

Das Programm ist so zu verändern, dass wiederholte Berechnungen mit neuen Zahlen ohne Start mit RUN möglich sind. Dazu sind jeweils die Programmablaufpläne (PAP) zu erstellen.

a) mit der Sprunganweisung GOTO,
b) mit der Verzweigung IF...THEN,
c) mit einer Schleifenbildung FOR-NEXT,
d) für eine beliebige Anzahl von Zahlenwerten.

1.12 Rechnen mit Tabellenkalkulation

Als Tabellenkalkulation bezeichnet man Computer-Programme, die dem Anwender in Zeilen und Spalten gegliederte Arbeitsblätter zur Verfügung stellen **(Bild 43/1)**. Das Ziel ist z.B. häufig wiederkehrende Berechnungen übersichtlich darzustellen.

Mit Hilfe dieser Arbeitsblätter können Daten in Tabellenform eingegeben und berechnet werden. Die Daten müssen dazu in Zellen geschrieben werden. Die einzelnen Zellen können sowohl Zahlen als auch Texte oder Formeln enthalten. Die Verknüpfung von Zellen führt zum Ergebnis.

Die Tabellenkalkulation hat den Vorteil, daß bei Veränderungen einzelner Werte die erforderlichen Neuberechnungen selbständig durchgeführt werden. Dies vereinfacht die Durchführung von gleichartigen Rechengängen. Zusätzlich lassen sich die Zahlenwerte in Diagrammen darstellen.

Die in der Fachmathematik Bautechnik verwendete Tabellenkalkulation EXCEL benötigt die Benutzeroberfläche WINDOWS.

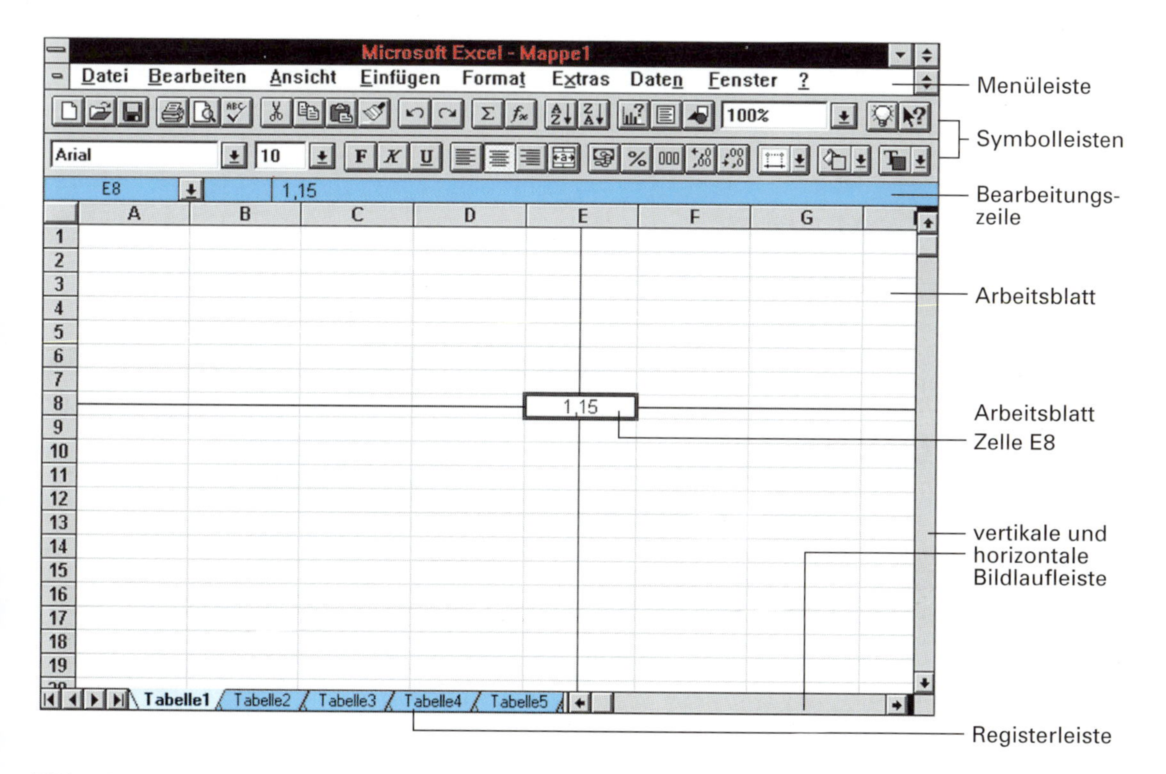

Bild 43/1: Bildschirmaufbau der Tabellenkalkulation

Bei Aufruf des Programms erscheint in der obersten Zeile der Programmname. Darunter befinden sich die Menüleiste und Symbolleisten. Nach Anklicken eines Begriffes in der Menüleiste erscheint ein Untermenü (Pulldown-Menü) mit einzelnen Befehlen zum Umgang mit dem Programm. Häufig verwendete Befehle sind schneller anwählbar über entsprechende Symbole (Icons) in den Symbolleisten. In den fertigen Arbeitsblättern werden diese Leisten nicht benötigt und sind deshalb ausgeblendet.

Das Arbeitsblatt ist in Zeilen und Spalten gegliedert. Zeilen und Spalten ergeben Zellen; die Lage jeder Zelle ist festgelegt durch einen Buchstaben für die Spalte und eine Ziffer für die Zeile. So liegt z.B. Zelle E8 in Spalte E und Zeile 8.

Über dem Arbeitsblatt liegt die Bearbeitungszeile. Sie hat die Aufgabe, den aktuellen Zellnamen und Zellinhalt anzuzeigen. Die Zelle E8 enthält z.B. den Inhalt 1,15. Die Zellinhalte können in der Bearbeitungszeile eingegeben und verändert werden.

Mit Hilfe der Registerleisten am unteren Bildschirmrand lassen sich verschiedene Tabellen aufrufen. Mit der senkrechten und waagerechten Bildlaufleiste kann der sichtbare Ausschnitt größerer Tabellen verändert werden.

1.12.1 Programmstart

Nach dem Start der Tabellenkalkulation aus der WINDOWS-Oberfläche erscheint ein leeres Arbeitsblatt. Durch Anklicken des Befehls DATEI in der Menüleiste öffnet sich ein Untermenü **(Bild 44/1)**.

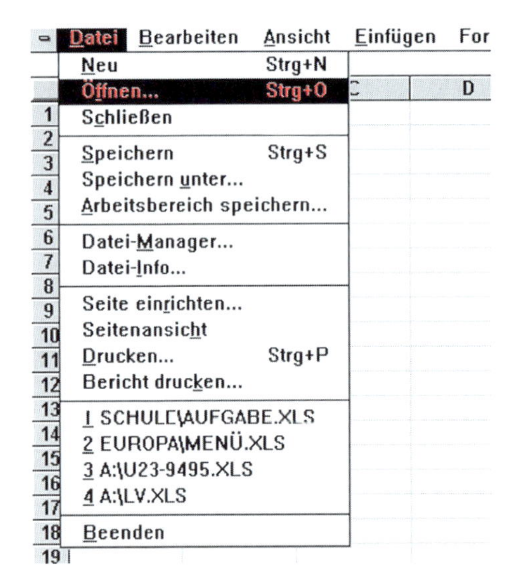

Bild 44/1: Untermenü zum Befehl DATEI

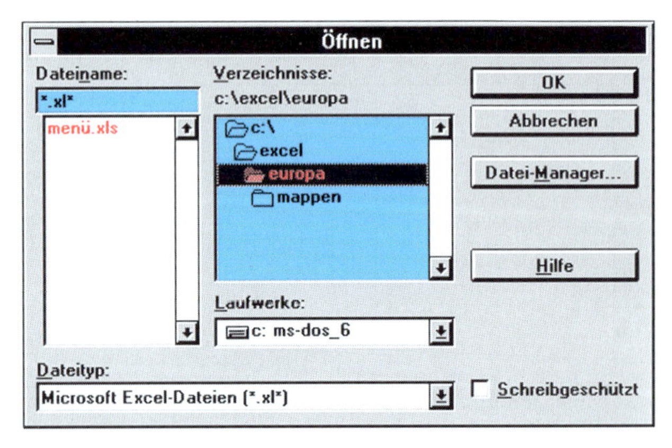

Bild 44/2: Auswahlfeld für das Unterverzeichnis EUROPA

Mit dem Anklicken des Befehls ÖFFNEN erscheint das Auswahlfeld, in dem das Verzeichnis EUROPA als Unterverzeichnis von C:\EXCEL festgelegt werden muss **(Bild 44/2)**. Nach der Auswahl wird der im Verzeichnis EUROPA verfügbare Dateiname MENÜ.XLS angezeigt. Durch Doppelklick auf MENÜ.XLS wird das EUROPA-MENÜ gestartet.

1.12.2 Arbeitsmappen

Auf dem Bildschirm erscheint das Menü für die Fachmathematik Bautechnik **(Bild 45/1)**. Durch Anklicken einer Schaltfläche wird die zugehörige Arbeitsmappe geladen.

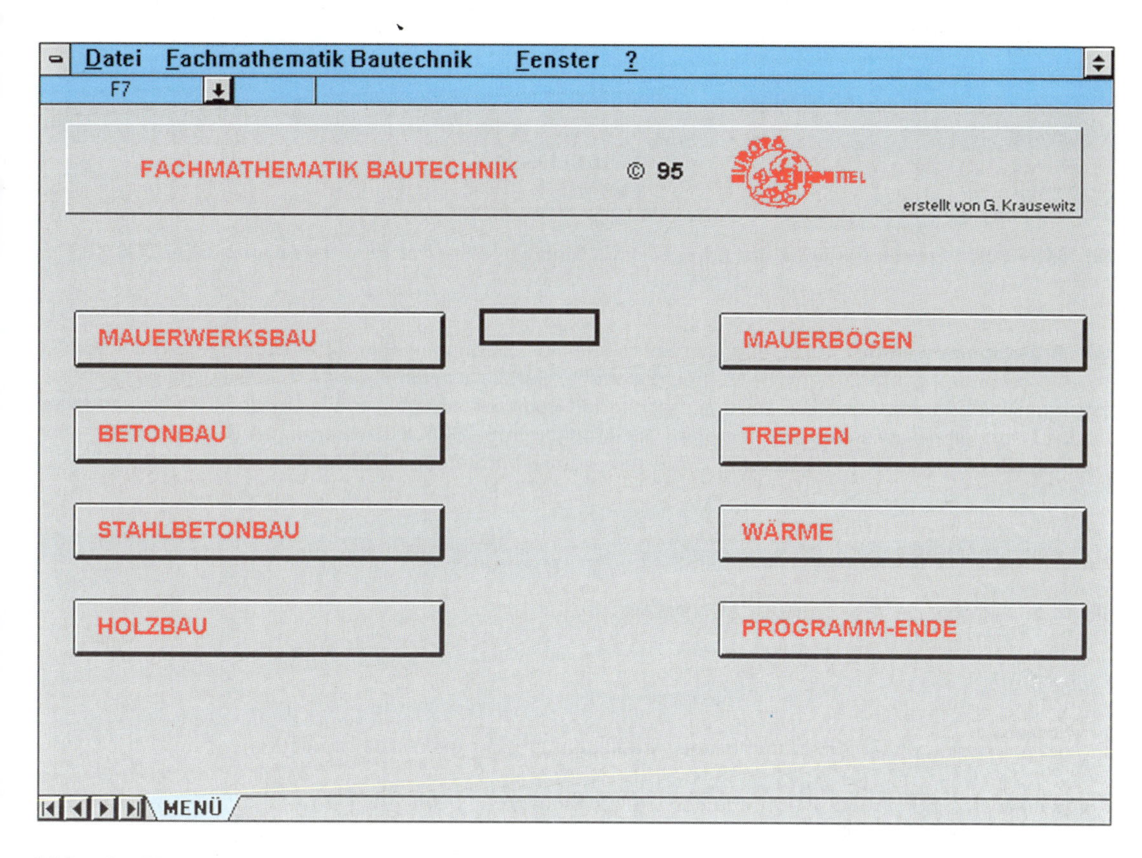

Bild 45/1: Menü für die Fachmathematik Bautechnik

Beim Laden des EUROPA-MENÜS wird automatisch die Menüleiste der Tabellenkalkulation geändert. Nicht benötigte Befehle werden ausgeblendet. Zusätzlich erscheint der Befehl **Fachmathematik Bautechnik**, mit dessen Hilfe die einzelnen Arbeitsmappen ebenfalls aufgerufen werden können **(Bild 45/2)**.

Datei   Fachmathematik Bautechnik   Fenster   ?

C7

Mauerwerksbau
Betonbau
Stahlbetonbau
Holzbau
Mauerbögen
Treppen
Wärme

Programm-Ende

Bild 45/2: Pulldown-Menü für den Befehl Fachmathematik Bautechnik

Dieser Befehl bleibt auch während der Arbeit mit den einzelnen Arbeitsmappen eingeblendet. Damit können zusätzlich benötigte Arbeitsmappen aufgerufen werden, ohne vorher zum EUROPA-MENÜ zu wechseln. Sind gleichzeitig mehrere Arbeitsmappen geöffnet, kann mit dem Befehl Fenster die gewünschte Arbeitsmappe in den Bildschirmvordergrund gerufen werden **(Bild 46/1)**. Dabei werden die Dateinamen und nicht die Namen der Arbeitsmappen angezeigt.

Datei Fachmathematik Bautechnik Fenster ?
L4
1 HOLZBAU.XLS
√ 2 STAHLLIS.XLS
3 MENÜ.XLS

Bild 46/1: Befehl Fenster. Aktiv ist die Arbeitsmappe Stahlbetonbau mit dem Dateinamen STAHLLIS.XLS

Jede Arbeitsmappe enthält vorbereitete Arbeitsblätter für die ausgewählten Berechnungen. Das Register am unteren Bildschirmrand zeigt die Namen der vorhandenen Arbeitsblätter an. Die Auswahl des Arbeitsblattes geschieht durch Anklicken des entsprechenden Registerfeldes. Die Pfeile ermöglichen ein schnelles Hin- und Herblättern zwischen den Tabellen. Die Arbeitsmappe BETONBAU enthält z.B. Arbeitsblätter für Zuschlag, Zugabewasser, Rezeptbeton, Stoffraum sowie Masseteile + Mischerfüllung **(Bild 46/2)**.

ZUSCHLAG | ZUGABEWASSER | REZEPTBETON | STOFFRAUM | MASSETEILE + MISCHERFÜLLUNG

Bild 46/2: Register der Arbeitsmappe BETONBAU

Die hier verwendeten Arbeitsmappen und Arbeitsblätter sind gleichartig strukturiert:

- Eingaben sind nur in die rot unterlegten Zellen möglich,
- eingegebene Werte verändern sofort die Ergebnisse,
- Ergebnisse erscheinen auf dem Bildschirm in roter Schrift,
- durch Anklicken der Schaltfläche MENÜ kann zum EUROPA-MENÜ zurückgekehrt werden.

Durch Anklicken der Schaltfläche DRUCKEN können die angegebenen Arbeitsblätter ausgedruckt werden.

Bei Arbeitsende ist im EUROPA-MENÜ die Schaltfläche PROGRAMM-ENDE anzuklicken; das Programm fragt automatisch nach, ob die Arbeitsergebnisse gespeichert werden sollen.

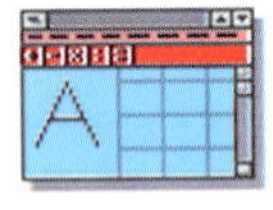

Das Symbol AUFGABEN weist in den einzelnen Kapiteln auf diejenigen Aufgaben hin, die mit dem Computerprogramm gelöst werden können. Auf der zugehörigen Diskette sind die zur Berechnung notwendigen Arbeitsblätter und Tabellen gespeichert.

2 Längen

2.1 Einheiten

Die Einheit der Länge heißt **Meter (m)**. Weitere Einheiten der Länge sind **Dezimeter (dm)**, **Zentimeter (cm)**, **Millimeter (mm)** und **Kilometer (km)**.

Umrechnung von Einheiten der Länge

Multiplikator	· 1 000	· 10	· 10	· 10	von Einheit zu Einheit	
—	km	m	dm	cm	mm	—
km	1	1 000	10 000	100 000	1 000 000	km
m	0,001	1	10	100	1 000	m
dm	0,000 1	0,1	1	10	100	dm
cm	0,000 01	0,01	0,1	1	10	cm
mm	0,000 001	0,001	0,01	0,1	1	mm
von Einheit zu Einheit		: 1000	: 10	: 10	: 10	Teiler

Beispiel: Wieviel Millimeter sind 49 cm?
Lösung: 49 cm · 10 = **490 mm**

Beispiel: Wieviel Zentimeter sind 2,01 m?
Lösung: 2,01 m · 100 = **201 cm**

Soll ein Längenmaß in die nächstgrößere Einheit umgerechnet werden, so ist mit der Umrechnungszahl **10** zu dividieren oder das Komma um eine Stelle nach links zu verschieben.

Beispiel: Wieviel Zentimeter sind 75 mm?
Lösung: 75 mm : 10 = **7,5 cm**

Beispiel: Wieviel Meter sind 36,5 cm?
Lösung: 36,5 cm : 100 = **0,365 m**

Für die Umrechnung der Einheit Meter in die Einheit Kilometer ist mit der Umrechnungszahl **1000** zu dividieren, bei der Umrechnung von Kilometer in Meter mit 1000 zu multiplizieren.

Beispiel: Wieviel Meter sind 3,25 km?
Lösung: 3,25 km · 1000 = **3250 m**

Beispiel: Wieviel Kilometer sind 480 m?
Lösung: 480 m : 1000 = **0,480 km**

Aufgaben zu 2.1 Einheiten

1 Wieviel Meter sind:

3,874 km;	15,28 dm;	11,5 cm;	7 mm
15,28 km;	60,3 dm;	87,5 cm;	462 mm
0,003 km;	0,78 dm;	135 cm;	1 008 mm
0,2 km;	0,05 dm;	0,2 cm;	10 mm

2 Wieviel Zentimeter sind:

7,82 km;	1,25 m;	37 dm;	14 mm
0,352 km;	10,2 m;	10 dm;	3 mm
0,07 km;	0,08 m;	0,3 dm;	1 055 mm
0,002 km;	0,006 m;	0,04 dm;	20 008 mm

3 Folgende Längen sind zu addieren:

a) Ergebnis in Meter:
3 040 mm + 75 dm + 0,843 km + 2 453 cm
486 cm + 103 mm + 0,04 dm − 0,002 km
55 dm − 4,08 km + 205 932 cm + 4 857 930 mm − 0,03 dm + 385 cm

b) Ergebnis in Zentimeter:
83,6 cm − 36 mm + 4,87 m − 11,59 dm
7,29 dm + 3,821 km − 5 555 mm − 1,009 m + 292 cm − 28 dm + 29 mm
5,363 km − 237,14 dm − 345 mm + 128,7 cm + 43,08 dm + 0,005 m

c) Ergebnis in Millimeter:
7,5 m + 52 cm − 32,86 dm + 0,0058 km
0,03 dm + 0,08 km + 0,02 m − 2,8 cm − 53,17 dm + 2,67 m − 3 004 cm
1 080 cm + 0,7 dm + 2,51 m − 0,49 m − 1 080 mm − 2355 mm + 95,5 dm

2.2 Maßstäbe

Maßstäbe geben das Größenverhältnis zwischen der wirklichen Länge und der Länge in der Zeichnung an. Man unterscheidet Verkleinerungsmaßstäbe und Vergrößerungsmaßstäbe. Bei Verkleinerungsmaßstäben bedeutet die Zahl hinter dem Doppelpunkt um wievielmal kleiner das Maß in der Zeichnung ist als in Wirklichkeit. Diese Zahl bezeichnet man als **Verhältniszahl**. M 1:50 bedeutet, die wirkliche Länge wird in der Zeichnung 50mal kleiner dargestellt.

Die Länge in der Zeichnung lässt sich berechnen, wenn die wirkliche Länge und die Verhältniszahl bekannt sind.

$$\textbf{Länge in der Zeichnung} = \frac{\textbf{wirkliche Länge}}{\textbf{Verhältniszahl}}$$

Beispiel: Wirkliche Länge 1,24 m. M 1:20

Lösung: Länge in der Zeichnung $= \frac{1\,240\,\text{mm}}{20} = \mathbf{62\ mm}$

Die wirkliche Länge kann aus der Länge in der Zeichnung und der gegebenen Verhältniszahl errechnet werden.

$$\textbf{Wirkliche Länge} = \textbf{Länge in der Zeichnung} \cdot \textbf{Verhältniszahl}$$

Beispiel: Länge in der Zeichnung 3,5 cm. M 1:50

Lösung: Wirkliche Länge $= 3{,}5\ \text{cm} \cdot 50 = \mathbf{175\ cm}$

Die Verhältniszahl lässt sich aus der Länge in der Zeichnung und der wirklichen Länge ermitteln.

$$\textbf{Verhältniszahl} = \frac{\textbf{wirkliche Länge}}{\textbf{Länge in der Zeichnung}}$$

Beispiel: Wirkliche Länge 8,00 m
Länge in der Zeichnung 40 mm

Lösung: Verhältniszahl $= \frac{8\,000\,\text{mm}}{40\,\text{mm}} = \mathbf{200}$

Wichtige Maßstäbe in der Bautechnik sind M 1 : 1 000; M 1 : 500 für Lagepläne; M 1 : 200 für Vorentwurfszeichnungen; M 1 : 100 für Baueingabepläne; M 1 : 50 für Werkpläne; M 1 : 20, M 1 : 10, M 1 : 5, M 1 : 1 für Einzelheiten.

Beim Rechnen mit Maßstäben können Rechenvorteile genutzt werden.

Maßstab	Rechenvorteil	**Beispiel**		Lösung
1 : 5	$\frac{1}{5} = \frac{2}{10}$	Wirkliche Länge	75 cm	Länge in der Zeichnung $= \frac{75\ \text{cm} \cdot 2}{10} = \mathbf{15\ cm}$
		Länge in der Zeichnung	14 mm	Wirkliche Länge $= \frac{14\ \text{mm} \cdot 10}{2} = \frac{140\ \text{mm}}{2} = \mathbf{70\ mm}$
1 : 50	$\frac{1}{50} = \frac{2}{100}$	Wirkliche Länge	3,35 m	Länge in der Zeichnung $= \frac{3\,350\ \text{mm} \cdot 2}{100} = \mathbf{67\ mm}$
		Länge in der Zeichnung	28,6 cm	Wirkliche Länge $= \frac{286\ \text{mm} \cdot 100}{2} = \mathbf{14{,}30\ m}$

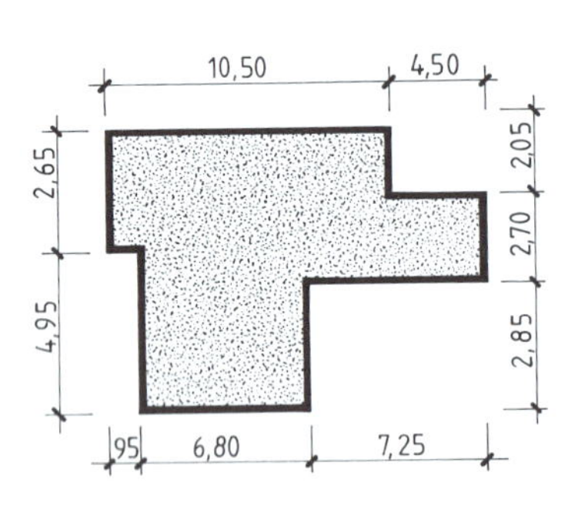

Bild 48/1: Gebäudeabmessungen

Aufgaben zu 2.2 Maßstäbe

1 Welche Längen haben folgende Baumaße in der Zeichnung bei den angegebenen Maßstäben?
1,25 m; 8,24 m; 7,90 m; 38,50 m; 2,365 m; 87,5 cm; 36,5 cm
M 1:200; M 1:100; M 1:50; M 1:20; M 1:10; M 1:5

2 Es sind die wirklichen Längen aus den Zeichnungslängen zu bestimmen. 7 mm; 13,5 mm; 28,4 mm; 4,6 cm; 5,1 cm; 97 mm; 11,5 cm. Maßstäbe hierfür sind M 1:200; M 1:50; M 1:20; M 1:10; M 1:5.

3 Die Gebäudeabmessungen sind für Zeichnungen in den Maßstäben M 1:500; M 1:100; M 1:50 und M 1:20 zu ermitteln **(Bild 48/1)**.

2.3 Gerade Längen

Bei Längenmaßen im Hochbau handelt es sich meist um gerade Längen, z.B. bei Wänden, Fenster- und Türöffnungen oder Raumabmessungen. Auch der Umfang einer geradlinig begrenzten Fläche setzt sich aus mehreren Einzellängen zusammen.

Geradlinig begrenzte Flächen sind Quadrat, Rechteck, Raute (Rhombus), Parallelogramm, Trapez, Dreieck, regelmäßiges Vieleck und unregelmäßiges Vieleck.

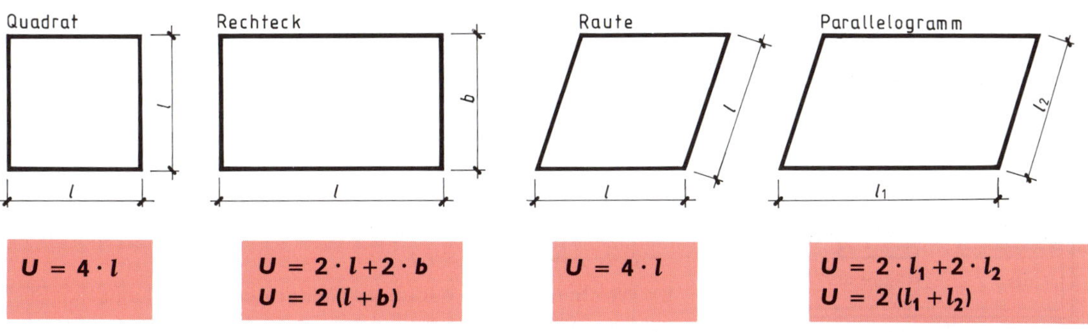

Quadrat: $U = 4 \cdot l$

Rechteck: $U = 2 \cdot l + 2 \cdot b$; $U = 2\,(l + b)$

Raute: $U = 4 \cdot l$

Parallelogramm: $U = 2 \cdot l_1 + 2 \cdot l_2$; $U = 2\,(l_1 + l_2)$

Beispiele:

Quadrat: $l = 3{,}20$ m

Lösungen: $U = 4 \cdot 3{,}20$ m
$\mathbf{U = 12{,}80\ m}$

Rechteck: $l = 5{,}10$ m $b = 3{,}35$ m

$U = 2\,(5{,}10\ \text{m} + 3{,}35\ \text{m})$
$U = 2 \cdot 8{,}45$ m
$\mathbf{U = 16{,}90\ m}$

Raute: $l = 3{,}15$ m

$U = 4 \cdot 3{,}15$ m
$\mathbf{U = 12{,}60\ m}$

Parallelogramm: $l_1 = 5{,}55$ m $l_2 = 3{,}15$ m

$U = 2\,(5{,}55\ \text{m} + 3{,}15\ \text{m})$
$U = 2 \cdot 8{,}70$ m
$\mathbf{U = 17{,}40\ m}$

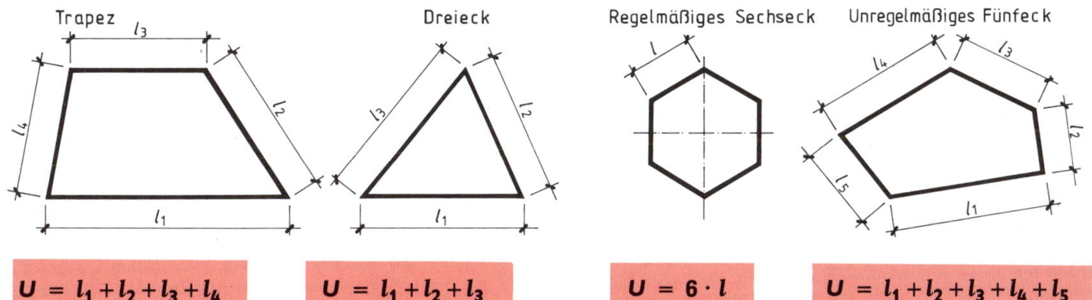

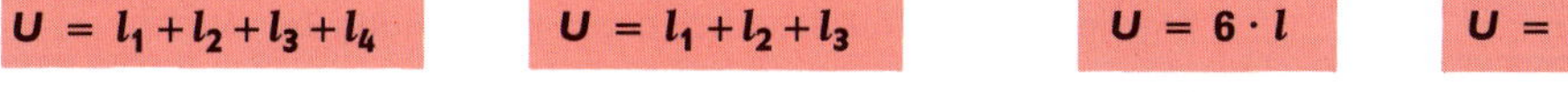

Trapez: $U = l_1 + l_2 + l_3 + l_4$

Dreieck: $U = l_1 + l_2 + l_3$

Regelmäßiges Sechseck: $U = 6 \cdot l$

Unregelmäßiges Fünfeck: $U = l_1 + l_2 + l_3 + l_4 + l_5$

Beispiele:

Trapez: $l_1 = 5{,}50$ m $l_2 = 3{,}80$ m
$l_3 = 2{,}30$ m $l_4 = 3{,}20$ m

Dreieck: $l_1 = 3{,}50$ m $l_2 = 3{,}20$ m
$l_3 = 4{,}20$ m

Sechseck: $l = 1{,}50$ m

Fünfeck: $l_1 = 3{,}50$ m $l_2 = 2{,}10$ m
$l_3 = 1{,}60$ m $l_4 = 3{,}60$ m
$l_5 = 2{,}50$ m

Lösungen:

$U = 5{,}50\ \text{m} + 3{,}80\ \text{m} + 2{,}30\ \text{m} + 3{,}20\ \text{m}$
$\mathbf{U = 14{,}80\ m}$

$U = 3{,}50\ \text{m} + 3{,}20\ \text{m} + 4{,}20\ \text{m}$
$\mathbf{U = 10{,}90\ m}$

$U = 6 \cdot 1{,}50$ m
$\mathbf{U = 9{,}00\ m}$

$U = 3{,}5\ \text{m} + 2{,}1\ \text{m} + 1{,}6\ \text{m} + 3{,}6\ \text{m} + 2{,}5\ \text{m}$
$\mathbf{U = 13{,}30\ m}$

Aufgaben zu 2.3 Gerade Längen

1 Eine Terrasse ist 2,40 m lang und 2,00 m breit. Sie ist mit Platten 40/60 cm belegt. Der Länge nach liegen jeweils 4 Platten hintereinander, in der Breite sind 5 Plattenreihen verlegt.

a) Welchen Umfang hat die Terrasse?

b) Die Platten sollen ausgefugt werden. Wieviel Meter Fuge müssen mit Mörtel ausgegossen werden? Der äußere Rand der Terrasse wird nicht verfugt.

2 Ein rechteckiger Platz soll gepflastert werden. Der Platz ist 8 m lang und 4,20 m breit. Er soll mit andersfarbigen Steinen ringsum 25 cm breit eingefasst und in Länge und Breite jeweils in der Mitte in 4 gleiche Flächen aufgeteilt werden.

Wieviel Meter andersfarbiger Steine sind insgesamt für Randeinfassung und Flächenaufteilung des Platzes notwendig?

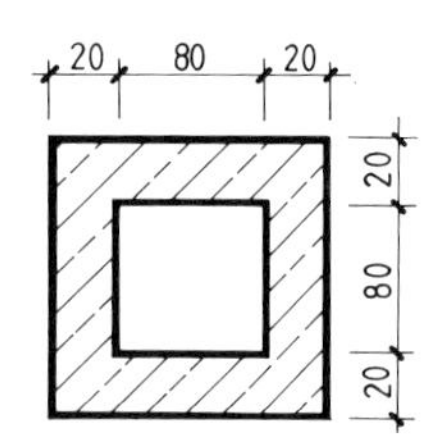

Bild 50/1: **Schacht**

3 Es soll ein quadratischer Schacht betoniert werden **(Bild 50/1)**. Wie groß ist der innere und der äußere Umfang?

4 In einem quadratischen Heizöllagerraum wird ringsum eine 14,06 m (38,44 m) lange Hohlkehle angebracht.

Welche Seitenlänge hat der Raum?

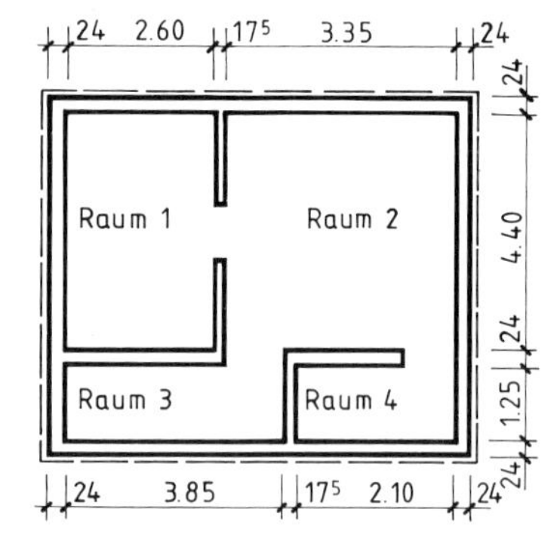

Bild 50/2: **Kellergeschoss**

5 Um ein Kellergeschoss soll eine Dränleitung verlegt werden. **(Bild 50/2)**

a) Wieviel Meter Leitung sind notwendig, wenn für Rundungen und Wandabstand zur Kelleraußenwand noch 10% zugeschlagen werden müssen?

b) Welchen Umfang haben die Kellerräume 1 bis 4 einschließlich der Türöffnung?

c) Im Fundament ist ein Fundamenterder einzulegen. Er liegt mittig unter der Außenwand.

Wieviel Meter Fundamenterder sind bei 20% Zuschlag erforderlich?

6 Ein Werkstattraum mit rechteckigem Grundriss hat einen Umfang von 21,60 m (27,10 m). An den beiden Stirnseiten sind in der ganzen Breite von 3,20 m Leuchtstofflampen angebracht, die bis 4,00 m Tiefe den Raum ausleuchten.

a) Wie lang ist der Raum?

b) Ist der Raum in der Mitte voll ausgeleuchtet?

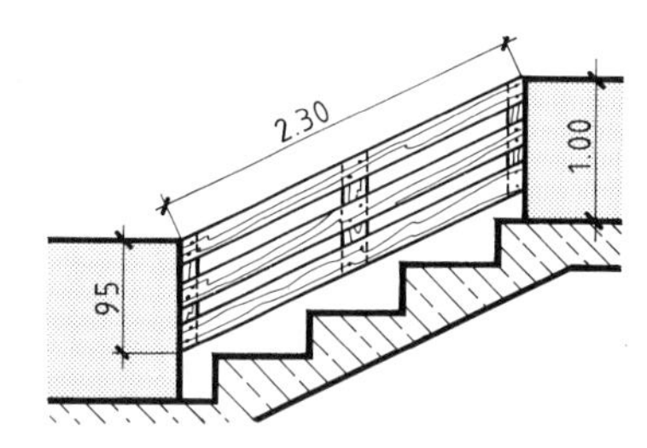

Bild 50/3: **Treppe**

7 Eine Treppe soll während der Bauzeit mit einem Geländer aus Brettern abgesichert werden **(Bild 50/3)**. Die Geländerhöhe beträgt 95 cm. Die Brettlänge für das Geländer ist 2,30 m.

Wieviel Meter Bretter werden zur Herstellung benötigt?

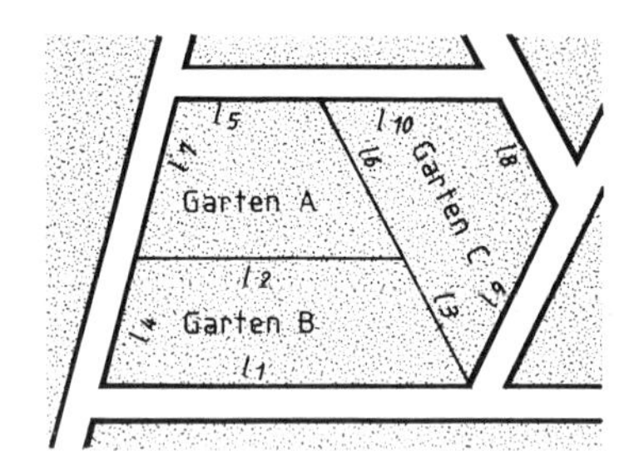

Bild 50/4: **Einzäunung**

8 Wieviel Meter betragen jeweils die Umfänge der Kleingärten A, B und C **(Bild 50/4)**?

l_1 = 10,80 m (12,40 m) l_6 = 5,80 m (5,15 m)
l_2 = 7,20 m (7,30 m) l_7 = 6,60 m (5,90 m)
l_3 = 4,80 m (5,30 m) l_8 = 7,20 m (6,25 m)
l_4 = 5,50 m (6,10 m) l_9 = 5,10 m (6,35 m)
l_5 = 2,75 m (4,00 m) l_{10} = 4,50 m (5,00 m)

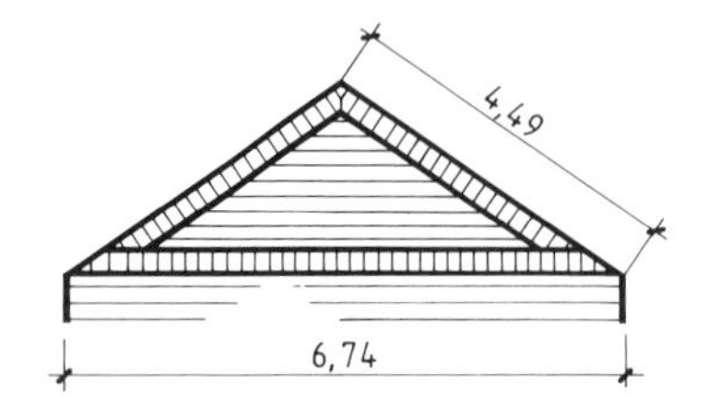

Bild 50/5: **Giebel**

9 Der Giebel eines Wohnhauses soll in Sichtmauerwerk ausgeführt werden **(Bild 50/5)**. Das Giebeldreieck wird durch eine Rollschicht architektonisch herausgehoben.

Wie lang ist die in Rechnung zu stellende Rollschicht im Außenmaß?

10 Eine Stahlbetonstütze hat den Querschnitt eines regelmäßigen Sechsecks. Wie groß ist ihr Umfang, wenn

a) die Kantenlänge 25 cm (35 cm) und

b) der Durchmesser des umschriebenen Kreises 60 cm (90 cm) beträgt?

2.4 Gekrümmte Längen

In der Bautechnik kommen gekrümmte Längen meist bei bogenförmigen Bauteilen vor. Die Krümmungen sind meist kreisförmig oder ellipsenförmig. Daher werden gekrümmte Längen als Kreisumfang oder Ellipsenumfang berechnet.

Die Länge eines Kreisbogens wird berechnet, indem man den Kreisumfang mit dem Verhältnis von Mittelpunktswinkel des Kreisbogens zum Mittelpunktswinkel des Vollkreises (360°) multipliziert.

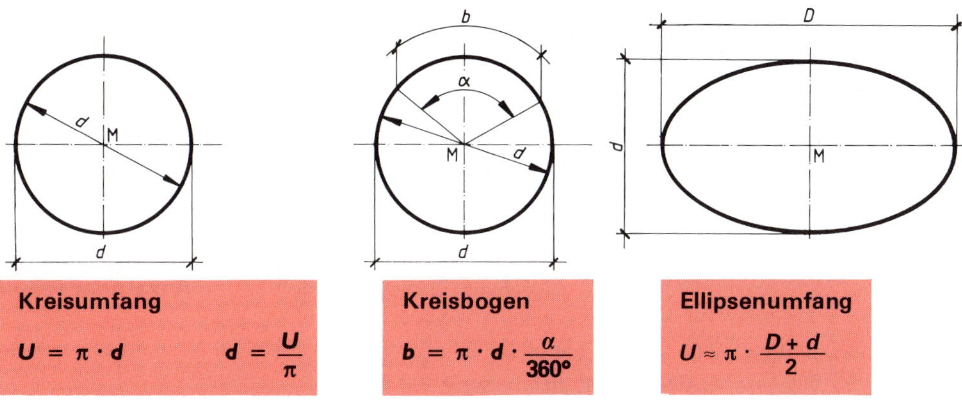

Kreisumfang		Kreisbogen	Ellipsenumfang
$U = \pi \cdot d$	$d = \frac{U}{\pi}$	$b = \pi \cdot d \cdot \frac{\alpha}{360°}$	$U \approx \pi \cdot \frac{D + d}{2}$

Beispiele: $d = 30$ cm; $U = 1{,}57$ m; $d = 50$ cm, $\alpha = 80°$; $D = 3{,}80$ m, $d = 2{,}50$ m

Lösungen:

$U \approx 3{,}14 \cdot 30$ cm
$U \approx 94{,}20$ cm

$d \approx \frac{1{,}57 \text{ m}}{3{,}14}$
$d \approx 49{,}97$ cm

$b \approx 3{,}14 \cdot 50 \text{ cm} \cdot \frac{80°}{360°}$
$b \approx 157 \text{ cm} \cdot 0{,}22$
$b \approx 34{,}54$ cm

$U \approx 3{,}14 \cdot \frac{3{,}80 \text{ m} + 2{,}50 \text{ m}}{2}$
$U \approx 3{,}14 \cdot 3{,}15$ m
$U \approx 9{,}90$ m

Aufgaben zu 2.4 Gekrümmte Längen

1 Die Schalung einer runden Stahlbetonstütze besteht aus 5 cm breiten, zusammensteckbaren Aluminiumprofilen.
   a) Wieviele Profile sind bei einem Stützendurchmesser von 30 cm (90 cm) erforderlich?
   b) Wieviele Profile sind notwendig, wenn der Stützendurchmesser um 5 cm (15 cm; 50 cm) vergrößert wird?

2 Wie groß ist der äußere und der innere Umfang von Betonrohren mit einem Nenndurchmesser (innerer Durchmesser) von 1000 mm (1250 mm) und einer Wanddicke von 50 mm?

3 Ein Baum hat einen Umfang von 60 cm (72 cm; 1,12 m; 1,95 m). Welchen Durchmesser hat der Stamm?

4 Ein Schubkarren wird 20 m (30 m; 40 m; 55 m; 62 m) weit geschoben. Wie oft dreht sich das Rad, wenn dieses einen Durchmesser von 40 cm hat?

5 Eine runde Verkehrsinsel hat einen Durchmesser von 2,60 m (1,80 m; 2,40 m; 3,20 m; 4,20 m). Wieviel Meter Randsteine sind zur Einfassung notwendig?

6 Ein Mauerbogen hat einen Mittelpunktswinkel von 60° (72°; 90°) und einen Radius von 1,25 m (1,75 m; 1,88 m). Wie lang ist die Bogenunterseite?

7 Eine rechtwinklige Straßenecke ist in Form eines Viertelskreises abgerundet. Wie groß ist der Radius, wenn die Randsteinlänge 8,00 m (6,20 m; 7,60 m) beträgt?

8 Ein Betonstabstahl BSt500B ∅ 16 wird mit dem Biegerollendurchmesser 15 d_S (Stabdurchmesser) um 60° (90°) gebogen. Wie lang ist die Rundung?

9 Eine ellipsenförmige Tischplatte hat einen großen Durchmesser von 1,80 m (2,20 m) und einen kleinen Durchmesser von 90 cm (1,10 m). Welchen Umfang hat der Tisch?

10 Für 4 ellipsenförmige Deckenornamente werden Stuckleisten als Einrahmung gezogen. Der große Durchmesser ist 94 cm, der kleine Durchmesser 27 cm. Wie lang sind die Stuckleisten?

2.5 Längenteilung

Auf der Baustelle sind häufig Längen in gleiche Abstände *s* einzuteilen, z.B. bei der Bügelbewehrung, bei der Einteilung von Aussparungen oder beim Annageln von Laschen. Ist die Anzahl der Abstände gegeben, so ist die Anzahl der Teilpunkte *T* gleich der Anzahl der Abstände + 1 **(Bild 52/1)**.

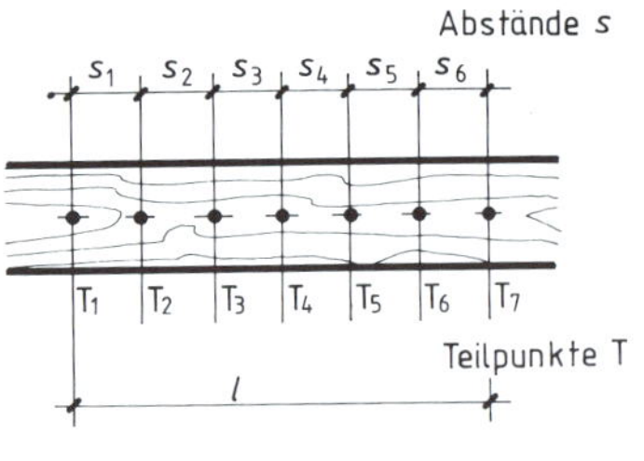

Bild 52/1: Einteilung von Abständen

Anzahl der Teilpunkte = Anzahl der Abstände + 1

Ist die Anzahl der Teilpunkte gegeben, so ist die Anzahl der Abstände gleich der Anzahl der Teilpunkte − 1.

Anzahl der Abstände = Anzahl der Teilpunkte − 1.

Soll der Abstand *s* zwischen 2 Teilpunkten berechnet werden, muss die Gesamtlänge *l* durch die Anzahl der Abstände dividiert werden.

$$\textbf{Abstand zwischen 2 Teilpunkten} = \frac{\textbf{Gesamtlänge } l}{\textbf{Anzahl der Abstände}} \text{ oder } \frac{\textbf{Gesamtlänge } l}{\textbf{Anzahl der Teilpunkte} - 1}$$

Beispiel: In ein Brett sollen auf eine Länge l = 90 cm 7 Nägel im gleichen Abstand eingeschlagen werden.

a) Wieviele Abstände sind anzureißen?

b) Wie groß ist der Abstand zwischen den einzelnen Nägeln?

Lösung: a) Anzahl der Abstände = 7 − 1 = 6 **6 Abstände sind anzureißen.**

b) Abstand zwischen 2 Nägeln $\frac{90\text{ cm}}{6} = \mathbf{15\text{ cm}}$ oder $\frac{90\text{ cm}}{7-1} = \mathbf{15\text{ cm}}$

Aufgaben zu 2.5 Längenteilung

1 Ein Stahlbetongurt ist 4,20 m lang. Es sollen 5 Aussparungen (6; 7; 9; 10 Aussparungen) in gleichmäßigen Abständen in die Schalung eingesetzt werden. Die beiden Randabstände sind je 20 cm.
Wie groß sind die Achsabstände der Aussparungen?

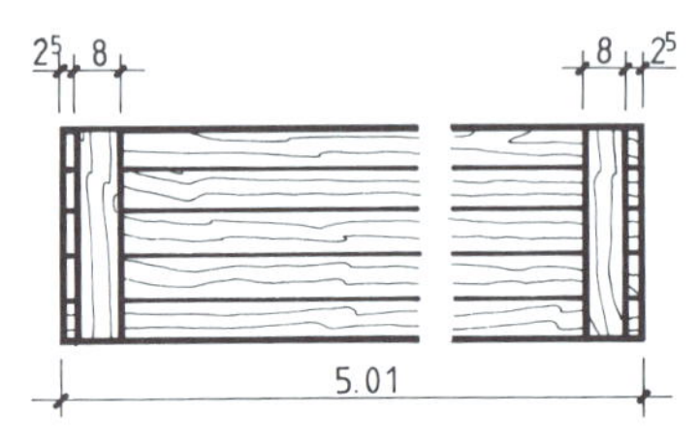

Bild 52/2: Schalungsschild

2 Ein Schalungsschild ist 5,01 m (2,76 m; 3,51 m; 4,65 m; 6,25 m) lang **(Bild 52/2)**. Am linken und rechten Ende des Schildes werden Laschen mit einem Randabstand von 2,5 cm angenagelt. Weitere Laschen sollen gleichmäßg verteilt in einem Abstand zwischen 60 cm und 70 cm angebracht werden.

a) Wieviel Laschen werden benötigt?

b) In welchem Achsabstand sind diese anzureißen?

c) In welchem Abstand müssen die Rißlinien von links nach rechts angezeichnet werden, wenn die Laschen 8 cm breit sind und jeweils am linken Laschenrand angerissen wird?

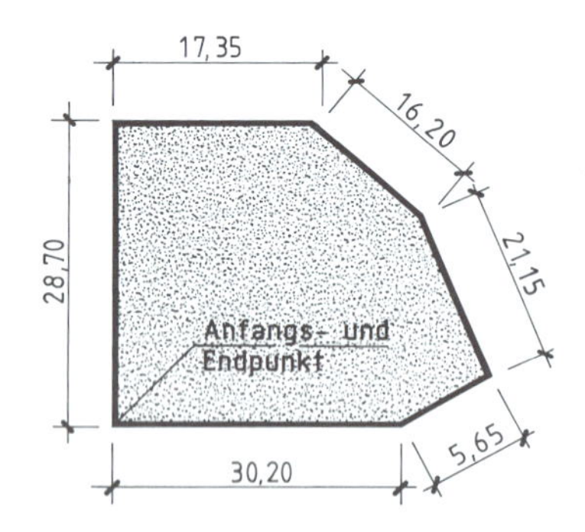

Bild 52/3: Grundstück

3 Ein Grundstück soll eingezäunt werden **(Bild 52/3)**. Es werden Stahlrohrpfosten einbetoniert, deren Abstand 2,50 m nicht überschreiten soll (Tore bleiben unberücksichtigt).

a) In welchen Abständen sind die Pfosten zu setzen?

b) Wieviel Pfosten werden benötigt?

c) Wieviel Meter Zaun müssen bestellt werden?

4 Über einen Raum von 5,70 m Länge sollen Fertigteilträger von 8 cm Breite gleichmäßig verteilt werden. Die beiden äußersten Träger liegen an der Wand an. Der Achsabstand darf 65 cm nicht überschreiten. In welchem Abstand sind die Träger zu verlegen?

2.6 Mauermaße

Mauersteine sind in ihren Abmessungen auf die Längeneinheit Meter abgestimmt. Nach der Maßordnung im Hochbau in DIN 4172 berechnet man Mauermaße als **Baurichtmaße** in **A**chtel**m**eter **(am)**. Ein Achtelmeter beträgt 12,5 cm. Alle Baurichtmaße sind Vielfache oder Teile des am. Baurichtmaße werden zur Bemaßung von Bauentwurfszeichnungen verwendet **(Bild 53/1)**.

Baurichtmaß = Anzahl der am · 12,5 cm

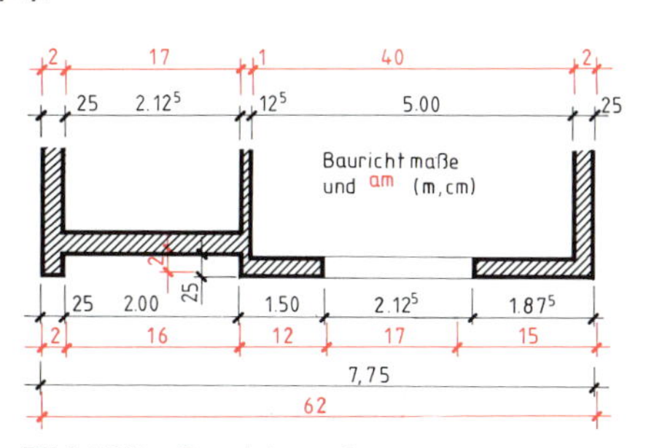

Bild 53/1: Baurichtmaße

Beispiele:

Anzahl der Achtelmetermaße 3
Baurichtmaß: 3 am · 12,5 cm = **37,5 cm**

Anzahl der Achtelmetermaße $1\frac{1}{2}$
Baurichtmaß: $1\frac{1}{2}$ am · 12,5 cm = **18,75 cm**

Baurichtmaß 87,5 cm
Anzahl der Achtelmetermaße: 87,5 cm : 12,5 cm = **7**

Baurichtmaß 6,25 cm
Anzahl der Achtelmetermaße: 6,25 cm : 12,5 cm = $\frac{1}{2}$

Baurichtmaße werden sowohl bei Maßen für Mauerlängen als auch bei Maßen für Mauerhöhen angewandt.

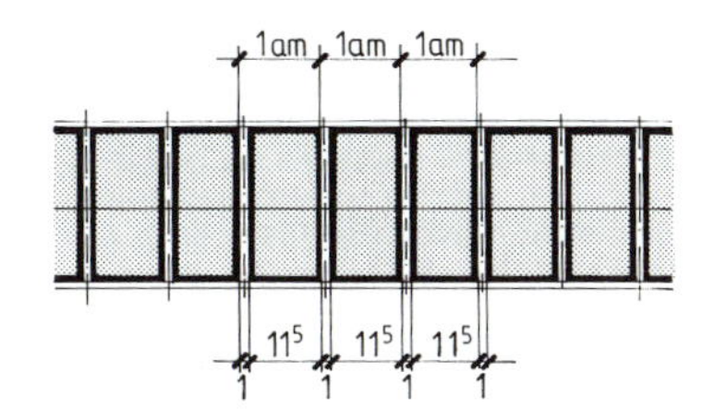
Bild 53/2: Achtelmetermaß

Mauerlängen

Mauerlängen werden als Vielfache des Achtelmeter angegeben. Ein Achtelmeter, auch als Kopf bezeichnet, ist eine Steinbreite mit einer Stoßfuge von 1 cm Breite **(Bild 53/2)**. Die Maße nennt man **Rohbaumaße** (Nennmaße). Bei der Errechnung müssen neben der Anzahl der Steinbreiten auch die Anzahl der Stoßfugenbreiten berücksichtigt werden. Dabei unterscheidet man Mauerlängen bei Öffnungen, Mauerlängen bei Vorlagen und Mauerlängen bei Pfeilern.

Rohbaumaß bei Öffnungen = Anzahl der Köpfe · 12,5 cm + 1 Stoßfuge

Beispiel: Maueröffnung mit 3 Köpfen **(Bild 53/3)**.

Lösung: Rohbaumaß = 3 Köpfe · 12,5 cm + 1 cm
Rohbaumaß = 38,5 cm

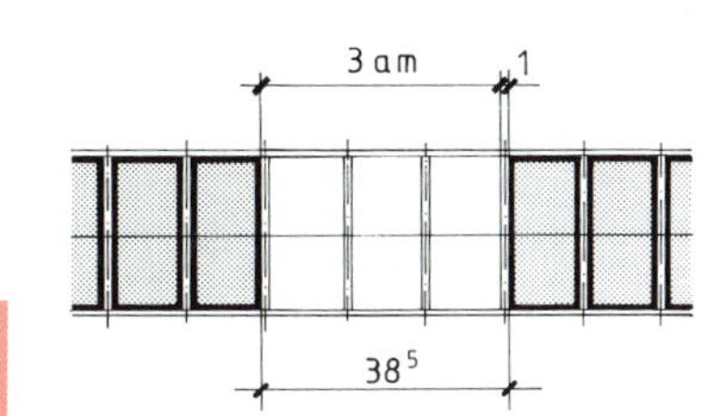
Bild 53/3: Maueröffnung

Rohbaumaß bei Vorlagen = Anzahl der Köpfe · 12,5 cm

Beispiel: Mauervorlage mit 3 Köpfen **(Bild 53/4)**.

Lösung: Rohbaumaß = 3 Köpfe · 12,5 cm
Rohbaumaß = 37,5 cm

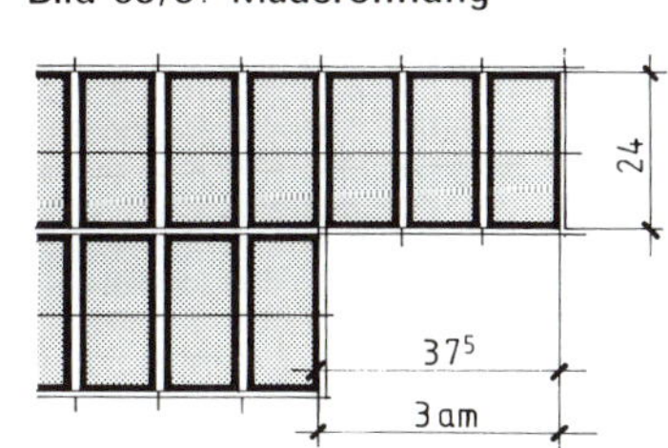
Bild 53/4: Mauervorlage

Rohbaumaß bei Pfeilern = Anzahl der Köpfe · 12,5 cm – 1 Stoßfuge

Beispiel: Mauerpfeiler mit 3 Köpfen **(Bild 53/5)**.

Lösung: Rohbaumaß = 3 Köpfe · 12,5 cm – 1 cm
Rohbaumaß = 36,5 cm

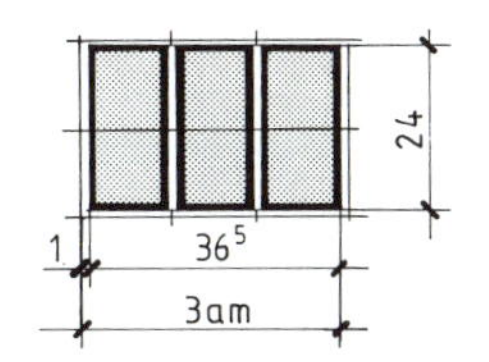
Bild 53/5: Mauerpfeiler

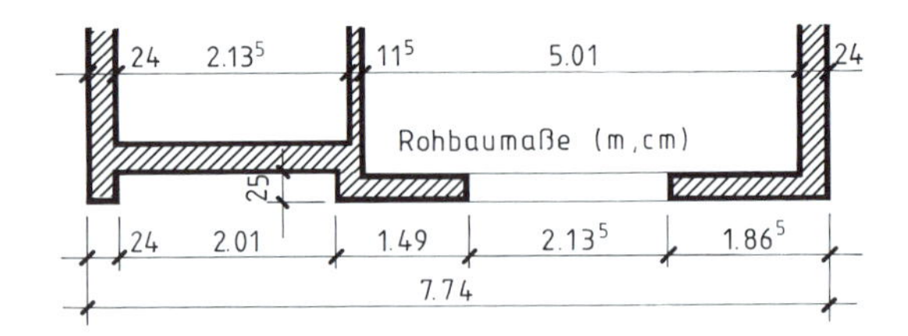

Bild 54/1: Rohbaumaße

Rohbaumaße werden zur Bemaßung in Werkplänen und Detailplänen verwendet. Dazu müssen die Baurichtmaße (Bild 53/1) in die Rohbaumaße umgerechnet werden **(Bild 54/1)**. Die Rohbaumaße sind die am Rohbau vorhandenen Maße.

Steinformate und Steinmaße 50 cm	DF	NF	2 DF 3 DF 5 DF	10 DF 16 DF
Steine mit Fugen 25 cm				
0 cm				
Steinhöhen in cm	5^2	7^1	11^3	23^8
Schichthöhe in cm	6^{25}	8^{33}	12^5	25
Schichten je m	16	12	8	4

Bild 54/2: Schichthöhen

Mauerhöhen

Auch die Mauerhöhen sind auf die Baurichtmaße der Maßordnung im Hochbau abgestimmt. Zur Berechnung der Mauerhöhe muss vor allem die **Schichthöhe** bekannt sein. Diese ergibt sich aus der jeweiligen Höhe des Steinformats und der zugehörigen Lagerfuge, deren durchschnittliche Dicke mit 1,2 cm angesetzt wird **(Bild 54/2)**.

Mauerhöhe = Anzahl der Schichten · Schichthöhe

Beispiel: Es werden 10 Schichten im Format 2 DF gemauert. Wie hoch ist die Mauer?

Lösung: Mauerhöhe = 10 Schichten · 12,5 cm
= **125 cm**

Beispiel: Eine Mauer ist 2,49 m hoch. Wieviele Schichten sind mit Steinen im Format NF zu mauern?

Lösung: $\text{Anzahl der Schichten} = \dfrac{\text{Mauerhöhe}}{\text{Schichthöhe}}$ $\text{Anzahl der Schichten} \ \dfrac{249\ \text{cm}}{8{,}3\ \text{cm}} = \mathbf{30}$

Aufgaben zu 2.6 Mauermaße

1 Welche Rohbaumaße ergeben sich bei nachfolgenden gemauerten Baukörpern aus der gegebenen Anzahl von Achtelmaßen **(Bild 54/3)**?

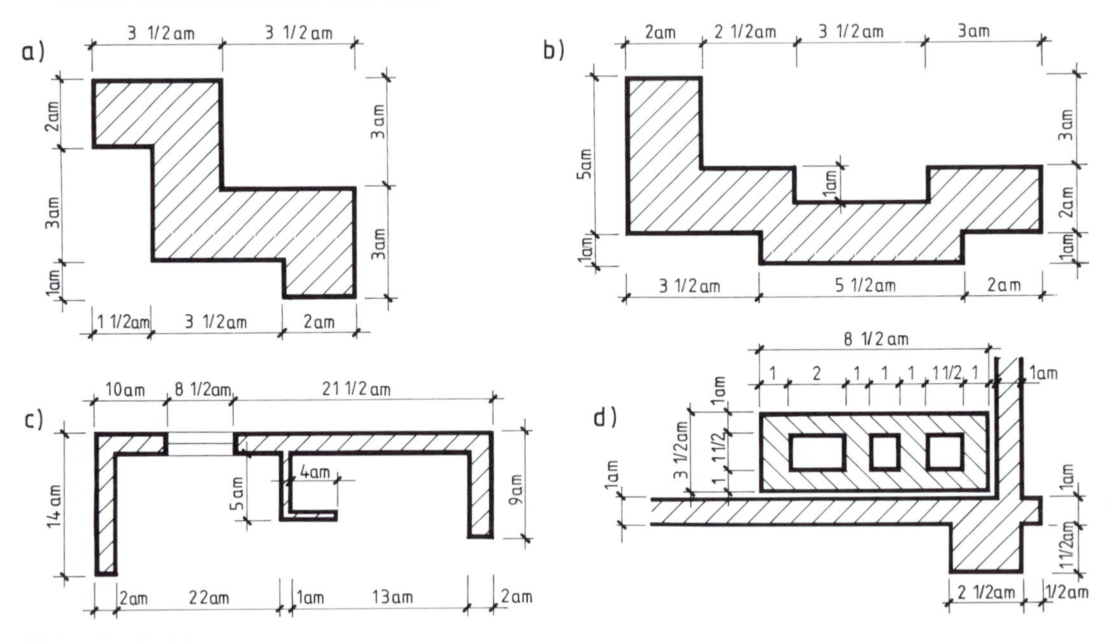

Bild 54/3: Baukörper

2 Es ist die Anzahl der Achtelmeter bei nachfolgenden Baukörpern zu ermitteln **(Bild 55/1)**.

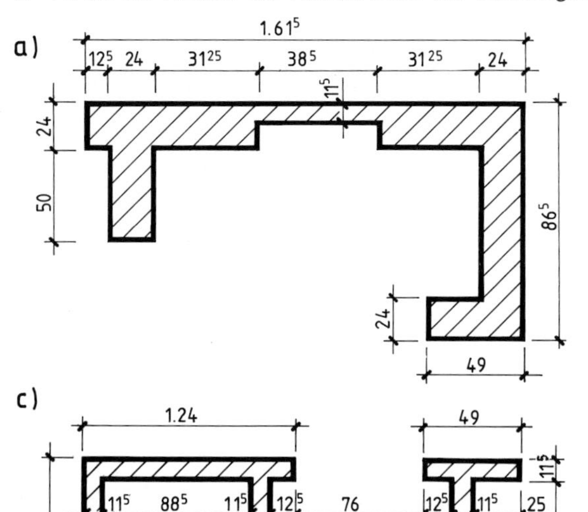

b) c) d)

Bild 55/1: Baukörper

3 Eine freistehende Wand ist 7,50 m lang, 36,5 cm dick und 2,50 m hoch. Sie soll mit NF-Steinen gemauert werden.

a) Welche Anzahl von Köpfen enthält die Binderschicht?

b) Wieviele Schichten sind bis zur vorgeschriebenen Höhe notwendig?

4 Eine 17,5 cm dicke Wand ist 6,25 m lang und 1,75 m hoch. Sie soll mit 3 DF-Steinen gemauert werden.

a) Wieviele Köpfe ist die Wand lang?

b) Welche Schichtenzahl ist zu mauern?

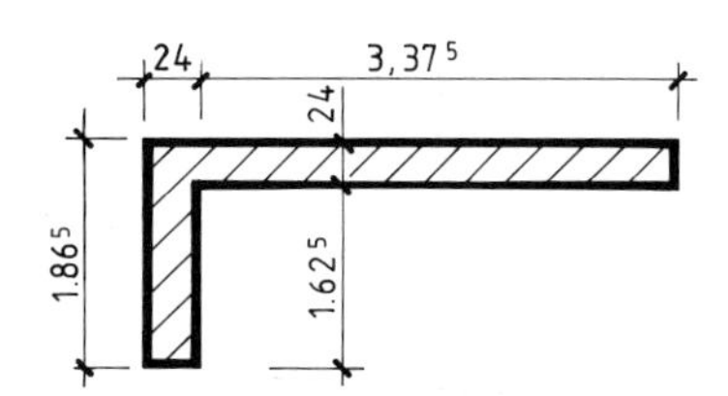

Bild 55/2: Winkelmauer

5 Eine Winkelmauer soll erstellt werden **(Bild 55/2)**.

a) Wieviele Köpfe sind für die angegebenen Abmessungen notwendig?

b) Wieviele Schichten sind bis zu einer Höhe von 2,50 m (1,75 m) bei Verwendung von 12 DF-Steinen (3 DF-Steinen) zu mauern?

6 Eine Garage mit Geräteraum ist für das Baugesuch mit Baurichtmaßen bemaßt **(Bild 55/3)**.

a) Alle Baurichtmaße sind in Rohbaumaße umzurechnen.

b) Welche Achtelmetermaße ergeben sich?

c) Die Garage soll 21 Schichten hoch mit 2 DF-Steinen gemauert werden. Wie hoch wird sie?

d) Die Brüstungshöhe beträgt 137,5 cm. Wieviele Schichten sind zu mauern?

e) Wieviele Mauerschichten sind bis auf die Türsturzhöhe von 2,00 m notwendig?

f) Das Garagentor hat eine Höhe von 212,5 cm. Wieviel Schichten fehlen noch von dieser Höhe bis zur fertigen Höhe der Garage (21 Schichten)?

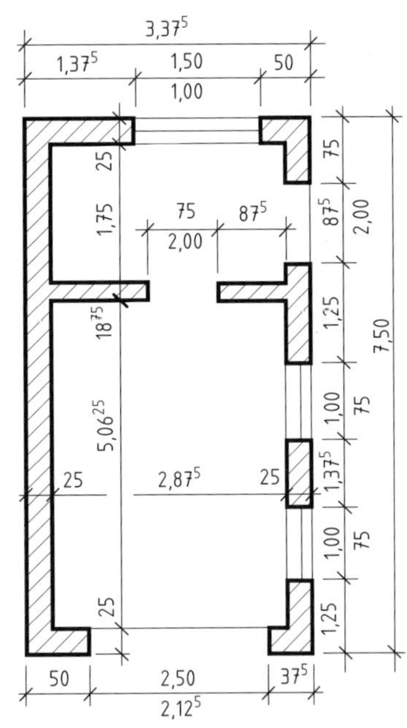

Bild 55/3: Garage mit Baurichtmaßen

2.7 Zusammengesetzte Längen

Gerade Längen und gekrümmte Längen kommen in der Bautechnik häufig vor, z.B. bei Umfängen von Grundstücken und Gebäuden, bei Straßenbegrenzungen, bei Pflasterarbeiten und bei Fliesenlegerarbeiten. Zur Berechnung der Gesamtlänge sind zunächst die verschiedenen Teillängen zu bestimmen. Die Summe der Teillängen ergibt die zusammengesetzte Länge.

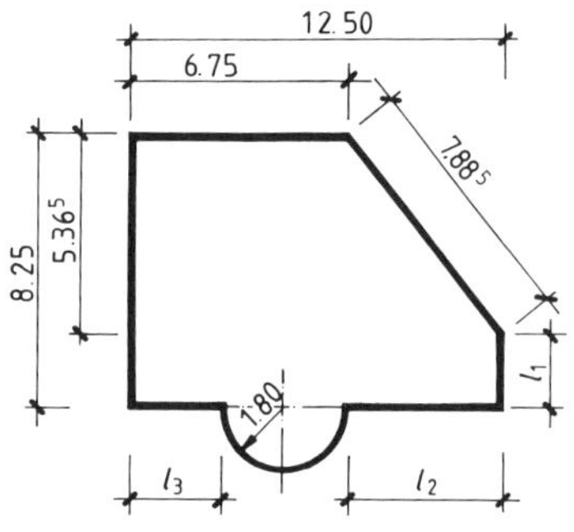

Bild 56/1: Gebäude

Beispiel: Im Lageplan eines Gebäudes fehlen Maße **(Bild 56/1)**.

a) Wie groß sind die fehlenden Längen l_1, l_2 und l_3?

b) Welchen Umfang hat das Gebäude?

Lösung: a) $l_1 = 8{,}25\ \text{m} - 5{,}36^5\ \text{m}$ $\quad$ $\mathbf{l_1 = 2{,}88^5\ m}$

$l_2 = 12{,}50\ \text{m} - 6{,}75\ \text{m}$ $\quad$ $\mathbf{l_2 = 5{,}75\ m}$

$l_3 = 12{,}50\ \text{m} - 5{,}75\ \text{m} - 3{,}60\ \text{m}$ $\quad$ $\mathbf{l_3 = 3{,}15\ m}$

b) $l_{\text{Halbkreis}} \approx \frac{1}{2} \cdot 3{,}14 \cdot 3{,}60\ \text{m} = 5{,}65\ \text{m}$

$U \approx 6{,}75\ \text{m} + 7{,}88^5\ \text{m} + 2{,}88^5\ \text{m} + 5{,}75\ \text{m} + 5{,}65\ \text{m} + 3{,}15\ \text{m} + 8{,}25\ \text{m}$ $\quad$ $\mathbf{U \approx 40{,}32\ m}$

Aufgaben zu 2.7 Zusammengesetzte Längen

1 Es sind die Umfänge in den Aufgaben a) bis f) zu berechnen **(Bild 56/2)**.

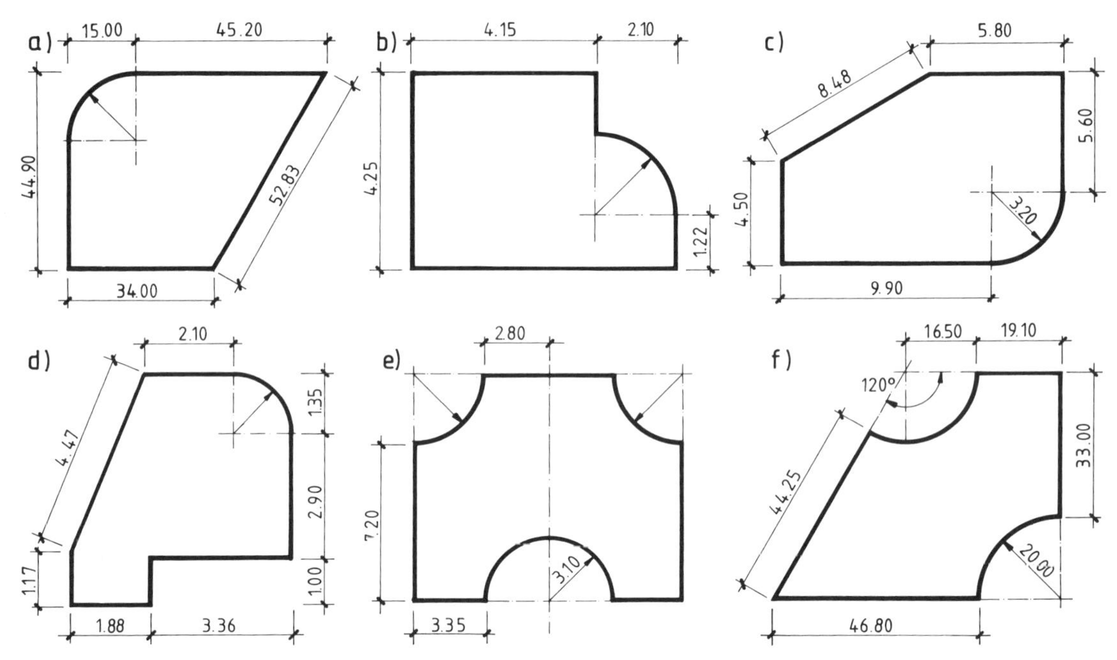

Bild 56/2: Umfänge von Flächen

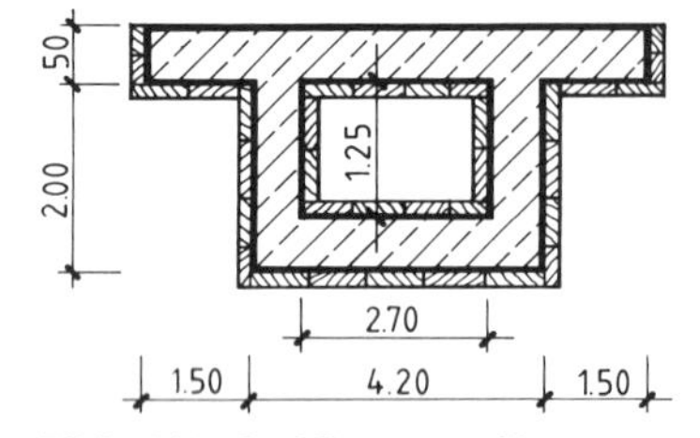

Bild 56/3: Stahlbetonprofil

2 Ein Stahlbetonprofil soll geschalt werden **(Bild 56/3)**.

a) Wieviel Meter Schalung sind als äußere Schalhaut notwendig?

b) Wieviel Meter Schalung werden für den Hohlraum benötigt?

3 Ein Förderband ist 5,20 m lang.

a) Welche Länge hat das endlose Transportband, wenn der Rollendurchmesser der Laufrollen 32 cm beträgt?

b) Wie lang ist das Förderband, wenn das Transportband eine Länge von 9,95 m hat und der Rollendurchmesser 24 cm misst?

4 Die Länge einer einläufigen, halbgewendelten Treppe soll berechnet werden **(Bild 57/1)**.

a) Wie lang ist die Lauflinie?

b) Wie groß ist die Auftrittsbreite in der Mitte der Treppe (auf der Lauflinie) bei 16 Steigungen?

c) Wie lang ist die Außenwange im Grundriss?

d) Welche Länge hat die Innenwange im Grundriss?

5 Eine Wohnstraße mit Wendeplatte wird geplant **(Bild 57/2)**.

a) Wieviele gerade Randsteine sind zu bestellen, wenn ein Stein 1 m lang ist?

b) Wieviel Meter gekrümmte Steine sind insgesamt abzurechnen?

c) Wie lang wird der Straßenrand insgesamt?

d) In der Straßenmitte ist ein Leerrohr zu verlegen (Bild 57/2). Wieviel Meter sind zu verlegen, wenn es am Rand der Wendeplatte beginnt und über die Wohnstraße hinaus noch 4,50 m verlängert wird?

6 Ein gerundeter Treppenaufgang ist in einem Gebäudewinkel von 126° angelegt **(Bild 57/3)**. Der Radius der untersten Stufenkante beträgt 2,76 m, die Auftrittsbreite der Stufen ist 32 cm. Wie lang sind die Kanten der Treppenstufen 1 bis 3?

7 Ein Bewehrungsstab hat einen Durchmesser von 20 mm **(Bild 57/5)**. Wie lang ist die Schnittlänge des Stabes? Die Länge ist auf die Stabachse zu beziehen.

8 Eine Garageneinfahrt ist herzustellen **(Bild 57/4)**. Wieviel Meter Randsteine sind als linker und als rechter Fahrbahnrand zu setzen?

9 Eine einläufige, halbgewendelte Treppe hat eine Lauflänge, in der Mitte gemessen, von 3,90 m **(Bild 57/6)**.

a) Welche Länge hat die Wandwange l_1 im Grundriss?

b) Wie lang sind die Innenwangen im Grundriss?

10 Ein Bandsägeblatt ist zu einem endlosen Band zusammengeschweißt. Das Sägeblatt hat 378 Zähne mit einem Zahnabstand von 13 mm.

a) Wie lang ist das Blatt?

b) Wie groß ist der Achsabstand der Bandsägerollen, wenn der Rollendurchmesser 600 mm misst?

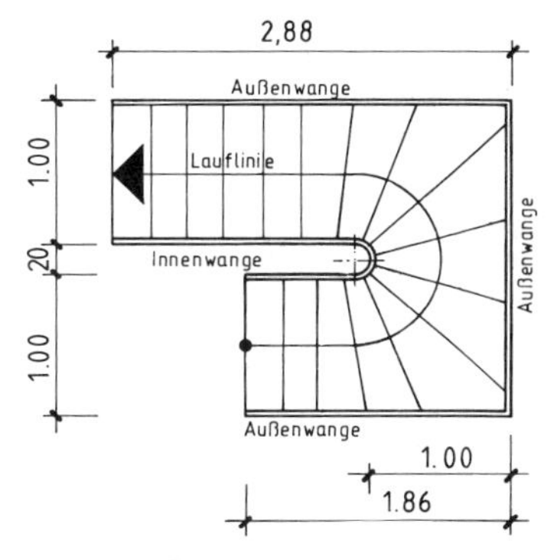

Bild 57/1: Halbgewendelte Treppe

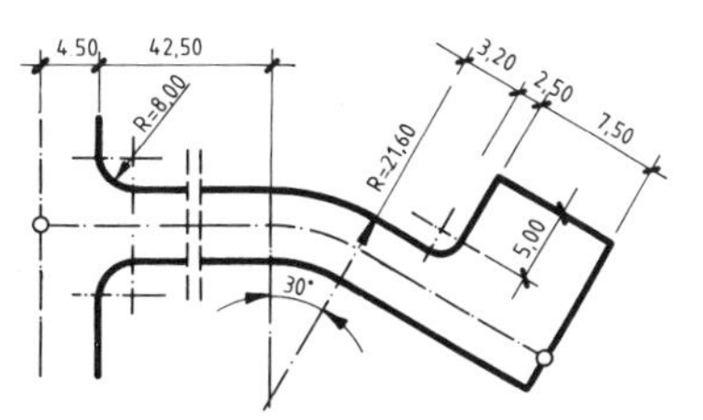

Bild 57/2: Wohnstraße

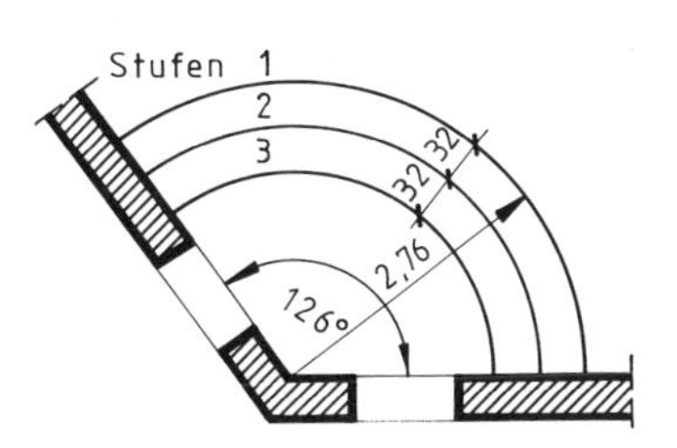

Bild 57/3: Treppenaufgang

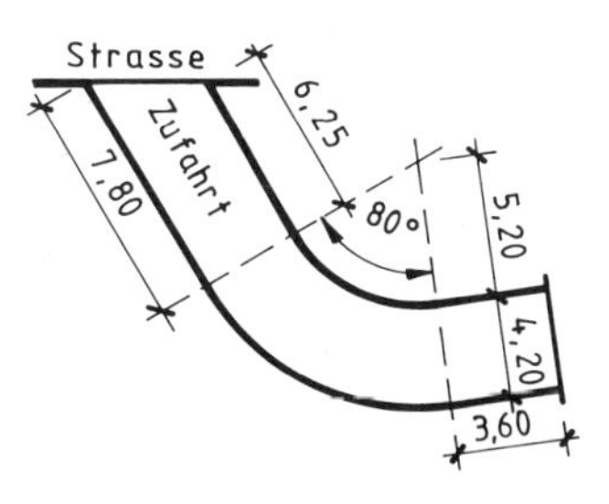

Bild 57/4: Garageneinfahrt

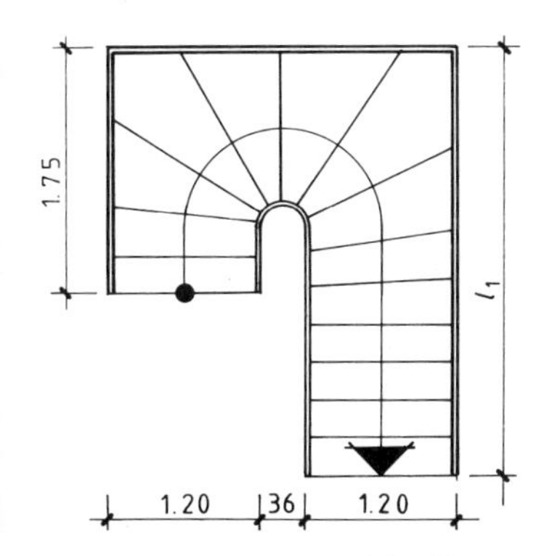

Bild 57/6: Halbgewendelte Treppe

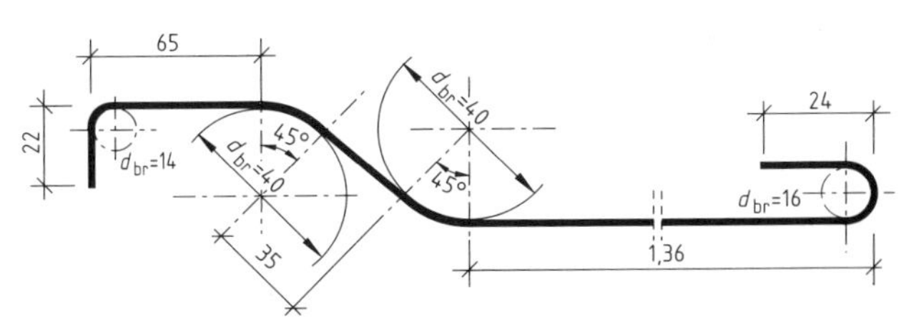

Bild 57/5: Bewehrungsstab

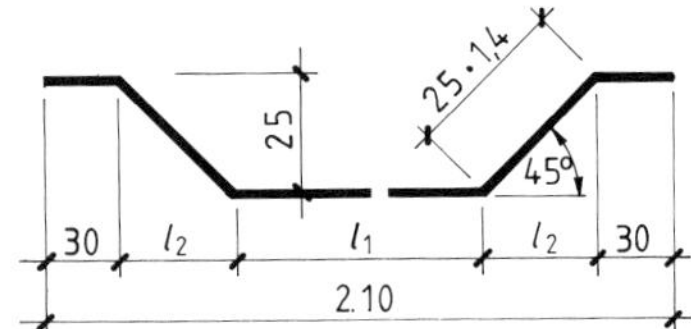

Bild 58/1: **Betonstabstahl**

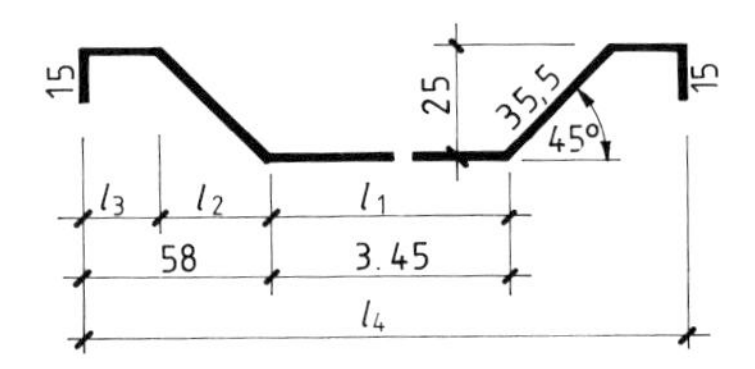

Bild 58/2: Betonstabstahl

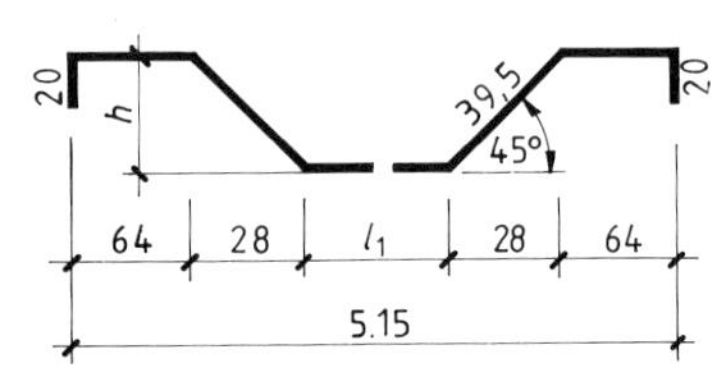

Bild 58/3: Betonstabstahl

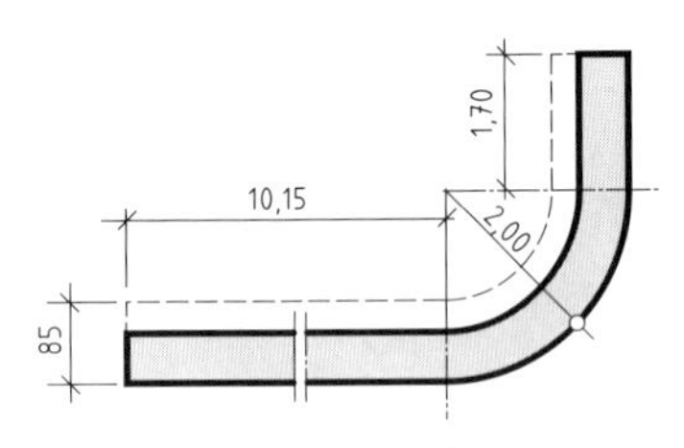

Bild 58/4: Betonwand

11 Für eine Sturzbewehrung ist ein Betonstabstahl zu biegen **(Bild 58/1)**.
   a) Wie groß sind die Längen l_1 und l_2?
   b) Wie groß ist die Schnittlänge des Stabstahls?

12 Ein Betonstabstahl ist nach Plan herzustellen **(Bild 58/2)**.
   a) Es sind die Biegelängen l_1, l_2 und l_3 zu berechnen.
   b) Wie groß ist die Länge l_4?
   c) Wie groß ist die Schnittlänge des Stabstahls?

13 Im Stahlauszug eines Bewehrungsplanes ist ein Betonstabstahl dargestellt **(Bild 58/3)**.
   a) Wie groß ist die Länge l_1?
   b) Wie groß ist die Aufbiegehöhe h?
   c) Welche Schnittlänge muss der Stabstahl haben?

14 Eine Wand ist zu betonieren **(Bild 58/4)**.
   a) Wie lang ist die innere und die äußere Schalung?
   b) Das Fundament steht einseitig 50 cm über. Wie lang ist die innere Schalung für das Fundament?

15 Wie lang ist die Lauflänge der einläufigen, im Antritt viertelgewendelten Treppe **(Bild 58/5)**.

16 Ein elliptischer Treppenaufgang ist zu renovieren **(Bild 58/6)**.
   a) Wie lang ist jeweils das Geländer an der Treppeninnenseite und an der Treppenaußenseite?
   b) Welche Länge hat das Geländer des Podestes?

17 Ein elliptischer Türbogen soll gemauert werden **(Bild 58/7)**.
   a) Wie groß ist die Länge der Bogenleibung?
   b) Wieviele Steine im NF-Format müssen über die Bogenlehre gesetzt werden, wenn die Fugen 1 cm dick sind?
   c) Wieviele Steine im Format DF sind für den Bogen notwendig, wenn die Fugen 0,6 cm dick sind?

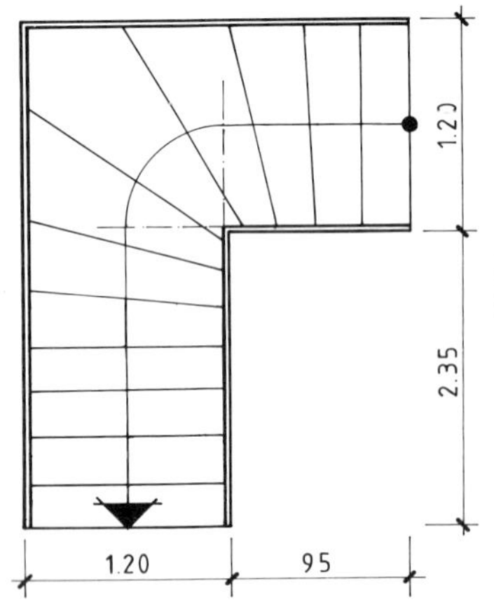

Bild 58/5: Viertelgewendelte Treppe

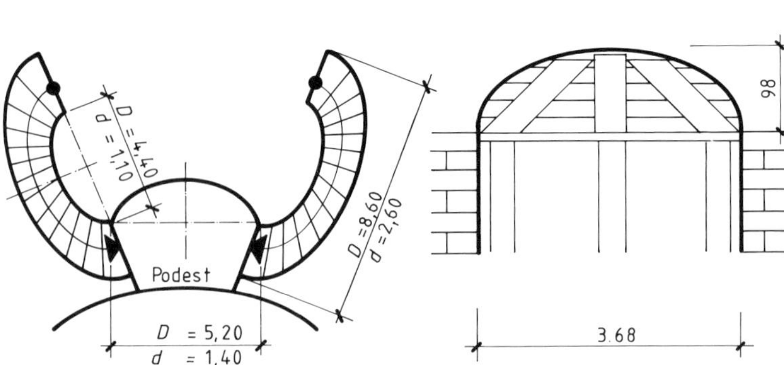

Bild 58/6: Elliptischer Treppenaufgang

Bild 58/7: Elliptischer Türbogen

3 Winkel; Steigung, Neigung, Gefälle

3.1 Winkel

Unter einem Winkel versteht man den Richtungsunterschied zweier Strahlen, die von einem Punkt ausgehen. Die Strahlen werden als Schenkel, ihr Schnittpunkt als Scheitel des Winkels bezeichnet.

3.1.1 Winkelarten

Je nach der Größe eines Winkels unterscheidet man spitze, rechte, stumpfe, gestreckte, überstumpfe und volle Winkel **(Bild 59/1)**.

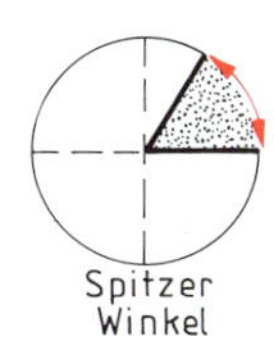

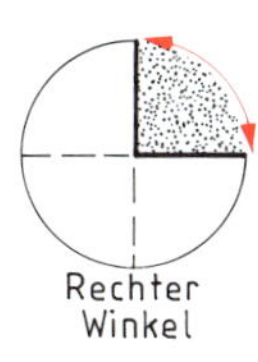

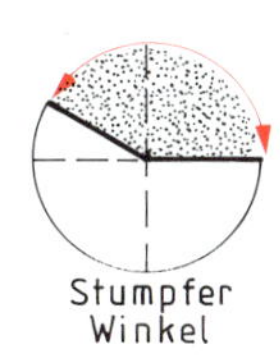

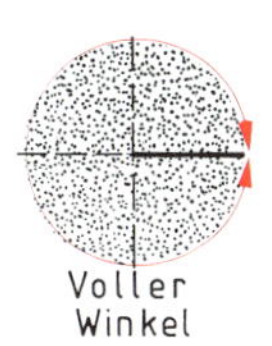

Bild 59/1: Winkelarten

3.1.2 Einheiten der Winkel

Die Einheiten des Winkels sind das **Grad (°)** und das **Gon (gon)**. Bei der Einteilung des Winkels in Grad umfaßt der Vollkreis 360°. **Ein Grad wird unterteilt in 60 Minuten (60′)** und **eine Minute in 60 Sekunden (60″)**. Die Größe eines Winkels kann auch als Dezimalzahl dargestellt werden. Wird der Winkel in Gon angegeben, umfaßt der Vollkreis 400 gon. Ein Gon wird dem Dezimalsystem entsprechend in **Dezigon (dgon), Zentigon (cgon)** und **Milligon (mgon)** eingeteilt. Ein Gon entspricht 0,9° oder 0° 54′, ein Grad entspricht 1,111 gon.

$$1° = 60' = 3600''$$

$$1° = \frac{400}{360}\ \text{gon} = 1{,}111\ \text{gon}$$

$$1\ \text{gon} = 10\ \text{dgon} = 100\ \text{cgon} = 1000\ \text{mgon}$$

$$1\ \text{gon} = \left(\frac{360}{400}\right)^{\circ} = 0{,}9°$$

3.1.3 Umrechnen von Winkeln

Ein Winkel mit den Einheiten Grad, Minute und Sekunde wird als Dezimalzahl dargestellt, indem man die Minuten durch 60 und die Sekunden durch 3600 dividiert und die Dezimalzahlen addiert.

Beispiel: Der Winkel α beträgt 2° 50′ 24″. Wie groß ist der Winkel als Dezimalzahl dargestellt?

Lösung:

$$2° = \quad = 2{,}000°$$

$$50' = \left(\frac{50}{60}\right)^{\circ} = 0{,}833°$$

$$24'' = \left(\frac{24}{3600}\right)^{\circ} = \underline{0{,}007°}$$

$$\mathbf{2{,}840°}$$

Ein Winkel, der als Dezimalzahl dargestellt ist, wird in Minuten und Sekunden umgerechnet, indem man jeweils die Zahlen nach dem Komma mit 60 multipliziert und die Ergebnisse addiert.

Beispiel: Der Winkel α beträgt 5,6150°. Wie groß ist der Winkel in Grad, Minuten und Sekunden?

Lösung:

$$5° = 5°$$

$$0{,}6150° = 0{,}6150 \cdot 60' = 36{,}9'$$

$$0{,}9' = 0{,}9000 \cdot 60'' = \underline{54''}$$

$$\mathbf{5°\ 36'\ 54''}$$

Ein Winkel mit der Einheit Grad wird in Gon umgewandelt, indem man den Winkel zunächst als Dezimalzahl darstellt und mit dem Faktor $\left(\frac{400}{360}\right)$ gon multipliziert.

Beispiel: Der Winkel α beträgt 45° 15′.

a) Wie wird der Winkel als Dezimalzahl dargestellt?

b) Wieviel Gon umfasst der Winkel?

Lösung: a) $45° = \qquad = 45{,}00°$

$15' = \left(\frac{15}{60}\right)^{\circ} = \underline{0{,}25°}$

$\mathbf{45{,}25°}$

b) $45{,}25 \cdot \left(\frac{400}{360}\right)$ gon $=$ **50,277 gon**

Ein Winkel mit der Einheit Gon wird in Grad umgewandelt, indem man die Größe des Winkels mit dem Faktor $\left(\frac{360}{400}\right)^{\circ}$ multipliziert.

Beispiel: Der Winkel α beträgt 8,60 gon.

a) Wieviel gon, dgon und cgon umfasst der Winkel α?

b) Wieviel Grad umfasst der Winkel α?

Lösung: a) 8,60 gon = 8 gon, 6 dgon, 0 cgon

b) $8{,}00 \text{ gon} = 8 \cdot \left(\frac{360}{400}\right)^{\circ} = 7{,}2°$

$0{,}60 \text{ gon} = 0{,}6 \cdot \left(\frac{360}{400}\right)^{\circ} = \underline{0{,}54°}$

$\mathbf{7{,}74°}$

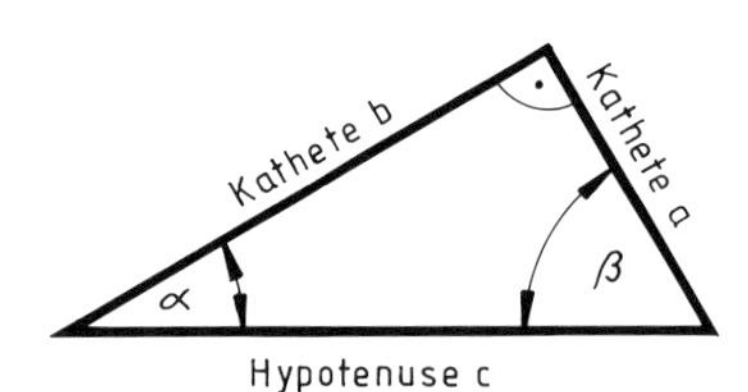

Bild 60/1: Bezeichnungen im rechtwinkligen Dreieck

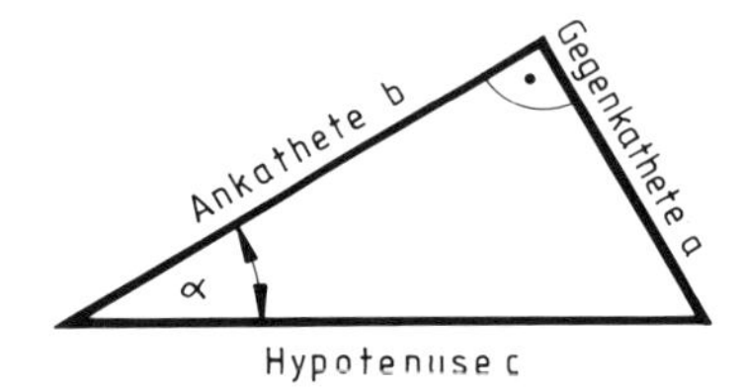

Bild 60/2: Ankathete und Gegenkathete bezogen auf den Winkel α

Bild 60/3: Ankathete und Gegenkathete bezogen auf den Winkel β

Aufgaben zu 3.1 Winkel

1 Der Winkel α beträgt 40° 38′ 15″ (43° 59′ 3″).

a) Wie wird der Winkel als Dezimalzahl dargestellt?

b) Wieviel gon umfasst der Winkel?

2 Der Winkel α beträgt 12,4750° (28,3642°). Wieviele Grad, Minuten und Sekunden umfasst der Winkel?

3 Im rechtwinkligen Dreieck beträgt die Summe der Winkel $\alpha + \beta =$ $= 90°$. Der Winkel α beträgt 44° 51′ 3″. Wie groß ist der Winkel β?

4 In einem Dreieck beträgt die Winkelsumme $\alpha + \beta + \gamma = 180°$. Der Winkel α beträgt 30° 21′ 8″ und der Winkel β 58° 22′ 52″. Wie groß ist der Winkel γ?

5 Der Winkel α beträgt 300,80 gon. Wieviel Grad, Minuten und Sekunden umfasst der Winkel?

6 Der Winkel α beträgt 109°. Wieviel gon hat der Winkel?

3.2 Winkelfunktionen

Im rechtwinkligen Dreieck bezeichnet man die Seite, die dem rechten Winkel gegenüberliegt, als **Hypotenuse *c***. Die beiden anderen Dreiecksseiten nennt man **Katheten**. Die Seite, die dem Winkel α gegenüberliegt, bezeichnet man als Kathete *a*; die Seite, die dem Winkel β gegenüberliegt, bezeichnet man als Kathete *b* **(Bild 60/1)**. Für den Winkel α ist die Kathete *a* die Gegenkathete und die Kathete *b* die Ankathete **(Bild 60/2)**. Für den Winkel β ist die Kathete *b* die Gegenkathete und die Kathete *a* die Ankathete **(Bild 60/3)**.

Im rechtwinkligen Dreieck ist die Größe eines Winkels vom Verhältnis der Längen zweier Seiten abhängig. Ändert sich das Seitenverhältnis, so ändert sich auch der Winkel. Diese Abhängigkeit wird als Winkelfunktion bezeichnet **(Tabelle 61/1)**. Die gebräuchlichsten Winkelfunktionen sind **Sinus** (sin), **Cosinus** (cos), **Tangens** (tan) und **Cotangens** (cot). Der Cotangens ist der Kehrwert des Tangens $\left(\cot = \frac{1}{\tan}\right)$.

Tabelle 61/1: Winkelfunktionen

Seitenverhältnisse	bezogen auf den Winkel α	bezogen auf den Winkel β
Sinus α; $\beta = \frac{\text{Gegenkathete}}{\text{Hypotenuse}}$	$\sin\alpha = \frac{a}{c}$ $\quad a = c \cdot \sin\alpha$ $\quad c = \frac{a}{\sin\alpha}$	$\sin\beta = \frac{b}{c}$ $\quad b = c \cdot \sin\beta$ $\quad c = \frac{b}{\sin\beta}$
Cosinus α; $\beta = \frac{\text{Ankathete}}{\text{Hypotenuse}}$	$\cos\alpha = \frac{b}{c}$ $\quad b = c \cdot \cos\alpha$ $\quad c = \frac{b}{\cos\alpha}$	$\cos\beta = \frac{a}{c}$ $\quad a = c \cdot \cos\beta$ $\quad c = \frac{a}{\cos\beta}$
Tangens α; $\beta = \frac{\text{Gegenkathete}}{\text{Ankathete}}$	$\tan\alpha = \frac{a}{b}$ $\quad a = b \cdot \tan\alpha$ $\quad b = \frac{a}{\tan\alpha}$	$\tan\beta = \frac{b}{a}$ $\quad b = a \cdot \tan\beta$ $\quad a = \frac{b}{\tan\beta}$
Cotangens α; $\beta = \frac{\text{Ankathete}}{\text{Gegenkathete}}$	$\cot\alpha = \frac{b}{a}$ $\quad b = a \cdot \cot\alpha$ $\quad a = \frac{b}{\cot\alpha}$	$\cot\beta = \frac{a}{b}$ $\quad a = b \cdot \cot\beta$ $\quad b = \frac{a}{\cot\beta}$

Die Winkelfunktionen werden in Dezimalzahlen ausgedrückt. Die Werte der Winkel und deren Seitenverhältnisse für die jeweiligen Winkelfunktionen können mit Hilfe des Taschenrechners ermittelt oder aus Tabellen abgelesen werden.

Beispiel: In einem rechtwinkligen Dreieck beträgt der Winkel $\alpha = 20°$.
Wie groß ist der Sinus (Cosinus, Tangens, Cotangens) des Winkels α?

Lösung:
$\sin 20° = \mathbf{0{,}3420}$
$\cos 20° = \mathbf{0{,}9397}$
$\tan 20° = \mathbf{0{,}3640}$
$\cot 20° = \mathbf{2{,}7475}$

Beispiel: In einem rechtwinkligen Dreieck beträgt der Sinus (Cosinus, Tangens, Cotangens) des Winkels $\alpha = 0{,}5$.
Wie groß ist der Winkel α?

Lösung:
$\sin\alpha = 0{,}5$ $\quad \alpha = \mathbf{30°}$ $\qquad \cos\alpha = 0{,}5$ $\quad \alpha = \mathbf{60°}$
$\tan\alpha = 0{,}5$ $\quad \alpha = \mathbf{26{,}56°}$ $\qquad \cot\alpha = 0{,}5$ $\quad \alpha = \mathbf{63{,}64°}$

Beispiel: Der Neigungswinkel α einer Böschung beträgt 40°. Die Böschung hat eine Höhe h von 2,25 m **(Bild 61/1)**.
a) Wie groß ist die Böschungsbreite b?
b) Wie groß ist die Länge l der Böschung?

Lösung:

a) $b = \frac{h}{\tan\alpha}$ $\qquad b = \frac{2{,}25\text{ m}}{0{,}8391}$ $\qquad b = \mathbf{2{,}68\text{ m}}$

b) $l = \frac{h}{\sin\alpha}$ $\qquad l = \frac{2{,}25\text{ m}}{0{,}6428}$ $\qquad l = \mathbf{3{,}50\text{ m}}$

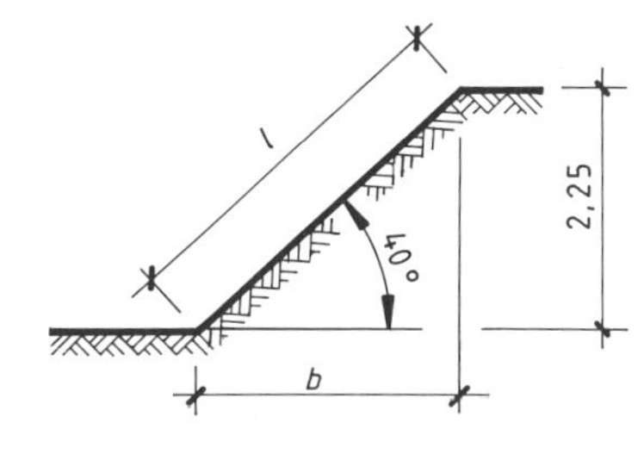

Bild 61/1: Böschung

Beispiel: Die Giebelfläche eines Gebäudes hat eine Breite b von 9,50 m. Die Länge der Dachschräge beträgt 5,55 m **(Bild 61/2)**.
a) Wie groß ist der Neigungswinkel α?
b) Wie groß ist die Giebelhöhe h?

Lösung:

a) $\cos\alpha = \frac{4{,}75\text{ m}}{5{,}55\text{ m}}$ $\qquad \cos\alpha = 0{,}8558$ $\qquad \alpha = \mathbf{31{,}15°}$

b) $\cot\alpha = \frac{4{,}75\text{ m}}{h}$ $\qquad h = \frac{4{,}75\text{ m}}{1{,}6550}$ $\qquad \mathbf{h = 2{,}87\text{ m}}$

Bild 61/2: Sparrendach

Programme für Berechnungen mit Winkelfunktionen

Beispiel: Aus der Hypotenuse *c* und dem Winkel β soll die Länge der beiden Katheten und der Winkel α bestimmt werden.

Lösung:

```
 10 REM Winkelfunktionen
 20 CLS
100 REM Überschrift
110 PRINT "Berechnungen mit Winkelfunktionen"
130 PRINT "---------------------------------"
190 PRINT : PRINT
200 REM Eingaben
210 INPUT "Länge der Hypotenuse in cm c = ";C
220 INPUT "Größe des Winkels  in Grad β = ";WB
230 IF WB >= 90 THEN GOTO 20
290 PRINT
300 REM Verarbeitung
310 WA = 90 - WB
320 PI = 3.14159 : WB = WB * PI / 180
330 A  = C * COS(WB)
340 B  = C * SIN(WB)
400 REM Ausgaben
410 PRINT "Kathete         a = ";A;" cm"
420 PRINT "Kathete         b = ";B;" cm"
430 PRINT "Winkel          α = ";WA;" Grad"
500 REM Programmende
510 END
```

Beispiel: Aus dem Winkel α und der Kathete *a* sind die fehlenden Größen zu bestimmen.

Lösung:

```
 10 REM Winkelfunktionen
 20 CLS
100 REM Überschrift
110 PRINT "Berechnungen mit Winkelfunktionen"
130 PRINT "---------------------------------"
190 PRINT : PRINT
200 REM Eingaben
210 INPUT "Länge der Kathete   in cm a = ";A
220 INPUT "Größe des Winkels in Grad α = ";WA
230 IF WA >= 90 THEN GOTO 20
290 PRINT
300 REM Verarbeitung
310 WB = 90 - WA
320 PI = 3.14159 : WA = WA * PI / 180
330 B  = A / TAN(WA)
340 C  = A / SIN(WA)
400 REM Ausgaben
410 PRINT "Kathete            b = ";B;" cm"
420 PRINT "Hypotenuse         c = ";C;" cm"
430 PRINT "Winkel             β = ";WB;" Grad"
500 REM Programmende
510 END
```

Beispiel: Aus der Hypotenuse *c* und der Kathete *a* sollen die Winkel α und β sowie die Länge der Kathete *b* bestimmt werden.

Lösung:

```
 10 REM Winkelfunktionen
 20 CLS
100 REM Überschrift
110 PRINT "Berechnungen mit Winkelfunktionen"
130 PRINT "---------------------------------"
190 PRINT : PRINT
200 REM Eingaben
210 INPUT "Länge der Hypotenuse in cm c = ";C
220 INPUT "Länge der Kathete    in cm a = ";A
230 IF A >= C THEN GOTO 20
290 PRINT
300 REM Verarbeitung
320 PI = 3.14159
330 B  = SQR(C^2 - A^2)
340 WA = ATN(A/B) * 180 / PI
350 WB = ATN(B/A) * 180 / PI
400 REM Ausgaben
410 PRINT "Kathete         b = ";B;" cm"
420 PRINT "Winkel          α = ";WA;" Grad"
430 PRINT "Winkel          β = ";WB;" Grad"
500 REM Programmende
510 END
```

Beispiel: Aus der Länge der Katheten *a* und *b* sind die Winkel α und β und die Länge der Hypotenuse *c* zu berechnen.

Lösung:

```
 10 REM Winkelfunktionen
 20 CLS
100 REM Überschrift
110 PRINT "Berechnungen mit Winkelfunktionen"
130 PRINT "---------------------------------"
190 PRINT : PRINT
200 REM Eingaben
210 INPUT "Länge der Kathete    in cm a = ";A
220 INPUT "Länge der Kathete    in cm b = ";B

290 PRINT
300 REM Verarbeitung
320 PI = 3.14159
330 WA = ATN(A/B) : WB = ATN(B/A)
340 C  = A / SIN(WA)
350 WA = WA * 180 / PI : WB = WB * 180 / PI
400 REM Ausgaben
410 PRINT "Hypotenuse         c = ";C;" cm"
420 PRINT "Winkel             α = ";WA;" Grad"
430 PRINT "Winkel             β = ";WB;" Grad"
500 REM Programmende
510 END
```

Aufgaben zu 3.2 Winkelfunktionen

1 Die fehlenden Werte des rechtwinkligen Dreiecks sind zu ermitteln.

Aufgabe	a	b	c	d	e	f
sin α	?	–	–	0,7071	–	–
cos α	–	0,8660	–	–	?	–
tan α	–	–	?	–	–	2,7475
a	60 cm	–	1,10 m	2,10 m	–	?
b	–	?	?	–	?	3,75 m
c	?	1,85 m	–	?	30 cm	–
α	36°	?	64°	?	33°	?

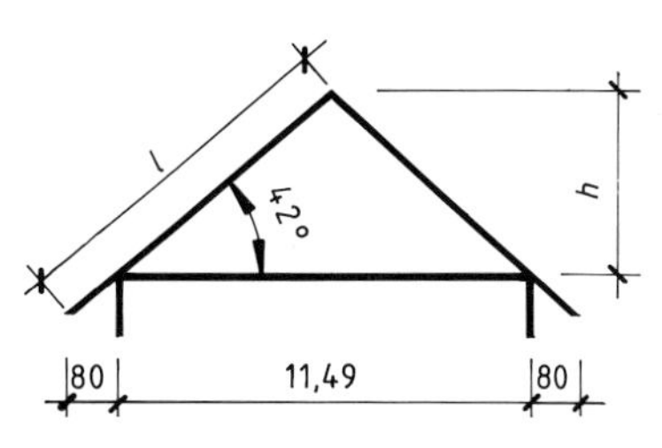

Bild 63/1: Pfettendach

2 Ein 25,00 m hoher Stahlmast ist mit 3 Drahtseilen abgespannt. Der Neigungswinkel α eines Seiles beträgt 33° 30' (45,20°). Wie groß ist die erforderliche Länge eines Seiles, wenn für die zwei Befestigungsstellen des Seiles jeweils 40 cm zugegeben werden?

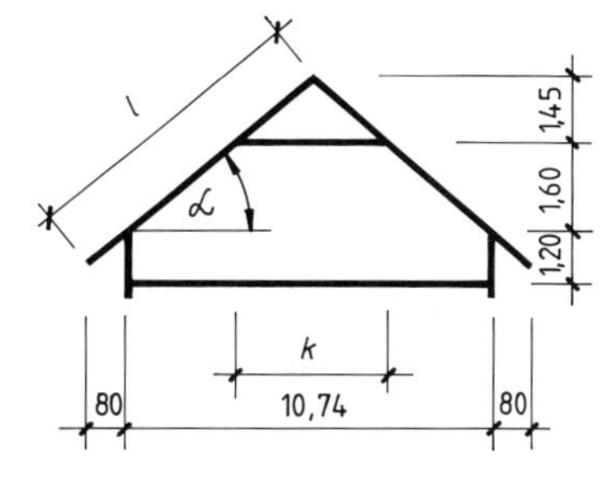

Bild 63/2: Kehlbalkendach

3 Eine Treppe hat ein Steigungsverhältnis von 17,5/28. Wie groß ist der Steigungswinkel α der Treppe?

4 Ein Wohnhaus ist 11,49 m breit. Der Neigungswinkel α des Daches beträgt 42° **(Bild 63/1)**.

a) Wie groß ist die Firsthöhe h?

b) Wie groß ist die Sparrenlänge l, wenn der Dachvorsprung 80 cm beträgt?

5 Eine Baugrubenwand ist im Verhältnis 2 : 1 abgeböscht.

a) Wie groß ist der Tangens des Böschungswinkels?

b) Wie groß ist der Böschungswinkel β?

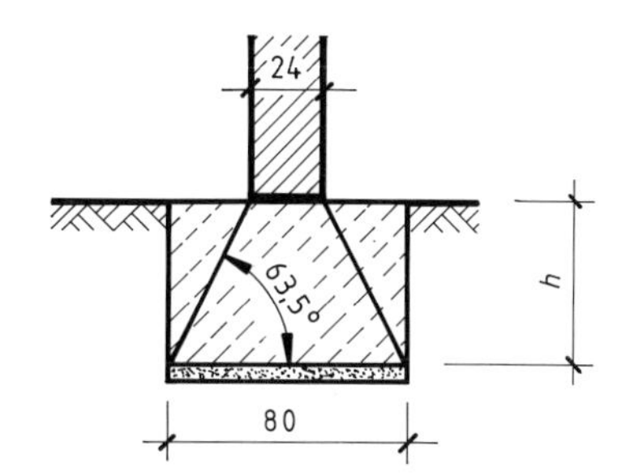

Bild 63/3: Fundament

6 Das Dach eines Wohngebäudes ist als Kehlbalkendach ausgebildet **(Bild 63/2)**.

a) Wie groß ist der Dachneigungswinkel α?

b) Wie groß ist die Sparrenlänge l?

c) Wie groß ist die Länge k des Kehlbalkens?

7 Die Breite b eines Fundamentes beträgt 0,80 m **(Bild 63/3)**. Welche Höhe h muß das Fundament haben, wenn die Lastausbreitung unter dem Winkel α von 63,5° erfolgt?

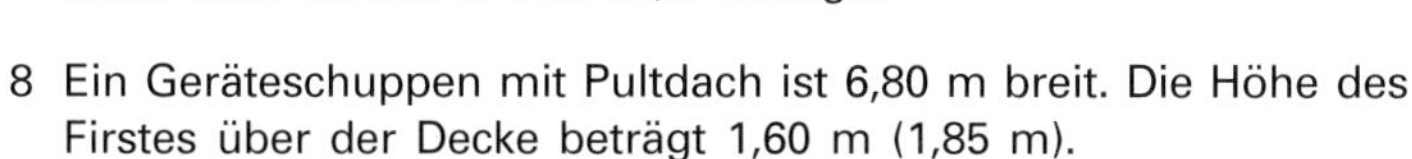

8 Ein Geräteschuppen mit Pultdach ist 6,80 m breit. Die Höhe des Firstes über der Decke beträgt 1,60 m (1,85 m).

a) Wie groß ist der Dachneigungswinkel α?

b) Wie groß ist die Sparrenlänge l?

9 Eine 3,80 m lange Anlegeleiter ist mit einem Anlegewinkel α von 75° gegen ein Gebäude gestellt. Wie weit ist der Fußpunkt der Leiter vom Gebäude entfernt?

10 Eine Straße ist zu vermessen **(Bild 63/4)**.

a) Wie weit sind die Punkte A und B voneinander entfernt?

b) Wie groß ist die Straßenbreite b?

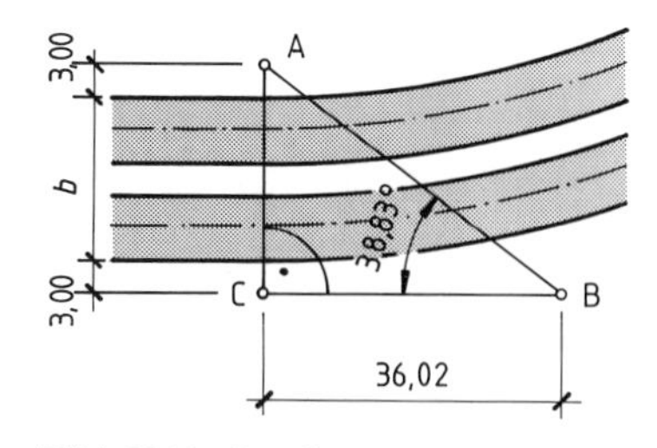

Bild 63/4: Straßenvermessung

3.3 Steigung, Neigung, Gefälle

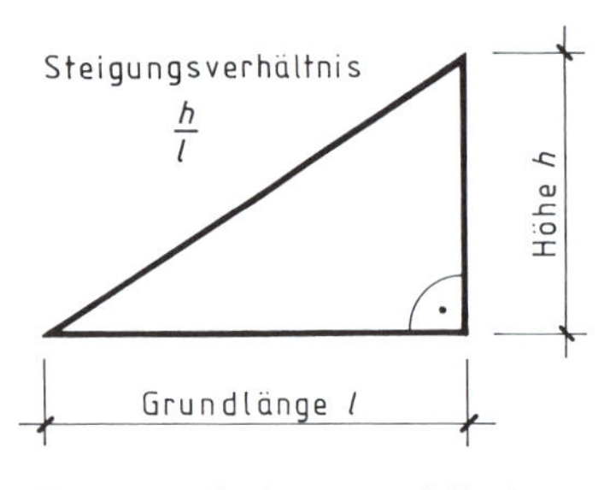

Bild 64/1: Steigungsverhältnis

Ist eine Strecke zur Waagerechten geneigt, spricht man von Steigung, Neigung oder Gefälle. Die Begriffe Steigung, Neigung und Gefälle werden der jeweiligen Bedeutung entsprechend verwendet. Ein Dach hat eine Neigung, eine Entwässerungsleitung ein Gefälle und eine Rampe eine Steigung. Die Größe der Steigung kann durch das Steigungsverhältnis $\frac{h}{l}$, als Prozentsatz p oder durch den Winkel α angegeben werden. In der Bautechnik wird die Größe der Steigung meist durch das Zahlenverhältnis $\frac{h}{l}$ oder als Prozentsatz angegeben, weil sich die Höhe h und die Grundlänge l durch Messen leicht ermitteln lassen.

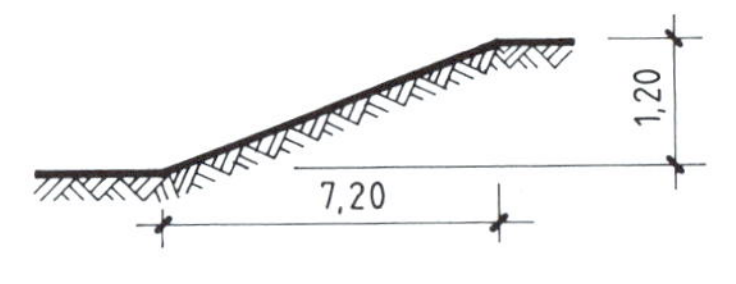

Bild 64/2: Rampe

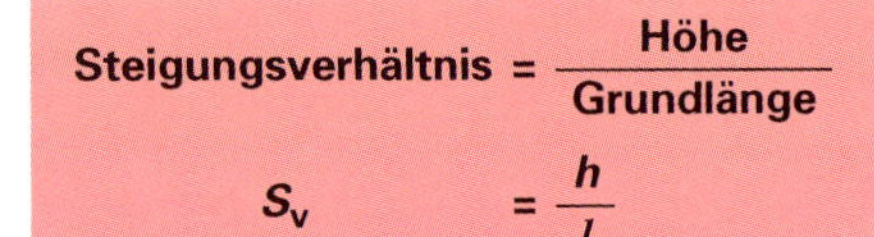

$$\textbf{Steigungsverhältnis} = \frac{\textbf{Höhe}}{\textbf{Grundlänge}}$$

$$S_V = \frac{h}{l}$$

$$h = S_V \cdot l$$

$$l = \frac{h}{S_V}$$

3.3.1 Bestimmung der Steigung als Steigungsverhältnis

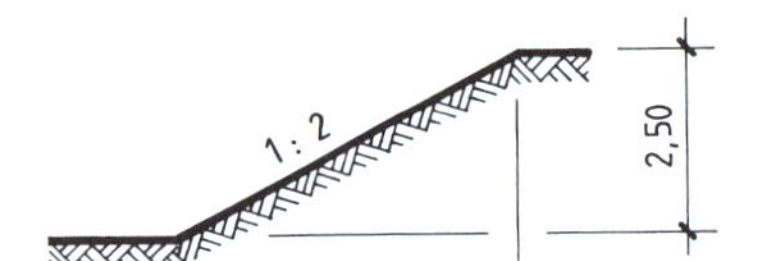

Bild 64/3: Baugrubenböschung

Bei der Bestimmung der Steigung als Steigungsverhältnis S_V wird die Höhe h auf die Grundlänge l bezogen.

Ein Höhenunterschied von 3,00 m und eine Grundlänge von 8,00 m ergeben ein Steigungsverhältnis $\frac{h}{l} = \frac{3}{8}$ **(Bild 64/1)**. Aus Gründen der Vergleichbarkeit von Steigungen wird entweder die Grundlänge l oder die Höhe h auf die Einheit 1 bezogen. Da in der Bautechnik bei der Angabe des Steigungsverhältnisses keine Zahl kleiner als 1 sein soll, wird das kleinere Maß mit 1 festgelegt. Dies erreicht man, indem man die beiden Zahlen des Steigungsverhältnisses durch die kleinere Zahl dividiert.

Beispiel: Bei einer Rampe betragen die Höhe h = 1,20 m und die Grundlänge l = 7,20 m **(Bild 64/2)**. Wie groß ist das Steigungsverhältnis bezogen auf die Einheit 1?

Lösung: $S_V = \frac{h}{l}$ $\qquad S_V = \frac{1{,}20\text{ m} : 1{,}20}{7{,}20\text{ m} : 1{,}20}$ $\qquad \mathbf{S_V = \frac{1}{6}}$ **oder 1 : 6**

Beispiel: Eine 2,50 m tiefe Baugrube ist im Verhältnis 1 : 2 abgeböscht **(Bild 64/3)**. Wie groß ist die Grundlänge l?

Lösung: $l = \frac{h}{S_V}$ $\qquad l = \frac{2{,}50\text{ m}}{\frac{1}{2}}$ $\qquad \mathbf{l = 5{,}00\text{ m}}$

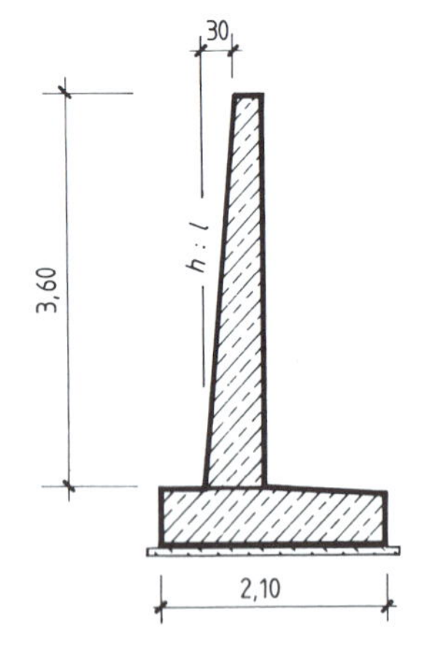

Bild 64/4: Stützwand

Beispiel: Eine Stützwand ist zu erstellen **(Bild 64/4)**. Wie groß ist das Neigungsverhältnis S_V bezogen auf die Einheit 1?

Lösung: $S_V = \frac{h}{l}$ $\qquad S_V = \frac{3{,}60\text{ m} : 0{,}30}{0{,}30\text{ m} : 0{,}30}$ $\qquad \mathbf{S_V = \frac{12}{1}}$ **oder 12 : 1**

3.3.2 Bestimmung der Steigung als Prozentsatz

Bei der Bestimmung der Steigung als Prozentsatz p wird die Höhe h in m (cm) auf die dazugehörende Grundlänge l von 100 m (100 cm) bezogen. Es bedeutet z.B. eine Steigung p von 3,5% einen Höhenunterschied h von 3,50 m bei einer Grundlänge l von 100 m **(Bild 65/1)**.

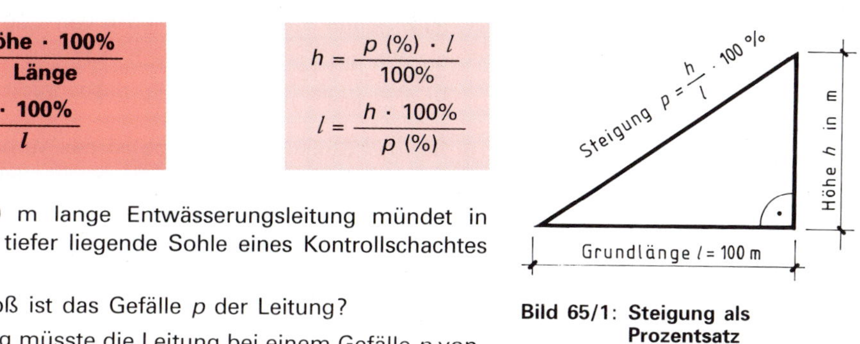

$$\textbf{Steigung (\%)} = \frac{\textbf{Höhe} \cdot \textbf{100\%}}{\textbf{Länge}}$$

$$\boldsymbol{p}\ \textbf{(\%)} = \frac{\boldsymbol{h} \cdot \textbf{100\%}}{\boldsymbol{l}}$$

$$h = \frac{p\ (\%) \cdot l}{100\%}$$

$$l = \frac{h \cdot 100\%}{p\ (\%)}$$

Bild 65/1: **Steigung als Prozentsatz**

Beispiel: Eine 20,00 m lange Entwässerungsleitung mündet in die 70 cm tiefer liegende Sohle eines Kontrollschachtes **(Bild 65/2)**.

a) Wie groß ist das Gefälle p der Leitung?

b) Wie lang müsste die Leitung bei einem Gefälle p von 2% sein?

Lösung: a) $p = \frac{h \cdot 100\%}{l}$ b) $l = \frac{h \cdot 100\%}{p\ (\%)}$

$p = \frac{0{,}70\ \text{m} \cdot 100\%}{20{,}00\ \text{m}}$ $l = \frac{0{,}70\ \text{m} \cdot 100\%}{2\%}$

$\boldsymbol{p = 3{,}5\%}$ $\boldsymbol{l = 35{,}00\ \text{m}}$

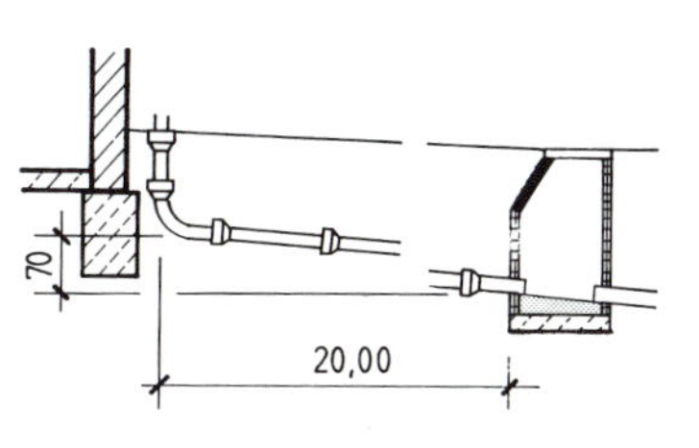

Bild 65/2: Entwässerungsleitung

Beispiel: Die Steigung p einer Zufahrtsstraße mit der Grundlänge l von 80 m beträgt 6%.
Welchen Höhenunterschied h überwindet die Straße?

Lösung: $h = \frac{p\ (\%) \cdot l}{100\%}$

$h = \frac{6\% \cdot 80\ \text{m}}{100\%}$ $\boldsymbol{h = 4{,}80\ \text{m}}$

Aufgaben zu 3.3 Steigung, Neigung, Gefälle

1 Eine Baugrube ist 2,20 m tief und ist mit dem Winkel β von 45° abgeböscht.

a) Wie groß ist das Neigungsverhältnis der Böschung?

b) Wie groß ist die Böschungsbreite b?

c) Wie groß ist die Böschungsneigung p (%)?

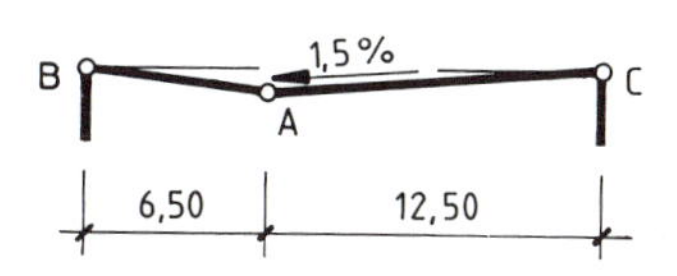

Bild 65/3: Flachdachentwässerung

2 Auf dem Flachdach eines Gebäudes läuft das anfallende Regenwasser im Punkt A in einen Gully **(Bild 65/3)**.

a) Um welches Maß muß der Punkt C bei einem Gefälle p von 1,5% höher liegen als der Punkt A?

b) Wie groß ist das Gefälle p vom Punkt B zum Punkt A, wenn die Punkte B und C auf gleicher Höhe liegen?

3 Ein Entwässerungskanal führt vom Punkt A über den Punkt B zum Punkt C **(Bild 65/4)**.

a) Wie groß ist das Gefälle p (%) vom Punkt B zum Punkt C?

b) Auf welcher Höhe H ü. NN muß der Einlaufpunkt A der Entwässerungsleitung mindestens liegen, wenn das Gefälle 1,5% nicht unterschreiten darf?

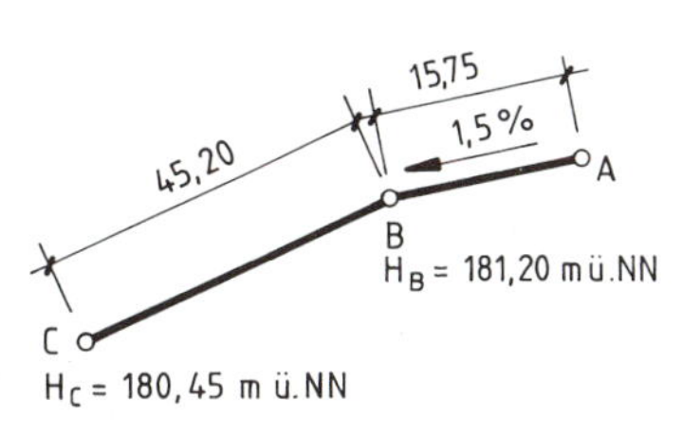

Bild 65/4: Entwässerungskanal (Draufsicht)

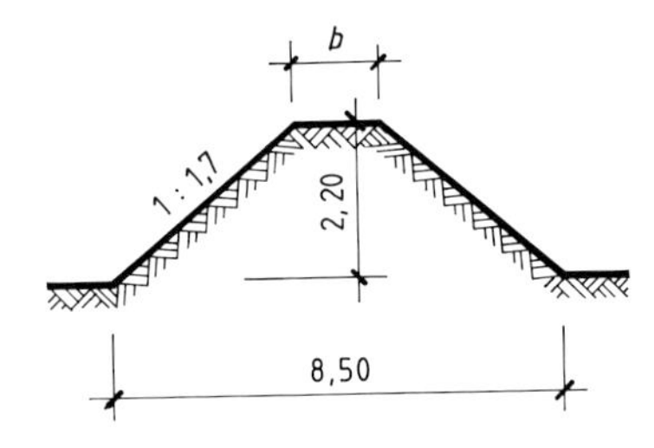

Bild 66/1: Erddamm

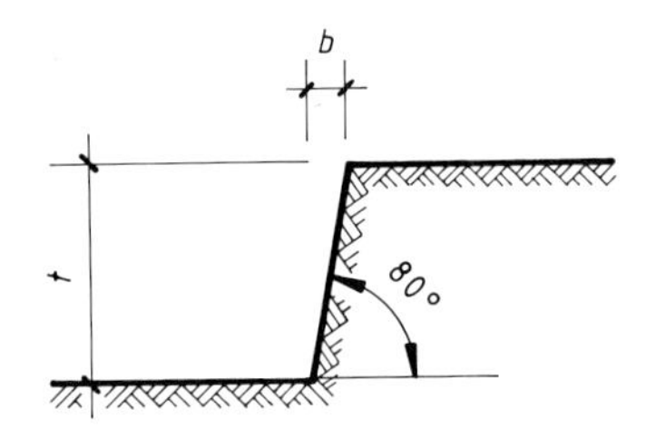

Bild 66/2: Baugrubenböschung

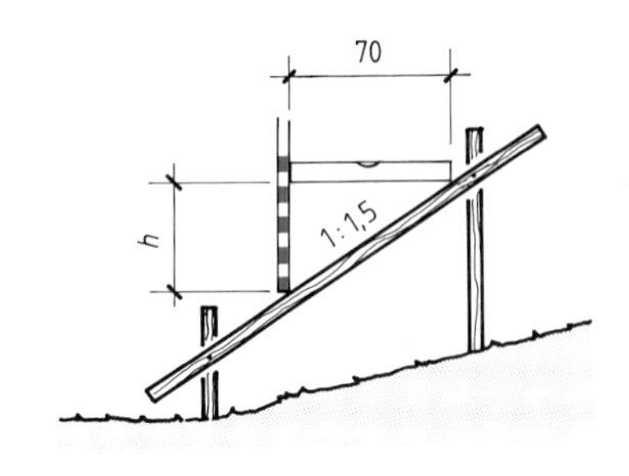

Bild 66/3: Böschungslehre

4 Eine Entwässerungsleitung ist mit einem Gefälle p von 2% verlegt. Wie groß ist der Höhenunterschied h bei einer Grundlänge l von 55 m (68,50 m)?

5 Der Abwasserkanal einer Straße hat auf einer Grundlänge l von 99 m einen Höhenunterschied h von 2,20 m (2,75 m).

a) Wie groß ist das Gefälle p (%)?

b) Wie groß ist das Gefälle, ausgedrückt als Zahlenverhältnis?

6 Bei den Stufen einer Treppe ist das Verhältnis Steigungshöhe/Auftrittsbreite von 17/29 (16/31) vorhanden.

a) Wie groß ist das Steigungsverhältnis der Treppe?

b) Wie groß ist ihre Steigung p (%)?

7 Ein Erddamm hat eine Höhe h von 2,20 m und ist an der Sohle 8,50 m breit **(Bild 66/1)**. Das Neigungsverhältnis der Böschung beträgt 1 : 1,7.

a) Wie groß ist die Böschungsneigung p (%)?

b) Wie groß ist die Breite b der Dammkrone?

8 Als Auffahrt zu einer Garage ist eine Rampe geschüttet. Durch die Rampe wird eine Höhe h von 1,20 m (1,40 m) überwunden. Wie lang ist die Rampe bei einer Steigung p von 6%?

9 Bei einem Böschungswinkel β von 80° beträgt die Böschungsbreite b das 0,2-fache der Baugrubentiefe t **(Bild 66/2)**.

a) Wie groß ist die Neigung, ausgedrückt als Zahlenverhältnis?

b) Wie groß ist die Neigung p der Böschung in %?

10 Mit einer 70 cm langen Wasserwaage ist das Steigungsverhältnis der Böschungslehre eines Dammes zu überprüfen **(Bild 66/3)**. Welche Höhe h ist auf einem lotrecht gehaltenen Maßstab abzulesen, wenn die Böschungslehre 1 : 1,5 geneigt ist?

11 Für eine Straße ist ein Damm aufzuschütten **(Bild 66/4)**. Auf welcher Höhe liegen die Punkte A, B, C und D, wenn die Straßenachse auf die Höhe H = 549,55 ü. NN liegt?

12 Mit Hilfe eines Baulasers wird die Neigung eines Geländes ermittelt **(Bild 66/5)**. Die waagerechten Abstände zwischen den Meßpunkten sind gleich groß.

Wie groß sind die Neigungen zwischen den einzelnen Messpunkten?

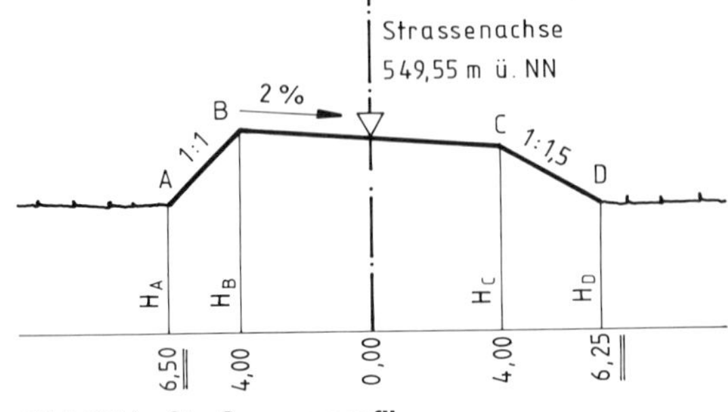

Bild 66/4: Straßenquerprofil

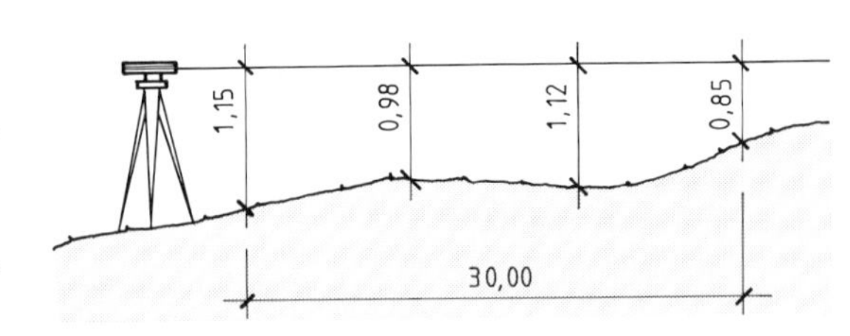

Bild 66/5: Geländeaufnahme

4 Pythagoras

4.1 Lehrsatz des Pythagoras

Mit Hilfe des Lehrsatzes von Pythagoras (griech. Philosoph, um 580 bis 500 v. Chr.) können die Seitenlängen rechtwinkliger Dreiecke berechnet werden.

Im rechtwinkligen Dreieck bezeichnet man die längste Dreiecksseite als **Hypotenuse** und die beiden anderen Seiten als **Katheten (Bild 67/1)**. Die Hypotenuse liegt dem rechten Winkel gegenüber. Die beiden Katheten schließen den rechten Winkel ein.

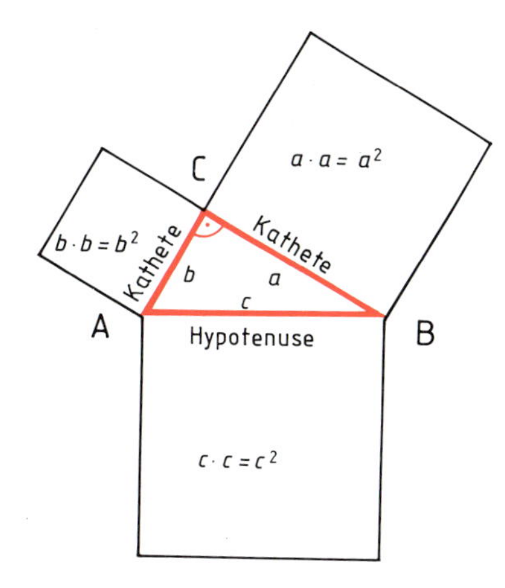

Bild 67/1: Lehrsatz des Pythagoras

Der Lehrsatz des Pythagoras lautet:
Im rechtwinkligen Dreieck ist das Quadrat über der Hypotenuse gleich der Summe der Quadrate über den Katheten.

$$c^2 = a^2 + b^2$$

$$a^2 = c^2 - b^2 \qquad b^2 = c^2 - a^2$$

Für die Berechnung der Seitenlängen gilt:

$$c = \sqrt{a^2 + b^2} \qquad a = \sqrt{c^2 - b^2} \qquad b = \sqrt{c^2 - a^2}$$

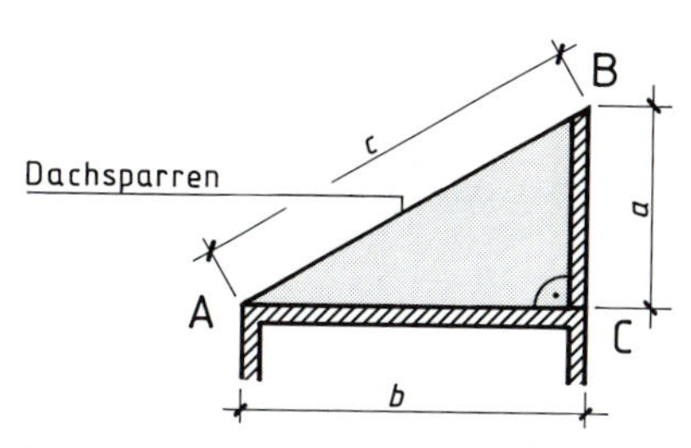

Bild 67/2: Pultdach

Beispiel: Ein Pultdach ist abzubinden. Die Bauwerksbreite b beträgt 6,30 m und die Firsthöhe a beträgt 5,10 m **(Bild 67/2)**. Die Länge c des Dachsparrens ist zu berechnen.

Lösung: Länge c des Dachsparrens

$c^2 = a^2 + b^2$ $\qquad c = \sqrt{65{,}70\ \text{m}^2}$

$c = \sqrt{a^2 + b^2}$ $\qquad$ $\boldsymbol{c \approx 8{,}10\ \text{m}}$

4.2 Verreihung

Stehen die Seiten eines Dreiecks im Verhältnis 3 : 4 : 5, so ist das Dreieck rechtwinklig. Dieses Verhältnis bezeichnet man auch als Verreihung. Mit der Verreihung lassen sich rechte Winkel herstellen oder überprüfen **(Bild 67/3)**.

Beispiel: Zur Herstellung eines rechten Winkels stehen 3 Bretter zur Verfügung. Das Längste davon ist 1,80 m lang. Die Längen der beiden anderen Bretter sind zu berechnen.

Lösung:

5 Teile	≙	1,80 m	
1 Teil	≙	1,80 m : 5	= 0,36 m
3 Teile	≙	0,36 m · 3	= **1,08 m**
4 Teile	≙	0,36 m · 4	= **1,44 m**

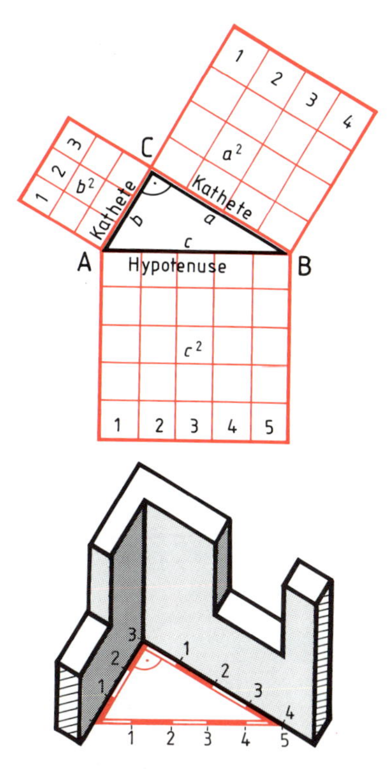

Bild 67/3: Verreihung

Programme zur Berechnung der Seiten im rechtwinkligen Dreieck

Beispiel: Aus der Länge der Katheten a und b soll die Länge der Hypotenuse c berechnet werden.

Lösung:

```
 10 REM Seitenberechnung im
 20 REM rechtwinkligen Dreieck
 50 CLS
100 REM Überschrift
110 PRINT "Programm zur Dreiecksberechnung"
120 PRINT "==============================="
130 PRINT "Berechnung der Hypotenuse im "
140 PRINT "rechtwinkligen Dreieck"
150 PRINT : PRINT
200 REM Eingaben
210 INPUT "Länge der Seite a in mm a = ";A
220 INPUT "Länge der Seite b in mm b = ";B
230 PRINT
290 PRINT
300 REM Verarbeitung
310 LET C = A^2 + B^2
320 LET C = SQR ( C )
400 REM Ausgabe
410 PRINT "Kathete      a = ";A;" mm"
420 PRINT "Kathete      b = ";B;" mm"
430 PRINT "Hypotenuse   c = ";C;" mm"
500 REM Programmende
510 END
```

Beispiel: Aus der Hypotenuse c und der Kathete a ist die Kathete b zu berechnen.

Lösung:

```
 10 REM Seitenberechnung im
 20 REM rechtwinkligen Dreieck
 50 CLS
100 REM Überschrift
110 PRINT "Programm zur Dreiecksberechnung"
120 PRINT "==============================="
130 PRINT "Berechnung einer Kathete im "
140 PRINT "rechtwinkligen Dreieck"
150 PRINT : PRINT
200 REM Eingaben
210 INPUT "Länge der Hypotenuse in cm c = ";C
220 INPUT "Länge der Kathete    in cm a = ";A
230 IF A > = C THEN GOTO 50
290 PRINT : PRINT
300 REM Verarbeitung
310 LET B = C^2 - A^2
320 LET B = SQR ( B )
400 REM Ausgabe
410 PRINT "Hypotenuse                c = ";C;" cm"
420 PRINT "Kathete                   a = ";A;" cm"
430 PRINT "Kathete                   b = ";B;" cm"
500 REM Programmende
510 END
```

Aufgaben zu 4 Pythagoras

1 Bei den rechtwinkligen Dreiecken sind die fehlenden Maße zu ermitteln **(Bild 68/1)**.

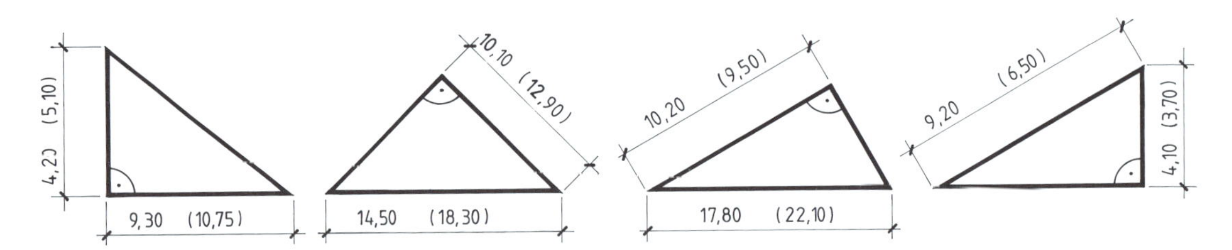

Bild 68/1: Rechtwinklige Dreiecke

2 Ein Satteldach mit einer Länge von 18,20 m (21,30 m) wird mit Ziegeln neu eingedeckt **(Bild 68/2)**.

a) Wieviel Ziegel werden bei einem Bedarf von 15 Stck./m² benötigt?

b) Wieviel Ortgangziegel sind erforderlich, wenn der Bedarf je Meter Ortganglänge 3 Stück beträgt?

3 Bei einem einseitig geneigten Dach liegt die Gebäudebreite mit 9,80 m (11,75 m) fest. Die Dachsparren haben ein Zuschnittmaß von 12,30 m (14,40 m). Wie hoch ist das Dach?

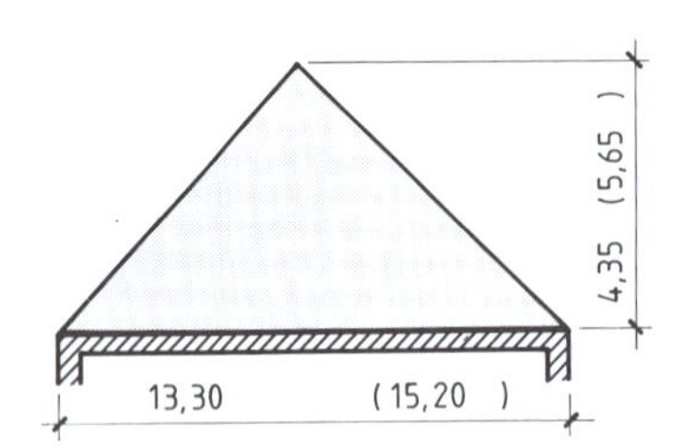

Bild 68/2: Satteldach

4 Für ein Dach mit unterschiedlichen Trauf- und Firsthöhen werden die Zimmer- und Dachdeckerarbeiten ausgeführt **(Bild 69/1)**. Die Länge des Daches beträgt 17,20 m.

a) Wie lang sind die Sparren?

b) Wie groß ist die gesamte Dachfläche einschließlich der senkrechten Fläche des Dachversatzes?

c) Wie groß ist die Außenputzfläche einer Giebelseite (ohne Sockel)?

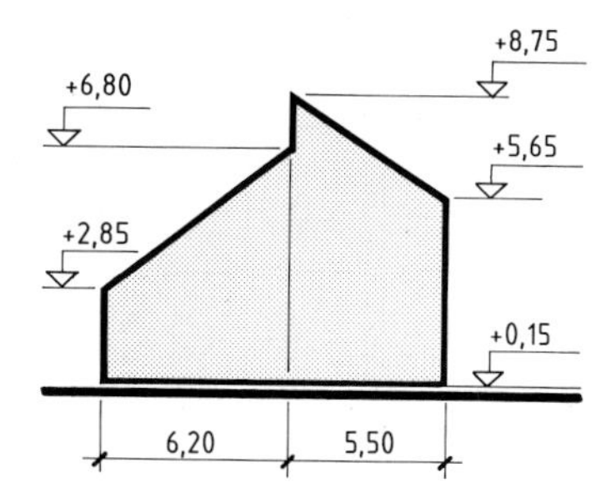

Bild 69/1: Dacheindeckung

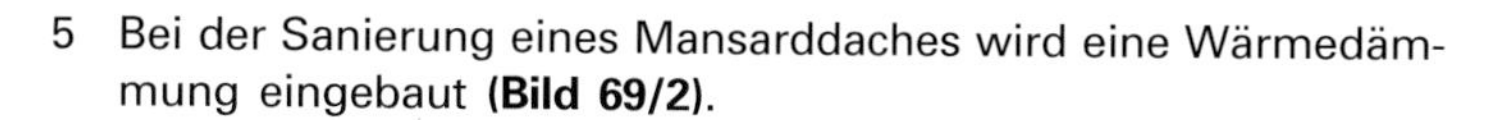

5 Bei der Sanierung eines Mansarddaches wird eine Wärmedämmung eingebaut **(Bild 69/2)**.

a) Wieviel m² beträgt die zu dämmende Dachfläche, wenn das Dach 14,50 m lang ist?

b) Wie groß ist die Putzfläche der beiden Giebel für den Wärmedämmputz?

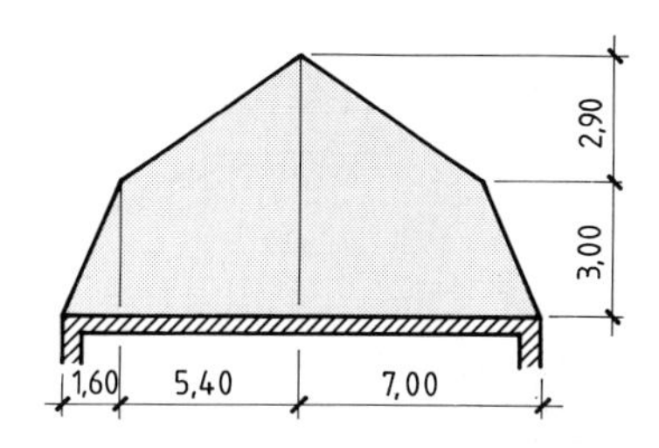

Bild 69/2: Mansarddach

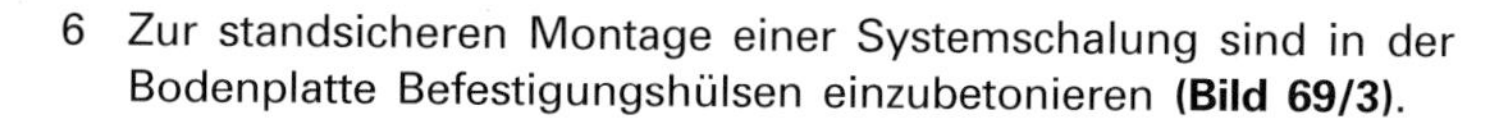

6 Zur standsicheren Montage einer Systemschalung sind in der Bodenplatte Befestigungshülsen einzubetonieren **(Bild 69/3)**.

a) Wie groß ist der Abstand der Hülsen von Außenkante Bodenplatte, wenn die Länge der Schrägsprieße 3,00 m beträgt?

b) Auf welche Länge müssen die Schrägsprieße ausgezogen werden, wenn der Hülsenabstand 1,50 m von Außenkante Bodenplatte betragen kann?

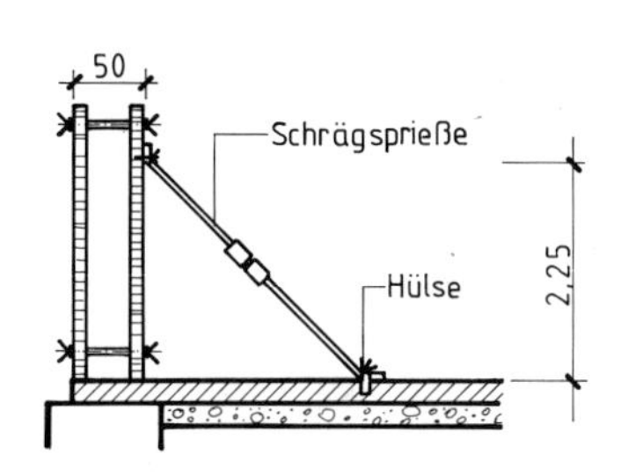

Bild 69/3: Systemschalung

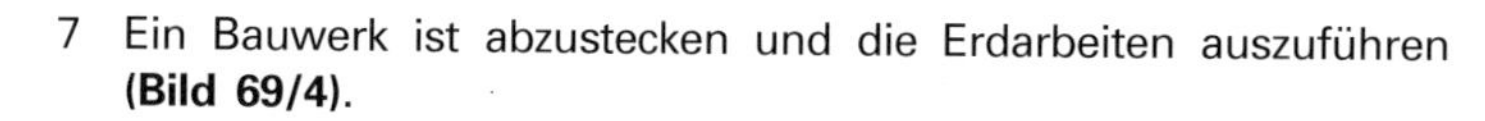

7 Ein Bauwerk ist abzustecken und die Erdarbeiten auszuführen **(Bild 69/4)**.

a) Wieviel m² Oberboden sind abzutragen, wenn zu den Baugrubenabmessungen ein zusätzlicher Streifen von 5,00 m Breite ringsum abgeschoben wird?

b) Wie groß ist das Kontrollmaß zur Überprüfung des rechten Winkels an der Baugrubensohle?

c) Wieviel m³ Auffüllmaterial sind nach Fertigstellung des Bauwerkes zum Verfüllen der Baugrube wieder einzubauen und zu verdichten?

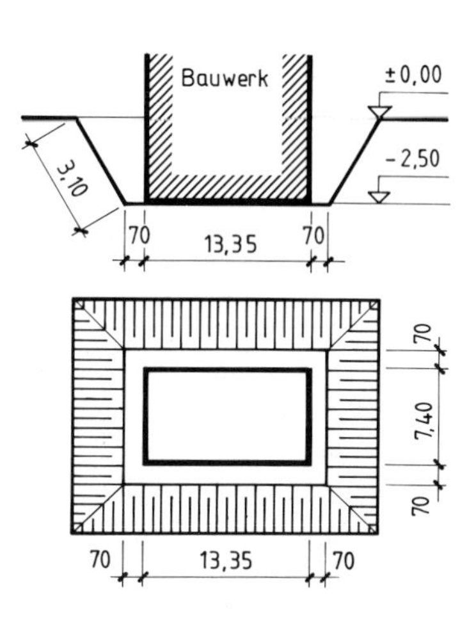

Bild 69/4: Bauabsteckung

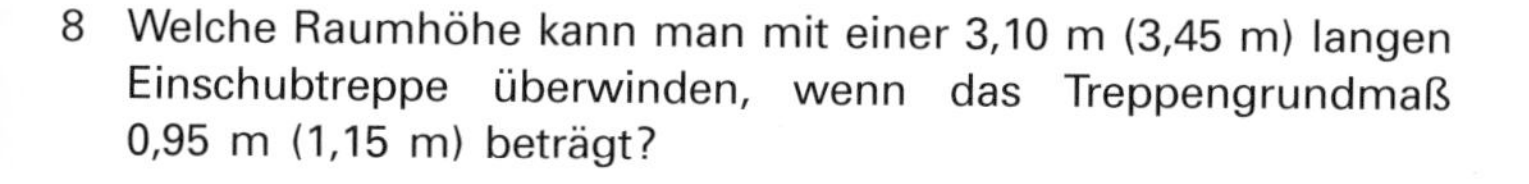

8 Welche Raumhöhe kann man mit einer 3,10 m (3,45 m) langen Einschubtreppe überwinden, wenn das Treppengrundmaß 0,95 m (1,15 m) beträgt?

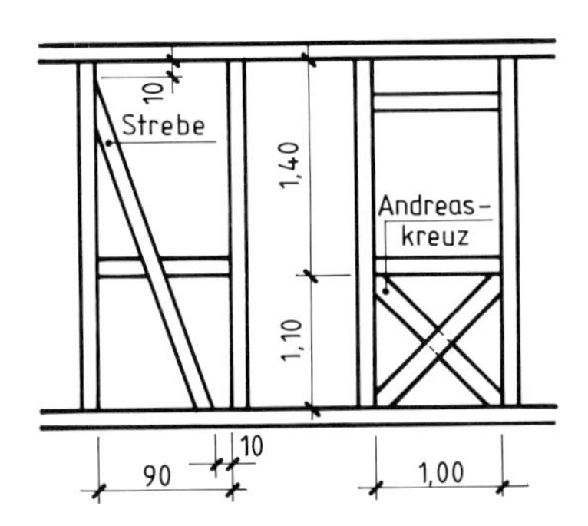

Bild 70/1: **Fachwerkwand**

9 Bei Ausbesserungsarbeiten an einer Fachwerkwand sind Strebe und Andreaskreuz auszuwechseln **(Bild 70/1)**.

a) Welche Zuschnittlänge hat die Strebe, wenn für die Verzapfung an beiden Enden jeweils 5 cm zugeschlagen werden?

b) Welche Zuschnittlänge haben die beiden Hölzer für das Andreaskreuz?

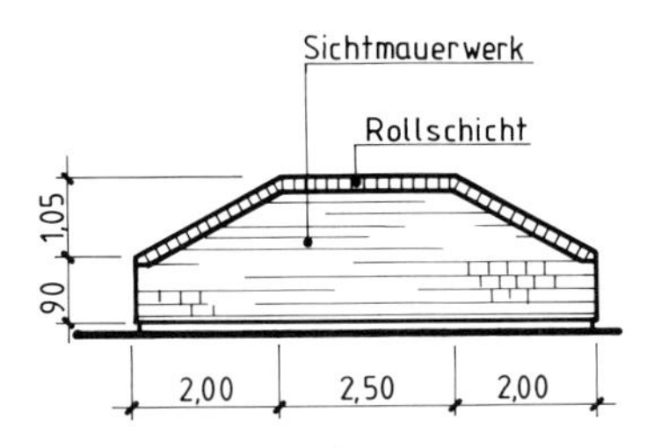

Bild 70/2: **Hauseingang**

10 Ein zweiseitiger Hauseingang erhält eine Brüstungswand in Sichtmauerwerk **(Bild 70/2)**.

a) Wie groß ist die Länge der Rollschicht als oberer Mauerabschluss?

b) Welche Gesamtfläche ist als Sichtmauerwerk einschließlich Rollschicht herzustellen?

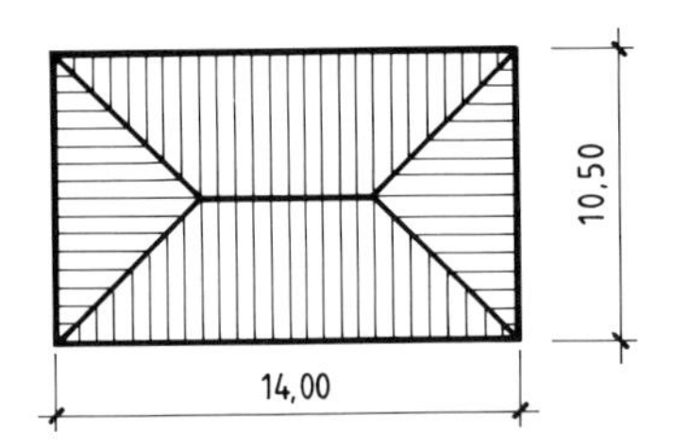

Bild 70/3: **Walmdach**

11 Wie groß ist die Dachfläche des Walmdaches, wenn die Firsthöhe 5,25 m beträgt und die Dachflächen gleiche Neigung haben **(Bild 70/3)**.

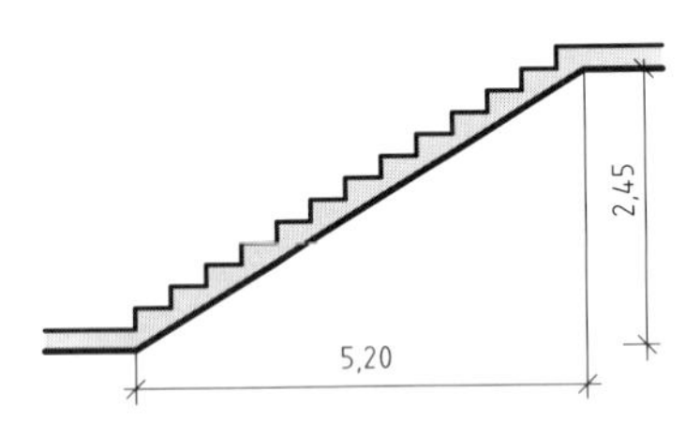

Bild 70/4: **Massivtreppe**

12 In einem Wohnhaus wird eine einläufige, gerade Massivtreppe eingeschalt **(Bild 70/4)**.

Wie groß ist der Schalbrettbedarf für die Unterseite der Laufplatte, wenn diese 1,10 m breit ist und ein Verschnittzuschlag von 8% berechnet wird?

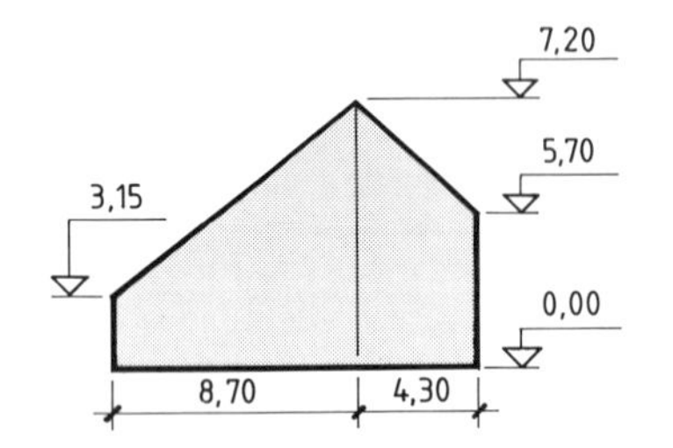

Bild 70/5: **Hausgiebel**

13 Bei einer Dachsanierung wird die Dachfläche erneuert. Der Hausgiebel ist dargestellt **(Bild 70/5)**. Wie groß ist die zu sanierende Dachfläche bei einer Dachlänge von 14,50 m?

14 Welche Geschosshöhe kann mit einer 5,00 m (6,50 m) langen Anlegeleiter überwunden werden, wenn der Abstand am Fußpunkt zwischen Leiter und Wand 0,95 m (1,15 m) beträgt und die Leiter 1,10 m über die Anlehnkante hinausragen muss **(Bild 71/1)**?

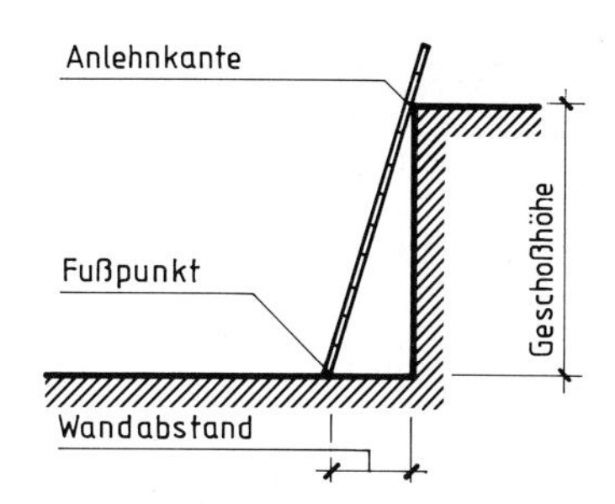

Bild 71/1: Anlegeleiter

15 Für die Pflasterung eines Platzes werden Gliederungsstreifen und Randgurte aus Natursteinplatten verlegt **(Bild 71/2)**.

a) Wieviel m Natursteinplatten sind zu bestellen, wenn als Verschnitt 6% zugerechnet werden?

b) Wieviel m² Betonpflaster sind für die Felder zu bestellen, wenn für Schrägschnitte 15% zugerechnet werden?

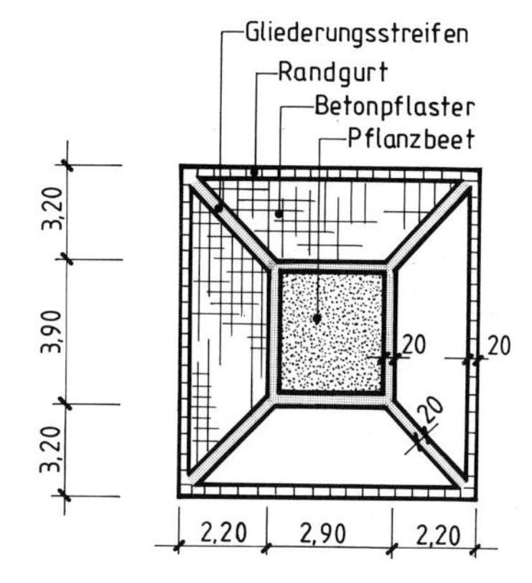

Bild 71/2: Pflasterung

16 Ein Entwässerungskanal ist zu verlegen. Der erforderliche Kontrollschacht wird nach den angegebenen Maßen versetzt **(Bild 71/3)**.

a) Welche Entfernung haben die beiden Kontrollschächte voneinander?

b) Wie lang ist der Entwässerungskanal, wenn ein Gefälle von 3,5% (5%) zu berücksichtigen ist?

c) Wieviel m³ Aushub sind erforderlich, wenn der Graben 1,20 m breit und am Kontrollschacht (neu) 0,85 m tief ist? Die Grabensohle hat das gleiche Gefälle wie der Entwässerungskanal. Die Geländeoberfläche ist waagerecht.

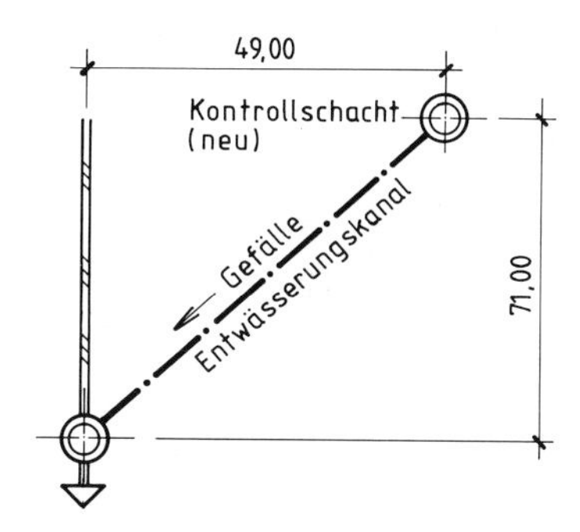

Bild 71/3: Entwässerungskanal (Draufsicht)

17 Die fehlenden Werte in der **Tabelle 71/1** sind zu berechnen.

Tabelle 71/1: Verreihung				
Aufgabe	3 Teile	4 Teile	5 Teile	1 Teil
a)	2,10 m			
b)			5,00 m	
c)		2,40 m		
d)				0,50 m

5 Flächen

Bei den Flächen unterscheidet man geradlinig begrenzte Flächen und krummlinig begrenzte Flächen. Flächen, die aus mehreren Teilflächen bestehen, bezeichnet man als zusammengesetzte Flächen.

5.1 Einheiten

Die Einheit der Fläche ist der **Quadratmeter (m^2)**. Kleinere Einheiten der Fläche sind **Quadratdezimeter (dm^2)**, **Quadratzentimeter (cm^2)** und **Quadratmillimeter (mm^2)**; größere Einheiten sind **Ar (a)**, **Hektar (ha)** und **Quadratkilometer (km^2)**.

Umrechnung von Einheiten der Fläche

	· 100 →	· 100 →	· 100 →	· 100 →	· 100 →	· 100 →	Multiplikator von Einheit zu Einheit
	km^2	ha	a	m^2	dm^2	cm^2	mm^2
km^2	1	100	10 000	1 000 000	100 000 000	10 000 000 000	1 000 000 000 000
ha	0,01	1	100	10 000	1 000 000	100 000 000	10 000 000 000
a	0,000 1	0,01	1	100	10 000	1 000 000	100 000 000
m^2	0,000 001	0,000 1	0,01	1	100	10 000	1 000 000
dm^2	0,000 000 01	0,000 001	0,000 1	0,01	1	100	10 000
cm^2	0,000 000 000 1	0,000 000 01	0,000 001	0,000 1	0,01	1	100
mm^2	0,000 000 000 001	0,000 000 000 1	0,000 000 01	0,000 001	0,000 1	0,01	1
	Teiler von Einheit zu Einheit	← : 100	← : 100	← : 100	← : 100	← : 100	← : 100

Die Umrechnung von einer Einheit in die nächstgrößere Einheit oder in die nächstkleinere Einheit erfolgt immer mit der **Umrechnungszahl 100**.

Beispiel: Wieviel m^2 sind 122,5 a?

Lösung: 122,5 a · 100 = **12 250 m^2**

Beispiel: Wieviel cm^2 sind 0,115 a?

Lösung: 0,115 a · 100 = 11,5 m^2
11,5 m^2 · 10 000 = **115 000 cm^2**

Beispiel: Wieviel m^2 sind 53 200 cm^2?

Lösung: 53 200 cm^2 : 100 = 532,00 dm^2
532,00 dm^2 : 100 = **5,32 m^2**

Beispiel: Wieviel ha sind 1 769 m^2?

Lösung: 1 769 m^2 : 10 000 = **0,1769 ha**

Aufgaben zu 5.1 Einheiten

1 Wieviel m^2 sind: 385 dm^2; 182 543 mm^2; 735 a; 9 732 cm^2; 3,8 ha;
5 706 mm^2; 695 dm^2; 3,2 km^2; 1,2 a; 597 cm^2

2 Wieviel cm^2 sind: 678 mm^2; 8,5 m^2; 63 dm^2; 0,8 a; 0,005 km^2;
25,48 dm^2; 0,003 a^2; 0,07 m^2; 648 dm^2; 142,5 mm^2

3 Folgende Flächeninhalte sind zu addieren:

Ergebnis in m^2:
25 dm^2 + 3 ha − 5,5 a + 27 800 cm^2 − 0,002 km^2 + 185 763 mm^2 + 735 dm^2 − 0,25 ha
27 ha − 32 500 dm^2 − 823 565 cm^2 + 170 500 000 mm^2 − 0,031 km^2 + 0,05 a + 32,5 dm^2

Ergebnis in cm^2:
1 260 mm^2 + 873 dm^2 − 0,38 m^2 + 0,05 a − 0,8 dm^2 + 1 005 mm^2 − 123 dm^2 + 0,02 a
0,001 ha + 495 mm^2 + 750 dm^2 − 0,02 m^2 − 0,003 a + 2,75 m^2 − 92 dm^2 + 55 348 mm^2

Ergebnis in a:
5,238 km^2 − 256 ha − 773 m^2 + 5 800 dm^2 + 36 000 cm^2 − 2 500 000 mm^2 + 0,007 km^2
27,8 km^2 − 73,1 ha − 27 000 m^2 − 35 700 dm^2 − 35 000 000 cm^2 + 0,002 ha + 0,005 km^2

Ergebnis in km^2:
795 000 m^2 + 337 ha − 75 a + 650 000 dm^2 + 0,03 ha − 140 m^2 − 0,8 ha + 175,5 a
884 ha − 65 m^2 − 2,75 a − 500 000 cm^2 + 0,03 ha + 75 000 m^2 − 0,8 a + 93 000 000 dm^2

5.2 Geradlinig begrenzte Flächen

Zu den geradlinig begrenzten Flächen zählen Quadrat, Rechteck, Parallelogramm, Raute, Trapez und Dreieck sowie die Vielecke.

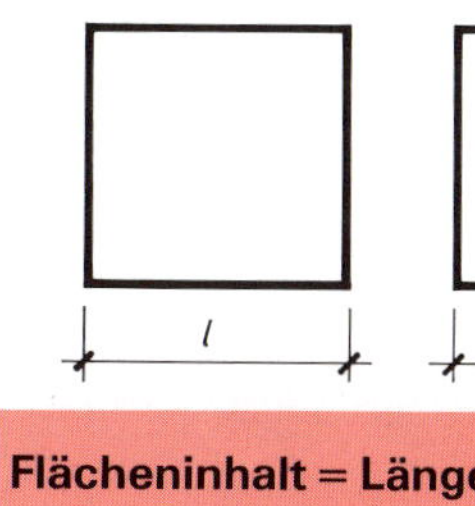

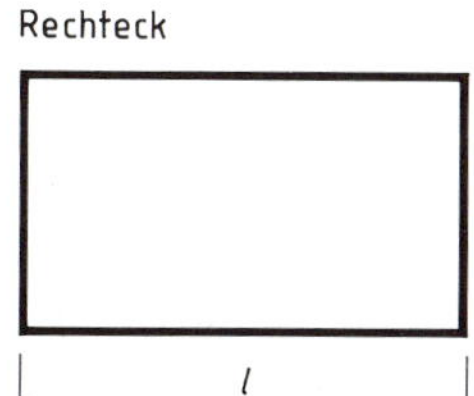

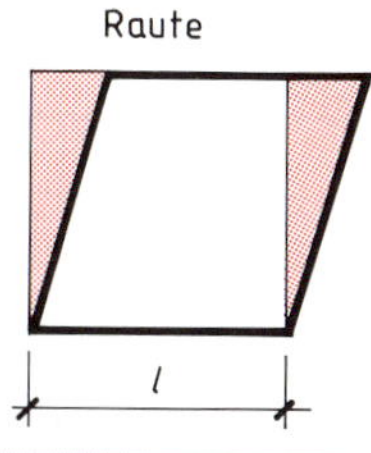

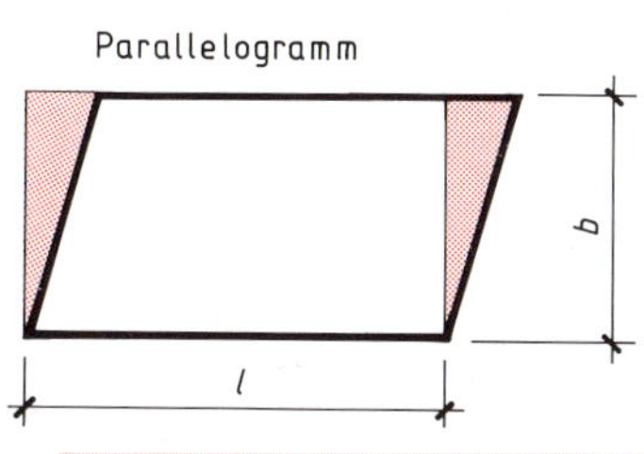

Flächeninhalt = Länge · Breite

$$\boldsymbol{A = l \cdot b}$$

$$\text{Länge} = \frac{\text{Flächeninhalt}}{\text{Breite}} \qquad l = \frac{A}{b}$$

$$\text{Breite} = \frac{\text{Flächeninhalt}}{\text{Länge}} \qquad b = \frac{A}{l}$$

Beispiel: Ein Quadrat hat eine Länge und eine Breite von 1,80 m. Wie groß ist der Flächeninhalt?

Lösung: $A = l \cdot b$

$A = 1{,}80\,\text{m} \cdot 1{,}80\,\text{m}$

$\boldsymbol{A = 3{,}24\,\text{m}^2}$

Beispiel: Ein Rechteck hat einen Flächeninhalt von 9,50 m² und eine Breite von 2,45 m. Wie lang ist das Rechteck?

Lösung: $l = \frac{A}{b}$

$l = \frac{9{,}50\,\text{m}^2}{2{,}45\,\text{m}}$

$\boldsymbol{l = 3{,}88\,\text{m}}$

Beispiel: Ein Parallelogramm mit 12,82 m² Flächeninhalt hat eine Länge von 5,25 m. Wie breit ist das Parallelogramm?

Lösung: $b = \frac{A}{l}$

$b = \frac{12{,}82\,\text{m}^2}{5{,}25\,\text{m}}$

$\boldsymbol{b = 2{,}44\,\text{m}}$

Programm zur Berechnung der Diagonalenlänge *d*, des Umfangs *U* und des Flächeninhalts *A* von Rechtecken

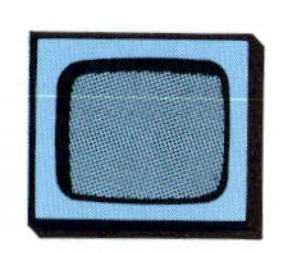

Programmablaufplan

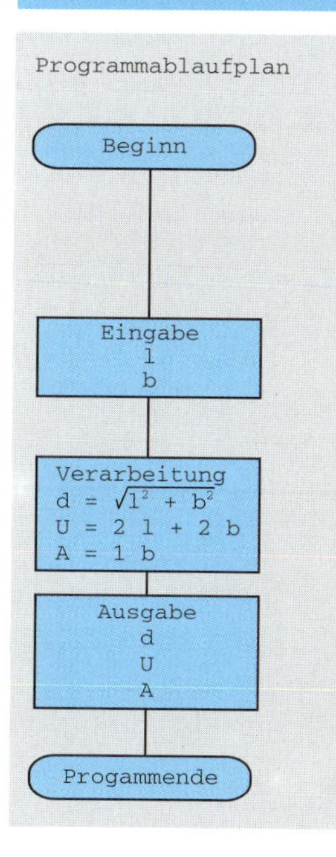

Struktogramm

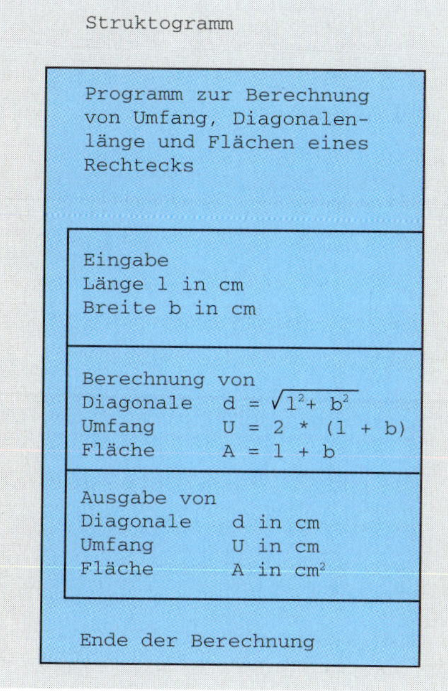

Programm

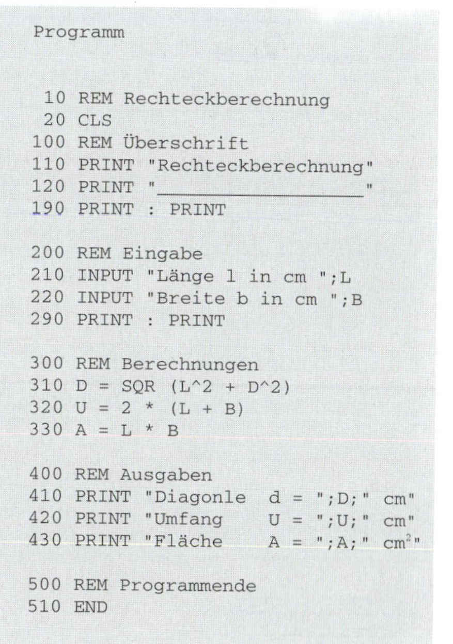

```
 10 REM Rechteckberechnung
 20 CLS
100 REM Überschrift
110 PRINT "Rechteckberechnung"
120 PRINT "___________________"
190 PRINT : PRINT

200 REM Eingabe
210 INPUT "Länge l in cm ";L
220 INPUT "Breite b in cm ";B
290 PRINT : PRINT

300 REM Berechnungen
310 D = SQR (L^2 + D^2)
320 U = 2 * (L + B)
330 A = L * B

400 REM Ausgaben
410 PRINT "Diagonle    d = ";D;" cm"
420 PRINT "Umfang      U = ";U;" cm"
430 PRINT "Fläche      A = ";A;" cm²"

500 REM Programmende
510 END
```

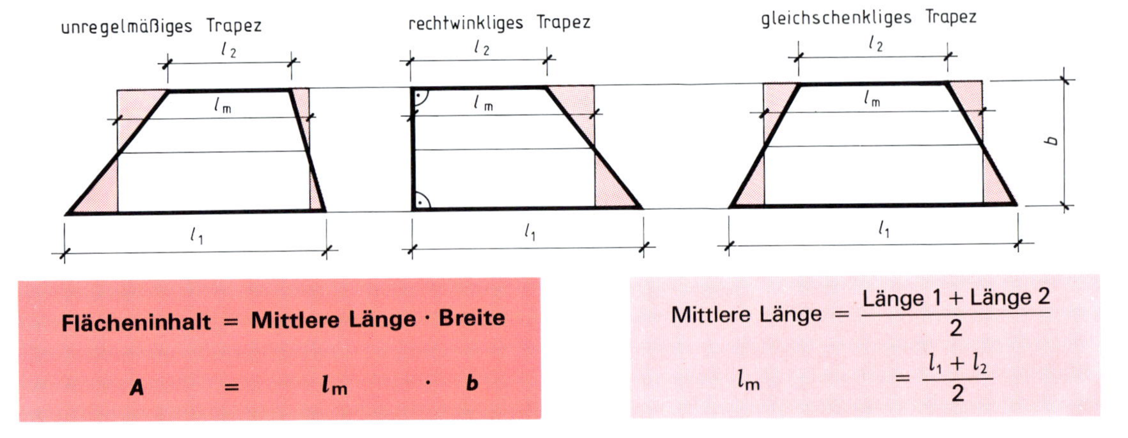

Flächeninhalt = Mittlere Länge · Breite

$$\boldsymbol{A = l_m \cdot b}$$

$$\text{Mittlere Länge} = \frac{\text{Länge 1} + \text{Länge 2}}{2}$$

$$l_m = \frac{l_1 + l_2}{2}$$

Beispiel: Ein unregelmäßiges Trapez hat die Längen $l_1 = 2{,}25$ m und $l_2 = 1{,}35$ m. Das Trapez ist 1,25 m breit.

a) Wie lang ist die mittlere Länge?

b) Wie groß ist der Flächeninhalt?

Lösung: a)

$$l_m = \frac{l_1 + l_2}{2}$$

$$l_m = \frac{2{,}25\text{ m} + 1{,}35\text{ m}}{2}$$

$$\boldsymbol{l_m = 1{,}80\text{ m}}$$

b)

$$A = l_m \cdot b$$

$$A = 1{,}80\text{ m} \cdot 1{,}25\text{ m}$$

$$\boldsymbol{A = 2{,}25\text{ m}^2}$$

Programm zur Berechnung des Flächeninhalts von Trapezen

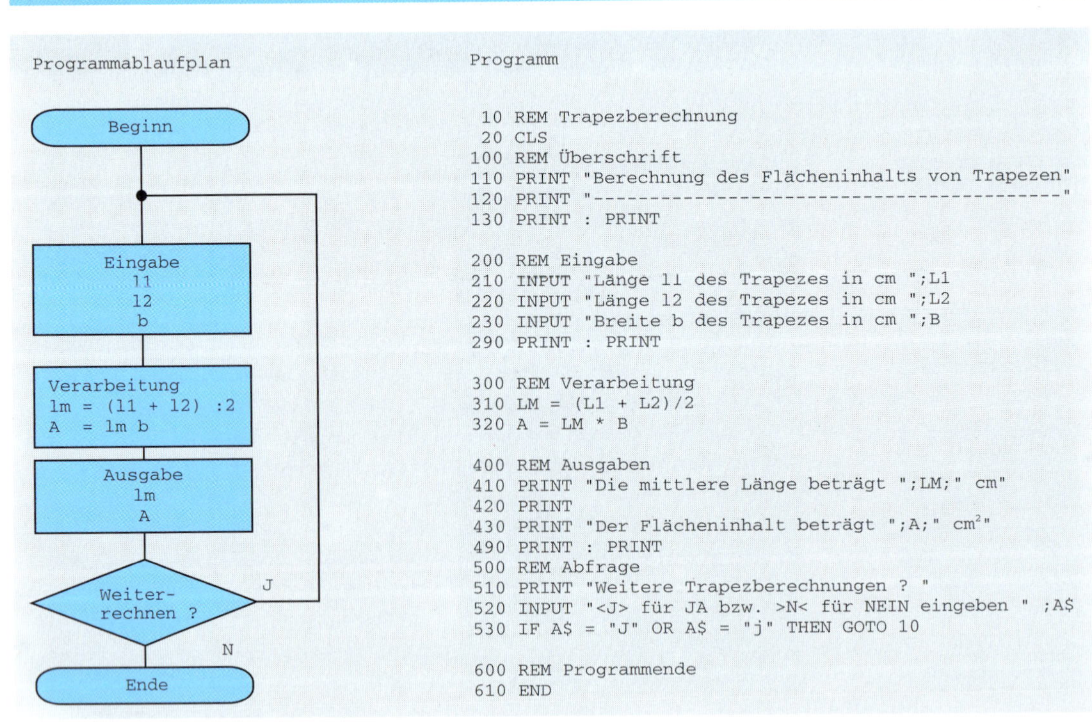

Programm

```
 10 REM Trapezberechnung
 20 CLS
100 REM Überschrift
110 PRINT "Berechnung des Flächeninhalts von Trapezen"
120 PRINT "------------------------------------------"
130 PRINT : PRINT

200 REM Eingabe
210 INPUT "Länge l1 des Trapezes in cm ";L1
220 INPUT "Länge l2 des Trapezes in cm ";L2
230 INPUT "Breite b des Trapezes in cm ";B
290 PRINT : PRINT

300 REM Verarbeitung
310 LM = (L1 + L2)/2
320 A = LM * B

400 REM Ausgaben
410 PRINT "Die mittlere Länge beträgt ";LM;" cm"
420 PRINT
430 PRINT "Der Flächeninhalt beträgt ";A;" cm²"
490 PRINT : PRINT
500 REM Abfrage
510 PRINT "Weitere Trapezberechnungen ? "
520 INPUT "<J> für JA bzw. >N< für NEIN eingeben " ;A$
530 IF A$ = "J" OR A$ = "j" THEN GOTO 10

600 REM Programmende
610 END
```

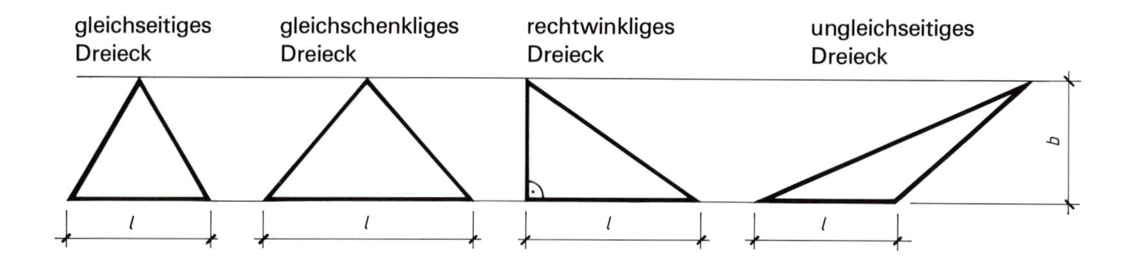

$$\textbf{Flächeninhalt} = \frac{\textbf{Länge} \cdot \textbf{Breite}}{\textbf{2}}$$

$$\boldsymbol{A} = \frac{\boldsymbol{l} \cdot \boldsymbol{b}}{\textbf{2}}$$

$$\text{Länge} = \frac{2 \cdot \text{Flächeninhalt}}{\text{Breite}}$$

$$l = \frac{2 \cdot A}{b}$$

$$\text{Breite} = \frac{2 \cdot \text{Flächeninhalt}}{\text{Länge}}$$

$$b = \frac{2 \cdot A}{l}$$

Beispiel: Ein Dreieck hat die Länge 4,32 m und die Breite 3,35 m. Wie groß ist der Flächeninhalt?

Lösung: $A = \frac{l \cdot b}{2}$

$A = \frac{4{,}32\ \text{m} \cdot 3{,}35\ \text{m}}{2}$

$\boldsymbol{A = 7{,}24\ \text{m}^2}$

Beispiel: Der Flächeninhalt eines Dreiecks beträgt 3,36 m², seine Breite $b = 1{,}82$ m. Wie lang ist das Dreieck?

Lösung: $l = \frac{2 \cdot A}{b}$

$l = \frac{2 \cdot 3{,}36\ \text{m}^2}{1{,}82\ \text{m}}$

$\boldsymbol{l = 3{,}69\ \text{m}}$

Beispiel: Der Flächeninhalt eines Dreiecks beträgt 8,74 m², seine Länge $l = 6{,}40$ m. Wie breit ist das Dreieck?

Lösung: $b = \frac{2 \cdot A}{l}$

$b = \frac{2 \cdot 8{,}74\ \text{m}^2}{6{,}40\ \text{m}}$

$\boldsymbol{b = 2{,}73\ \text{m}}$

Programm zur Berechnung der Dreiecksfläche

```
 10 REM Dreiecksfläche
 20 CLS
100 REM Überschrift
110 PRINT "Berechnung der Dreiecksfläche"
120 PRINT "_______________________________"
190 PRINT : PRINT
200 REM Eingaben
220 INPUT "Länge                l in cm    ";L
220 INPUT "Breite               b in cm    ";B
290 PRINT
300 REM Verarbeitung
320 A = L * B / 2
400 REM Ausgabe
410 PRINT "Dreiecksfläche       A = ";A;" cm^2"
490 PRINT : PRINT
500 REM Programmende
510 PRINT "Wollen Sie weitere Dreiecke rechnen ?"
520 PRINT
530 PRINT "<J> für ja, <N> für nein eingeben ! ";
540 INPUT ANS$
550 IF ANS$ = "J" OR ANS$ = "j" THEN GOTO 20
560 PRINT
590 END
```

Aufgabe: Wie groß ist der Flächeninhalt eines Dreiecks mit der Länge 32 cm und der Breite 15 cm?

Bildschirminhalt:

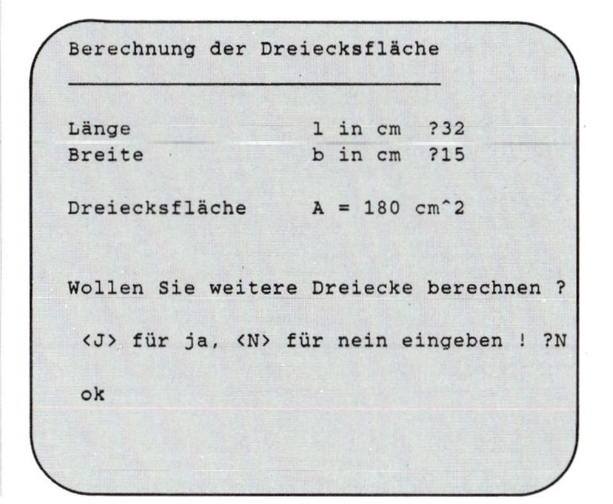

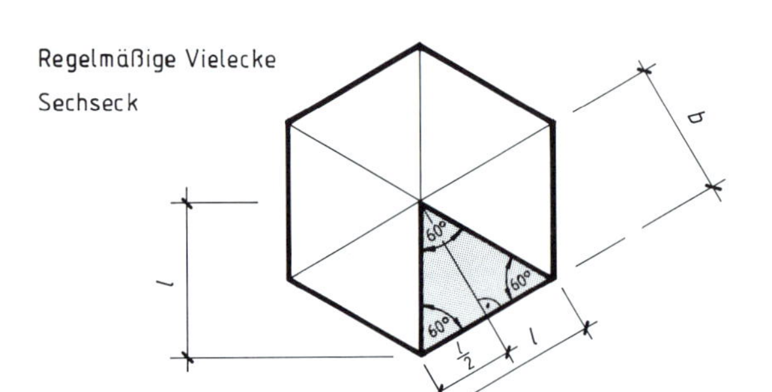

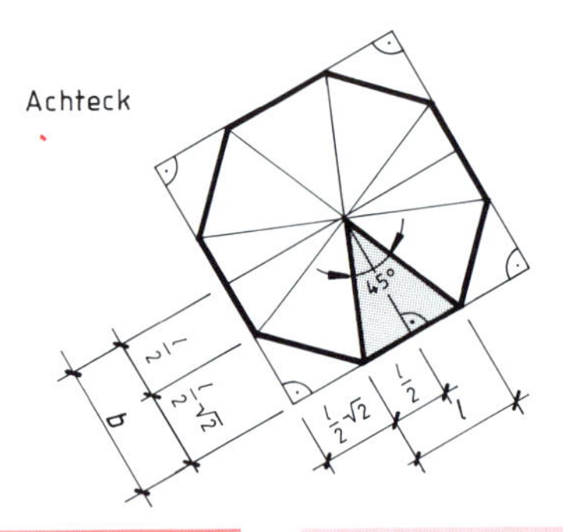

Flächeninhalt$_{\text{Vieleck}}$ = Eckenzahl · Flächeninhalt$_{\text{Teildreieck}}$

$$\boldsymbol{A_{\text{Vieleck}} = n \cdot \frac{l \cdot b}{2}}$$

$$l = \frac{2 \cdot A}{n \cdot b} \qquad b = \frac{2 \cdot A}{n \cdot l}$$

Beispiel: Wie groß ist die sechseckförmige Querschnittsfläche einer Stahlbetonstütze mit der Kantenlänge $l = 40$ cm?

Lösung: Berechnung der Breite des Teildreiecks

Nach dem Satz des Pythagoras gilt:

$$b^2 = l^2 - \left(\frac{l}{2}\right)^2 \qquad b^2 = l^2 - \frac{l^2}{4}$$

$$b^2 = \frac{3}{4}\, l^2 \qquad b = \frac{\sqrt{3}}{2}\, l$$

$$b \approx 0{,}866 \cdot 40 \text{ cm} \qquad b \approx 34{,}6 \text{ cm}$$

$$A_{\text{Vieleck}} = n \cdot \frac{l \cdot b}{2}$$

$$A_{\text{Sechseck}} \approx 6 \cdot \frac{40 \text{ cm} \cdot 34{,}6 \text{ cm}}{2}$$

$$\boldsymbol{A_{\text{Sechseck}} \approx 4152 \text{ cm}^2}$$

Beispiel: Wie groß ist die achteckförmige Querschnittsfläche einer Stahlbetonstütze mit der Kantenlänge $l = 20$ cm?

Lösung: Berechnung der Breite des Teildreiecks

$$b = \frac{l}{2} + \frac{l}{2}\sqrt{2} \qquad b = \frac{l}{2}(1+\sqrt{2})$$

$$b \approx \frac{l}{2}(1 + 1{,}414) \qquad b \approx \frac{l}{2} \cdot 2{,}414$$

$$b \approx 10 \text{ cm} \cdot 2{,}414 \qquad b \approx 24{,}1 \text{ cm}$$

$$A_{\text{Vieleck}} = n \cdot \frac{l \cdot b}{2}$$

$$A_{\text{Achteck}} \approx 8 \cdot \frac{20 \text{ cm} \cdot 24{,}1 \text{ cm}}{2}$$

$$\boldsymbol{A_{\text{Achteck}} \approx 1928 \text{ cm}^2}$$

Programm zur Berechnung der Vielecksfläche

```
 10 REM Vielecksfläche
 20 CLS
100 REM Überschrift
110 PRINT "Berechnung der Vielecksfläche"
110 PRINT "______________________________"
120 PRINT
200 REM Eingaben
210 INPUT "Anzahl der Teildreiecke          ";N
220 INPUT "Länge eines Teildreiecks in cm  ";L
230 INPUT "Breite eines Teildreiecks in cm ";B
290 PRINT
300 REM Verarbeitung
310 A1 = L * B / 2
320 A  = N * A1
400 REM Ausgaben
410 PRINT "Fläche eines Teildreiecks A1 = ";A1;" cm^2"
420 PRINT "Gesamtfläche des Vielecks A  = ";A;" cm^2"
490 PRINT
500 REM Programmende
510 END
```

Aufgabe: Wie groß ist der Flächeninhalt eines Sechsecks, bei dem ein Teildreieck die Kantenlänge von 30 cm und eine Breite von 26 cm hat?

Bildschirminhalt:

```
Berechnung der Vielecksfläche
______________________________

Anzahl der Teildreiecke          ?6
Länge eines Teildreiecks in cm  ?30
Breite eines Teildreiecks in cm ?26

Fläche eines Teildreiecks A1 = 390 cm^2
Gesamtfläche des Vielecks A  = 2340 cm^2

ok
```

Aufgaben zu 5.2 Geradlinig begrenzte Flächen

1. Eine Stahlbetonstütze mit quadratischem Querschnitt hat eine Seitenlänge von $l = 32$ cm (45 cm). Wie groß ist die Querschnittsfläche?

2. Die Querschnittsfläche eines quadratischen Kantholzes ist 144 cm^2 (256 cm^2). Wie groß ist die Seitenlänge der Querschnittsfläche?

3. Ein quadratischer Raum wird zwischen Wand und Decke mit einer Stuckleiste verziert **(Bild 77/1)**.
   a) Wieviel Meter Stuckleiste müssen gezogen werden, wenn der Raum eine Seitenlänge von 4,82 m (3,65 m) hat?
   b) An der Decke wird parallel zur Wand eine weitere Stuckleiste gezogen, deren Gesamtlänge 18,80 m (14,28 m) beträgt. Wie groß ist der Abstand *a* dieser Stuckleiste zur Wand?

4. Wie groß sind die Flächen der Rauchrohrquerschnitte von gemauerten Schornsteinen mit den Rauchrohrabmessungen 1 am/1 am; 1 am/1,5 am; 2 am/1,5 am **(Bild 77/2)**?

5. Eine 3,50 m hohe und 4,50 m lange Wand soll mit 12 cm breiten Brettern senkrecht geschalt werden.
   a) Wie groß ist die Schalfläche?
   b) Wieviele Schalbretter sind bereitzustellen?

6. Drei Baumwiesen A, B und C werden in 3 gleichgroße Baugrundstücke umgelegt. Die Baugrundstücke sollen gleich breit sein **(Bild 77/3)**.
   a) Wie breit und wie tief werden die Baugrundstücke?
   b) Um wieviel m^2 vergrößern oder verkleinern sich die Grundstücke gegenüber den Baumwiesen A, B und C?

7. An eine Schalwand sind Aussparungen für Fenster und eine Tür anzubringen **(Bild 77/4)**.
   a) Wie groß ist die Fläche der Schalwand ohne Berücksichtigung der Aussparungen?
   b) Wie groß ist die Summe der Aussparungsflächen?
   c) Wieviel Meter Dreikantleisten werden für die Aussparungen benötigt?

8. Ein rechteckiger Acker hat einen Umfang von 224 m (402 m). Seine Breite ist 16 m (38,20 m).
   a) Wie lang ist der Acker?
   b) Dieselbe Ackerfläche soll auf eine Länge von 78 m (64 m) begrenzt werden. Wie breit wird der Acker?

9. Wie groß sind nach Lageplan die Grundstücke A, B und C **(Bild 77/5)**?

10. Wie groß ist die trapezförmige Querschnittsfläche eines Straßendamms, dessen Grundseite 12,00 m lang ist, dessen kürzere Seite an der Dammkrone 8,50 m misst und dessen Höhe 2,30 m beträgt?

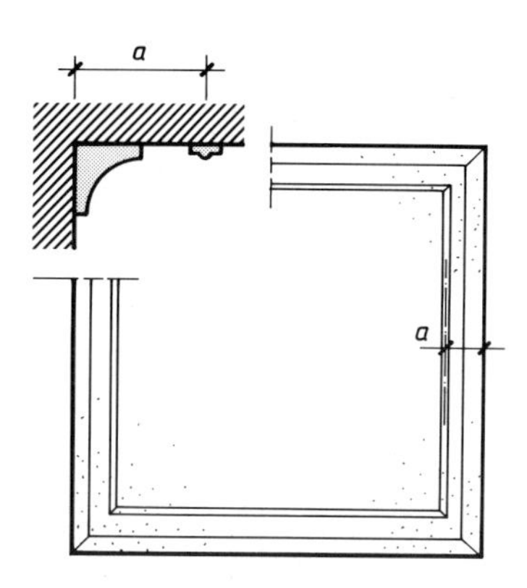

Bild 77/1: Stuckleiste

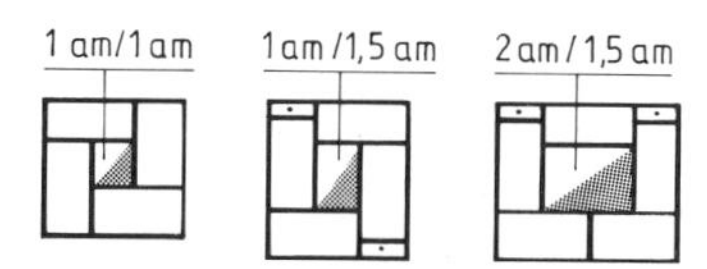

Bild 77/2: Schornsteine

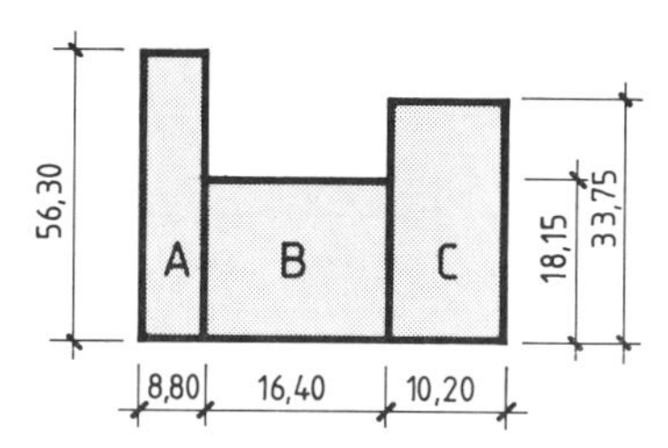

Bild 77/3: Baumwiesen

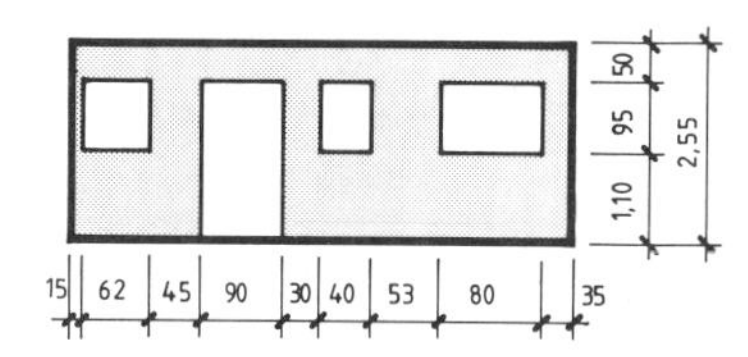

Bild 77/4: Schalwand

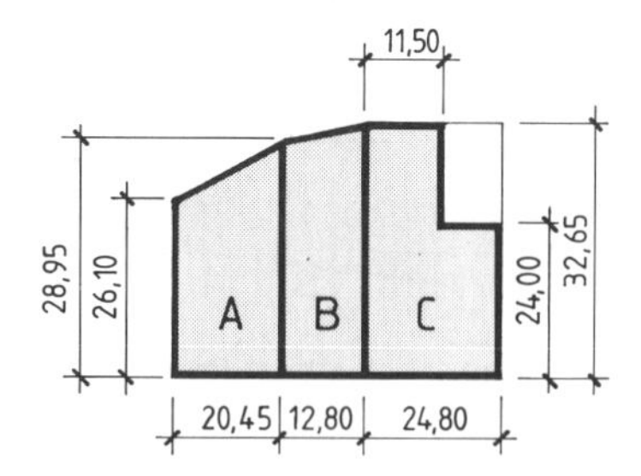

Bild 77/5: Grundstücke

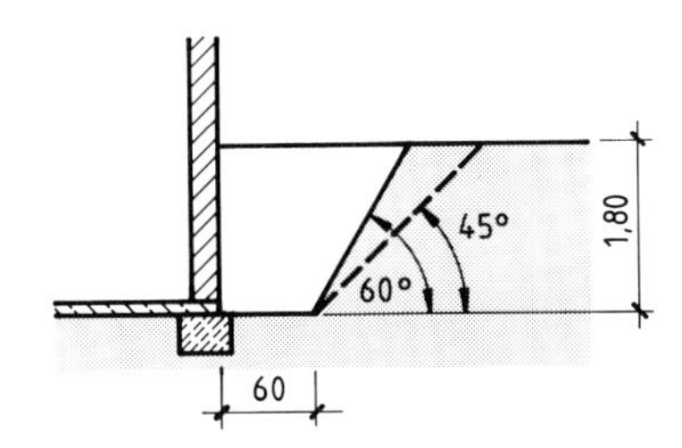

Bild 78/1: Arbeitsraum

11 Wieviel m² misst die Querschnittsfläche des Arbeitsraumes bei einem Böschungswinkel von 60° (45°) **(Bild 78/1)**?

12 Eine Baugrube ist 2,10 m tief und hat an der Baugrubensohle eine Länge von 9,20 m. Die Länge der Baugrube an der Geländeoberkante beträgt 11,60 m.

a) Wie groß ist die Querschnittsfläche der Baugrube?

b) Wie breit ist die Böschung?

c) Wie breit wäre die Böschung bei einem Böschungswinkel von 45°?

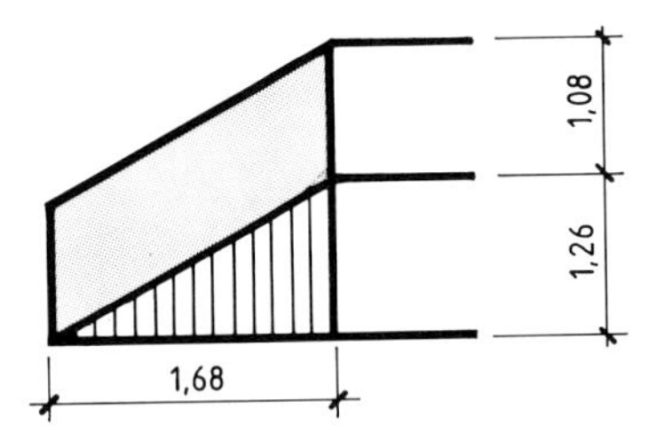

Bild 78/2: Treppengeländer

13 Eine Treppe erhält ein massives Treppengeländer. Der Raum unter der Treppe wird mit Holz verschalt **(Bild 78/2)**.

a) Wieviel m² beträgt die Fläche des Treppengeländers?

b) Wieviel m² Bretter misst die Holzverschalung?

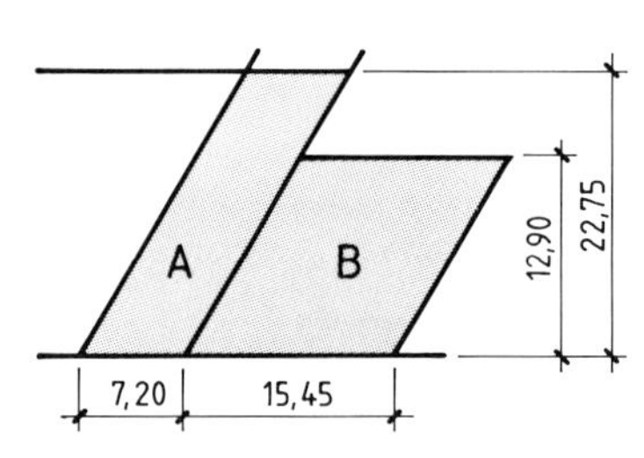

Bild 78/3: Grundstücke

14 Die beiden unterschiedlich tiefen Grundstücke A und B sollen zu einem Grundstück mit einheitlicher Tiefe zusammengelegt werden **(Bild 78/3)**.

a) Welchen Messgehalt hat Grundstück A und Grundstück B?

b) Wie tief wird das zusammengelegte Grundstück?

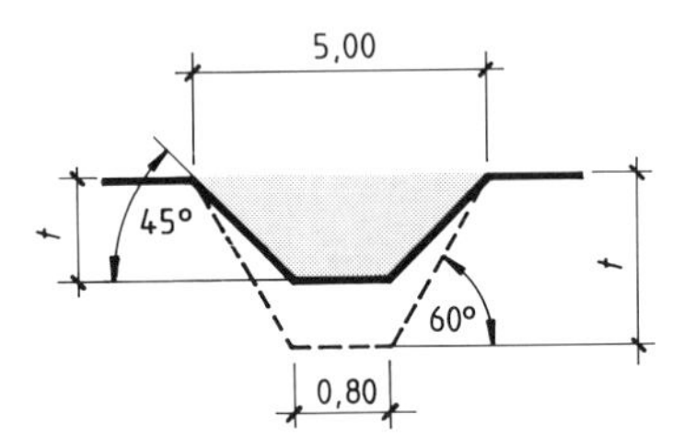

Bild 78/4: Rohrgraben

15 Ein Rohrgraben muss abgeböscht werden **(Bild 78/4)**.

a) Wie tief ist der Graben bei einem Böschungswinkel von 45°?

b) Wie tief wird der Graben bei gleicher Breite der Grabensohle und Grabenöffnung, wenn der Böschungswinkel 60° beträgt?

c) Welche Querschnittsfläche hat der Graben bei einem Böschungswinkel von 45°?

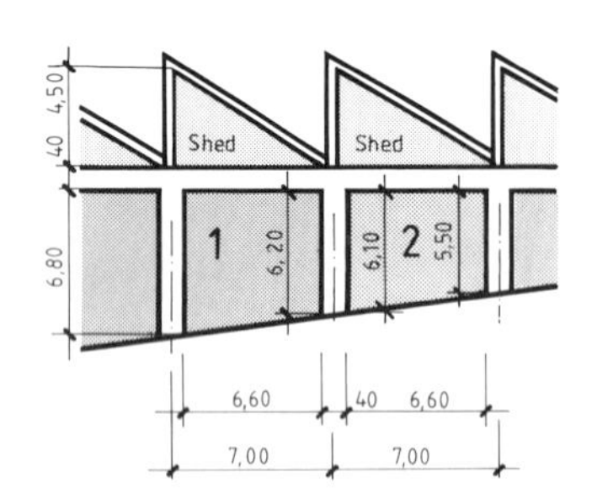

Bild 78/5: Industriehalle

16 Bei einer Industriehalle werden die Felder zwischen den Stahlbetonstützen mit Mauerwerk ausgefacht **(Bild 78/5)**.

a) Wie groß ist die Mauerwerksfläche in Feld 1 und Feld 2?

b) Die darüberliegenden dreieckigen Shedflächen werden geputzt. Wie groß ist eine Shedfläche?

17 Das Dachgeschoss eines Wohnhauses soll ausgebaut werden **(Bild 79/1)**.

a) Wie groß ist die Querschnittsfläche des gesamten Dachraumes?

b) Der bewohnbare Raum ist 2,50 m hoch, die Deckenunterseite 5,23 m breit. Wie groß ist die Querschnittsfläche des ausgebauten Raumes?

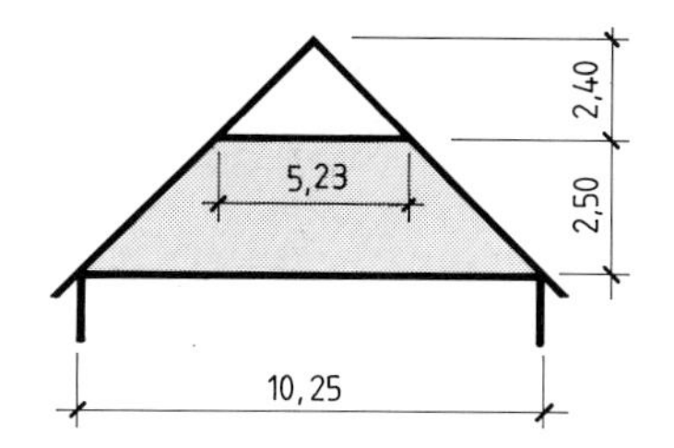

Bild 79/1: Dachgeschoß

18 Ein Wohnhaus erhält ein ungleich geneigtes Satteldach **(Bild 79/2)**. Wie groß ist die Giebelfläche?

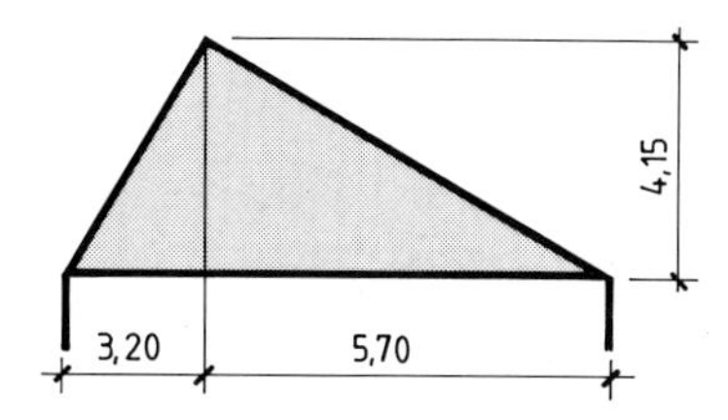

Bild 79/2: Satteldach

19 Der Dachraum eines Wohnhauses wird ausgebaut. Zur Belichtung des Raumes wird eine Dachgaube aufgesetzt **(Bild 79/3)**.

a) Wie hoch ist das Dach bei einer Dachneigung von 45°?

b) Welche Größe hat die Querschnittsfläche des dreieckigen Dachraumes?

c) Wie groß ist die seitliche Schalfläche der Dachgaube?

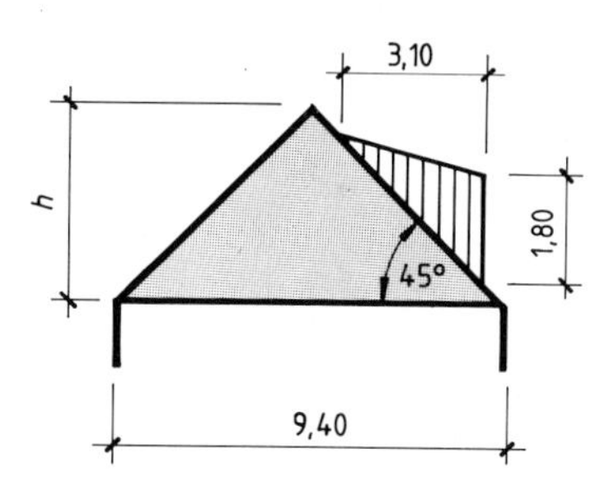

Bild 79/3: Wohnhausdach

20 Die Felder einer Fachwerkwand sollen neu verputzt werden **(Bild 79/4)**.

Wie groß sind die Fachwerkfelder 1 bis 8?

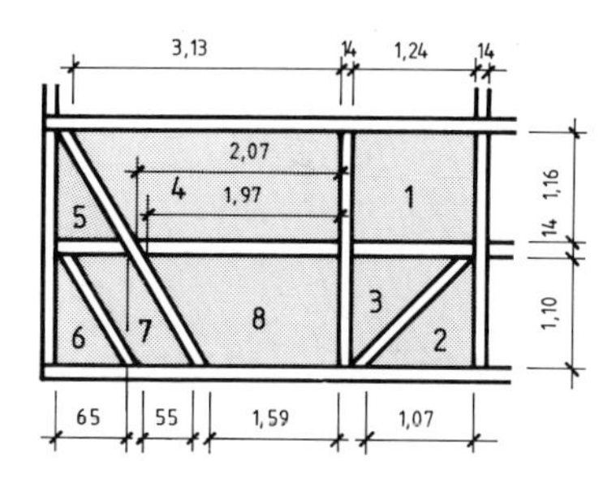

Bild 79/4: Fachwerkwand

21 Die Seitenansicht eines Gebäudes ist mit Holzbrettern zu verschalen **(Bild 79/5)**.

Wie groß sind die Schalflächen A, B und C?

22 Ein Raum wird mit Bodenfliesen belegt. Dabei sollen die Felder mit 20 cm breiten andersfarbigen Fliesen eingefasst werden **(Bild 79/6)**.

a) Wieviel m² Fliesen werden für die Innenfelder 1 bis 4 benötigt?

b) Wie groß ist die Randeinfassung der Fliesenfelder?

23 Eine Pflasterfläche wird mit einem andersfarbigen, 60 cm breiten Randstreifen eingefasst **(Bild 79/7)**.

a) Wie groß ist die Fläche des Randstreifens, wenn für die Berechnung immer die Außenmaße verwendet werden und Schrägschnitte unberücksichtigt bleiben?

b) Welchen Flächeninhalt haben die Pflasterflächen 1 bis 4 einschließlich der Randstreifen, wobei an allen Ecken eine Randstreifenbreite von 0,60 m zu berücksichtigen ist?

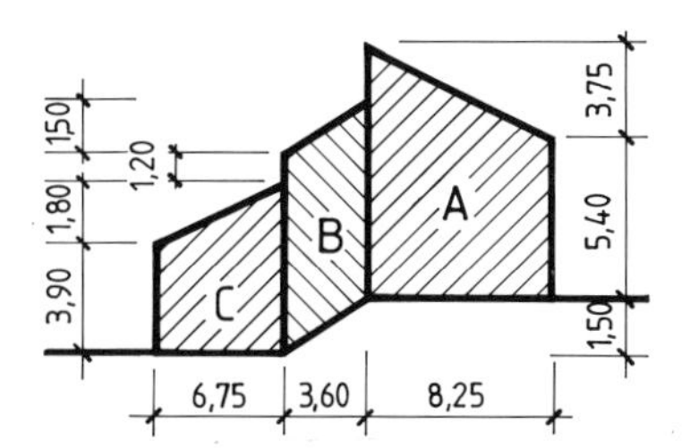

Bild 79/5: Seitenansicht eines Gebäudes

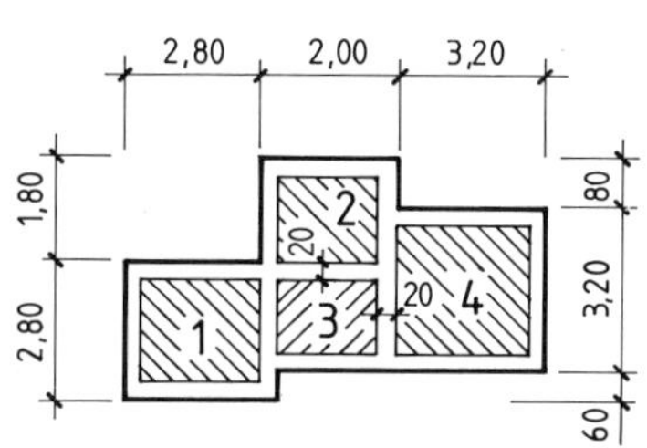

Bild 79/6: Fliesenfläche

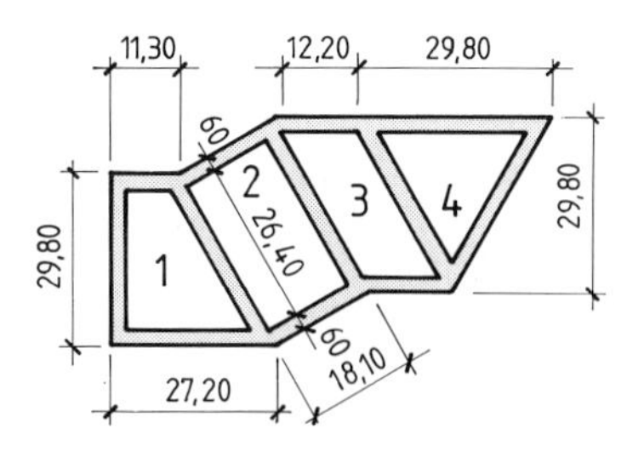

Bild 79/7: Pflasterfläche

5.3 Krummlinig begrenzte Flächen

Zu den krummlinig begrenzten Flächen zählen die Kreisfläche und die Teile der Kreisfläche wie Kreisring, Kreisausschnitt (Sektor), Kreisabschnitt (Segment) sowie die Fläche der Ellipse.

Da in der Bautechnik bei einem runden Bauteil meist nur der Durchmesser gemessen werden kann, wird zur Berechnung des Flächeninhalts vorwiegend dieses Maß verwendet.

Kreis

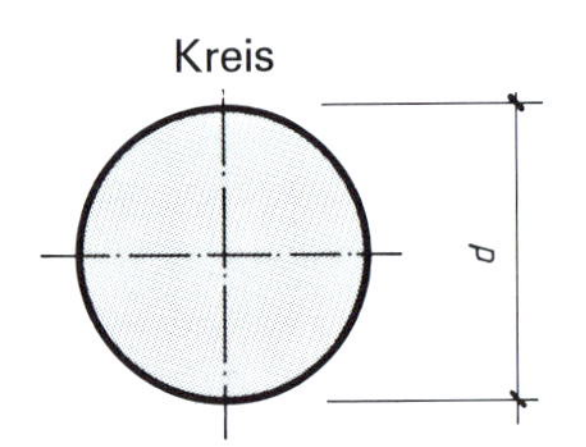

Ellipse

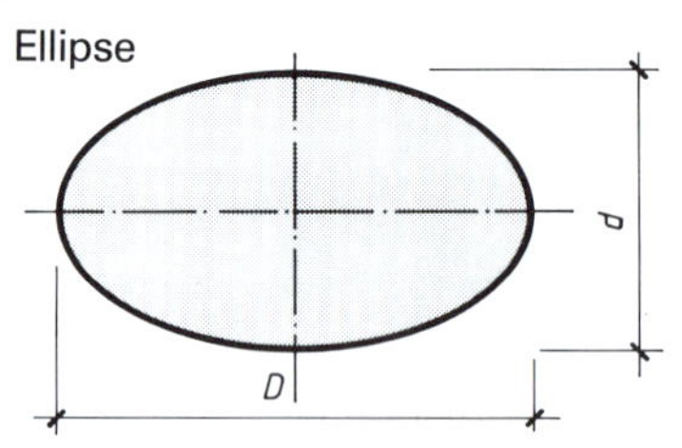

Kreisfläche

$$\mathbf{A = \frac{\pi}{4} d^2}$$

$$\mathbf{A \approx 0{,}785 \cdot d^2}$$

Kreisdurchmesser

$$d = \sqrt{\frac{4 \cdot A}{\pi}}$$

Fläche der Ellipse

$$\mathbf{A = \frac{\pi}{4} D \cdot d}$$

$$\mathbf{A \approx 0{,}785\, D \cdot d}$$

Ellipsendurchmesser

$$D = \frac{4 \cdot A}{\pi \cdot d}$$

$$d = \frac{4 \cdot A}{\pi \cdot D}$$

Beispiel:

Ein Kreis hat einen Durchmesser von 3,20 m. Wie groß ist der Flächeninhalt?

Lösung:

$A \approx 0{,}785 \cdot d^2$

$A \approx 0{,}785 \cdot (3{,}2\ \text{m})^2$

$\mathbf{A \approx 8{,}04\ m^2}$

Beispiel:

Eine Kreisfläche hat einen Flächeninhalt von 2,41 m². Wie groß ist der Durchmesser?

Lösung:

$$d = \sqrt{\frac{4 \cdot A}{\pi}}$$

$$d \approx \sqrt{\frac{4 \cdot 2{,}41\ \text{m}^2}{3{,}14}}$$

$\mathbf{d \approx 1{,}75\ m}$

Beispiel:

Eine Ellipse mit $D = 4{,}40$ m und $d = 2{,}80$ m ist gegeben. Wie groß ist der Flächeninhalt?

Lösung:

$A \approx 0{,}785 \cdot D \cdot d$

$A \approx 0{,}785 \cdot 4{,}40\ \text{m} \cdot 2{,}80\ \text{m}$

$\mathbf{A \approx 9{,}67\ m^2}$

Beispiel:

Eine Ellipse hat einen Flächeninhalt von 2,14 m². Wie groß ist D, wenn $d = 1{,}30$ m mißt?

Lösung:

$$D = \frac{4 \cdot A}{\pi \cdot d}$$

$$D \approx \frac{4 \cdot 2{,}14\ \text{m}^2}{3{,}14 \cdot 1{,}30\ \text{m}}$$

$\mathbf{D \approx 2{,}10\ m}$

Programme zur Berechnung von Umfang und Fläche des Kreises und der Ellipse

```
 10 REM Kreisberechnung
 20 CLS
100 REM Überschrift
110 PRINT "Umfang und Fläche des Kreises"
120 PRINT "-----------------------------"
190 PRINT : PRINT
200 REM Eingabe
210 INPUT "Durchmesser  in cm  d = ";D
290 PRINT
300 REM Verarbeitung
310 LET PI = 3.14159
320 LET U  = PI * D
330 LET A  = PI/4 * D^2
400 REM Ausgabe
410 PRINT "Kreisumfang           U = ";U;" cm"
420 PRINT
430 PRINT "Kreisfläche           A = ";A;" cm^2"
500 REM Programmende
510 END
```

```
 10 REM Ellipsenberechnung
 20 CLS
100 REM Überschrift
110 PRINT "Umfang und Fläche der Ellipse"
120 PRINT "-----------------------------"
190 PRINT : PRINT
200 REM Eingabe
210 INPUT "Großer Durchmesser  D in cm ";D1
220 INPUT "Kleiner Durchmesser d in cm ";D2
290 PRINT
300 REM Verarbeitung
310 LET PI = 3.14159
320 LET U  = PI * (D1 + D2)/2
330 LET A  = PI/4 * D1 * D2
400 REM Ausgabe
410 PRINT "Ellipsenumfang       U = ";U;" cm"
420 PRINT
430 PRINT "Ellipsenfläche       A = ";A;" cm^2"
500 REM Programmende
510 END
```

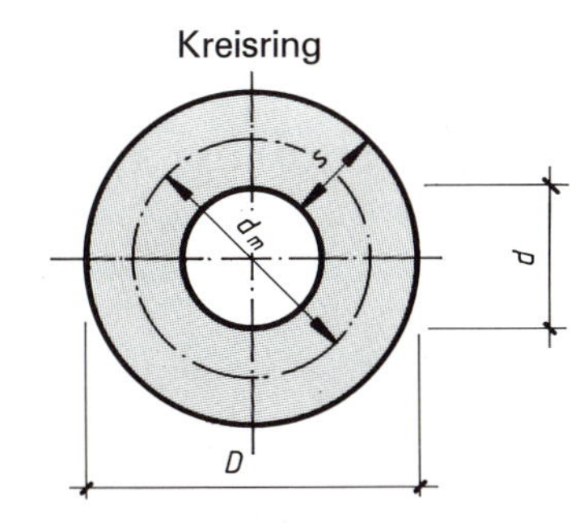

$$A_{Kreisring} = A_{Außenkreis} - A_{Innenkreis}$$

$$A_{Kreisring} = \frac{\pi}{4} \cdot D^2 - \frac{\pi}{4} \cdot d^2$$

$$A_{Kreisring} = \frac{\pi}{4} (D^2 - d^2)$$

Beispiel: Ein Kreisring hat einen äußeren Durchmesser $D = 2{,}25$ m und einen inneren Durchmesser $d = 65$ cm. Wie groß ist der Flächeninhalt A des Kreisrings?

Lösung: $A = \frac{\pi}{4} (D^2 - d^2)$

$A \approx 0{,}785 \cdot [(2{,}25 \text{ m})^2 - (0{,}65 \text{ m})^2]$

$\mathbf{A \approx 3{,}64 \text{ m}^2}$

$$A_{Kreisring} = \pi \cdot \text{Dicke (äußerer Durchmesser} - \text{Dicke)}$$

$$A_{Kreisring} = \pi \cdot s \cdot (D - s)$$

Beispiel: Ein Kreisring hat einen äußeren Durchmesser $D = 2{,}25$ m und eine Dicke $s = 80$ cm. Wie groß ist der Flächeninhalt A des Kreisrings?

Lösung: $A = \pi \cdot s\ (D - s)$

$A \approx 3{,}14 \cdot 0{,}80 \text{ m } (2{,}25 \text{ m} - 0{,}80 \text{ m})$

$\mathbf{A \approx 3{,}64 \text{ m}^2}$

Programme zur Berechnung der Kreisringfläche

```
 10 REM Kreisringberechnung
 20 CLS
100 REM Überschrift
110 PRINT "Flächeninhalt des Kreisrings"
120 PRINT "----------------------------"
190 PRINT : PRINT
200 REM Eingabe
210 INPUT "Außendurchmesser in cm D = ";DA
220 INPUT "Innendurchmesser in cm d = ";DI
230 IF DI > DA THEN GOTO 20
290 PRINT : PRINT
300 REM Verarbeitung
310 LET PI = 3.14159
320 LET A  = PI/4 * (DA^2 - DI^2)
400 REM Ausgabe
410 PRINT "Kreisringfläche      A = ";A;" cm²"
490 PRINT
500 REM Programmende
510 PRINT "Weitere Kreisringe berechnen ? "
520 PRINT "<J> oder <N> eingeben : ";
530 INPUT ANS$
540 IF ANS$ = "J" OR ANS$ "j" THEN GOTO 20
550 END
```

```
 10 REM Kreisringberechnung
 20 CLS
100 REM Überschrift
110 PRINT "Flächeninhalt des Kreisrings"
120 PRINT "----------------------------"
190 PRINT : PRINT
200 REM Eingabe
210 INPUT "Außendurchmesser in cm D = ";DA
220 INPUT "Dicke            in cm s = ";S
230 IF S > DA / 2 THEN GOTO 20
290 PRINT : PRINT
300 REM Verarbeitung
310 LET PI = 3.14159
320 LET DI = DA - 2 * S
330 LET A  = PI/4 * (DA^2 - DI^2)
400 REM Ausgabe
410 PRINT "Kreisringfläche      A = ";A;" cm²"
490 PRINT
500 REM Programmende
510 PRINT "Weitere Kreisringe berechnen ? "
520 PRINT "<J> oder <N> eingeben : ";
530 INPUT ANS$
540 IF ANS$ = "J" OR ANS$ "j" THEN GOTO 20
550 END
```

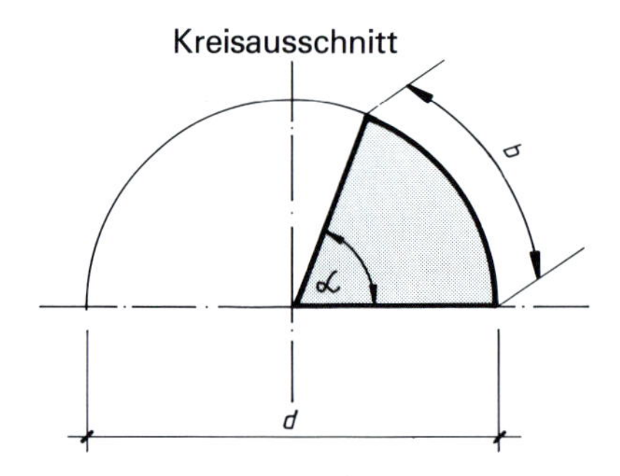

$$A_{\text{Kreisausschnitt}} = \frac{\pi}{4} \cdot d^2 \cdot \frac{\alpha}{360°}$$

$$A_{\text{Kreisausschnitt}} \approx 0{,}785 \cdot d^2 \cdot \frac{\alpha}{360°}$$

$$A_{\text{Kreisausschnitt}} = \frac{b \cdot d}{4}$$

$$\text{Bogenlänge } b = \pi \cdot d \cdot \frac{\alpha}{360°}$$

Beispiel: Der Kreisausschnitt eines Kreises mit Durchmesser $d = 2{,}60$ m hat einen Mittelpunktswinkel $\alpha = 80°$. Wie groß ist der Flächeninhalt des Kreisausschnitts?

Lösung:

$$A \approx 0{,}785 \cdot d^2 \cdot \frac{\alpha}{360°}$$

$$A \approx 0{,}785 \cdot 2{,}60 \text{ m} \cdot 2{,}60 \text{ m} \cdot \frac{80°}{360°}$$

$$A \approx 0{,}785 \cdot 6{,}76 \text{ m}^2 \cdot 0{,}22$$

$$\mathbf{A \approx 1{,}17 \text{ m}^2}$$

Lösung:

$$b = \pi \cdot d \cdot \frac{\alpha}{360°}$$

$$b \approx 3{,}14 \cdot 2{,}60 \text{ m} \cdot \frac{80°}{360°}$$

$$b \approx 1{,}80 \text{ m}$$

$$A \approx \frac{1{,}80 \text{ m} \cdot 2{,}60 \text{ m}}{4}$$

$$\mathbf{A \approx 1{,}17 \text{ m}^2}$$

Programme zur Berechnung des Flächeninhalts von Kreisausschnitten

```
 10 REM Kreisausschnitt
 20 CLS
100 REM Überschrift
110 PRINT "Flächeninhalt des Kreisausschnitts"
120 PRINT "----------------------------------"
190 PRINT : PRINT
200 REM Eingaben
210 INPUT "Durchmesser           in cm    d = ";D
220 INPUT "Mittelpunktswinkel in Grad α = ";WA
290 PRINT
300 REM Verarbeitung
310 PI = 3.14159
320 A  = PI/4 * D^2 * WA/360
400 REM Ausgabe
410 PRINT "Kreisausschnittsfläche A = ";A;" cm^2"
490 PRINT : PRINT
500 REM Programmende
510 PRINT "Weitere Kreisausschnitte berechnen ? "
520 PRINT "<J> oder <N> eingeben : ";
530 INPUT ANS$
540 IF ANS$ = "J" OR ANS$ "j" THEN GOTO 20
550 END
```

```
 10 REM Kreisausschnitt
 20 CLS
100 REM Überschrift
110 PRINT "Flächeninhalt des Kreisausschnitts"
120 PRINT "----------------------------------"
190 PRINT : PRINT
200 REM Eingaben
210 INPUT "Durchmesser           in cm    d = ";D
220 INPUT "Mittelpunktswinkel in Grad α = ";WA
290 PRINT
300 PI = 3.14159
310 B  = PI * D * WA/360
320 A  = B * D / 4
400 PRINT "Bogenlänge               B = ";B;" cm"
410 PRINT "Kreisausschnittsfläche A = ";A;" cm^2"
490 PRINT : PRINT
500 REM Programmende
510 PRINT "Weitere Kreisausschnitte berechnen ?"
520 PRINT "<J> oder <N> eingeben : ";
530 INPUT ANS$
540 IF ANS$ = "J" OR ANS$ = "j" THEN GOTO 20
550 END
```

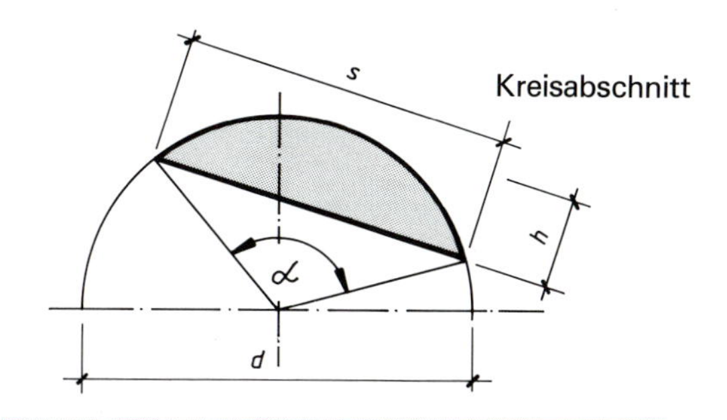

$$A_{\text{Kreisabschnitt}} = A_{\text{Kreisausschnitt}} - A_{\text{Dreieck}}$$

$$A_{\text{Kreisabschnitt}} = \frac{\pi}{4} \cdot d^2 \cdot \frac{\alpha}{360°} - \frac{s\,(r-h)}{2}$$

Näherungsformel

$$A_{\text{Kreisabschnitt}} \approx \frac{2}{3} \cdot \text{Sehne} \cdot \text{Höhe}$$

$$A_{\text{Kreisabschnitt}} \approx \frac{2}{3} \cdot s \cdot h$$

Beispiel: Der Kreisabschnitt eines Kreises mit Durchmesser $d = 5{,}10$ m hat einen Mittelpunktswinkel $\alpha = 130°$. Die Länge der Sehne s beträgt 4,62 m. Die Breite des Kreisabschnitts h mißt 1,47 m. Wie groß ist der Flächeninhalt des Kreisabschnitts?

Lösung:

$$A \approx 0{,}785 \cdot d^2 \cdot \frac{\alpha}{360°} - \frac{s\,(r-h)}{2}$$

$$A \approx 0{,}785 \cdot 5{,}10\text{ m} \cdot 5{,}10\text{ m} \cdot \frac{130°}{360°} - \frac{4{,}62\text{ m}\,(2{,}55\text{ m} - 1{,}47\text{ m})}{2}$$

$$A \approx 7{,}37\text{ m}^2 - 2{,}49\text{ m}^2$$

$$\mathbf{A \approx 4{,}96\text{ m}^2}$$

Näherungsformel

$$A \approx \frac{2}{3} \cdot s \cdot h$$

$$A \approx \frac{2}{3} \cdot 4{,}62\text{ m} \cdot 1{,}47\text{ m}$$

$$\mathbf{A \approx 4{,}53\text{ m}^2}$$

Programme zur Berechnung des Flächeninhalts von Kreisabschnitten

```
 10 REM Kreisabschnitt
 20 REM Rechnung mit Sehnenlänge und Breite
 50 CLS
100 REM Überschrift
110 PRINT "Flächeninhalt des Kreisabschnitts"
120 PRINT "----------------------------------"
190 PRINT : PRINT
200 REM Eingaben
210 INPUT "Durchmesser          in cm    d = ";D
220 INPUT "Mittelpunktswinkel in Grad α = ";WA
230 INPUT "Sehnenlänge          in cm    s = ";S
240 INPUT "Abschnittbreite      in cm    h = ";B
290 PRINT
300 REM Verarbeitung
310 PI = 3.14159
320 AK = PI/4 * D^2 * WA/360
330 AD = S / 2 * (D/2 - B) : A = AK - AD
400 REM Ausgabe
410 PRINT "Kreisabschnittsfläche A = ";A;" cm^2"
500 REM Programmende
510 END
```

```
 10 REM Kreisabschnitt
 20 REM Rechnung mit Durchmesser und Winkel
 50 CLS
100 REM Überschrift
110 PRINT "Flächeninhalt des Kreisabschnitts"
120 PRINT "----------------------------------"
190 PRINT : PRINT
200 REM Eingaben
210 INPUT "Durchmesser          in cm    d = ";D
220 INPUT "Mittelpunktswinkel in Grad α = ";WA
290 PRINT
300 REM Verarbeitung
310 PI = 3.14159 : WAB = WA * PI / 180
320 S  = D * SIN (WAB/2)
330 HD = D/2 * COS(WAB/2)
340 AK = PI/4 * D^2 * WA/360
350 AD = S / 2 * HD : A = AK - AD
400 REM Ausgabe
410 PRINT "Kreisabschnittsfläche A = ";A;" cm^2"
500 REM Programmende
510 END
```

Aufgaben zu 5.3 Krummlinig begrenzte Flächen

1 Welche Querschnittsfläche in mm² hat Betonstabstahl mit dem Durchmesser 6 mm (10 mm; 14 mm; 20 mm; 25 mm; 28 mm)? Die Ergebnisse sind mit den Tabellenwerten zu vergleichen.

2 Welchen Durchmesser hat Betonstabstahl mit der Querschnittsfläche 0,503 cm² (1,13 cm²; 1,54 cm²; 2,01 cm²)?

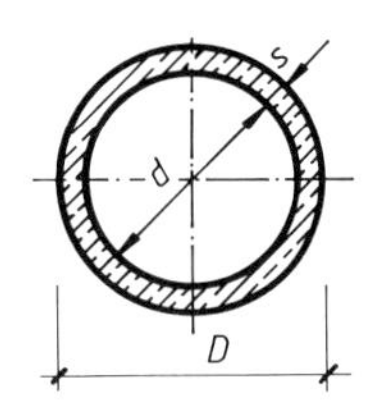

Bild 84/1: Betonrohr

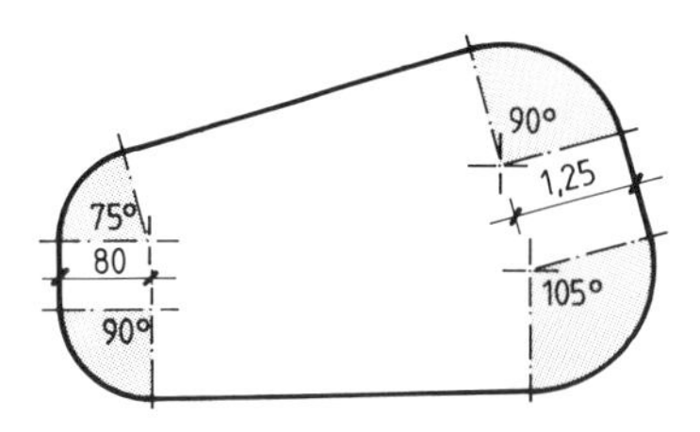

Bild 84/2: Verkehrsinsel

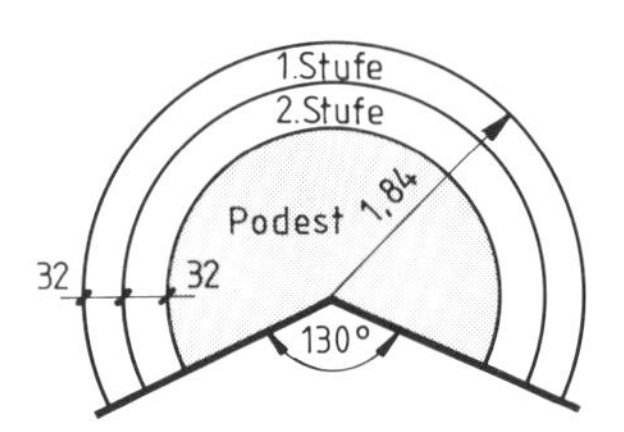

Bild 84/3: Treppenaufgang

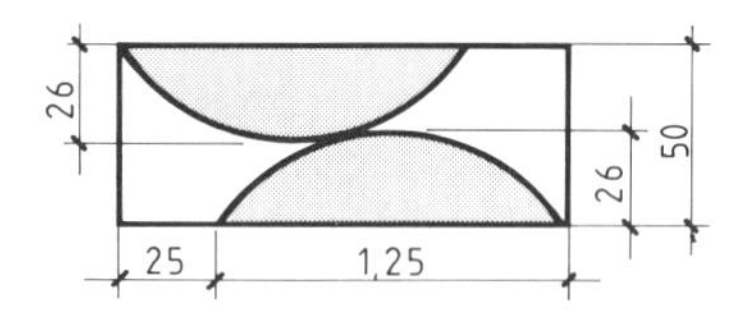

Bild 84/4: Lehrbogen

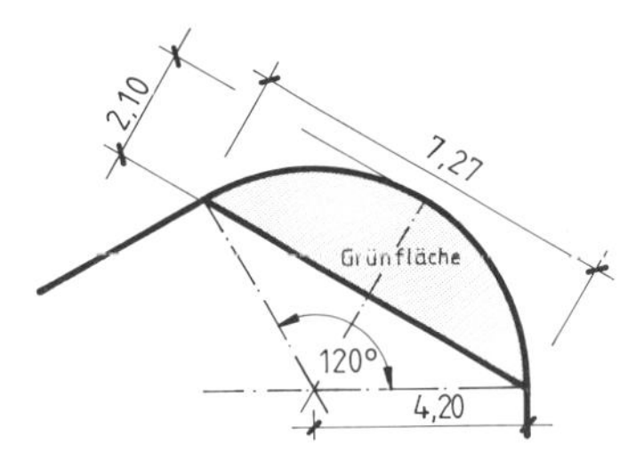

Bild 84/5: Baulandumlegung

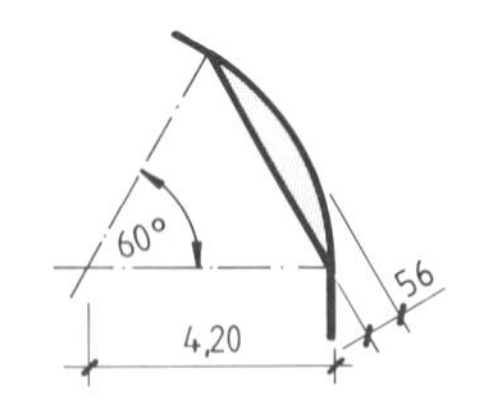

Bild 84/6: Baulandumlegung

3 Eine Stahlbetonstütze hat eine kreisförmige Querschnittsfläche von A = 706,5 cm^2 (1 017,36 cm^2; 1 589,63 cm^2; 28,26 dm^2). Welchen Durchmesser und welchen Umfang hat die Stütze?

4 Ein Betonrohr hat die Nennweite (Innendurchmesser) d = 150 mm (250 mm) und die Wanddicke s = 24 mm bzw. 30 mm **(Bild 84/1)**.

a) Wie groß ist der Außendurchmesser D des Betonrohres?

b) Welchen Flächeninhalt hat der Betonquerschnitt?

c) Welchen inneren und äußeren Umfang hat das Betonrohr?

5 Ein Brunnenschacht hat einen Innendurchmesser von 2,95 m. Die Umfassungswand ist aus 36,5 cm dicken Klinkermauerwerk hergestellt. Wieviel m^2 misst die Querschnittsfläche des Mauerwerks?

6 Bei Pflasterarbeiten für eine Verkehrsinsel sind 4 Kreisausschnitte mit unterschiedlichen Mittelpunktswinkeln und Radien zu pflastern **(Bild 84/2)**.

a) Wie groß sind die Pflasterflächen der Kreisausschnitte 1 bis 4?

b) Wieviel m gebogene Randsteine sind jeweils erforderlich?

7 Ein Treppenaufgang soll mit Platten belegt werden **(Bild 84/3)**.

a) Wie groß ist die gesamte Belagfläche?

b) Wieviel m^2 Belag sind für die 1. Stufe, die 2. Stufe und das Podest notwendig?

c) Wie lang sind die einzelnen Treppenkanten?

8 Um einen Baumstamm mit 80 cm Durchmesser soll ein kreisringförmiger Gartentisch angefertigt werden. Der äußere Durchmesser des Tisches beträgt 1,90 m. Wie groß ist die Fläche der Tischplatte, wenn zwischen Baum und Tischinnenkante für das Wachstum des Baumes ein Zwischenraum von 5 cm freigelassen wird?

9 Zum Mauern eines Stichbogens werden aus Schaltafeln 2 Lehrbogen ausgesägt **(Bild 84/4)**. Die Schaltafeln sind 1,50 m lang und 50 cm breit.

a) Wie groß sind die beiden Lehrbogenflächen?

b) Wieviel m^2 Abfall entsteht?

10 Bei einer Baulandumlegung wird an einer Straßendecke die Rundung als Grünfläche abgetrennt.

a) Wieviel m^2 misst die Grünfläche, wenn der Mittelpunktswinkel 120° beträgt **(Bild 84/5)**?

b) Wie groß ist die Fläche, wenn der Mittelpunktswinkel halbiert wird **(Bild 84/6)**?

11 Bei einem Gebäude im Jugendstil ist ein elliptisches Fenster zu ersetzen. Wie groß ist der Flächeninhalt, wenn der große Durchmesser D = 1,15 m (1,30 m) und der kleine Durchmesser d = 45 cm (60 cm) misst?

12 Ein elliptisches Blumenbeet in einer barocken Gartenanlage hat den Flächeninhalt A = 1,36 m^2 (7,76 m^2). Der kleine Durchmesser hat eine Länge von 80 cm (2,60 m). Welches Maß hat der große Durchmesser?

5.4 Zusammengesetzte Flächen

Zusammengesetzte Flächen bestehen aus Teilflächen. Teilflächen sind Flächen, die mit Hilfe der üblichen Flächenformeln berechnet werden können. Für die Berechnung des Flächeninhalts einer zusammengesetzten Fläche werden die Teilflächen je nach Aufteilung addiert oder subtrahiert.

Beispiel: Ein Gebäudegrundriß ist aus mehreren Flächen zusammengesetzt. Wie groß ist der Flächeninhalt?

Lösung:

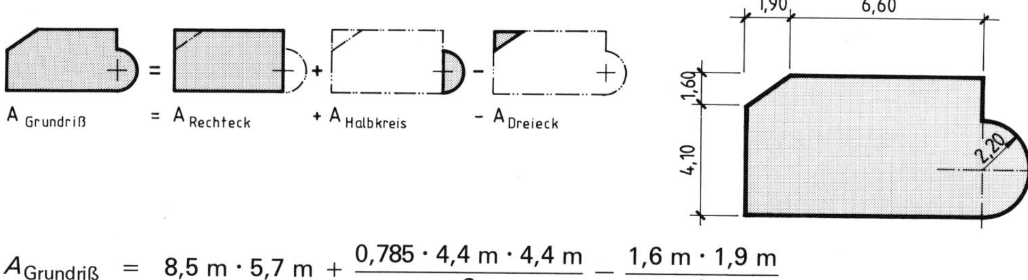

$$A_{\text{Grundriß}} = 8{,}5\ \text{m} \cdot 5{,}7\ \text{m} + \frac{0{,}785 \cdot 4{,}4\ \text{m} \cdot 4{,}4\ \text{m}}{2} - \frac{1{,}6\ \text{m} \cdot 1{,}9\ \text{m}}{2}$$

$$A_{\text{Grundriß}} = 48{,}45\ \text{m}^2 + 7{,}60\ \text{m}^2 - 1{,}52\ \text{m}^2 \qquad \mathbf{A_{Grundriß} = 54{,}53\ m^2}$$

Bei unregelmäßigen Vielecken, wie z. B. bei Grundstücken, können die Eckpunkte des Vielecks von einer Bezugsachse aus angegeben werden. Die Bezugsachse kann innerhalb oder außerhalb des Vielecks verlaufen. Von den Eckpunkten des Vielecks fällt man Lote auf die Bezugsachse. Die Fußpunkte der Lote werden von einem Nullpunkt aus auf der Achse eingemessen. Die Länge des Lotes ist der Abstand des Eckpunktes von der Bezugsachse. Auf diese Weise können unregelmäßige Vielecke in solche Teilflächen zerlegt werden, deren Flächeninhalte errechenbar sind.

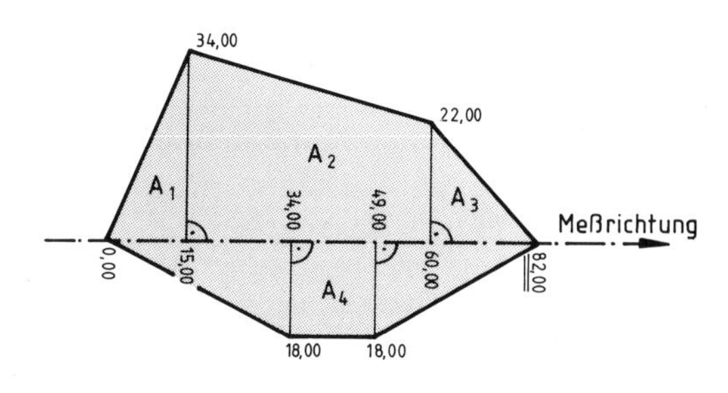

Bezugslinie innerhalb des Vielecks

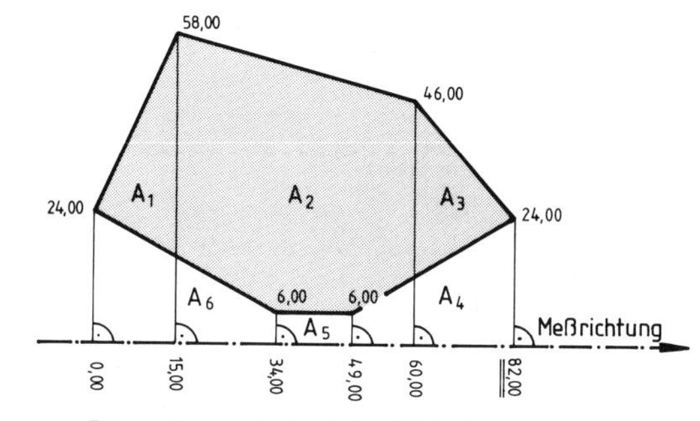

Bezugslinie außerhalb des Vielecks

Beispiel: Die Eckpunkte eines Grundstücks sind auf zwei verschiedene Arten eingemessen worden. Wie groß ist der Flächeninhalt, wenn die Bezugslinie einmal innerhalb des Vielecks und einmal außerhalb des Vielecks liegt?

Lösung: Bezugslinie innerhalb des Grundstücks

$$A_{\text{Grundstück}} = A_1 + A_2 + A_3 + A_4$$

$$A_1 = \frac{15\ \text{m} \cdot 34\ \text{m}}{2} = 255\ \text{m}^2$$

$$A_2 = \frac{34\ \text{m} + 22\ \text{m}}{2}\,(60\ \text{m} - 15\ \text{m}) = 1\,260\ \text{m}^2$$

$$A_3 = \frac{(82\ \text{m} - 60\ \text{m})\ 22\ \text{m}}{2} = 242\ \text{m}^2$$

$$A_4 = \frac{82\ \text{m} + (49\ \text{m} - 34\ \text{m})}{2}\ 18\ \text{m} = 873\ \text{m}^2$$

$$\mathbf{A_{Grundstück} = 2\,630\ m^2}$$

Bezugslinie außerhalb des Grundstücks

$$A_{\text{Grundstück}} = A_1 + A_2 + A_3 - (A_4 + A_5 + A_6)$$

$$A_1 = \frac{24\ \text{m} + 58\ \text{m}}{2}\ 15\ \text{m} = 615\ \text{m}^2$$

$$A_2 = \frac{58\ \text{m} + 46\ \text{m}}{2}\,(60\ \text{m} - 15\ \text{m}) = 2\,340\ \text{m}^2$$

$$A_3 = \frac{46\ \text{m} + 24\ \text{m}}{2}\,(82\ \text{m} - 60\ \text{m}) = 770\ \text{m}^2$$

$$A_1 + A_2 + A_3 = 3\,725\ \text{m}^2$$

$$A_4 = \frac{24\text{ m} + 6\text{ m}}{2}(82\text{ m} - 49\text{ m}) = 495\text{ m}^2$$

$$A_5 = 6\text{ m}\,(49\text{ m} - 34\text{ m}) = 90\text{ m}^2$$

$$A_6 = \frac{6\text{ m} + 24\text{ m}}{2}\,34\text{ m} = 510\text{ m}^2$$

Beide Arten der Punkteeinmessung führen zum gleichen Ergebnis.

$$A_4 + A_5 + A_6 = 1\,095\text{ m}^2$$

$$\mathbf{A}_{\textbf{Grundstück}} = 3\,725\text{ m}^2 - 1\,095\text{ m}^2 = \mathbf{2\,630\text{ m}^2}$$

Zusammengesetzte Flächen lassen sich mit dem Computer berechnen. Dazu verwendet man ein Auswahlmenue. Dieses Programm besteht aus einer Auswahlliste und mehreren Berechnungsmöglichkeiten.

Auswahlmenue für die Flächenberechnung

Bildschirminhalt:

```
AUSWAHLMENUE FÜR DIE BERECHNUNG EINZELNER ODER
ZUSAMMENGESETZTER FLÄCHEN
==============================================

   1  QUADRAT
   2  RECHTECK
   3  TRAPEZ
   4  DREIECK
   5  VIELECK
   6  KREIS
   7  KREISAUSSCHNITT
   8  KREISABSCHNITT
   9  KREISRING
  10  ELLIPSE
  11  RECHTWINKLIGES DREIECK
  12  WINKELFUNKTIONEN
   Z  ZUSAMMENGESETZTE FLÄCHEN
   E  PROGRAMMENDE

GEWÜNSCHTES PROGRAMM AUSWÄHLEN :
```

Zur schnelleren Programmanwahl können die einzelnen Programme in Form des Auswahlmenues „FLÄCHEN" auf dem Bildschirm dargestellt werden.

Das gewünschte Programm kann durch Eingabe der entsprechenden Ziffer gestartet werden. Nach Beendigung der Berechnung kehrt das Programm selbständig wieder in das Auswahlmenue zurück.

Sollen zusammengesetzte Flächen berechnet werden, können durch Eingabe des Buchstabens „Z" aus einem Untermenue die entsprechenden Teilflächen ausgewählt werden. Zur Ermittlung der Gesamtfläche ist anzugeben, ob die Teilfläche zur Gesamtfläche addiert oder von dieser subtrahiert werden muß. Durch Drücken der RETURN-Taste am Ende der Berechnung erscheint auf dem Bildschirm wieder das Auswahlmenue.

Mit Eingabe des Buchstabens „E" kehrt das Programm in das Betriebssystem des Computers zurück.

Aufgaben zu 5.4 Zusammengesetzte Flächen

1 Ein quadratisches Saunatauchbecken mit einer Seitenlänge von 1,40 m (1,25 m) und einer Tiefe von 1,60 m (1,50 m) soll gefliest werden **(Bild 86/1)**.

a) Der Boden des Beckens wird mit geriffelten Fliesen belegt. Wieviel m² Fliesen müssen verlegt werden?

b) Wie groß sind die zu fliesenden Wandflächen des Tauchbeckens?

c) An 2 Seiten wird der Beckenrand 1,20 m breit mit geriffelten Fliesen belegt. Wieviel m² Fliesen sind dazu notwendig?

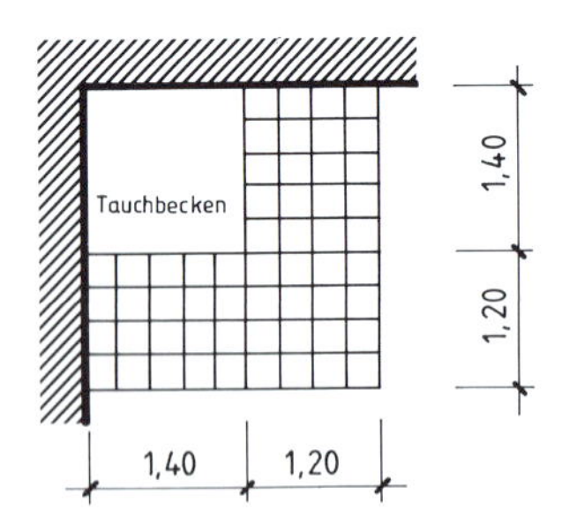

Bild 86/1: Saunatauchbecken

2 Eine Wand wird betoniert und verputzt **(Bild 87/1)**.

a) Wieviel m^2 Betonschalung sind für die 25 cm dicke Wand einschließlich der seitlichen Abschalung notwendig?

b) Wie groß ist die Putzfläche einer Wandseite?

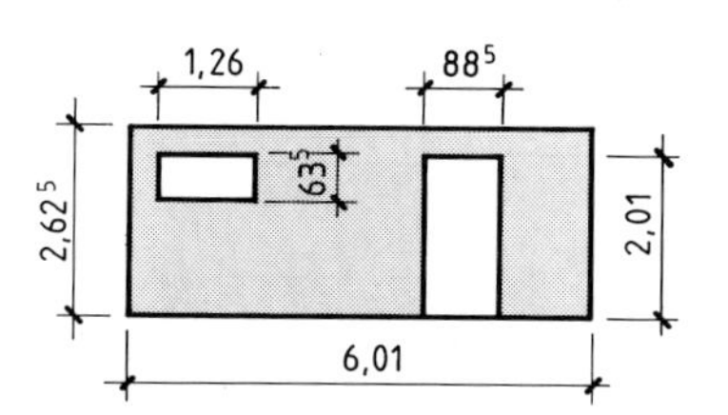

Bild 87/1: Betonwand

3 Eine Winkelstützwand aus Stahlbeton wird gebaut **(Bild 87/2)**. Wie groß ist die Querschnittsfläche des Fundaments und der Stützwand?

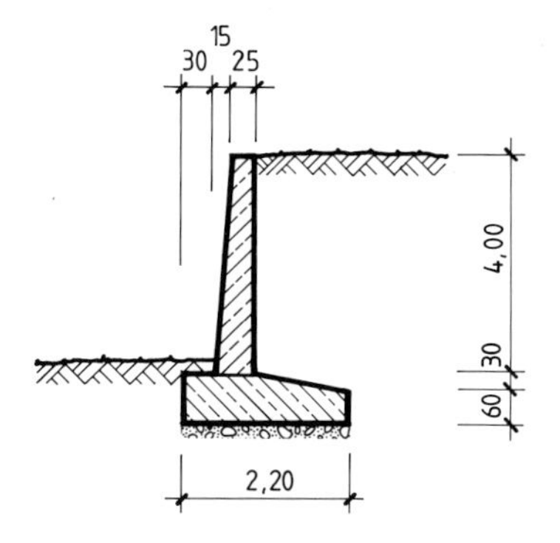

Bild 87/2: Winkelstützwand

4 Eine Giebelwand ist teils verputzt und teils verschalt **(Bild 87/3)**.

a) Wieviel m^2 misst die verschalte Fläche?

b) Wie groß ist die Putzfläche?

c) Wieviel % der Giebelwand sind verputzt?

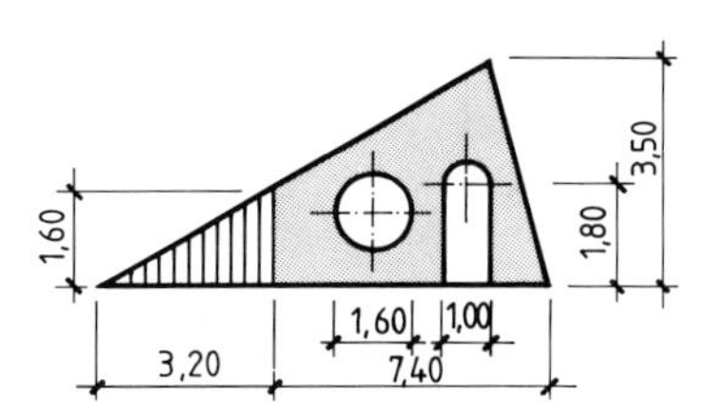

Bild 87/3: Giebelwand

5 Die Seitenwand eines Wochenendhauses ist zu verputzen **(Bild 87/4)**. Wieviel m^2 Putz sind aufzubringen?

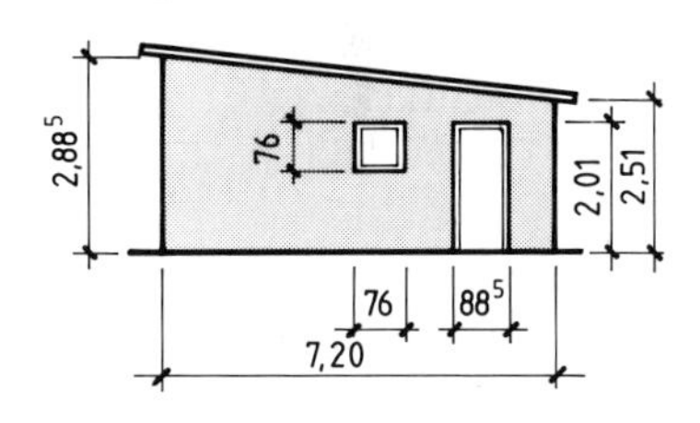

Bild 87/4: Wochenendhaus

6 Der Putz an einem Wohnhaus ist zu erneuern **(Bild 87/5)**. Wie groß sind die Putzflächen von Wand und Sockel?

7 Ein Grundstück wird an 2 Ecken abgerundet **(Bild 87/6)**.

a) Wie groß ist das nicht abgerundete Grundstück?

b) Welche Größe hat das Grundstück nach der Abrundung?

c) Um wieviel % wird das Grundstück kleiner?

8 Ein Grundstück ist bebaut **(Bild 87/7)**.

a) Wie groß ist das Grundstück?

b) Wie groß ist die bebaute Fläche?

c) Wieviel % des Grundstücks sind bebaut?

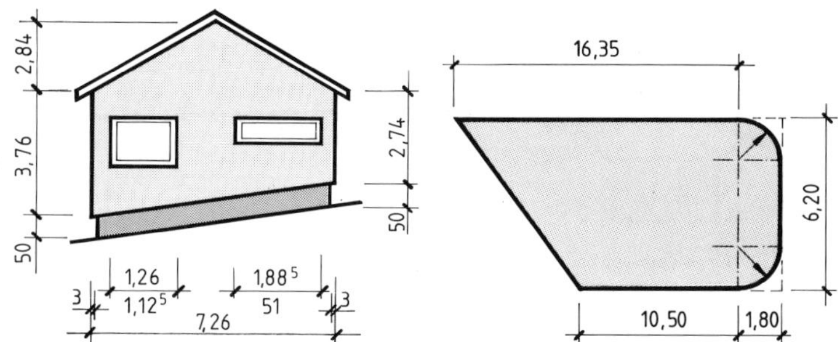

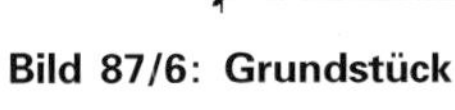

Bild 87/5: Putzfläche

Bild 87/6: Grundstück

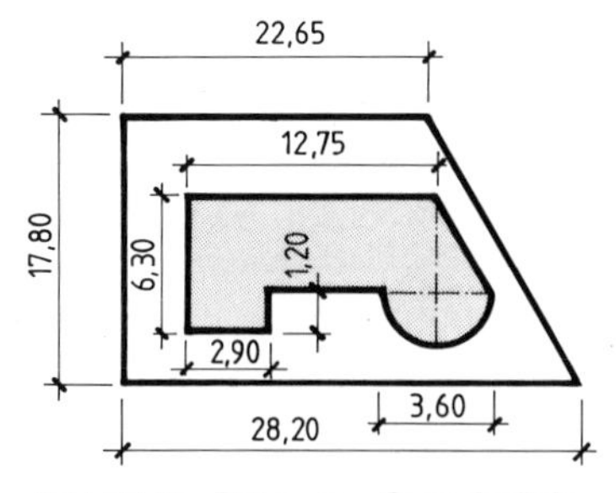

Bild 87/7: Bebautes Grundstück

9 In einem Badezimmer muss ein Estrich eingebracht werden. Danach werden Badewanne und Duschwanne eingebaut **(Bild 88/1)**.

a) Wieviel m^2 Estrich sind einzubringen?

b) Wieviel m^2 Bodenfläche sind nach dem Einbau der Sanitäreinrichtungen noch zu fliesen?

c) Alle Wandflächen werden 2,50 m hoch gefliest. Für wieviel m^2 Wandfläche sind Fliesen bereitzustellen? Das Fenster ist raumhoch, die Badewanne 50 cm hoch.

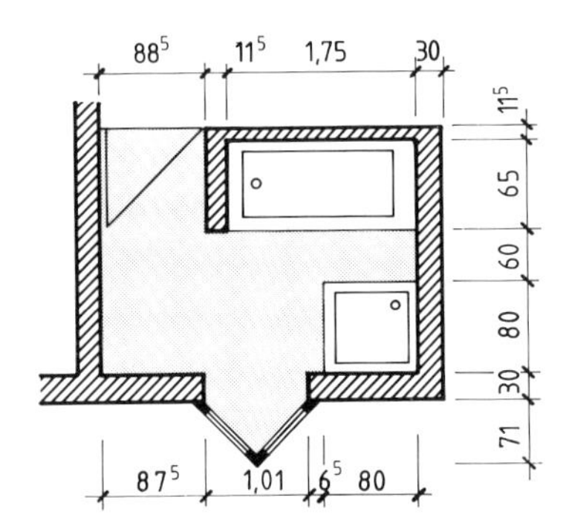

Bild 88/1: **Badezimmer**

10 Unter einer Dachschräge werden ein offener Kamin und ein Holzlager eingebaut **(Bild 88/2)**.

a) Wie groß ist die Öffnung des Kamins?

b) Welche Größe hat die Öffnung des Holzlagers?

c) Die Wand um den Kamin und das Holzlager soll einen Rauhputz erhalten. Wieviel m^2 misst die Putzfläche?

d) Der Streifen zwischen der Rauhputzfläche und der Dachschräge wird glatt geputzt. Wie groß ist die Putzfläche?

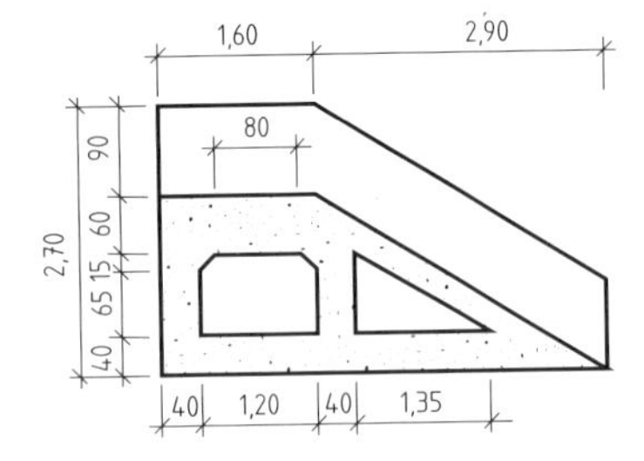

Bild 88/2: Treppenaufgang

11 Ein Baugrundstück ist mit einem Einfamilienhaus und einer Garage bebaut **(Bild 88/3)**.

a) Wieviel m^2 misst das Grundstück?

b) Wie groß ist die bebaute Fläche?

c) Wieviel % des Grundstücks sind bebaut?

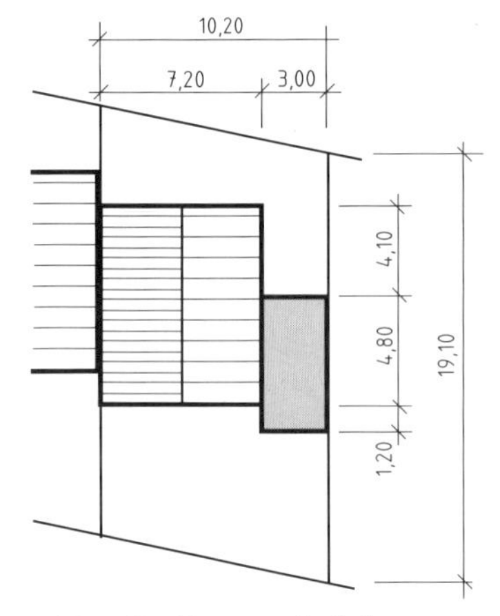

Bild 88/3: Baugrundstück

12 Ein Baugrundstück ist 14 m breit und 21 m tief **(Bild 88/4)**. Nach dem Bebauungsplan ist ein Streifen von 8 m Breite für die Bebauung vorgesehen. Die Baulinie ist 6 m von der Straße entfernt.

a) Wieviel m^2 können bebaut werden, wenn ein Grenzabstand von jeweils 3 m einzuhalten ist?

b) Wieviel m^2 Grundstücksfläche sind nach Lageplan bebaut?

13 Ein Rohrgraben ist 1,70 m tief. Nach der Unfallverhütungsvorschrift ist er am Grabenrand abgeböscht **(Bild 88/5)**.

a) Wie hoch und wie breit ist die Abböschung?

b) Wie groß ist die Querschnittsfläche des Grabens?

14 Wie groß ist die Fundamentfläche **(Bild 88/6)**? Schrägschnitte gleichen sich aus und bleiben deshalb unberücksichtigt.

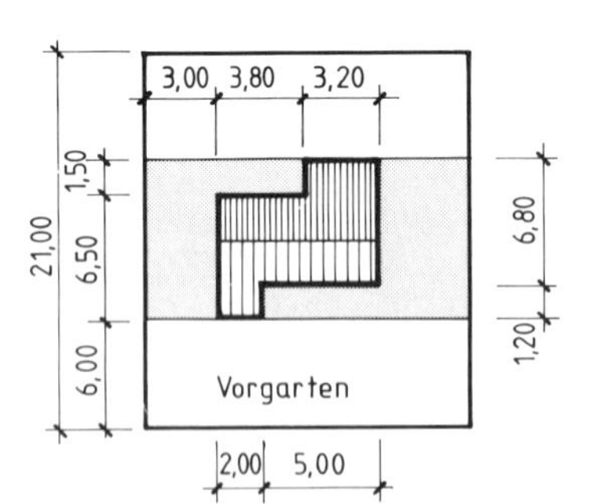

Bild 88/4: Baugrundstück

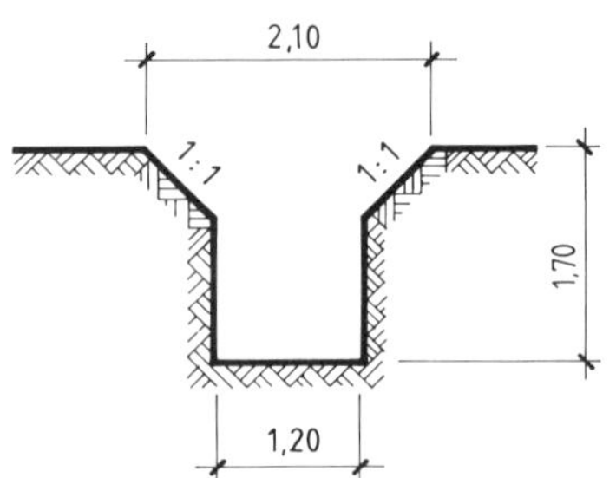

Bild 88/5: Rohrgraben

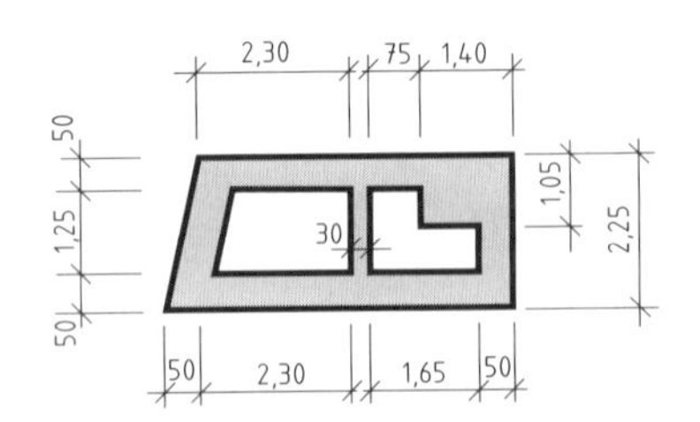

Bild 88/6: Fundamentfläche

15 Eine Stahlbetonplatte für ein Flachdach erhält zur Aufnahme eines Fertigteils am Rand eine besondere Form **(Bild 89/1)**.

a) Welche Größe hat die Querschnittsfläche der Stahlbetonplatte?

b) Wie groß ist die Querschnittsfläche des Stahlbetonfertigteils?

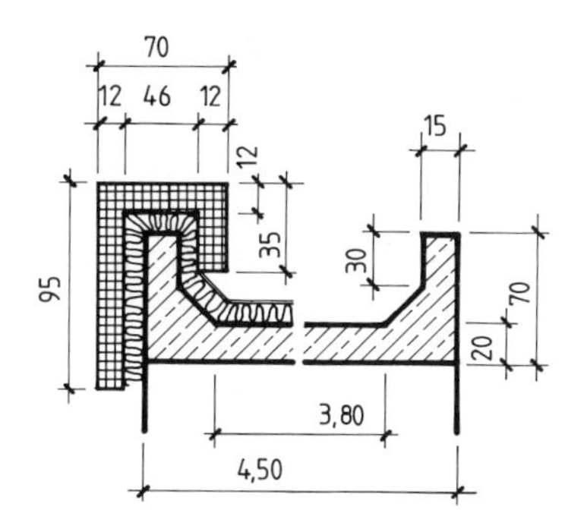

Bild 89/1: Stahlbetonplatte

16 Ein Stahlbetonträger hat eine Auskragung **(Bild 89/2)**. Wie groß ist die Querschnittsfläche?

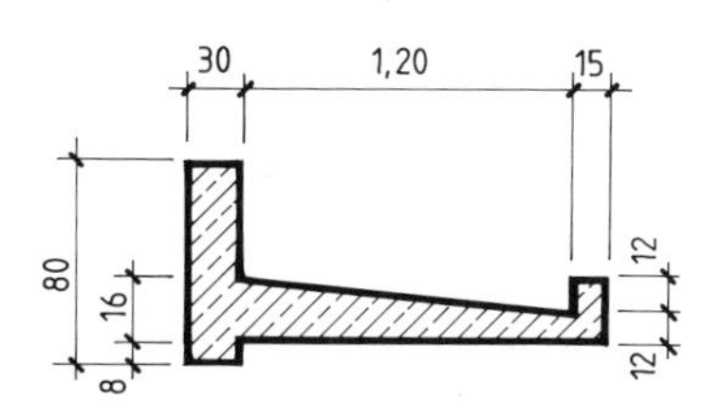

Bild 89/2: Stahlbetonträger

17 Ein Fertigteil für eine Balkonbrüstung ist zu betonieren **(Bild 89/3)**.

a) In welche Teilflächen läßt sich die Querschnittsfläche zerlegen?

b) Wie groß ist die Querschnittsfläche des Brüstungsfertigteils?

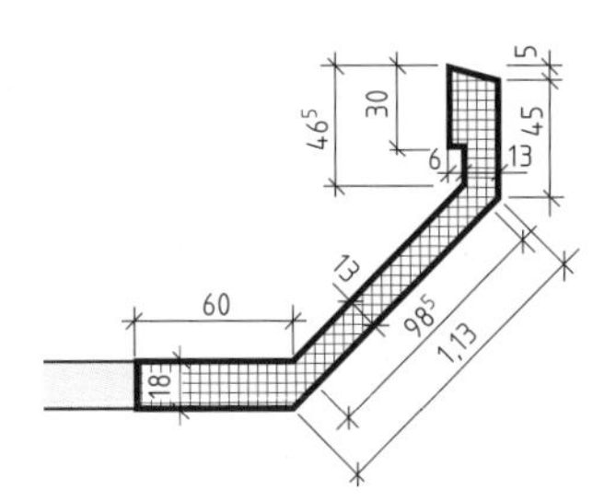

Bild 89/3: Brüstungsfertigteil

18 Ein Verkaufskiosk mit sechseckigem Grundriss erhält 3 kreisförmige Pflasterflächen **(Bild 89/4)**.

a) Wie groß ist die Grundrissfläche des Kiosk?

b) Welche Größe hat die gesamte Pflasterfläche?

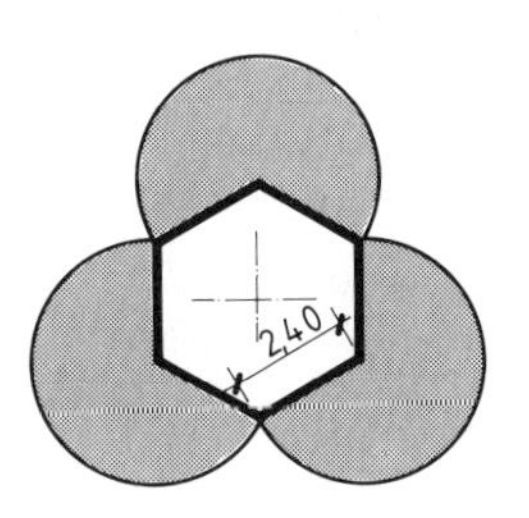

Bild 89/4: Verkaufskiosk

19 Um ein achteckiges Pflanzloch mit einer 12 cm breiten Einfassung wird ein wasserdurchlässiger Belag gelegt **(Bild 89/5)**.

a) Wie groß ist die Fläche des Pflanzlochs ohne Einfassung?

b) Die Breite des Belags ist 2,75 m. Wieviel m² Fläche sind zu pflastern?

20 Eine Baumwiese hat die Form eines unregelmäßigen Vielecks **(Bild 89/6)**. Wie groß ist die Grundstücksfläche?

21 Die Decke über einem Gebäudegrundriss wird betoniert **(Bild 89/7)**. Wie groß ist die Deckenfläche ohne Treppenaussparung?

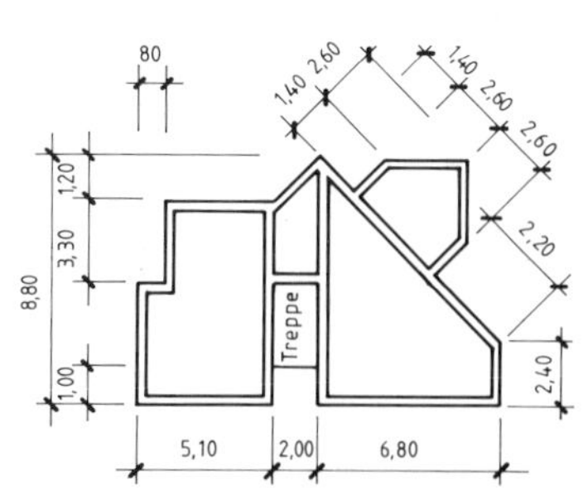

Bild 89/7: Gebäudegrundriss

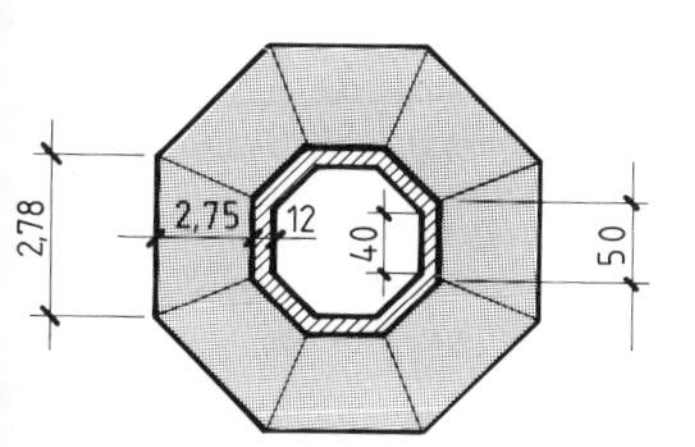

Bild 89/5: Pflanzloch

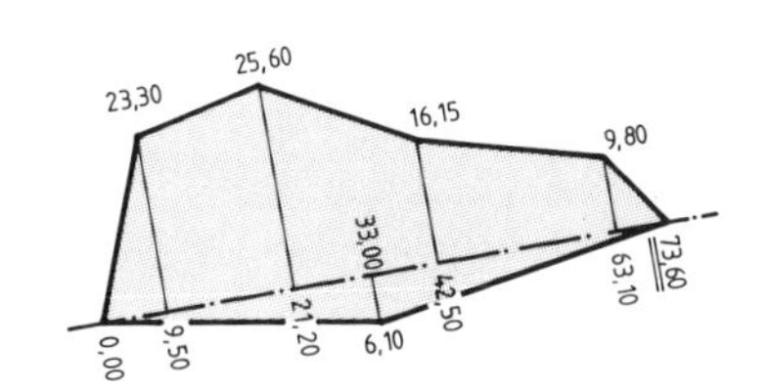

Bild 89/6: Baumwiese

6 Körper

In der Bautechnik sind Volumen (Rauminhalt) und Oberfläche der Körper zu berechnen. Sie bilden die Grundlage für die Ermittlung der Baustoffmenge und deren Kosten.

Zur Berechnung von Volumen und Oberfläche der Körper benötigt man Abmessungen wie z.B. Länge und Breite von Grundfläche und Deckfläche sowie die Körperhöhe. Die Körperhöhe ist der senkrechte Abstand zwischen der Grundfläche und der Deckfläche bzw. der Spitze eines Körpers. Trifft das Lot vom Mittelpunkt der Deckfläche oder der Spitze eines Körpers auf den Mittelpunkt der Grundfläche, spricht man von einem geraden Körper. Bei schiefen Körpern kann der Fußpunkt des Lotes auch außerhalb der Grundfläche liegen.

6.1 Einheiten

Umrechnung von Einheiten des Volumens

	· 1000 →	· 1000 →	· 1000 →	Multiplikator von Einheit zu Einheit
	m^3	dm^3	cm^3	mm^3
m^3	1	1 000	1 000 000	1 000 000 000
dm^3	0,001	1,	1 000	1 000 000
cm^3	0,000 001	0,001	1	1 000
mm^3	0,000 000 001	0,000 001	0,001	1
	Teiler von Einheit zu Einheit	← : 1000	← : 1000	← : 1000

Die Einheit des Volumens ist der **Kubikmeter (m^3)**. Kleinere Einheiten sind **Kubikdezimeter (dm^3), Kubikzentimeter (cm^3)** und **Kubikmillimeter (mm^3)**. Die Umrechnung von einer Einheit in die nächstgrößere oder in die nächstkleinere Einheit erfolgt immer mit der **Umrechnungszahl 1 000**.

Die Einheit des Hohlmaßes ist **Liter**.

$$1\ dm^3 = 1\ \text{Liter}$$

Beispiel: Wieviel m^3 sind 4 328,4 dm^3?

Lösung: 4 328,4 dm^3 : 1000 = **4,328 m^3**

Beispiel: Wieviel m^3 sind 250 332 684 mm^3?

Lösung: 250 332 684 mm^3 : 1 000 = 250 332,684 cm^3
250 332,684 cm^3 : 1 000 = 250,333 dm^3
250,333 dm^3 : 1 000 = **0,250 m^3**

Beispiel: Wieviel mm^3 sind 3,54 cm^3?

Lösung: 3,54 cm^3 · 1 000 = **3 540 mm^3**

Beispiel: Wieviel cm^3 sind 0,765 m^3?

Lösung: 0,765 m^3 · 1 000 = 765 dm^3
765 dm^3 · 1 000 = **765 000 cm^3**

Aufgaben zu 6.1 Einheiten

1 Wieviel m^3 sind: 3 872 dm^3; 1 164 734 cm^3; 245 728 310 mm^3; 350 057 cm^3; 72 dm^3
415 dm^3; 27 580 214 cm^3; 668 415 mm^3; 751 522 cm^3; 480,6 dm^3

2 Wieviel dm^3 sind: 32,8 m^3; 435 625 cm^3; 23 975 822 mm^3; 6 573 cm^3; 0,008 m^3
0,003 m^3; 12 cm^3; 362 751 mm^3; 27 908 cm^3; 1,5 m^3

3 Wieviel cm^3 sind: 0,83 m^3; 1523 dm^3; 263 mm^3; 48 dm^3; 77 mm^3
0,057 m^3; 46,384 dm^3; 25 274 mm^3; 0,06 dm^3; 5 mm^3

4 Folgende Rauminhalte sind zu addieren:

Ergebnis in m^3: 35 dm^3 + 85 760 cm^3 + 27 324 675 mm^3 + 3,004 m^3 + 2 815 dm^3
1 335 dm^3 – 0,073 m^3 + 7 284 396 cm^3 – 234 592 475 mm^3 – 0,254 dm^3 – 0,1 m^3

Ergebnis in dm^3: 3,025 m^3 + 0,308 dm^3 + 221 805 cm^3 + 56 432 711 mm^3 + 0,07 dm^3 + 0,002 m^3
1,28 m^3 – 0,029 dm^3 – 75 096 cm^3 + 835 175 008 mm^3 – 0,001 m^3 + 0,385 dm^3

Ergebnis in cm^3: 0,052 m^3 + 1,234 dm^3 + 3 256 mm^3 + 0,002 m^3 – 32,384 cm^3 + 1 289 364 mm^3
287,6 dm^3 – 0,001 m^3 + 0,075 m^3 + 2 388 mm^3 – 0,323 dm^3 + 10 749 mm^3

Ergebnis in Liter: 0,003 m^3 + 125 375 dm^3 + 2 856 425 cm^3 – 456,82 dm^3 + 0,070 m^3 – 0,525 dm^3
1,208 m^3 – 732 884 cm^3 + 128,390 dm^3 – 75 645 mm^3 + 0,042 dm^3 – 0,002 m^3

6.2 Würfel, Quader, Zylinder

Würfel, Quader und Zylinder sind Körper mit deckungsgleicher Grundfläche und Deckfläche. Auch die dazu parallelen Querschnittsflächen sind deckungsgleich. Man bezeichnet diese Körper deshalb als gleichdicke Körper.

Beim **Würfel** sind Grund- und Deckfläche sowie die 4 Seitenflächen jeweils Quadrate. Die Seitenlänge eines Quadrats entspricht demnach auch der Körperhöhe.

Der **Quader** hat eine quadratische oder rechteckige Querschnittsfläche und kann beliebig hoch sein. In der Bautechnik sind hauptsächlich Wände, Stützen und Balken quaderförmig.

Körper mit geradlinig begrenzten Querschnittsflächen bezeichnet man auch als *Prismen*. Die Querschnittsfläche kann z. B. die Form eines Dreiecks oder eines Vielecks haben. Auch zusammengesetzte, geradlinig begrenzte Flächen sind als Querschnittsflächen möglich.

Der **Zylinder** hat im Gegensatz zu den Prismen eine kreisförmige Querschnittsfläche. Säulen haben meist die Form eines Zylinders.

Zur Berechnung des Volumens multipliziert man die Grundfläche A mit der Körperhöhe h.

Volumen = Grundfläche · Körperhöhe

$$\boldsymbol{V = A \cdot h}$$

$$\text{Körperhöhe} = \frac{\text{Volumen}}{\text{Grundfläche}} \qquad h = \frac{V}{A}$$

$$\text{Grundfläche} = \frac{\text{Volumen}}{\text{Körperhöhe}} \qquad A = \frac{V}{h}$$

Zur Berechnung der Oberfläche eines gleichdicken Körpers werden die Seitenflächen (Mantelfläche), Grundfläche und Deckfläche addiert. Grundfläche und Deckfläche sind stets gleich groß.

Oberfläche = Mantelfläche + Grundfläche + Deckfläche

$$\boldsymbol{O = M + A_{\text{Grundfläche}} + A_{\text{Deckfläche}}}$$

Mantelfläche = Körperumfang · Körperhöhe

$$\boldsymbol{M = U \cdot h}$$

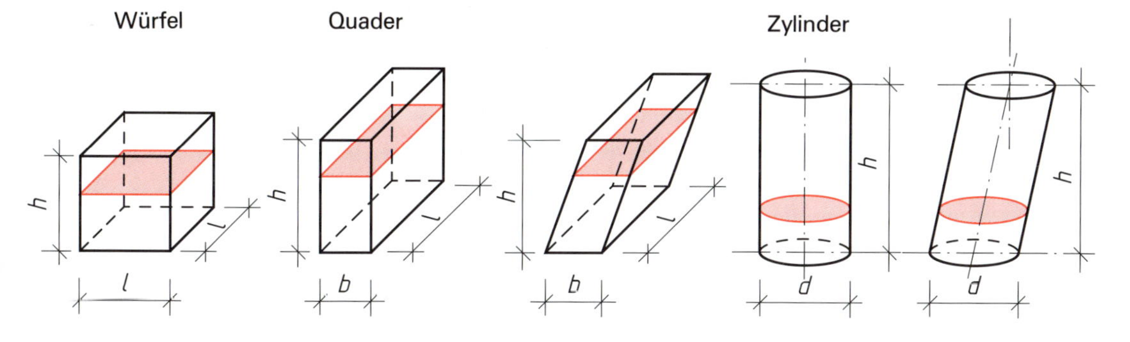

Beispiel:

Ein Würfel hat eine Kantenlänge von 25 cm. Wie groß ist das Volumen?

Lösung:

$V = A \cdot h$

$V = 25\text{ cm} \cdot 25\text{ cm} \cdot 25\text{ cm}$

$\boldsymbol{V = 15625\text{ cm}^3}$

Beispiel:

Ein Quader hat eine Länge von 80 cm und eine Breite von 36,5 cm sowie ein Volumen von 0,73 m³. Wie hoch ist der Quader?

Lösung:

$h = \frac{V}{A}$

$h = \frac{730000\text{ cm}^3}{80\text{ cm} \cdot 36{,}5\text{ cm}}$

$\boldsymbol{h = 250\text{ cm}}$

Beispiel:

Ein Zylinder hat ein Volumen von 0,396 m³ und eine Höhe von 2,85 m. Welchen Durchmesser hat er?

Lösung:

$A = \frac{V}{h}$

$A = \frac{396000\text{ cm}^3}{285\text{ cm}}$

$A = 1389\text{ cm}^2$

$d = \sqrt{\frac{4\,A}{\pi}}$

$d \approx \sqrt{\frac{4 \cdot 1389\text{ cm}^2}{3{,}14}}$

$\boldsymbol{d \approx 42\text{ cm}}$

Beispiel:

Wie groß ist die Mantelfläche und die Oberfläche eines Würfels mit einer Kantenlänge von 30 cm?

Lösung:

$M = U \cdot h$

$M = 4 \cdot 30 \text{ cm} \cdot 30 \text{ cm}$

$\mathbf{M = 3600 \text{ cm}^2}$

$O = M + 2A$

$O = 3600 \text{ cm}^2 + 2 \cdot 30 \text{ cm} \cdot 30 \text{ cm}$

$\mathbf{O = 5400 \text{ cm}^2}$

Beispiel:

Ein Quader ist 60 cm lang, 40 cm breit und 1,20 m hoch. Wie groß ist die Mantelfläche und die Oberfläche?

Lösung:

$M = U \cdot h$

$M = (2 \cdot 0{,}60 \text{ m} + 2 \cdot 0{,}40 \text{ m}) \cdot 1{,}20 \text{ m}$

$\mathbf{M = 2{,}4 \text{ m}^2}$

$O = M + 2A$

$O = 2{,}40 \text{ m}^2 + 2 \cdot 0{,}60 \text{ m} \cdot 0{,}40 \text{ m}$

$\mathbf{O = 2{,}88 \text{ m}^2}$

Beispiel:

Ein Zylinder hat einen Durchmesser von 42 cm. Seine Höhe ist 3,50 m. Welchen Flächeninhalt hat die Mantelfläche und die Oberfläche?

Lösung:

$M = U \cdot h$

$M \approx 3{,}14 \cdot 0{,}42 \text{ m} \cdot 3{,}50 \text{ m}$

$\mathbf{M \approx 4{,}62 \text{ m}^2}$

$O = M + 2A$

$O \approx 4{,}62 \text{ m}^2 + 2 \cdot 0{,}785 \cdot (0{,}42 \text{ m})^2$

$\mathbf{O \approx 4{,}89 \text{ m}^2}$

Programme zu Volumen und Oberfläche von Würfel, Quader und Zylinder

Volumen und Oberfläche von Würfel und Quader

```
 10 REM Würfel und Quader
 20 CLS
100 REM Überschrift
110 PRINT "Oberfläche und Volumen von"
120 PRINT "Würfel und Quader"
130 PRINT "--------------------------"
190 PRINT : PRINT
200 REM Eingaben
210 INPUT "Länge                    in cm l = ";L
220 INPUT "Breite                   in cm b = ";B
230 INPUT "Höhe                     in cm h = ";H
290 PRINT
300 REM Verarbeitung
310 A = L * B
320 M = 2 * (L + B) * H
330 O = 2 * A + M
340 V = A * H
400 REM Ausgabe
410 PRINT "Grundfläche                 A = ";A;" cm^2"
420 PRINT "Mantelfläche                M = ";M;" cm^2"
430 PRINT "Oberfläche                  O = ";O;" cm^2"
440 PRINT "Volumen                     V = ";V;" cm^3"
500 REM Programmende
510 END
```

Volumen und Oberfläche des Zylinders

```
 10 REM Zylinder
 20 CLS
100 REM Überschrift
110 PRINT "Oberfläche und Volumen von"
120 PRINT "Zylindern"
130 PRINT "-------------------------"
190 PRINT : PRINT
200 REM Eingaben
210 INPUT "Durchmesser              in cm d = ";D
220 INPUT "Höhe                     in cm h = ";H
290 PRINT
300 REM Verarbeitung
300 PI = 3.14159
310 A  = D^2 * PI / 4
320 M  = PI * D * H
330 O  = 2 * A + M
340 V  = A * H
400 REM Ausgabe
410 PRINT "Grundfläche                 A = ";A;" cm^2"
420 PRINT "Mantelfläche                M = ";M;" cm^2"
430 PRINT "Oberfläche                  O = ";O;" cm^2"
440 PRINT "Volumen                     V = ";V;" cm^3"
500 REM Programmende
510 END
```

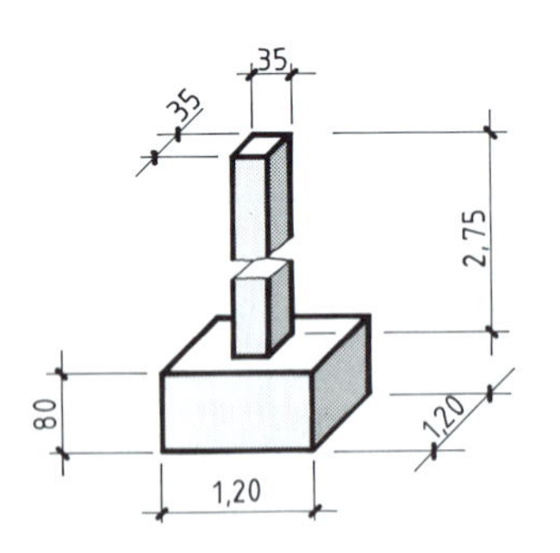

Bild 92/1: Stütze mit Fundament

Aufgaben zu 6.2 Würfel, Quader, Zylinder

1 Die Schalung für Betonprobewürfel hat eine Kantenlänge von 200 mm (150 mm).

   a) Wie groß ist das Volumen des Betonprobewürfels?

   b) Wie groß ist die Schalfläche?

2 Eine Stütze und das Fundament der Stütze sind quaderförmig **(Bild 92/1)**.

   a) Wieviel m^2 Schalung sind für das Fundament notwendig?

   b) Welches Volumen hat das Fundament?

   c) Wieviel m^2 Schalhaut sind als Sichtbetonschalung für die Stütze herzustellen?

   d) Wieviel m^3 Festbeton hat die Stütze?

3 24 Blockstufen aus Beton sind herzustellen. Dazu wird auf dem Werkstattboden eine Schalung für 4 nebeneinanderliegende Stufen gezimmert **(Bild 93/1)**.

a) Wieviel m^2 Schalbretter sind notwendig, wenn die Längsbretter an jeder Seite 20 cm überstehen?

b) Welches Volumen hat eine Stufe?

c) Wieviel m^3 Beton werden für einen Betoniervorgang benötigt?

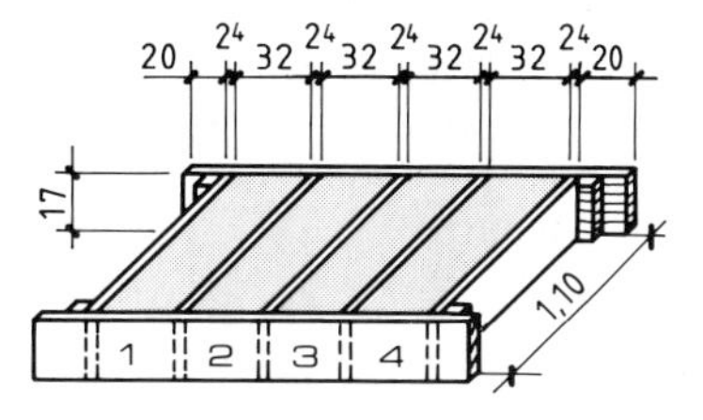

Bild 93/1: **Betonstufen**

4 Ein 18,75 m langer Rohrgraben wird ausgehoben **(Bild 93/2)**. Da er über 1,75 m tief ist, muß er nach UVV verbaut werden.

a) Wieviel m^3 Boden müssen ausgehoben werden?

b) Wieviel m^2 Grabenwand sind zu verbauen?

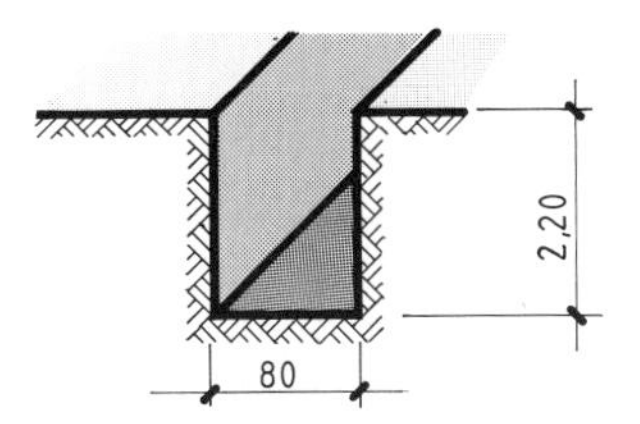

Bild 93/2: Rohrgraben

5 Eine Baugrube mit einer Länge von 12,60 m wird ausgehoben **(Bild 93/3)**. Der Oberboden ist bereits abgetragen. Wieviel m^3 Aushub müssen abgefahren werden?

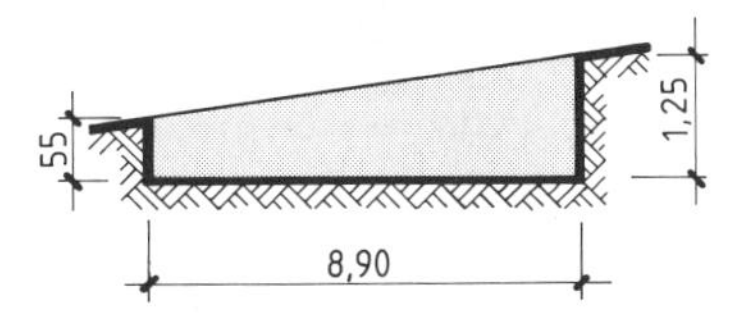

Bild 93/3: **Baugrube**

6 Eine 15 m lange Einfriedung mit Fundament soll hergestellt werden **(Bild 93/4)**.

a) Wie groß ist der Bodenaushub für das Fundament?

b) Wieviel m^2 Schalung sind für die gesamte Wandlänge einschließlich der Seitenabschalung notwendig?

c) Die Einfriedung wird in 3 gleichlange Abschnitte aufgeteilt. Wie groß ist die Schalung einschließlich der Stirnabschalung für einen Abschnitt?

d) Wieviel m^3 Beton sind für einen Betonierabschnitt nötig?

e) Wieviel m^3 Beton sind für das Fundament und die gesamte Einfriedung erforderlich?

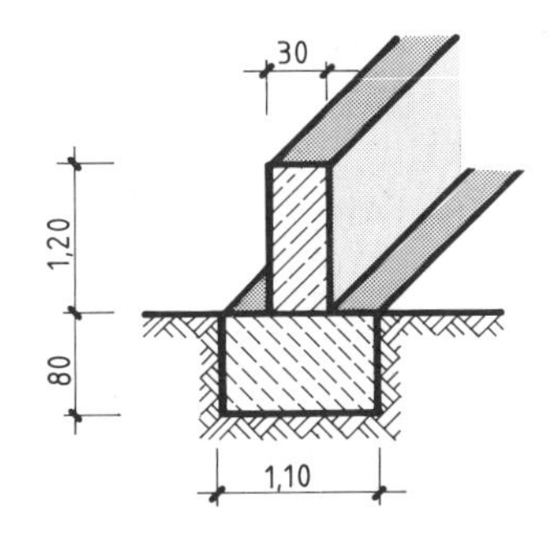

Bild 93/4: Gartenmauer

7 Für ein Gartentor werden 2 Pfeiler gemauert **(Bild 93/5)**.

a) Wieviel m^3 Mauerwerk sind zu erstellen?

b) Als Abdeckung dient eine 8 cm dicke Betonplatte. Wieviel Beton ist zur Herstellung beider Platten notwendig?

c) Als Witterungsschutz werden beide Pfeiler mit einer wasserabweisenden Flüssigkeit zweimal gestrichen. Wieviel Liter Flüssigkeit sind notwendig, wenn pro m^2 0,2 l benötigt werden?

8 Ein Auszubildender hat ein Mauerwerk zu erstellen **(Bild 93/6)**. Wieviel m^3 Mauerwerk erstellt er, wenn 9 Schichten im NF-Format verlangt sind?

9 Ein 2,50 m hohes Nebengebäude ist zu mauern **(Bild 93/7)**. Wieviel m^3 Mauerwerk sind herzustellen?

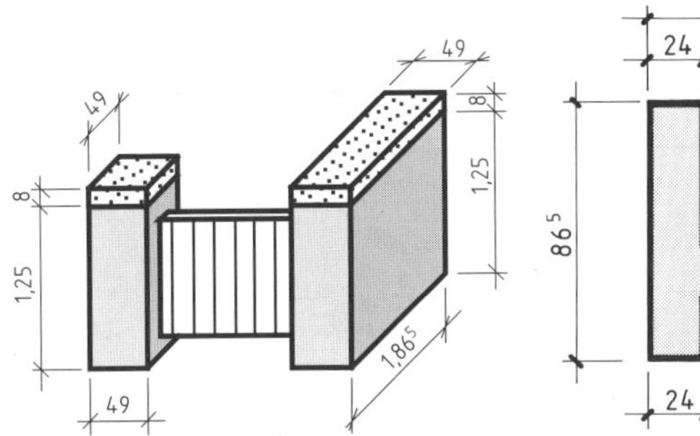

Bild 93/5: Pfeiler

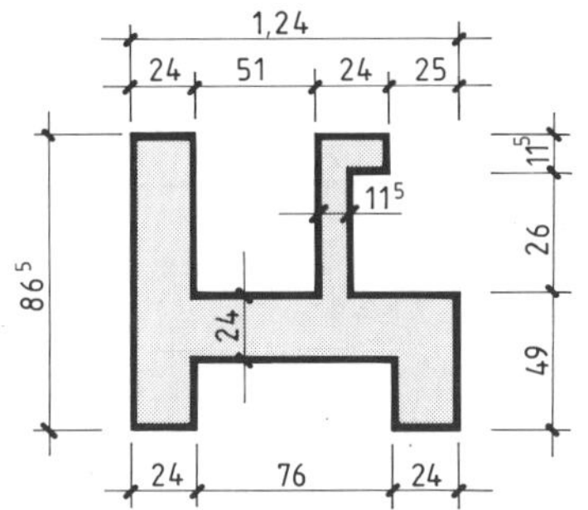

Bild 93/6: Mauerwerk

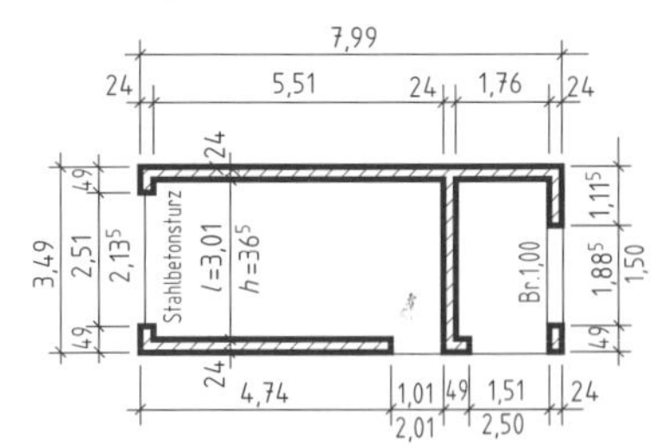

Bild 93/7: Nebengebäude

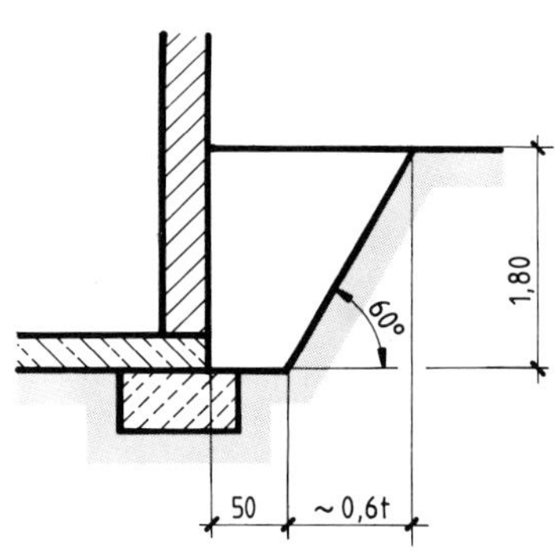

Bild 94/1: Arbeitsraum

10 Die Kellerwand eines Altbaus muß außen mit einer Feuchtigkeitssperre versehen werden. Dazu ist ein Arbeitsraum auszuheben **(Bild 94/1)**.

a) Wie breit wird der Arbeitsraum auf Geländehöhe, wenn die Breite der Böschung bei einem Böschungswinkel von 60° etwa 0,6 t beträgt. Die Tiefe t des Arbeitsraumes ist 1,80 m.

b) Wieviel m³ Erdaushub sind bei 12,20 m Länge notwendig?

11 Welches Volumen ohne Abzug von Hohlräumen haben die Steine in den Formaten DF, NF, 2 DF, 3 DF, 10 DF, 12 DF und 16 DF?

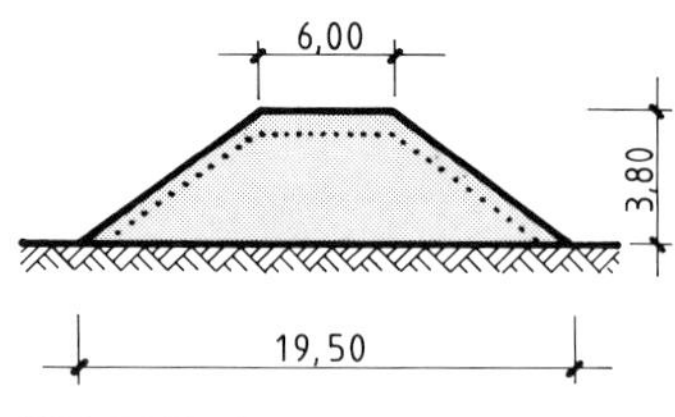

Bild 94/2: Damm

12 Ein 35 m langer Damm wird aufgeschüttet **(Bild 94/2)**. Wieviel m³ beträgt das Volumen des verdichteten Dammes?

13 Ein Bach wird begradigt. Dazu wird ein neues Bachbett auf 680 m Länge gegraben **(Bild 94/3)**.

a) Wie breit wird das Bachbett, wenn der Böschungswinkel 45° beträgt?

b) Wieviel m³ Aushub fallen an?

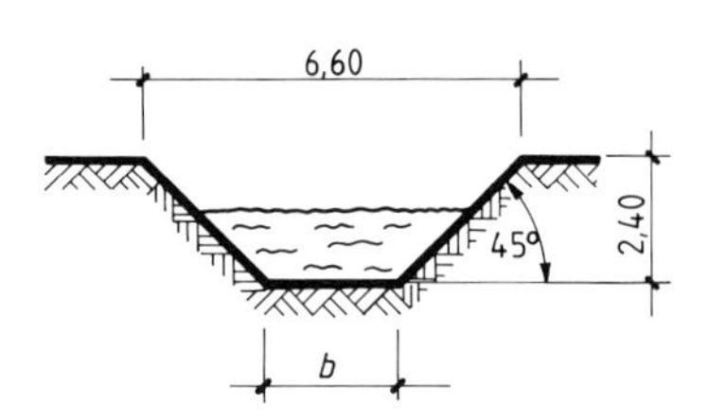

Bild 94/3: Bachbett

14 Ein Dachraum soll ausgebaut werden **(Bild 94/4)**. Welches Volumen hat der Dachraum?

15 Eine runde Stahlbetonstütze hat einen Durchmesser von 30 cm (38 cm) und eine Höhe von 2,50 m (3,50 m).

a) Wieviel m² Sichtschalung sind für eine Stütze herzustellen?

b) Wieviel m³ Beton werden für 4 Stützen benötigt?

16 Ein Satteldach hat eine Dachneigung von 45° **(Bild 94/5)**.

a) Wie hoch ist das Dach?

b) Welches Volumen hat der Dachraum?

17 Ein Betonrohr dient als Wasserbecken **(Bild 94/6)**.

a) Wie groß ist der Aushub?

b) Wieviel m³ Beton sind zur Herstellung des Beckens erforderlich?

c) Wieviel Liter Wasser fasst das Becken, wenn der Wasserspiegel 10 cm unter dem Beckenrand steht?

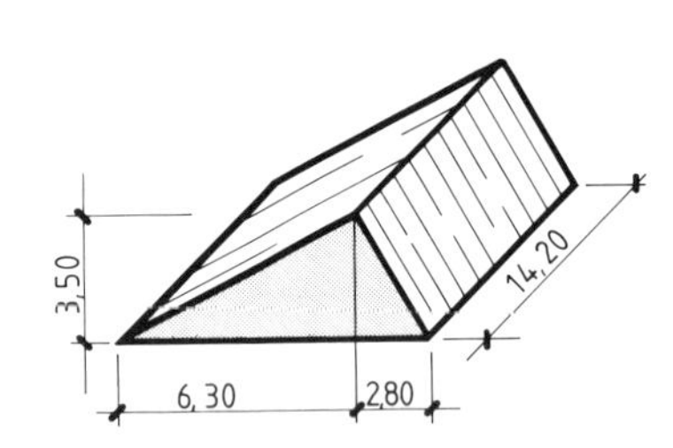

Bild 94/4: Dachraum

18 Betonrohre haben eine Baulänge von 1,00 m **(Bild 94/7)**.

a) Wieviel Beton ist zur Herstellung von jeweils 20 Rohren mit folgenden Abmessungen erforderlich?

Innendurchmesser d	in mm	400	600	800	1200	2000
Wanddicke s	in mm	40	60	80	110	140

b) Wieviel Liter Wasser fasst der Hohlraum eines Rohres?

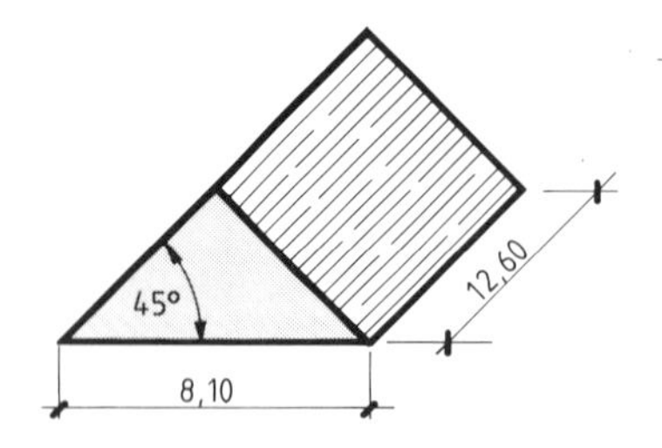

Bild 94/5: Satteldach

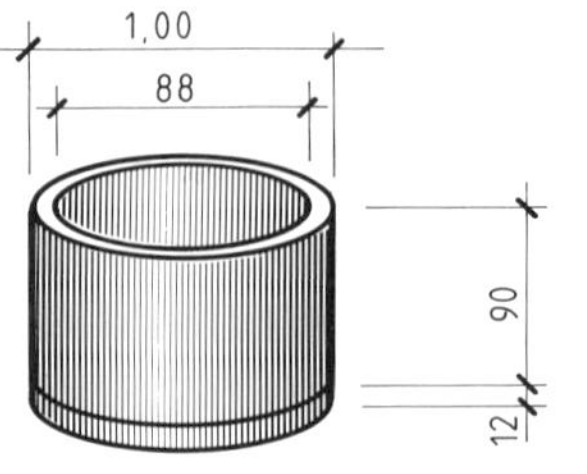

Bild 94/6: Wasserbecken

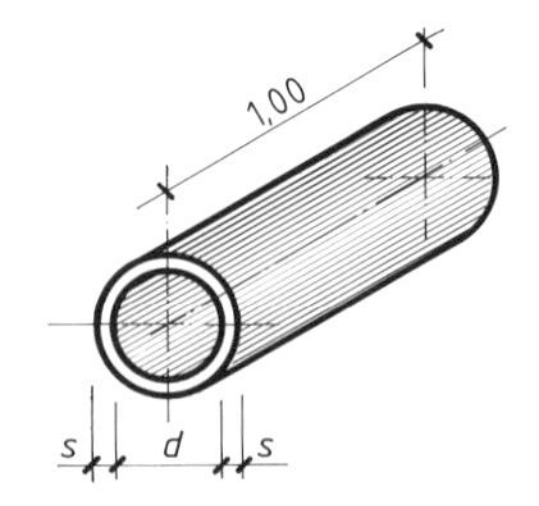

Bild 94/7: Betonrohr

6.3 Pyramide, Kegel

Pyramide und Kegel haben eine Spitze. Diese Körper nennt man deshalb spitze Körper. Die Pyramide hat eine geradlinig begrenzte Grundfläche. Beim Kegel ist die Grundfläche kreisförmig.

Das Volumen eines spitzen Körpers beträgt ein Drittel des Volumens eines gleichdicken Körpers mit gleicher Grundfläche und gleicher Körperhöhe.

Pyramide

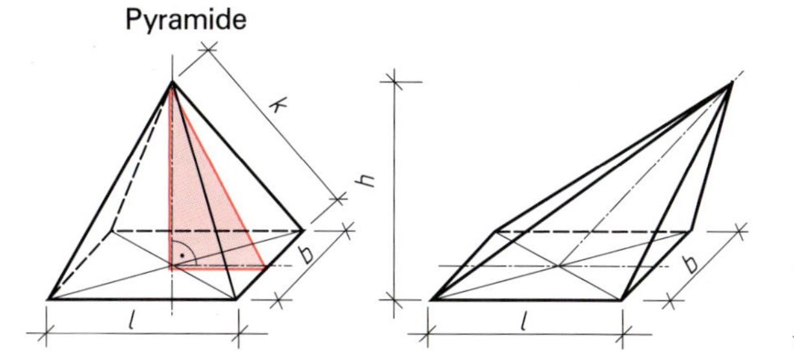

Kegel

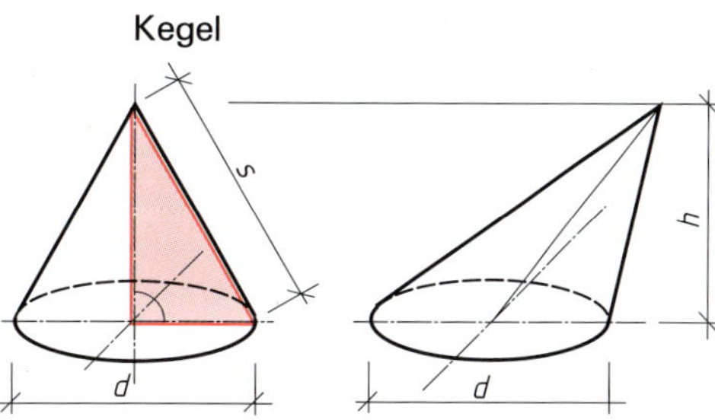

Volumen $= \frac{1}{3} \cdot$ **Grundfläche · Körperhöhe**

$V = \frac{1}{3} \cdot A \cdot h$

Körperhöhe $= \frac{3 \cdot \text{Volumen}}{\text{Grundfläche}}$ Grundfläche $= \frac{3 \cdot \text{Volumen}}{\text{Körperhöhe}}$

$h = \frac{3 \cdot V}{A}$ $A = \frac{3 \cdot V}{h}$

Beispiel:

Ein pyramidenförmiges Dach hat eine quadratische Grundfläche mit $l = 3{,}20$ m und $h = 4{,}10$ m. Wie groß ist das Volumen?

Lösung:

$V = \frac{1}{3} A \cdot h$

$V = \frac{1}{3} \cdot (3{,}20\,\text{m})^2 \cdot 4{,}10\,\text{m} = \mathbf{13{,}99\,m^3}$

Beispiel:

Ein kegelförmiger Turmhelm hat ein Volumen $V = 14{,}23\ \text{m}^3$ und eine Grundfläche $A = 8{,}29\ \text{m}^2$. Wie hoch ist der Turmhelm?

Lösung:

$h = \frac{3 \cdot V}{A}$

$h = \frac{3 \cdot 14{,}23\ \text{m}^3}{8{,}29\ \text{m}^2} = \mathbf{5{,}15\,m}$

Beispiel:

Ein pyramidenförmiges Dach hat ein Volumen $V = 11{,}80\ \text{m}^3$ und eine Höhe $h = 2{,}80$ m. Wie groß ist die Grundfläche des Daches?

Lösung:

$A = \frac{3 \cdot V}{h}$

$A = \frac{3 \cdot 11{,}80\ \text{m}^3}{2{,}80\ \text{m}} = \mathbf{4{,}21\,m^2}$

Die **Oberfläche** eines spitzen Körpers setzt sich aus Grundfläche und Mantelfläche zusammen, wobei die Mantelfläche der Abwicklung des jeweiligen Körpers entspricht. Bei der Pyramide ist die Mantelfläche eine aus Dreiecken zusammengesetzte Fläche. Die Dreiecksmaße h_l und h_b sind mit Hilfe des Satzes von Pythagoras zu berechnen. Auf die gleiche Weise berechnet man die Länge der Seitenlinie s des Kegels. Die Bogenlänge des Kreisausschnitts entspricht dem Umfang der Kegelgrundfläche.

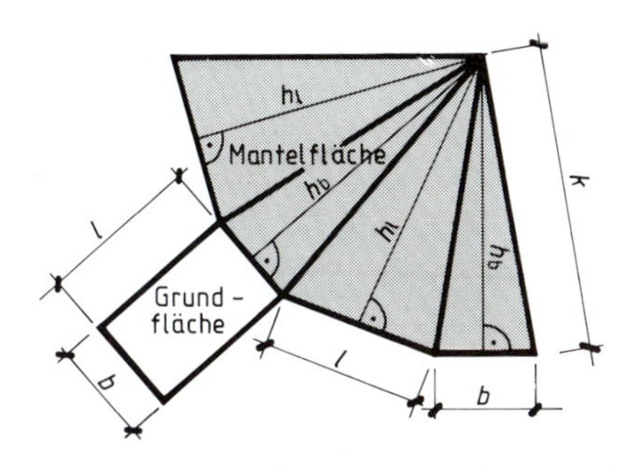

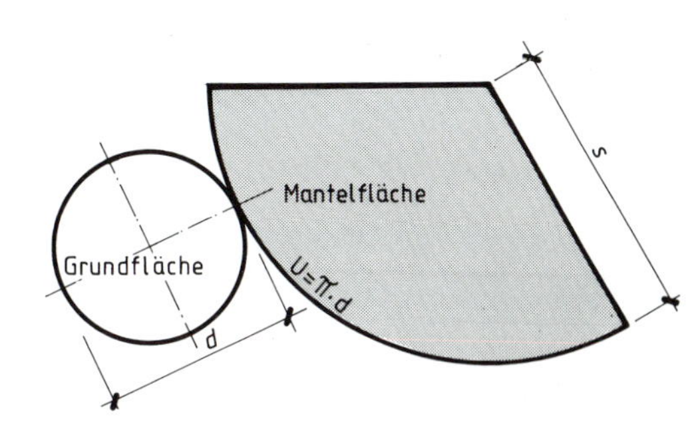

Oberfläche = Mantelfläche + Grundfläche

$\boldsymbol{O = M + A}$

Mantelfläche = Fläche $_{\text{Kreisausschnitt}}$

$M = \frac{\pi \cdot d \cdot s}{2}$

Beispiel:

Ein pyramidenförmiges Dach hat eine Länge von 4,20 m, eine Breite von 3,40 m sowie eine Höhe von 6,80 m.

Wie groß ist die Mantelfläche und die Oberfläche der Pyramide?

Lösung:

Nach dem Satz des Pythagoras ergibt sich

$h_l^2 = \left(\frac{b}{2}\right)^2 + h^2 \qquad h_b^2 = \left(\frac{l}{2}\right)^2 + h^2$

$h_l = \sqrt{\left(\frac{3{,}40\,m}{2}\right)^2 + (6{,}80\,m)^2} \qquad h_b = \sqrt{\left(\frac{4{,}20\,m}{2}\right)^2 + (6{,}80\,m)^2}$

$h_l = 7{,}01\,m \qquad h_b = 7{,}12\,m$

$M = 2 \cdot \frac{4{,}20\,m \cdot 7{,}01\,m}{2} + 2 \cdot \frac{3{,}40\,m \cdot 7{,}12\,m}{2}$

$\mathbf{M = 53{,}65\,m^2}$

$O = M + A$

$O = 53{,}65\,m^2 + 4{,}20\,m \cdot 3{,}40\,m$

$\mathbf{O = 67{,}93\,m^2}$

Beispiel:

Ein runder Turm mit einem Durchmesser von 4,80 m hat ein kegelförmiges Dach mit einer Höhe von 7,20 m.

Wie groß ist die Mantelfläche und die Oberfläche des Kegels?

Lösung:

Nach dem Satz des Pythagoras ergibt sich

$s^2 = \left(\frac{d}{2}\right)^2 + h^2$

$s = \sqrt{\left(\frac{4{,}80\,m}{2}\right)^2 + (7{,}20\,m)^2}$

$s = 7{,}59\,m$

$M = \frac{\pi \cdot d \cdot s}{2}$

$M \approx \frac{3{,}14 \cdot 4{,}80\,m \cdot 7{,}59\,m}{2}$

$\mathbf{M \approx 57{,}22\,m^2}$

$O = M + A$

$O \approx 57{,}22\,m^2 + 0{,}785 \cdot (4{,}80\,m)^2$

$\mathbf{O \approx 75{,}31\,m^2}$

Programme zur Berechnung von Mantelfläche, Oberfläche und Volumen von Pyramide und Kegel

```
 10  REM Pyramidenberechnung
 20  CLS
100  REM Überschrift
110  PRINT "Oberfläche und Volumen der Pyramide"
120  PRINT "-----------------------------------"
130  PRINT "Geben Sie die Pyramidenmaße ein :"
190  PRINT
200  REM Eingaben
210  INPUT "Länge der Grundfläche  in cm : ";L
220  INPUT "Breite der Grundfläche in cm : ";B
230  INPUT "Höhe der Pyramide      in cm : ";H
290  PRINT
300  REM Verarbeitung
310  A  = L * B
320  HL = SQR ((B/2)^2 + H^2)
330  HB = SQR ((L/2)^2 + H^2)
340  M  = 2 * L * HL/2 + 2 * B * HB/2
350  O  = A  + M
360  V  = A * H / 3
400  REM Ausgabe
410  PRINT "Grundfläche          A  = ";A;" cm^2"
420  PRINT "Mantelfläche         M  = ";M;" cm^2"
430  PRINT "Oberfläche           O  = ";O;" cm^2"
440  PRINT "Volumen              V  = ";V;" cm^3"
490  PRINT
500  REM Programmende
510  END
```

```
 10  REM Kegelberechnung
 20  CLS
100  REM Überschrift
110  PRINT "Oberfläche und Volumen des Kegels"
120  PRINT "---------------------------------"
130  PRINT "Geben Sie die Kegelmaße ein :"
190  PRINT
200  REM Eingaben
210  INPUT "Durchmesser d          in cm : ";D
220  INPUT "Höhe h                 in cm : ";H
290  PRINT
300  REM Verarbeitung
310  PI = 3.14159
320  A  = PI / 4 * D^2
330  S  = SQR(D^2/4 + H^2)
340  M  = PI * D * S / 2
340  O  = A + M
360  V  = A * H / 3
400  REM Ausgabe
410  PRINT "Mantellinienlänge  S  = ";S;" cm"
410  PRINT "Grundfläche        A  = ";A;" cm^2"
420  PRINT "Mantelfläche       M  = ";M;" cm^2"
430  PRINT "Oberfläche         O  = ";O;" cm^2"
440  PRINT "Volumen            V  = ";V;" cm^3"
490  PRINT
500  REM Programmende
510  END
```

Aufgaben zu 6.3 Pyramide, Kegel

1 Eine Pyramide mit quadratischer Grundfläche hat die Seitenlänge 2,60 m (4,30 m) und die Höhe 1,80 m (2,50 m).

a) Wie groß ist das Volumen?

b) Wie groß ist die Mantelfläche?

2 Eine Pyramide mit rechteckiger Grundfläche hat eine Länge von 5,20 m (3,20 m) und eine Breite von 4,45 m (2,75 m). Das Volumen misst 68 m^3 (13,3 m^3).

a) Wie hoch ist die Pyramide?

b) Wie groß ist die Oberfläche?

3 Das Dach über einem Turm mit sechseckiger Querschnittsfläche hat eine Höhe von 7,50 m **(Bild 97/1)**.

a) Wie groß ist das Volumen?

b) Wieviel m^2 misst die Mantelfläche?

c) Wie lang ist die Pyramidenkante *k*?

4 Eine Pyramide mit quadratischer Grundfläche hat ein Volumen von 341,3 dm^3 (1008 dm^3) und eine Höhe von 1,60 m (2,10 m).

a) Wie groß ist die Grundfläche der Pyramide?

b) Welche Seitenlänge hat die Grundfläche?

5 Eine Pyramide hat als Grundfläche ein gleichseitiges Dreieck **(Bild 97/2)**.

a) Welches Volumen hat die Pyramide?

b) Wie groß ist die Oberfläche?

6 Ein runder Turm hat ein kegelförmiges Dach **(Bild 97/3)**.

a) Wie hoch ist das Dach, wenn das Volumen 33,640 m^3 beträgt und der Radius der Kegelrundfläche 2,80 m groß ist?

b) Wie lang ist die Seitenlinie *s* des Kegels?

c) Wie groß ist die Mantelfläche?

7 Ein Behälter in Form eines Trichters hat einen Durchmesser von 6,40 m **(Bild 97/4)**.

a) Wieviel m^3 fasst der Behälter, wenn er vollständig gefüllt ist?

b) Wie groß ist seine äußere Schalfläche?

8 Ein Kelchglas mit einem Öffnungswinkel von 90° soll als Messglas geeicht werden **(Bild 97/5)**.

a) Welches Volumen hat das leere Glas, wenn die Wanddicke unberücksichtigt bleibt?

b) Wieviel cm^3 Flüssigkeit enthält das Glas, wenn es nur bis zur Hälfte gefüllt wird?

c) Wieviel Flüssigkeit wurde eingefüllt, wenn 1 cm bis zum oberen Rand frei bleibt?

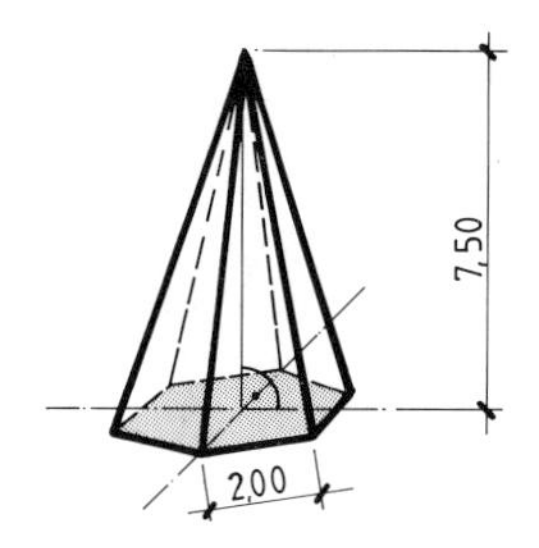

Bild 97/1: Turmdach

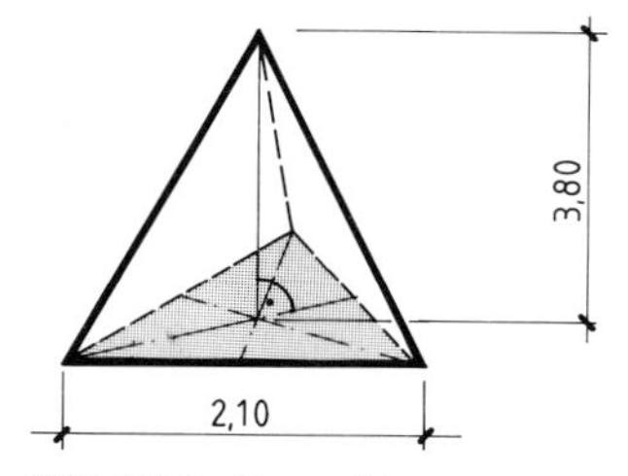

Bild 97/2: Pyramide

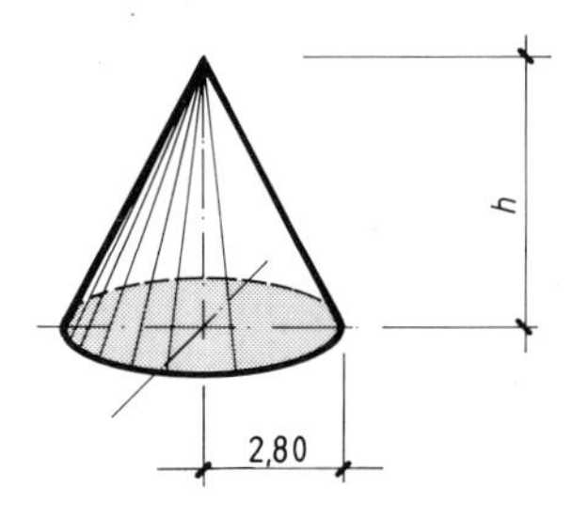

Bild 97/3: Kegelförmiges Dach

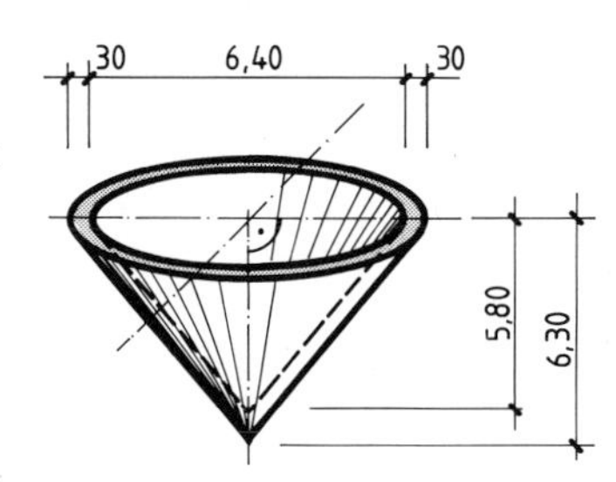

Bild 97/4: Trichter

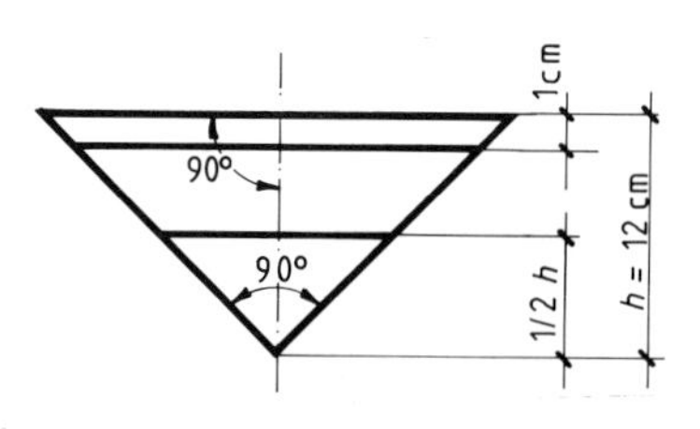

Bild 97/5: Kelchglas

6.4 Pyramidenstumpf, Kegelstumpf

Pyramidenstumpf und Kegelstumpf sind Körper, die meist parallel zur Grundfläche abgeschnitten sind. Die Schnittfläche bezeichnet man als Deckfläche. Solche Körper heißen stumpfe Körper. Grund- und Deckfläche eines Pyramidenstumpfs sind einander ähnlich. Ähnliche Flächen haben gleiche Form, aber unterschiedliche Größe. Beim Kegelstumpf sind Grund- und Deckfläche kreisförmig.

Für die Berechnung des **Volumens** stumpfer Körper gibt es mehrere Verfahren. Neben der Berechnung des genauen Werts kann auch das Näherungsverfahren angewendet werden. Das jeweilige Verfahren richtet sich nach der geforderten Genauigkeit.

Berechnung des Volumens

Das Volumen eines stumpfen Körpers erhält man, indem man vom Volumen des ursprünglichen Körpers das Volumen des abgeschnittenen Teils subtrahiert.

$$V_{\text{Pyramidenstumpf}} = V_{\text{ganze Pyramide}} - V_{\text{abgeschnittene Pyramidenspitze}}$$

Beim Kegelstumpf wird entsprechend verfahren.

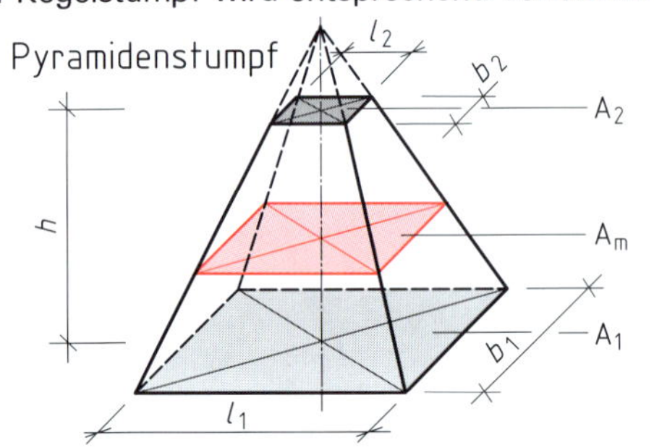

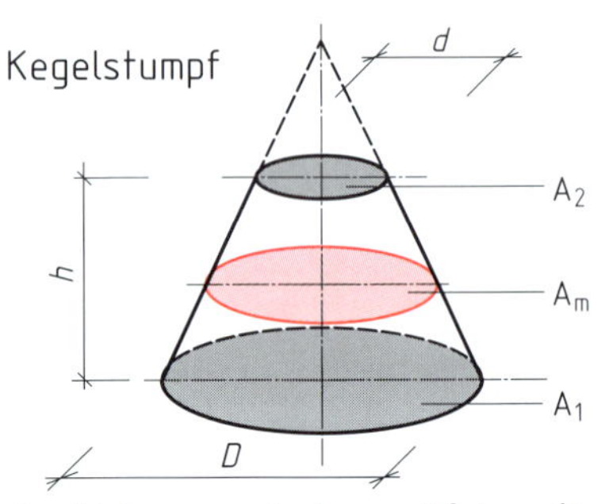

Ist die Höhe des abgeschnittenen Teils nicht bekannt, kann das Volumen mit der nachfolgenden Formel ermittelt werden.

$$V_{\text{stumpfer Körper}} = \frac{\text{Körperhöhe}}{3}\left(\text{Grundfläche} + \text{Deckfläche} + \sqrt{\text{Grundfläche} \cdot \text{Deckfläche}}\right)$$

$$V = \frac{h}{3}\left(A_1 + A_2 + \sqrt{A_1 \cdot A_2}\right)$$

Pyramidenstumpf mit rechteckiger Grund- und Deckenfläche

$$V = \frac{h}{3}\left(l_1 \cdot b_1 + l_2 \cdot b_2 + \sqrt{l_1 \cdot b_1 \cdot l_2 \cdot b_2}\right)$$

Kegelstumpf

$$V = \frac{\pi \cdot h}{12}(D^2 + d^2 + D \cdot d)$$

$$V \approx 0{,}262\, h\, (D^2 + d^2 + D \cdot d)$$

Beispiel:

Ein Pyramidenstumpf hat eine Grundfläche mit $l_1 = 3{,}20\,\text{m}$ und $b_1 = 2{,}20\,\text{m}$, eine Deckfläche mit $l_2 = 1{,}80\,\text{m}$ und $b_2 = 1{,}20\,\text{m}$ sowie eine Höhe $h = 2{,}10\,\text{m}$. Wie groß ist das Volumen?

Lösung:

$$V = \frac{h}{3}\left(l_1 \cdot b_1 + l_2 \cdot b_2 + \sqrt{l_1 \cdot b_1 \cdot l_2 \cdot b_2}\right)$$

$$V = \frac{2{,}10\,\text{m}}{3}\left(7{,}04\,\text{m}^2 + 2{,}16\,\text{m}^2 + \sqrt{7{,}04\,\text{m}^2 \cdot 2{,}16\,\text{m}^2}\right)$$

$$\boldsymbol{V = 9{,}17\,\text{m}^3}$$

Beispiel:

Ein Kegelstumpf hat eine Grundfläche mit $D = 3{,}60$ m und eine Deckfläche mit $d = 2{,}00$ m. Die Körperhöhe beträgt $h = 2{,}10$ m. Wie groß ist das Volumen?

Lösung:

$$V \approx 0{,}262\,\text{h}\,(D^2 + d^2 + D \cdot d)$$

$$V \approx 0{,}262 \cdot 2{,}10\,\text{m}\,(3{,}60\,\text{m} \cdot 3{,}60\,\text{m} + 2{,}00\,\text{m} \cdot 2{,}00\,\text{m} + 3{,}60\,\text{m} \cdot 2{,}00\,\text{m})$$

$$V \approx \mathbf{13{,}29\,m^3}$$

Bei Erdarbeiten nach DIN 18300 VOB/C kann der Rauminhalt eines stumpfen Körpers, z. B. bei einer Baugrube, nach der Simpsonschen Formel errechnet werden (Formeln und Tabellen Seite 15).

Näherungsweise Berechnung des Volumens

Bei der näherungsweisen Berechnung des Volumens wird der mittlere Flächeninhalt zwischen Grund- und Deckfläche mit der Körperhöhe multipliziert.

$$V_{\text{stumpfer Körper}} \approx \text{mittlere Fläche} \cdot \text{Körperhöhe}$$
$$V \approx A_m \cdot h$$

Beim Pyramidenstumpf mit rechteckiger Grund- und Deckfläche erhält man den Inhalt der mittleren Fläche A_m als Produkt aus mittlerer Länge l_m und mittlerer Breite b_m.

$$\text{mittlere Fläche} \approx \text{mittlere Länge} \cdot \text{mittlere Breite}$$
$$A_m \approx l_m \cdot b_m$$
$$l_m = \frac{l_1 + l_2}{2} \qquad b_m = \frac{b_1 + b_2}{2}$$
$$V_{\text{Pyramidenstumpf}} \approx \frac{l_1 + l_2}{2} \cdot \frac{b_1 + b_2}{2} \cdot h$$

Beispiel:

Ein Pyramidenstumpf hat eine Grundfläche mit $l_1 = 3{,}20\,\text{m}$ und $b_1 = 2{,}20\,\text{m}$, eine Deckfläche mit $l_2 = 1{,}80\,\text{m}$ und $b_2 = 1{,}20\,\text{m}$ sowie eine Höhe $h = 2{,}10\,\text{m}$. Wie groß ist das Volumen?

Lösung:

$$V \approx \frac{l_1 + l_2}{2} \cdot \frac{b_1 + b_2}{2} \cdot h$$
$$V \approx \frac{3{,}20\,\text{m} + 1{,}80\,\text{m}}{2} \cdot \frac{2{,}20\,\text{m} + 1{,}20\,\text{m}}{2} \cdot 2{,}10\,\text{m}$$
$$\mathbf{V \approx 8{,}93\,m^3}$$

Beim Kegelstumpf errechnet man den Inhalt der mittleren Fläche mit Hilfe des mittleren Durchmessers d_m.

$$\text{mittlere Fläche} \approx 0{,}785 \cdot (\text{mittlerer Durchm.})^2$$
$$A_m \approx 0{,}785 \cdot d_m^2$$
$$d_m = \frac{D + d}{2}$$
$$V_{\text{Kegelstumpf}} \approx 0{,}785 \cdot \left(\frac{D + d}{2}\right)^2 \cdot h$$

Beispiel:

Ein Kegelstumpf hat eine Grundfläche mit $D = 3{,}60\,\text{m}$ und eine Deckfläche mit $d = 2{,}00\,\text{m}$. Die Körperhöhe beträgt $h = 2{,}10\,\text{m}$.
Wie groß ist das Volumen?

Lösung:

$$V \approx 0{,}785 \cdot \left(\frac{D + d}{2}\right)^2 \cdot h$$
$$V \approx 0{,}785 \cdot \left(\frac{3{,}60\,\text{m} + 2{,}00\,\text{m}}{2}\right)^2 \cdot 2{,}10\,\text{m}$$
$$\mathbf{V \approx 12{,}92\,m^3}$$

Die **Oberfläche** eines stumpfen Körpers wird berechnet, indem man die Mantelfläche, Grundfläche und Deckfläche addiert.

$$\text{Oberfläche}_{\text{stumpfe Körper}} = \text{Mantelfläche} + \text{Grundfläche} + \text{Deckfläche}$$
$$O = M + A_1 + A_2$$

Die Mantelfläche eines Pyramidenstumpfs mit rechteckiger Grund- und Deckfläche besteht aus mehreren aneinanderliegenden, trapezförmigen Flächen. Die Längen der Trapezflächen entsprechen den Abmessungen von Grund- und Deckfläche. Die Breiten h_l und h_b der Trapeze können mit dem Satz des Pythagoras berechnet werden.

Die Mantelfläche eines Kegelstumpfs ist der Ausschnitt eines Kreisrings, dessen Bogenlängen dem Umfang der Grundfläche bzw. dem Umfang der Deckfläche entsprechen. Die Breite s des Kreisrings ist gleich der Seitenlinie s des Kegelstumpfs und läßt sich mit dem Satz des Pythagoras berechnen. Die Berechnung der Mantelfläche erfolgt vereinfacht als Trapezfläche.

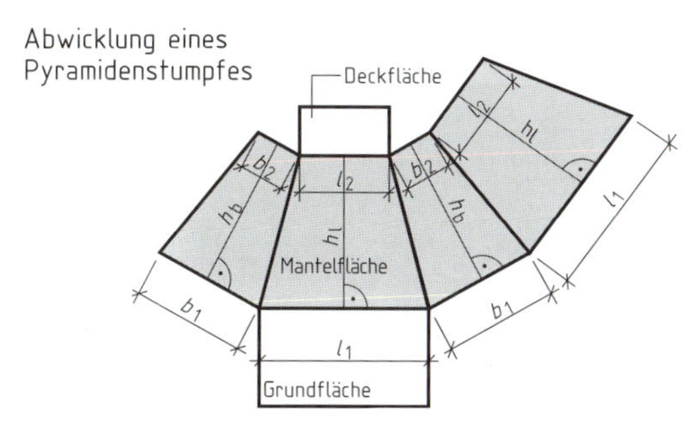

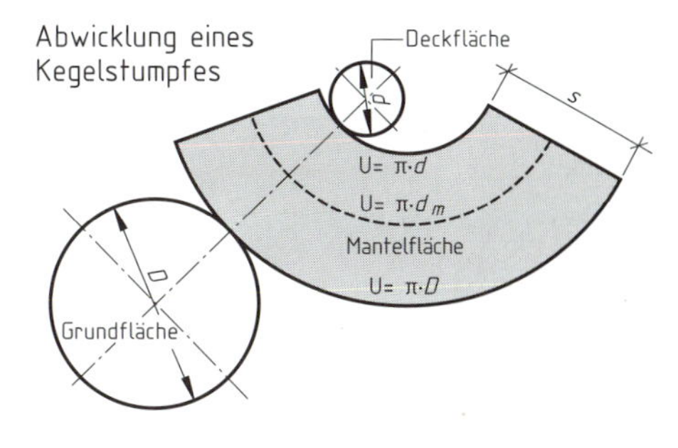

Mantelfläche eines Pyramidenstumpfs mit rechteckiger Grundfläche und Deckfläche

Mantelfläche = Summe der Trapezflächen

Beispiel:

Ein Pyramidenstumpf mit rechteckiger Grundfläche hat die Maße $l_1 = 3{,}50\,\text{m}$ und $b_1 = 1{,}90\,\text{m}$. Die Deckfläche hat die Maße $l_2 = 1{,}80\,\text{m}$ und $b_2 = 1{,}10\,\text{m}$. Die Höhe h des Pyramidenstumpfs beträgt 2,30 m. Wie groß ist die Mantelfläche?

Lösung:

Nach dem Satz des Pythagoras gilt

$$h_l^2 = \left(\frac{b_1 - b_2}{2}\right)^2 + h^2$$

$$h_l^2 = \left(\frac{1{,}90\,\text{m} - 1{,}10\,\text{m}}{2}\right)^2 + (2{,}30\,\text{m})^2$$

$$h_l = 2{,}33\,\text{m}$$

$$h_b^2 = \left(\frac{l_1 - l_2}{2}\right)^2 + h^2$$

$$h_b^2 = \left(\frac{3{,}50\,\text{m} - 1{,}80\,\text{m}}{2}\right)^2 + (2{,}30\,\text{m})^2$$

$$h_b = 2{,}45\,\text{m}$$

$$M = 2\left(\frac{l_1 + l_2}{2}\,h_l + \frac{b_1 + b_2}{2}\,h_b\right)$$

$$M = 2\left(\frac{3{,}50\,\text{m} + 1{,}80\,\text{m}}{2}\,2{,}33\,\text{m} + \frac{1{,}90\,\text{m} + 1{,}10\,\text{m}}{2}\,2{,}45\,\text{m}\right)$$

$$\mathbf{M = 19{,}70\,m^2}$$

Mantelfläche eines Kegelstumpfs

Mantelfläche = π Länge$_{\text{mittlerer Bogen}}$ · Seitenlinie

$$M = \pi \cdot d_m \cdot s \quad \text{oder}$$

$$M = \frac{\pi \cdot s}{2} \cdot (D + d)$$

Beispiel:

Ein Kegelstumpf hat eine Grundfläche mit $D = 2{,}80\,\text{m}$ und eine Deckfläche mit $d = 1{,}20\,\text{m}$. Die Körperhöhe h beträgt 1,80 m. Wie groß ist die Mantelfläche?

Lösung:

Nach dem Satz des Pythagoras gilt

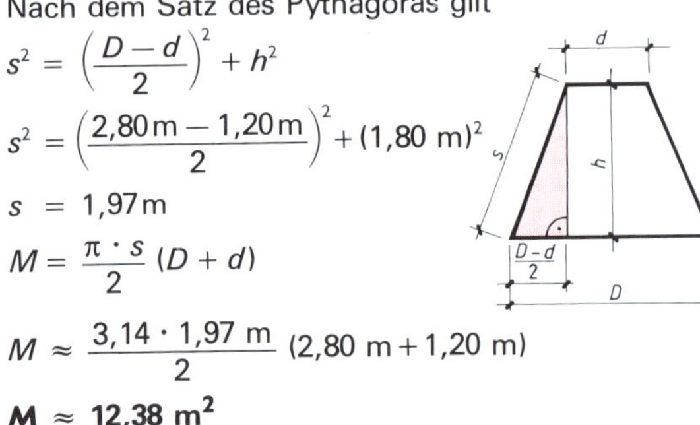

$$s^2 = \left(\frac{D - d}{2}\right)^2 + h^2$$

$$s^2 = \left(\frac{2{,}80\,\text{m} - 1{,}20\,\text{m}}{2}\right)^2 + (1{,}80\,\text{m})^2$$

$$s = 1{,}97\,\text{m}$$

$$M = \frac{\pi \cdot s}{2}\,(D + d)$$

$$M \approx \frac{3{,}14 \cdot 1{,}97\,\text{m}}{2}\,(2{,}80\,\text{m} + 1{,}20\,\text{m})$$

$$\mathbf{M \approx 12{,}38\,m^2}$$

Programme zur Berechnung von Oberfläche und Volumen des Pyramiden- und des Kegelstumpfs

```
10  REM Pyramidenstumpfberechnung
50  CLS
100 REM Überschrift
110 PRINT "Oberfläche und Volumen des"
115 PRINT "Pyramidenstumpfs"
120 PRINT "--------------------------"
140 PRINT "Eingabe der Pyramidenstumpfmaße :"
200 REM Eingaben
210 INPUT "Länge der Grundfläche  in cm : ";L1
220 INPUT "Breite der Grundfläche in cm : ";B1
230 INPUT "Länge der Deckfläche   in cm : ";L2
240 INPUT "Breite der Deckfläche  in cm : ";B2
250 INPUT "Höhe                   in cm : ";H
300 REM Verarbeitung
310 A1 = L1 * B1
320 A2 = L2 * B2
330 HL = SQR (((B1-B2)/2)^2 + H^2)
340 HB = SQR (((L1-L2)/2)^2 + H^2)
350 M  = 2 *((L1 + L2)/2*HL + (B1 + B2)/2*HB)
360 O  = A1 + A2 + M
370 V  = H / 3 * ( A1 + A2 + SQR( A1 * A2 ))
400 REM Ausgabe
410 PRINT "Grundfläche       A1 = ";A1;" cm^2"
420 PRINT "Deckfläche        A2 = ";A2;" cm^2"
430 PRINT "Mantelfläche      M  = ";M;" cm^2"
440 PRINT "Gesamtfläche      O  = ";O;" cm^2"
450 PRINT "Volumen           V  = ";V;" cm^3"
510 END
```

```
10  REM Kegelstumpfberechnung
50  CLS
100 REM Überschrift
110 PRINT "Oberfläche und Volumen des
115 PRINT "Kegelstumpfs"
120 PRINT "--------------------------"
140 PRINT "Eingabe der Kegelstumpfmaße  :"
200 REM Eingaben
210 INPUT "Durchmesser D         in cm : ";D1
220 INPUT "Durchmesser d         in cm : ";D2

250 INPUT "Höhe        h         in cm : ";H
300 REM Verarbeitung
310 PI = 3.14159
320 A1 = PI/4 * D1^2
330 A2 = PI/4 * D2^2
340 S  = SQR(((D1 - D2)/2)^2 + H^2)
350 M  = PI * S/2 * (D1 + D2)
360 O  = A1 + A2 + M
370 V  = PI * H / 12 * (D1^2 + D2^2 + D1 * D2)
400 REM Ausgabe
410 PRINT "Grundfläche       A1 = ";A1;" cm^2"
420 PRINT "Deckfläche        A2 = ";A2;" cm^2"
430 PRINT "Mantelfläche      M  = ";M; " cm^2"
440 PRINT "Gesamtfläche      O  = ";O; " cm^2"
450 PRINT "Volumen           V  = ";V; " cm^3"
510 END
```

Aufgaben zu 6.4 Pyramidenstumpf, Kegelstumpf

1 Ein Fundament in Form eines Pyramidenstumpfs hat eine quadratische Grund- und Deckfläche **(Bild 101/1)**.

a) Welches Volumen hat das Fundament?

b) Die Mantelfläche soll mit einem Sperrputz versehen werden. Wieviel m^2 Putz sind aufzubringen?

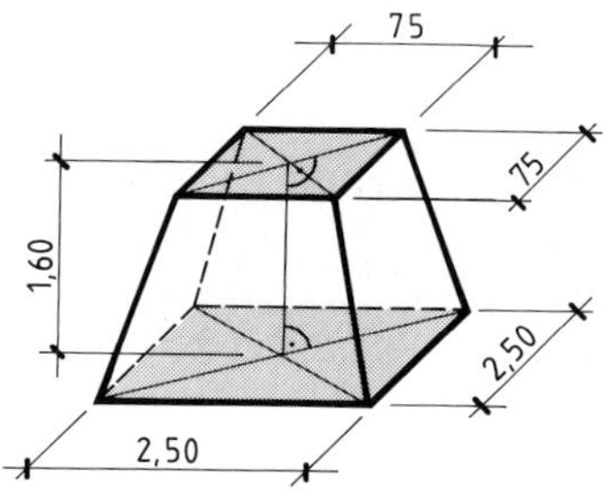

Bild 101/1: Fundament

2 Ein pyramidenstumpfförmiges Dach mit einer Höhe von 2,80 m soll an seinen geneigten Flächen neu gedeckt werden **(Bild 101/2)**.

a) Wieviel m^2 Dachfläche sind neu zu decken?

b) Welches Volumen hat der Dachraum?

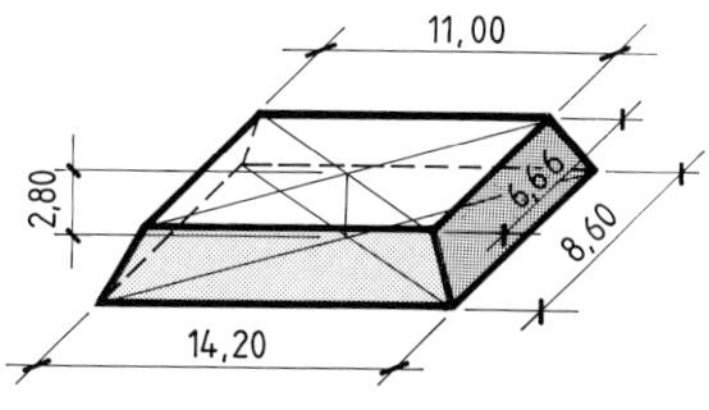

Bild 101/2: Dach

3 Ein Mörtelkasten in Form eines Pyramidenstumpfs wird neu gestrichen **(Bild 101/3)**.

a) Wie groß ist die innen und außen zu streichende Fläche ohne Berücksichtigung der Wanddicke?

b) Der Kasten wird mit Mörtel bis zum Rand gefüllt. Wieviel Liter Mörtel fasst der Kasten?

c) Der Kasten wird bis zur halben Höhe mit Mörtel gefüllt. Wieviel Liter Mörtel sind im Mörtelkasten?

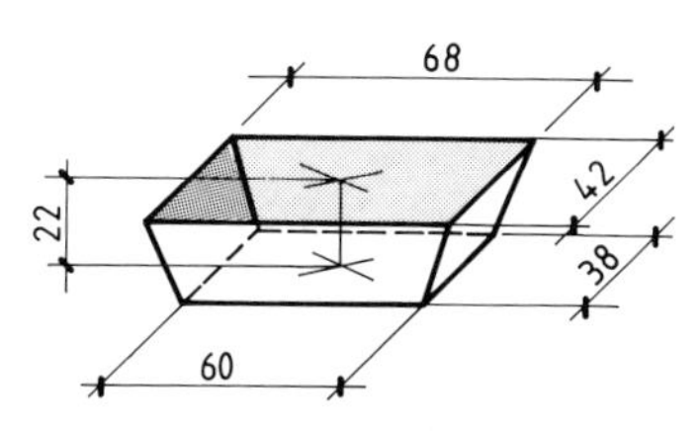

Bild 101/3: Mörtelkasten

4 Eine 1 m hohe freistehende Natursteinwand aus Bruchsteinen wird ringsum mit einer Neigung von 10% gemauert **(Bild 101/4)**.

a) Wieviel m^3 Natursteinmauerwerk werden erstellt?

b) Das Mauerwerk wird durch eine Imprägnierung gegen Witterung geschützt. Wieviel m^2 Mauerwerk müssen imprägniert werden?

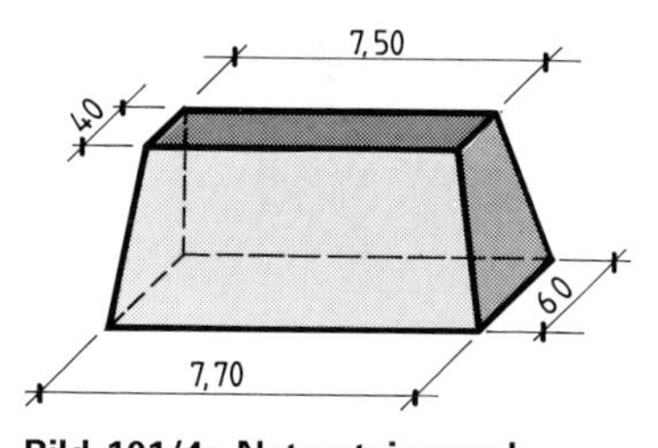

Bild 101/4: Natursteinwand

5 Eine Baugrube wird ausgeschachtet **(Bild 101/5)**.

a) Wieviel m^3 Boden umfasst der Aushub?

b) Die Böschungen sollen mit Folie abgedeckt werden. Wieviel m^2 Folie sind bereitzustellen, wenn 20% Zuschlag für die Überdeckung der einzelnen Bahnen benötigt wird?

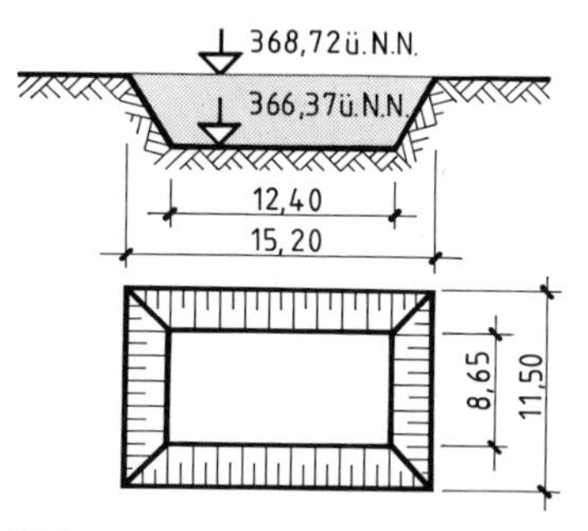

Bild 101/5: Baugrube

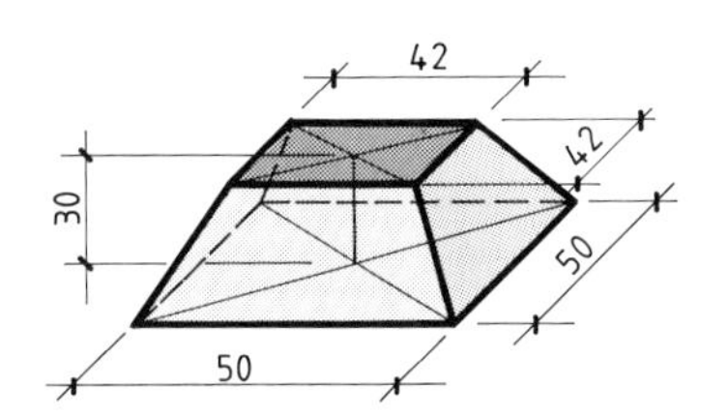

Bild 102/1: Aussparungskörper

6 Eine Kassettendecke wird mit pyramidenstumpfförmigen Aussparungskörpern geschalt **(Bild 102/1)**.

a) Welches Volumen hat ein Aussparungskörper aus Hartschaum?

b) Wieviel m^2 Hartfaserplatten werden zur Herstellung eines Hohlkörpers benötigt?

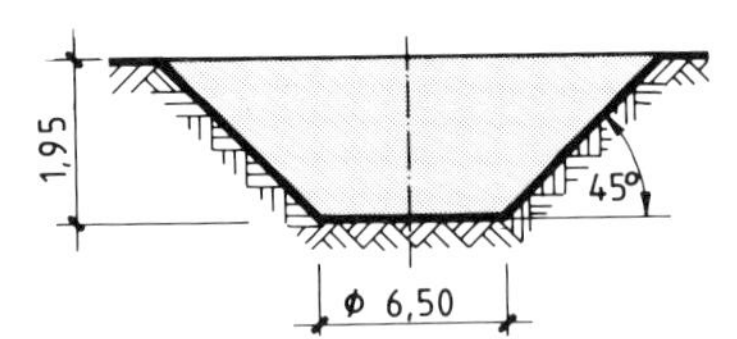

Bild 102/2: Baugrube

7 Eine runde Baugrube ist 1,95 m (4,35 m) tief **(Bild 102/2)**.

a) Wie groß ist der obere Durchmesser, wenn der Böschungswinkel 45° (60°) ist?

b) Wieviel m^3 Boden müssen ausgehoben werden?

c) Die Böschung soll mit Folie abgedeckt werden. Für Überlappungen ist ein Zuschlag von 20% erforderlich. Wieviel m^2 Folie sind zur Abdeckung notwendig?

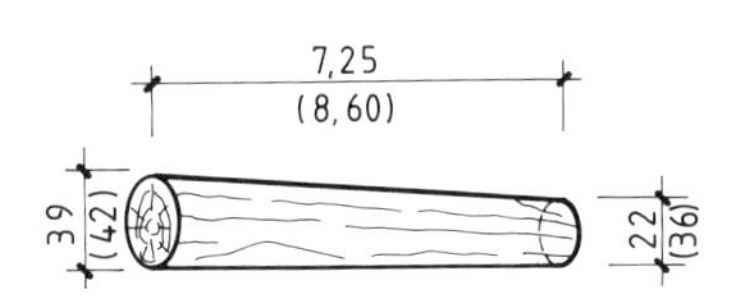

Bild 102/3: Baumstamm

8 Ein Baumstamm soll verkauft werden **(Bild 102/3)**.

a) Welchen Umfang hat der Baum an den Stammenden?

b) Wie groß ist das Volumen des Baumstammes?

9 Wieviel dm^3 Beton fasst der Trichter, der bei der Frischbetonprüfung für den Ausbreitversuch verwendet wird **(Bild 102/4)**?

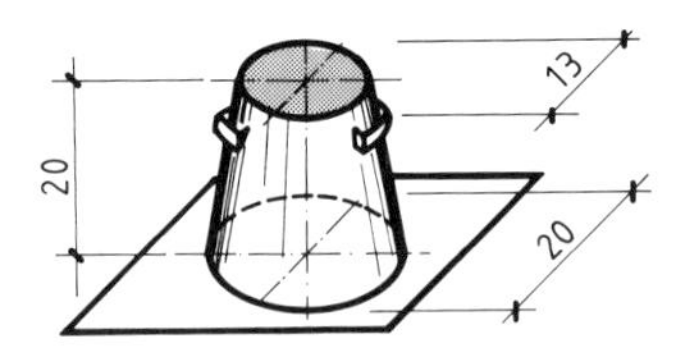

Bild 102/4: Trichter

10 Ein Turm mit quadratischem Grundriss hat ein Dach in Form eines Pyramidenstumpfs. Das Dach soll mit Kupferblech gedeckt werden. Die Grundfläche des Daches hat die Seitenlänge 4,20 m, die Deckfläche eine Seitenlänge von 2,60 m. Die Dachhöhe beträgt 3,35 m.

a) Welches Volumen hat der Dachraum?

b) Wieviel m^2 Kupferblech müssen verlegt werden, wenn für Falze und Verschnitt eine Zugabe von 15% notwendig ist?

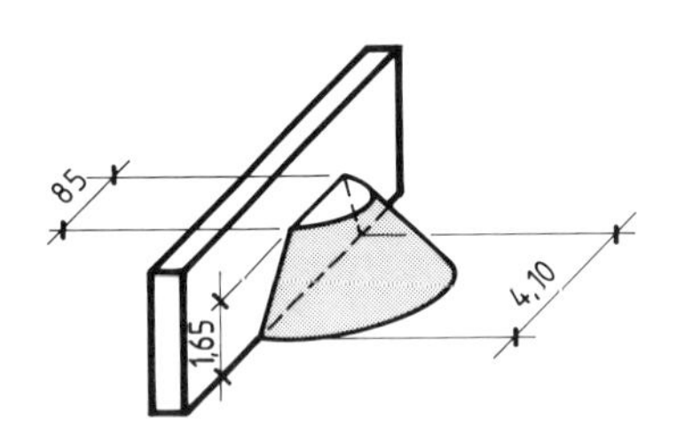

Bild 102/5: Sandhaufen

11 Wieviel Liter Wasser faßt ein 25 cm (27 cm) hoher Eimer, dessen unterer Durchmesser 19 cm (18 cm) und dessen oberer Durchmesser 28 cm (25 cm) beträgt?

12 Ein Sandhaufen hat die Form eines Kegelstumpfes mit halbkreisförmiger Grundfläche **(Bild 102/5)**. Wieviel m^3 Sand wurden abgekippt?

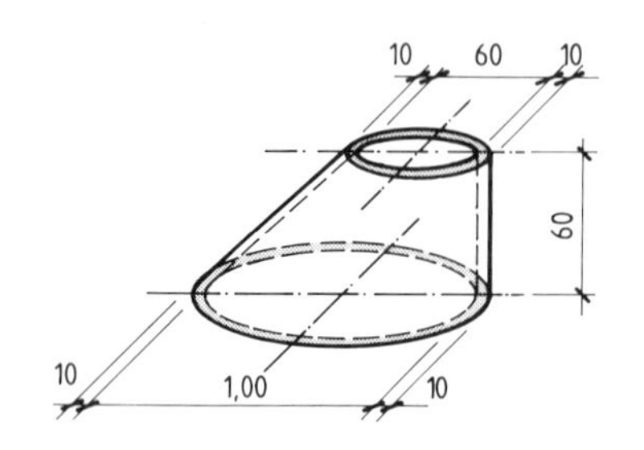

Bild 102/6: Betonring

13 Ein Betonring hat die Form eines Kegelstumpfs **(Bild 102/6)**.

a) Wie groß ist das Volumen des Betonteils einschließlich Hohlraum?

b) Wie groß ist der Hohlraum des Betonrings?

c) Wieviel m^3 Beton sind zur Herstellung des Betonrings erforderlich?

6.5 Zusammengesetzte Körper

Zur Berechnung des Volumens eines zusammengesetzten Körpers wird dieser in Teilkörper zerlegt und die einzelnen Volumen je nach Aufteilung addiert oder subtrahiert.

Beispiel: Das Volumen eines Gebäudes soll bestimmt werden.

a) Wie läßt sich das Gebäude in Teilkörper zerlegen?

b) Wie groß ist das Volumen des Gebäudes?

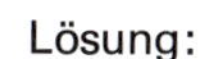

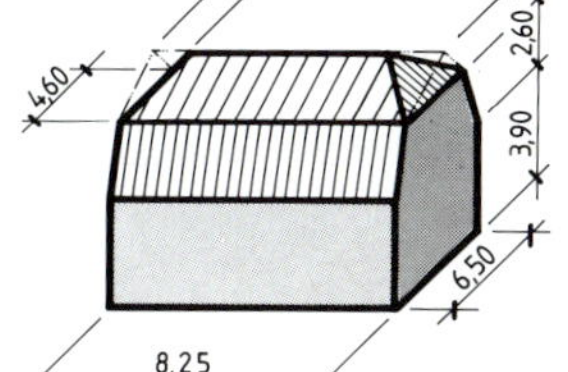

Lösung: a) Baukörper = Quader + Prisma + Prisma − Pyramiden

$$V_{ges} = V_1 + V_2 + V_3 - 2 \cdot V_4$$

b)

$V_1 = 8{,}25\,\text{m} \cdot 6{,}50\,\text{m} \cdot 3{,}90\,\text{m}$ $\qquad V_1 = 209{,}14\,\text{m}^3$

$V_2 = \dfrac{6{,}50\,\text{m} + 4{,}60\,\text{m}}{2} \cdot 2{,}60\,\text{m} \cdot 8{,}25\,\text{m}$ $\qquad V_2 = 119{,}05\,\text{m}^3$

$V_3 = \dfrac{4{,}60\,\text{m} \cdot 1{,}30\,\text{m}}{2} \cdot 8{,}25\,\text{m}$ $\qquad V_3 = 24{,}67\,\text{m}^3$

$V_4 = \dfrac{1}{3} \cdot \dfrac{4{,}60\,\text{m} \cdot 1{,}30\,\text{m}}{2} \cdot 1{,}50\,\text{m}$ $\qquad V_4 = 1{,}50\,\text{m}^3$

$V_{ges} = 209{,}14\,\text{m}^3 + 119{,}05\,\text{m}^3 + 24{,}67\,\text{m}^3 - 2 \cdot 2 \cdot 1{,}50\,\text{m}^3$ $\qquad \mathbf{V_{ges} = 349{,}86\,m^3}$

Auswahlmenue für die Volumen- und Oberflächenberechnung von Körpern

Zur schnelleren Programmanwahl können die einzelnen Programme in Form des Auswahlmenues "KÖRPER" auf dem Bildschirm dargestellt werden.

Das gewünschte Programm kann durch Eingabe der entsprechenden Ziffer gestartet werden. Nach Beendigung der Berechnung kehrt das Programm selbständig wieder in das Auswahlmenue zurück.

Sollen zusammengesetzte Körper berechnet werden, können durch Eingabe des Buchstabens "Z" aus einem Untermenue die entsprechenden Teilkörper ausgewählt werden. Zur Ermittlung des Gesamtvolumens ist anzugeben, ob der gewählte Teilkörper zum Gesamtvolumen addiert oder von diesem subtrahiert werden muss. Durch Drücken der RETURN-Taste am Ende der Berechnung erscheint auf dem Bildschirm wieder das Auswahlmenue.

Mit Eingabe des Buchstabens "E" kehrt das Programm in das Betriebssystem des Computers zurück.

Bildschirminhalt:

```
AUSWAHLMENUE FÜR DIE BERECHNUNG DES VOLUMENS
UND DER OBERFLÄCHE ZUSAMMENGESETZTER KÖRPER
============================================

    1  QUADER
    2  ZYLINDER
    3  HOHLZYLINDER
    4  PYRAMIDE
    5  PYRAMIDENSTUMPF
    6  KEGEL
    7  KEGELSTUMPF

    8  RECHTWINKLIGES DREIECK
    9  WINKELFUNKTIONEN

    Z  ZUSAMMENGESETZTE KÖRPER
    E  PROGRAMMENDE


GEWÜNSCHTES PROGRAMM AUSWÄHLEN :
```

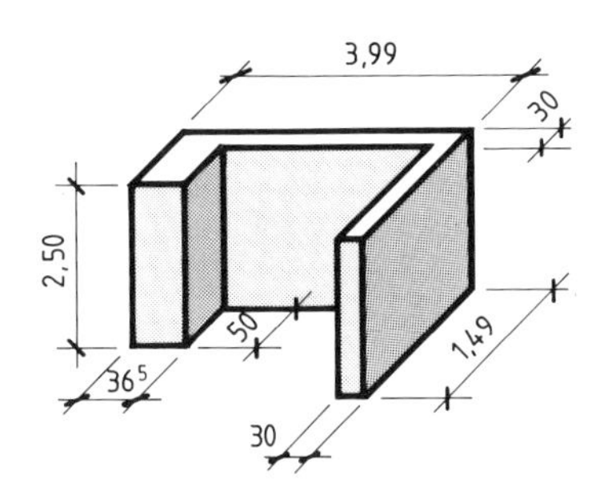

Bild 104/1: Wandecke

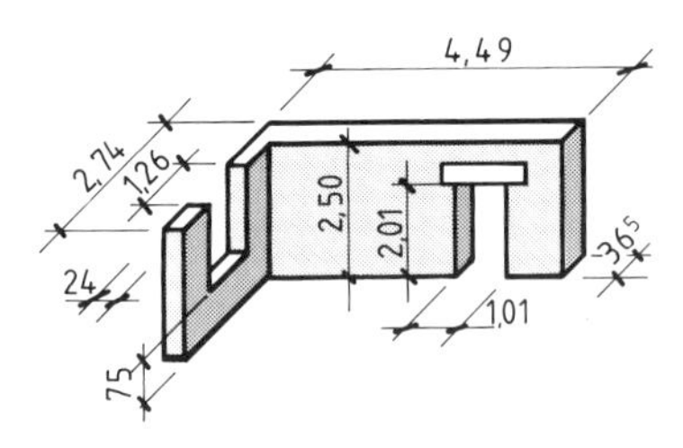

Bild 104/2: Wandecke

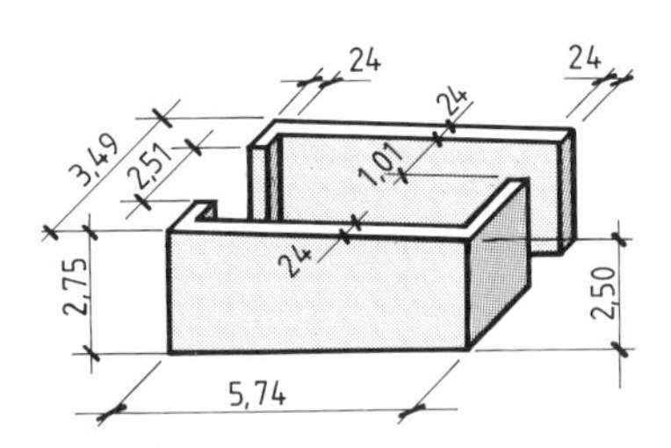

Bild 104/3: Garage

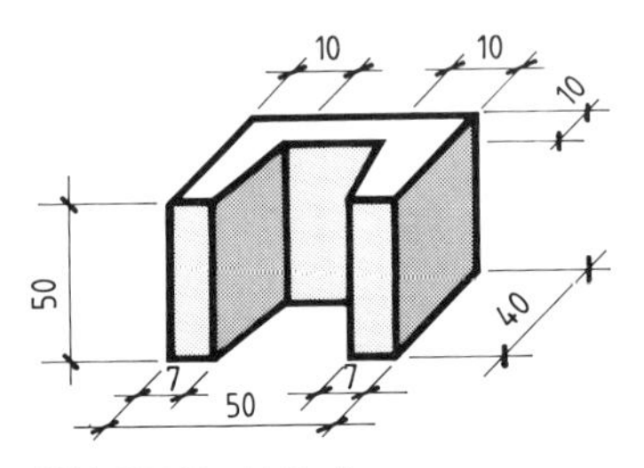

Bild 104/4: U-Stein

Aufgaben zu 6.5 Zusammengesetzte Körper

1 Eine Mauerecke wird erstellt **(Bild 104/1)**.

a) Wie kann die Mauer in Teilkörper aufgeteilt werden (Skizze mit Bemaßung)?

b) Wieviel m^3 Mauerwerk sind erforderlich?

2 Eine Wandecke mit Türöffnung und Fensteröffnung ist zu mauern **(Bild 104/2)**.

a) Wie lässt sich die Wandecke in Teilkörper zerlegen?

b) Wie groß ist das Volumen der Wandecke, wenn der Türsturz auf jeder Seite 12 cm Auflager hat und 24 cm hoch ist?

3 Die Wände einer Garage sind aus Mauerwerk herzustellen **(Bild 104/3)**.

a) Wie können die Wände in Teilkörper aufgeteilt werden?

b) Wieviel m^3 Mauerwerk sind für die Erstellung des Mauerwerks erforderlich?

4 Es sollen U-Steine betoniert werden **(Bild 104/4)**.

a) Wie groß ist das Volumen eines U-Steines?

b) Wieviel U-Steine können aus 2 m^3 Frischbeton bei einem Verdichtungsmaß von 1,20 hergestellt werden?

5 Kaminformsteine sollen hergestellt werden **(Bild 104/5)**.

a) Welches Volumen haben 25 Kaminformsteine?

b) Wieviel m^3 Leichtbeton sind zu deren Herstellung notwendig, wenn der Verdichtung wegen ein Zuschlag von 30% auf die Festbetonmenge erforderlich ist?

6 L-förmige Fertigteile werden hergestellt **(Bild 104/6)**.

a) Welches Volumen hat ein Fertigteil?

b) Wieviel m^3 Frischbeton müssen für 20 Fertigteile gemischt werden, wenn der Verdichtung wegen ein Zuschlag von 30% auf die Festbetonmenge erforderlich ist?

7 Schornsteinabdeckplatten sind zu betonieren **(Bild 104/7)**.

a) Welches Volumen haben 45 Schornsteinabdeckplatten?

b) Der Verdichtung wegen sind 30% mehr Frischbeton erforderlich. Wieviel Frischbeton muss hergestellt werden?

c) Wie viele Mischerfüllungen sind notwendig, wenn mit einer Füllung 250 Liter Beton ausgebracht werden?

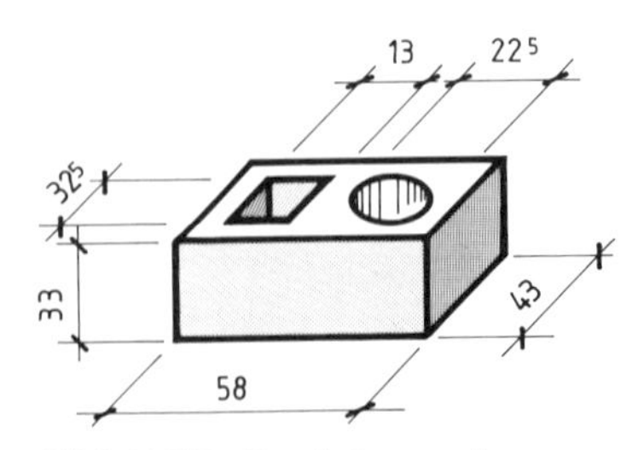

Bild 104/5: Kaminformstein

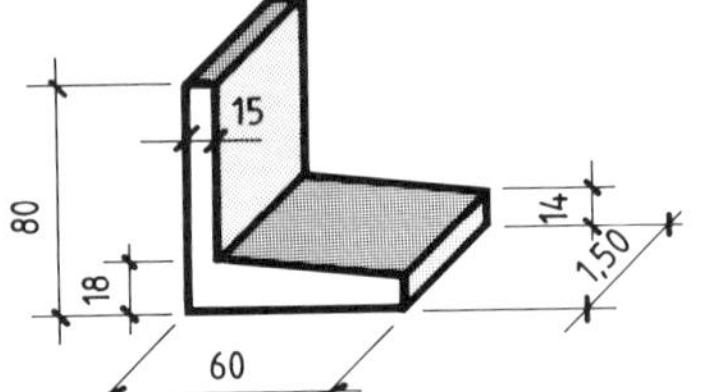

Bild 104/6: L-Stein

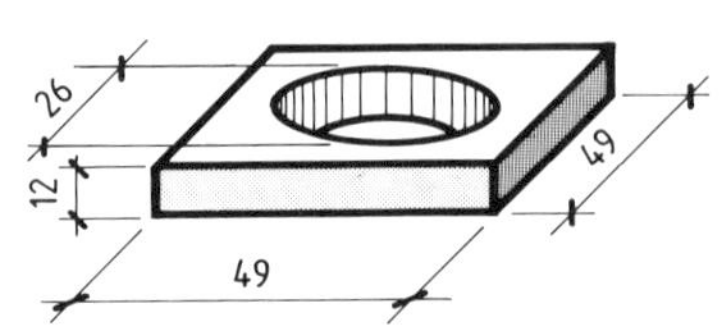

Bild 104/7: Schornsteinabdeckplatten

8 Ein Fundament mit einer 80 cm tiefen, pyramidenstumpfförmigen Aussparung wird hergestellt **(Bild 105/1)**.
   a) Wie groß ist das Volumen des Fundaments?
   b) Welche Frischbetonmenge benötigt man für 4 Fundamente bei einem Verdichtungsmaß von 1,15?

9 Ein pyramidenstumpfförmiges Stützenfundament mit einer Aussparung wird betoniert **(Bild 105/2)**.
   a) Wie groß ist das Volumen des Stützenfundaments?
   b) Welche Frischbetonmenge muss für 9 Fundamente bei einem Verdichtungsmaß von 1,18 hergestellt werden?

10 Bei einem Mauervollziegel (Mz) im Normalformat beträgt der Gesamtlochquerschnitt 15% der Lagerfläche.
   a) Wie groß ist das Volumen des Ziegels für die Ermittlung der Steinrohdichte?
   b) Wie groß ist der Gesamtlochquerschnitt in cm^2?
   c) Wie groß ist das Volumen des Ziegels zur Ermittlung der Scherbenrohdichte?

11 Ein Wohngebäude hat ein Walmdach **(Bild 105/3)**.
   a) Welches Volumen hat das Gebäude?
   b) Wie groß ist die Dachfläche?

12 Ein Wasserturm wird saniert **(Bild 105/4)**.
   a) Wieviel m^2 Außenputz sind zu erneuern?
   b) Wieviel m^2 Dachfläche sind neu einzudecken?
   c) Welches Volumen hat der gesamte Turm?
   d) Wieviel m^3 Wasser fasst der Wasserbehälter, wenn sein Innendurchmesser 6,60 m und die Behälterhöhe 6,40 m beträgt?

13 Eine Rampe wird aufgeschüttet **(Bild 105/5)**.
   Wieviel m^3 verdichteter Boden ist für die Rampe notwendig?

14 Ein Pavillon hat eine sechseckige Grundfläche **(Bild 105/6)**.
   a) Welchen Rauminhalt hat der Pavillon?
   b) Wieviel m^2 Außenputz müssen aufgebracht werden?
   c) Welche Länge l hat der Gratsparren?
   d) Wieviel m^2 misst die Dachfläche?

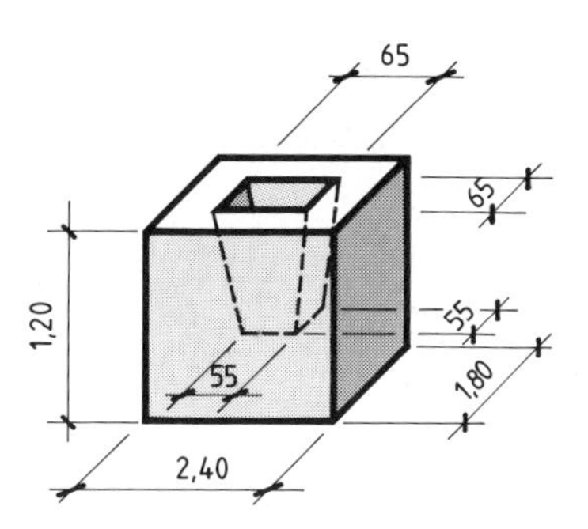

Bild 105/1: Fundament

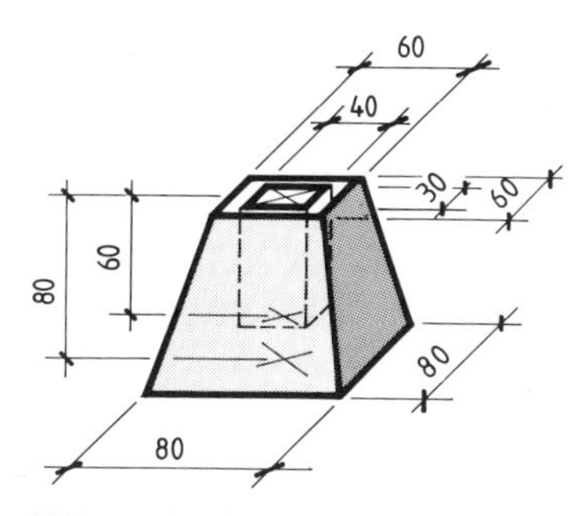

Bild 105/2: Stützenfundament

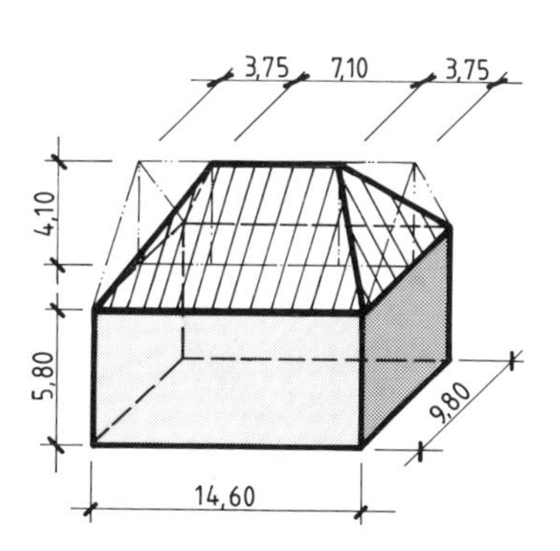

Bild 105/3: Gebäude mit Walmdach

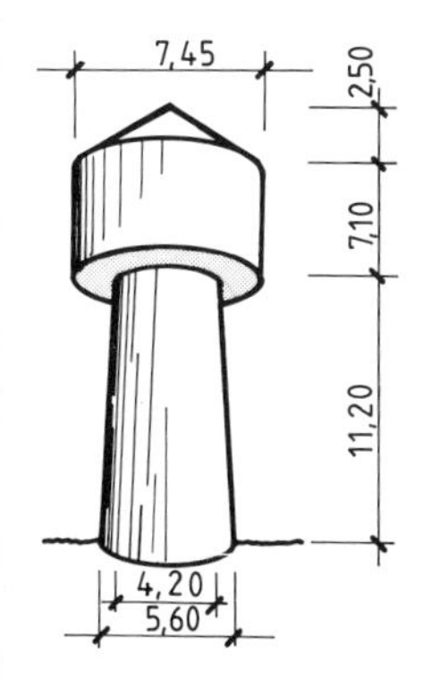

Bild 105/4: Wasserturm

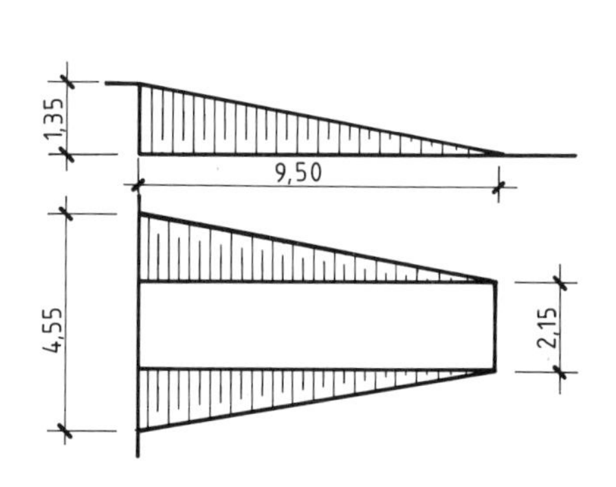

Bild 105/5: Rampe

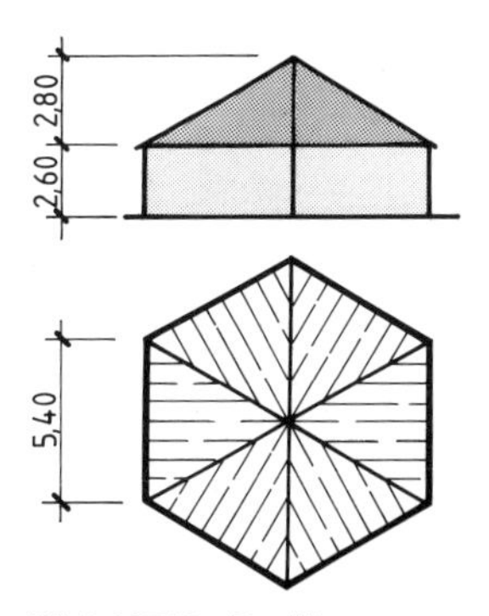

Bild 105/6: Pavillon

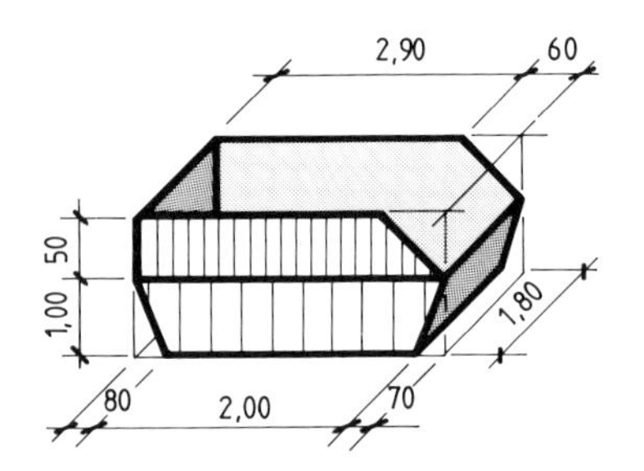

Bild 106/1: **Container**

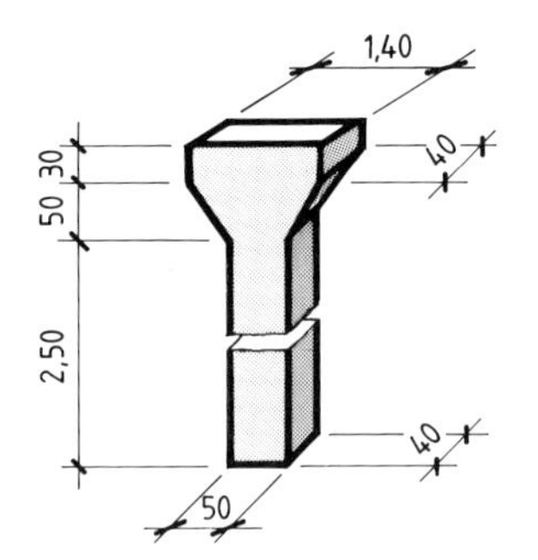

Bild 106/2: Stütze

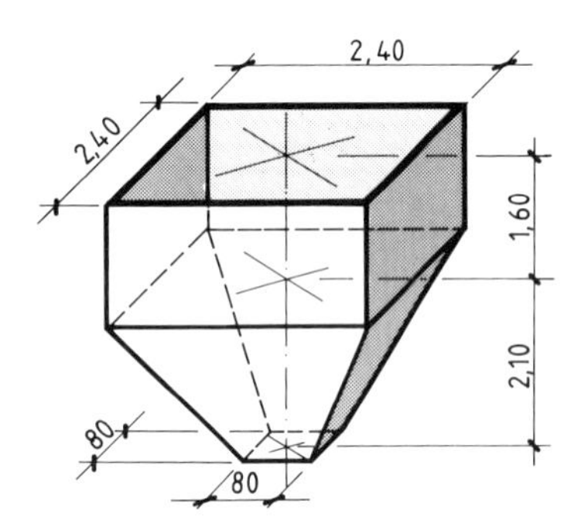

Bild 106/3: Schüttgutsilo

15 Ein Bauschutt-Container wird bereitgestellt **(Bild 106/1)**.
Wie groß ist das Volumen des Containers?

16 Stützen sollen betoniert werden **(Bild 106/2)**.

a) Wie groß ist das Volumen einer Stütze?

b) Wieviel m^3 Frischbeton sind zum Betonieren von 5 Stützen bei einem Zuschlag von 15% auf die Festbetonmenge notwendig?

17 Ein Schüttgutsilo aus Stahlblech wird gefertigt **(Bild 106/3)**.

a) Wieviel m^3 Schüttgut fasst das Silo?

b) Das Silo erhält innen eine Kunststoffbeschichtung. Wieviel m^2 Fläche müssen beschichtet werden?

c) Bis zu welcher Höhe ist das Silo gefüllt, wenn das Volumen des Schüttguts 10 m^3 beträgt?

18 Ein Klärwerkbehälter ist zu betonieren **(Bild 106/4)**.

a) Wieviel m^3 Klärschlamm fasst der Behälter?

b) Wie groß ist die Innenfläche des Behälters?

c) Wieviel m^3 Frischbeton sind zur Herstellung des Behälters notwendig bei einem Zuschlag von 12% auf die Festbetonmenge?

19 Eine 35 m lange Stützwand wird erstellt **(Bild 106/5)**.

a) Wieviel m^3 Festbeton enthält das Fundament aus Stahlbeton?

b) Welches Volumen hat das aufgehende Wandteil?

c) Welche Frischbetonmenge ist bei einem Zuschlag von 11% auf die Festbetonmenge für die Stützwand insgesamt notwendig?

d) Wie oft muss ein Fahrmischer mit einem Fassungsvermögen von 5 m^3 zum Transport des Betons für Fundament und Stützwand jeweils fahren?

20 An der Fassade eines Hauses ist ein Erker vorgebaut **(Bild 106/6)**.

a) Welches Volumen hat das geschoßhohe Mittelteil?

b) Welches Volumen hat das Dachteil?

c) Wie groß ist das Volumen des gesamten Erkers?

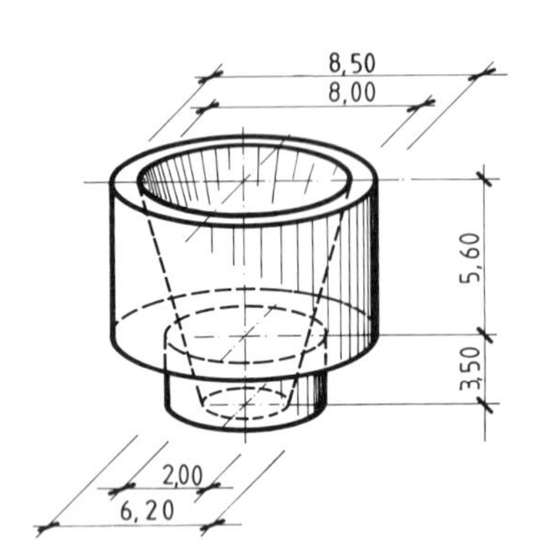

Bild 106/4: Klärwerkbehälter

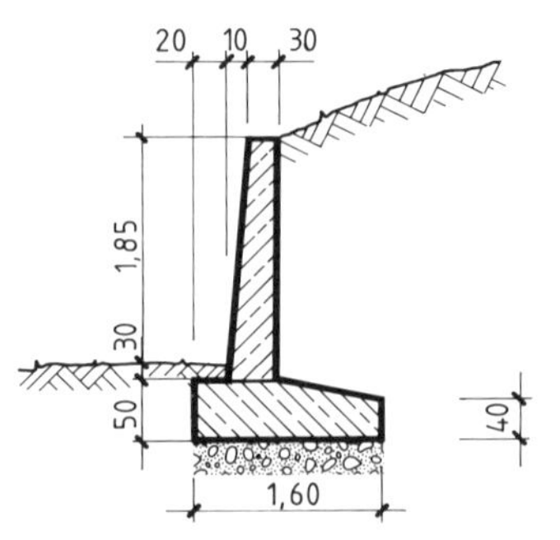

Bild 106/5: Stützwand

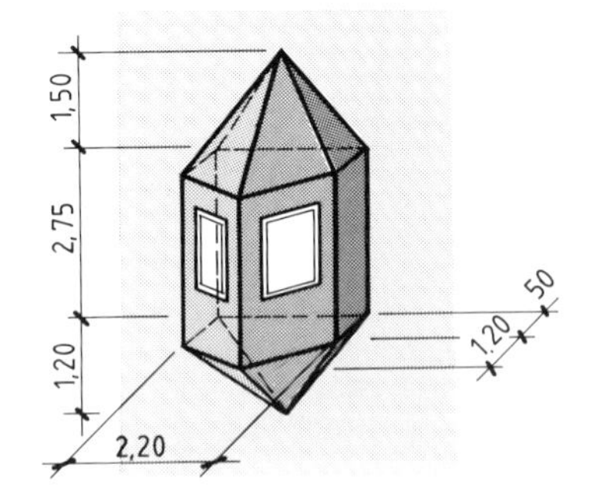

Bild 106/6: Erker

7 Mengenermittlung, Baustoffbedarf

7.1 Masse, Dichte, Gewichtskraft

Jeder Körper besteht aus einer Stoffmenge, die als **Masse *m*** bezeichnet wird. Die Basiseinheit der Masse eines Körpers ist das **Kilogramm (kg)**. Dieses entspricht der Masse von 1 dm^3 Wasser bei + 4 °C. Aus praktischen Gründen werden in der Bautechnik dezimale Vielfache und Teile der Einheit verwendet.

1 Tonne (t) = 1000 Kilogramm (kg) 1 Kilogramm (kg) = 1000 Gramm (g) 1 Gramm (g) = 1000 Milligramm (mg)

Die Masse eines Körpers wird meist durch Wägen mittels geeichter Wiegeeinrichtungen ermittelt. Da die Wägung z. B. auf der Balkenwaage durch Vergleich mit Gewichtsstücken erfolgen kann, wird die Masse eines Körpers auch als sein **Gewicht** bezeichnet.

Die Masse ist abhängig vom Volumen und der **Dichte** des Stoffes. Als Dichte ϱ (gesprochen: rho) bezeichnet man die Masse eines Stoffes bezogen auf sein Volumen. Als Einheiten der Dichte werden t/m^3, kg/dm^3 und g/cm^3 verwendet.

Masse = Volumen · Dichte $m = V \cdot \varrho$ **Dichte = $\frac{\text{Masse}}{\text{Volumen}}$** $\varrho = \frac{m}{V}$

Bei den Baustoffen unterscheidet man zwischen der Reindichte, der Rohdichte und der Schüttdichte **(Bild 107/1)**.

(a) Reindichte (Stahl)

(b) Rohdichte (Porenbeton)

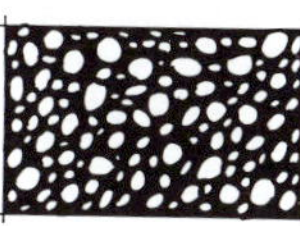

(c) Schüttdichte (Kies)

Bild 107/1 a–c: Arten der Dichte

Von **Reindichte** spricht man bei Stoffen, die keine Poren und Lufteinschlüsse enthalten, wie z. B. Betonstahl mit ϱ = 7,85 kg/dm^3 und Bauglas mit ϱ = 2,60 kg/dm^3. Betonstahl wird nach seiner Masse, z. B. kg oder t gekauft, der Transport nach t/km vergütet und die eingebaute Bewehrung nach kg oder t abgerechnet. Die Mengenermittlung erfolgt anhand von Tabellen, z. B. solche für Betonstabstahl, die noch weitere Kennwerte enthalten **(Tabellen A 31/1, A 32/1, A 33/1 bis A 33/5)**.

Beispiel: Für einen Bund Betonstabstahl mit 20 Stäben ∅ 12 mm und einer Einzellänge von 14,00 m ist die Masse *m* in kg zu berechnen.

Lösung: Ohne Tabellenbenutzung

$V = n \cdot A \cdot h$

$V \approx 20 \cdot \frac{(0{,}12\ \text{dm})^2 \cdot 3{,}14}{4} \cdot 140\ \text{dm}$ $V \approx 31{,}667\ \text{dm}^3$

$m \approx V \cdot \varrho$

$m \approx 31{,}667\ \text{dm}^3 \cdot 7{,}85\ \text{kg/dm}^3$ $\mathbf{m \approx 248{,}59\ kg}$

Mit Tabellenbenutzung

$m = n \cdot h \cdot \text{Masse je Meter}$

$m = 20 \cdot 14\ \text{m} \cdot 0{,}888\ \text{kg/m}$

$\mathbf{m = 248{,}64\ kg}$

Von **Rohdichte** spricht man bei festen Stoffen, die Poren und Hohlräume, meist gleichmäßig verteilt, aufweisen. Solche Baustoffe sind z. B. Mauerziegel, Porenbetonsteine, Holz und Schaumkunststoffe. Bei künstlichen Mauersteinen versteht man unter Steinrohdichte die Masse in kg, bezogen auf das Volumen von 1 dm^3, einschließlich der Poren, Löcher und Kammern.

Beispiel: Ein künstlicher Mauerstein aus Porenbeton hat das Format 20 DF (300) und eine Masse von 17,5 kg. Welche Rohdichte hat dieser Porenbeton-Blockstein?

Lösung: Ein 20 DF (300) Stein hat die Abmessung 49 cm/30 cm/23,8 cm

$V = 4{,}9\ \text{dm} \cdot 3{,}0\ \text{dm} \cdot 2{,}38\ \text{dm}$ $V = 34{,}99\ \text{dm}^3$

$\varrho = \frac{m}{V}$ $\varrho = \frac{17{,}50\ \text{kg}}{34{,}99\ \text{dm}^3}$ $\mathbf{\varrho = 0{,}50\ \frac{kg}{dm^3}}$

Von **Schüttdichte** spricht man bei lose aufgeschütteten festen Stoffen, wenn Zwischenräume zwischen den einzelnen Körnern vorhanden sind. Dabei kann das Schüttgut dicht sein, wie z. B. Gesteinskörnung für Normalbeton oder Eigenporen aufweisen, wie z. B. Gesteinskörnung für Leichtbeton. Die Schüttdichte ist wichtig, z. B. für die Bemessung der Lagerfläche von Schüttgütern.

Jeder Körper unterliegt der Anziehungskraft der Erde. Diese Anziehungskraft wird als **Gewichtskraft F_G** des Körpers bezeichnet. Sie ist umso größer, je größer die Masse eines Körpers und je kleiner sein Abstand zum Erdmittelpunkt ist.

Die Gewichtskraft eines Körpers berechnet man aus seiner Masse m und der am betreffenden Ort wirksamen Fallbeschleunigung g. Als Fallbeschleunigung bezeichnet man die Geschwindigkeitszunahme je Sekunde, die ein frei fallender Körper im luftleeren Raum erfährt. Sie beträgt $g = 9{,}81\ \text{m/s}^2 \approx 10\ \text{m/s}^2$. Die Einheit der Gewichtskraft ist das **Newton (N)**, in der Bautechnik werden auch dezimale Vielfache dieser Einheit, wie z.B. **Kilonewton (kN)** und das **Meganewton (MN)** verwendet (Seite 165).

Die Gewichtskraft (F_G) einer Masse (m) von 1 kg beträgt $F_G = 9{,}81$ N $\quad F_G \approx 10$ N

Gewichtskraft = Masse · Erdbeschleunigung

$$F_G = m \cdot g \qquad m = \frac{F_G}{g}$$

Die Einheit der Gewichtskraft ist gleich der Einheit der Kraft. Auf ein Bauteil oder Bauwerk wirkende Gewichtskräfte bezeichnet man als Einwirkungen (Lasten). Einwirkungen sind z.B. Eigenlasten von Lagerstoffen, Baustoffen und Bauteilen sowie Verkehrslasten oder Wind- und Schneelasten.

Beispiel: Ein Wasserbehälter hat einen Durchmesser von 80 cm und eine Höhe von 1,40 m. Er ist bis 20 cm unter den Rand gefüllt.
Welche Gewichtskraft übt die Wassermenge aus?

Lösung:

$V \approx \frac{(8{,}0\ \text{dm})^2 \cdot 3{,}14}{4} \cdot (14\ \text{dm} - 2\ \text{dm}) \qquad V \approx 603{,}19\ \text{dm}^3$

$m = V \cdot \varrho \qquad m \approx 603{,}19\ \text{dm}^3 \cdot 1{,}0\ \text{kg/dm}^3 \qquad m \approx 603{,}19\ \text{kg}$

$F_G = m \cdot g \qquad F_G \approx 603{,}19\ \text{kg} \cdot 10\ \text{m/s}^2 \qquad \mathbf{F_G \approx 6031{,}9\ N}$

$\mathbf{F_G \approx 6{,}032\ kN}$

Aufgaben zu 7.1 Masse, Dichte, Gewichtskraft

1 Eine 15 cm-Würfelform ist mit Frischbeton gefüllt. Das Gewicht der gefüllten Würfelform wurde mit 13,930 kg und die der leeren Würfelform mit 6,250 kg ermittelt.

Wie groß ist die Rohdichte des Frischbetons?

2 Das Gewicht eines Vollklinkers NF (DF) mit der Rohdichte 1,90 kg/dm³ und die eines Leichthochlochziegels 20 DF (16 DF) mit der Rohdichte 0,70 kg/dm³ ist zu berechnen.

3 Welche Rohdichte in kg/dm³ haben Hohlblocksteine aus Leichtbeton, wenn ein Paket von 40 Stück 20 DF (16 DF) ein Gewicht von 1,12 t aufweist?

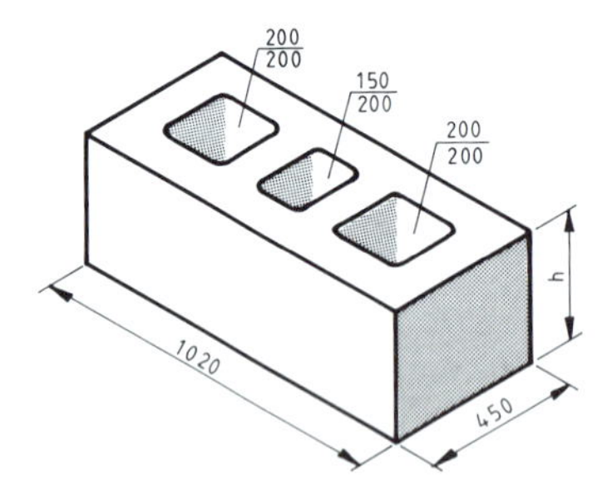

Bild 108/1: **Schornsteinformstück**

4 Wieviel Schornsteinformstücke mit einer Höhe von 493 mm (326 mm, 243 mm) und einer Rohdichte von 1,20 kg/dm³ können bei einer Zulademöglichkeit von 4,50 t transportiert werden **(Bild 108/1)**?

5 Die Auflagerung eines Stahlträgers erfolgt auf einer Stahlplatte 300 mm x 250 mm x 8 mm über eine Zentrierleiste aus Flachstahl 240 mm x 25 mm x 10 mm. Welches Gewicht in kg haben die Stahlteile?

6 Rundhohlprofilstützen aus Stahl mit einem Betonkern C20/25 werden von einem Sattelschlepper mit 30 t Nutzlast transportiert. Wieveil Stützen dürfen geladen werden, wenn das Rundhohlprofil einen Außendurchmesser von 430 mm und eine Wanddicke von 10 mm hat und die Baulänge 9,87 m beträgt?

7 Das Gewicht der Bewehrung aus Betonstabstahl ist mit Hilfe der Betonstahl-Tabellen zu berechnen **(Bild 109/1)**.

Betonstahl-Gewichtsliste Nr.: _____ zu Plan __________ Bauvorhaben: __________

Betonstahlsorte: BSt 500 S

Bauteil: __________ Bauherr: __________

Pos. Nr.	Anzahl	d_s mm	Einzellänge m	Gesamtlänge m	Gewichtsermittlung in kg für d_s = 8 mm mit 0,395 kg/m	d_s = 10 mm mit 0,617 kg/m	d_s = 12 mm mit 0,888 kg/m	d_s = 14 mm mit 1,21 kg/m	d_s = 16 mm mit 1,58 kg/m	d_s = 20 mm mit 2,47 kg/m
1	4	14	3,60							
2	4	14	2,60							
3	4	12	4,10							
4	17	8	1,80							
5	20	8	1,45							
6	2	16	5,10							
7	2	16	4,90							
8	2	16	4,35							
9	4	10	4,90							
10	2	20	5,95							
Gewicht je Durchmesser in kg										
Gesamtgewicht in kg										

Aufgestellt: __________ __________, den __________

Bild 109/1: Betonstahl-Gewichtsliste

8 Ein Lastkraftwagen hat eine zulässige Zuladung von 4 t. Wieviel m^3 Sand (ϱ = 1,3 t/m^3) können aufgeladen werden, wenn außerdem 196 Stück Kalksand-Vollsteine NF (ϱ = 1,8 kg/dm^3) und 150 Stück Kalksand-Vollsteine 2 DF (ϱ = 1,6 kg/dm^3) sowie 14 Sack Baukalk und 10 Sack Zement zu transportieren sind?

9 Ein Lastkraftwagen hat eine Ladefläche von 4,98 m x 2,16 m und Bordwände von 0,50 m Höhe. Die zulässige Zuladung ist erreicht, wenn die Pritsche eben mit Kiessand (ϱ = 1,86 t/m^3) gefüllt ist. Damit das Fahrzeug nicht überladen wird, benötigt der Fahrer eine Liste über die zulässige Beladung.

Die Liste ist zu fertigen, wenn Betonfertigteile mit ϱ = 2,5 kg/dm^3 transportiert werden und zwar

a) Gehwegplatten 30 cm x 30 cm (40 cm x 60 cm) und einer Plattendicke von 5 cm (6 cm),

b) Stufenelemente als Blockstufen 1,00 m x 0,32 m x 0,17 m,

c) Stufenelemente bestehend aus Trittstufe 1,00 m x 0,35 m x 0,06 m und Setzstufe 1,00 m x 0,11 m x x 0,04 m.

10 Welche Gewichtskraft in kN übt ein mit je 40 Mauersteinen 2 DF und 3 DF (ϱ = 1,4 kg/dm^3) beladener Steinkorb auf den Lasthaken eines Kranes aus, wenn der Steinkorb eine Masse von 42 kg hat?

11 Mit einem Gabelstapler wird Bauschnittholz (ϱ = 600 kg/m^3) verladen. Welche Gewichtskraft in kN wirkt an der Lastgabel, wenn 10 Balken 12 cm/20 cm und 20 Dachlatten 30 mm/50 mm mit einer Länge von je 4,75 m sowie 14 Kanthölzer 8 cm/10 cm mit einer Länge von 4,25 m angehoben werden?

12 Für einen Ausstellungsstand wird als Blickfang eine Balkonbrüstungsplatte als Stahlbeton-Fertigteil (ϱ = 2,5 t/m^3) an einem Kranausleger gezeigt. Die Gewichtskraft, die am Lasthaken wirkt, darf 15 kN nicht überschreiten.

Welche Länge darf das Fertigteil haben, wenn die Höhe mit 1,20 m und die Dicke mit 10 cm festgelegt sind?

7.2 Erdarbeiten

Zu den Erdarbeiten rechnet man vorwiegend das Ausheben von Baugruben und Leitungsgräben, das Herstellen von Geländeeinschnitten, das Verfüllen von Arbeitsräumen und das Aufschütten von Dämmen. Teilarbeitsgänge sind dabei das Lösen, Laden, Transportieren, Einbauen und Verdichten des Bodens.

7.2.1 Aushub des Bodens

Für Bauteile oder Bauwerke, die unter der Geländeoberfläche liegen, muss der Boden ausgehoben werden. Die beim Aushub von gewachsenem Boden entstehende Volumenvergrößerung bezeichnet man als Auflockerung. Diese ist je nach Bodenklasse und Korngröße verschieden. Die Auflockerung kann in Prozent, bezogen auf die Masse des gewachsenen Bodens oder als Auflockerungsfaktor angegeben werden **(Tabelle A 17/1)**. Sie beträgt z.B. bei leicht lösbaren Bodenarten 15%, was einem Auflockerungsfaktor von 1,15 entspricht.

Die Abrechnung des Aushubs erfolgt nach dem Volumen des gewachsenen Bodens. Zur Bestimmung der Leistung von Erdbaumaschinen und zur Ermittlung der erforderlichen Transportkapazität für die Abfuhr des Aushubmaterials werden die Bodenmassen im aufgelockerten Zustand zugrunde gelegt.

Beispiel: Eine Baugrube hat eine Länge von 14,10 m, eine Breite von 11,10 m und eine Aushubtiefe von 1,17 m. Die Grundrissmaße des zu erstellenden Gebäudes betragen 12,49 m × 9,49 m. Der anstehende Boden entspricht der Bodenklasse 4, mit einer Auflockerung von 20%.

a) Wieviel m³ Aushub sind für die spätere Verfüllung des Arbeitsraumes auf der Baustelle zu lagern?

b) Wieviel Fuhren sind für den Abtransport des überschüssigen Aushubmaterials notwendig, wenn ein Kipperfahrzeug mit 5,250 m³ Aushub beladen werden darf.

Lösung: a) Lagerung von Aushubmaterial auf der Baustelle

$V = 1{,}2\,(14{,}10\,\text{m} \cdot 11{,}10\,\text{m} - 12{,}49\,\text{m} \cdot 9{,}49\,\text{m}) \cdot 1{,}17\,\text{m}$ **$V = 53{,}324\,\text{m}^3$**

b) Anzahl der Lkw-Fuhren

$n = \dfrac{12{,}49\,\text{m} \cdot 9{,}49\,\text{m} \cdot 1{,}17\,\text{m}}{5{,}250} \cdot 1{,}2$ **$n = 32$ Fuhren**

7.2.2 Verdichten des Bodens

Wird aufgelockerter Boden geschüttet, setzt bereits nach kurzer Zeit, infolge natürlicher Bodenverdichtung eine Bodensetzung ein, die zu Bauschäden führen kann. Um Setzungen nahezu auszuschließen, wendet man die maschinelle Bodenverdichtung an.

Die Verdichtung einer Schüttung kann als Zuschlag in Prozent bezogen auf das Volumen des unverdichteten Schüttmaterials oder als Verdichtungsfaktor angegeben werden. Bei einer Verdichtung von z. B. 10% beträgt das Volumen des unverdichteten Schüttmaterials 110% oder der Verdichtungsfaktor 1,10.

Beispiel: Ein 50 m langer und 2,20 m hoher Damm hat die Form eines gleichschenkligen Trapezes. Die Breite am Dammfuß beträgt 10,00 m, die an der Dammkrone 5,00 m.

Wieviel m³ Boden sind für die Dammschüttung anzufahren, wenn für die Verdichtung ein Zuschlag von 15% zu berücksichtigen ist?

Lösung: $V = 50{,}00\,\text{m} \cdot \dfrac{5{,}00\,\text{m} + 10{,}00\,\text{m}}{2} \cdot 2{,}20\,\text{m} \cdot \dfrac{115\%}{100\%}$ **$V = 948{,}750\,\text{m}^3$**

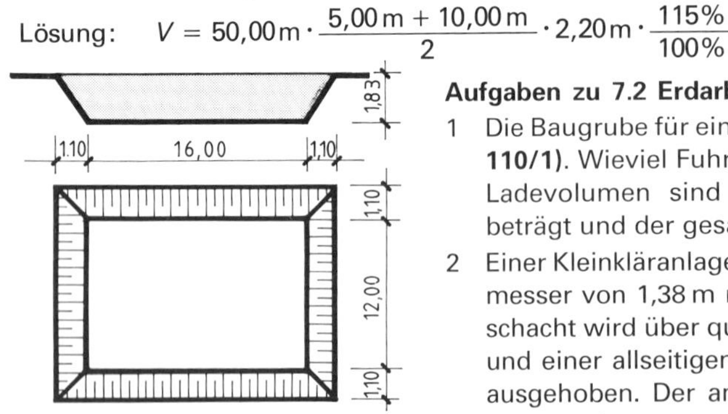

Bild 110/1: Baugrube

Aufgaben zu 7.2 Erdarbeiten

1 Die Baugrube für ein unterkellertes Gebäude ist auszuheben **(Bild 110/1)**. Wieviel Fuhren mit einem Kipperfahrzeug von je 4,50 m³ Ladevolumen sind notwendig, wenn die Auflockerung 25% beträgt und der gesamte Aushub abgefahren werden muss?

2 Einer Kleinkläranlage ist ein Sickerschacht mit einem Außendurchmesser von 1,38 m nachgeschaltet. Die Baugrube für den Sickerschacht wird über quadratischer Grundfläche von 2,00 m × 2,00 m und einer allseitigen Böschung 1 : 0,58 auf eine Tiefe von 2,50 m ausgehoben. Der anstehende Boden ist zur Wiederverwendung nicht geeignet.

a) Wieviel m³ Aushub müssen bei einem Auflockerungsfaktor von 1,30 abgefahren werden?

b) Wieviel m³ durchlässiges Schüttmaterial müssen eingebaut werden, wenn 12% Zuschlag für die Verdichtung vorzusehen sind?

3 Für den Anschluss eines Wohnblocks an das Versorgungsnetz des Fernheizwerkes ist ein 98 m langer, im Lichtmaß 1,20 m breiter und 0,90 m hoher Kanal aus Betonfertigteilen zur Aufnahme von Heizungsleitungen herzustellen. Die Fertigteile mit 15 cm dicken Wandungen sind 80 cm erdüberdeckt und werden auf eine 10 cm dicke Sohle aus Ortbeton verlegt. Der beidseitige Arbeitsraum beträgt 40 cm, die Böschung ist unter 45° geneigt **(Bild 111/1)**.

Wieviel Lkw-Fuhren von je 5,5 m³ Ladevolumen sind bei einem Auflockerungsfaktor von 1,25 erforderlich, wenn das notwendige Verfüllmaterial auf der Baustelle gelagert wird?

4 Eine Schachthaltung, für die der Rohrgraben auszuheben ist, hat eine Länge von 50 m **(Bild 111/2)**. Es werden Betonrohre mit Muffen DN 600 mit einer Wanddicke von 7 cm verwendet. Auf eine Höhe von 30 cm über dem Rohrscheitel wird der Boden ausgetauscht, d.h. steinfreies Material eingebaut.

a) Wieviel m³ Boden müssen abgefahren bzw. seitlich gelagert werden, wenn die Auflockerung 20% beträgt?

b) Wieviel m³ steinfreies Schüttmaterial müssen angefahren werden, wenn für die Verdichtung ein Zuschlag von 9% erforderlich ist? Die größeren Abmessungen der Rohre im Bereich der Muffen werden vernachlässigt.

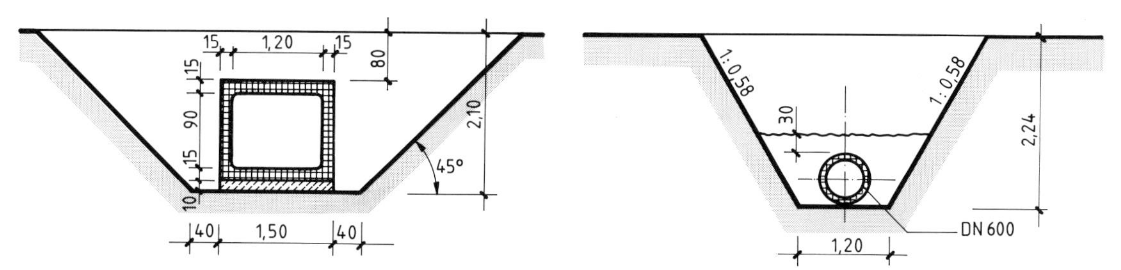

Bild 111/1: Heizkanal

Bild 111/2: Rohrgraben

5 Für einen Industriebau ist für 18 Köcherfundamente der Aushub vorzunehmen. Die Fundamente sind 2,60 m lang und 1,50 m breit, die Aushubtiefe beträgt 0,90 m. Ein allseitiger Arbeitsraum von 0,60 m ist erforderlich. Das Aushubmaterial wird zur Herstellung einer Baustraße verwendet.

Wieviel m² Schüttung 25 cm dick lassen sich aus dem Aushubmaterial herstellen, wenn der Auflockerungsfaktor 20% beträgt und für die Verdichtung ein Zuschlag von 18% gemacht werden muss?

6 Ein Damm hat auf eine Länge von 57 m die Querschnittsform eines unregelmäßigen Trapezes. Die Breite an der Dammkrone beträgt 5,00 m, die Böschungsneigungen 1 : 1,5 bzw. 1 : 2 und die Höhe des Dammes 2,12 m.

Wieviel m³ Schüttmaterial ist lageweise einzubauen, wenn ein Zuschlag von 19% für die Verdichtung zu berücksichtigen ist?

7 Ein Erddamm, der als Fahrweg für den Forstdienst dient, ist zu schütten **(Bild 111/3)**.

Wieviel m³ Boden sind für die 100 m lange Strecke zwischen den Querprofilen 0 + 250 und 0 + 350 erforderlich, wenn durch die Verdichtung bedingt 20% mehr geschüttet werden muss?

Hinweis: Bei der Lösung ist die Simpsonsche Formel zu verwenden.

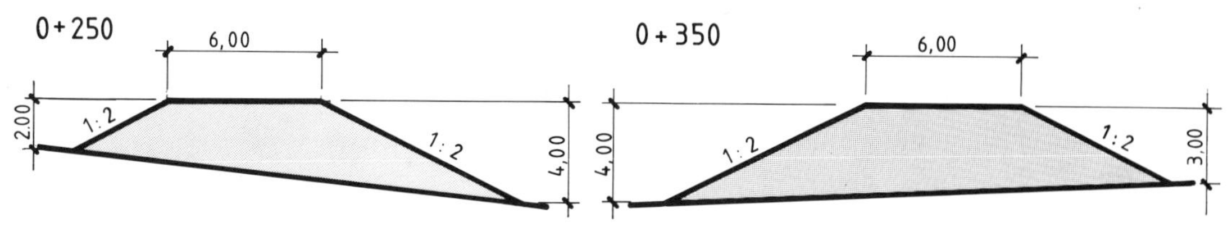

Bild 111/3: Querprofile 0 + 250 und 0 + 350

8 Die Verkehrserschließung einer Kläranlage erfordert den Bau einer Dammstrecke **(Bild 112/1)**.

Wieviel m^3 Boden sind zwischen den Querprofilen 0 + 100 und 0 + 125 einzubauen und zu verdichten, wenn für die Verdichtung ein Zuschlag von 18% vorgesehen ist?

Hinweis: Bei der Lösung ist die Simpsonsche Formel zu verwenden.

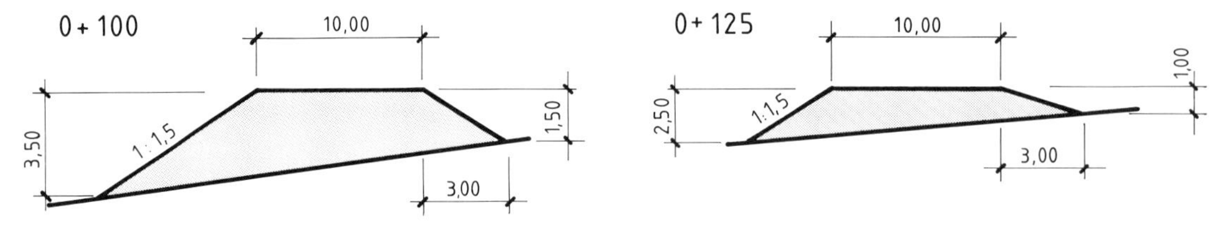

Bild 112/1: Querprofile 0 + 100 und 0 + 125

9 Die Fundamentgräben für ein Wohnhaus am Hang sind auszuheben und das Aushubmaterial abzufahren **(Bild 112/2)**.

Wieviel Fuhren sind für den Abtransport notwendig, wenn der Auflockerungsfaktor 1,22 beträgt und das Kipperfahrzeug mit 3,5 m^3 Aushubmaterial beladen werden darf?

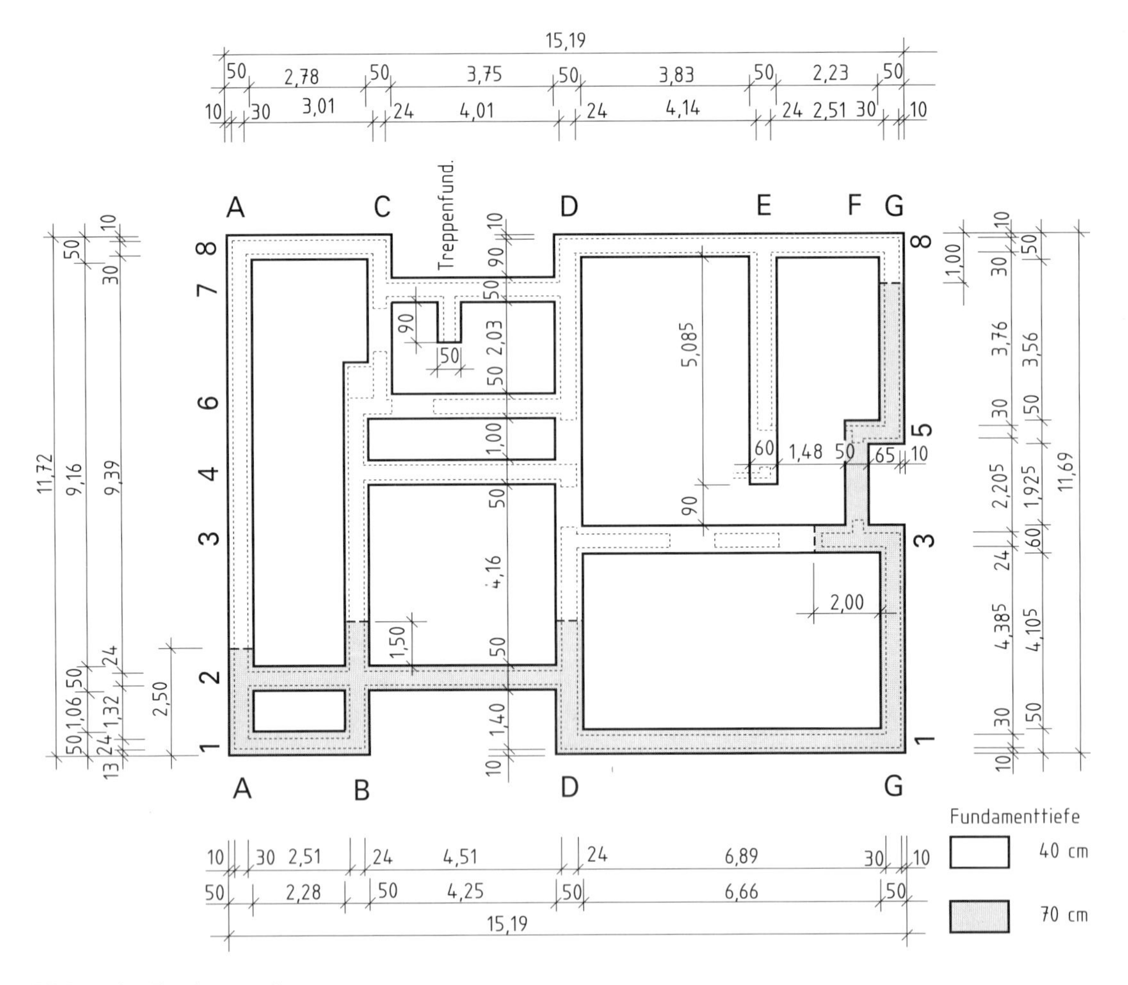

Bild 112/2: Fundamentplan

7.3 Mauerwerksbau

Dem Mauerwerksbau ordnet man Bauteile und Bauwerke zu, die aus natürlichen und künstlichen Mauersteinen mit Hilfe von Mauermörtel zusammengefügt sind. Die wichtigsten Regeln für den Mauerwerksbau sind in DIN 1053 „Mauerwerk, Berechnung und Ausführung" zusammengefasst.

7.3.1 Steinbedarf, Mörtelbedarf

Der Baustoffbedarf für Mauerwerk setzt sich zusammen aus der Anzahl der Mauersteine und der Menge des dazu erforderlichen Mörtels, einschließlich entsprechender Zuschläge. Mit dem Zuschlag bei Mauersteinen werden z. B. Bruch, Verlust und Maßabweichungen berücksichtigt. Der Zuschlag beim Mörtel ist vorwiegend von der Mörtelkonsistenz und der Oberfläche der Mauersteine abhängig. Das Vermauern von Lochsteinen erfordert z. B. mehr Mörtel als das Vermauern von Vollsteinen. Für Mauerwerk kann als Mauermörtel Werkmörtel, werkmäßig hergestellter Mörtel oder Baustellenmörtel verwendet werden.

Der Bedarf an Mauersteinen wird in Stück je m² oder m³ Mauerwerk, die Mörtelmenge in Liter angegeben **(Tabellen A 17/2, A 18/1)**. Zur Mengenermittlung, die nach Wanddicken getrennt erfolgt, werden in der Regel Formblätter verwendet, wie sie zur Abrechnung von Bauleistungen üblich sind. Mauersteine werden auf Paletten oder als Paket geliefert. Bei der Bestellung ist die Stückzahl darauf abzustimmen.

Der Baustoffbedarf ist bei der Kalkulation z. B. zur Berechnung der Baustoffkosten und Transportkosten sowie für die Bestellung der Baustoffe notwendig.

Beispiel: Eine Messstation wird als nichtunterkellertes Gebäude mit Flachdach erstellt **(Bild 113/1)**. Die Höhe des Mauerwerks beträgt 2,75 m. Die Fenster in Achse V sind 0,76 m hoch und erhalten deckengleiche Stürze. Für die übrigen Fenster und Türen sind geschosshohe Einbauelemente vorgesehen. Das Mauerwerk der 11,5 cm und 17,5 cm dicken Wände ist in m², der 24 cm, 30 cm und 36,5 cm dicken Wände in m³ zu berechnen. Für das Mauerwerk aller Dicken wird Baustellenmörtel der Mörtelgruppe IIa verwendet.

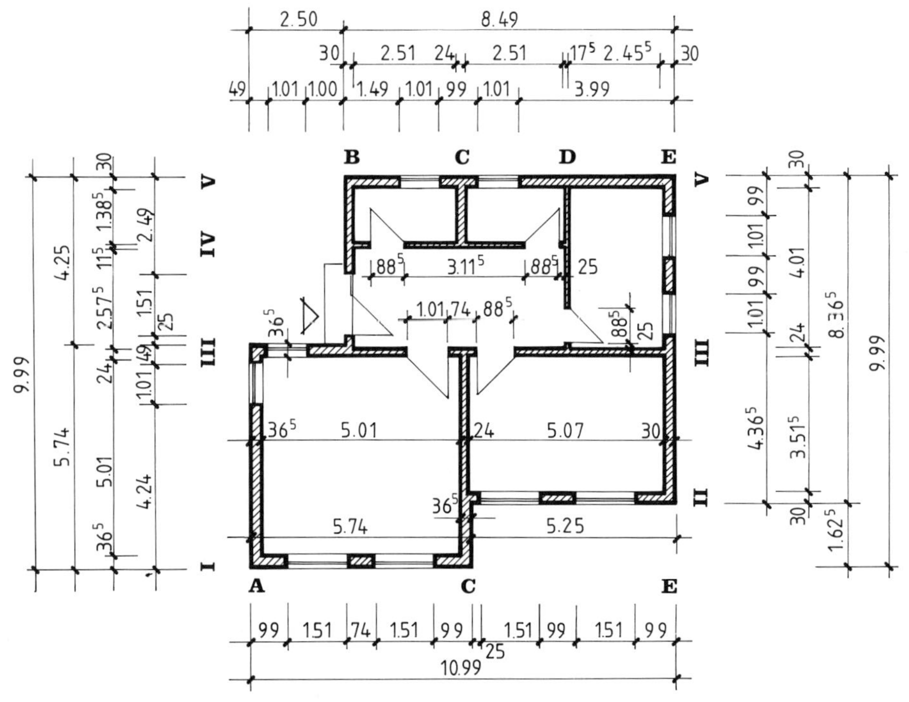

Bild 113/1: Messstation, Grundriss Erdgeschoss

Wie groß ist der Bedarf an Mauerziegeln und Mörtel, wenn zur Herstellung der Wände von 11,5 cm Dicke 2 DF, von 17,5 cm Dicke 3 DF, von 24 cm Dicke 4 DF, von 30 cm Dicke 10 DF und von 36,5 cm Dicke 15 DF Steine verwendet werden?

Lösung: **Mengenermittlung, getrennt nach Wanddicken**

Pos. Nr.	Bezeichnung	Stück +	Stück –	Abmessung [m] Länge	Breite	Höhe	Meß-gehalt	Abzug	reiner Meßgehalt
1	**Mauerwerk 11,5 cm dick**			**[m²]**					
	IV/B – D	1		5,26		2,75	14,47		
	Türe		2	0,885		2,75		4,87	**9,60**
2	**Mauerwerk 17,5 cm dick**			**[m²]**					
	D/III – IV	1		4,01		2,75	11,03		
	Türe		1	0,885		2,75		2,43	**8,60**
3	**Mauerwerk 24 cm dick**			**[m³]**					
	III/B – E	1		7,89	0,24	2,75	5,207		
	Türe		1	1,01	0,24	2,75		0,667	
	Türe		1	0,885	0,24	2,75		0,584	
	C/II – III	1		3,515	0,24	2,75	2,320		
	C/IV – V	1		1,385	0,24	2,75	0,914		
							8,441	1,251	**7,190**
4	**Mauerwerk 30 cm dick**			**[m³]**					
	V/B – E	1		8,49	0,30	2,75	7,004		
	B/III – V	1		3,95	0,30	2,75	3,506		
	E/II – V	1		7,765	0,30	2,75	6,406		
	II/C – E	1		5,25	0,30	2,75	4,331		
	Fenster und Türen		3	1,51	0,30	2,75		3,737	
	Fenster		2	1,01	0,30	2,75		1,667	
	Fenster		2	1,01	0,30	0,76		0,461	
							21,247	5,865	**15,382**
5	**Mauerwerk 36,5 cm dick**			**[m³]**					
	III/A – B	1		2,80	0,365	2,75	2,811		
	I/A – C	1		5,74	0,365	2,75	5,762		
	A/I – III	1		5,01	0,365	2,75	5,029		
	C/I – II	1		1,56	0,365	2,75	1,566		
	Fenster		2	1,01	0,365	2,75		2,028	
	Fenster		2	1,51	0,365	2,75		3,031	
							15,168	5,059	**10,109**

Bedarf an Mauersteinen und Mörtel (Tabelle A 18/1)

Mauerwerk 11,5 cm dick:			
Anzahl der **2 DF-Steine**	$9{,}60\,m^2 \cdot 33$ Stück/m^2	=	**317 Stück**
Mörtel	$9{,}60\,m^2 \cdot 19$ Liter/m^2	=	183 Liter
Mauerwerk 17,5 cm dick:			
Anzahl der **3 DF-Steine**	$8{,}60\,m^2 \cdot 33$ Stück/m^2	=	**284 Stück**
Mörtel	$8{,}60\,m^2 \cdot 29$ Liter/m^2	=	250 Liter
Mauerwerk 24 cm dick:			
Anzahl der **4 DF-Steine**	$7{,}190\,m^3 \cdot 137$ Stück/m^3	=	**985 Stück**
Mörtel	$7{,}190\,m^3 \cdot 167$ Liter/m^3	=	1 201 Liter
Mauerwerk 30 cm dick:			
Anzahl der **10 DF-Steine**	$15{,}382\,m^3 \cdot 55$ Stück/m^3	=	**846 Stück**
Mörtel	$15{,}382\,m^3 \cdot 127$ Liter/m^3	=	1 954 Liter
Mauerwerk 36,5 cm dick:			
Anzahl der **15 DF-Steine**	$10{,}109\,m^3 \cdot 37$ Stück/m^3	=	**374 Stück**
Mörtel	$10{,}109\,m^3 \cdot 107$ Liter/m^3	=	1 082 Liter
Gesamtbedarf an Mörtel	183 l + 250 l + 1201 l + 1954 l + 1082 l	=	**4 670 Liter**

7.3.2 Mörtelzusammensetzung

Baustellenmörtel wird auf der Baustelle meist nach Raumteilen gemischt. Bei der Zugabe von Wasser erhält man weniger Mörtel als die lose Masse aus Bindemittel und Sand ausmacht. Dabei wird die aus der losen Masse gewonnene Mörtelmenge als Ausbeute bezeichnet und als Prozentzahl (%) oder als Verhältniszahl (*VZ*) angegeben.

$$\textbf{Ausbeute in \%} = \frac{\textbf{Mörtelmenge in l} \cdot 100\%}{\textbf{lose Masse in l}}$$

$$\textbf{Ausbeute als } VZ = \frac{\textbf{lose Masse in l}}{\textbf{Mörtelmenge in l}}$$

Beispiel: Zur Herstellung von 1000 l Baustellenmörtel der Mörtelgruppe MG I im Mischungsverhältnis 1:3 sind 400 l Kalkhydrat und 1200 l Sand erforderlich.

Wie groß ist die Ausbeute in Prozent und als Verhältniszahl?

Lösung: Ausbeute in % $= \frac{1\,000\text{ l} \cdot 100\%}{400\text{ l} + 1\,200\text{ l}} = \mathbf{62{,}5\%}$ Ausbeute als $VZ = \frac{400\text{ l} + 1\,200\text{ l}}{1\,000\text{ l}} = \mathbf{1{,}6}$

Bei einem Baustellenmörtel MG I, der aus Hydraulischem Kalk HL 2 und Sand hergestellt wird, beträgt die Ausbeute 62,5% bzw. die Verhältniszahl der Ausbeute 1,6. Dies bedeutet, dass das 1,6-fache der gewünschten Mörtelmenge an loser Masse, Bindemittel und Sand, bereitzustellen ist.

Für Baustellenmörtel sind in DIN 1053 „Mauerwerk, Berechnung und Ausführung" Michungsverhältnisse nach Raumteilen vorgegeben. Ein Mischungsverhältnis drückt aus, wieviel Raumteile Sand einem Raumteil Bindemittel zugemischt werden. Das Mischungsverhältnis (MV) 1:4 besagt z. B., dass ein Raumteil Bindemittel mit vier Raumteilen Sand gemischt werden. Bei Verwendung von zwei Bindemitteln und Sand für eine Mörtelmischung wird das Mischungsverhältnis durch drei Zahlenwerte ausgedrückt. Das Mischungsverhältnis für Mörtel der Mörtelgruppe MG IIa von 2 : 1 : 8 erfordert 2 Raumteile Hydraulischen Kalk HL 5, 1 Raumteil Zement und 8 Raumteile Sand. Über den Wasseranspruch wird beim Mischungsverhältnis nach Raumteilen keine Angabe gemacht.

Die Ermittlung des Baustoffbedarfs für Baustellenmörtel wird durch Anhaltswerte für den Verbrauch erleichtert **(Tabelle A 17/2)**. Den Tabellenwerten liegen Schütt- bzw. Rohdichten von Baustoffen zugrunde, die häufig verwendet werden. Kommen Baustoffe mit anderen Schütt- bzw. Rohdichten zum Einsatz, ist eine Umrechnung erforderlich.

$$\textbf{Umrechnung von kg in l: } \frac{\textbf{Masse in kg}}{\textbf{Dichte in kg/l}}$$

$$\textbf{Umrechnung von l in kg: Volumen in l} \cdot \textbf{Dichte in kg/l}$$

Bei der Bestellung ist darauf zu achten, dass nur ganze Einheiten geliefert werden. Baukalk, Putz- und Mauerbinder sowie Zement werden meist in Säcken mit je 25 kg Inhalt geliefert.

Beispiel: Ein quadratischer Schacht mit den lichten Maßen 1,51 m × 1,51 m und einer Höhe von 2,50 m ist in einer Wanddicke von 24 cm herzustellen. Für das Mauerwerk sind KSL 2 DF, vermauert mit Mörtel der Mörtelgruppe MG III (MV 1 : 4), vorgesehen.
Wieviel Steine KSL im Format 2 DF, Zement und m^3 Sand (feucht) sind erforderlich?

Lösung: Mengenermittlung, Mauerwerk 24 cm dick

2 × 1,99 m · 0,24 m · 2,50 m	= 2,388 m^3	
2 × 1,51 m · 0,24 m · 2,50 m	= 1,812 m^3	**4,200 m^3**

Baustoffbedarf an Mauersteinen und Mörtel, Tabelle A 18/1

Anzahl der 2 DF-Steine	4,200 m^3 · 276 Stück/m^3	=	**1 160 Stück**
Zementmörtel (MV 1 : 4)	4,200 m^3 · 210 Liter/m^3	=	882 Liter

Baustoffbedarf für die Mörtelherstellung, Tabelle A 17/2

Zement $\dfrac{360\ \text{kg} \cdot 882\ \text{l}}{1\,000\ \text{l}}$ Zement = 318 kg, entspricht **13 Sack**

Sand (feucht) $\dfrac{1\,200\ \text{l} \cdot 882\ \text{l}}{1\,000\ \text{l}}$ Sand = 1 060 Liter, entspricht **1,060 m^3**

Aufgaben zu 7.3 Mauerwerksbau

1 Für die Herstellung von Mörtel der Mörtelgruppe MG III im Mischungsverhältnis 1 : 4 beträgt der Zementanteil an der losen Masse 30 l.
   a) Wieviel Liter Sand sind beizumischen?
   b) Wie groß ist die Mörtelausbeute in %, wenn sich aus der losen Masse 100 l Mörtel ergeben?

2 Zur Herstellung von Mörtel der Mörtelgruppe MG II wird Putz- und Mauerbinder verwendet. Das Mischungsverhältnis beträgt 1 : 3 und die lose Masse 321 l.
   a) Wieviel Liter Putz- und Mauerbinder und wieviel Liter Sand sind erforderlich?
   b) Wie groß ist die Mörtelausbeute in % und als Verhältniszahl, wenn die Mischung 200 l Mörtel ergibt?

3 Die lose Masse zur Herstellung von Mörtel der Mörtelgruppe MG IIa aus Hydraulischem Kalk HL 5, Zement und Sand im Mischungsverhältnis 2 : 1 : 8 beträgt 715 l.
   a) Wieviel Liter der einzelnen Mörtelbestandteile müssen bereitgestellt werden?
   b) Wie groß ist die Mörtelausbeute in % und als Verhältniszahl, wenn sich aus der losen Masse 465 l Mörtel ergeben?

4 Für eine Wand sind 333 l Mörtel der Mörtelgruppe MG IIa im Mischungsverhältnis 1 : 1 : 6 herzustellen. Wieviel Liter Kalkhydrat, Zement und Sand sind erforderlich, wenn die Mörtelausbeute 65% beträgt?

5 Als Auflager eines Trägers ist ein Mauerpfeiler, 49 cm lang, 36,5 cm dick und 3,00 m hoch, herzustellen. Es werden Mauersteine NF mit Mörtel der Mörtelgruppe MG II aus Hydraulischem Kalk HL 5 und Sand im Mischungsverhältnis 1 : 3 vermauert.
Wieviel Mauersteine, Sack Baukalk und m^3 Sand sind für die Herstellung des Pfeilers notwendig?

6 Ein Absetzbecken wird als Zweikammergrube in Mauerwerk 24 cm dick mit den Außenmaßen 3,74 m × 2,49 m auf einer Stahlbetonsohlplatte erstellt. Die Kammern sind in Längsrichtung angeordnet und durch eine 11,5 cm dicke und 1,75 m hohe Wand voneinander getrennt. Die Höhe der Umfassungswände beträgt 2,25 m.
Der Baustoffbedarf ist zu ermitteln, wenn für die Umfassung Betonsteine Hbl 12 DF, für die Trennwand KSL 2 DF und Mörtel der Mörtelgruppe MG III im Mischungsverhältnis 1 : 4 zur Herstellung des Mauerwerks verwendet wird. Das Bindemittel wird nach Säcken, der Mörtelsand nach m^3 bestellt.

7 In eine Lagerhalle wird ein Büroraum eingebaut **(Bild 117/1)**. Die Außenwand wird in Mauerwerk erstellt. Das Mauerwerk ist mit 2 DF- und 3 DF-Steinen und Mörtel der Mörtelgruppe MG IIa im Mischungsverhältnis 2:1:8 herzustellen. Der Baustoffbedarf für die Außenwand ist zu berechnen. Bindemittel sind in Säcken, Sand in kg und die benötigten Mauersteine in Stück anzugeben.

8 Die Wände einer Garage werden gemauert **(Bild 117/2)**. Das Mauerwerk hat, gemessen von OK Betonsockel bis UK Decke, eine Höhe von 2,25 m. Es werden Mauersteine 16 DF mit Mörtel der Mörtelgruppe MG II im Mischungsverhältnis 1:3 vermauert. Sämtliche Stürze sind deckengleich. Wieviel Steine, wieviel Sack Hydraulischer Kalk HL 5 und wieviel kg Sand sind erforderlich?

9 Das Untergeschoß für ein Wohnhaus am Hang wird erstellt **(Bild 117/3)**. Sämtliche Wände werden in Mauerwerk ausgeführt. Für die erdberührten Wände sind Betonsteine 10 DF, für die Außenwände im Bereich der Einliegerwohnung Porenbetonsteine 20 DF und für alle anderen Wände Mauerziegel 2 DF vorgesehen. Betonsteine werden mit Mörtel der Mörtelgruppe MG III im Mischungsverhältnis 1:4 vermauert, das verbleibende Mauerwerk mit Mörtel der Mörtelgruppe MG II im Mischungsverhältnis 1:3. Die Höhe des Mauerwerks beträgt 2,50 m. Maueröffnungen in Außenwänden werden durch deckengleiche Stürze überdeckt. Rolladenkasten sind 30 cm hoch und lagern auf der Gurtseite 11 cm, auf der anderen Seite 4 cm auf. Im Bild nicht näher bezeichnete Türöffnungen sind 0,885 m breit und 2,135 m hoch. Stürze in 11,5 cm dicken Wänden sind 12,5 cm hoch und lagern beidseitig 15 cm auf, Stürze in 24 cm dicken Wänden sind 25 cm hoch und lagern beidseitig 20 cm auf.

Der Baustoffbedarf für alle Mauerwerksteile ist zu berechnen. Bindemittel sind in Säcken, Sand in m^3 und die benötigten Mauersteine in Stück anzugeben.

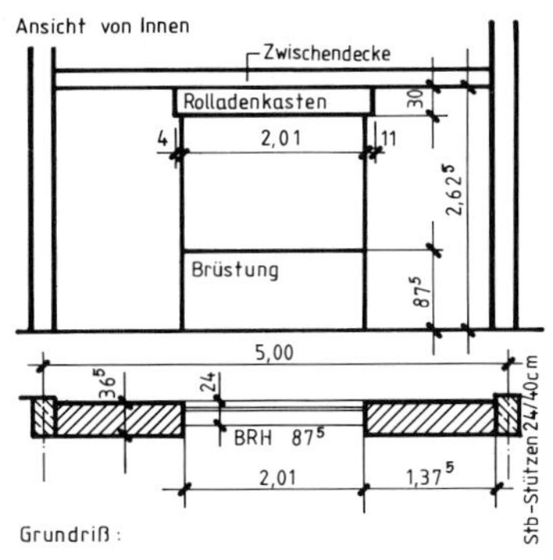

Bild 117/1: Außenwand

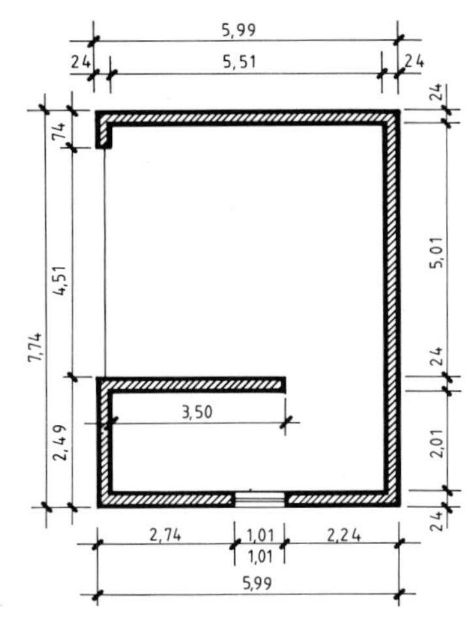

Bild 117/2: Garage (Grundriss)

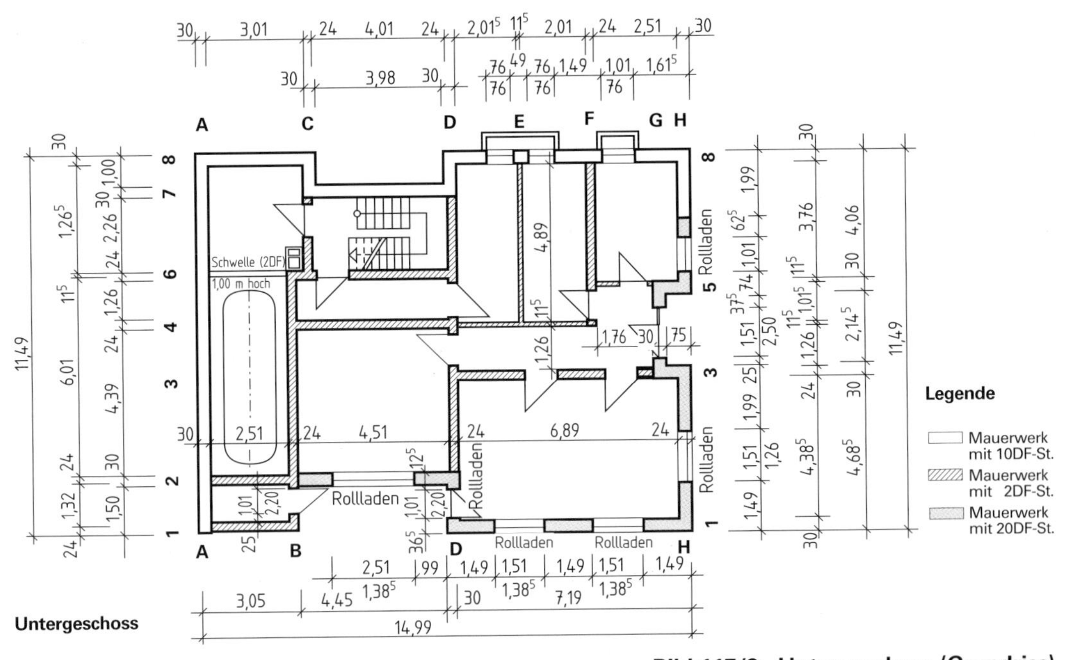

Bild 117/3: Untergeschoss (Grundriss)

7.3.3 Arbeitsmappe Mauerwerksbau

MÖRTELZUSAMMENSETZUNG | **MENGENERMITTLUNG**

Das Arbeitsblatt MENGENERMITTLUNG enthält ein Formular zur Berechnung der Mauerwerksfläche oder des Mauerwerksvolumens nach Wanddicken getrennt **(Bild 118/1)**.

Mauerwerksbau: Ermittlung des Stein- und Mörtelbedarfs BEDARF

11,5 cm DF
11,5 cm NF
11,5 cm 2 DF
11,5 cm 4 DF

Mögliche Steinformate

Pos. Nr.	Bezeichnung	Stück +	Stück -	Länge [m]	Breite [m]	Höhe [m]	Meß-gehalt	Abzug	Reiner Meßgehalt	Wanddicke [cm]	Steinformat	Steinbedarf [Stück] je m² bzw. m³	Steinbedarf [Stück] gesamt	Mörtelbedarf [Liter] je m² bzw. m³	Mörtelbedarf [Liter] gesamt
1	Mauerwerk 11,5 cm dick	1		5,26		2,75	14,465								
			2	0,885		2,75		4,868							
									9,598 m²						
2	Mauerwerk 17,5 cm dick	1		4,01		2,75	11,028								
			1	0,885		2,75		2,434							
									8,594 m²						
3	Mauerwerk 24 cm dick	1		7,89	0,24	2,75	5,207								
			1	1,01	0,24	2,75		0,667							
			1	0,885	0,24	2,75		0,584							
		1		3,515	0,24	2,75	2,320								
		1		1,385	0,24	2,75	0,914								
									7,191 m³						
4	Mauerwerk 30 cm dick	1		8,49	0,30	2,75	7,004								
		1		3,95	0,30	2,75	3,259								
		1		7,765	0,30	2,75	6,406								
		1		5,25	0,30	2,75	4,331								
			3	1,51	0,30	2,75		3,737							
			2	1,01	0,30	2,75		1,667							
			2	1,01	0,30	0,76		0,461							
									15,136 m³						

Bild 118/1: Formular zur Mengenermittlung von Mauerwerk

Einzugeben ist die Positionsnummer, die Bezeichnung des Mauerwerks und die Anzahl der Abstiche (Stück); bei Abzügen ist die Stückzahl in der Spalte mit dem Minuszeichen einzutragen.

Das Mauerwerk wird als Fläche berechnet, wenn Länge und Höhe eingegeben werden. Bei zusätzlicher Eingabe der Breite (Dicke) wird das Mauerwerk in m³ berechnet.

Nach jeder Position ist eine Zeile des Formulars freizulassen; dort wird das Ergebnis der Berechnung für die entsprechende Position ausgegeben.

Rechts neben dem Formular zur Mengenermittlung enthält das Arbeitsblatt eine Tabelle zur Ermittlung des Stein- und Mörtelbedarfs für die vorher berechneten Positionen. Bei der Berechnung des Stein- und Mörtelbedarfs sind neben den in der VOB festgelegten Abzügen alle anderen Öffnungen abzuziehen.

Mit Hilfe der Schaltfläche BEDARF führt das Programm automatisch zu den Zellen, in die Wanddicke und Steinformat eingetragen werden müssen. Dazu öffnet das Programm zuerst ein Dialogfeld zur Eingabe der Wanddicke **(Bild 119/1)** und danach ein Dialogfeld zur Eingabe des Steinformates

(Bild 119/2). Die möglichen Steinformate für die entsprechende Wanddicke werden angezeigt und müssen in der gleichen Schreibweise eingetragen werden. Bei fehlerhaften Eingaben können die korrigierten Werte nach Ablauf der Abfragen direkt in die entsprechenden Zellen geschrieben werden.

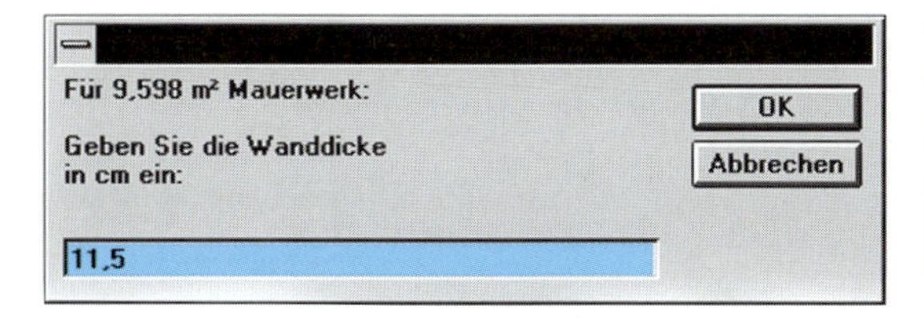

Bild 119/1: Dialogfeld Wanddicke

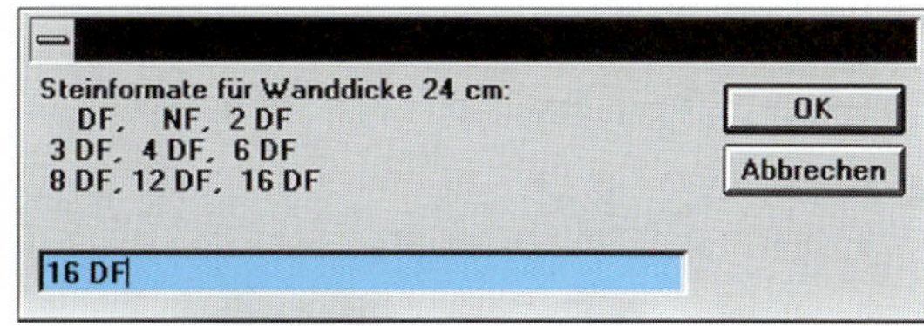

Bild 119/2: Dialogfeld Steinformat

Als Ergebnis wird der Stein- und Mörtelbedarf für einen m^2 bzw. m^3 sowie für die ermittelten Mengen ausgegeben **(Bild 119/3)**.

Reiner Meßgehalt	Wanddicke [cm]	Steinformat	Steinbedarf [Stück]		Mörtelbedarf [Liter]	
			je m² bzw. m³	gesamt	je m² bzw. m³	gesamt
9,598 m²	24,0	DF	132	1267	70	672
8,594 m²	36,5	12 DF	16	138	46	395

Bild 119/3: Stein- und Mörtelbedarf

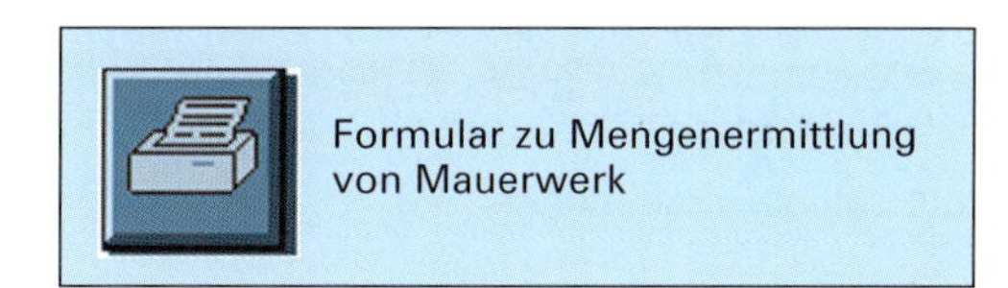

Nach der Ermittlung des Stein- und Mörtelbedarfs muß die Mörtelzusammensetzung im Arbeitsblatt MÖRTELZUSAMMENSETZUNG bestimmt werden.

MÖRTELZUSAMMENSETZUNG / MENGENERMITTLUNG

Das Arbeitsblatt MÖRTELZUSAMMENSETZUNG enthält die Bereiche MÖRTELMISCHUNG UND AUSBEUTE sowie BAUSTOFFBEDARF FÜR MÖRTEL NACH RAUMTEILEN **(Bild 120/1)**.

Für die Mörtelmischung können als bekannte Größen die Mengen in Liter oder die bekannten Raumteile von Bindemittel und Sand eingegeben werden, ebenso die lose Masse der Mischung oder die Masse des fertigen Mörtels und die Mörtelausbeute. Die fehlenden Größen werden in der Spalte Ergebnis automatisch angezeigt.

Die Mörtelzusammensetzung nach Raumteilen ist abhängig von der jeweiligen Mörtelgruppe auszuwählen. Durch Anklicken der Mörtelgruppe im Auswahlfeld werden die zugehörigen Mörtelmischungen mit den Raumteilen an Bindemittel und Sand im benachbarten Auswahlfeld angezeigt. Nach Festlegung des gewünschten Mischungsverhältnisses erhält man die benötigten Mengen an Bindemittel und Sand für 1 m³ Frischmörtel.

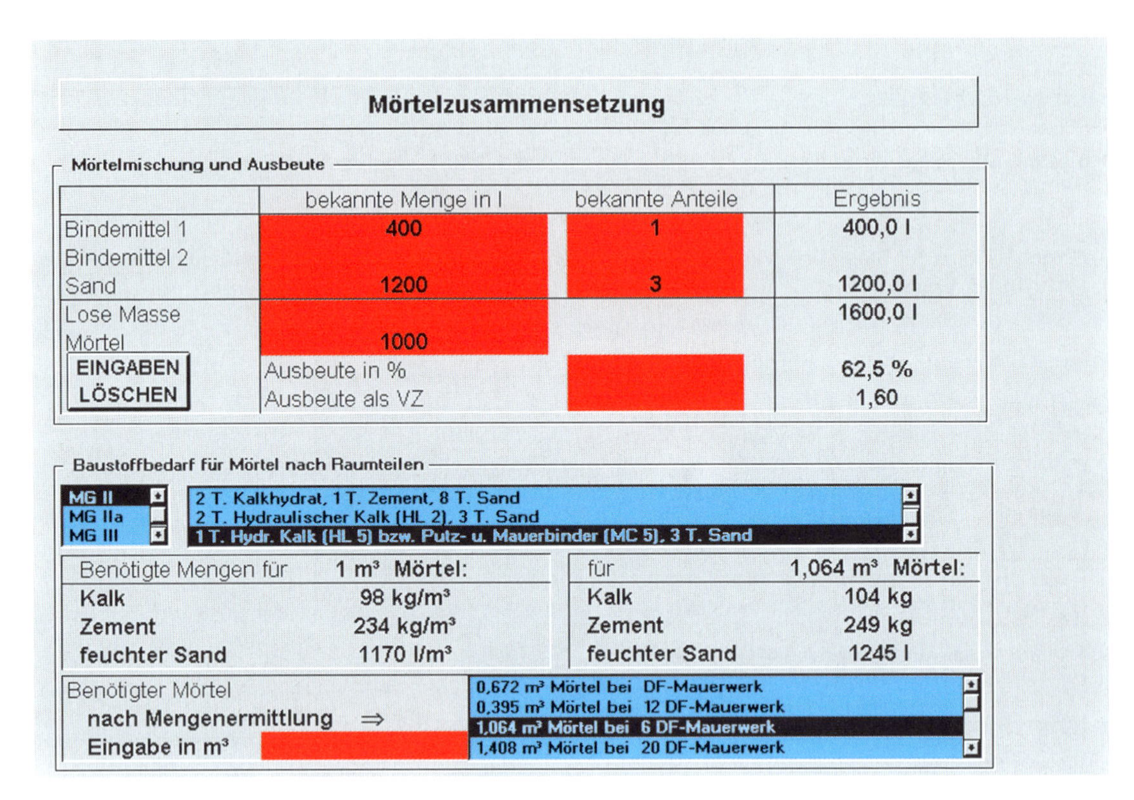

Bild 120/1: Mörtelzusammensetzung

Die Menge des benötigten Mörtels kann in dem Listenfeld durch Anklicken ausgewählt werden. Das Listenfeld zeigt die Ergebnisse der vorher durchgeführten Mengenermittlung an.

Unabhängig davon kann jede beliebige Mörtelmenge neben dem Text „Eingabe in m³" eingetragen werden.

7.4 Betonbau

Im Betonbau wird vorwiegend Normalbeton verarbeitet, auf den sich die hier verwendeten Rechenwerte beziehen. Frischbeton wird aus Gesteinskörnungen und Zementleim hergestellt, wobei Zementleim ein Gemisch aus Wasser und Zement ist. Dabei setzt sich der Wassergehalt aus der Oberflächenfeuchte der Gesteinskörnung und dem Zugabewasser zusammen **(Bild 121/1)**. Die Betonbestandteile werden nach Gewichtsteilen errechnet.

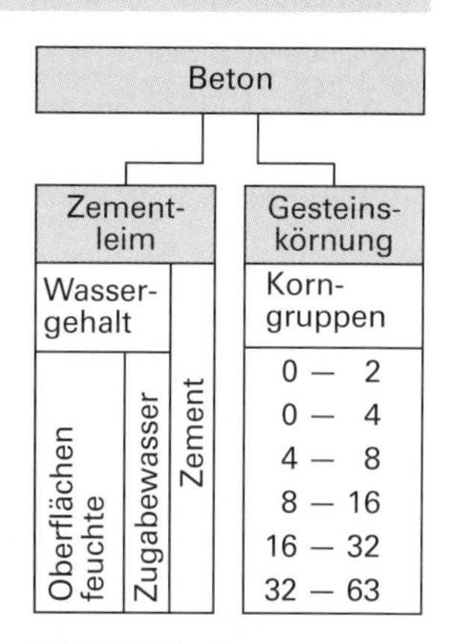

Bild 121/1: Zusammensetzung von Beton

7.4.1 Gesteinskörnung

Die Gesteinskörnung bildet mit etwa 70% den größten Anteil am Beton. Um normgerechte Eigenschaften von Frischbeton und Festbeton zu erreichen, muss die Kornzusammensetzung so beschaffen sein, dass einerseits möglichst wenig Hohlräume und andererseits möglichst viele Berührungspunkte unter den Körnern entstehen. Dies wird durch ein abgestuftes Korngemisch erreicht.

Die Beurteilung der Kornzusammensetzung erfolgt anhand von Regelsieblinien nach DIN 1045-2, die für Zuschlaggemische mit 8 mm, 16 mm, 32 mm und 63 mm Größtkorn vorgegeben sind **(Bild 121/2)**.

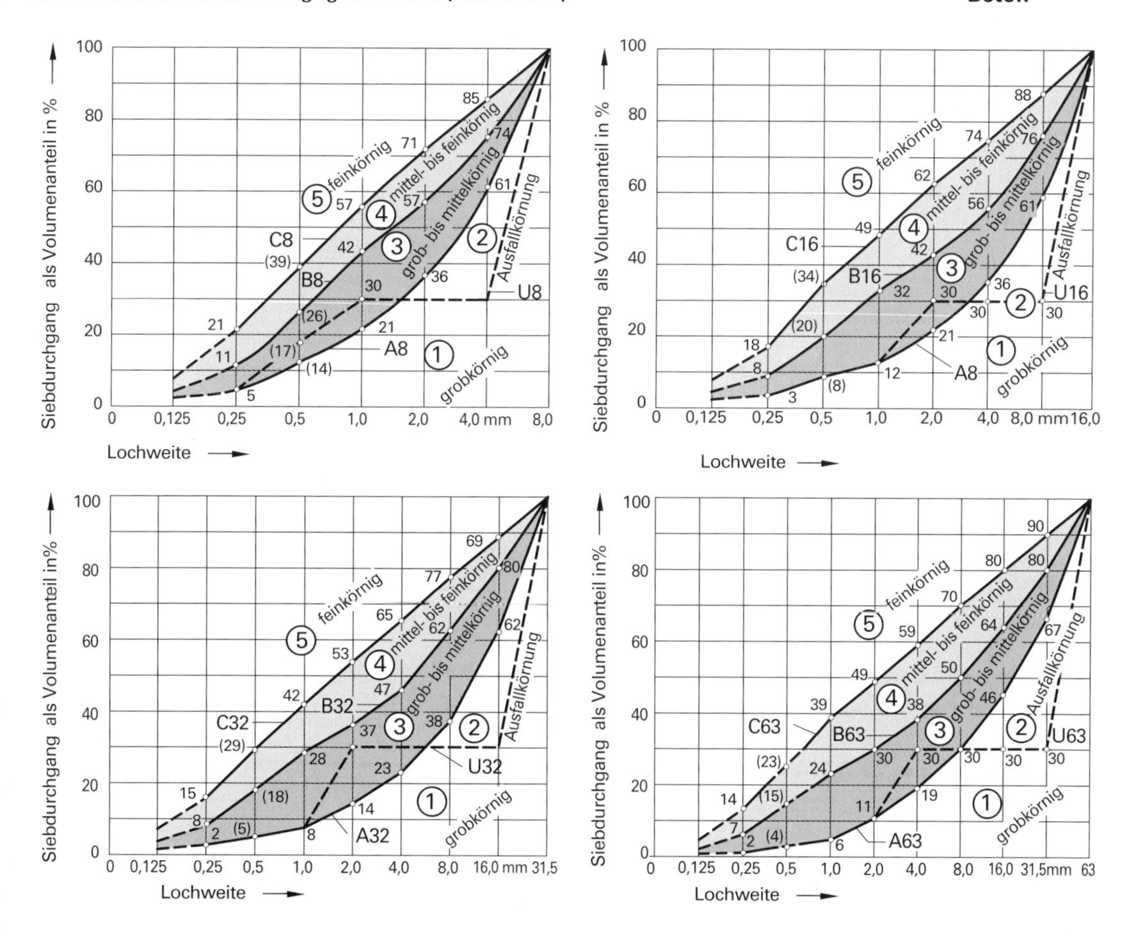

Bild 121/1: Sieblinien nach DIN 1045-2

In der Regelsieblinie wird die Kornzusammensetzung durch Kenngrößen zeichnerisch dargestellt und in Sieblinienbereiche so eingeteilt, dass eine Beurteilung rasch möglich ist. Dabei werden als Bezugsgrößen die Werte verwendet, die beim Siebversuch ermittelt werden. Die den Korngrößen entsprechenden Lochweiten des Prüfsiebsatzes **(Bild 122/1)** werden auf der waagerechten Achse und der Volumenanteil des Siebdurchganges auf der senkrechten Achse abgetragen (Bild 121/2).

Außerdem können aus der Sieblinie die Körnungsziffer K und die D-Summe als Kennwerte für den Wasseranspruch eines Korngemisches ermittelt werden. Bei der Ermittlung der Körnungsziffer K werden das 0,125 mm-Sieb und der Auffangkasten nicht berücksichtigt.

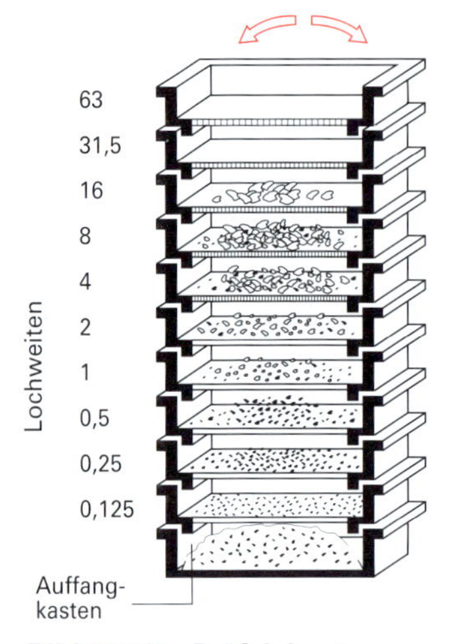

Bild 122/1: Prüfsiebsatz

$$\text{Körnungsziffer K} = \frac{\text{Summe aller Rückstände}}{100}$$

$$\text{D-Summe} = \text{Summe aller Durchgänge}$$

Bei der Ermittlung der D-Summe ist zu beachten, dass alle Siebe in die Berechnung einbezogen werden.

Mit Hilfe der Sieblinie kann sowohl ein vorhandenes Korngemisch beurteilt, als auch ein Korngemisch den Anforderungen entsprechend zusammengesetzt werden.

Beurteilen eines Korngemisches

Die Beurteilung der Kornzusammensetzung eines Korngemisches erfolgt anhand der Regelsieblinie des entsprechenden Größtkornes. Hierzu sind zwei bis drei Siebversuche durchzuführen. Die Ergebnisse der Siebversuche werden tabellarisch dargestellt und in die Regelsieblinie eingetragen. Daraus lässt sich das Korngemisch einem Sieblinienbereich zuordnen. Die Prüfgutmenge richtet sich nach dem Größtkorn des Korngemisches **(Tabelle 122/1)**.

Tabelle 122/1: Mindestprüfgutmenge je Siebung

Größtkorn (mm)	bis 4	bis 8	bis 16	bis 32	bis 63
Prüfgutmenge (g)	200	600	2 600	10 000	40 000

Bei einem Korngemisch 0/32 sind z. B. 3 · 10 000 g = 30 000 g Prüfgut bereitzuhalten.

Durchführung der Siebung

Das Prüfgut wird getrocknet und mit dem Siebsatz abgesiebt. Die Rückstände auf den einzelnen Sieben und im Auffangkasten werden additiv verwogen, d. h. beim größten Sieb beginnend werden die Rückstände nacheinander in den Wiegebehälter gegeben und jeweils zusammen mit dem bereits vorhandenen Gewicht gewogen. Die Rückstände aller Siebe einschließlich des Inhalts des Auffangkastens müssen wieder die Prüfgutmenge ergeben **(Bild 122/2)**.

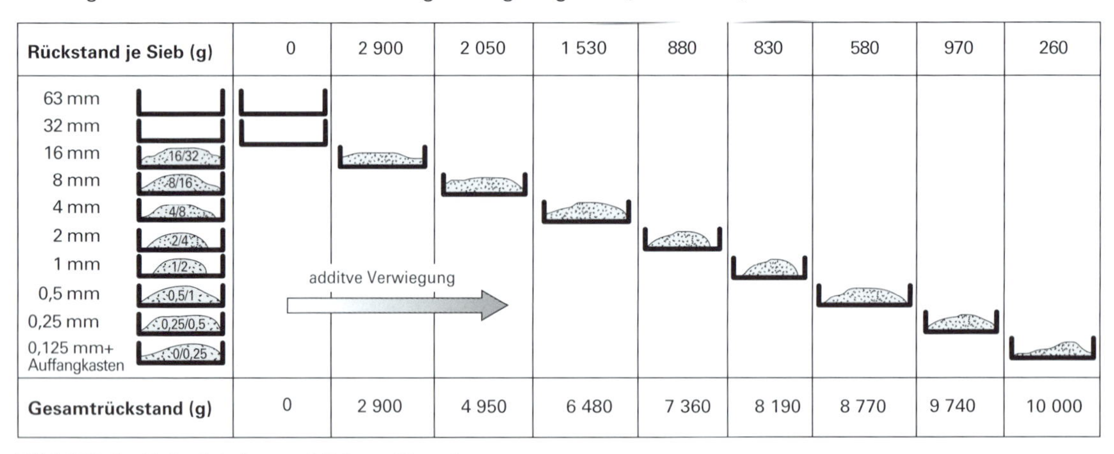

Rückstand je Sieb (g)	0	2 900	2 050	1 530	880	830	580	970	260
Gesamtrückstand (g)	0	2 900	4 950	6 480	7 360	8 190	8 770	9 740	10 000

Bild 122/2: Beispiel einer additiven Verwiegung

Die Ergebnisse aus drei Siebungen werden ausgewertet und in ein Formblatt eingetragen **(Bild 123/1)**. Dabei wird der Siebrückstand in % bezogen auf die Gesamtprüfgutmenge errechnet und der Durchgang als Ergänzungswert auf 100 % angegeben. Im Siebliniendiagramm werden die Durchgangswerte über den entsprechenden Lochweiten der Siebe eingetragen und die sich ergebenden Punkte geradlinig miteinander verbunden.

Aus der Summe aller Siebrückstände kann die Körnungsziffer K und aus der Summe aller Siebdurchgänge die D-Summe ermittelt werden.

Beispiel: Für ein Betonbauteil ist ein Korngemisch 0/32 vorgesehen. Die Ergebnisse der beim Siebversuch durchgeführten Wägungen sind im Formblatt eingetragen (Bild 123/1).

Siebversuch											
Versuch	Gesamtrückstand g	Siebrückstände in g									Bemerkungen
		0,25	0,5	1	2	4	8	16	31,5	63	
Probe-Kennzeichen/Korngruppe 0/32 mm											
1	10 000	9 740	8 770	8 190	7 360	6 480	4 950	2 900	0	0	
2	10 000	9 670	8 800	8 210	7 440	6 500	5 000	2 840	0	0	
3	10 000	9 690	8 830	8 200	7 400	6 520	5 050	2 960	0	0	
Summe											
Rückstand %											
Durchgang %											

Bild 123/1: Formblatt zum Siebversuch

Das Korngemisch ist zu prüfen durch:

a) Ermitteln des Siebrückstandes und des Siebdurchganges als Volumenanteil in %,

b) Berechnen der Körnungsziffer K und der D-Summe,

c) Beurteilen der Sieblinie anhand der Regelsieblinie.

Lösung: a) Berechnen des Siebrückstandes und des Siebdurchganges als Volumenanteil in %:
Die Summe der Rückstände auf den einzelnen Sieben wird im Formblatt eingetragen **(Bild 124/1)**.

Prüfsieb:	Ermitteln des Siebrückstandes:	Ermitteln des Siebdurchganges:
31,5 mm	$\frac{0\ \text{g}}{30\,000\ \text{g}} \cdot 100\% = 0\%$	$100\% - 0\% = 100\%$
16 mm	$\frac{8\,700\ \text{g}}{30\,000\ \text{g}} \cdot 100\% = 29\%$	$100\% - 29\% = 71\%$
8 mm	$\frac{15\,000\ \text{g}}{30\,000\ \text{g}} \cdot 100\% = 50\%$	$100\% - 50\% = 50\%$
4 mm	$\frac{19\,500\ \text{g}}{30\,000\ \text{g}} \cdot 100\% = 65\%$	$100\% - 65\% = 35\%$
2 mm	$\frac{22\,200\ \text{g}}{30\,000\ \text{g}} \cdot 100\% = 74\%$	$100\% - 74\% = 26\%$
1 mm	$\frac{24\,600\ \text{g}}{30\,000\ \text{g}} \cdot 100\% = 82\%$	$100\% - 82\% = 18\%$
0,5 mm	$\frac{26\,400\ \text{g}}{30\,000\ \text{g}} \cdot 100\% = 88\%$	$100\% - 88\% = 12\%$
0,25 mm	$\frac{29\,100\ \text{g}}{30\,000\ \text{g}} \cdot 100\% = 97\%$	$100\% - 97\% = 3\%$

Eintragen der Siebrückstände bzw. der Siebdurchgänge in das Formblatt (Bild 124/1).

Siebversuch											
Versuch	Gesamtrückstand g	Siebrückstände in g									Bemerkungen
		0,25	0,5	1	2	4	8	16	31,5	63	
Probe-Kennzeichen/Korngruppe 0/32 mm ③ „grob- bis mittelkörnig“											
1	10 000	9 740	8 770	8 190	7 360	6 480	4 950	2 900	0	0	
2	10 000	9 670	8 800	8 210	7 440	6 500	5 000	2 840	0	0	
3	10 000	9 690	8 830	8 200	7 400	6 520	5 050	2 960	0	0	
Summe	30 000	29 100	26 400	24 600	22 200	19 500	15 000	8 700	0	0	
Rückstand %		97	88	82	74	65	50	29	0	0	**K = 4,85**
Durchgang %		3	12	18	26	35	50	71	100	100	**D = 415**

Bild 124/1: Ausgewerteter Siebversuch (Formblatt)

b) Berechnen der Körnungsziffer K und der D-Summe

$$\text{Körnungsziffer K} = \frac{\text{Summe aller Siebrückstände}}{100}$$

$$\text{Körnungsziffer K} = \frac{97 + 88 + 82 + 74 + 65 + 50 + 29}{100} = \frac{485}{100} \qquad \mathbf{K = 4,85}$$

D-Summe = Summe aller Siebdurchgänge

D-Summe = 3 + 12 + 18 + 26 + 35 + 50 + 71 + 100 + 100 **D = 415**

Die Körnungsziffer K wird in der Spalte „Bemerkungen“ auf Höhe der Zeile „Siebrückstände“, die D-Summe auf Höhe der Zeile „Siebdurchgänge“ in das Formblatt eingetragen (Bild 123/1).

c) Beurteilen der Sieblinie
Die Siebdurchgänge als Volumenanteil in % werden in das Siebliniendiagramm eingetragen und mit den Sieblinienbereichen der Regelsieblinie verglichen bzw. einem Sieblinienbereich zugeordnet **(Bild 124/2)**.

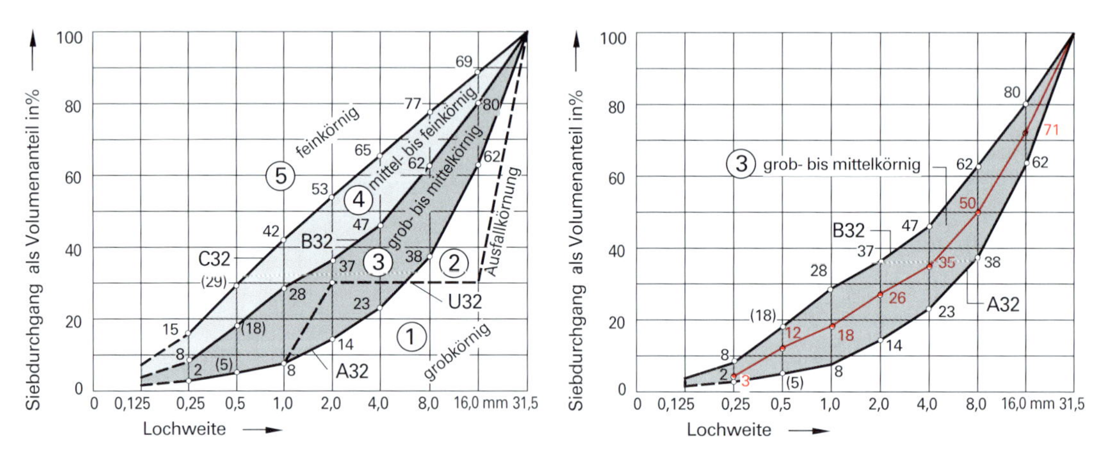

Bild 124/2: Sieblinie nach DIN 1045-2

Bild 124/3: Sieblinie des ausgewerteten Siebversuchs

Das Korngemisch liegt im Sieblinienbereich ③ „grob bis mittelkörnig“ (Bild 124/3).

Zusammensetzen eines Korngemisches

Nach DIN 1045-2 kann zur Herstellung von Standardbeton ungetrennte Gesteinskörnung verwendet werden. Betone höherer Festigkeitsklassen erfordern eine Trennung in Korngruppen, wenn das Größtkorn des Zuschlags 32 mm beträgt. Daraus kann sich ein Bedarf nach weitgestuften Korngruppen, z. B. 2/32, oder nach Korngemischen, z. B. 0/32, ergeben.

Ein Korngemisch aus einzelnen Korngruppen wird anhand einer angestrebten Sieblinie zusammengesetzt. Größtkorn und Sieblinienbereich werden so gewählt, dass die geforderten Betoneigenschaften sicher erreicht werden können.

Die angestrebte Sieblinie wird in ein Sieblinien-Schaubild eingezeichnet. Unter Beachtung der Mindestanforderungen an die Korntrennung und der verfügbaren Korngruppen wird ihre Anzahl und Abstufung festgelegt. Der prozentuale Anteil einer Korngruppe wird als Differenz zwischen der entsprechenden unteren und oberen Prüfkorngröße ermittelt.

Beispiel: Ein Korngemisch 0/32 soll aus den Korngruppen 0/4, 4/8, 8/16, und 16/32 zusammengesetzt werden. Die Sieblinie soll zwischen den Regelsieblinien A 32 und B 32 liegen.

a) Wie groß ist die prozentuale Zusammensetzung des Korngemisches, getrennt nach den Korngruppen?

b) Welche Körnungsziffer K und welche D-Summe ergeben sich?

Lösung: a) Ermitteln der Werte für die angestrebte Sieblinie:

Sieblinie, Größtkorn 32 mm									
	Durchgang als Volumenanteil in % durch die Siebe								
	0,25	0,5	1	2	4	8	16	31,5	63
A 32	2	5	8	14	23	38	62	100	
B 32	8	18	28	37	47	62	80	100	
Summe	10	23	36	51	70	100	142	200	
gemittelt	5	12	18	26	35	50	71	100	

Die angestrebte Sieblinie ist in das Sieblinien-Schaubild einzuzeichnen **(Bild 125/1)**.

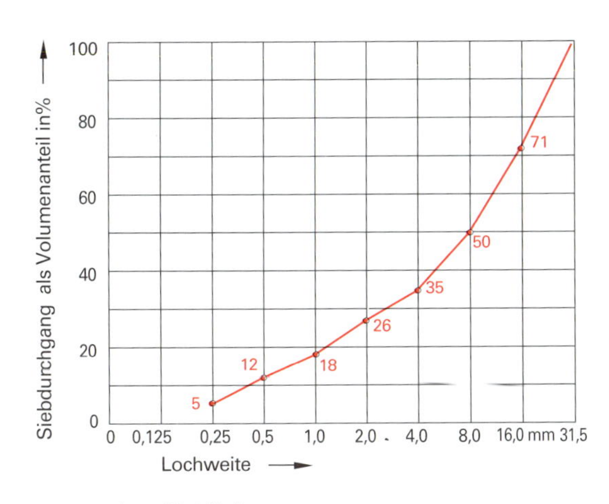

angestrebte Sieblinie

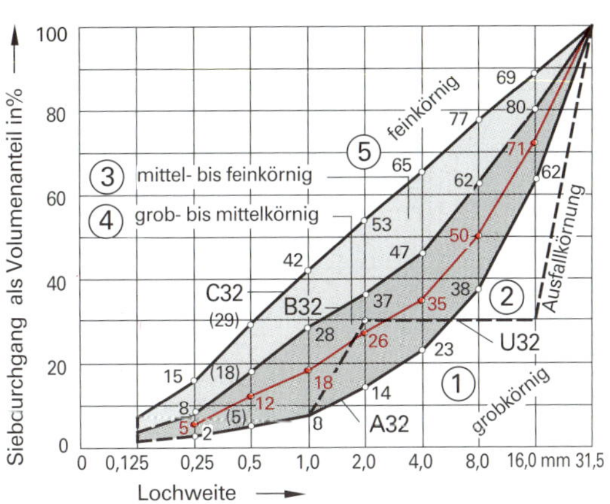

Sieblinie nach DIN 1045-2

Bild 125/1: Sieblinien-Schaubilder

Den prozentualen Anteil einer Korngruppe am Korngemisch erhält man, indem man die Differenz der Siebdurchgänge durch die obere und untere Prüfkorngröße einer Korngruppe ermittelt.

Korngruppe 0/4:	35% – 0%	=	**35%**
Korngruppe 4/8:	50% – 35%	=	**15%**
Korngruppe 8/16:	71% – 50%	=	**21%**
Korngruppe 16/32:	100% – 71%	=	**29%**
	Summe	=	100%

b) Ermitteln der Körnungsziffer K und der D-Summe:

Sieblinie, Größtkorn 32 mm									
	Durchgang als Volumenanteil in % durch die Siebe								
	0,25	0,5	1	2	4	8	16	31,5	63
A 32	2	5	8	14	23	38	62	100	
B 32	8	18	28	37	47	62	80	100	
Summe	10	23	36	51	70	100	142	200	
gemittelt	5	12	18	26	35	50	71	100	
Rückstand	95	88	82	74	65	50	29	0	

$$\text{Körnungsziffer K} = \frac{95 + 88 + 82 + 74 + 65 + 50 + 29}{100} \qquad \mathbf{K = 4{,}83}$$

$$\text{D-Summe} = 5 + 12 + 18 + 26 + 35 + 50 + 71 + 100 + 100 \qquad \mathbf{D = 417}$$

Aufgaben zu 7.4.1 Gesteinskörnung

1 Für ein Betonbauteil ist ein Korngemisch 0/32 vorgesehen. Die Ergebnisse der beim Siebversuch durchgeführten Wägungen liegen bereits vor. Die Korngemische 1.1 bis 1.3 sind zu prüfen.

a) Wie groß ist der Siebrückstand und der Siebdurchgang als Volumenanteil in %?

b) Welche Körnungsziffer K und welche D-Summe ergeben sich daraus?

c) In welchem Bereich liegt die Sieblinie?

1.1 Gesteinskörnung 0/32

Siebversuch											
Versuch	Gesamtrückstand g	Siebrückstände in g									Bemerkungen
		0,25	0,5	1	2	4	8	16	31,5	63	
Probe-Kennzeichen/Korngruppe 0/32 mm											
1	10 000	9744	9662	9516	9018	8140	6644	4286	0	0	
2	10 000	9862	9718	9530	9016	7990	6586	4300	0	0	
3	10 000	9794	9720	9454	8966	8170	6570	4314	0	0	
Summe											
Rückstand %											
Durchgang %											

1.2 Gesteinskörnung 0/32

Siebversuch											
Versuch	Gesamtrückstand g	Siebrückstände in g									Bemerkungen
		0,25	0,5	1	2	4	8	16	31,5	63	
Probe-Kennzeichen/Korngruppe 0/32 mm											
1	10 000	8120	6580	5440	4360	3100	2050	830	0	0	
2	10 000	8280	6660	5360	4600	3140	1970	780	0	0	
3	10 000	8200	6560	5400	4540	3060	1980	790	0	0	
Summe											
Rückstand %											
Durchgang %											

1.3 Gesteinskörnung 0/32

Siebversuch											
Versuch	Gesamtrückstand g	Siebrückstände in g									Bemerkungen
		0,25	0,5	1	2	4	8	16	31,5	63	
Probe-Kennzeichen/Korngruppe 0/32 mm											
1	10 000	9 380	8 960	8 440	7 560	6 620	5 840	3 420	0	0	
2	10 000	9 300	8 820	8 380	7 620	6 560	5 780	3 320	0	0	
3	10 000	9 240	8 860	9 454	7 680	6 580	5 820	3 240	0	0	
Summe											
Rückstand %											
Durchgang %											

2 Für ein Betonbauteil ist ein Korngemisch 0/16 vorgesehen. Die Ergebnisse der beim Siebversuch durchgeführten Wägungen liegen bereits vor. Die Korngemische 2.1 bis 2.3 sind zu prüfen.

a) Wie groß ist der Siebrückstand und der Siebdurchgang als Volumenanteil in %?

b) Welche Körnungsziffer K und welche D-Summe ergeben sich daraus?

c) In welchem Bereich liegt die Sieblinie?

2.1 Gesteinskörnung 0/16

Siebversuch											
Versuch	Gesamtrückstand g	Siebrückstände in g									Bemerkungen
		0,25	0,5	1	2	4	8	16	31,5	63	
Probe-Kennzeichen/Korngruppe 0/16 mm											
1	2 600	2 537	2 481	2 366	2 273	1 883	1 073	0			
2	2 600	2 548	2 470	2 381	2 262	1 861	1 092	0			
3	2 600	2 559	2 459	2 351	2 251	1 872	1 111	0			
Summe											
Rückstand %											
Durchgang %											

2.2 Gesteinskörnung 0/16

Siebversuch											
Versuch	Gesamtrückstand g	Siebrückstände in g									Bemerkungen
		0,25	0,5	1	2	4	8	16	31,5	63	
Probe-Kennzeichen/Korngruppe 0/16 mm											
1	2 600	2 437	2 214	2 013	1 790	1 415	657	0			
2	2 600	2 466	2 236	2 043	1 775	1 404	683	0			
3	2 600	2 429	2 258	2 028	1 738	1 393	687	0			
Summe											
Rückstand %											
Durchgang %											

2.3 Gesteinskörnung 0/16

Siebversuch											
Versuch	Gesamtrückstand g	Siebrückstände in g									Bemerkungen
		0,25	0,5	1	2	4	8	16	31,5	63	
Probe-Kennzeichen/Korngruppe 0/16 mm											
1	2600	2295	2021	1634	1382	1025	513	0			
2	2600	2318	1998	1671	1404	1003	535	0			
3	2600	2310	2006	1642	1411	1018	520	0			
Summe											
Rückstand %											
Durchgang %											

3 Ein Korngemisch der Sieblinie A 32 (B 32) aus den Korngruppen 0/4, 4/8, 8/16 und 16/32 ist zusammenzusetzen. Außerdem ist die Körnungsziffer K und die D-Summe zu bestimmen.

4 Ein Korngemisch 0/32 ist aus den Korngruppen 0/4, 4/8, 8/16 und 16/32 zusammenzusetzen. Die Durchgangswerte sind nachfolgender Tabelle zu entnehmen.

Siebdurchgang als Volumenanteil in %									Bemerkungen
0,25	0,5	1	2	4	8	16	31,5	63	
4	10	15	22	31	46	68	100		

Welcher Volumenanteil in % ist von jeder Korngruppe erforderlich?

5 Aus den Korngruppen 0/2, 2/8 und 8/16 ist ein Korngemisch der Sieblinie A 16 (B 16) herzustellen.

a) Wie groß sind die jeweiligen Volumenanteile in %?

b) Wie groß sind die Körnungsziffer K und die D-Summe?

6 Ein Korngemisch 0/16 ist aus den Korngruppen 0/2, 2/8 und 8/16 zusammenzusetzen. Die Durchgangswerte sind nachfolgender Tabelle zu entnehmen.

Siebdurchgang als Volumenanteil in %									Bemerkungen
0,25	0,5	1	2	4	8	16	31,5	63	
6	14	22	32	46	68	100			

Welcher Volumenanteil in % ist von jeder Korngruppe erforderlich?

7 Für eine Stützwand sind 29,800 m^3 Beton herzustellen. Die Gesteinskörnung ist nach der Regelsieblinie A 32 aus den Korngruppen 0/4, 4/8, 8/16 und 16/32 zusammenzusetzen.

a) Wieviel kg Gesteinskörnung sind insgesamt notwendig, wenn für 1 m^3 Beton 1930 kg Gesteinskörnung benötigt werden?

b) Wieviel kg Gesteinskörnung sind getrennt nach Korngruppen bereitzustellen?

7.4.2 Zugabewasser

Die Menge des Zugabewassers ist von der Kornzusammensetzung und der Oberflächenfeuchte des Korngemisches sowie von der geforderten Konsistenz des Frischbetons abhängig.

Für die Berechnung des Zugabewassers wird vom Wasseransprch der oberflächentrockenen Gesteinskörnung ausgegangen, der um die Oberflächenfeuchte des Korngemisches vermindert werden muss. Die Oberflächenfeuchte beträgt in der Regel 3,5% bis 4,5% der Masse der Gesteinskörnungen.

Zugabewasser = Wasseranspruch – Oberflächenfeuchte der Gesteinskörnungen

Kennwert für den Wasseranspruch ist z.B. die Körnungsziffer K oder die D-Summe **(Bild 129/1)**.

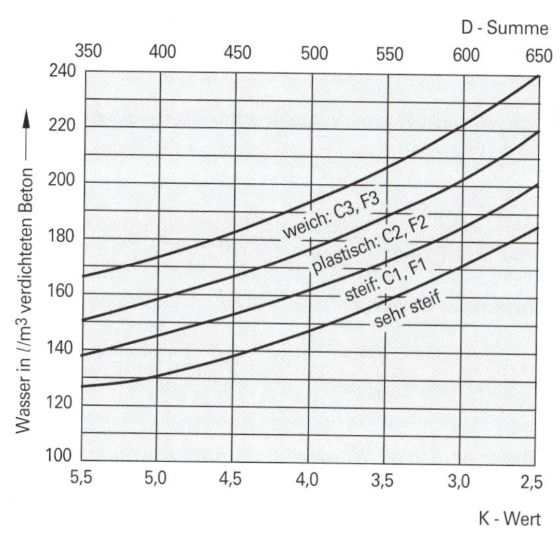

Bild 129/1: Wasseranspruch (bezogen auf die oberflächentrockene Gesteinskörnung)

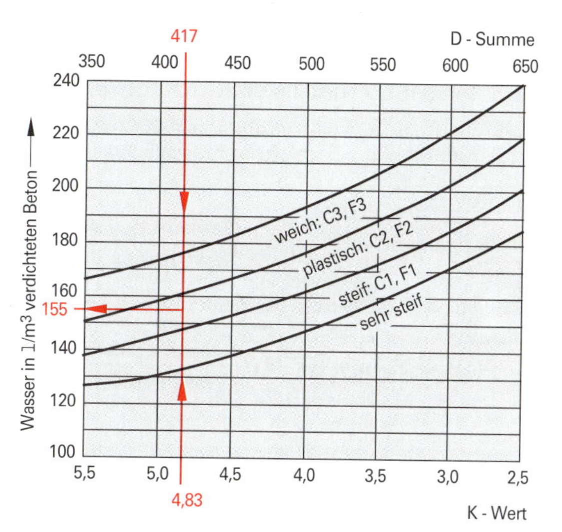

Bild 129/2: Ermittlung des Wasseranspruches (bezogen auf die oberflächentrockene Gesteinskörnung)

Beispiel: Zur Herstellung von 1 m³ Frischbeton benötigt man 1 930 kg oberflächentrockene Gesteinskörnung. Die Körnungsziffer beträgt K = 4,83 und die D-Summe 417. Der Frischbeton soll im Konsistenzbereich C2, plastisch bei einem Verdichtungsmaß von 1,15 liegen.

a) Wie groß ist der Wasseranspruch in Litern?

b) Wieviel Liter Zugabewasser werden benötigt, wenn die Oberflächenfeuchte der Gesteinskörnung 3,5% beträgt?

Lösung: a) Ermittlung des Wasseranspruches:

Der Wasseranspruch wird mit Hilfe des Schaubildes ermittelt **(Bild 129/2)**. Dieser beträgt bei einer Körnungsziffer K = 4,83 bzw. einer D-Summe von 417, für 1 m³ verdichteten Beton **155 Liter**.

b) Berechnung des Zugabewassers:

$$\text{Zugabewasser} = 155\ \text{kg} - 1\,930\ \text{kg} \cdot \frac{3{,}5}{100}$$

$$\text{Zugabewasser} = 155\ \text{kg} - 67{,}5\ \text{kg}$$

Zugabewasser = 87,5 *l*

Aufgaben zu 7.4.2 Zugabewasser

1 Der Wasseranspruch *w* in Liter je m³ Frischbeton der nachstehend aufgeführten Sieblinien nach DIN 1045-2 für die Konsistenzklassen C0 bis C3 ist zu ermitteln.

a) Sieblinie A 32 mit der Körnungsziffer K = 5,48

b) Sieblinie A 16 mit der Körnungsziffer K = 4,61

c) Sieblinie B 32 mit der Körnungsziffer K = 4,20

d) Sieblinie B 16 mit der Körnungsziffer K = 3,66

e) Sieblinie C 32 mit der Körnungsziffer K = 3,30

f) Sieblinie A 16 mit der Körnungsziffer K = 2,75

2 Zur Herstellung von 1 m^3 Frischbeton der Konsistenz C3 mit dem Verdichtungsmaß von 1,07 ist 1835 kg oberflächentrockene Gesteinskörnung erforderlich. Die Körnungsziffer K beträgt 4,8 (4,3), die Oberflächenfeuchte der Gesteinskörnung 4% (4,5%).

a) Wie groß ist der Wasseranspruch *w* in l/m^3?

b) Wieviel Liter Zugabewasser werden für 1 m^3 Frischbeton benötigt?

3 Ein Korngemisch 0/32 mit der Körnungsziffer K = 4,83 ist zur Herstellung von Frischbeton der Konsistenzklasse C1 vorgesehen. Ein Verdichtungsmaß von 1,40 soll angestrebt werden. Für 1 m^3 Beton benötigt man 1960 kg oberflächentrockene Gesteinskörnung.

Wieviel Liter Zugabewasser werden zur Herstellung von 1 m^3 Frischbeton benötigt, wenn die Oberflächenfeuchte der Gesteinskörnung 3% beträgt?

7.4.3 Wasserzementwert und Zementgehalt

Zementleim ist ein Gemisch aus Wasser und Zement. Das Verhältnis des Wassergehaltes *w* bezogen auf den Zementgehalt *z* bezeichnet man als Wasserzementwert (*w/z*-Wert).

Wasserzementwert = $\frac{\text{Gewicht des Wassers}}{\text{Gewicht des Zements}}$

Gewicht des Wassers = Gewicht des Zementes · Wasserzementwert

Gewicht des Zementes = $\frac{\text{Gewicht des Wassers}}{\text{Wasserzementwert}}$

$$w/z\text{-Wert} = \frac{w}{z}$$

$$w = z \cdot w/z\text{-Wert}$$

$$z = \frac{w}{w/z\text{-Wert}}$$

Betone mit niedrigem Wasserzementwert sind dicht und fest. Um dies zu erreichen, sind Mindestzementgehalte vorgeschrieben **(Tabelle A 19/1)**. Betone mit hohem Wasserzementwert sind porös und weniger fest, deshalb sind z. B. für Stahlbeton Grenzwerte des Wasserzementwertes festgelegt **(Tabelle A 20/1 und A 20/2)**.

Der Wasserzementwert für eine Betonmischung wird in Abhängigkeit von der angestrebten Betondruckfestigkeit und der Normfestigkeit des Zementes ermittelt **(Bild 131/1)**. Der so ermittelte Wasserzementwert wird mit dem höchstzulässigen Wasserzementwert verglichen, wobei der kleinere Wert für die weitere Berechnung maßgebend ist. Bei hochfestem Beton verliert der Einfluss der Druckfestigkeit des Zements an Bedeutung.

Beispiel: Für eine Stützwand im Freien soll Beton C25/30, plastisch mit einem Korngemisch 0/32 im Sieblinienbereich ④ „mittel- bis feinkörning" und einem Zement der Festigkeitsklasse 32,5 N hergestellt werden. Der Wasseranspruch beträgt 180 l/m^3 verdichteten Frischbeton.

a) Wie groß ist der maßgebende Wasserzementwert?

b) Wieviel kg Zement je m^3 Beton sind erforderlich?

Lösung: a) Ermitteln des Wasserzementwertes:

Der Wasserzementwert wird mit Hilfe des Schaubildes ermittelt **(Bild 131/2)**. Dieser beträgt bei einer anzustrebenden Betondruckfestigkeit von 35 N/mm^2 (Tabelle A 20/2) und der Verwendung eines Zementes der Festigkeitsklasse 32,5 N, **0,58** (Bild 131/2).

Dieser Wasserzementwert ist größer als der nach der Expositionsklasse XF2 zulässige Wert von 0,55 und darf deshalb nicht angewandt werden (Tabelle A 20/2).

b) Berechnen des Zementgewichts mit dem zulässigen Wasserzementwert von 0,55:

Gewicht des Zements $z = \frac{180\ \text{kg}}{0{,}55}$ $z = 327$ kg

Das Gewicht des Zements $z = 327$ kg liegt über dem Mindestgewicht des Zements von 300 kg nach Tabelle A 20/2 und kann deshalb für die Betonmischung verwendet werden.

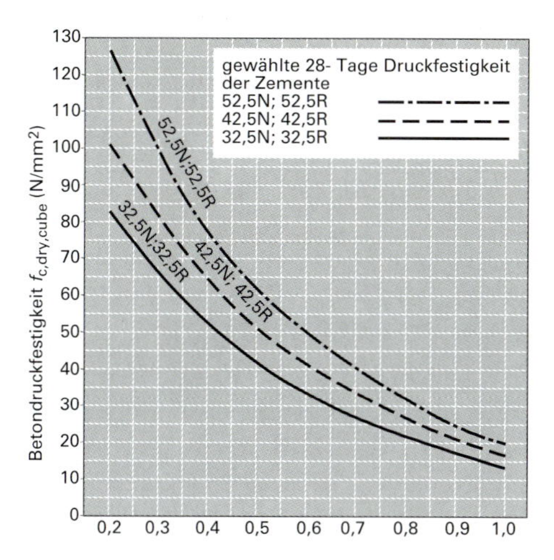

Bild 131/1: Zusammenhang zwischen Betondruckfestigkeit, Zementfestigkeitsklassen und Wasserzementwert (nach Walz)

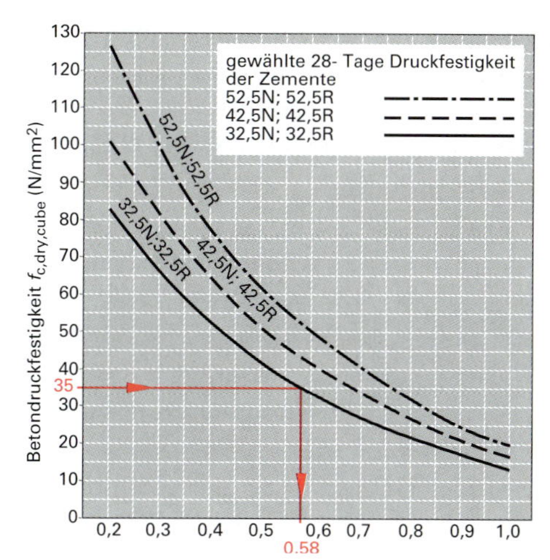

Bild 131/2: Ermittlung des Wasserzementwertes

Ist die Zusammensetzung einer Betonmischung bekannt oder lassen sich wichtige Kennwerte errechnen, so kann man eine Aussage hinsichtlich der zu erwartenden Betondruckfestigkeit machen. Die erreichbare Druckfestigkeit des Festbetons wird mit Hilfe des Schaubildes „Zusammenhang zwischen Betondruckfestigkeit, Zementfestigkeitsklassen und Wasserzementwert" ermittelt (Bild 131/1).

Beispiel: Eine Baustelle wird mit Transportbeton versorgt. Der angelieferte Beton C25/30, plastisch, mit einem Wasserzementwert von 0,55 enthält gemäß dem Betonsortenverzeichnis 300 kg/m³ Zement 32,5 N und 165 l/m³ Wasser. Um den Beton leichter verarbeiten zu können, wurde den angelieferten 4 m³ Frischbeton unzulässigerweise zusätzlich 150 Liter Wasser beigemischt.

a) Welche Betondruckfestigkeit ließe sich mit dem durch Wasserzugabe veränderten Beton erreichen?

b) Wieviel Zement/m³ muss zugegeben werden, damit der Wasserzementwert von 0,55 eingehalten werden kann?

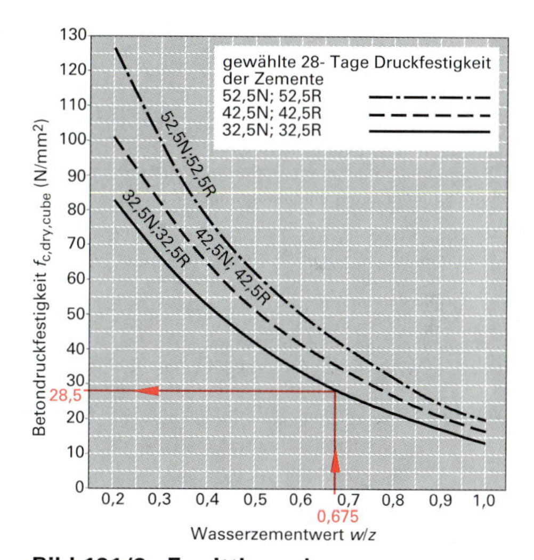

Bild 131/3: Ermittlung der Betondruckfestigkeit

Lösung a) Ermitteln der erreichbaren Betondruckfestigkeit:

$$\text{Wasserzugabe/m}^3 = \frac{150\ \text{l}}{4\ \text{m}^3}$$

$$\text{Wasserzugabe/m}^3 = 37{,}5\ \text{Liter}$$

$$w/z\text{-Wert} = \frac{165\ \text{kg} + 37{,}5\ \text{kg}}{300\ \text{kg}}$$

$$w/z\text{-Wert} = 0{,}675$$

Die erreichbare Betondruckfestigkeit wird mit Hilfe eines Schaubildes ermittelt **(Bild 131/3)**. Bei einem Wasserzementwert von 0,675 ergibt sich eine zu erwartende Betondruckfestigkeit von **28 N/mm²**.

b) Berechnen der zusätzlich erforderlichen Zementzugabe je m³ Beton:

$$\text{Zementzugabe/m}^3 = \frac{37{,}5\ \text{kg}}{0{,}55}$$

Zementzugabe/m³ = 68 kg

Aufgaben zu 7.4.3 Wasserzementwert und Zementgehalt

1 Frischbeton wird mit einem Zementgehalt von 300 kg/m³ und einem Wassergehalt von 140 l/m³ (160 l/m³, 180 l/m³) hergestellt.
   a) Welcher Wasserzementwert ergibt sich für die Betonmischung?
   b) Wie hoch ist die zu erwartende Betondruckfestigkeit, wenn Zement der Festigkeitsklasse 32,5 verwendet wird?

2 Für einen Beton mit hohem Wassereindringwiderstand werden 1850 kg Zuschläge mit 3,5% Oberflächenfeuchte, 350 kg Zement der Festigkeitsklasse 32,5 und 110 Liter Zugabewasser benötigt.
   a) Wie groß ist der Wasserzementwert unter Berücksichtigung der Oberflächenfeuchte?
   b) Wie hoch steigt der Wasserzementwert, wenn die Oberflächenfeuchte nicht berücksichtigt wird?
   c) Wie hoch sind die Betondruckfestigkeitswerte mit den unter a) bzw. b) ermittelten Wasserzementwerten?

3 Transportbeton C20/25 mit plastischer Konsistenz enthält laut Sortenverzeichnis 1955 kg/m³ trockene Gesteinskörnung 0/32, 165 Liter/m³ Wasser und 285 kg/m³ Zement der Festigkeitsklasse 32,5 R. Auf der Baustelle werden unzulässigerweise 22 Liter/m³ Wasser zusätzlich beigemischt.
   a) Wieviel kg Zement muss je m³ Beton zusätzlich beigemischt werden, damit der Wasserzementwert erhalten bleibt?
   b) Um wieviel % verringert sich die Betondruckfestigkeit, wenn nur die in der Aufgabe angegebenen Wassermengen zur besseren Verarbeitbarkeit zugemischt werden?

7.4.4 Standardbeton

Beton der Festigkeitsklasse C8/10 und C12/15 für unbewehrten Beton sowie Beton der Festigkeitsklasse C16/20 für unbewehrten oder bewehrten Beton können als Standardbetone hergestellt werden **(Tabellen A 21/1 bis A 21/3)**. Sie dürfen jedoch nur den Expositionsklassen XO für unbewehrte Bauteile ohne Korrosions- oder Angriffsrisiko, XC1 für Stahlbetonbauteile in Innenräumen oder ständig unter Wasser und XC2 für Teile von Wasserbehältern und Gründungsbauteile aus Stahlbeton, zugeordnet werden **(Tabelle A 22/1)** und keine Betonzusatzmittel und Betonzusatzstoffe enthalten. Eine Erstprüfung (Eignungsprüfung) braucht nicht durchgeführt zu werden, jedoch müssen die Mindestzementgehalte in Abhängigkeit von der Festigkeitsklasse des Betons, der Festigkeitsklasse des Zements und vom Größtkorn der Gesteinskörnung (Tabelle A 21/1 bis A 21/3) eingehalten werden. Anforderungen an die Zusammensetzung des Korngemisches und an die Lage der Sieblinie werden nicht gestellt.

Die Tabellenwerte der Betonrezepte sind anwendbar bei einer Oberflächenfeuchte der Gesteinskörnung von 4,5%, einer Dichte des Zements von 3,00 kg/dm³, einer Kornrohdichte der Gesteinskörnung von 2,60 kg/dm³ sowie bei Lufteinschlüssen bis 2 Vol.-%.

Beispiel: Für ein Bauteil sind 22,150 m³ Beton C16/20 plastischer Konsistenz notwendig, der als Standardbeton hergestellt wird. Es wird eine Gesteinskörnung 0/32 und Zement der Festigkeitsklasse 32,5 verwendet.
Welche Einzelstoffmengen sind für die Betonherstellung erforderlich?

Lösung: Einzelstoffmengen je m³ Beton nach Tabelle A 21/3:

Zement	Zugabewasser	Gesteinskörnung
320 kg/m³	110 l/m³	1856 kg/m³

Gesamtstoffbedarf:

Zement	320 kg/m³ · 22,150 m³	=	7088,00 kg
Wasser	110 l/m³ · 22,150 m³	=	2436,50 kg
Gesteinskörnung	1856 kg/m³ · 22,150 m³	=	41110,40 kg

Beispiel: Für ein Bauteil der Expositionsklasse XC1 soll Standardbeton C16/20 weicher Konsistenz hergestellt werden. Das Korngemisch besteht zu je einem Viertel aus Gesteinskörnungen der Korngruppen 0/2, 2/8, 8/16 und 16/32. Die Oberflächenfeuchte beträgt 6 Masse-Prozent bei 0/2, 4 Masse-Prozent bei 2/8, 2 Masse-Prozent bei 8/16 und 1 Masse-Prozent bei 16/32. Es ist Zement der Festigkeitsklasse 32,5 zu verwenden.
Alle zur Herstellung und Beurteilung notwendigen Werte sind für 1 m³ Beton zu ermitteln.

Lösung: Bestimmung des Sieblinienbereiches:

Lochweite in mm	2	8	16	32
Siebdurchgang als Volumenanteil in %	25	50	75	100

Der Vergleich mit der Regelsieblinie zeigt, dass die vorgegebene Kornzusammensetzung im Sieblinienbereich ③ „grob- bis mittelkörnig" liegt.

Mittlere Oberflächenfeuchte $\frac{6 \text{ Masse-\%} + 4 \text{ Masse-\%} + 2 \text{ Masse-\%} + 1 \text{ Masse-\%}}{4}$ = **3,25 Masse-%**

Einzelstoffmengen aus Tabelle A 21/3:

Zement	Zugabewasser	Korngemisch 0/32
360 kg/m³	134 l/m³	1 766 kg/m³

Wassergehalt $w = 134 \text{ l/m}^3 + 1766 \text{ kg} \cdot \frac{4{,}5\%}{104{,}5\%}$

$w = 134 \text{ l/m}^3 + 76 \text{ l/m}^3$ **w = 210 l/m³**

Wasserzementwert $= \frac{210 \text{ kg/m}^3}{360 \text{ kg/m}^3}$ ***w/z*-Wert = 0,58**

Die Tabellenwerte für Zugabewasser und Gesteinskörnung beziehen sich auf eine Oberflächenfeuchte von 4,5 Masse-%. Nach Rechnung beträgt die mittlere Oberflächenfeuchte des vorliegenden Korngemisches jedoch nur 3,25 Masse-%. Da der Wassergehalt von 210 l/m³ und der Wasserzementwert von 0,58 nicht verändert werden dürfen, muss die Menge des Zugabewassers erhöht werden. Die Berechnung der Zugabewassermenge muss daher über die trockene Gesteinskörnung erfolgen.

Gewicht der trockenen Gesteinskörnung: $g = 1766 \text{ kg/m}^3 - 76 \text{ kg/m}^3 = 1690 \text{ kg/m}^3$

Tatsächliche Oberflächenfeuchte: $1690 \text{ kg/m}^3 \cdot \frac{3{,}25\%}{100\%} = 55 \text{ l/m}^3$

Zugabewasser: $210 \text{ l/m}^3 - 55 \text{ l/m}^3 = 155 \text{ l/m}^3$

Gewicht der feuchten Gesteinskörnung je m³, getrennt nach Korngruppen

$$0/2 = \frac{1}{4} \cdot 1690 \text{ kg} \cdot \frac{100\,\% + 6\%}{100\%} = 448 \text{ kg}$$

$$2/8 = \frac{1}{4} \cdot 1690 \text{ kg} \cdot \frac{100\,\% + 4\%}{100\%} = 439 \text{ kg}$$

$$8/16 = \frac{1}{4} \cdot 1690 \text{ kg} \cdot \frac{100\,\% + 2\%}{100\%} = 431 \text{ kg}$$

$$16/32 = \frac{1}{4} \cdot 1690 \text{ kg} \cdot \frac{100\,\% + 1\%}{100\%} = 427 \text{ kg}$$

$$0/32 = 1690 \text{ kg} \cdot \frac{100\,\% + 3{,}25\%}{100\%} = 1745 \text{ kg}$$

Zur Herstellung von 1 m³ Standardbeton mit dem vorliegenden Korngemisch sind 360 kg Zement der Festigkeitsklasse 32,5, 155 Liter Zugabewasser und 1745 kg Gesteinskörnung zu verwenden.

Aufgaben zu 7.4.4 Standardbeton

1 Eine Stützwand von 30 m Länge besteht aus Stützwandelementen. Diese werden auf örtlich hergestellten Banketten aus Beton C16/20 in steifer Konsistenz in ein Mörtelbett versetzt **(Bild 133/1)**.

Welche Einzelstoffmengen sind erforderlich, wenn zur Herstellung des Frischbetons Zement der Festigkeitsklasse 32,5 und ein Korngemisch 0/32 verwendet wird?

2 Die Randeinfassung einer Straße ist 52 m lang und erfolgt mit Hochbordsteinen **(Bild 134/1)**. Das Fundament und die Rückenstütze werden aus Beton C 20/25 mit steifer Konsistenz hergestellt. Wieviel Portlandzement der Festigkeitsklasse 32,5, Zugabewasser und Gesteinskörnung 0/16 sind notwendig?

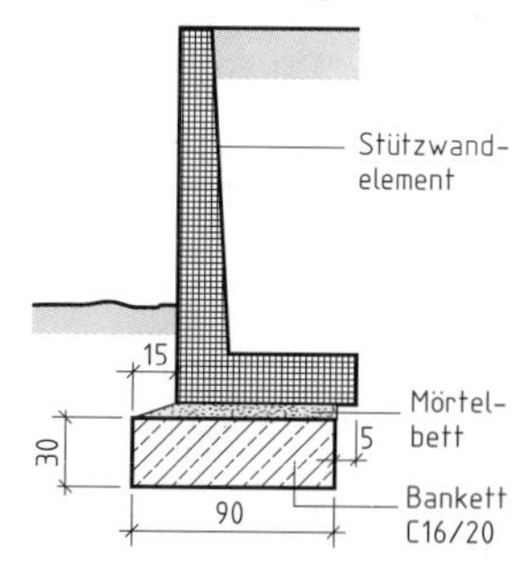

Bild 133/1: Bankett für Stützwandelemente

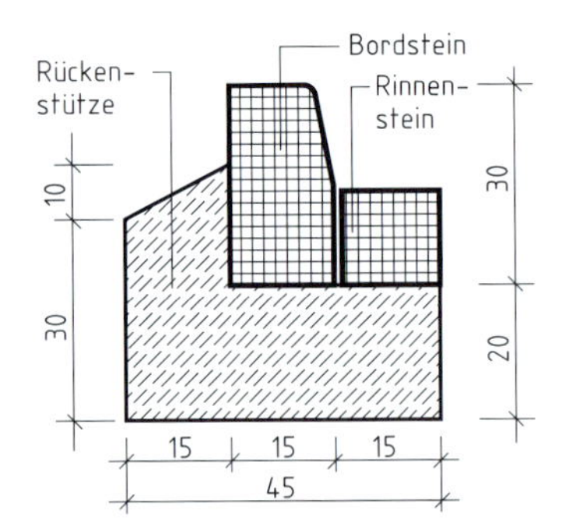

Bild 134/1: Bordstein mit Bettung und Rückenstütze

3 Für einen Sockel aus unbewehrtem Beton, der die Form eines Pyramidenstumpfes mit quadratischer Grund- und Deckfläche hat und auf einem quadratischen Fundament gegründet ist, soll der Baustoffbedarf berechnet werden **(Bild 134/2)**. Für das Fundament wird Standardbeton C8/10 steifer Konsistenz und für den Sockel Standardbeton C16/20 plastischer Konsistenz verwendet. Zur Verfügung steht Portlandzement der Festigkeitsklasse 32,5 R und eine Gesteinskörnung 0/32.

4 Innerhalb der Fließstrecke eines 2,50 m breiten Kanals ist eine Höhendifferenz von 1,00 m zu überwinden **(Bild 134/3)**.

Wieviel Portlandzement der Festigkeitsklasse 42,5 R, Wasser und Gesteinskörnung 0/16 ist für die Herstellung des Profilbetons C16/20 steifer Konsistenz erforderlich?

Lösungshinweis: Fläche I und II ergänzen sich zu einem Rechteck.

5 Ein unbewehrtes Maschinenfundament wird aus Standardbeton C16/20, plastischer Konsistenz, hergestellt **(Bild 134/4)**. Für den Vergussbeton verwendet man Beton C16/20, plastischer Konsistenz. Alle Betone werden mit einer Gesteinskörnung 0/16 und Portlandzement der Festigkeitsklasse 42,5 hergestellt. Die jeweiligen Einzelstoffmengen sind zu berechnen.

6 Für ein Bauteil der Expositionklasse XC1 soll Standardbeton C16/20, weicher Konsistenz, verwendet werden. Das Korngemisch besteht zu je einem Drittel aus Gesteinskörnung der Korngruppen 0/4, 4/16 und 16/32. Die Oberflächenfeuchte beträgt 5 Masse-Prozent bei 0/4, 3 Masse-Prozent bei 4/16 und 1 Masse-Prozent bei 16/32. Es ist Zement der Festigkeitsklasse 32,5 zu verwenden.

Alle zur Herstellung und Beurteilung notwendigen Werte sind für 1 m^3 Beton zu ermitteln.

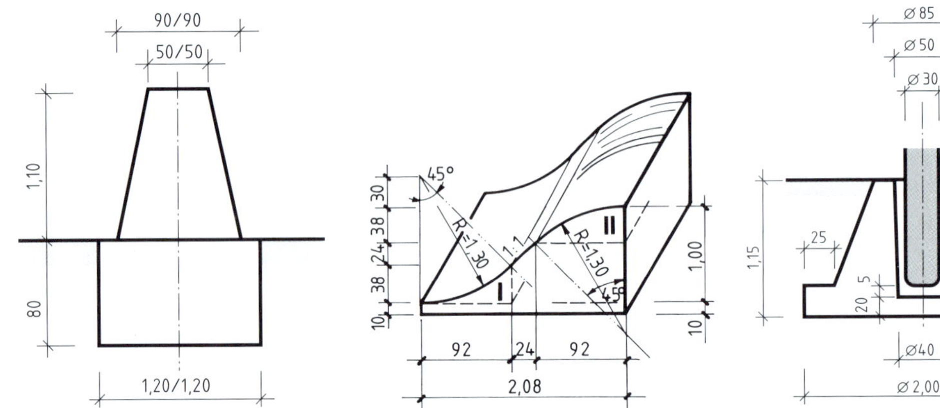

Bild 134/2: Betonsockel **Bild 134/3: Gerinneausbildung** **Bild 134/4: Maschinenfundament, unbewehrt**

7.4.5 Stoffraumrechnung

Die Stoffraumrechnung dient der Ermittlung des Gewichts *g* der Gesteinskörnung einer Betonmischung, wenn Zement- und Wassergehalt bekannt sind. Dabei geht man von 1 m^3 verdichteten Frischbeton aus. Die Bestandteile Zement, Wasser, Gesteinskörnung und Lufteinschlüsse nehmen jeweils ein bestimmtes Volumen ein, das man als Stoffraum bezeichnet **(Bild 135/1)**. Der Stoffraum kann aus dem Gewicht des jeweiligen Baustoffes dividiert durch die Dichte ermittelt werden **(Tabelle A 24/1)**.

$$\text{Gesamt-Stoffraum} = \frac{\text{Gewicht des Zements}}{\text{Reindichte Zement}} + \frac{\text{Gewicht des Wassers}}{\text{Dichte Wasser}} + \frac{\text{Gewicht der Gesteinskörnung}}{\text{Dichte Zuschlag}} + \text{Lufteinschlüsse}$$

$$\text{Gesamt-Stoffraum} = \frac{z}{\varrho_z} + \frac{w}{\varrho_w} + \frac{g}{\varrho_g} + p$$

Bezogen auf einen Gesamtstoffraum von 1000 dm³ ergibt sich die Stoffraumgleichung:

$$1000\ \text{dm}^3 = \frac{z}{\varrho_z} + \frac{w}{\varrho_w} + \frac{g}{\varrho_g} + p$$

z = Gewicht des Zements in kg
g = Gewicht der Gesteinskörnung in kg
w = Gewicht des Wassers in kg
p = Gehalt an Lufteinschlüssen in dm³
ϱ_z = Dichte des Zements in kg/dm³
ϱ_g = Dichte der oberflächentrockenen Gesteinskörnung in kg/dm³
ϱ_w = Dichte des Wassers in kg/dm³

Das Gewicht der Gesteinskörnung g beträgt nach Umstellen der Gleichung

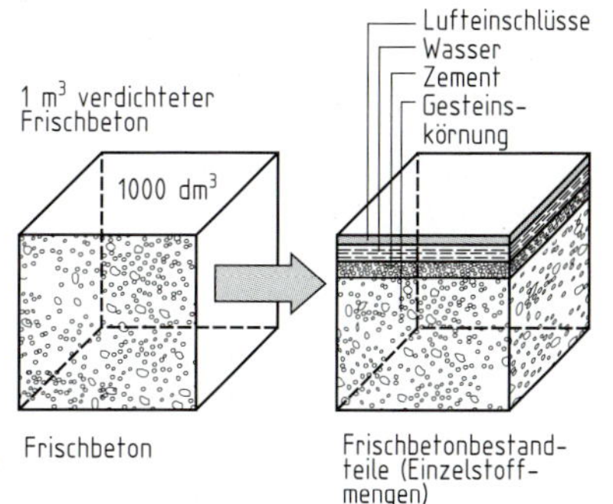

Bild 135/1: Stoffraummenge für 1 m³ verdichteten Frischbeton

Gewicht der Gesteinskörnung = Rohdichte der Gesteinskörnung · Gesamtstoffraum der Gesteinskörnung

$$g = \varrho_g \left[1000 - \left(\frac{z}{\varrho_z} + \frac{w}{\varrho_w} + p\right)\right]$$

Beispiel Für die Herstellung eines Betons sind 330 kg/m³ Zement CEM I notwendig. Der Wasseranspruch der Gesteinskörnung 0/32, bestehend aus 26% 0/2, 24% 2/8, 21% 8/16 und 29% 16/32, beträgt 155 l/m³. Die Korngruppen weisen unterschiedliche Oberflächenfeuchten auf und zwar bei 0/2 einen Volumenanteil von 6%, bei 2/8 einen Volumenanteil von 3%, bei 8/16 einen Volumenanteil von 2% und bei 16/32 einen Volumenanteil von 1%. Die Mengen der oberflächenfeuchten Gesteinskörnung, getrennt nach Korngruppen je m³ Beton, sowie das Zugabewasser sind zu berechnen. Nach Verdichtung verbleibt ein Anteil von Lufteinschlüssen von 1,5 Vol.-% je m³ Beton.

Lösung: Berechnen des Gewichts an oberflächentrockener Gesteinskörnung:

$$g = 2{,}65\ \frac{\text{kg}}{\text{m}^3} \cdot \left[1000\ \text{dm}^3 - \left(\frac{330\ \text{kg}}{3{,}1\ \text{kg/dm}^3} + \frac{155\ \text{kg}}{1{,}0\ \text{kg/dm}^3} + 15\ \text{dm}^3\right)\right]$$

$$g = 2{,}65\ \frac{\text{kg}}{\text{dm}^3} \cdot 724\ \text{dm}^3 \qquad g = 1919\ \text{kg}$$

Gewicht g und Gesamtstoffraum der Gesteinskörnung werden in vier Korngruppen aufgeteilt:

Korngruppe				
Korngruppe 0/2:	26% von 1919 kg	= 499 kg;	26% von 724 dm³	= 188 dm³
Korngruppe 2/8:	24% von 1919 kg	= 461 kg;	24% von 724 dm³	= 174 dm³
Korngruppe 8/16:	21% von 1919 kg	= 403 kg;	21% von 724 dm³	= 152 dm³
Korngruppe 16/32:	29% von 1919 kg	= 556 kg;	29% von 724 dm³	= 210 dm³
Gesteinskörnung 0/32	Gewicht der Gesteinskörnung g	= 1919 kg	Gesamtstoffraum	= 724 dm³

Die Oberflächenfeuchte muss dem Gewicht der Gesteinskörnung zugerechnet werden.

Korngruppe	Gewicht der oberflächentrockenen Gesteinskörnung	Oberflächenfeuchte Gehalt	Gewicht der Oberflächenfeuchte	Gewicht der oberflächenfeuchten Gesteinskörnung
0/2	499 kg	6%	$\frac{6 \cdot 499\ \text{kg}}{100} = 30\ \text{kg}$	**529 kg**
2/8	461 kg	3%	$\frac{3 \cdot 461\ \text{kg}}{100} = 14\ \text{kg}$	**475 kg**
8/16	403 kg	2%	$\frac{2 \cdot 403\ \text{kg}}{100} = 8\ \text{kg}$	**411 kg**
16/32	556 kg	1%	$\frac{1 \cdot 556\ \text{kg}}{100} = 6\ \text{kg}$	**562 kg**
0/32	1919 kg		58 kg	**1977 kg**

Das Zugabewasser für 1 m³ Beton beträgt 155 kg – 58 kg = **97 kg (Liter)**.

Aufgaben zu 7.4.5 Stoffraumrechnung

1 Für einen Beton ist der Zementgehalt mit 320 kg/m³ CEM II/A-P und der Wasserzementwert mit 0,55 festgelegt. Der Gehalt an Lufteinschlüssen darf höchstens 2 Vol.-% betragen.
Welches Gewicht an oberflächentrockener Gesteinskörnung aus Kalkgestein ist erforderlich?

2 Wieviel oberflächentrockene Gesteinskörnung aus Kiessand in kg/m³ ist notwendig, wenn die Festbetoneigenschaften die Verwendung von 300 kg/m³ CEM III/A sowie einen Wasserzementwert von 0,5 erfordern und der Gehalt an Lufteinschlüssen auf 1 Vol.-% begrenzt ist?

3 Beton soll aus basalthaltiger Gesteinkörnung mit 3,5% Oberflächenfeuchte und 350 kg CEM II/B-S je m³ hergestellt werden. Der Wasserzementwert wird mit 0,6 und der Gehalt an Lufteinschlüssen mit 1,5% angenommen.
Wieviel Zugabewasser und feuchte Gesteinskörnung sind je m³ Frischbeton erforderlich?

4 Zur Betonherstellung wird Gesteinskörnung 0/32 mit einer Rohdichte von 2,65 kg/m³ und 310 kg/m³ CEM I der Festigkeitsklasse 32,5 R verwendet. Das Korngemsich besteht zu je einem Viertel aus der Korngruppe 0/4, 4/8, 8/16 und 16/32. Die Oberflächenfeuchte hat einen Volumenanteil bei 0/4 von 5%, bei 4/8 von 3,5%, bei 8/16 von 2% und bei 16/32 von 1%. Ein Wasserzementwert von 0,5 sowie ein Gehalt an Lufteinschlüssen von 2% dürfen nicht überschritten werden.
Der Bedarf an Gesteinskörnung und die Menge des Zugabewassers je m³ Frischbeton sind zu ermitteln.

7.4.6 Betonmischung nach Gewichtsteilen

Beton wird grundsätzlich nach Gewichtsteilen gemischt. Die Anteile der Betonbestandteile werden deshalb als Mischungsverhältnis (MV) angegeben, wobei man das Gewicht der Gesteinskörnung und das Gewicht des Wassers auf das Gewicht des Zements bezieht.

Mischungsverhältnis = Gewicht des Zements : Gewicht der Gesteinskörnung : Gewicht des Wassers

$$MV = z : g : w$$

Beispiel: Für 1 m³ verdichteten Frischbeton werden 330 kg Zement, 1919 kg oberflächentrockene Gesteinskörnung und 155 Liter (kg) Wasser benötigt.
Mit den Einzelstoffmengen ist das Mischungsverhältnis nach Gewichtsteilen zu ermitteln.

Lösung:

$$MV = 330\ \text{kg} : 1919\ \text{kg} : 155\ \text{kg}$$

$$MV = \frac{330\ \text{kg}}{330\ \text{kg}} : \frac{1919\ \text{kg}}{330\ \text{kg}} : \frac{155\ \text{kg}}{330\ \text{kg}}$$

$$\mathbf{MV = 1 : 5{,}82 : 0{,}47}$$ **nach Gewichtsteilen**

7.4.7 Mischerfüllung

Wird für ein Bauteil der Betonbedarf ermittelt, geht man vom Volumen des Festbetons aus. Das Volumen des Festbetons entspricht dem Volumen des verdichteten Frischbetons. Deshalb werden alle Stoffmengen für 1m³ verdichteten Frischbeton ermittelt. Unverdichteter Frischbeton wird mit Betonmischmaschinen hergestellt. Da vom Volumen des verdichteten Frischbetons ausgegangen wird, muss der Nenninhalt des Mischers durch das Verdichtungsmaß dividiert werden **(Tabelle A 24/2)**. Da es verschiedene Mischergrößen gibt, müssen die Stoffmengen auf den jeweiligen Nenninhalt des Mischers umgerechnet werden. Um die Stoffmenge für eine Mischerfüllung zu erhalten, muss die Gesamtstoffmenge, die für die Herstellung von 1m³ verdichteten Frischbeton erforderlich ist, durch die Anzahl der Mischungen geteilt werden **(Tabelle 136/1)**.

$$\textbf{Stoffmenge für eine Mischerfüllung} = \frac{\textbf{Stoffmenge für 1m}^3\textbf{ verdichteten Frischbeton}}{\textbf{Anzahl der Mischungen je m}^3\textbf{ verdichteten Frischbeton}}$$

Tabelle 136/1: Anzahl der Mischungen je m³ Beton bei verschiedenen Mischergrößen

Nenninhalt des Mischers nach DIN 459 in m³		0,150	0,250	0,333	0,500	0,750	1,000
Anzahl der Mischungen je m³ bei Betonkonsistenz	steif	8	4,8	3,6	2,4	1,6	1,2
	plastisch	7,3	4,4	3,3	2,2	1,5	1,1
	weich	7	4,2	3,1	2,1	1,4	1,05

Beispiel: Beton C16/20, plastisch, wird als Standardbeton in einem Mischer mit 500 l Nenninhalt hergestellt. Die Oberflächenfeuchte der Gesteinskörnung 0/32 im Sieblinienbereich ③ „grob- bis mittelkörning“ hat einen Volumenanteil von 3,5%. Es wird CEM I der Festigkeitsklasse 32,5 verwendet.

a) Welches Mischungsverhältnis ergibt sich mit dem in Tabelle A 21/3 angegebenen Baustoffbedarf unter Berücksichtigung der Oberflächenfeuchte der Gesteinskörnung?

b) Wie groß sind die Einzelstoffmengen für eine Mischerfüllung?

Lösung: a) Mischungsverhältnis

Baustoffbedarf für 1m³ verdichteten Frischbeton aus Tabelle A 21/3:

Zement	Gesteinskörnung 0/32 feucht	Zugabewasser
320 kg	1856 kg	110 kg (Liter)

Gesteinskörnung trocken $\frac{1856 \cdot 100}{100 + 3,5} = 1793\ \text{kg}$

Wasseranspruch $110\ \text{l} + \frac{1793 \cdot 3,5}{100} = 173\ \text{l}$

$MV = 320\ \text{kg} : 1793\ \text{kg} : 173\ \text{kg}$

$MV = \frac{320\ \text{kg}}{320\ \text{kg}} : \frac{1793\ \text{kg}}{320\ \text{kg}} : \frac{173\ \text{kg}}{320\ \text{kg}}$

$\mathbf{MV = 1 : 5,6 : 0,54}$

b) Einzelstoffmengen für eine Mischerfüllung (2,2 Mischungen je m³ Frischbeton):

Zement	320 kg : 2,2	= **145,5 kg**
Gesteinskörnung	1856 kg : 2,2	= **844 kg**
Zugabewasser	110 l : 2,2	= **50 kg (l)**

Aufgaben zu 7.4.6 Betonmischung nach Gewichtsteilen und 7.4.7 Mischerfüllung

1 Frischbeton mit plastischer Konsistenz und einem Zementgehalt von 300 kg/m³ soll im Mischungsverhältnis 1 : 6,0 : 0,5 in einem Mischer mit einem Nenninhalt von 250 l hergestellt werden.

Welche Einzelstoffmengen je Mischerfüllung ergeben sich, wenn die Oberflächenfeuchte der Gesteinskörnung einen Volumenanteil von 3% hat?

2 Im Mischungsverhältnis 1 : 5,5 : 0,6 soll Beton mit weicher Konsistenz mit 330 kg CEM I der Festigkeitsklasse 32,5 R hergestellt werden. Das Mischen der Betonbestandteile erfolgt in einem Mischer mit dem Nenninhalt von 750 Litern.

Welche Stoffmengen ergeben sich für eine Mischerfüllung, wenn die Oberflächenfeuchte der Gesteinskörnung einen Volumenanteil von 4,5% hat?

3 Zur Herstellung von Fundamentbeton C16/20 mit steifer Konsistenz steht Gesteinskörnung 0/32 im Sieblinienbereich ④ mittel- bis feinkörnig und CEM I der Festigkeitsklasse 32,5 R zur Verfügung. Die Oberflächenfeuchte der Gesteinskörnung wurde durch eine Darrprobe bestimmt, die bei einer Probemenge von 1000 g (feucht) 968 g Trockenmasse ergab.

a) Das Mischungsverhältnis in Masse-Teilen ist nach der Tabelle für Betonrezepte zu ermitteln.

b) Die Stoffmengen je Mischerfüllung sind zu berechnen, wenn ein Mischer mit einem Nenninhalt von 150 l verwendet wird.

4 Für einen Beton der Festigkeitsklasse C8/10 mit weicher Konsistenz wurde der Zementgehalt mit 260 kg/m³ CEM I der Festigkeitsklasse 32,5 R und ein Wasserzementwert von 0,6 festgelegt. Die Gesteinskörnung hat eine Rohdichte von 2,65 kg/dm³ und eine Oberflächenfeuchte als Volumenanteil von 4,5 Prozent. Der Verdichtungsgrad des Frischbetons beträgt 98%.

a) Welcher Baustoffbedarf je m³ verdichteten Frischbeton ist erforderlich?

b) Das Mischungsverhältnis nach Masse-Teilen ist zu ermitteln.

c) Die Werte je Mischerfüllung sind zu berechnen, wenn zur Betonherstellung ein 333-Liter-Mischer verwendet wird.

7.4.8 Arbeitsmappe Betonbau

GESTEINSKÖRNUNG / ZUGABEWASSER / STANDARDBETON / STOFFRAUM / MASSETEILE+MISCHERFÜLLUNG

Beim Öffnen des Arbeitsblattes GESTEINSKÖRNUNG erscheint die Tabelle für den Siebversuch, die dem in der Bauwirtschaft üblichen Formblatt entspricht **(Bild 138/1)**.

Beim Eingeben der Werte in die rot unterlegten Zellen beginnt man mit der Festlegung der Korngruppen durch Eingabe des Größtkorndurchmessers ohne Maßeinheit. Die Mindestprüfgutmenge je Siebung wird automatisch angezeigt.

Versuch	Gesamtrück-stand (g)	Siebrückstand in g									Bemerkungen
		0,25	0,5	1	2	4	8	16	31,5	63	
Probe-Kennzeichen / Korngruppe 0 / 32 mm		32									Bereich der Sieblinie?
1	10000										
2	10000										
3	10000										
Summe	30000	0	0	0	0	0	0	0	0	0	
Rückstand %		0	0	0	0	0	0	0	0	0	K = 0,00
Durchgang %		100	100	100	100	100	100	100	100	100	D = 900

Bild 138/1: Leeres Formblatt für den Siebversuch

Trägt man z. B. die Rückstände der drei Probereihen aus dem Siebversuch auf Seite 123 für die jeweiligen Siebe ein, werden die Rückstandsummen in Gramm und in Prozent sowie der Siebdurchgang in % vom Programm berechnet, ebenso die Körnungsziffer K und die Durchgangssumme D **(Bild 138/2)**.

Versuch	Gesamtrück-stand (g)	Siebrückstand in g									Bemerkungen
		0,25	0,5	1	2	4	8	16	31,5	63	
Probe-Kennzeichen / Korngruppe 0 / 32 mm		32									Bereich der Sieblinie?
1	10000	9740	8770	8190	7365	6480	4950	2900	0	0	
2	10000	9670	8800	8210	7440	6500	5000	2850	0	0	
3	10000	9690	8830	8200	7400	6520	5050	2945	0	0	
Summe	30000	29100	26400	24600	22205	19500	15000	8695	0	0	
Rückstand %		97	88	82	74	65	50	29	0	0	K = 4,85
Durchgang %		3	12	18	26	35	50	71	100	100	D = 415

Bild 138/2: Ausgefülltes Formblatt für den Siebversuch

Zur Beurteilung der Probe verschiebt man den Bildschirmausschnitt mit der Bildlaufleiste nach unten. Es erscheint das Diagramm, das den Siebdurchgang der Regelsieblinien mit schwarzen Linien und der oben eingetragenen Probenreihe mit einer roten Linie anzeigt **(Bild 139/1)**.

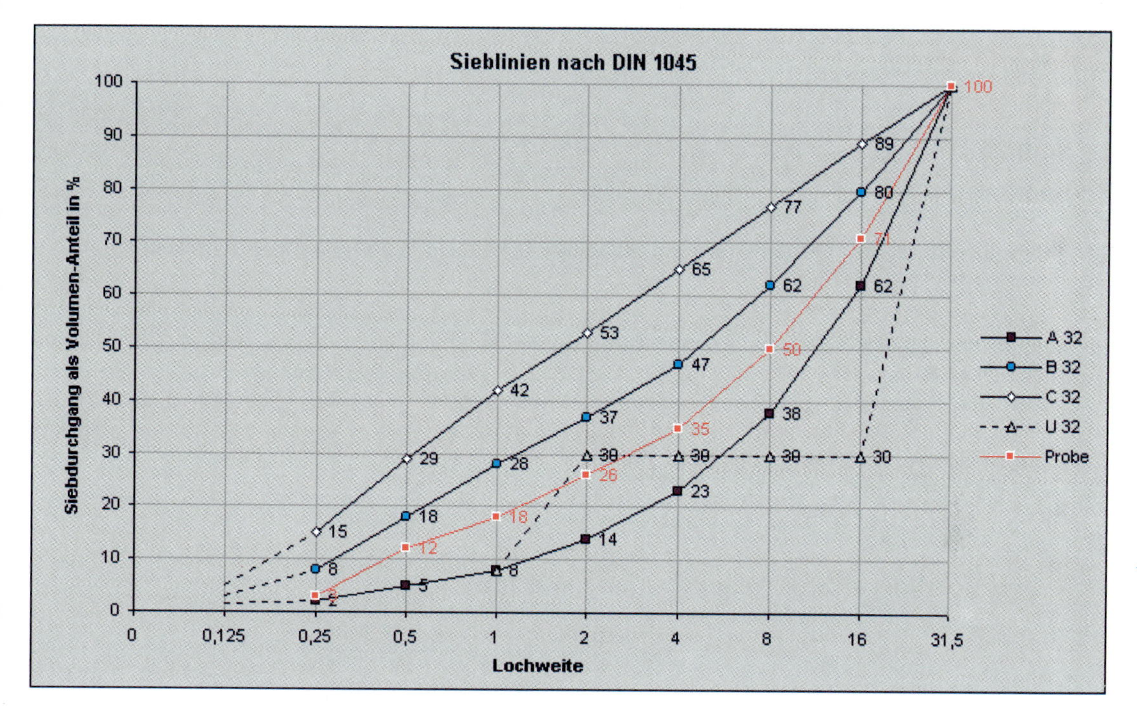

Bild 139/1: Siebliniendiagramm zum Siebversuch

Durch Anklicken des gewünschten Sieblinienbereiches in der Auswahlliste des Arbeitsblattes wird dieser Bereich im Formblatt des Siebversuchs angezeigt.

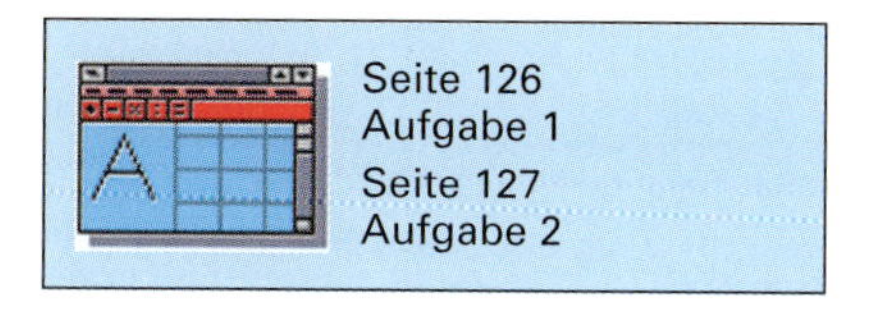

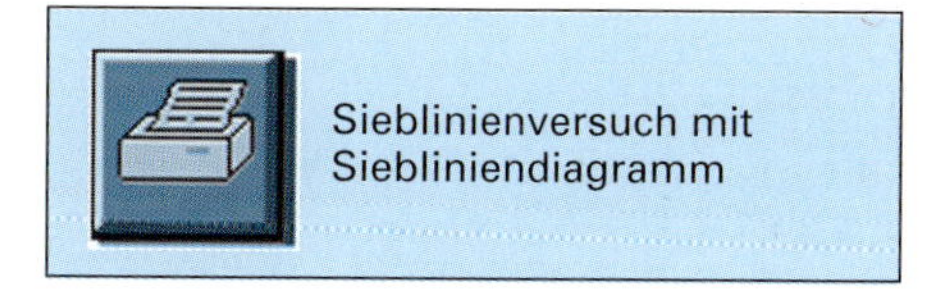

Will man ein Korngemisch zusammenstellen, benötigt man das Formular ERMITTLUNG VON GESTEINSKÖRNUNGEN ZWISCHEN DEN REGELSIEBLINIEN, das sich unterhalb des Siebliniendiagramms befindet. Dazu sind lediglich die beiden den Sieblinienbereich begrenzenden Regelsieblinien einzugeben.

Das Ergebnis gibt die gemittelten Werte für die gesuchte Gesteinskörnung an **(Bild 140/1)**. In der Tabelle können für alle Grenzsieblinien die Durchgänge als Volumenanteil in % angezeigt werden.

Ermittlung der Gesteinskörnung zwischen den Regelsieblinien									
Regelsieb-linie	Durchgang als Volumenanteil in % durch die Siebe								
	0,25	0,5	1	2	4	8	16	31,5	63
A 32	2	5	8	14	23	38	62	100	
B 32	8	18	28	37	47	62	80	100	
Summe	10	23	36	51	70	100	142	200	
gemittelt	5	12	18	26	35	50	71	100	

Bild 140/1: Ermittlung der Gesteinskörnung als Volumenanteil in % zwischen den Regelsieblinien

Für die Berechnung der Anteile der einzelnen Korngruppen benötigt man das Formular ERMITTLUNG DER ERFORDERLICHEN VOLUMENANTEILE IN % JE KORNGRUPPE. Der Siebdurchgang als Volumenanteil in % durch die Siebe ist in die Tabelle einzutragen. Als Ergebnis erscheinen auf dem Bildschirm die Volumenanteile in % der einzelnen Korngruppen. Die Summe der Volumenanteile in % für das jeweilige Zuschlaggemisch muss 100% ergeben **(Bild 140/2)**.

Ermittlung der erforderlichen Volumenanteile in % je Korngruppe										
Regelsieb-linie	Durchgang als Volumenanteil in % durch die Siebe									
	0,25	0,5	1	2	4	8	16	31,5	63	Gesteinskörnung kg je m³
Durchgang	5	12	18	26	35	50	71	100		
benötigt	5	7	6	8	9	15	21	29	0	1930
Verteilung auf die Korngruppen:										
0/2				26						501,8
2/8						24				463,2
8/16							21			405,3
16/32								29		559,7
32/63									0	0
oder										
0/4					35					675,5
4/8						15				289,5
8/16							21			405,3
16/32								29		559,7
32/63									0	0

Volumenanteile in %

Bild 140/2: Ermittlung der erforderlichen Volumenanteile in % je Korngruppe

Gibt man die Gesamtmenge der Gesteinskörnung in m³ ein, erhält man die entsprechenden Korngruppenanteile in kg je m³.

Seite 128
Aufgaben 3 bis 7

GESTEINSKÖRNUNG | **ZUGABEWASSER** | STANDARDBETON | STOFFRAUM | MASSETEILE+MISCHERFÜLLUNG

Für die Berechnung des Zugabewassers je m³ Frischbeton ist die Körnungsziffer K, das Verdichtungmaß *c* und der Konsistenzbereich anzugeben.

Als Ergebnis erscheit auf dem Diagramm eine rote Linie, die näherungsweise die Zugabewassermenge *w* in l/m³ anzeigt.

Zur Berücksichtigung der Oberflächenfeuchte ist die Gesteinskörnung je m³ Beton in kg und ein Wert für die Oberflächenfeuchte in % einzugeben. Als Ergebnis werden die Oberflächenfeuchte in Liter und die Menge des benötigten Zugabewassers ausgegeben **(Bild 141/1)**.

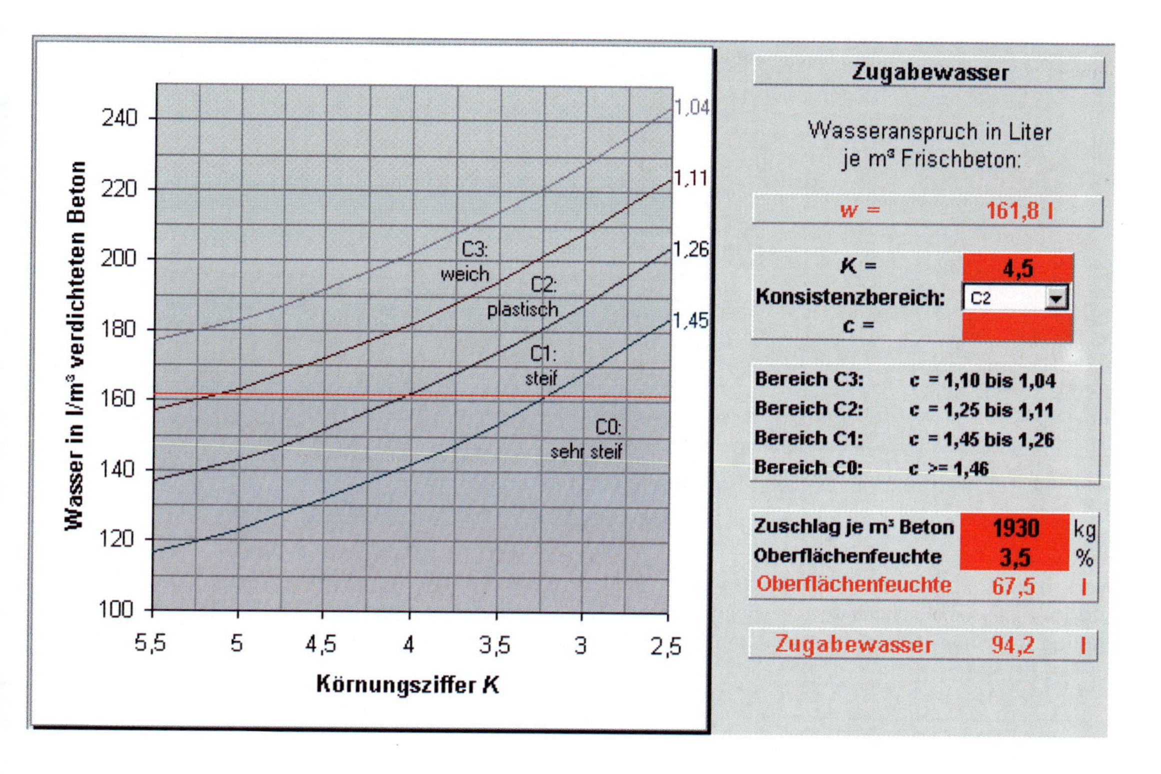

Bild 141/1: Zugabewasser

Seite 129
Aufgabe 1
Seite 130
Aufgaben 2 bis 4

GESTEINSKÖRNUNG / ZUGABEWASSER / **STANDARDBETON** / STOFFRAUM / MASSETEILE+MISCHERFÜLLUNG

Zur Ermittlung der Einzelstoffmengen für 1 m³ Beton mit Hilfe der Tabellen für Standardbeton müssen die Betonfestigkeitsklasse, die Zementfestigkeitsklasse, das Größtkorn der Gesteinskörnung und der Konsistenzbereich eingegeben werden. Als Ergebnis werden die Zementmenge in kg, das Zugabewasser in Liter und die benötigte Menge an feuchter Gesteinskörnung in kg aus einer Tabelle ermittelt **(Bild 142/1)**.

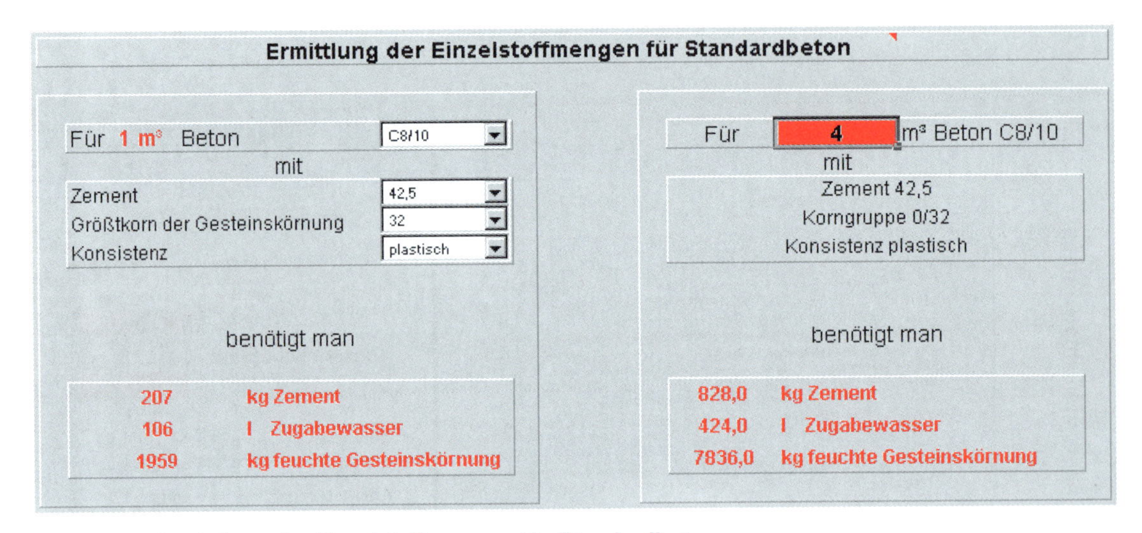

Bild 142/1: Ermittlung der Einzelstoffmengen für Standardbeton

Nach der Ermittlung der Einzelstoffmengen für 1m³ Beton können durch die Eingabe eines beliebigen Volumens in m³ die dafür notwendigen Einzelstoffmengen bestimmt werden. Die Tabellenwerte für Standardbeton können mit Hilfe der Bildlaufleisten rechts neben dem Formblatt eingesehen werden.

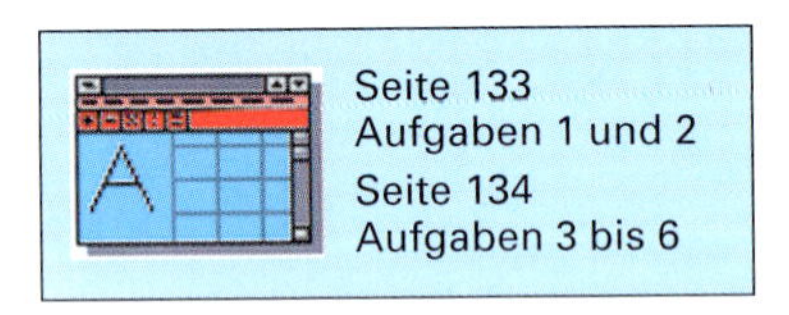

GESTEINSKÖRNUNG / ZUGABEWASSER / STANDARDBETON / **STOFFRAUM** / MASSETEILE+MISCHERFÜLLUNG

Mit Hilfe dieses Arbeitsblatts ermittelt man die benötigte Gesteinskörnung in kg je m³ Frischbeton. Dazu sind jeweils die Rohdichte in kg/dm³, der Gehalt von Zement und Wasser in kg sowie der Gehalt an Lufteinschlüssen in dm³ und die Dichte der oberflächentrockenen Gesteinskörnung einzugeben. Sind in der Aufgabenstellung der Zementgehalt und der Wasserzementwert angegeben, muss in die Zelle für den Wassergehalt die Formel $w \cdot z$ eingegeben werden, z. B. = 0,47 · 330 kg **(Bild 143/1)**. Zusätzlich kann nach Eingabe der prozentualen Anteile der Korngruppen das Gewicht und das Volumen der einzelnen Korngruppen berechnet werden.

Die Diagramme unter den Formblättern stellen die Rauminhalte der einzelnen Betonbestandteile bzw. der Korngruppen dar.

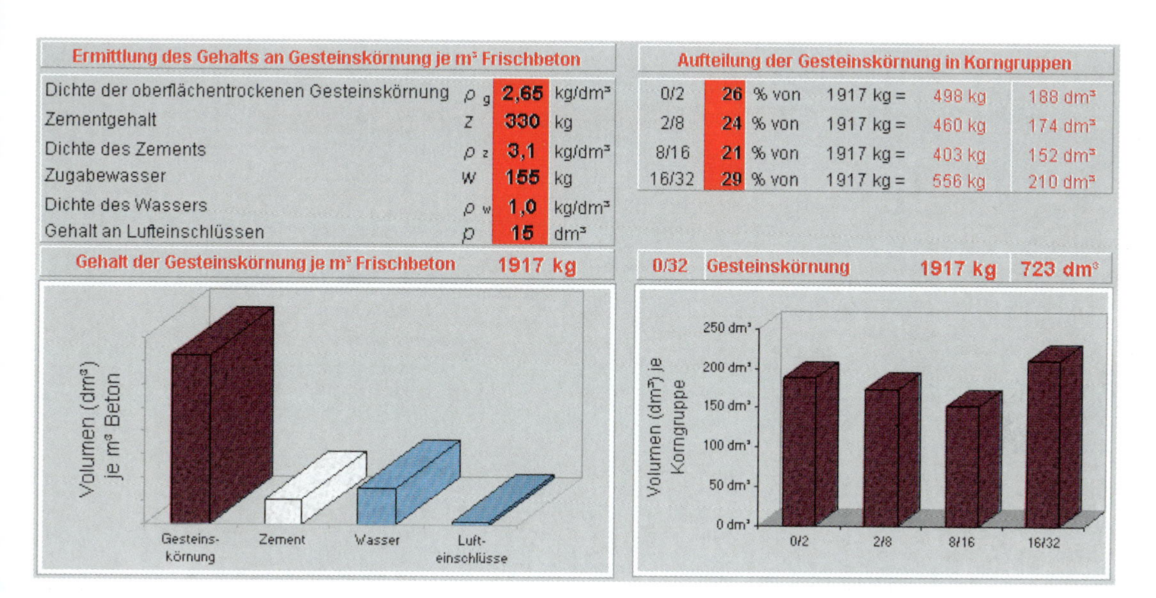

Ermittlung des Gehalts an Gesteinskörnung je m³ Frischbeton			
Dichte der oberflächentrockenen Gesteinskörnung	ρ_g	2,65	kg/dm³
Zementgehalt	z	330	kg
Dichte des Zements	ρ_z	3,1	kg/dm³
Zugabewasser	w	155	kg
Dichte des Wassers	ρ_w	1,0	kg/dm³
Gehalt an Lufteinschlüssen	p	15	dm³
Gehalt der Gesteinskörnung je m³ Frischbeton		1917 kg	

Aufteilung der Gesteinskörnung in Korngruppen					
0/2	26	% von	1917 kg =	498 kg	188 dm³
2/8	24	% von	1917 kg =	460 kg	174 dm³
8/16	21	% von	1917 kg =	403 kg	152 dm³
16/32	29	% von	1917 kg =	556 kg	210 dm³
0/32	Gesteinskörnung			1917 kg	723 dm³

Bild 143/1: Stoffraumrechnung

GESTEINSKÖRNUNG / ZUGABEWASSER / STANDARDBETON / STOFFRAUM / **MASSETEILE+MISCHERFÜLLUNG**

Das Arbeitsblatt MASSETEILE + MISCHERFÜLLUNG enthält drei Bereiche **(Bild 144/1)**.

1 Mischungsverhältnis aus Einzelstoffmengen

Nach Eingabe der Einzelstoffmengen von Zement, trockener Gesteinskörnung und Wasser wird das zugehörige Mischungsverhältnis bestimmt.

2 Einzelstoffmengen je m³ Beton nach Mischungsverhältnis

Durch Eingabe von Betonfestigkeitsklasse, Konsistenzklasse sowie Mischungsverhältnis werden die entsprechenden Einzelstoffmengen nach Tabellen automatisch ermittelt. Diese Tabellen sind rechts neben den Formblättern mit Hilfe der horizontalen Bildlaufleiste einzusehen.

3 Einzelstoffmengen für eine Mischerfüllung

Für die Berechnung der Einzelstoffmengen für eine Mischerfüllung benötigt man die Einzelstoffmengen je m³ Beton nach Mischungsverhältnis. Weitere Angaben zur Berechnung sind der Nenninhalt des Mischers in Liter und die Oberflächenfeuchte der Gesteinskörnung in %.

Betonmischung nach Masseteilen

Mischungsverhältnis =	Zementgehalt z :	Gehalt an Gesteins- körnung g :	Wassergehalt w

1. Mischungsverhältnis aus Einzelstoffmengen ermitteln

	Zement		Gesteinskörnung (trocken)		Wasser
Einzelstoffmengen:	310 kg		1890 kg		160 l
MV =	1	:	6,10	:	0,52

2. Einzelstoffmengen je m³ Beton und Mischungsverhältnis nach Tabellen

		Oberflächen- feuchte der Gesteinskörnung:
Betonfestigkeitsklasse:	C8/10	
Konsistenz:	plastisch	
Größtkorn der Gesteinsmischung:	16	
Zement:	32,5	3,5 %

	Zement		Gesteinskörnung (feucht)		Zugabewasser
MV =	1	:	7,1	:	0,3
Einzelstoffmengen:	253 kg/m³		1801 kg/m³		67 l/m³

Mischerfüllung

3. Einzelstoffmengen für eine Mischerfüllung

Nenninhalt des Mischers:	500 Liter
Konsistenz:	plastisch
Anzahl Mischungen je m³ Beton	2,20

		Zement	Gesteinskörnung (trocken)	Wasser
Einzelstoff- mengen	(●) aus Teil 1 / ( ) aus Teil 2	310 kg	1890 kg	160 l
		Zement	**Gesteinskörnung (feucht)**	**Zugabewasser**
je Mischerfüllung		141 kg	889 kg	43 l

Bild 144/1: MASSETEILE + MISCHERFÜLLUNG

7.5 Stahlbetonbau

Stahlbeton ist ein Verbundbaustoff aus Beton und Betonstahl. Die Betonstahleinlagen werden als Bewehrung bezeichnet, die in der Regel aus Betonstabstahl oder Betonstahlmatten besteht. Der Betonanteil wird aus den Maßen des Schalplanes ermittelt, wobei das Volumen, das durch die Bewehrung verdrängt wird, unberücksichtigt bleibt.

Grundlage für die Ausführung und Abrechnung der Bewehrung ist der Bewehrungsplan. Dieser umfasst in der Regel die Darstellung der Bewehrung im Bauteil und bei Einzelstabbewehrung den Biegeplan bzw. den Stahlauszug. Nach diesen Angaben wird die Betonstahl-Gewichtsliste gefertigt und das Gewicht des Betonstabstahles errechnet. Bei Verwendung von Lagermatten als Bewehrung wird das Gewicht der Betonstahlmatten anhand der Schneideskizzen ermittelt. Für Listen- und Zeichnungsmatten gibt es besondere Vordrucke.

Die Abmessungen der Bewehrung ergeben sich aus den Konstruktionsmaßen des Bauteils durch Abzug der vorgeschriebenen Betondeckungen. Das Maß der Betondeckung wird auf dem Bewehrungsplan ausgewiesen. Bei der Berechnung der Schnittlängen und Biegemaße der Bewehrung geht man von den Außenmaßen aus.

7.5.1 Einzelstabbewehrung

Nach den Bewehrungsplänen sind die Biegemaße zu ermitteln, die Schnittlängen zu berechnen, die Betonstahllisten aufzustellen und die Massen zu berechnen. Die Stahlliste stellt eine besondere Form der Stückliste dar. Für die Darstellung der Bewehrung im Stahlauszug wird eine vereinfachte Form gewählt **(Bild 145/1).**

Biegemaße, z.B. die Höhe und die Breite von Bügeln, ergeben sich aus den Bauteilabmessungen abzüglich der Betondeckungen, wobei Biegemaße stets als Außenmaße angegeben werden.

Aufbiegehöhe, z.B. bei aufgebogenen Tragstäben in verbügelten Bauteilen, ergibt sich aus der Bügelhöhe abzüglich der Durchmesser der Bügelbewehrung.

Schnittlänge ist die Länge der Stahleinlagen in ungebogenem Zustand, als Kurzzeichen wird l verwendet **(Bild 145/2).**

Biegemaße und Aufbiegehöhen werden meist auf halbe Zentimeter bzw. Zentimeter abgerundet, Schnittlängen in der Regel auf 5 cm bzw. 10 cm Maßschritte gerundet.

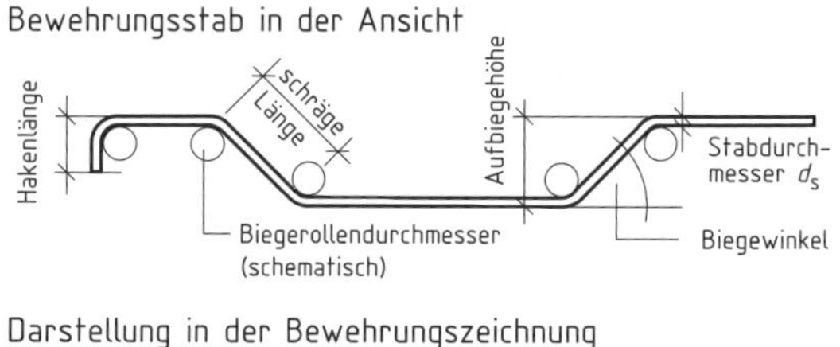

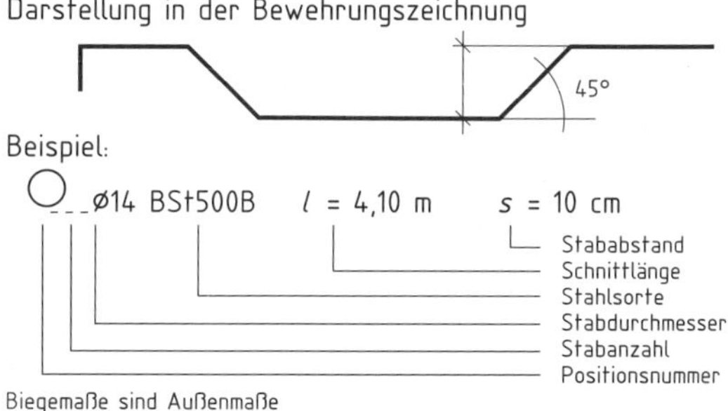

Bild 145/1: Darstellung der Einzelstabbewehrung

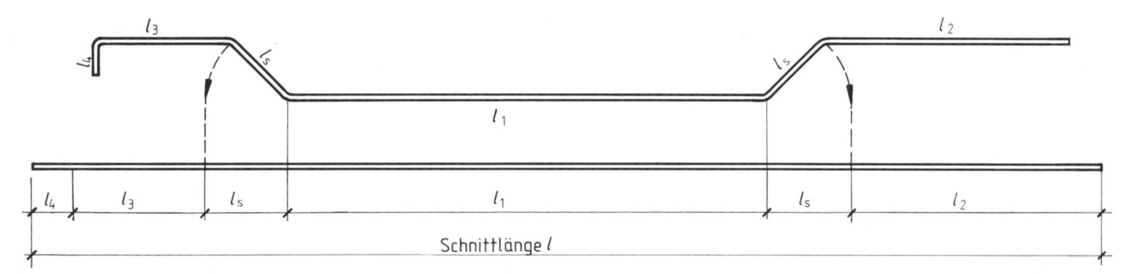

Bild 145/2: Ermittlung der Schnittlänge l

Bei geraden Stäben werden zum größten Längenmaß gegebenenfalls die Hakenzuschläge addiert **(Tabelle 146/1** und **Tabelle A 25/2).** Bei aufgebogenen Stäben ist außerdem die schräge Aufbiegelänge zu berücksichtigen **(Bild 146/1).** Dabei wird die Aufbiegehöhe stets von außen nach außen angegeben. Je nach Höhe des Bauteils kann die Aufbiegung 30°, 45° und 60° erfolgen.

Tabelle 146/1: Anhaltswerte der Längenzugabe für Haken und Winkelhaken bei BSt500B

Haken	Zugabe für Haken	Stabdurchmesser d_s in mm	Zugabe für Winkelhaken	**Winkelhaken**
Ü≥5 d_s α≥150° Biegerolle D_{min} d_s Zugabe für Haken größtes Längenmaß Schnittlänge l	~ 10 d_s	≦ 16	~ 8 d_s	Ü≥5 d_s Biegerolle D_{min} d_s Zugabe für Haken größtes Längenmaß Schnittlänge l
	~ 12 d_s	20 bis 28		

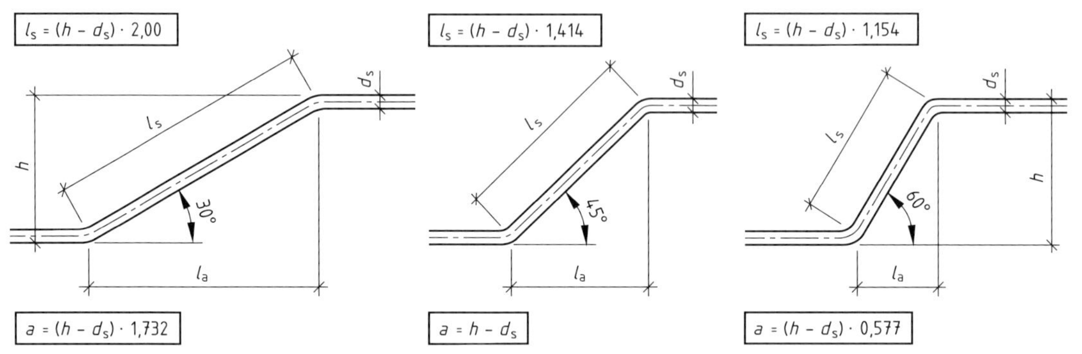

Bild 146/1: Aufbiegungen mit schräger Länge l_s und Grundwert l_a

Betonstahl-Gewichtsliste

Betonstahl-Gewichtslisten dienen als Grundlage für die Bestellung und Abrechnung der Bewehrung aus Betonstabstahl **(Bild 146/2)**. Betonstahl-Gewichtslisten werden getrennt nach Stahlsorten aufgestellt. Alle zur Berechnung des Gesamtgewichts an Bewehrung notwendigen Einzelangaben werden in das Formblatt

Betonstahl-Gewichtsliste Nr.: ____ zu Plan ______________ Bauvorhaben: ______________

Betonstahlsorte: ______________________________

Bauteil: ______________________________ Bauherr: ______________

Pos. Nr.	Anzahl	d_s mm	Einzellänge m	Gesamtlänge m	Gewichtsermittlung in kg für					
					d_s = .. mm mit .... kg/m	d_s = .. mm mit .... kg/m	d_s = .. mm mit .... kg/m	d_s = .. mm mit .... kg/m	d_s = .. mm mit .... kg/m	d_s = .. mm mit .... kg/m
Gewicht je Durchmesser in kg										
Gesamtgewicht in kg										

Aufgestellt: ______________________ ______________________ , den ______________

Bild 146/2: Betonstahl-Gewichtsliste

eingetragen und ausgewertet. Das Gewicht in kg/m wird für die einzelnen Stabdurchmesser Tabellen entnommen **(Tabelle A 26/4)**. Verschnitt wird nur dann berechnet, wenn dies im Leistungsverzeichnis so vorgesehen ist.

Anzahl der Bewehrungsstäbe

Bei flächigen Bauteilen, wie z.B. Deckenplatten, Treppenlaufplatten und Wänden, wird die Bewehrung in cm²/m angegeben. Die Anzahl der Bewehrungsstäbe ist aus der Breite der Bewehrungsanordnung gleicher Stababstände und dem Stababstand zu ermitteln, wobei stets ein Bewehrungsstab mehr eingebaut werden muss, als sich Bewehrungsabstände ergeben.

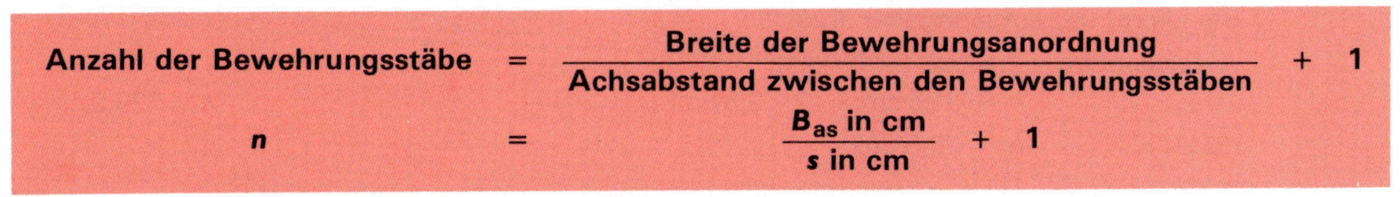

$$\textbf{Anzahl der Bewehrungsstäbe} = \frac{\textbf{Breite der Bewehrungsanordnung}}{\textbf{Achsabstand zwischen den Bewehrungsstäben}} + 1$$

$$n = \frac{B_{as} \text{ in cm}}{s \text{ in cm}} + 1$$

Die Anzahl der Einzelbügel von Bauteilen, wie z. B. von Stahlbetonstützen, Stahlbetonbalken- und Plattenbalken, wird ebenfalls auf diese Weise ermittelt.

Beispiel: Für einen Unterzug ist die Lage der Bewehrung im Bewehrungsplan dargestellt und die Anzahl der Stäbe festgelegt **(Bild 147/1)**.

Die fehlenden Maße sind zu ermitteln, die Betonstahl-Gewichtsliste aufzustellen und das Gesamtgewicht an Betonstabstahl zu berechnen.

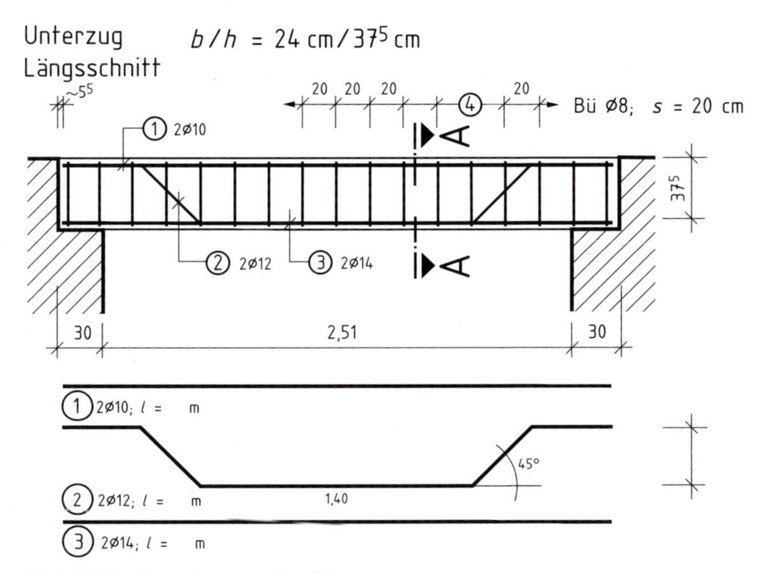

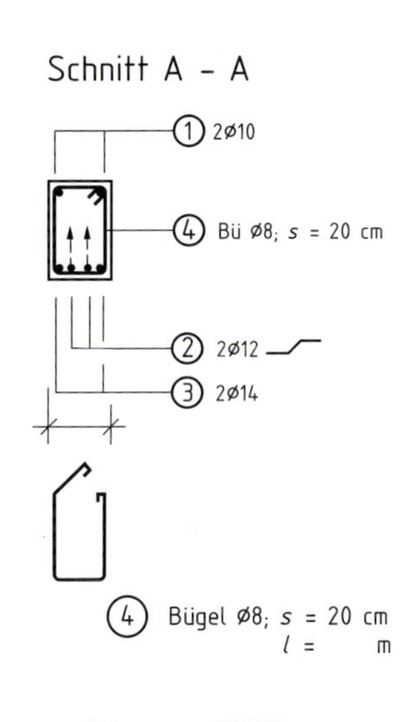

Bild 147/1: Bewehrungsplan (Unterzug)

Lösung: Berechnung der fehlenden Maße

Länge (Schalmaß) = 2 · 0,30 m + 2,51 m — Länge (Schalmaß) = 3,11 m

Schnittlänge für Biegeform ① und ③

Schnittlänge = Schalmaß − 2 · Betondeckung

l = 3,11 m − 2 · 0,03 — l = 3,05 m

gewählt l = **3,00 m**, da Auflagertiefe größer als erforderlich.

Biegemaße für Bügel, Biegeform ④

$b_{bü}$ = Schalmaß − 2 · Betondeckung

$b_{bü}$ = 24 cm − 2 · 3,0 cm — $b_{bü}$ = 18 cm

$h_{bü}$ = 37,5 cm − 2 · 3,0 cm — $h_{bü}$ = 31,5 cm

Schnittlänge für Bügel

$l_{bü} = 2 \cdot b_{bü} + 2 \cdot h_{bü} + 2 \cdot \text{Hakenzuschlag}$

$l_{bü} = 2 \cdot 18\,\text{cm} + 2 \cdot 31{,}5\,\text{cm} + 2 \cdot 10 \cdot 0{,}8\,\text{cm}$

$l_{bü} = 36\,\text{cm} + 63\,\text{cm} + 16\,\text{cm}$ $\qquad l_{bü} = 115\,\text{cm}$

gewählt $\boldsymbol{l_{bü} = 1{,}20\,\text{m}}$, Differenz mit Hakenlängen ausgleichen

Anzahl der Bügel

$n_{bü} = \dfrac{311\,\text{cm} - 2 \cdot 5{,}5\,\text{cm}}{20\,\text{cm}} + 1$ $\qquad \boldsymbol{n_{bü} = 16\ \text{Stück}}$

Biegeform ②, aufgebogener Tragstab

Aufbiegehöhe $h = h_{bü} - 2 \cdot d_{sbü}$

$h = 31{,}5\,\text{cm} - 2 \cdot 0{,}8\,\text{cm}$ $\qquad h = 29{,}9\,\text{cm}$

gewählt $\boldsymbol{h = 29{,}5\,\text{cm}}$

Schräge Aufbiegelänge l_s bei einem Biegewinkel von 45°

$l_s \approx (29{,}5\,\text{cm} - 1{,}2\,\text{cm}) \cdot 1{,}414$ $\qquad \boldsymbol{l_s \approx 40\,\text{cm}}$

Grundmaß der schrägen Aufbiegelänge

$a = 29{,}5\,\text{cm} - 1{,}2\,\text{cm}$ $\qquad a \approx 28\,\text{cm}$

Teillänge des Stabes in der Druckzone

$l_3 = (3{,}05\,\text{m} - 2 \cdot 0{,}28\,\text{m} - 1{,}40\,\text{m}) : 2$ $\qquad \boldsymbol{l_3 = 0{,}545\,\text{m}}$

Schnittlänge $l = 1{,}40\,\text{m} + 2 \cdot 0{,}40\,\text{m} + 2 \cdot 0{,}55\,\text{m}$ $\qquad \boldsymbol{l \approx 3{,}30\,\text{m}}$

Aufstellen der Betonstahl-Gewichtsliste und Berechnen des Gesamtgewichts an Betonstahl **(Bild 148/1)**. Die Angaben im Bewehrungsplan und die errechneten Werte werden entsprechend der Reihenfolge der auszuführenden Rechengänge in das Formblatt eingetragen und ergänzt.

Betonstahl-Gewichtsliste Nr.: ____ zu Plan __________ Bauvorhaben: __________

Betonstahlsorte: BSt500B

Bauteil: Unterzug Bauherr: __________

Pos. Nr.	Anzahl	d_s mm	Einzellänge m	Gesamtlänge m	Gewichtsermittlung in kg für d_s = 8 mm mit 0,395 kg/m	d_s = 10 mm mit 0,617 kg/m	d_s = 12 mm mit 0,888 kg/m	d_s = 14 mm mit 1,21 kg/m	d_s = 16 mm mit 1,58 kg/m	d_s = 20 mm mit 2,47 kg/m
1	2	10	3,00	6,00		3,70				
2	2	12	3,30	6,60			5,86			
3	2	14	3,00	6,00				7,26		
4	17	8	1,15	18,40	7,27					
					7,27	3,70	5,86	7,26		
Gewicht je Durchmesser in kg										
Gesamtgewicht in kg					24,09					

Aufgestellt: __________ __________, den __________

Bild 148/1: Betonstahl-Gewichtsliste

7.5.2 Bewehrung mit Betonstahlmatten

Zur Bewehrung flächiger Bauteile, wie z.B. von Massivplatten und Wänden, eignen sich vorwiegend Betonstahlmatten, insbesondere Lagermatten **(Tabelle A 25/3)**. Die Gewichtsermittlung erfolgt nach einem Mattenverlegeplan. Anhand der Bewehrungsanordnung und der Bauteilabmessungen wird eine Schneideskizze gefertigt sowie die dazugehörige Betonstahl-Gewichtsliste aufgestellt und ausgewertet. In der Regel werden nur ganze Betonstahlmatten abgerechnet.

Die bei Massivplatten zur Sicherung der oberen Bewehrungslage notwendigen Unterstützungskörbe werden gesondert erfasst (Bild 149/1). Dies gilt auch für S-Haken bei der Bewehrung von Wänden.

Platten Unterstützungen für die obere Bewehrung
z. B. Unterstützungskörbe

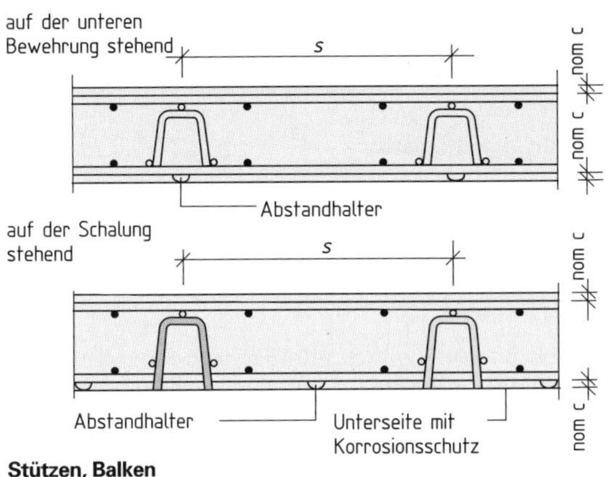

ø Tragstäbe	Abstandhalter punktförmig max s	Abstandhalter punktförmig Stück/m²	Abstandhalter linienförmig flächig max s	Unterstützungen max s
	Abstände s der Abstandhalter/Unterstützungen			
bis 14 mm	50 cm	4	50 cm	50 cm
über 14 mm	70 cm	2	70 cm	70 cm

Stützen, Balken

ø Tragstäbe	Abstandhalter max s_1	Abstandhalter Stück je m² Wand ¹)	S-Haken Stück je m² Wand	Lagesicherung U-Bügel Stück je m² Wand
	Abstände und Anzahl			
bis 8 mm	70 cm	4	1	
10 mm bis 16 mm	100 cm	2		1
über 16 mm			4	

¹) und je Wandseite

Bild 149/1: Abstandhalter bei Platten und Wänden

Beispiel: Für die Decke über einer Garage ist anhand des Mattenverlegeplanes die Schneideskizze für die Lagermatten zu fertigen und das Gesamtgewicht an BSt500M zu ermitteln **(Bild 149/2** und **Bild 150/1)**.

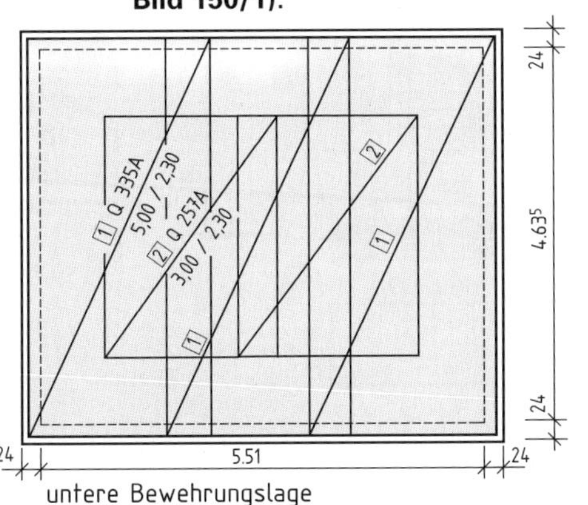

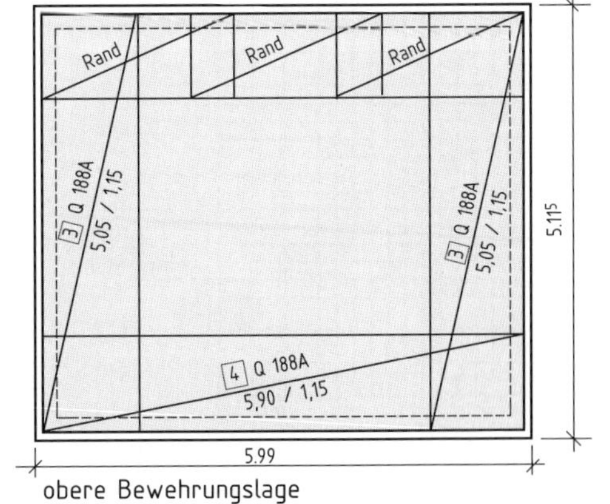

Bild 149/2: Mattenverlegeplan für Decke über Garage

Lösung:

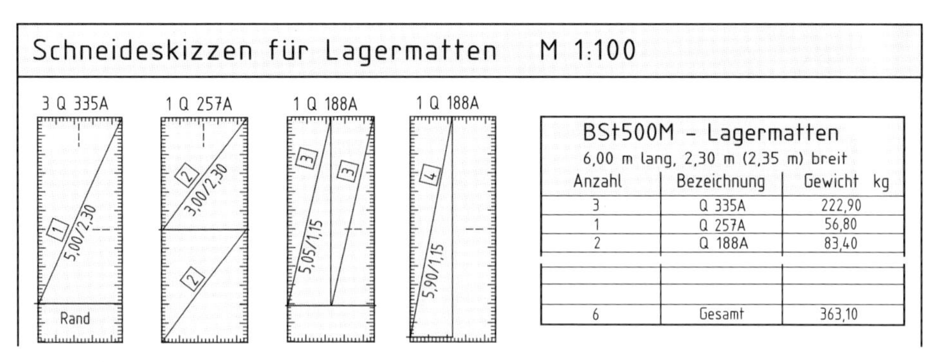

Schneideskizzen für Lagermatten M 1:100

BSt500M - Lagermatten
6,00 m lang, 2,30 m (2,35 m) breit

Anzahl	Bezeichnung	Gewicht kg
3	Q 335A	222,90
1	Q 257A	56,80
2	Q 188A	83,40
6	Gesamt	363,10

Bild 150/1: Schneideskizzen und Betonstahl-Gewichtsliste

Aufgaben zu 7.5 Stahlbeton

1 Die Bewehrung eines quadratischen Einzelfundamentes ist auszuführen **(Bild 150/2)**. Die fehlenden Maße sind zu ermitteln, die Betonstahl-Gewichtsliste aufzustellen und das Gesamtgewicht an Betonstabstahl zu berechnen.

2 Im Untergeschoß eines Geschäftshauses ist eine Stahlbetonstütze auf quadratischem Fundament zu bewehren **(Bild 150/3)**. Die fehlenden Maße sind zu ermitteln, die Betonstahl-Gewichtsliste aufzustellen und das Gesamtgewicht an Betonstabstahl zu berechnen.

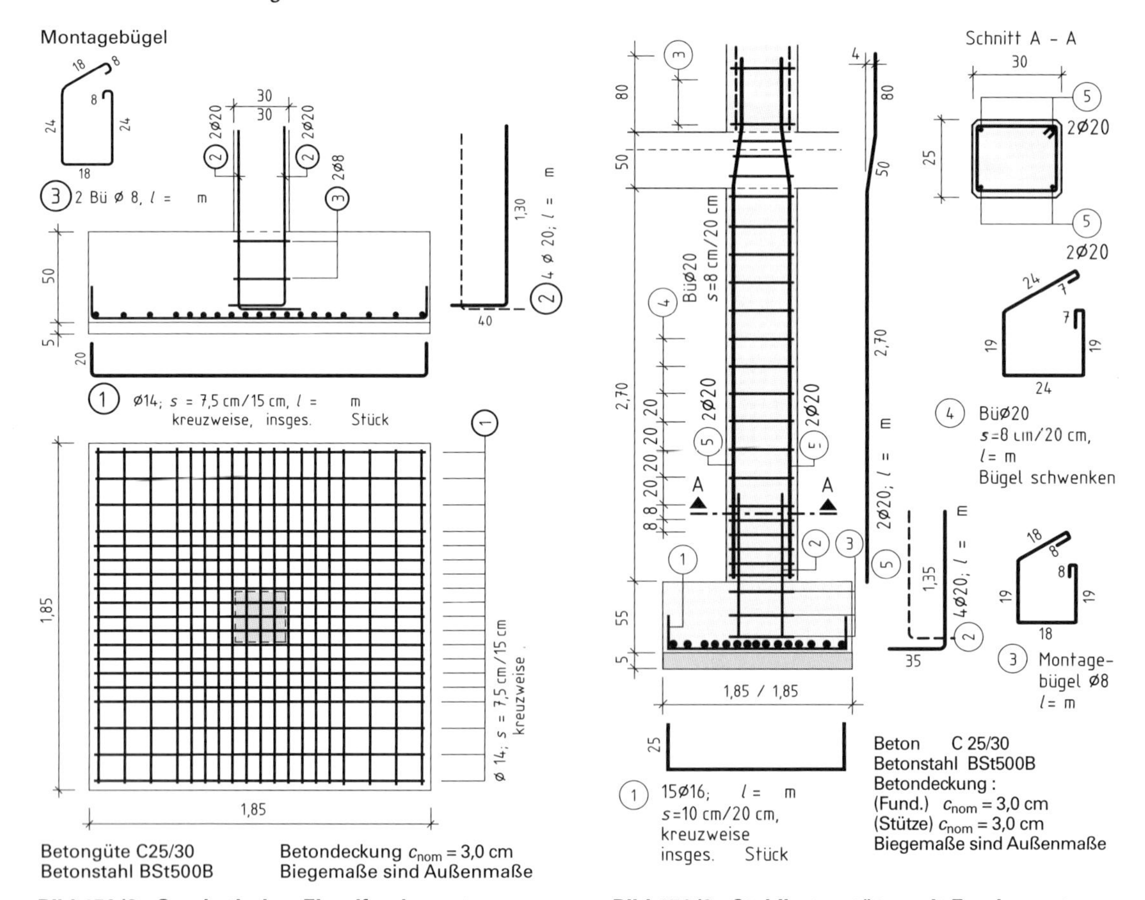

Bild 150/2: Quadratisches Einzelfundament

Bild 150/3: Stahlbetonstütze mit Fundament

3 Die Bewehrung einer Ausgleichstreppe ist auszuführen **(Bild 151/1)**. Die fehlenden Maße sind zu ermitteln, die Betonstahl-Gewichtsliste aufzustellen und das Gesamtgewicht an Betonstabstahl zu berechnen.

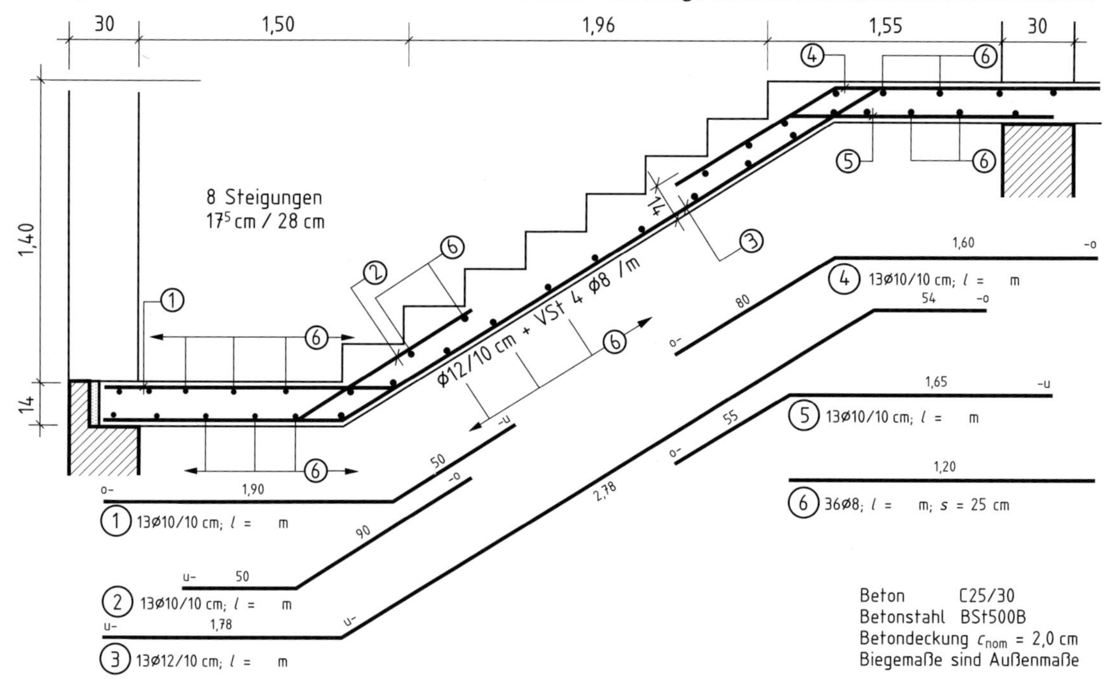

Bild 151/1: Ausgleichstreppe (Bewehrungsplan)

4 Eine Winkelstützwand entlang einer Ortsstraße ist auszuführen **(Bild 151/2)**. Die fehlenden Maße sind zu ermitteln und für den Wandausschnitt von 5 m Länge die Betonstahl-Gewichtsliste aufzustellen und das Gesamtgewicht an Betonstabstahl zu berechnen.

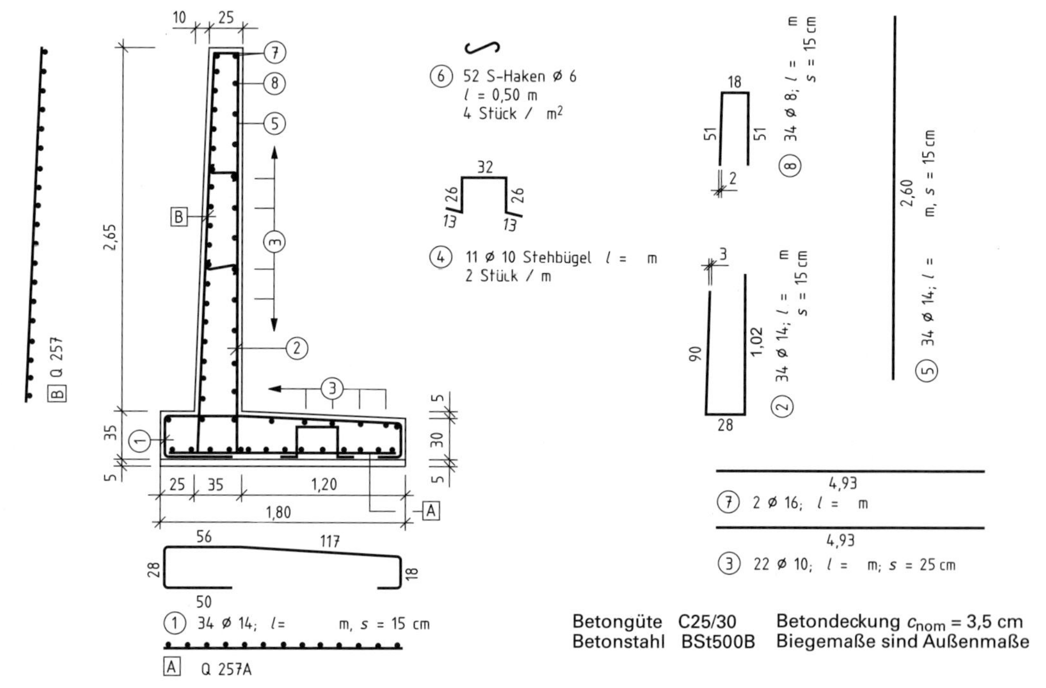

Bild 151/2: Winkelstützwand

5 Ein Stahlbetonsturz im UG eines Geschäftshauses ist dreimal auszuführen **(Bild 152/1)**. Die fehlenden Maße sind zu ermitteln, die Betonstahl-Gewichtsliste aufzustellen und das Gesamtgewicht an Betonstabstahl zu berechnen.

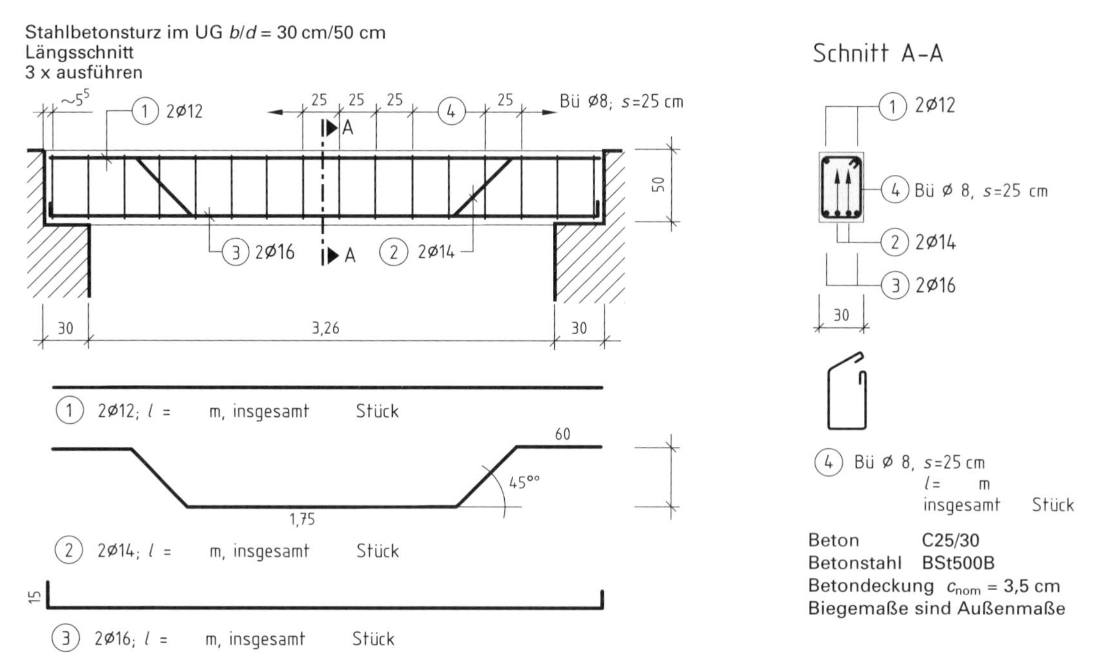

Bild 152/1: Bewehrungsplan (Stahlbetonsturz)

6 Ein Fenstersturz im EG eines Wohnhauses ist zweimal auszuführen **(Bild 152/2)**. Die fehlenden Maße sind zu ermitteln, die Betonstahl-Gewichtsliste aufzustellen und das Gesamtgewicht an Betonstabstahl zu berechnen.

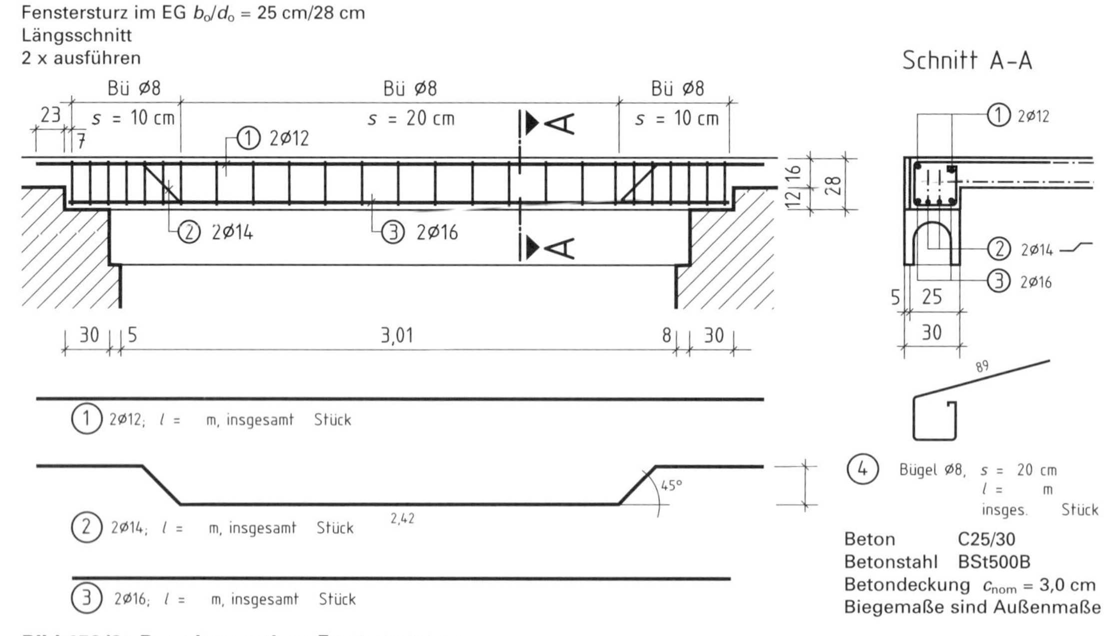

Bild 152/2: Bewehrung eines Fenstersturzes

7 Ein Stahlbetonsturz wird als Überzug ausgeführt **(Bild 153/1)**. Die fehlenden Maße sind zu ermitteln, die Betonstahl-Gewichtsliste aufzustellen und das Gesamtgewicht an Betonstabstahl zu berechnen.

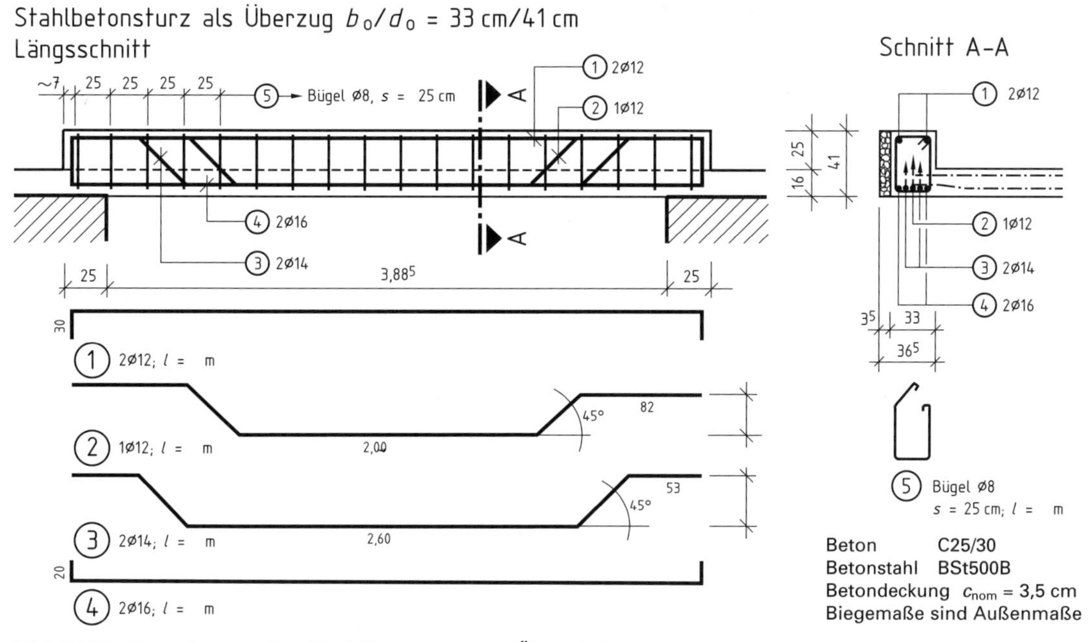

Bild 153/1: Bewehrungsplan (Stahlbetonsturz als Überzug)

8 Ein rechteckiger Stahlbetonbalken mit Kragarm ist einmal auszuführen **(Bild 153/2)**. Die fehlenden Maße sind zu ermitteln, die Betonstahl-Gewichtsliste aufzustellen und das Gesamtgewicht an Betonstabstahl zu berechnen.

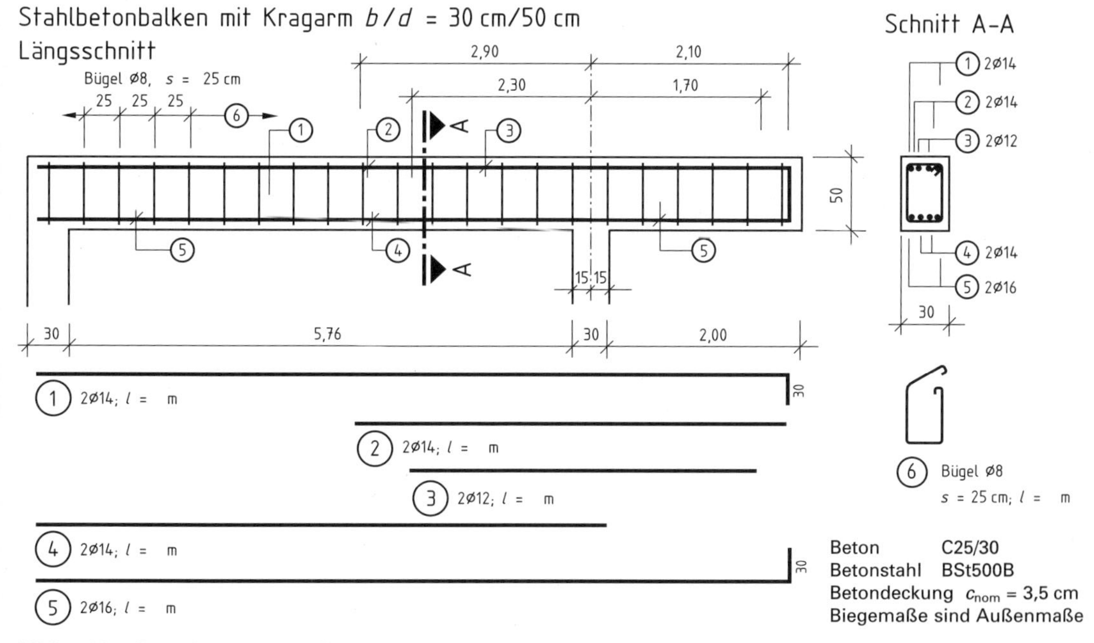

Bild 153/2: Bewehrung eines Stahlbetonbalkens mit Kragarm

9 Die Decke für den Anbau an ein Wohnhaus ist mit Lagermatten zu bewehren **(Bild 154/1)**. Nach vorliegendem Mattenverlegeplan sind die Schneideskizzen zu fertigen, die Betonstahl-Gewichtsliste aufzustellen und auszuwerten.

Stahlbetonmassivplatte *d* = 16 cm

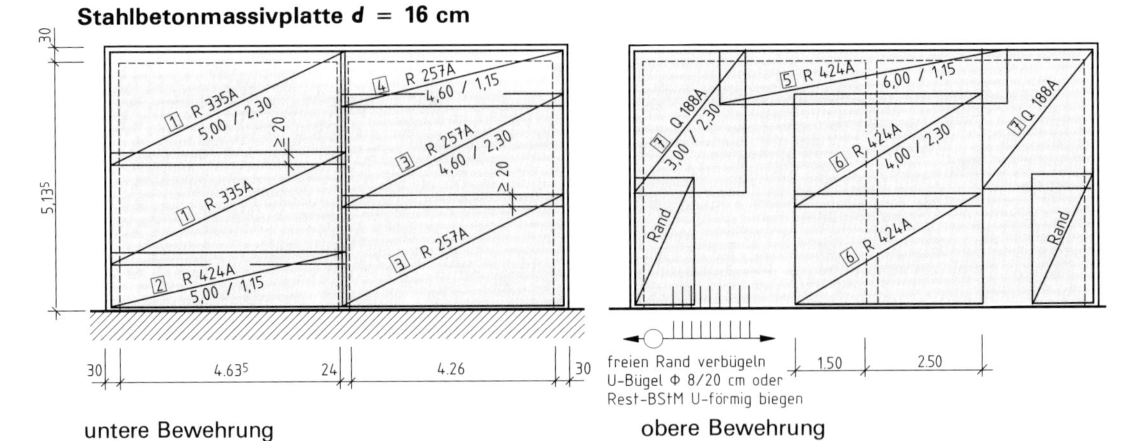

untere Bewehrung

obere Bewehrung

Zur Sicherung der oberen Mattenlage sind Unterstützungskörbe einzubauen

Beton C25/30
Betonstahl B500B und B500A
Betondeckung 1,5 cm

Bild 154/1: Decke über Anbau, Mattenverlegeplan

10 Für die Decke über einem Wärterhäuschen ist die Bewehrung mit Lagermatten herzustellen **(Bild 154/2)**. Nach vorliegendem Mattenverlegeplan sind die Schneideskizzen zu fertigen sowie die Betonstahl-Gewichtsliste aufzustellen und auszuwerten.

Stahlbetonmassivplatte *d* = 18 cm

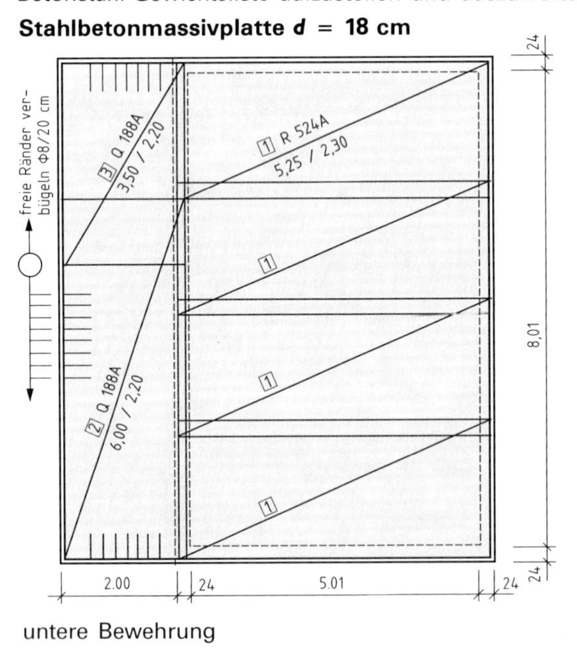

untere Bewehrung

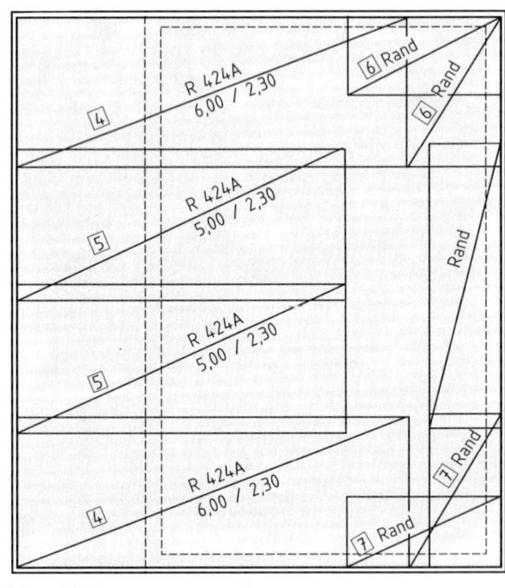

Zur Sicherung der oberen Mattenlage sind Unterstützungskörbe einzubauen

obere Bewehrung

Beton C25/30
Betonstahl B500B und B500A
Betondeckung (im Innern) 1,5 cm
Betondeckung (im Freien) 2,0 cm

Bild 154/2: Decke über Wärterhäuschen, Mattenverlegeplan

11 Eine Stahlbetondeckenplatte ist mit Lagermatten zu bewehren **(Bild 155/1)**. Nach vorliegendem Mattenverlegeplan sind die Schneideskizzen zu fertigen sowie die Betonstahl-Gewichtsliste aufzustellen und auszuwerten.

untere Bewehrung

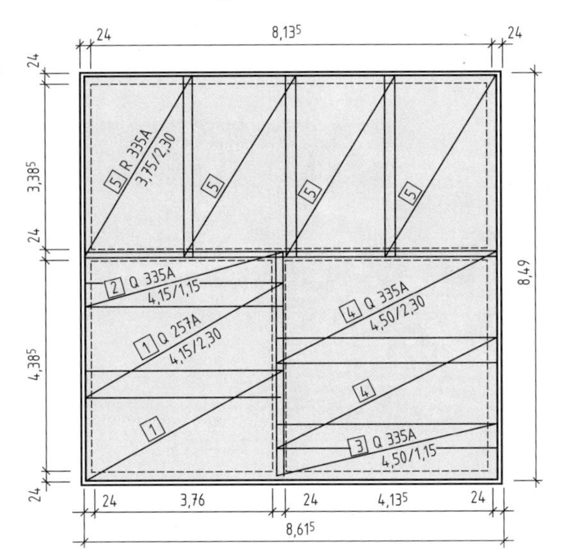

obere Bewehrung

Zur Sicherung der oberen Mattenlage sind Unterstützungskörbe einzubauen

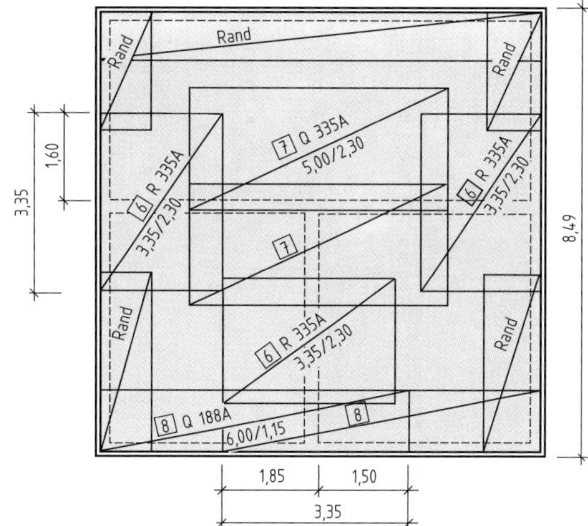

Bild 155/1: Verlegeplan für Betonstahlmatten

12 Die Stahlbetondecke über einem Ausstellungspavillon ist mit Lagermatten zu bewehren **(Bild 155/2)**. Nach vorliegendem Mattenverlegeplan sind die Schneideskizzen zu fertigen, die Betonstahl-Gewichtsliste aufzustellen und auszuwerten.

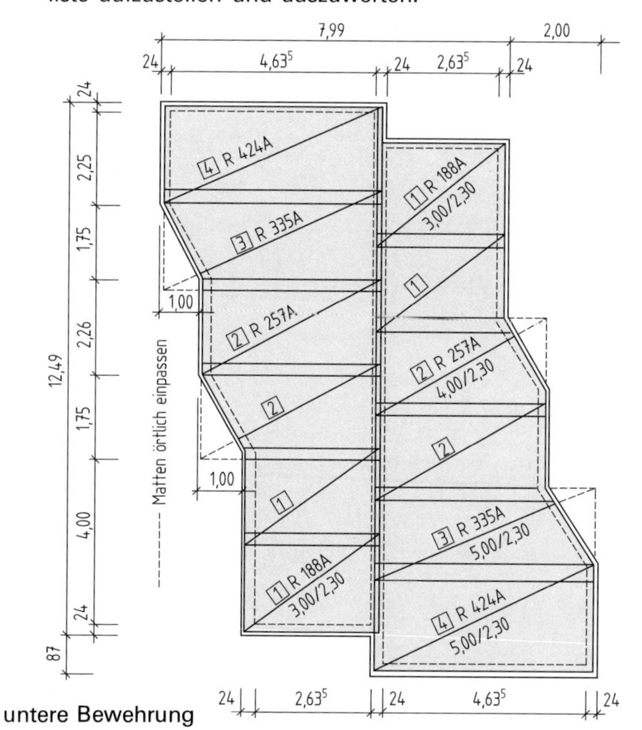

untere Bewehrung

Zur Sicherung der oberen Mattenlage sind Unterstützungskörbe einzubauen

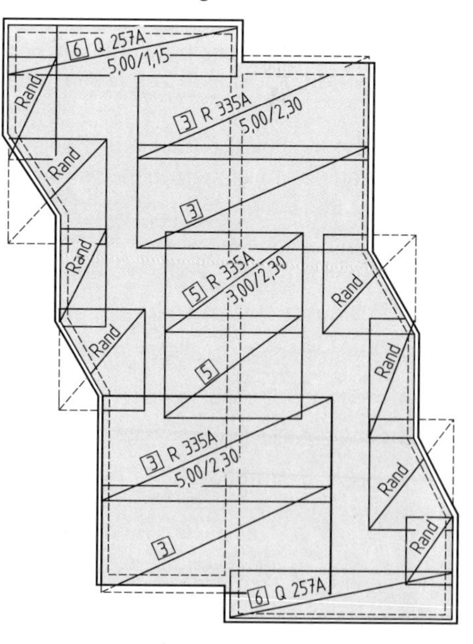

obere Bewehrung

Bild 155/2: Decke über Ausstellungspavillon, Mattenverlegeplan

7.5.3 Arbeitsmappe Stahlbetonbau

BETONSTABSTAHLLISTE / BETONSTAHLMATTENLISTE

Das Arbeitsblatt BETONSTAHL-GEWICHTSLISTE enthält das Formular zur Gewichtsermittlung von Betonstabstählen **(Bild 156/1)**.

STAHLLISTE		Bauvorhaben:				Zu Plan:			
BST	500B	Bauteil:			Unterzug	Bearb.:			
					Gewichtsermittlung in kg für				
Pos. Nr.	Stück	ø mm	Länge m	Gesamtlänge m	d_s = 8 mm mit 0,395 kg/m	d_s = 10 mm mit 0,617 kg/m	d_s = 12 mm mit 0,888 kg/m	d_s = 14 mm mit 1,210 kg/m	
1	2	10	3,00	6,00		3,70			
2	2	12	3,30	6,60			5,86		
3	2	14	3,00	6,00				7,26	
4	16	8	1,15	18,40	7,27				
Gewicht je Durchmesser in kg					7,27	3,70	5,86	7,26	
Gesamtgewicht in kg									24,09
Aufgestellt:									

Bild 156/1: Betonstahl-Gewichtsliste

Im Tabellenkopf sind die notwendigen Eintragungen zum Bauvorhaben vorzunehmen. Die Betonstahlsorte ist im Auswahlfeld durch Anklicken festzulegen.

Im Berechnungsteil des Arbeitsblattes müssen für jede Stahlposition Anzahl, Stabdurchmesser in mm und Schnittlänge in m eingetragen werden.

Nach Eingabe dieser Werte werden automatisch
- die Positionsnummern eingetragen,
- die Gesamtlängen für jede Position berechnet,
- die Stabdurchmesser sortiert und die entsprechenden Gewichte je m zugeordnet,
- die Gewichte je Durchmesser errechnet
- und das Gesamtgewicht in kg angezeigt.

Das Arbeitsblatt GEWICHTSLISTE FÜR LAGERMATTEN dient der Gewichtsermittlung für die in Bewehrungszeichnungen vorgesehenen Lagermatten. In der Tabelle sind alle Q-, R- und K-Matten sowie deren Gewichte aufgelistet. Zur Berechnung müssen Anzahl und Mattenart eingetragen werden. Bei Anklicken des Feldes Bezeichnung wird ein Auswahlfeld geöffnet, in dem die Mattenart zu bestimmen ist **(Bild 157/1)**.

Das Gewicht je Position und das Gesamtgewicht in kg werden automatisch berechnet. Zusätzlich wird die Gesamtanzahl der Matten berechnet.

Fährt man mit dem Cursor über die rote Ecke neben der Mattenbezeichnung, so wird die entsprechende Mattengröße angezeigt.

Gewichtsbestimmung für Lagermatten

BSt500M - Lagermatten
6,00 m lang
3,30 m (2,35 m) breit

Anz.	Bezeichnung	Masse (kg)
3	Q 335A	222,90
4	Q 424A	337,60
3	R 524A	227,10
10	Gesamt	787,60

Matte	Gewichte je Matte [kg]
Q 188A	41.70
Q 257A	[illegible]
Q 335A	[illegible]
Q 424A	[illegible]
Q 524A	100,90
Q 636A	33,60
R 188A	41,20
R 257A	50,20
R 335A	67,20
R 424A	75,70
R 524A	132,00

Mattengröße
6,00 m x 2,30 m

LÖSCHEN

Bild 157/1: Gewichtsliste für Lagermatten

Alle Eingabefelder können mit Hilfe der Schaltfläche LÖSCHEN für eine neue Aufgabe geleert werden.

Seite 154
Aufgaben 9 und 10
Seite 155
Aufgaben 11 und 12

Gewichtsliste für
Lagermatten

7.6 Putz und Estrich

Die Massenermittlung für Putzmörtel und Estrichmörtel erfolgt nach dem Flächenmaß (m^2).

Der Baustoffbedarf pro m^2 kann bei Putz je cm Putzdicke mit 11 l und bei Estrich je cm Estrichdicke mit 12 l angenommen werden.

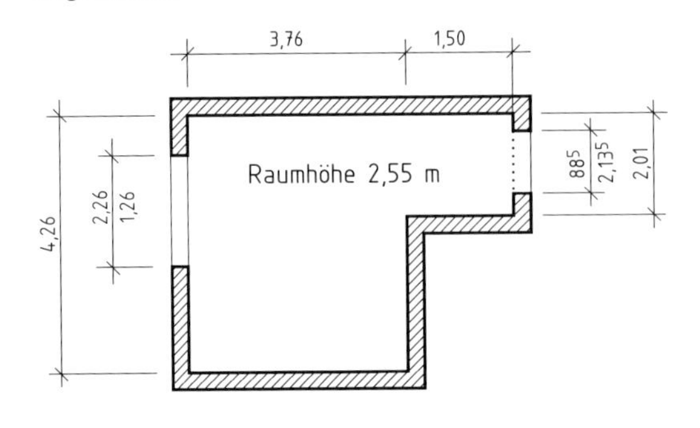

Bild 158/1: Raum

Beispiel: Ein Raum ist an den Wänden zu verputzen. Weiterhin wird ein Zementestrich eingebaut **(Bild 158/1)**.

a) Wie groß ist die Putzfläche?

b) Wieviel Liter Putzmörtel müssen aufgebracht werden, wenn die Putzdicke 1 cm beträgt?

c) Wieviel Liter Estrichmörtel sind bei einer Estrichdicke von 4 cm einzubauen?

Lösung: a) Putzfläche

Wände $4{,}26\,m \cdot 2{,}55\,m \cdot 2 = 21{,}73\,m^2$

$(3{,}76\,m + 1{,}50\,m) \cdot 2{,}55\,m \cdot 2 = 26{,}83\,m^2$

$48{,}56\,m^2$ — Wände $= 48{,}56\,m^2$

Abzüge $2{,}26\,m \cdot 1{,}26\,m = 2{,}85\,m^2$

$0{,}885\,m \cdot 2{,}135\,m = 1{,}89\,m^2$

$4{,}74\,m^2$ — Abzüge $= 4{,}74\,m^2$

Putzfläche $= 43{,}82\,m^2$

b) Putzmörtel $43{,}82\,m^2 \cdot 11\,l/m^2$ — **Putzmörtel $= 482{,}02\,l$**

c) Estrichmörtel

Bedarf je m^2 $4 \cdot 12\,l/m^2 = 48{,}00\,l/m^2$

Estrichfläche $4{,}26\,m \cdot 3{,}76\,m = 16{,}02\,m^2$

$2{,}01\,m \cdot 1{,}50\,m = 3{,}02\,m^2$

$19{,}04\,m^2$

Estrichmörtel $19{,}04\,m^2 \cdot 48\,l/m^2$ — **Estrichmörtel $= 913{,}92\,l$**

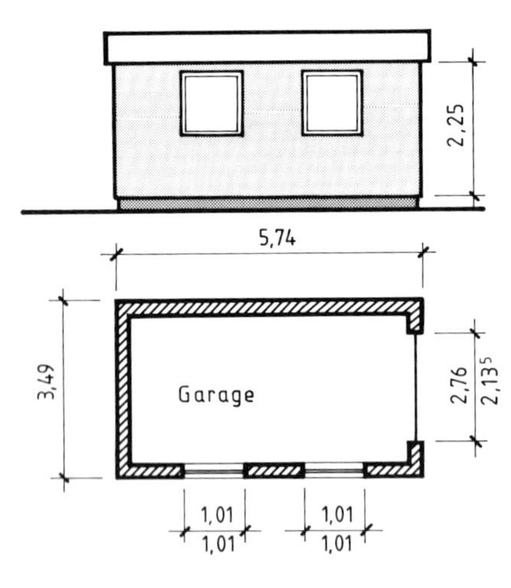

Bild 158/2: Garage

Aufgaben zu 7.6 Putz und Estrich

1 Eine Einzelgarage mit 24 cm dicken Wänden und Flachdach erhält einen Außen- und Innenwandputz sowie einen Gefälleestrich **(Bild 158/2)**.

a) Wie groß ist der Bedarf an Mörtel für den Außenputz bei einer Putzdicke von 2,5 cm? Das spätere Einputzen des Garagentors und der Fenster bleibt unberücksichtigt.

b) Welche Mörtelmenge wird für den Innenputz bei einer Putzdicke von 1,5 cm und einer Raumhöhe von 2,35 m benötigt?

c) Wie groß ist der Bedarf an Estrichmörtel für den einzubauenden Gefälleestrich, wenn die Estrichdicke an der Kopfseite 6 cm und an der Torseite 2 cm beträgt?

2 Für einen Durchgang sind die beiden Seitenflächen sowie die Decke zu verputzen. Weiterhin wird ein 5,5 cm dicker Estrich mit Hartstoffeinstreuung eingebaut **(Bild 159/1)**.

a) Wie groß sind die zu verputzenden Seitenflächen und die Deckenfläche?

b) Welche Mörtelmenge in Liter ist erforderlich bei einer Putzdicke von 2 cm?

c) Wieviel Liter Estrichmörtel ist einzubauen?

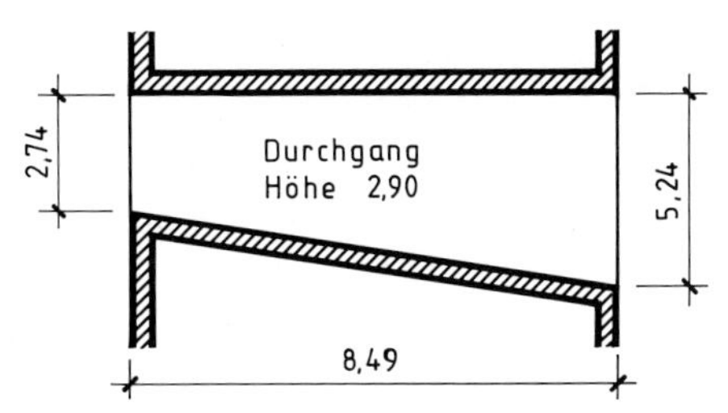

Bild 159/1: Durchgang (Draufsicht)

3 Der Giebel einer Brandwand ist zu verputzen **(Bild 159/2)**. Die Putzdicke ist mit 2,5 cm anzunehmen. Zum Ausgleich von Unebenheiten ist ein Mehrbedarf von 5% einzurechnen. Wieviel Liter Putzmörtel sind erforderlich?

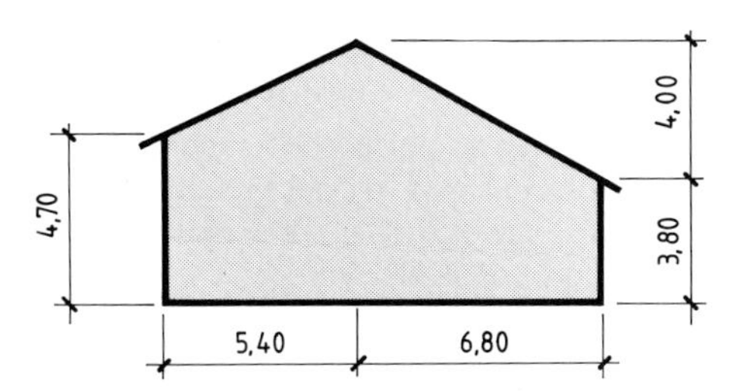

Bild 159/2: Giebel

4 Die Traufseite eines Nebengebäudes ist zu verputzen **(Bild 159/3)**. Die Putzdicke ist mit 2 cm anzunehmen. Für das Einputzen der Öffnungen wird ein Mehrbedarf von 7% angenommen.

Wieviel Liter Putzmörtel sind erforderlich?

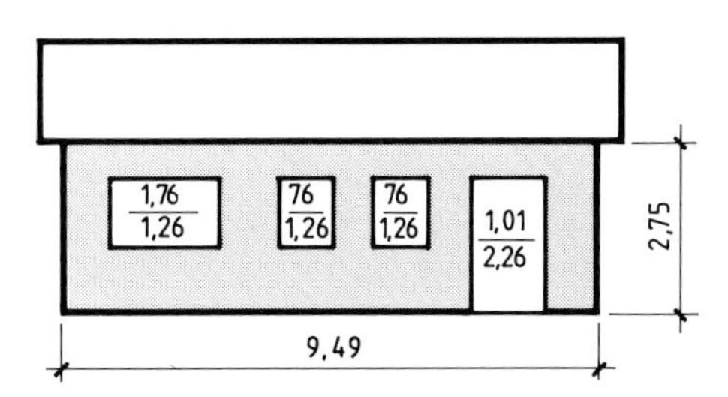

Bild 159/3: Nebengebäude

5 Für ein Betriebsgebäude sind Innen- und Außenwände sowie die Decke zu verputzen. Für den Einbau eines Bodenbelages ist als Unterbau ein Zementestrich herzustellen **(Bild 159/4)**.

a) Wie groß ist der Mörtelbedarf für die Außenwände, wenn die Wandleibungen und Sturzleibungen der Fenster und Tore 13 cm tief verputzt werden und die Putzdicke 2,5 cm beträgt?

b) Wie groß ist der Mörtelbedarf für die Innenwände, wenn die Tiefe der Wand- und Sturzleibungen der Fenster 5 cm betragen und eine Putzdicke von 1,5 cm angenommen wird?

c) Wieviel Liter Mörtel für den Deckenputz sind bei einer Putzdicke von 1 cm erforderlich?

d) Wieviel Liter Estrichmörtel müssen eingebaut werden, wenn die Estrichdicke 3,5 cm beträgt?

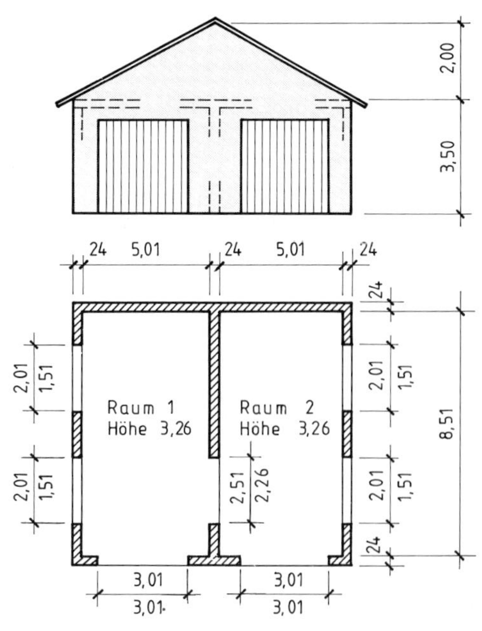

Bild 159/4: Betriebsgebäude

7.7 Holzbau

Im Holzbau wird vorwiegend Bauholz als Bauschnittholz verarbeitet. Zum Bauschnittholz zählen Balken, Kanthölzer, Bohlen, Bretter und Latten. Brettarbeiten und Abbundarbeiten machen einen wesentlichen Teil der Zimmer- und Holzbauarbeiten aus.

7.7.1 Brettarbeiten

Zu den Brettarbeiten rechnet man z. B. Verschalungen von Dächern, Decken und Wänden, ebenso wie Holzfußböden mit den erforderlichen Lagerhölzern. Aufmaß und Abrechnung erfolgen meist nach Flächenmaß, getrennt nach Dicke der Bohlen, Bretter und Latten oder nach Längenmaß unter Berücksichtigung der Querschnittsabmessungen. Bei einem Holzfußboden werden z. B. die Hobeldielen nach Quadratmeter (m^2), die Lagerhölzer nach Meter (m) erfaßt und abgerechnet.

Die Abrechnung erfolgt unter Beachtung der Aufmaßregeln. Zur Ermittlung des Holzbedarfes, auch als Rohmenge bezeichnet, ist ein Verschnittzuschlag auf die Fertigmenge erforderlich. Verschnittzuschläge sind Erfahrungswerte. Der Verschnitt bei der Herstellung der Dachschalung eines Zeltdaches ist z. B. wesentlich größer als der Verschnitt bei der Herstellung der Dachschalung eines Satteldaches. Verschnittzuschläge werden als Prozentsatz bezogen auf die Fertigmenge angegeben.

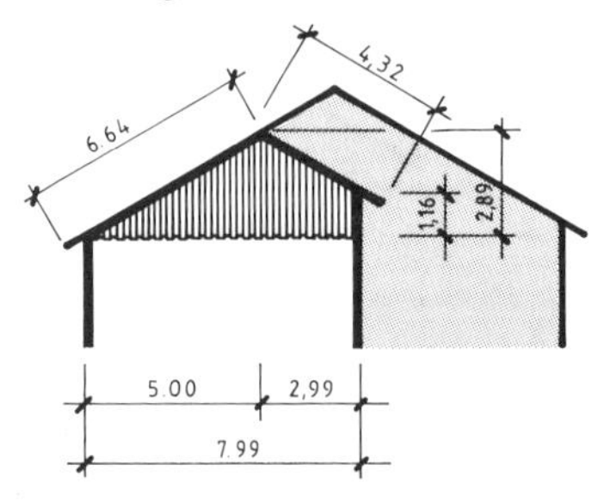

Bild 160/1: Anbau an Wohnhaus

Beispiel: Brettarbeiten für den Ausbau an ein Wohnhaus sind auszuführen **(Bild 160/1)**. Die Dachflächen sind zu verschalen und die Giebelfläche wird mit einer Deckleistenschalung verkleidet.

a) Wie groß ist der Holzbedarf in m^2 für die Dachschalung, wenn die Breite des Daches 6,50 m misst und der Verschnittzuschlag 15% beträgt?

b) Wieviel m^2 Bretter müssen für die Deckleistenschalung des Giebels bei einem Verschnittzuschlag von 28% bestellt werden?

Lösung: a) Dachschalung, Rohmenge

$$A = (A_1 + A_2) \cdot \frac{115\%}{100\%}$$

$$A = (6{,}50\,\text{m} \cdot 6{,}64\,\text{m} + 6{,}50\,\text{m} \cdot 4{,}32\,\text{m}) \cdot 1{,}15 \qquad A = 81{,}93\,\text{m}^2$$

$$\mathbf{A \approx 82\,m^2}$$

b) Deckleistenschaltung, Rohmenge

$$A = (A_1 + A_2) \cdot \frac{128\%}{100\%}$$

$$A = \left(\frac{5{,}00\,\text{m} \cdot 2{,}89\,\text{m}}{2} + \frac{2{,}89\,\text{m} + 1{,}16\,\text{m}}{2} \cdot 2{,}99\,\text{m}\right) \cdot 1{,}28$$

$$\mathbf{A = 17{,}00\,m^2}$$

7.7.2 Abbundarbeiten

Als Abbund bezeichnet man das Anreißen, Zuschneiden, Ablängen und das sonstige Bearbeiten von Bauhölzern. Der Leistungsumfang für Holzarbeiten umfasst in der Regel auch die Lieferung des Bauholzes, getrennt nach Holzart, Schnittklasse und Güteklasse bzw. Sortierklasse.

Abbundarbeiten werden nach Meter (m) berechnet, die Lieferung von Bauholz nach Kubikmeter (m^3). Auf der Grundlage der Ausführungszeichnungen werden Holzlisten erstellt.

Holzlisten sind Stücklisten, die Stückzahl, Querschnitt, Länge und Volumen der einzelnen Hölzer sowie den gesamten Holzbedarf ausweisen **(Bild 161/1)**. Sie sind Grundlage für die Arbeitsvorbereitung und Abrechnung. Holzlisten werden unter Berücksichtigung von Zuschlägen zu den Fertigmaßen für Verschnitt und Längenzugaben für Holzverbindungen erstellt. Eine Zapfenlänge ist mit 5 cm anzunehmen. Für die einzelnen Hölzer sind die Zuschläge bei Schwelle und Rähm 3 cm, bei Pfosten, Streben und Riegeln 2 Zapfenlängen.

Durchgehende Riegel, z.B. bei einer Fachwerkwand, werden als ein Stück bestellt. Man geht dabei von der Wandlänge aus, zieht davon die Breiten der Pfosten und Streben ab und zählt die Längen der erforderlichen Zapfen hinzu.

Holzliste Nr. ____ Bauherr: ____ Bauteil: ____

zur Ausführungszeichnung Nr. ____ vom ____ Bauvorhaben: ____ Sortierklasse: S 10

Nr.	Benennung	Stück	Querschnitt	Länge [m] einzel	Länge [m] zus.	Länge nach Querschnitten							
Gesamtlänge/Übertrag in m													
Einzelinhalte/Übertrag in m³													
Gesamtinhalt in m³													

Bild 161/1: Holzliste

Beispiel: Die Wand eines Wochenendhauses wird als Fachwerkwand erstellt **(Bild 161/2)**. Eine Holzliste ist aufzustellen und der Holzbedarf in m³ zu berechnen.

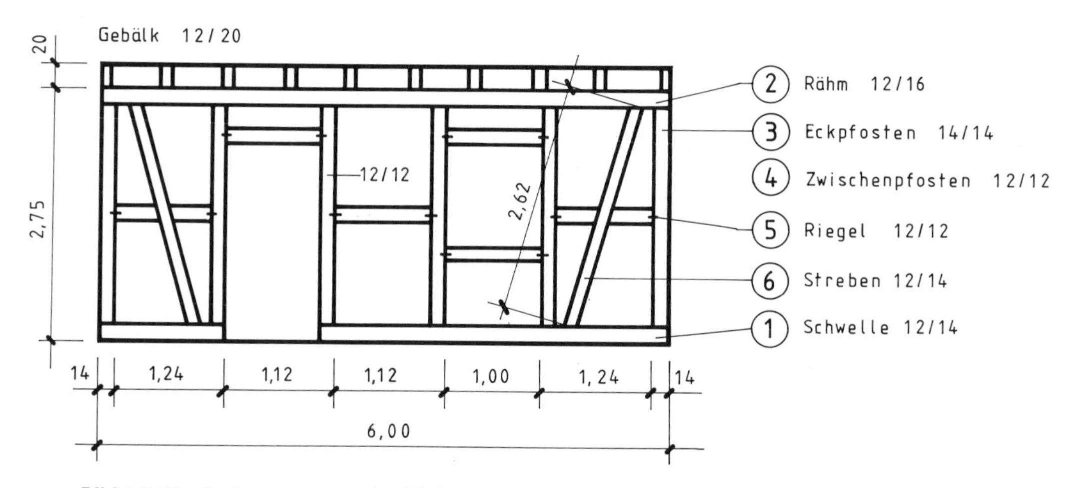

Bild 161/2: Fachwerkwand (Ansicht)

Lösung: Ermittlung der Einzellängen

Nr. 1	Schwelle	12/14:	$l = 6{,}00\,m - 1{,}00\,m + 0{,}03\,m$	$= \mathbf{5{,}03\,m}$
Nr. 2	Rähm	12/16:	$l = 6{,}00\,m + 0{,}03\,m$	$= \mathbf{6{,}03\,m}$
Nr. 3	Eckpfosten	14/14:	$l = 2{,}75\,m - (0{,}12\,m + 0{,}16\,m) + 2 \cdot 0{,}05\,m$	$= \mathbf{2{,}57\,m}$
Nr. 4	Zwischenpfosten	12/12:	$l = 2{,}75\,m - (0{,}12\,m + 0{,}16\,m) + 2 \cdot 0{,}05\,m$	$= \mathbf{2{,}57\,m}$
Nr. 5.1	Riegel	12/12:	$l = 6{,}00\,m - (4 \cdot 0{,}14\,m + 4 \cdot 0{,}12\,m) + 14 \cdot 0{,}05\,m$	$= \mathbf{5{,}66\,m}$
Nr. 5.2	Riegel	12/12:	$l = 1{,}00\,m + 2 \cdot 0{,}05$	$= \mathbf{1{,}10\,m}$
Nr. 6	Streben	12/14:	$l = 2{,}62\,m + 2 \cdot 0{,}05$	$= \mathbf{2{,}72\,m}$

Holzliste Nr.______ Bauherr: E. und K. Mayer Bauteil: Fachwerkwand

Bauvorhaben: Wochenendhaus Sortierklasse: S 10

Nr.	Benennung	Stück	Querschnitt	Länge [m] einzel	Länge [m] zus.	Länge nach Querschnitten 12/12	12/14	14/14	12/16			
1	Schwelle	1	12/14	5,03	5,03		5,03					
2	Rähm	1	12/16	6,03	6,03				6,03			
3	Eckpfosten	2	14/14	2,57	5,14			5,14				
4	Zwischenpfosten	4	12/12	2,57	10,28	10,28						
5.1	Riegel	–	12/12	–	5,66	5,66						
5.2	Riegel	1	12/12	1,10	1,10	1,10						
6	Streben	2	12/14	2,72	5,44		5,44					
Gesamtlänge/Übertrag in m					38,68	17,04	10,47	5,14	6,03			
Einzelinhalte/Übertrag in m³						0,245	0,176	0,101	0,116			
Gesamtinhalt in m³									0,638			

Aufgaben zu 7.7 Holzbau

1 Ein gleichgeneigtes Satteldach mit Dachgarten wird mit einer Dachschalung versehen. Die Länge der Verschalung beträgt 12,50 m, die Breite 6,20 m. Der Dachgarten erfordert eine Aussparung von 5,10 m auf 3,90 m.
Wieviel m² Bretter sind zu bestellen, wenn der Verschnittzuschlag 19% beträgt?

2 Für die Dachschalung eines Zeltdaches über quadratischem Grundriß ist die Bestellmenge an Brettern zu berechnen. Wieviel m² Bretter sind bei einer Trauflänge von 6,00 m, einer Firsthöhe von 4,00 m und einem Verschnittzuschlag von 30% zu bestellen?

3 An der Giebelseite eines Wohnhauses wird ein Nebengebäude errichtet. Die Restgiebelfläche des Hauptgebäudes wird mit einer Deckleistenschalung versehen **(Bild 162/1)**.
Wie groß ist die Bestellmenge an Brettern bei einem Verschnittzuschlag von 32%?

4 Eine Außenwand wird als Fachwerkwand errichtet **(Bild 162/2)**.
Die Holzliste ist aufzustellen und der Bedarf an Bauholz in m³ zu berechnen.

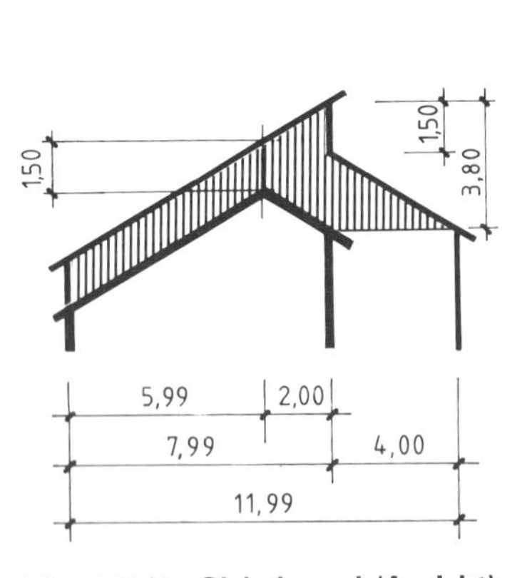

Bild 162/1: Giebelwand (Ansicht)

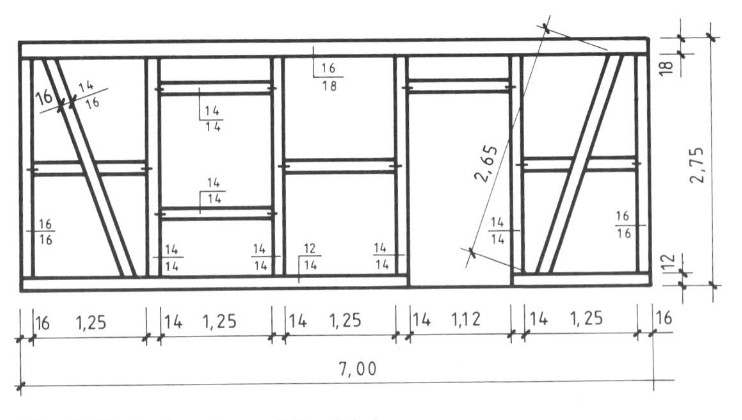

Bild 162/2: Fachwerkwand (Ansicht)

5 Für ein Betriebsgebäude ist eine Holzbalkendecke vorgesehen **(Bild 163/1)**. Sämtliche Balkenendauflager sind mit 15 cm, die Zapfenlänge mit 5 cm anzunehmen.

Die Holzliste ist zu erstellen und der Holzbedarf in m³ zu ermitteln.

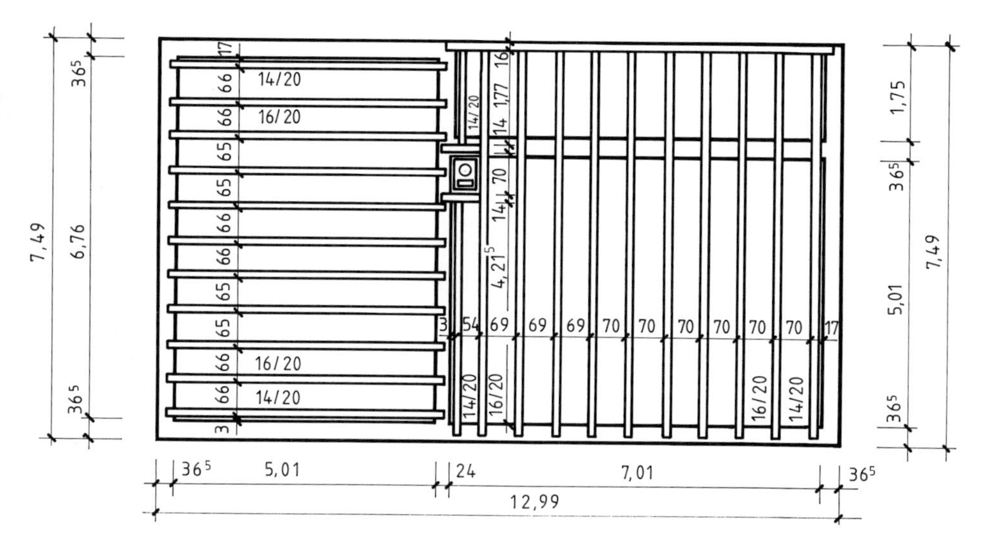

Bild 163/1: Balkenlage

6 Die Geschossdecke eines Wohnhauses wird als Holzbalkendecke ausgeführt. Die Endauflager sind mit 17 cm, die Zapfenlänge mit 5 cm anzunehmen **(Bild 163/2)**.

Die Holzliste ist zu erstellen und der Holzbedarf in m³ zu ermitteln.

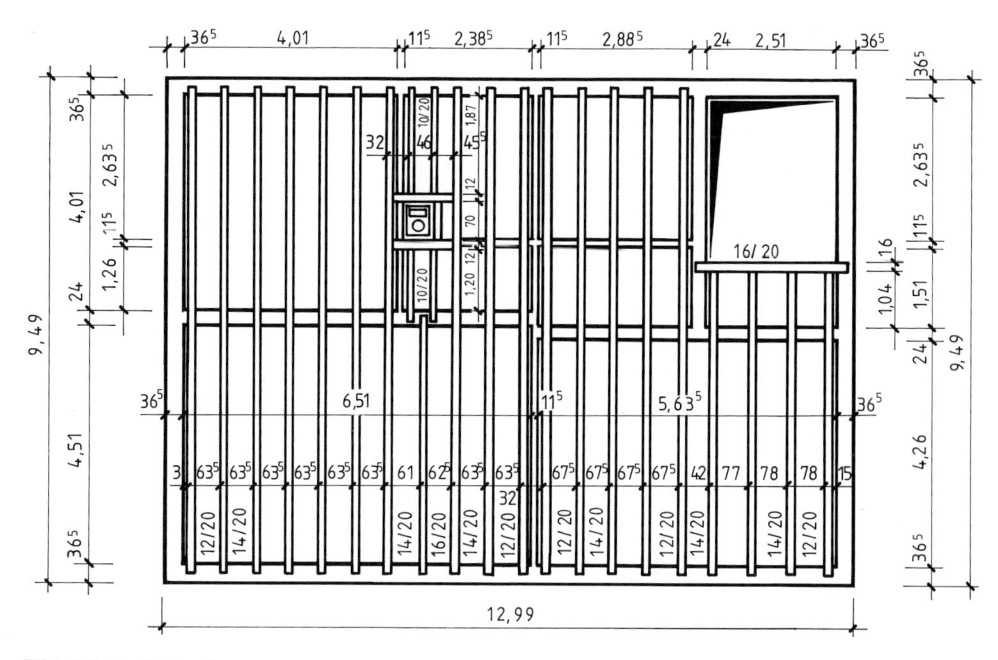

Bild 163/2: Balkenlage

7.7.3 Arbeitsmappe Holzbau

HOLZLISTE

Die Arbeitsmappe Holzbau enthält ein Formular zur Ermittlung des Holzbedarfs bei Abbundarbeiten. Im Kopf der Holzliste sind die notwendigen Eintragungen zum Bauvorhaben und zur Sortierklasse vorzunehmen **(Bild 164/1)**.

HOLZLISTE Nr.					Bauvorhaben:		Bauteil:				
					Bauherr:		Sortierklasse:				
Pos. Nr.	Benennung	Stück	Quer-schnitt	Länge [m] einzel	zus.	LÄNGE NACH QUERSCHNITTEN					

Bild 164/1: Kopf der Holzliste

Im Berechnungsteil des Arbeitsblattes müssen die einzelnen Hölzer benannt werden sowie deren Stückzahlen, Querschnittsmaße in cm und Einzellängen in m eingetragen werden. Das Programm ergänzt die Holzliste mit den Gesamtlängen, ordnet die Längen nach Querschnittsmaßen und gibt die Einzelinhalte je Querschnitt und den Gesamtinhalt in m³ aus. Zudem ermöglicht das Programm die Eingabe des Verschnitts in % **(Bild 164/2)**.

Pos. Nr.	Benennung	Stück	Quer-schnitt	Länge [m] einzel	zus.	LÄNGE NACH QUERSCHNITTEN 12/12	12/14	14/14	12/16		
1	Schwelle	1	12/14	5,03	5,03		5,03				
2	Rähm	1	12/16	6,03	6,03				6,03		
3	Eckpfosten	2	14/14	2,57	5,14			5,14			
4	Zwischenpfosten	4	12/12	2,57	10,28	10,28					
5	Riegel 1	1	12/12	5,66	5,66	5,66					
6	Riegel 2	1	12/12	1,10	1,10	1,10					
7	Streben	2	12/14	2,72	5,44		5,44				
Gesamtlänge/Übertrag in m					**38,68**	**17,04**	**10,47**	**5,14**	**6,03**		
Einzelinhalte/Übertrag in m³						**0,245**	**0,176**	**0,101**	**0,116**		
							Gesamtinhalt in m³				**0,638**
							incl.		% Verschnitt		**0,638**

Bild 164/2: Berechnungsteil der Holzliste

8 Bautechnische Mechanik

8.1 Kräfte

8.1.1 Bezeichnungen, Einheiten, Darstellung

Kräfte sind an ihrer Wirkung zu erkennen. Sie sind die Ursache für Bewegungs-, Lage- und Formänderungen von Körpern. Kräfte werden mit F bezeichnet. Die Einheit der Kraft ist das **Newton (N)**. Weitere Einheiten sind das **Kilonewton (kN)** und das **Meganewton (MN)**.

Ein Newton (N) ist die Kraft, die einem Körper mit der Masse 1 kg die Beschleunigung 1 m/s² erteilt.

$$\mathbf{1\ N = \frac{1\ kg \cdot m}{s^2}}$$

Diejenige Kraft, mit der ein Körper zum Erdmittelpunkt hin angezogen wird, nennt man die Gewichtskraft F_G des Körpers oder seine Eigenlast.

Eine Kraft ist eindeutig bestimmt, wenn ihre Größe, ihre Richtung und ihre Lage bekannt sind.

Umrechnung der Einheiten von Kräften

	· 1000 →	· 1000 →	Multiplikator von Einheit zu Einheit
	MN	kN	N
MN	1	1000	1000000
kN	0,001	1	1000
N	0,000001	0,001	1
	Teiler von Einheit zu Einheit	← : 1000	← : 1000

Die Lage der Kraft ergibt sich aus der Wirkungslinie und dem Angriffspunkt. Die Richtung der Kraft wird durch einen Pfeil dargestellt. Die Länge des Pfeiles entspricht der Größe der Kraft, wobei ein bestimmter Kräftemaßstab angewendet wird. Bei einem Kräftemaßstab von $M_K = \frac{5\ N}{cm}$ entspricht eine Pfeillänge von 10 cm einer Kraft von 50 N. Häufig werden Kräftemaßstäbe in der Form M_K : 5 N ≙ 1 cm angegeben.

$$\textbf{Pfeillänge} = \frac{\textbf{Kraft}}{\textbf{Kräftemaßstab}}$$

$$l = \frac{F}{M_K}$$

$$M_K = \frac{F}{l}$$

$$F = l \cdot M_K$$

Beispiel: Eine Kraft F von 65 N, die unter einem Winkel von 30° zur Waagerechten nach rechts oben wirkt, ist darzustellen **(Bild 165/1)**. Der Kräftemaßstab ist $M_K = \frac{10\ N}{cm}$.

Lösung: $l = \frac{F}{M_K}$ $\quad l = \frac{65\ N}{\frac{10\ N}{cm}}$ $\quad \boldsymbol{l = 6{,}5\ cm}$

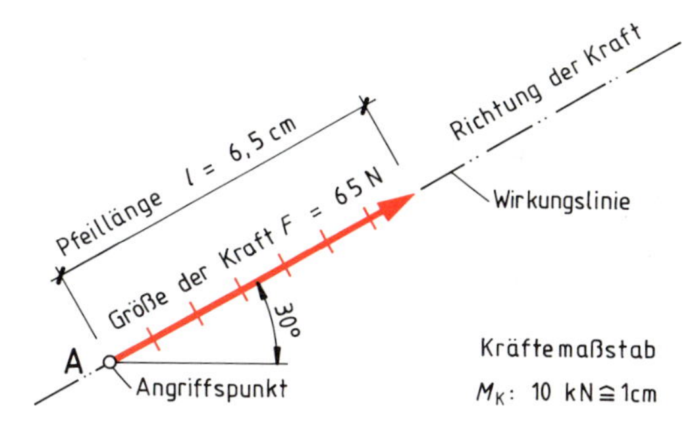

Bild 165/1: Zeichnerische Darstellung einer Kraft

Im Lageplan wird die Richtung von Kräften, im Kraftplan die Richtung sowie die Größe im entsprechenden Kräftemaßstab dargestellt.

8.1.2 Zusammensetzen von Kräften

Mehrere Kräfte mit gemeinsamer Wirkungslinie, z. B. F_1, F_2 und F_3, können zu einer Kraft zusammengesetzt werden. Gleichgerichtete Kräfte werden addiert, entgegengesetzt gerichtete Kräfte subtrahiert **(Bild 165/2)**. Die ermittelte Kraft wird als Ersatzkraft oder resultierende Kraft F_R bezeichnet.

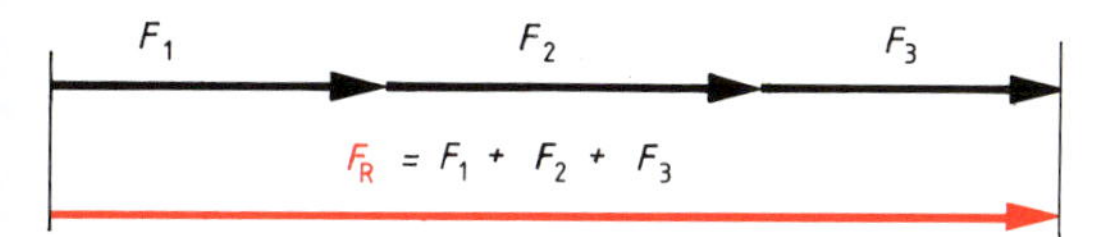

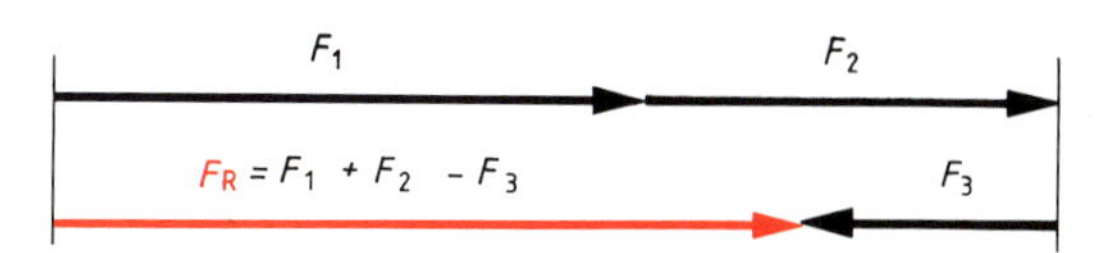

Bild 165/2: Zusammensetzen von Kräften mit gleicher Wirkungslinie

Beispiel: Eine Stahlbetonstütze wird durch die Kräfte F_1 von 20 kN und F_2 von 35 kN belastet. Die Gewichtskraft F_G der Stütze und des Fundamentes betragen 30 kN **(Bild 166/1)**. Welche Kraft F_R wirkt auf die Fundamentsohle (M_K: 10 kN ≙ 1 cm)?

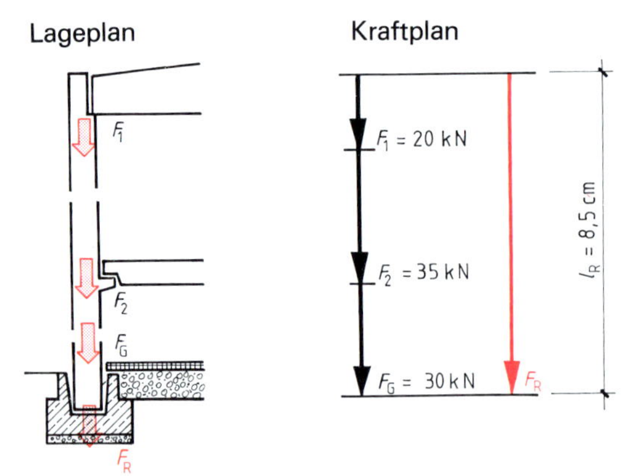

Lösung:

rechnerisch

$F_R = F_1 + F_2 + F_G$

$F_R = 20\text{ kN} + 35\text{ kN} + 30\text{ kN}$

$\mathbf{F_R = 85\text{ kN}}$

zeichnerisch

$l_R = 8{,}5\text{ cm}$

$F_R = l_R \cdot M_K$

$F_R = 8{,}5\text{ cm} \cdot \frac{10\text{ kN}}{\text{cm}}$

$\mathbf{F_R = 85\text{ kN}}$

Bild 166/1: Stahlbetonstütze

Die Größe der resultierenden Kraft F_R zweier Kräfte mit verschiedenen Wirkungslinien wird mit Hilfe des Kräfteparallelogramms oder des Kraftdreiecks ermittelt **(Bild 166/2)**.

Beim Kräfteparallelogramm stellt die resultierende Kraft F_R die Diagonale in einem Parallelogramm dar, dessen Seiten durch die Kräfte F_1 und F_2 gebildet werden. Beim Kraftdreieck werden die beiden Einzelkräfte F_1 und F_2 mit ihrer Größe und Richtung aneinandergesetzt. Verbindet man Anfangs- und Endpunkt, erhält man die resultierende Kraft F_R.

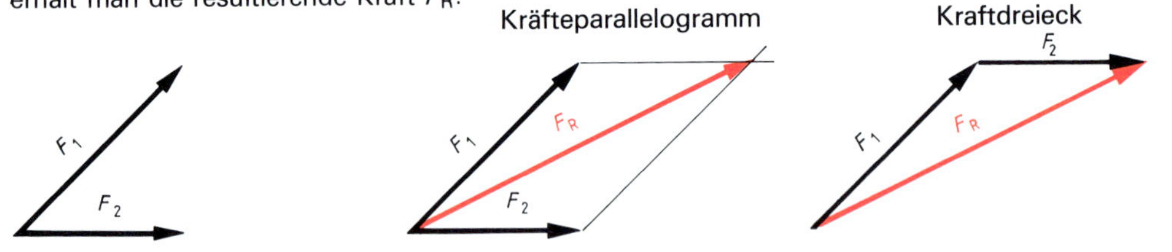

Bild 166/2: Zusammensetzen von Kräften mit verschiedenen Wirkungslinien

Beispiel: Strebe und Pfosten eines Binders werden am Fußpunkt durch die Kraft F_1 von 27 kN und durch die Kraft F_2 von 32 kN belastet **(Bild 166/3)**. Wie groß ist die resultierende Kraft F_R und welches ist ihre Richtung (M_K: 10 kN ≙ 1 cm)?

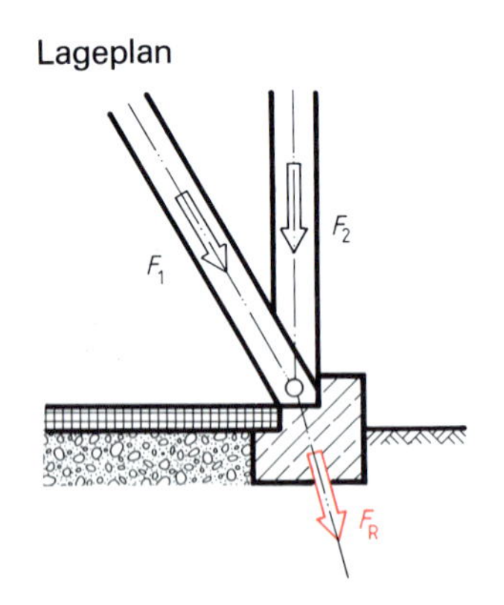

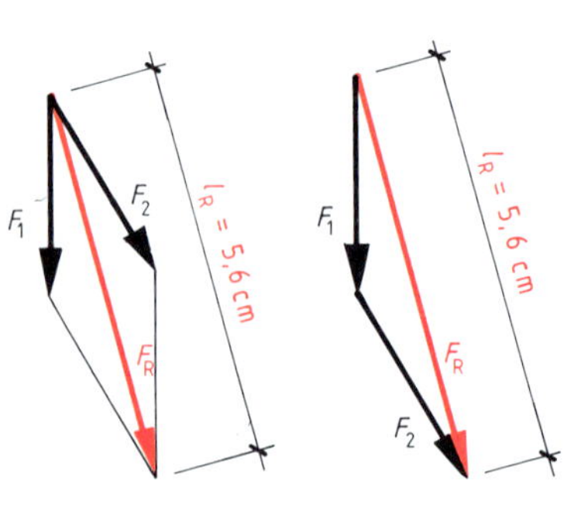

Lösung:

zeichnerisch

$l_R = 5{,}6\text{ cm}$

$F_R = l_R \cdot M_K$

$F_R = 5{,}6\text{ cm} \cdot \frac{10\text{ kN}}{\text{cm}}$

$\mathbf{F_R = 56\text{ kN}}$

Bild 166/3: Binderfußpunkt

8.1.3 Zerlegen von Kräften

Das Zerlegen einer Kraft F in zwei Teilkräfte F_1 und F_2 mit verschiedenen Wirkungslinien erfolgt umgekehrt wie das Zusammensetzen. Die Kräfte F_1 und F_2 ermittelt man mit Hilfe des Kräfteparallelogramms oder des Kraftdreiecks **(Bild 167/1)**.

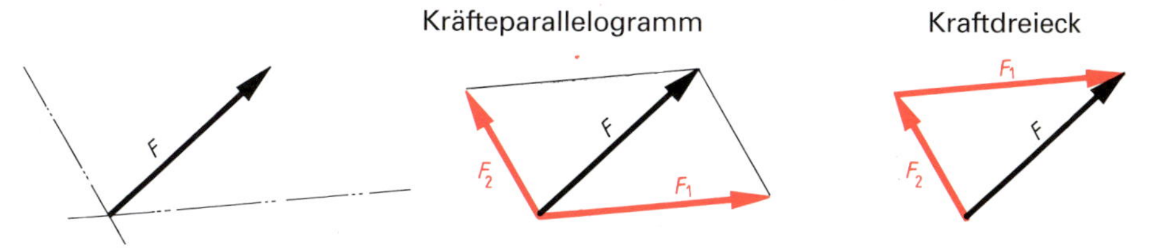

Bild 167/1: Zerlegen einer Kraft in zwei Kräfte mit verschiedenen Wirkungslinien

Beispiel: An einem Seil hängt ein Scheinwerfer mit der Gewichtskraft F_G von 800 N **(Bild 167/2)**. Wie groß sind die Seilkräfte F_1 und F_2 (M_K : 200 N ≙ 1 cm)?

Lösung: zeichnerisch

$F_1 = l_1 \cdot M_K$

$F_1 = 3{,}6\ \text{cm} \cdot \dfrac{200\ \text{N}}{\text{cm}}$

$\mathbf{F_1 = 720\ N}$

$F_2 = l_2 \cdot M_K$

$F_2 = 2{,}0\ \text{cm} \cdot \dfrac{200\ \text{N}}{\text{cm}}$

$\mathbf{F_1 = 400\ N}$

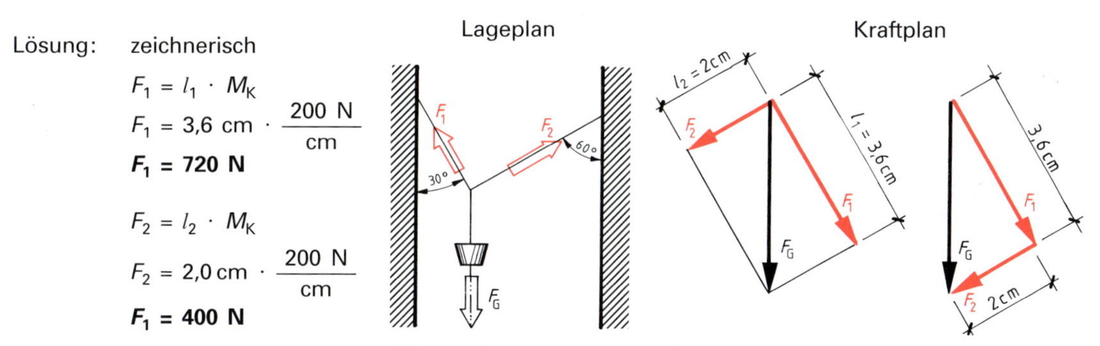

Bild 167/2: Scheinwerferaufhängung

8.1.4 Gleichgewicht bei Kräften

Zwei Kräfte F_1 und F_2 stehen im Gleichgewicht, wenn sie gleich groß sind, auf der gleichen Wirkungslinie liegen und in entgegengesetzter Richtung wirken **(Bild 167/3)**. Entgegengesetzt wirkende Kräfte erhalten unterschiedliche Vorzeichen. Die resultierende Kraft F_R ist Null.

$$\mathbf{F_1 = F_2}$$
$$\mathbf{F_R = F_1 - F_2}$$
$$\mathbf{F_R = 0}$$

Bild 167/3: Gleichgewicht der Kräfte

Beispiel: Die Sohle eines Fundamentes wird durch die Kraft F_1 von 80 kN belastet **(Bild 167/4)**. Wie groß muss die Kraft F_2 sein, die der Kraft F_1 entgegenwirkt, und in welcher Richtung wirkt sie?

Lösung: rechnerisch

$F_R = F_1 - F_2$

$F_2 = -F_R + F_1$

$F_2 = 0 + 80\ \text{kN}$

$\mathbf{F_2 = 80\ kN}$

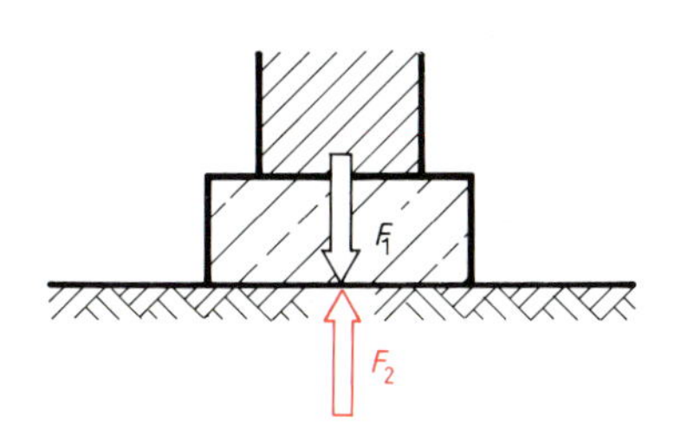

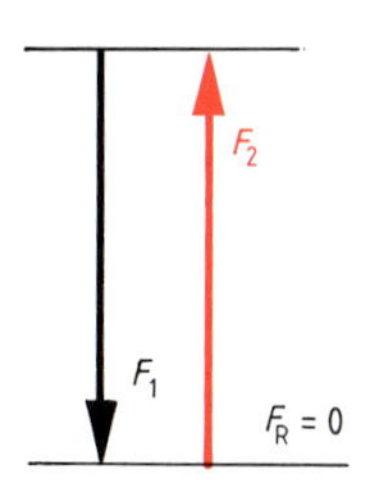

Bild 167/4: Fundamentsohle

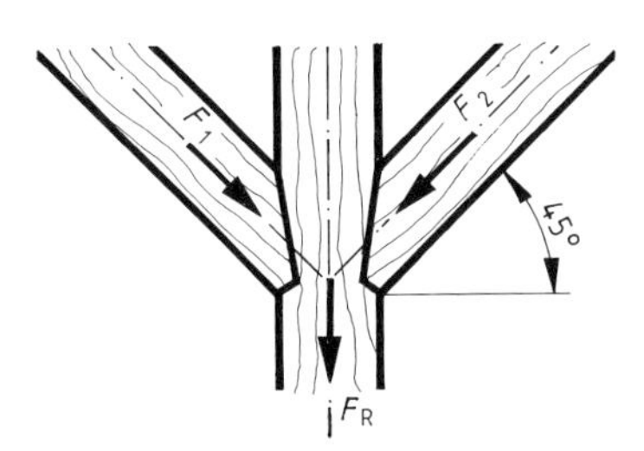

Bild 168/1: Holzpfosten

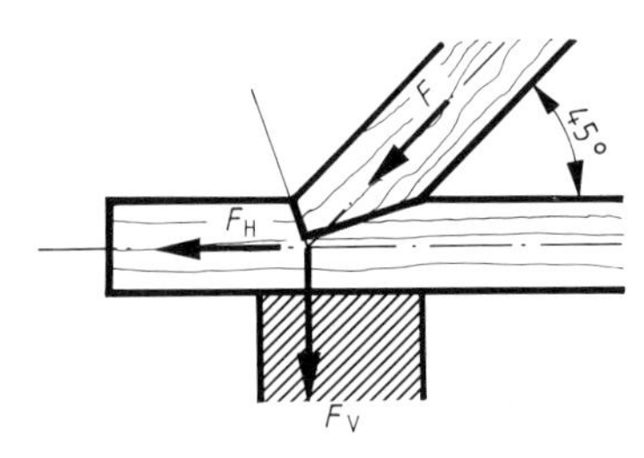

Bild 168/2: Versatz

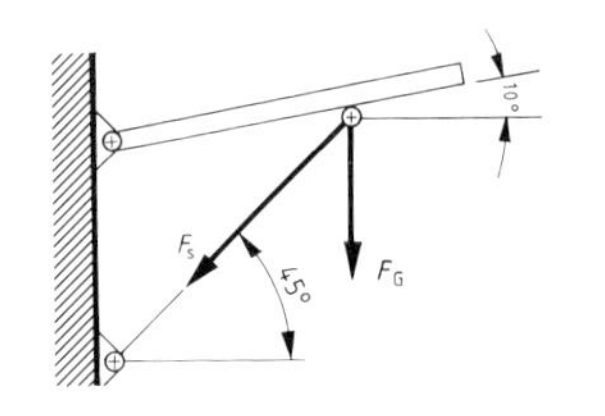

Bild 168/3: Vordach

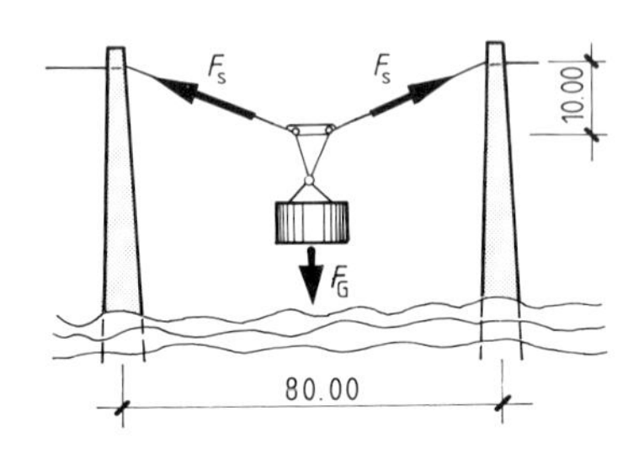

Bild 168/4: Lastgondel

Aufgaben zu 8.1 Kräfte

1. Eine Kraft F von 12 kN ist unter einem Winkel von 30° (45°) zur Waagerechten nach unten gerichtet. In welche waagerechte und senkrechte Teilkräfte F_1 und F_2 lässt sich die Kraft F zerlegen (M_K : 2 kN ≙ 1 cm)?

2. Zwei Kräfte F_1 von 12 kN und F_2 von 8 kN bilden einen Winkel von 30° (60°). Wie groß ist die resultierende Kraft F_R (M_K : 2 kN ≙ 1 cm)?

3. Am Knotenpunkt eines Fachwerkbinders greifen die Gewichtskraft F_G von 0,6 MN und die horizontale Kraft F_H von 400 kN an. Wie groß ist die resultierende Kraft F_R (M_K : 100 kN ≙ 1 cm)?

4. Ein Holzpfosten hat die Druckkräfte zweier Streben F_1 und F_2 mit je 38 kN (42 kN) aufzunehmen **(Bild 168/1)**. Welche Größe besitzt die resultierende Kraft F_R (M_K : 10 kN ≙ 1 cm)?

5. Ein Sparren **(Bild 168/2)** überträgt durch einen Versatz auf einen Holzbalken die Kraft F von 45 kN (50 kN). Wie groß sind die horizontale Kraft F_H und die vertikale Kraft F_V?

6. An der Fassade eines Gebäudes ist ein Vordach mit einer Gewichtskraft F_G von 2,5 kN befestigt **(Bild 168/3)**. Wie groß ist die Stützkraft F_S?

7. Zur Aufschüttung eines Dammes werden Lastgondeln eingesetzt **(Bild 168/4)**. Die Gewichtskraft F_G einschließlich Ladung beträgt 40 kN. Das Seil hängt in der Mitte 10 m durch. Wie groß ist die Seilkraft F_S?

8. An einer Aufhängung wirkt die Gewichtskraft F_G von 850 N **(Bild 168/5)**. Wie groß sind die Kräfte F_1 und F_2 im Zug- bzw. im Druckstab?

9. Die Kraft F von 700 N wirkt unter einem Winkel α von 20° (25°) auf einen Kompressor **(Bild 168/6)**. Wie groß sind die Teilkräfte F_{T1} in waagerechter Richtung und F_{T2} in senkrechter Richtung?

10. Der Dachaufbau eines Nebengebäudes ist als einfaches Sprengwerk ausgebildet **(Bild 168/7)**. Der Neigungswinkel α beträgt 30°.
    a) Wie groß ist die Strebenkraft F_S?
    b) Wie groß sind die vertikalen Kräfte F_V an den Auflagen A und B?
    c) Wie groß ist die horizontale Kraft F_H?

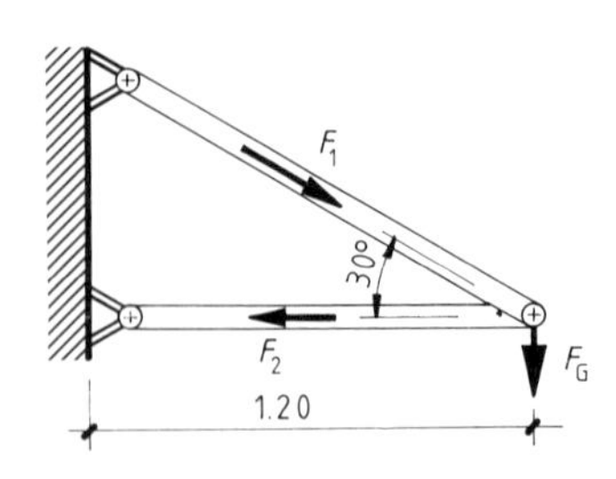

Bild 168/5: Aufhängung

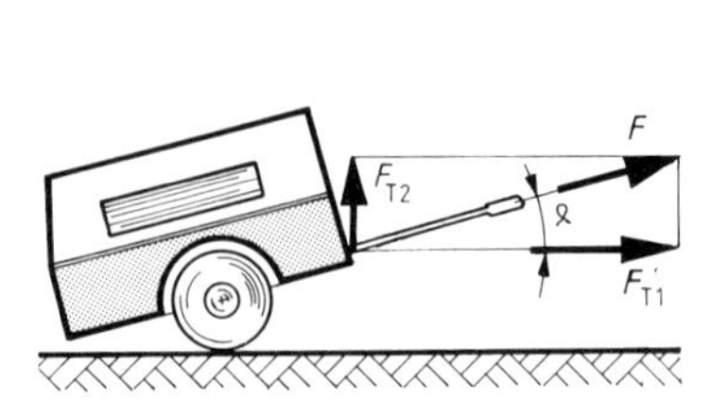

Bild 168/6: Kompressor

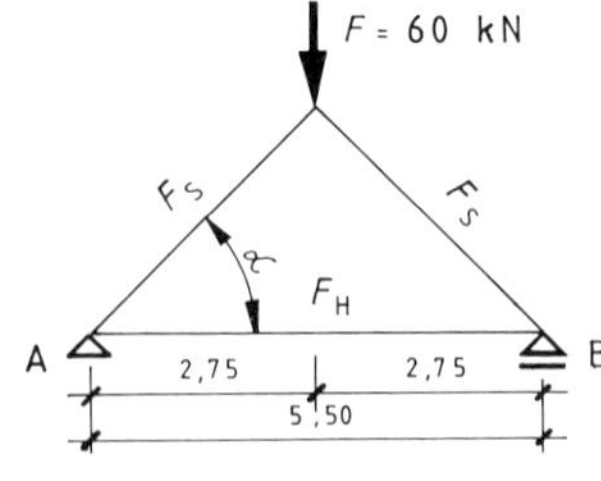

Bild 168/7: Sprengwerk

8.2 Hebel, Rolle, Schiefe Ebene

8.2.1 Hebel, Drehmoment

Mit Hilfe eines Hebels können Lasten bewegt oder gehoben werden. Am Hebel unterscheidet man Drehpunkt, Kraftarm und Lastarm. Als Kraftarm l_1 bezeichnet man den senkrechten Abstand zwischen Drehpunkt und Wirkungslinie der Kraft F_1, als Lastarm l_2 den senkrechten Abstand zwischen Drehpunkt und Wirkungslinie der Last F_2. Je nach der Lage des Drehpunktes unterscheidet man den **einseitigen Hebel (Bild 169/1)** und den **zweiseitigen Hebel (Bild 169/2)**. Beim einseitigen Hebel liegt der Drehpunkt am Ende des Hebels, beim zweiseitigen Hebel liegt er zwischen den beiden Enden des Hebels. Bilden Lastarm und Kraftarm miteinander einen Winkel, spricht man vom Winkelhebel.

An einem Hebel herrscht Gleichgewicht, wenn das Produkt aus **Kraft · Kraftarm gleich** dem Produkt aus **Last · Lastarm** ist (Hebelgesetz).

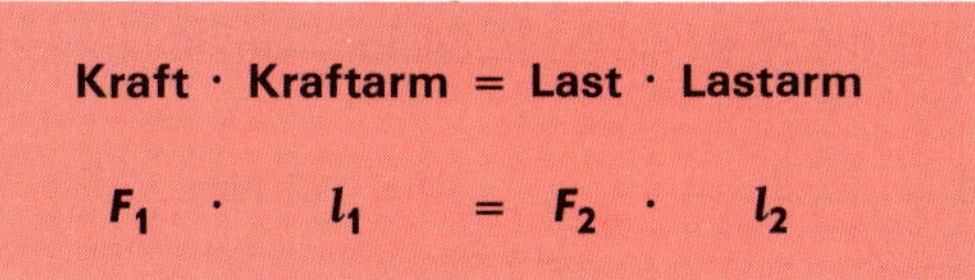

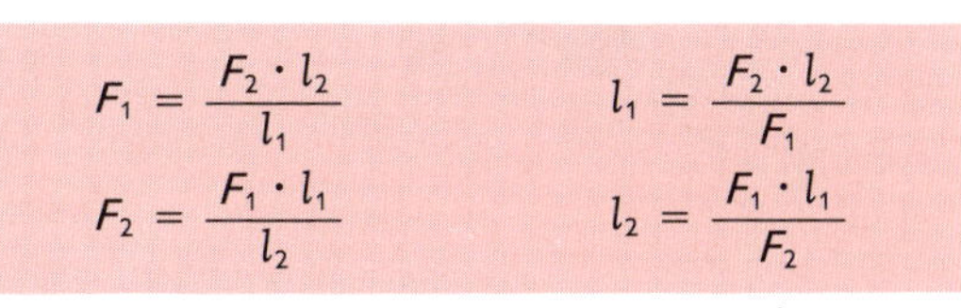

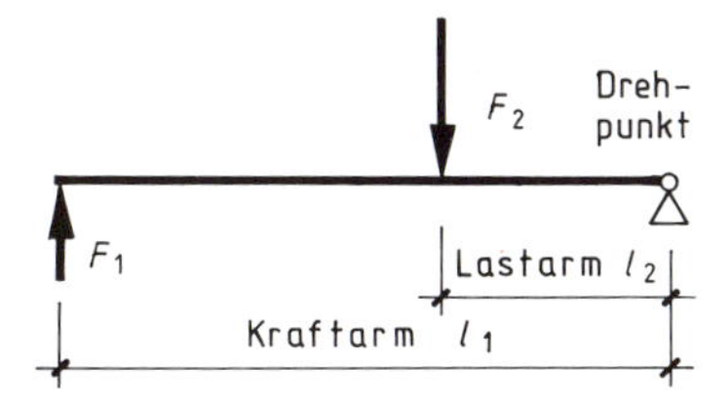

Bild 169/1: **Einseitiger Hebel**

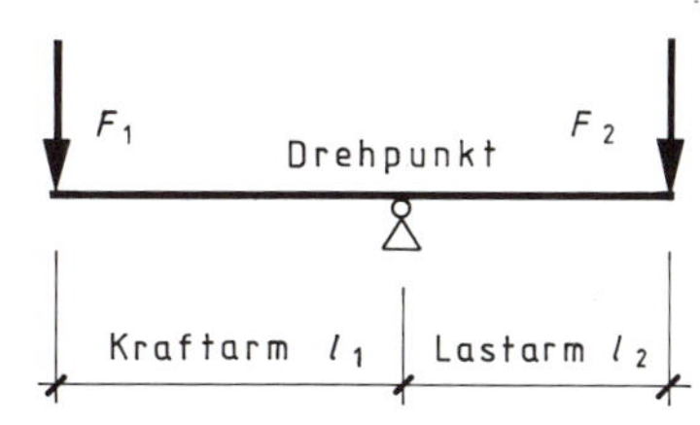

Bild 169/2: **Zweiseitiger Hebel**

Beispiel: Ein Schubkarren ist mit 70 kg Sand beladen **(Bild 169/3)**. Welche Kraft F_1 ist erforderlich, um den Schubkarren anzuheben?

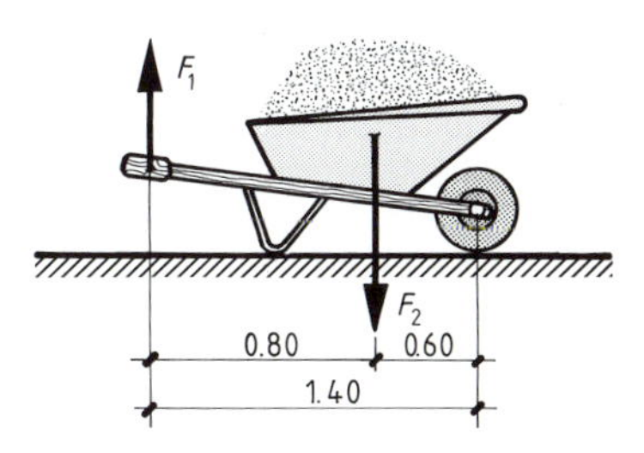

Bild 169/3: Schubkarren

Lösung: Kraft · Kraftarm = Last · Lastarm

$$F_1 \cdot l_1 = F_2 \cdot l_2$$

$$F_1 = \frac{F_2 \cdot l_2}{l_1}$$

$$F_1 = \frac{700\ \text{N} \cdot 0{,}60\ \text{m}}{1{,}40\ \text{m}}$$

$$\mathbf{F_1 = 300\ N}$$

Beispiel: Mit einem 3,00 m langen Kantholz soll ein 120 kg schwerer Stein gehalten werden **(Bild 169/4)**. Welche Kraft F_1 ist dazu erforderlich?

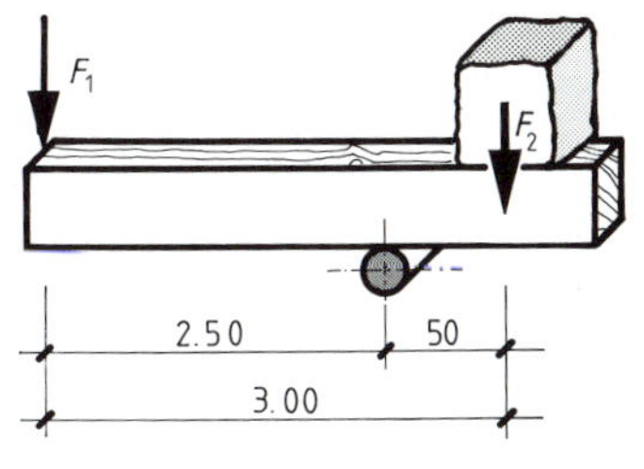

Bild 169/4: Kantholz

Lösung: Kraft · Kraftarm = Last · Lastarm

$$F_1 \cdot l_1 = F_2 \cdot l_2$$

$$F_1 = \frac{F_2 \cdot l_2}{l_1}$$

$$F_1 = \frac{1200\ \text{N} \cdot 0{,}50\ \text{m}}{2{,}50\ \text{m}}$$

$$\mathbf{F_1 = 240\ N}$$

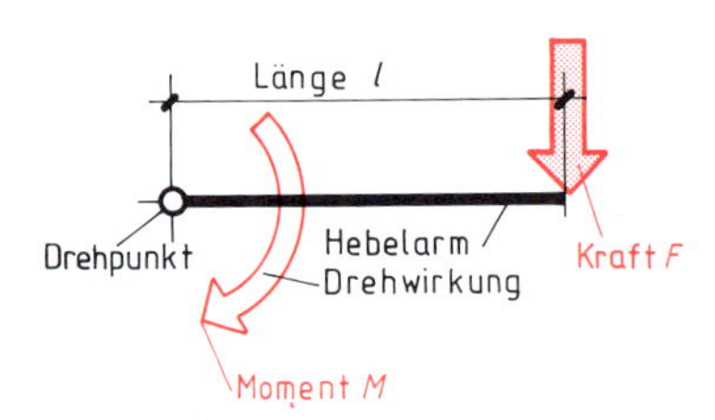

Bild 170/1: Drehmoment

Drehmoment

Das Produkt aus der Kraft F und dem Hebelarm l wird als Moment M bezeichnet. Wegen der drehenden Wirkung wird es auch Drehmoment genannt **(Bild 170/1)**. Man unterscheidet rechtsdrehende und linksdrehende Momente.

Drehmoment = Kraft · Hebelarm

$$M = F \cdot l$$

$$F = \frac{M}{l}$$

$$l = \frac{M}{F}$$

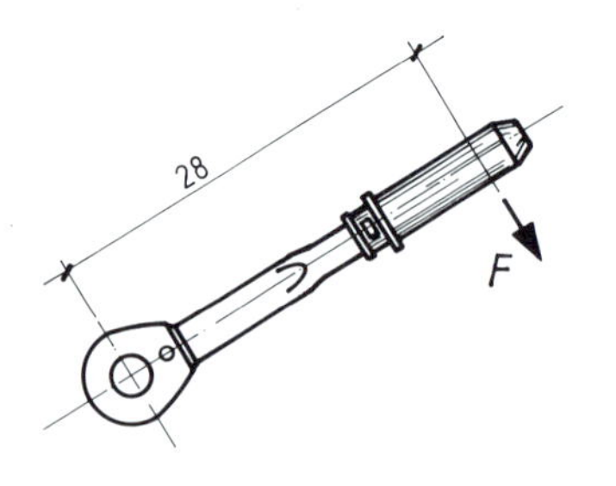

Bild 170/2: Drehmomentschlüssel

Beispiel: Mit Hilfe eines Drehmomentschlüssels wird eine Vierkantschraube angezogen **(Bild 170/2)**.

Welches Drehmoment wirkt in der Schraube, wenn eine Kraft F von 400 N an einem Hebelarm von 28 cm wirkt?

Lösung: $M = F \cdot l$

$M = 400\ \text{N} \cdot 0{,}28\ \text{m}$ **M = 112 Nm**

Aufgaben zu 8.2.1 Hebel, Drehmoment

1 Mit einer Zange soll ein Nagel abgezwickt werden **(Bild 170/3)**. Dazu ist an der Schneide die Kraft F_1 von 16 kN erforderlich.
   a) Wie groß ist die dazu erforderliche Kraft F_2 am Griff?
   b) Wie groß ist das ausgeübte Kraftmoment M?

2 Mit Hilfe eines Hebels soll ein Pfahl aus dem Boden gezogen werden **(Bild 170/4)**. Welche Kraft F_1 ist erforderlich, wenn die Reibungskraft F_2 zwischen Pfahl und Boden 2,5 kN beträgt?

3 Der Fuß eines Betonmischers soll auf eine Unterlage gestellt werden **(Bild 170/5)**. Wie groß ist die erforderliche Kraft F_1, um den Betonmischer anzuheben?

4 Ein Auslegergerüst wird mit der Kraft F_2 von 2,5 kN (3,2 kN) belastet **(Bild 170/6)**. Welche Kraft F_1 hat der Verankerungsbügel aufzunehmen?

5 Mit einer Seilwinde ist eine Last zu heben **(Bild 170/7)**. Die zur Verfügung stehende Kraft F_1 beträgt 300 N (360 N). Welche Last F_G kann damit hochgezogen werden?

6 An einem Kran bewirkt ein Betonkübel ein Lastmoment M von 0,2 MNm.
   a) Welches Kraftmoment ist bei 2-facher Sicherheit gegen ein Kippen des Kranes erforderlich?
   b) Wieviel t Ballast werden benötigt, wenn der Lastarm l_2 am Unterwagen 2,50 m (2,80 m) beträgt?

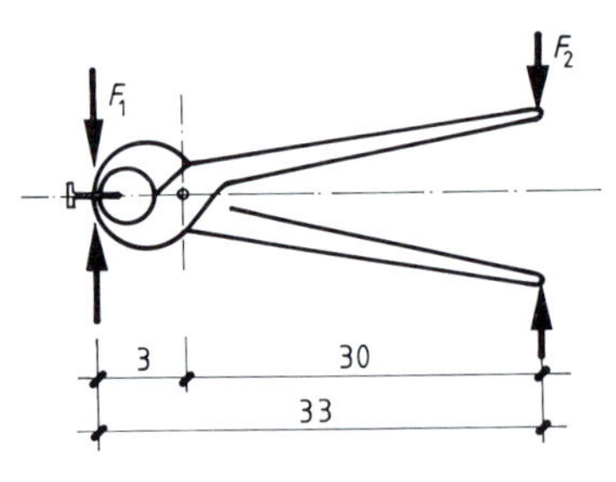

Bild 170/3: Zange

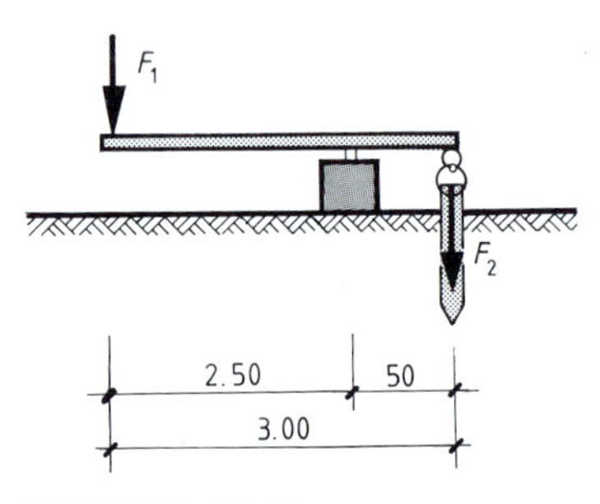

Bild 170/4: Pfahl

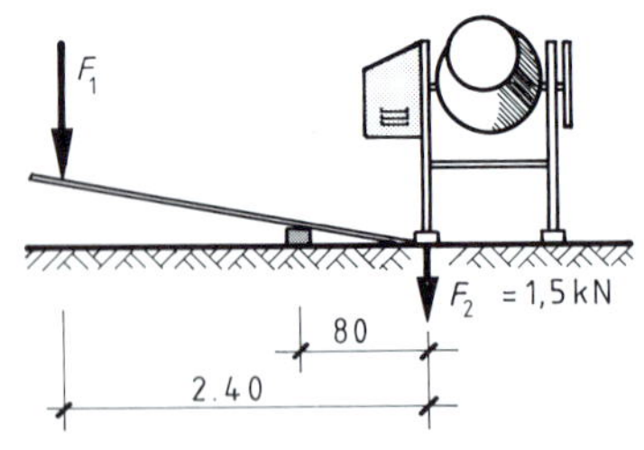

Bild 170/5: Betonmischer

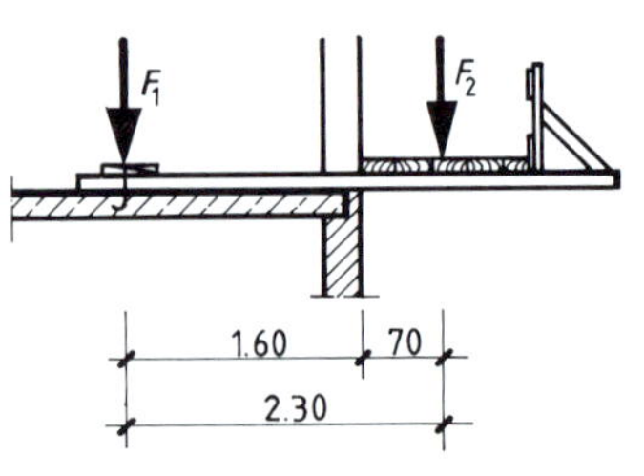

Bild 170/6: Auslegergerüst

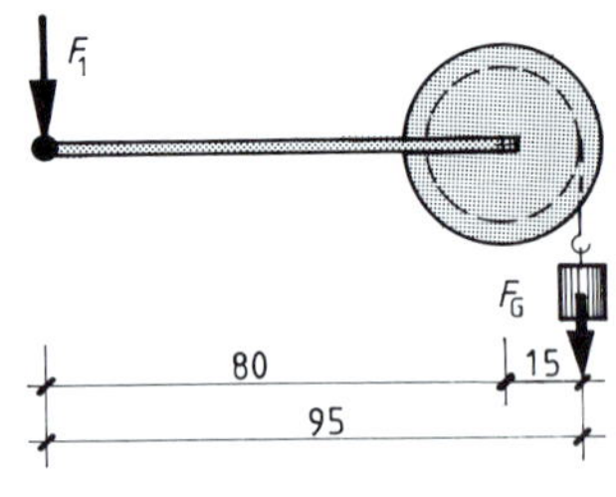

Bild 170/7: Seilwinde

8.2.2 Rollen und Flaschenzüge

Mit Hilfe von Rollen und Flaschenzügen lassen sich Lasten heben. Bei Flaschenzügen lässt sich Kraft einsparen, der zurückgelegte Kraftweg *s* wird jedoch entsprechend größer. Was an Kraft gespart wird, muss an Weg zusätzlich angewendet werden. Dieses Gesetz nennt man die **goldene Regel der Mechanik.**

Bei Rollen und Flaschenzügen unterscheidet man die feste Rolle, den einfachen Flaschenzug und den Rollenflaschenzug.

Kraft · Kraftweg = Last · Hubhöhe

$$F \cdot s = F_G \cdot h$$

$$F = \frac{F_G \cdot h}{s} \qquad s = \frac{F_G \cdot h}{F}$$

$$F_G = \frac{F \cdot s}{h} \qquad h = \frac{F \cdot s}{F_G}$$

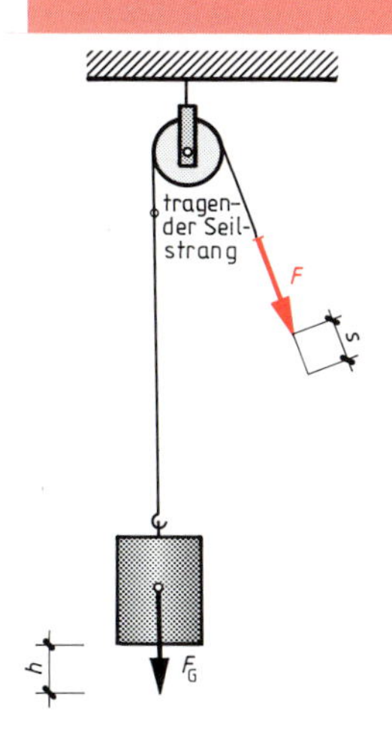

Bild 171/1: Feste Rolle

$$F = F_G$$
$$s = h$$

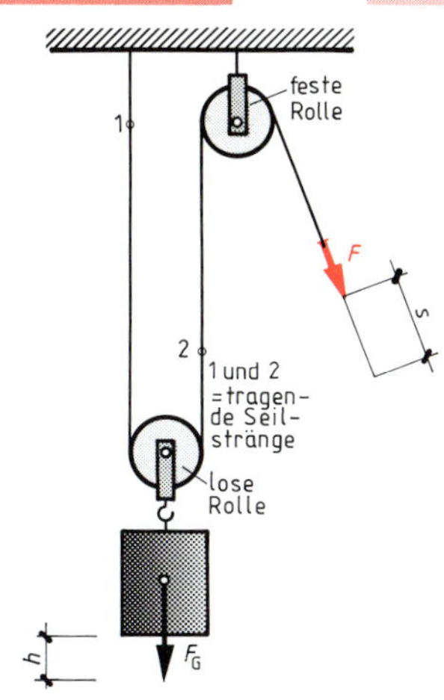

Bild 171/2: Einfacher Flaschenzug

$$F = \frac{F_G}{2}$$
$$s = 2 \cdot h$$

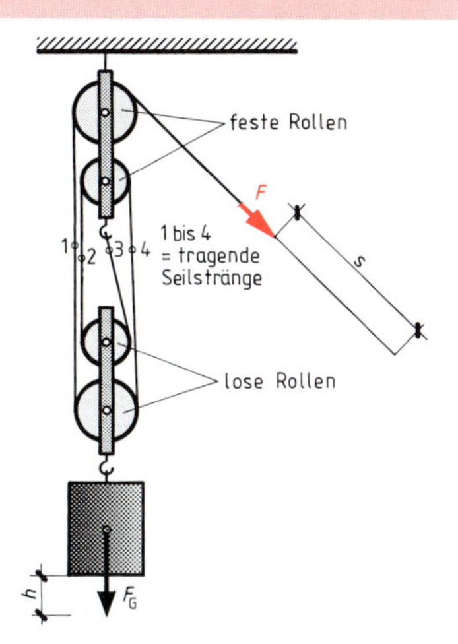

Bild 171/3: Rollenflaschenzug mit 4 Rollen ($n = 4$)

$$F = \frac{F_G}{n}$$
$$s = n \cdot h$$

Feste Rolle

Mit der festen Rolle werden kleinere Lasten gehoben **(Bild 171/1)**. Kraft wird mit ihr nicht eingespart, sie ermöglicht aber eine Änderung der Kraftrichtung.

Einfacher Flaschenzug

Eine feste und eine lose Rolle bilden einen einfachen Flaschenzug **(Bild 171/2)**. Jeder Seilstrang trägt die halbe Last, somit ist die Kraft $F = \frac{F_G}{2}$, der Kraftweg *s* dagegen doppelt so groß wie die Hubhöhe *h*.

Beispiel: Mit Hilfe eines einfachen Flaschenzuges soll ein Stahlträger mit einer Gewichtskraft F_G von 1,2 kN um 2,50 m hochgehoben werden.

a) Wie groß ist die dazu erforderliche Kraft *F*?

b) Wie lang ist der Kraftweg *s*?

Lösung:

a) $F = \frac{F_G}{2}$

$F = \frac{1{,}2\ \text{kN}}{2}$

$\mathbf{F = 0{,}6\ kN}$

b) $s = 2 \cdot h$

$s = 2 \cdot 2{,}50\ \text{m}$

$\mathbf{s = 5{,}00\ m}$

Rollenflaschenzug

Der Rollenflaschenzug besteht aus mehreren festen und losen Rollen **(Bild 171/3)**. Die Anzahl der tragenden Seilstränge entspricht der Anzahl der Rollen n. Jeder Seilstrang trägt die Last $\frac{F_G}{n}$, der Kraftweg s beträgt $n \cdot h$.

Beispiel: Zwei Sack Zement mit einer Gewichtskraft F_G von zusammen 1 000 N sollen mit einem Rollenflaschenzug mit 4 Rollen 2,75 m hochgehoben werden. Welche Kraft F ist dazu nötig, und wie lang ist der Kraftweg s?

Lösung: $F = \frac{F_G}{n}$ $\qquad s = n \cdot h$

$F = \frac{1000 \text{ N}}{4}$ $\qquad s = 4 \cdot 2{,}75 \text{ m}$

$\mathbf{F = 250 \text{ N}}$ $\qquad \mathbf{s = 11 \text{ m}}$

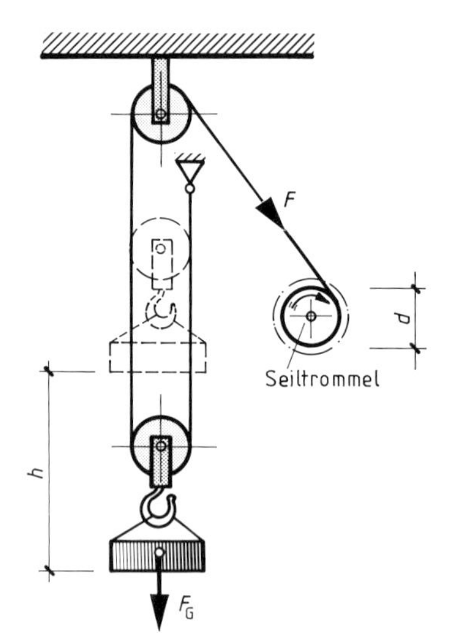

Bild 172/1: Einfacher Flaschenzug

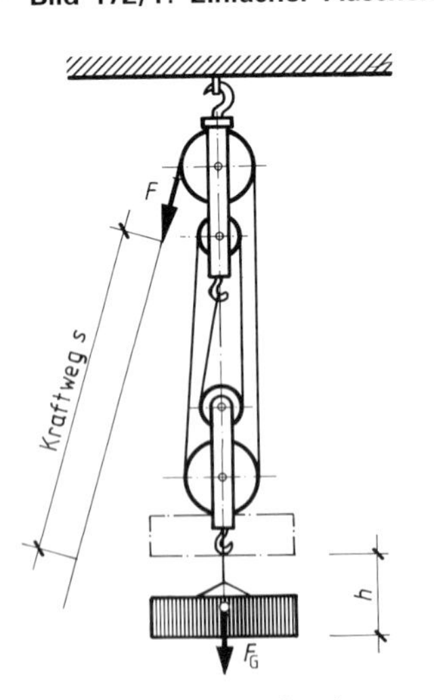

Bild 172/2: Rollenflaschenzug

Aufgaben zu 8.2.2 Rollen und Flaschenzüge

1 Mit Hilfe einer festen Rolle sollen 8 l (10 l) Mörtel mit einer Rohdichte ϱ von 2,0 $\frac{\text{kg}}{\text{dm}^3}$ hochgezogen werden. Der leere Eimer wiegt 900 g. Wie groß ist die dazu erforderliche Kraft F, wenn die Reibung vernachlässigt wird?

2 Mit einem einfachen Flaschenzug soll ein Fertigteil mit der Gewichtskraft F_G von 1,6 kN auf eine Höhe von 2,50 m (3,75 m) hochgezogen werden **(Bild 172/1)**. Die Gewichtskraft der losen Rolle sowie Reibungsverluste werden vernachlässigt.
   a) Wie groß ist die erforderliche Kraft F?
   b) Wie lang ist der Kraftweg s?
   c) Wieviele Umdrehungen der Seiltrommel sind notwendig, wenn die Seiltrommel einen Durchmesser d von 60 cm hat?
   d) Wie groß ist das erforderliche Drehmoment M?

3 An einem einfachen Flaschenzug hängt ein Bauteil mit einer Gewichtskraft F_G von 1,6 kN. Die Gewichtskraft der losen Rolle sowie Reibungsverluste werden vernachlässigt.
   a) Wie groß ist die erforderliche Zugkraft F, um das Bauteil hochzuziehen?
   b) Wie lang ist der Kraftweg s bei einer Hubhöhe h von 1,70 m?

4 Ein Stahlträger mit einer Gewichtskraft F_G von 3 800 N soll durch einen Flaschenzug mit 4 Rollen (6 Rollen) hochgehoben werden. Die Gewichtskraft der losen Rollen einschließlich ihrer Aufhängung mit Lasthaken wird vernachlässigt.
   a) Wie groß ist die erforderliche Zugkraft F bei 15% Reibungsverlust?
   b) Wie groß ist die Hubhöhe h bei einem Kraftweg s von 2,75 m?

5 An einem Rollenflaschenzug mit 3 festen und 3 losen Rollen hängt eine Last mit einer Gewichtskraft F_G von 2,2 kN (2,65 kN).
   a) Wie groß muss die Kraft F sein, um den Träger zu halten?
   b) Wie groß ist die Hubhöhe h bei einem Kraftweg s von 4,60 m?

6 Ein Bauteil mit einer Gewichtskraft F_G von 960 N (2 100 N) soll mit Hilfe eines Rollenflaschenzuges mit 4 Rollen 0,80 m hochgehoben werden **(Bild 172/2)**. Die Gewichtskraft der losen Rollen und ihrer Aufhängung mit Lasthaken beträgt 85 N.
   a) Wie groß ist die erforderliche Zugkraft F bei 20% Reibungsverlust?
   b) Wie groß ist der Kraftweg s?

8.2.3 Schiefe Ebene

Mit Hilfe der schiefen Ebene kann beim Heben von Lasten auf Kosten des Weges Kraft gespart werden (Goldene Regel der Mechanik).

Kraft · Kraftweg = Gewichtskraft · Hubhöhe

$$F \cdot s = F_G \cdot h$$

$$F = \frac{F_G \cdot h}{s} \qquad F_G = \frac{F \cdot s}{h}$$

$$s = \frac{F_G \cdot h}{F} \qquad h = \frac{F \cdot s}{F_G}$$

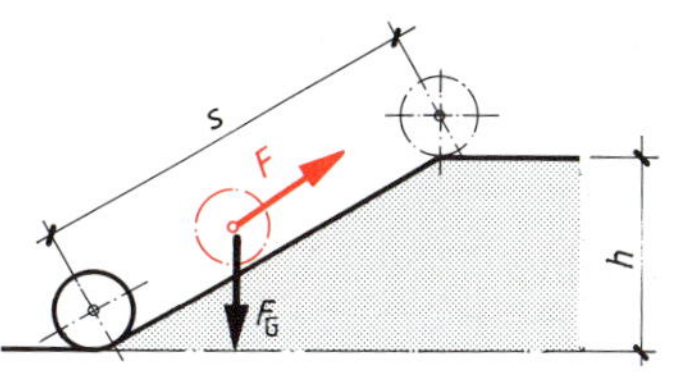

Bild 173/1: Schiefe Ebene

Beispiel: Ein Faß Schmieröl mit einer Gewichtskraft F_G von 2,50 kN soll über eine Laderampe auf die Höhe h von 1,40 m angehoben werden **(Bild 173/1)**. Die Kraft F beträgt in Wegrichtung 1,25 kN. Wie groß ist der hierfür erforderliche Kraftweg s ohne Berücksichtigung der Reibungskraft?

Lösung: $s = \frac{F_G \cdot h}{F}$

$s = \frac{2{,}50 \text{ kN} \cdot 1{,}40 \text{ m}}{1{,}25 \text{ kN}}$

$\mathbf{s = 2{,}80\,m}$

Aufgaben zu 8.2.3 Schiefe Ebene

1 Ein Bauteil mit einer Gewichtskraft F_G von 800 N wird mit Hilfe eines Schrägaufzuges auf einer Weglänge s von 7,50 m auf eine Höhe h von 3,50 m (4,25 m) gehoben. Wie groß muß die Zugkraft F sein?

2 Eine Palette Ziegel mit einer Gewichtskraft F_G von 0,6 kN (0,7 kN) wird mit Hilfe eines Schrägaufzuges hochgefördert. Der Anstellwinkel des Aufzuges beträgt 45°. Wie groß ist die erforderliche Zugkraft F?

3 Ein Stahlträger mit einer Gewichtskraft F_G von 5,2 kN soll mit Hilfe von Rollen auf eine Höhe h von 1,20 m angehoben werden. Die vorhandene Zugkraft F beträgt 800 N (950 N). Wie lang muss der Kraftweg s sein?

8.3 Arbeit, Leistung, Wirkungsgrad

8.3.1 Arbeit

Bewegt man einen Körper mit der Kraft F auf einem Weg s in Richtung der Kraft, wird Arbeit verrichtet **(Bild 173/2)**. Je größer die Kraft bzw. der zurückgelegte Weg, desto größer ist die verrichtete Arbeit. Die Arbeit W errechnet sich aus dem Produkt der Kraft F und dem Weg s. Die Einheit der Arbeit ist das **Joule (J)**. Weitere Einheiten sind das **Kilojoule (kJ)** und das **Megajoule (MJ)**. Ein Joule entspricht einem Newtonmeter (Nm).

Arbeit = Kraft · Kraftweg

$$W = F \cdot s$$

$$F = \frac{W}{s} \qquad s = \frac{W}{F}$$

1 J = 1 Nm 1 000 J = 1 kJ
1 kJ = 1 kNm 1 000 kJ = 1 MJ
1 MJ = 1 MNm

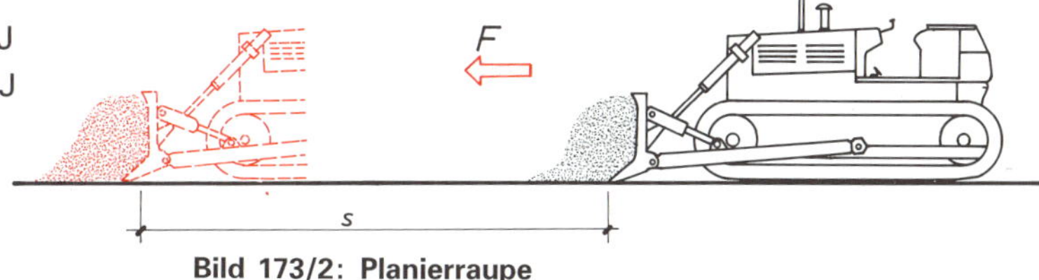

Bild 173/2: Planierraupe

Aufgabe: Eine Planierraupe schiebt mit einer Kraft F von 120 kN Oberboden über einen Weg s von 8,00 m **(Bild 173/2)**. Wie groß ist die verrichtete Arbeit W?

Lösung: $W = F \cdot s$

$W = 120 \text{ kN} \cdot 8{,}00 \text{ m}$ $\mathbf{W = 960\,kNm}$ $\mathbf{W = 960\,kJ}$

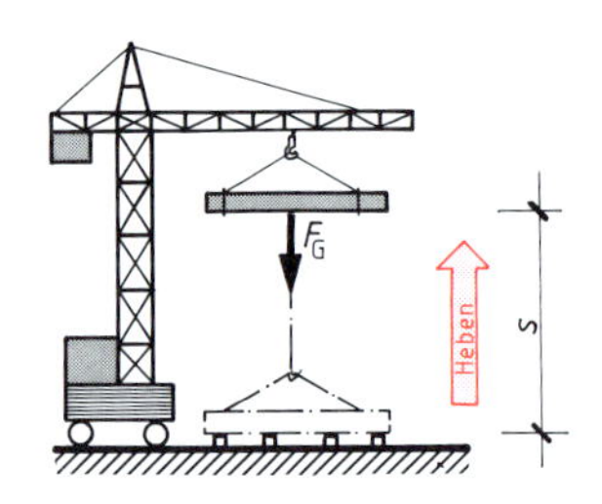

Bild 174/1: Baukran

Beispiel: Ein Kran zieht einen Balken auf eine Höhe 4,50 m **(Bild 174/1)**. Die dazu erforderliche Arbeit beträgt 3600 J. Wie groß ist die Gewichtskraft F_G des Balkens?

Lösung: $F_G = \frac{W}{s}$ $\quad F_G = \frac{3600\ \text{Nm}}{4{,}50\ \text{m}}$

$F_G = \frac{3600\ \text{J}}{4{,}50\ \text{m}}$ $\quad \mathbf{F_G = 800\ N}$

Aufgaben zu 8.3.1 Arbeit

1 Ein Arbeiter trägt einen Sack Kalk (25 kg) zwei Stockwerke hoch. Dabei überwindet er einen Höhenunterschied h von 5,50 m (6,40 m). Welche Arbeit W hat er dabei verrichtet?

2 Ein Auszubildender zieht an einer festen Rolle einen Eimer Mörtel mit einer Gewichtskraft F_G von 180 N 3,75 m (4,25 m) hoch. Wie groß ist die aufzuwendende Arbeit W?

3 Um ein Fertigteil der Masse m von 1,5 t mit einem Kran hochzuziehen, ist eine Arbeit W von 75 kJ (82 kJ) erforderlich. Wieviel Meter wird das Bauteil hochgezogen?

4 Ein Gabelstapler hebt ein Fass Schalöl mit einer Gewichtskraft F_G von 2,5 kN auf die 1,40 m (1,50 m) hohe Ladefläche eines Lkw's. Wie groß ist die dazu erforderliche Arbeit W?

5 Ein Aufzug fördert eine Palette mit 244 Kalksandsteinen im Normalformat mit einer Rohdichte von $1{,}4\ \frac{\text{kg}}{\text{dm}^3}$ über eine Höhe von 7,90 m (15,20 m). Welche Arbeit W ist dazu erforderlich?

8.3.2 Leistung

Unter Leistung P versteht man die in einer bestimmten Zeiteinheit verrichtete Arbeit. Je kürzer die für eine Arbeit benötigte Zeit, desto größer ist die Leistung. Die Einheit der Leistung ist das **Watt (W)**. Ein Watt entspricht einem Joule je Sekunde $\left(\frac{\text{J}}{\text{s}}\right)$ oder einem Newtonmeter je Sekunde $\left(\frac{\text{Nm}}{\text{s}}\right)$.

Weitere Einheiten sind das **Kilowatt (kW)** und **Megawatt (MW)**.

$$\textbf{Leistung} = \frac{\textbf{Kraft} \cdot \textbf{Kraftweg}}{\textbf{Zeit}}$$

$$\mathbf{P = \frac{F \cdot s}{t}}$$

$$F = \frac{P \cdot t}{s} \qquad s = \frac{P \cdot t}{F} \qquad t = \frac{F \cdot s}{P}$$

$$1\ \text{W} = 1\ \frac{\text{Nm}}{\text{s}} = 1\ \frac{\text{J}}{\text{s}}$$

$$1\ \text{kW} = 1\ \frac{\text{kNm}}{\text{s}} = 1\ \frac{\text{kJ}}{\text{s}}$$

$$1\ \text{MW} = 1\ \frac{\text{MNm}}{\text{s}} = 1\ \frac{\text{MJ}}{\text{s}}$$

1000 W = 1 kW
1000 kW = 1 MW

Beispiel: Mit einer Seilwinde wird ein Bauteil mit einer Gewichtskraft F_G von 800 N in 4 Sekunden über eine Höhe von 1,50 m gezogen. Welche Leistung P ist dazu erforderlich?

Lösung: $P = \frac{F \cdot s}{t}$

$P = \frac{800\ \text{N} \cdot 1{,}50\ \text{m}}{4\ \text{s}}$

$\mathbf{P = 300\ W}$

Aufgaben zu 8.3.2 Leistung

1 Ein Kran fördert einen Betonkübel mit einer Gewichtskraft F_G von 20,5 kN in 12 Sekunden (14 Sekunden) 22 m hoch. Welche Leistung P ist dazu erforderlich?

2 Eine Hebebühne fördert eine Last mit einer Masse m von 1,5 t (1,8 t) in 4 Sekunden 1,50 m hoch. Wie groß ist die Leistung P?

3 Ein Kran verrichtet in 50 Sekunden eine Hubarbeit W von 20 kJ (25 kJ). Wie groß ist die Leistung P?

4 Der Hubmotor eines Kranes ist für eine Leistung P von 3 kW (4,5 kW) ausgelegt. Wie groß kann die Gewichtskraft F_G eines Bauteils werden, wenn das Bauteil in 1 Sekunde 1,5 m hochgehoben wird und aus Sicherheitsgründen nur 75% der Hubleistung genützt werden dürfen?

5 Ein Hubstapler fördert ein Fertigteil mit einer Gewichtskraft F_G von 6,55 kN auf die 1,40 m hohe Ladefläche eines Lkw's. Welche Leistung P ist erforderlich, wenn die Hubzeit 3 Sekunden (4 Sekunden) beträgt?

8.3.3 Wirkungsgrad

Beim Betrieb einer Maschine treten Verluste auf, z. B. durch Reibung oder Wärme. Daher muss einer Maschine stets mehr Leistung zugeführt werden, als sie abgeben kann. Das Verhältnis von abgegebener Leistung P_{ab} zu zugeführter Leistung P_{zu} wird als **Wirkungsgrad** η (gesprochen: Eta) bezeichnet. Der Wirkungsgrad wird als Dezimalzahl, z. B. 0,852, oder als Prozentwert, z. B. 85%, angegeben. Er dient zur Beurteilung des Leistungsvermögens von Maschinen.

$$\text{Wirkungsgrad} = \frac{\text{abgegebene Leistung}}{\text{zugeführte Leistung}}$$

$$\eta = \frac{P_{ab}}{P_{zu}}$$

$$P_{ab} = \eta \cdot P_{zu}$$

$$P_{zu} = \frac{P_{ab}}{\eta}$$

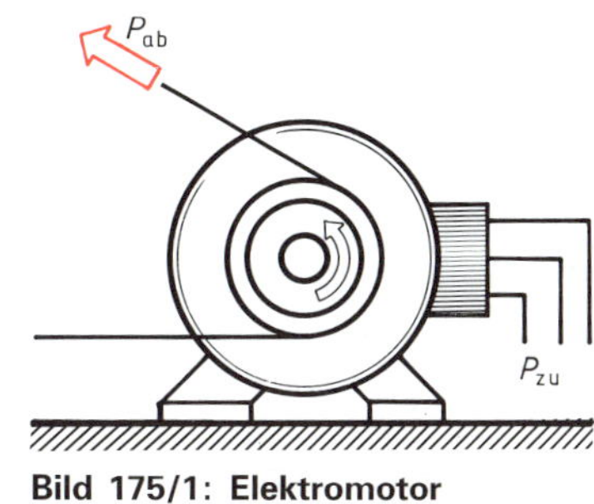

Bild 175/1: Elektromotor

Beispiel: Ein Elektromotor nimmt eine Leistung von 4,0 kW auf und gibt 3,2 kW ab **(Bild 175/1)**. Welchen Wirkungsgrad hat der Motor?

Lösung:

$$\eta = \frac{P_{ab}}{P_{zu}}$$

$$\eta = \frac{3{,}2\,\text{kW}}{4{,}0\,\text{kW}}$$

$$\eta = \mathbf{0{,}8 \text{ oder } 80\%}$$

Aufgaben zu 8.3.3 Wirkungsgrad

1 Damit ein Aufzug 7,2 kW leisten kann, müssen 8 kW zugeführt werden. Wie groß ist der Wirkungsgrad η?

2 Auf dem Typenschild eines Motors wird der Wirkungsgrad η von 0,9 (0,85) und die Leistungsaufnahme P_{zu} mit 6 kW angegeben. Welche Leistung P_{ab} kann der Motor abgeben?

3 Der Schwenkmotor eines Kranes erbringt eine Leistung P_{ab} von 3,5 kW (4,2 kW). Welche Leistung P_{zu} nimmt er bei einem Wirkungsgrad η von 90% auf?

4 Der Antriebsmotor einer Seilwinde zieht Betonstahl mit einer Masse m von 5,6 t hoch. Die Hubhöhe h beträgt 4,50 m, die Hubzeit 8 Sekunden und der Wirkungsgrad η 0,75. Wie groß ist die Leistungsaufnahme P_{zu} des Motors?

5 Das Getriebe einer Baumaschine gibt eine Leistung P_{ab} von 58 kW an die Antriebswelle ab. Wie groß ist die zugeführte Leistung P_{zu} bei einem Wirkungsgrad von 70% (75%)?

8.4 Einwirkungen auf Bauwerke

Zur Planung von Bauwerken gehört die Ermittlung der späteren Einwirkungen (Lasten) auf das Bauwerk. Bei der Aufstellung dieser Einwirkungen wird zwischen den **ständigen Einwirkungen** g (den ständigen Lasten) und den **veränderlichen oder beweglichen Einwirkungen** p (den Nutzlasten) unterschieden. Unter den ständigen Einwirkungen versteht man z. B. die Eigenlasten der Bauteile. Die Nutzlasten ergeben sich aus der Summe der Einwirkungen auf das Bauwerk oder auf die Bauteile, die z. B. durch Personen, Einrichtungsgegenstände und Lagerstoffe (Verkehrslasten) entstehen sowie den Wind- und Schneelasten **(Bild 175/2)**. Die gesamten Einwirkungen q sind die ständige Last g und die Nutzlast p eines Bauwerks.

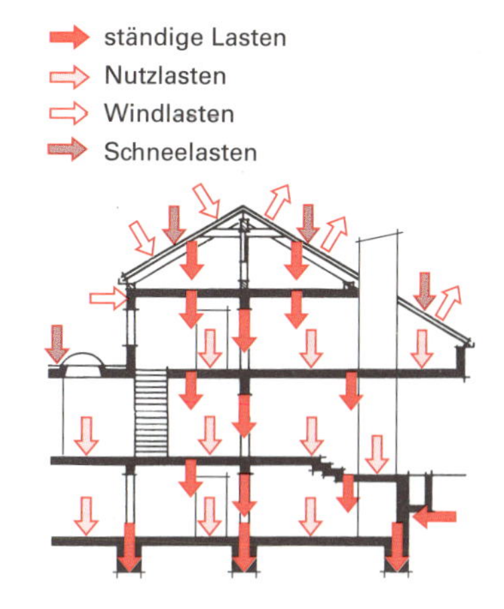

Bild 175/2: Einwirkungen auf Bauwerke

$$\text{gesamte Einwirkungen} = \text{ständige Last} + \text{Nutzlast}$$

$$q = g + p$$

Für die am Bau vorkommenden Einwirkungen sind bestimmte Werte anzunehmen. Diese Werte sind in der Regel auf m² oder m³ bezogen **(Tabellen A 31/1, A 32/1 und A 33/2 bis A 33/5)**.

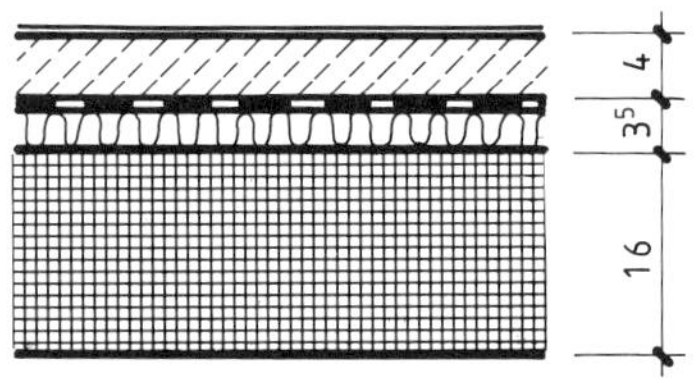

Bild 176/1: Wohnraumdecke

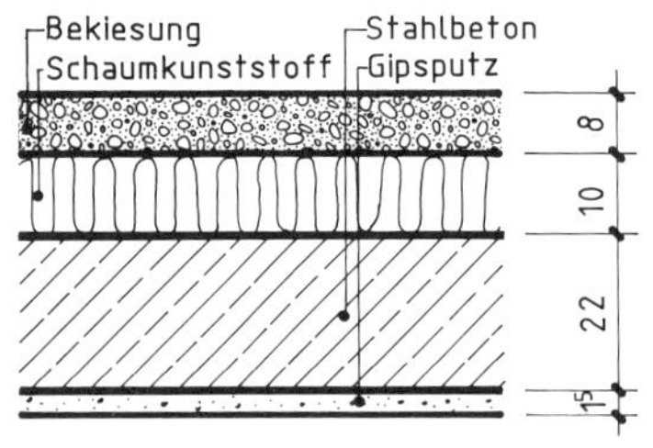

Bild 176/2: Umkehrdach

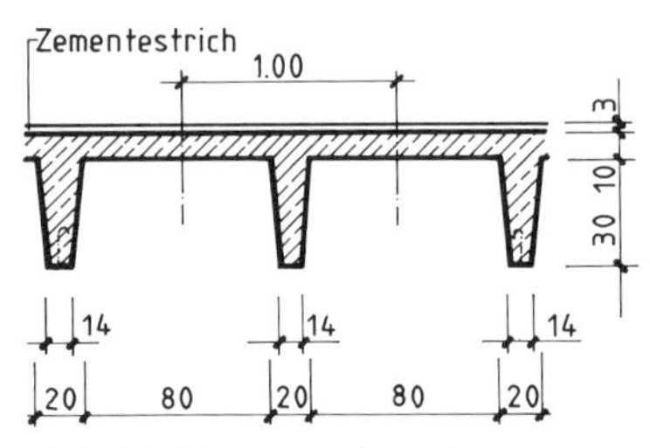

Bild 176/3: Geschoßdecke

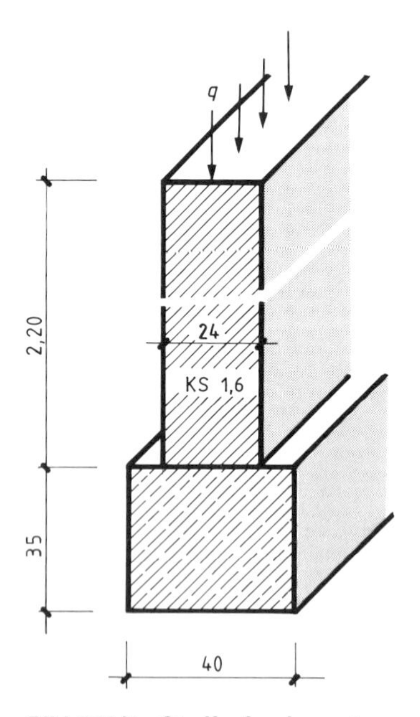

Bild 176/4: Streifenfundament

Beispiel: Die Geschoßdecke in einem Wohngebäude hat folgenden Aufbau: Stahlbetonplatte $d = 16\,cm$, Mineralfaserplatte $d = 3\,cm$, Zementestrich $d = 4\,cm$ und Kunststoff-Fußbodenbelag $d = 0{,}6\,cm$. Welche Gesamtbelastung q ist für die Decke anzunehmen?

Lösung:

Stahlbetondecke	$16\,cm \cdot 0{,}25\,\frac{kN}{m^2 \cdot cm}$	$= 4{,}00\,\frac{kN}{m^2}$
Mineralfaserplatte	$3\,cm \cdot 0{,}01\,\frac{kN}{m^2 \cdot cm}$	$= 0{,}03\,\frac{kN}{m^2}$
Zementestrich	$4\,cm \cdot 0{,}22\,\frac{kN}{m^2 \cdot cm}$	$= 0{,}88\,\frac{kN}{m^2}$
Kunststoff-Fußbodenbelag	$0{,}6\,cm \cdot 0{,}15\,\frac{kN}{m^2 \cdot cm}$	$= 0{,}09\,\frac{kN}{m^2}$
Ständige Last		$g = 5{,}00\,\frac{kN}{m^2}$
Verkehrslast		$p = 1{,}50\,\frac{kN}{m^2}$
Gesamtbelastung		$\mathbf{q = 6{,}50\,\frac{kN}{m^2}}$

Aufgaben zu 8.4 Lasten am Bau

1 Welche ständige Last g ist für eine 18 cm dicke Stahlbetonplatte anzunehmen?

2 Die Decke über einem Wohnraum besteht aus einer 16 cm dicken Platte aus Porenbeton (Rechenwert 9,5 kN/m³), aus 3,5 cm dicken Faserplatten, 4 cm dickem Zementestrich und 8 mm dickem Teppichboden **(Bild 176/1)**. Welche Gesamtbelastung q ist für die Decke bei einer Verkehrslast von 2 kN/m² anzunehmen?

3 Das Flachdach eines Wohnhauses ist als Umkehrdach vorgesehen **(Bild 176/2)**.

a) Wie groß ist die ständige Last g der Dachdecke?

b) Welches ist die Gesamtbelastung q des Daches, wenn als Schneelast 1,25 kN/m² angenommen wird?

4 Die Geschossdecke eines Gebäudes ist zu berechnen **(Bild 176/3)**. Wie groß ist die ständige Last q der Decke je m²?

5 In einem Raum wird nachträglich eine 11,5 cm dicke und 2,50 m hohe Trennwand aus PB 2-0,5 eingezogen (der Dünnbettmörtel bleibt unberücksichtigt). Die Wand ist beidseitig mit einem Kalkputz von 20 mm Dicke versehen. Welche Belastung ist zusätzlich für die darunterliegende Decke je m anzunehmen?

6 Die Kellerwand eines Gebäudes wird durch eine Streckenlast von 35 kN/m belastet **(Bild 176/4)**. Wie groß ist die auf den Baugrund wirkende Last je m?

7 Auf einer Decke wird eine Palette Mauerziegel HLz 12-0,8-16 DF gelagert. Die Palette umfasst 40 Steine und hat eine Aufstandsfläche von 0,75 m². Welche Belastung ist dafür je m² Deckenfläche anzunehmen.

8.5 Auflagerkräfte am Träger

8.5.1 Arten von Trägern und Auflagern

Bei Bauwerken sind Träger wichtige Bauteile zur Aufnahme von Kräften. Kräfte, die auf ein Bauteil wirken, werden auch als Lasten bezeichnet. Bei Trägern unterscheidet man mehrere Arten, z.B. den Einfeldträger, den Einfeldträger mit Kragarm und den Mehrfeldträger **(Bild 177/1)**.

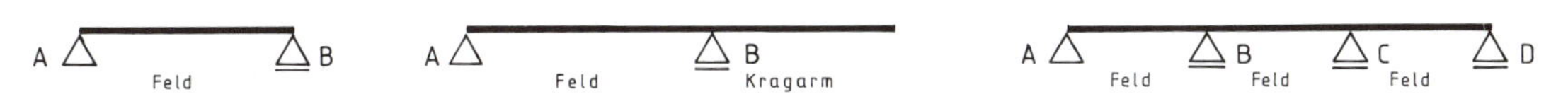

Bild 177/1: Arten von Trägern

Auflager können unterschiedlich ausgebildet sein. Man unterscheidet bewegliche Auflager und feste Auflager, die in Zeichnungen symbolisch dargestellt werden **(Bild 177/2)**. Ein bewegliches Auflager kann Kräfte nur in vertikaler Richtung, ein festes Auflager Kräfte in vertikaler und horizontaler Richtung aufnehmen.

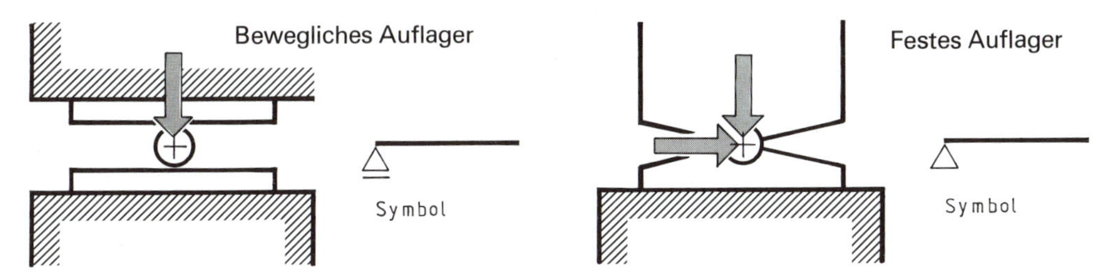

Bild 177/2: Arten von Auflagern

8.5.2 Gleichgewichtsbedingungen am Träger

Ein Träger muss sich in Ruhe befinden. Das bedeutet, dass die auf den Träger einwirkenden äußeren Kräfte, z.B. F_1 und F_2, mit den Auflagerkräften F_A und F_B im Gleichgewicht stehen. Kräfte, die auf einen Träger einwirken, werden als Aktionskräfte, die Auflagerkräfte als Reaktionskräfte bezeichnet **(Bild 177/3)**.

F_1, F_2 Aktionskräfte
F_A, F_B Reaktionskräfte

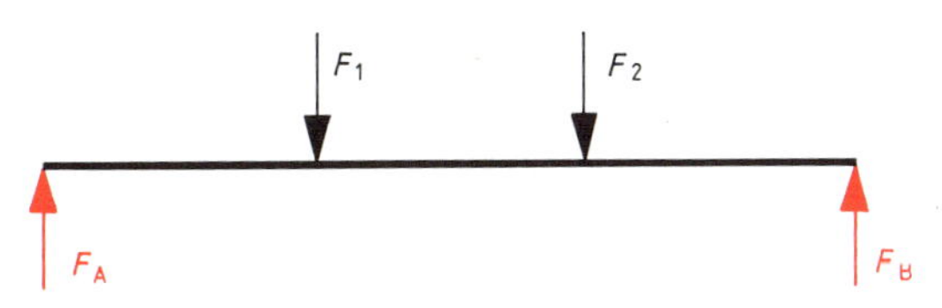

Bild 177/3: Äußere Kräfte und Auflagerkräfte

Vertikalkräfte F_V, die von unten nach oben wirken, z.B. F_A und F_B erhalten positive Vorzeichen. Vertikalkräfte F_V, die von oben nach unten wirken, z.B. F_1, F_2 und F_3 erhalten negative Vorzeichen. Gleichgewicht herrscht, wenn die Summe aller Vertikalkräfte ΣF_V gleich Null ist **(Bild 177/4)**.

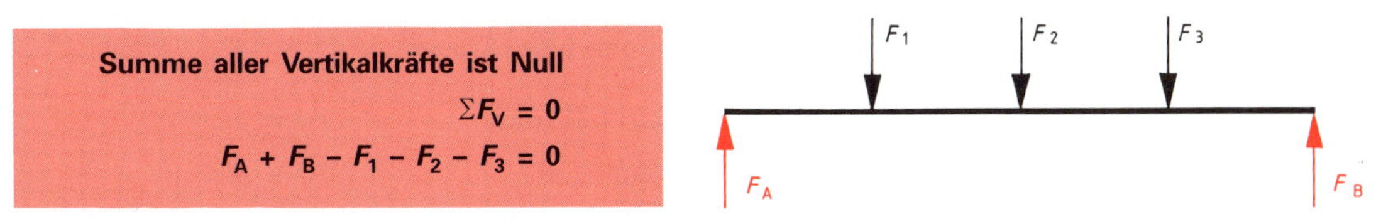

Bild 177/4: Gleichgewicht bei vertikalen Kräften

Soll an einem Träger Gleichgewicht herrschen, muss auch die Summe der horizontal wirkenden Kräfte ΣF_H gleich Null sein **(Bild 178/1)**. Entgegengesetzt wirkende Kräfte erhalten unterschiedliche Vorzeichen.

Bild 178/1: Gleichgewicht bei horizontalen Kräften

Summe aller Horizontalkräfte ist Null

$$\Sigma F_H = 0$$

$$F_{AH} - F_H = 0$$

Eine schräg auf den Träger wirkende Kraft F wird in die vertikale Teilkraft F_V und die horizontale Teilkraft F_H zerlegt. Gleichgewicht herrscht, wenn die Summe der vertikalen Kräfte ΣF_V und die Summe der horizontalen Kräfte ΣF_H gleich Null ist **(Bild 178/2)**.

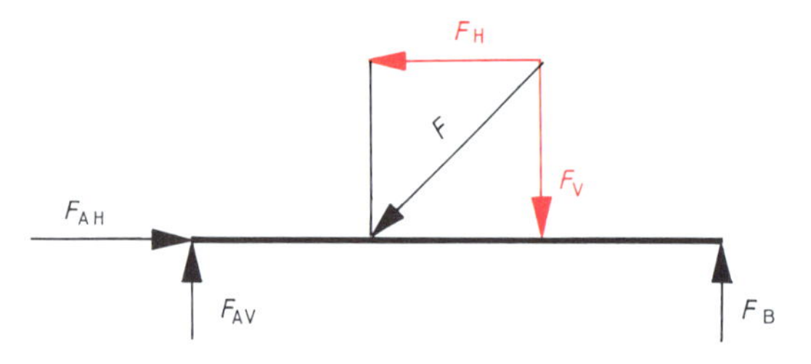

Bild 178/2: Gleichgewicht bei schräg wirkender Kraft

Summe aller Vertikalkräfte ist Null

$$\Sigma F_V = 0$$

$$F_{AV} + F_B - F_V = 0$$

Summe aller Horizontalkräfte ist Null

$$\Sigma F_H = 0$$

$$F_{AH} - F_H = 0$$

Damit am Träger Gleichgewicht herrscht, muss auch die Summe der Momente ΣM gleich Null sein. Rechts drehende (im Uhrzeigersinn) wirkende Momente z.B. $F_2 \cdot l_2$ erhalten positive Vorzeichen, links drehende (gegen den Uhrzeigersinn) wirkende Momente z.B. $F_1 \cdot l_1$ erhalten negative Vorzeichen **(Bild 178/3)**.

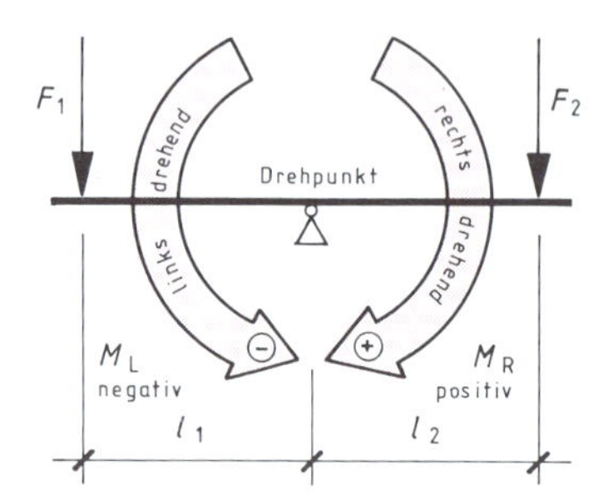

Bild 178/3: Gleichgewicht der Momente

Summe der Momente ist Null

$$\Sigma M = 0$$

$$F_2 \cdot l_2 - F_1 \cdot l_1 = 0$$

Gleichgewichtsbedingungen beim Träger

Summe der horizontalen Kräfte muss Null sein	$\Sigma F_H = 0$
Summe der vertikalen Kräfte muss Null sein	$\Sigma F_V = 0$
Summe der Momente muss Null sein	$\Sigma M = 0$

8.5.3 Berechnung von Auflagerkräften am Träger

Die Belastung eines Trägers kann durch Einzellasten F, z. B. durch Stützen, oder durch gleichmäßig verteilte Lasten, z. B. durch Decken, erfolgen. Gleichmäßig verteilte Lasten bezeichnet man als Streckenlasten. Eine Streckenlast q wird in $\frac{\text{kN}}{\text{m}}$, ihre Länge c in m angegeben.

Streckenlasten werden für die Berechnung der Auflagerkräfte durch Einzellasten ersetzt. Die Einzellast, auch als Ersatzlast F_Q bezeichnet, ergibt sich aus dem Produkt der Streckenlast q und der Länge c der Streckenlast. Der Angriffspunkt der Ersatzlast wird in der Mitte der Länge c der Streckenlast angenommen (Schwerpunkt).

Auflagerkräfte werden berechnet, in dem man die äußeren Kräfte (Lasten), die auf den Träger wirken, mit den Auflagerkräften ins Gleichgewicht bringt.

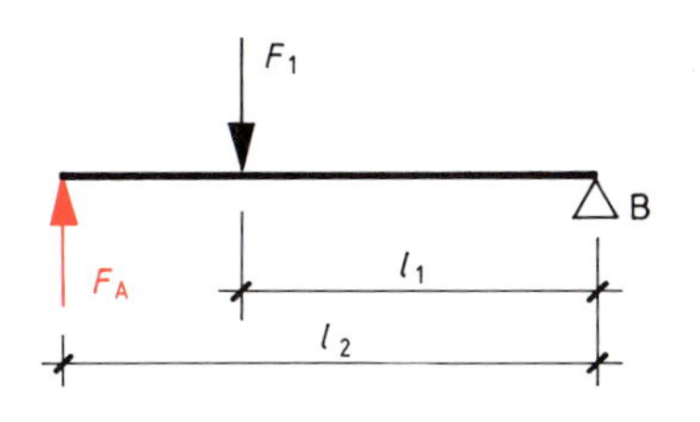

$$(\Sigma M)_B = 0$$
$$F_A \cdot l_2 - F_1 \cdot l_1 = 0$$
$$F_A = \frac{F_1 \cdot l_1}{l_2}$$

Bild 179/1: Berechnung der Auflagerkraft F_A

Berechnung der Auflagerkraft F_A

Zur Berechnung der Auflagerkraft F_A stellt man sich den Träger als Hebel vor, dessen Drehpunkt im Auflager B liegt und ersetzt das Auflager A durch die Auflagerkraft F_A **(Bild 179/1)**. Durch Anwendung der Gleichgewichtsbedingung erhält man die Größe der Auflagerkraft F_A.

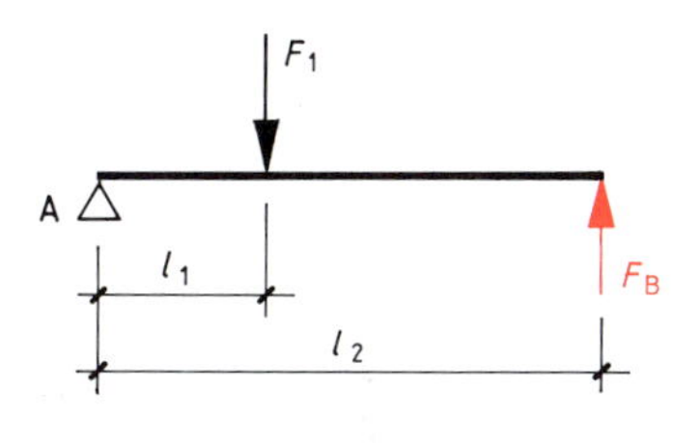

$$(\Sigma M)_A = 0$$
$$-F_B \cdot l_2 + F_1 \cdot l_1 = 0$$
$$F_B = \frac{F_1 \cdot l_1}{l_2}$$

Bild 179/2: Berechnung der Auflagerkraft F_B

Berechnung der Auflagerkraft F_B

Zur Berechnung der Auflagerkraft F_B stellt man sich den Drehpunkt im Auflager A vor und errechnet die Auflagerkraft F_B in gleicher Weise wie bei F_A **(Bild 179/2)**.

Kontrollrechnung

Die Gleichgewichtsbedingung $\Sigma F_V = 0$ kann zur Kontrolle der Ergebnisse benutzt werden.

Kontrollrechnung

$$\Sigma F_V = 0$$
$$F_A + F_B - F_1 = 0$$

Beispiel: Ein Träger wird durch die Einzellast $F_1 = 3$ kN belastet **(Bild 179/3)**. Wie groß sind die Auflagerkräfte F_A und F_B?

Bild 179/3: Träger mit Einzellast

Lösung: Ermittlung der Auflagerkraft F_A

$$(\Sigma M)_B = 0$$
$$F_A \cdot 6{,}00\,\text{m} - 3\,\text{kN} \cdot 2{,}00\,\text{m} = 0$$
$$F_A = \frac{3\,\text{kN} \cdot 2{,}00\,\text{m}}{6{,}00\,\text{m}}$$
$$\mathbf{F_A = 1\,kN}$$

Ermittlung der Auflagerkraft F_B

$$(\Sigma M)_A = 0$$
$$-F_B \cdot 6{,}00\,\text{m} + 3\,\text{kN} \cdot 4{,}00\,\text{m} = 0$$
$$F_B = \frac{3\,\text{kN} \cdot 4{,}00\,\text{m}}{6{,}00\,\text{m}}$$
$$\mathbf{F_B = 2\,kN}$$

Kontrollrechnung

$$\Sigma F_V = 0$$
$$F_A + F_B - F_1 = 0$$
$$1\,\text{kN} + 2\,\text{kN} - 3\,\text{kN} = 0$$

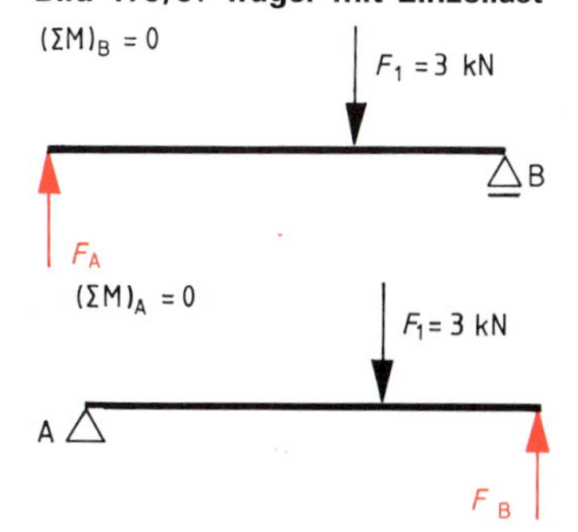

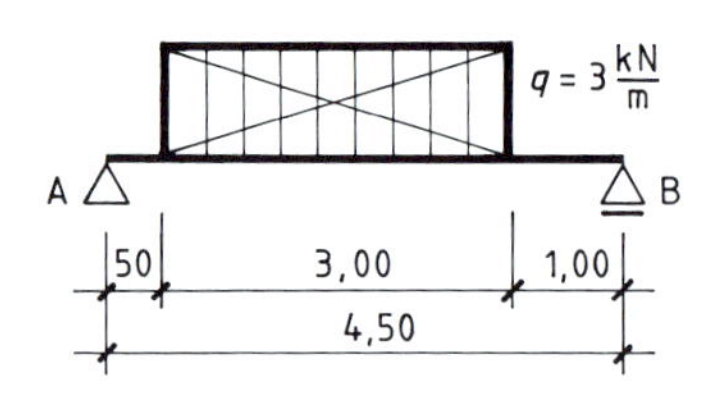

Bild 180/1: Träger mit Streckenlast

Beispiel: Ein Träger wird durch die Streckenlast q von 3 $\frac{kN}{m}$ belastet **(Bild 180/1)**.

a) Wie groß ist die Ersatzlast F_Q?

b) Wie groß ist der Abstand a zwischen der Ersatzlast F_Q und dem Auflager A?

c) Wie groß sind die Auflagerkräfte F_A und F_B?

Lösung: a) Ermittlung der Ersatzlast F_Q

$$F_Q = q \cdot c$$

$$F_Q = 3 \frac{kN}{m} \cdot 3{,}00\,m$$

$$\mathbf{F_Q = 9\ kN}$$

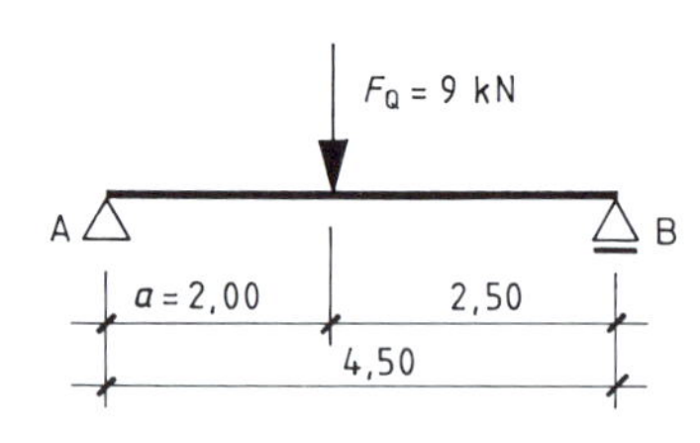

b) Ermittlung des Abstandes a

$$a = 0{,}50\,m + \frac{c}{2}$$

$$a = 0{,}50\,m + 1{,}50\,m$$

$$\mathbf{a = 2{,}00\,m}$$

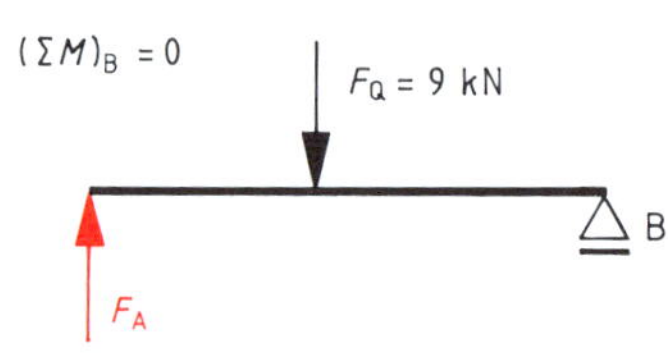

c) Ermittlung der Auflagerkraft F_A

$$(\Sigma M)_B = 0$$

$$F_A \cdot 4{,}50\,m - 9\ kN \cdot 2{,}50\,m = 0$$

$$F_A = \frac{9\ kN \cdot 2{,}50\,m}{4{,}50\,m}$$

$$\mathbf{F_A = 5\ kN}$$

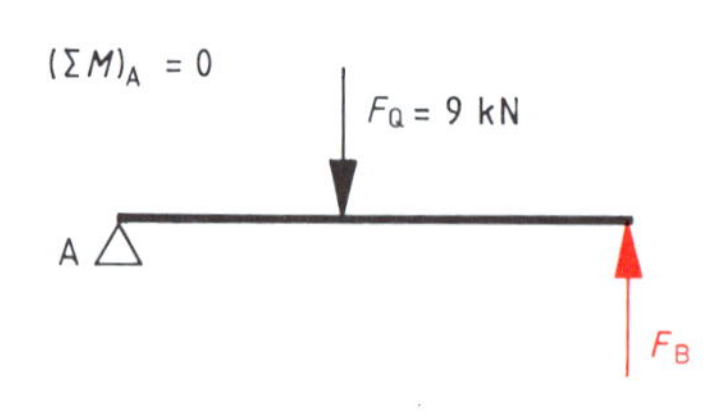

Ermittlung der Auflagerkraft F_B

$$(\Sigma M)_A = 0$$

$$-F_B \cdot 4{,}50\,m + 9\ kN \cdot 2{,}00\,m = 0$$

$$F_B = \frac{9\ kN \cdot 2{,}00\,m}{4{,}50\,m}$$

$$\mathbf{F_B = 4\ kN}$$

Kontrollrechnung

$$\Sigma F_V = 0$$

$$F_A + F_B - 9\ kN = 0$$

$$5\ kN + 4\ kN - 9\ kN = 0$$

Beispiel: Ein Träger mit Kragarm wird durch die Streckenlast q von 2 $\frac{kN}{m}$ und der Einzellast F von 10 kN belastet **(Bild 180/2)**.

a) Wie groß ist die Ersatzlast F_Q?

b) Wie groß ist der Abstand a zwischen der Ersatzlast F_Q und dem Auflager A?

c) Wie groß sind die Auflagerkräfte F_A und F_B?

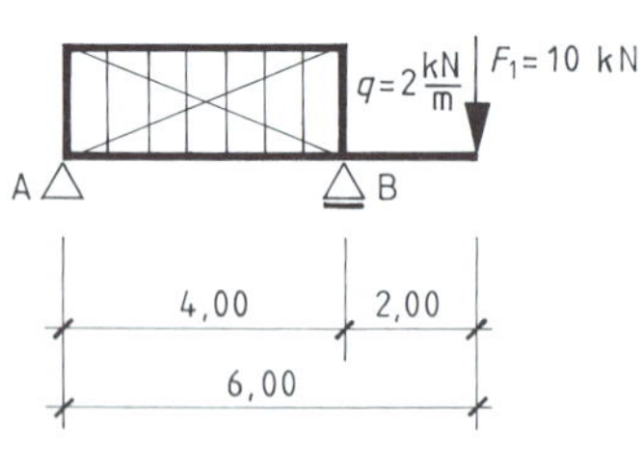

Bild 180/2: Träger mit Streckenlast und Einzellast

Lösung: a) Ermittlung der Ersatzlast F_Q

$$F_Q = q \cdot c$$

$$F_Q = 2 \frac{kN}{m} \cdot 4{,}00\,m$$

$$\mathbf{F_Q = 8\ kN}$$

b) Ermittlung des Abstandes a

$$a = \frac{c}{2}$$

$$a = \frac{4{,}00\,\text{m}}{2}$$

$$\mathbf{a = 2{,}00\,m}$$

c) Ermittlung der Auflagerkraft F_A

$$(\Sigma M)_B = 0$$

$$F_A \cdot 4{,}00\,\text{m} - 8\,\text{kN} \cdot 2{,}00\,\text{m} + 10\,\text{kN} \cdot 2{,}00\,\text{m} = 0$$

$$F_A = \frac{8\,\text{kN} \cdot 2{,}00\,\text{m} - 10\,\text{kN} \cdot 2{,}00\,\text{m}}{4{,}00\,\text{m}}$$

$$\mathbf{F_A = -1\,kN}$$

Das negative Vorzeichen bedeutet, dass die Auflagerkraft F_A von oben nach unten wirkt.

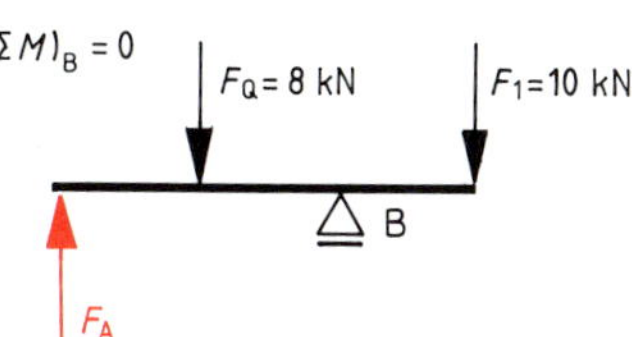

Ermittlung der Auflagerkraft F_B

$$(\Sigma M)_A = 0$$

$$10\,\text{kN} \cdot 6{,}00\,\text{m} - F_B \cdot 4{,}00\,\text{m} + 8\,\text{kN} \cdot 2{,}00\,\text{m} = 0$$

$$F_B = \frac{10\,\text{kN} \cdot 6{,}00\,\text{m} + 8\,\text{kN} \cdot 2{,}00\,\text{m}}{4{,}00\,\text{m}}$$

$$\mathbf{F_B = 19\,kN}$$

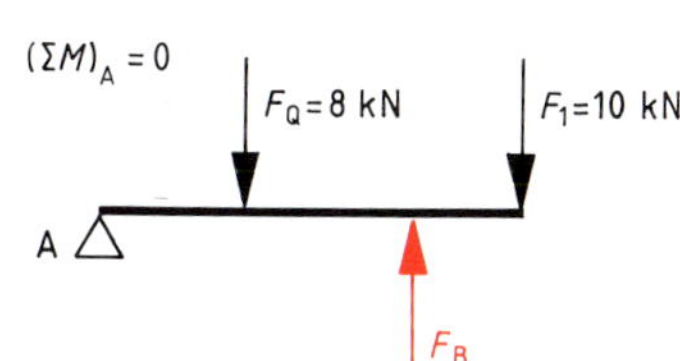

Kontrollrechnung

$$\Sigma F_V = 0$$

$$-F_Q - F_1 + F_A + F_B = 0$$

$$-8\,\text{kN} - 10\,\text{kN} - 1\,\text{kN} + 19\,\text{kN} = 0$$

Beispiel: Ein Träger mit Kragarm wird durch die Streckenlasten q_1 und q_2 sowie durch die horizontale Last F belastet **(Bild 181/1)**. Das Auflager A kann horizontale Lasten aufnehmen.

a) Wie groß sind die Ersatzlasten F_{Q1} und F_{Q2}?

b) Wie groß sind die Abstände a_1 und a_2 zwischen dem Auflager A und den Ersatzlasten?

c) Wie groß sind die Auflagerkräfte F_{AV}, F_B und F_{AH}?

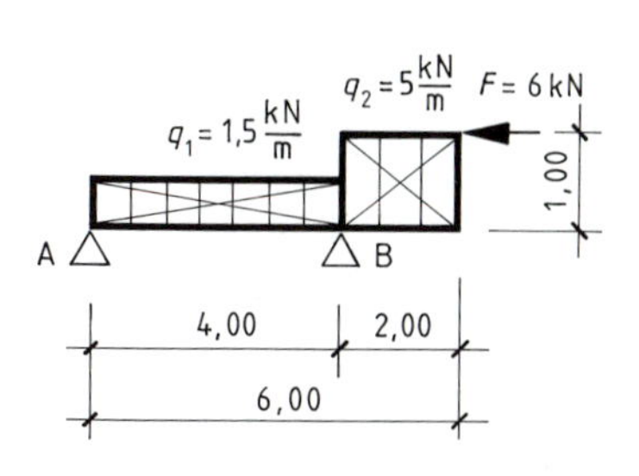

Bild 181/1: Träger mit zwei Streckenlasten und Einzellast

Lösung: a) Ermittlung der Ersatzlasten

$$F_{Q1} = q_1 \cdot c_1 \qquad F_{Q2} = q_2 \cdot c_2$$

$$F_{Q1} = 1{,}5\,\frac{\text{kN}}{\text{m}} \cdot 4{,}00\,\text{m} \qquad F_{Q2} = 5\,\frac{\text{kN}}{\text{m}} \cdot 2{,}00\,\text{m}$$

$$\mathbf{F_{Q1} = 6\,kN} \qquad \mathbf{F_{Q2} = 10\,kN}$$

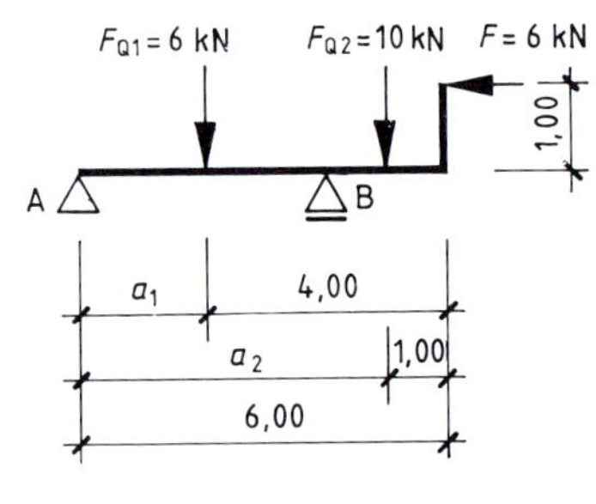

b) Ermittlung der Abstände

$$a_1 = \frac{c_1}{2} \qquad a_2 = c_1 + \frac{c_2}{2}$$

$$a_1 = \frac{4{,}00\,\text{m}}{2} \qquad a_2 = 4{,}00\,\text{m} + \frac{2{,}00\,\text{m}}{2}$$

$$\boldsymbol{a_1 = 2{,}00\,\text{m}} \qquad \boldsymbol{a_2 = 5{,}00\,\text{m}}$$

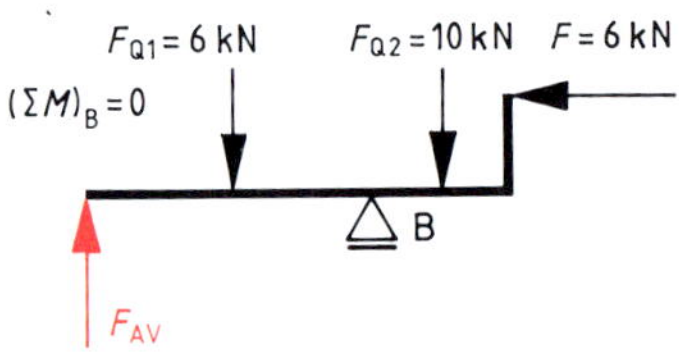

c) Ermittlung der Auflagerkraft F_{AV}

$$(\Sigma M)_B = 0$$

$$0 = F_{AV} \cdot 4{,}00\,\text{m} - 6\,\text{kN} \cdot 2{,}00\,\text{m} + 10\,\text{kN} \cdot 1{,}00\,\text{m} - 6\,\text{kN} \cdot 1{,}00\,\text{m}$$

$$F_{AV} = \frac{6\,\text{kN} \cdot 2{,}00\,\text{m} - 10\,\text{kN} \cdot 1{,}00\,\text{m} + 6\,\text{kN} \cdot 1{,}00\,\text{m}}{4{,}00\,\text{m}}$$

$$\boldsymbol{F_{AV} = 2\,\text{kN}}$$

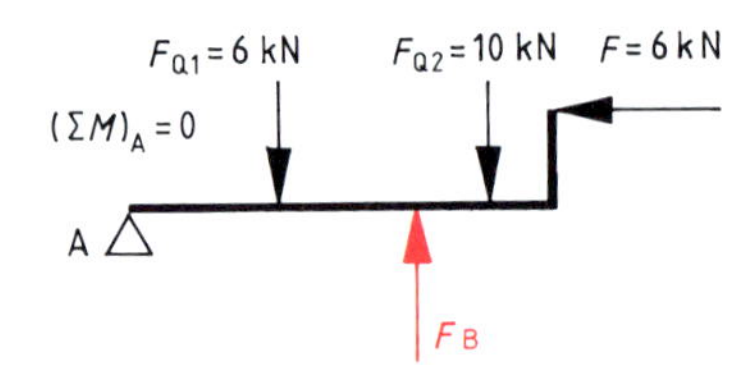

Ermittlung der Auflagerkraft F_B

$$(\Sigma M)_A = 0$$

$$0 = 6\,\text{kN} \cdot 2{,}00\,\text{m} - F_B \cdot 4{,}00\,\text{m} + 10\,\text{kN} \cdot 5{,}00\,\text{m} - 6\,\text{kN} \cdot 1{,}00\,\text{m}$$

$$F_B = \frac{6\,\text{kN} \cdot 2{,}00\,\text{m} + 10\,\text{kN} \cdot 5{,}00\,\text{m} - 6\,\text{kN} \cdot 1{,}00\,\text{m}}{4{,}00\,\text{m}}$$

$$\boldsymbol{F_B = 14\,\text{kN}}$$

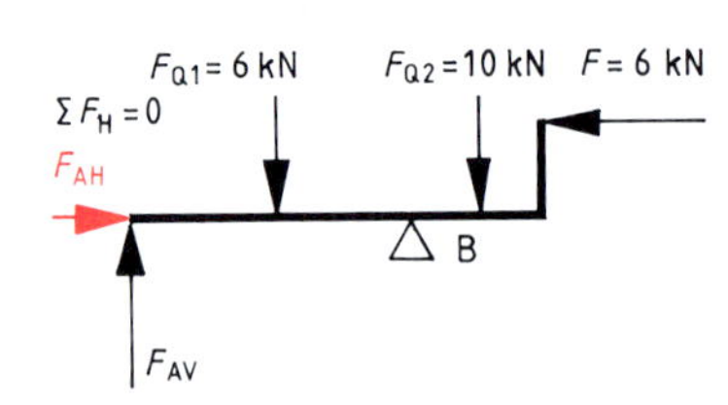

Kontrollrechnung

$$\Sigma F_V = 0$$

$$F_{AV} + F_B - F_{Q1} - F_{Q2} = 0$$

$$2\,\text{kN} + 14\,\text{kN} - 6\,\text{kN} - 10\,\text{kN} = \boldsymbol{0}$$

Ermittlung der Auflagerkraft F_{AH}

$$\Sigma F_H = 0$$

$$F_{AH} - 6\,\text{kN} = 0$$

$$\boldsymbol{F_{AH} = 6\,\text{kN}}$$

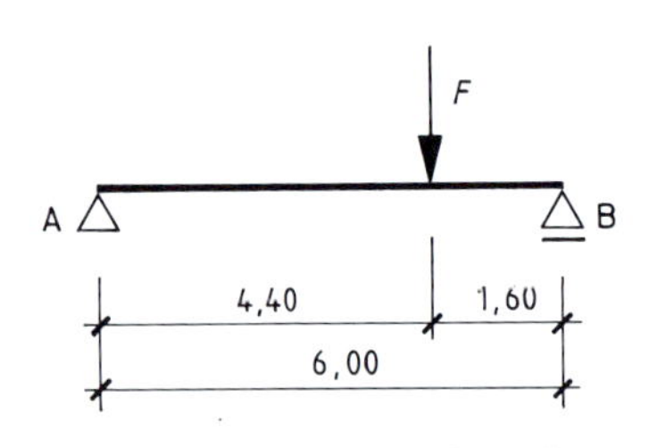

Bild 182/1: Träger mit Einzellast

Aufgaben zu 8.5 Auflagerkräfte am Träger

1 Die Last F von 8,5 kN wirkt mittig auf einen 4,20 m langen Träger. Wie groß sind die Auflagerkräfte F_A und F_B?

2 Ein Träger auf zwei Stützen wird durch die Einzellast F von 15 kN (22 kN) belastet **(Bild 182/1)**.

a) Wie groß sind die Auflagerkräfte F_A und F_B? Das Ergebnis ist durch Kontrollrechnung zu prüfen.

b) Wie groß kann die Einzellast F höchstens sein, wenn diese die Auflagerkraft F_A 16,50 kN nicht überschreiten soll?

3 Auf einen 4,40 m langen Träger wirkt die Last F von 5 kN **(Bild 182/2)**. Wie groß sind die Auflagerkräfte F_A und F_B?

a) $a = 2{,}20$ m $b = 2{,}20$ m
b) $a = 2{,}15$ m $b = 2{,}25$ m
c) $a = 2{,}85$ m $b = 1{,}55$ m
d) $a = 2{,}40$ m $b = 2{,}00$ m
e) $a = 1{,}38$ m $b = 3{,}02$ m
f) $a = 2{,}32$ m $b = 2{,}08$ m
g) $a = 0{,}80$ m $b = 3{,}60$ m
h) $a = 2{,}65$ m $b = 1{,}75$ m

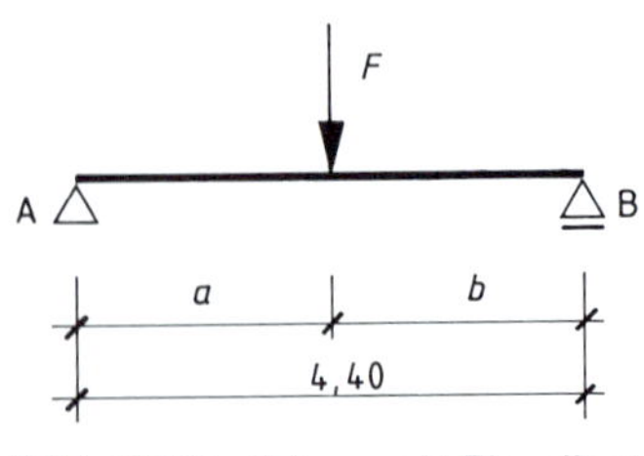

Bild 182/2: Träger mit Einzellast

4 Ein Träger wird durch zwei Einzellasten F_1 und F_2 belastet **(Bild 183/1)**. Wie groß sind die Auflagerkräfte F_A und F_B?

a) a = 1,50 m b = 2,50 m
b) a = 1,20 m b = 3,30 m
c) a = 1,75 m b = 2,55 m
d) a = 1,30 m b = 3,20 m

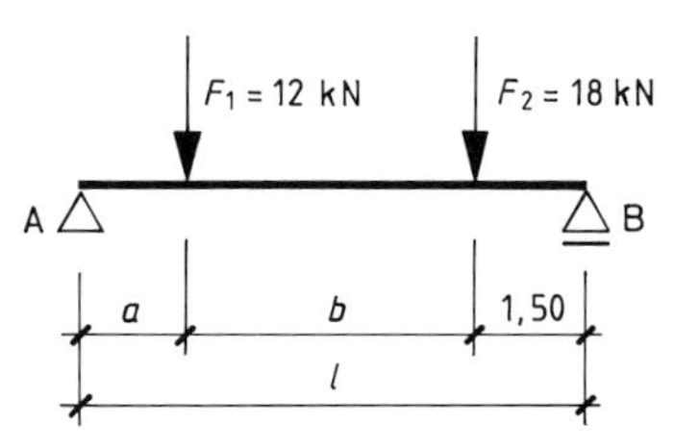

Bild 183/1: Träger mit zwei Einzellasten

5 Die drei Einzellasten F_1, F_2 und F_3 belasten einen Träger **(Bild 183/2)**. Wie groß sind die Auflagerkräfte F_A und F_B?

	a)	b)	c)	d)	e)	f)
F_1	2,5 kN	3,5 kN	4,2 kN	1,9 kN	8,6 kN	5,0 kN
F_2	11,0 kN	4,8 kN	6,2 kN	2,3 kN	4,9 kN	7,6 kN
F_3	4,0 kN	12,1 kN	9,7 kN	10,8 kN	12,0 kN	15,1 kN

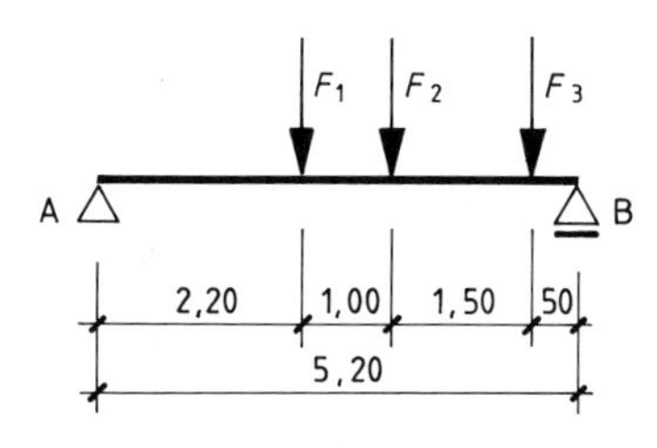

Bild 183/2: Träger mit drei Einzellasten

6 Ein Träger wird durch vier Einzellasten F_1, F_2, F_3 und F_4 belastet **(Bild 183/3)**. Wie groß sind die Auflagerkräfte F_A und F_B?

7 Ein Träger wird durch die Lasten F_1 und F_2 belastet **(Bild 183/4)**. Die Kraft F_A am Auflager A beträgt 4 kN und die Kraft F_B am Auflager B 3,7 kN. Wie groß ist der Abstand a zwischen der Last F_1 und dem Auflager A?

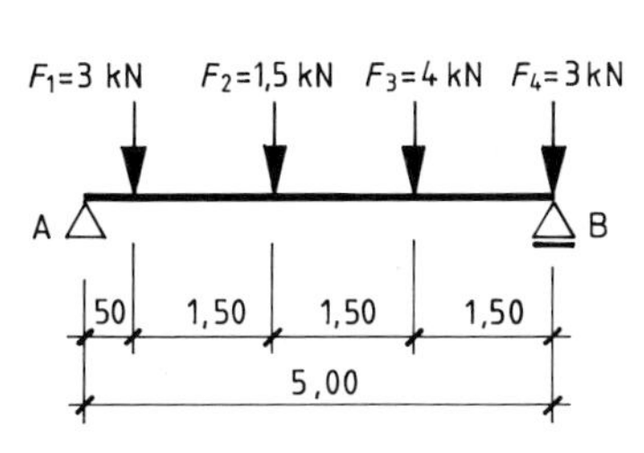

Bild 183/3: Träger mit vier Einzellasten

8 Auf einen Träger wirkt die Streckenlast q von $2\ \frac{\text{kN}}{\text{m}}$ $\left(3\ \frac{\text{kN}}{\text{m}}\right)$ **(Bild 183/5)**.

a) Wie groß ist die Ersatzlast F_Q?

b) Wie groß ist der Abstand a zwischen der Ersatzlast F_Q und dem Auflager A?

c) Wie groß sind die Auflagerkräfte F_A und F_B?

9 Ein Träger wird durch die Streckenlasten q_1 von $8\ \frac{\text{kN}}{\text{m}}$ und $q_2 = 6\ \frac{\text{kN}}{\text{m}}$ $\left(4\ \frac{\text{kN}}{\text{m}}\right)$ belastet **(Bild 183/6)**. Wie groß sind die Auflagerkräfte bei A und B?

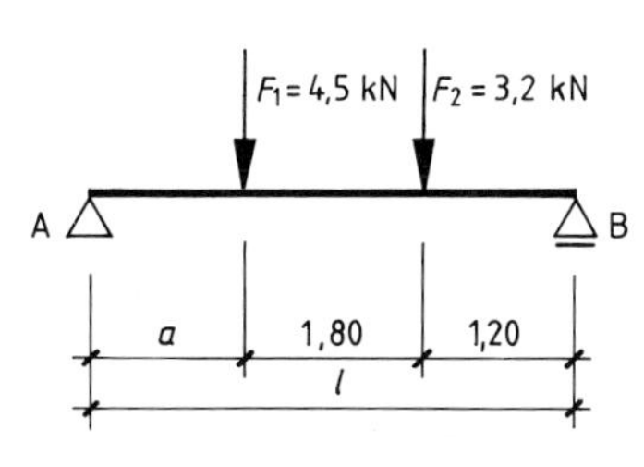

Bild 183/4: Träger mit zwei Einzellasten

10 Die Streckenlasten q_1, q_2 und q_3 wirken auf einen Träger **(Bild 183/7)**. Wie groß sind die Auflagerkräfte F_A und F_B?

	a)	b)	c)	d)	e)
q_1	4,0 kN/m	6,8 kN/m	5,2 kN/m	8,9 kN/m	4,5 kN/m
q_2	2,5 kN/m	4,7 kN/m	3,6 kN/m	5,4 kN/m	7,2 kN/m
q_3	5,5 kN/m	7,5 kN/m	2,8 kN/m	3,8 kN/m	8,5 kN/m

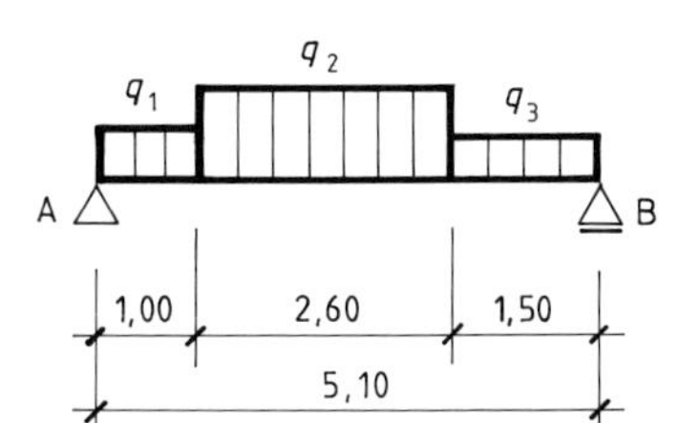

Bild 183/7: Träger mit drei Streckenlasten

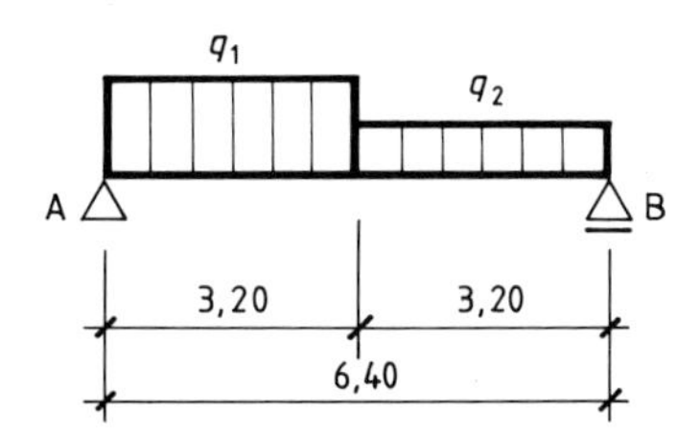

Bild 183/6: Träger mit zwei Streckenlasten

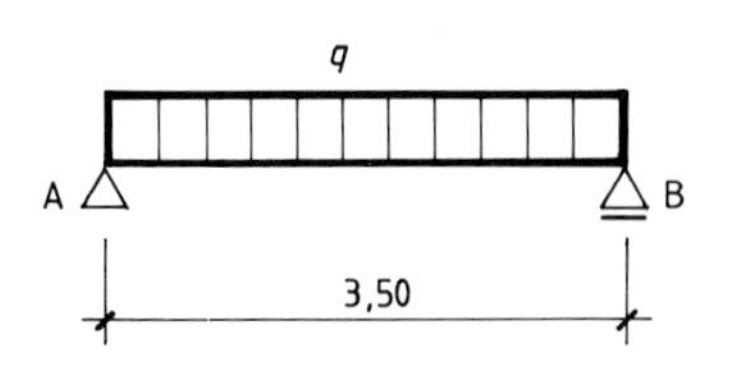

Bild 183/5: Träger mit Streckenlast

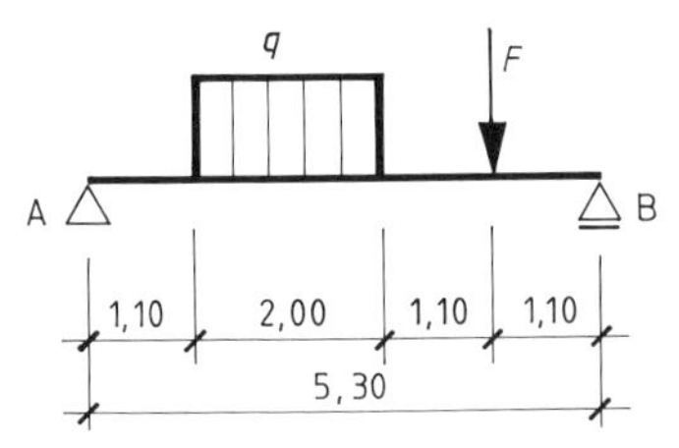

Bild 184/1: Träger mit Einzel- und Streckenlast

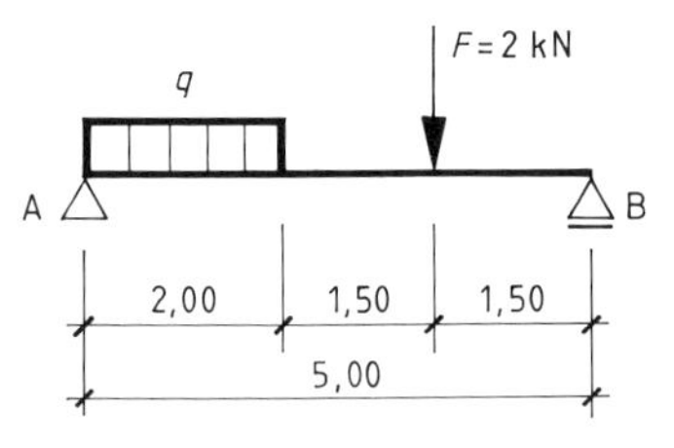

Bild 184/2: Träger mit Einzel- und Streckenlast

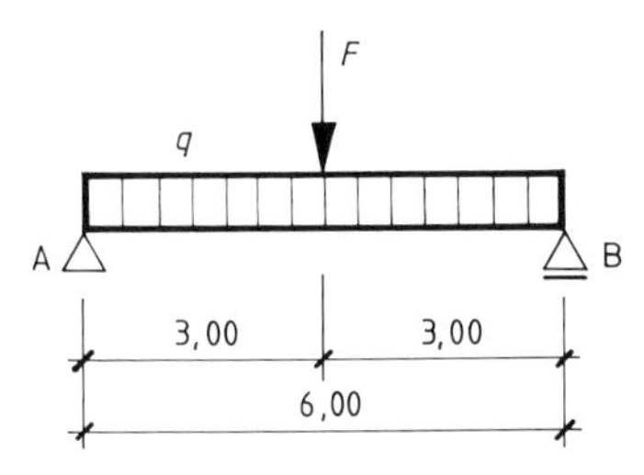

Bild 184/3: Träger mit Einzel- und Streckenlast

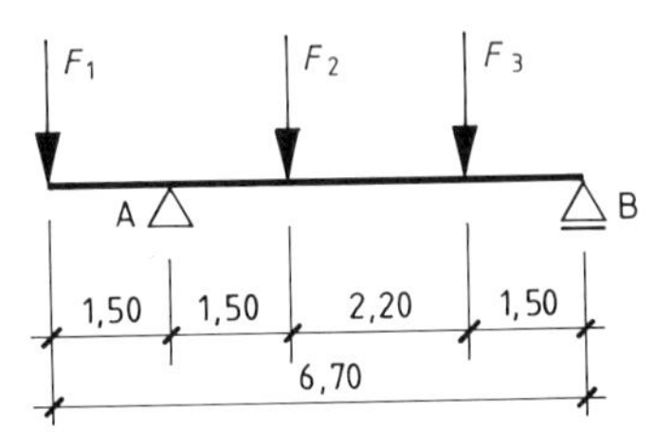

Bild 184/4: Träger mit Kragarm und 3 Einzellasten

11 Die Einzellast F und die Streckenlast q belasten einen Träger **(Bild 184/1)**. Welche Kräfte treten bei den Auflagern A und B auf?

	a)	b)	c)	d)	e)
q	4,0 kN/m	2,5 kN/m	6,0 kN/m	5,5 kN/m	8,0 kN/m
F	12,0 kN	8,0 kN	12,0 kN	10,4 kN	15,0 kN

12 Ein Träger wird durch die Streckenlast q und die Einzellast F belastet **(Bild 184/2)**. Wie groß darf die Streckenlast q höchstens werden, wenn die Kraft F_A = 6 kN nicht überschritten werden darf?

13 Ein Träger wird durch die Streckenlast q von 3 $\frac{\text{kN}}{\text{m}}$ $\left(2{,}5\ \frac{\text{kN}}{\text{m}}\right)$ und die Einzellast F belastet **(Bild 184/3)**. Wie groß ist die Einzellast F_1, wenn die Auflager A und B jeweils durch 10,5 kN belastet werden?

14 Die drei Einzelkräfte F_1, F_2 und F_3 wirken auf einen Träger mit Kragarm **(Bild 184/4)**. Wie groß sind die Kräfte bei den Auflagern A und B?

	a)	b)	c)	d)	e)	f)
F_1	2,0 kN	4,5 kN	3,5 kN	12,0 kN	7,5 kN	9,8 kN
F_2	8,6 kN	11,0 kN	4,5 kN	9,0 kN	12,0 kN	15,0 kN
F_3	5,5 kN	6,5 kN	4,8 kN	11,2 kN	7,6 kN	13,3 kN

15 Ein Träger mit Kragarm wird durch die Einzellast F von 8 kN (12 kN) mit schrägem Lastangriff belastet **(Bild 184/5)**. Das Auflager A kann horizontale und vertikale Lasten, das Auflager B nur vertikale Lasten aufnehmen. Wie groß sind die Auflagerkräfte F_{AH}, F_{AV} und F_B?

16 Ein Träger mit Kragarm wird durch die Streckenlast q von 3 $\frac{\text{kN}}{\text{m}}$ $\left(4{,}8\ \frac{\text{kN}}{\text{m}}\right)$ und die Einzellasten F_1 und F_2 belastet **(Bild 184/6)**. Wie groß sind die Auflagerkräfte F_A und F_B?

17 Die beiden Einzellasten F_1 und F_2 sowie die beiden Streckenlasten q_1 und q_2 wirken auf einen Träger mit beidseitigem Kragarm **(Bild 184/7)**. Wie groß sind die Auflagerkräfte F_A und F_B?

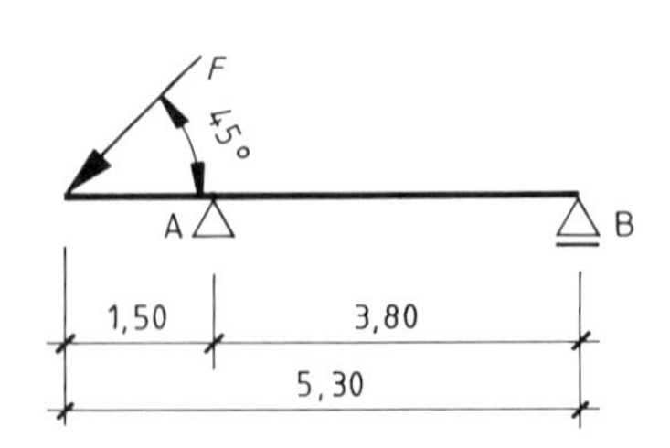

Bild 184/5: Kragträger mit schräg angreifender Einzellast

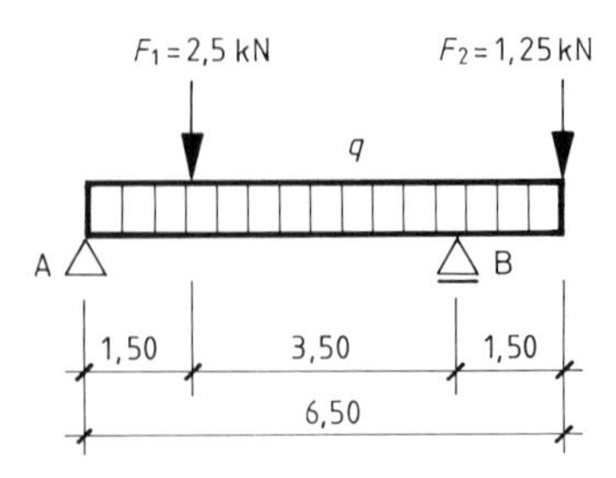

Bild 184/6: Kragträger mit Streckenlast und 2 Einzellasten

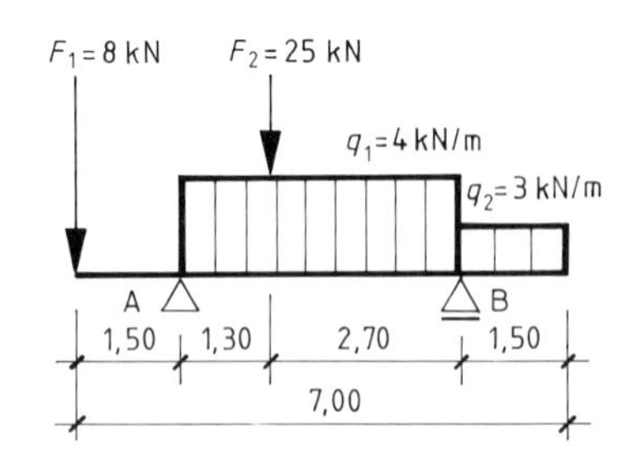

Bild 184/7: Kragträger mit 2 Strecken- und 2 Einzellasten

8.6 Spannung

Wirkt eine äußere Kraft auf ein Bauteil, so entsteht in diesem Bauteil ein Spannungszustand. Der äußeren Kraft wird eine innere Widerstandskraft entgegengesetzt. Die innere Widerstandskraft bezogen auf die Querschnittsfläche des Bauteils wird als Spannung σ (gesprochen: sigma) bezeichnet.

$$\textbf{Spannung} = \frac{\textbf{Kraft}}{\textbf{Querschnittsfläche}}$$

$$\sigma = \frac{F}{A}$$

$$A = \frac{F}{\sigma} \qquad F = \sigma \cdot A$$

F in N, MN
A in mm², m²
σ in $\frac{N}{mm^2}$, $\frac{MN}{m^2}$

Wird ein Bauteil so hoch belastet, dass es bricht, so ist die Bruchspannung (Bruchfestigkeit) überschritten worden. Baustoffe dürfen nur bis zu einer bestimmten Spannung belastet werden. Diese bezeichnet man als zulässige Spannung zul σ. Aus Sicherheitsgründen muss deshalb die vorhandene Spannung vorh σ stets kleiner oder geich sein als die zulässige Spannung (zul σ). Die zulässige Spannung kann für die verschiedenen Baustoffe Tabellen entnommen werden **(Tabellen A 30/1, A 30/2, A 30/3** und **A 33/1)**. Je nach Art der Beanspruchung unterscheidet man z.B. Druck- und Zugspannung.

8.6.1 Zug

Zug wird hauptsächlich von den Baustoffen Stahl und Holz aufgenommen. Beton und Steine sind zur Aufnahme von Zug nicht geeignet. Bauteile, die auf Zug beansprucht werden, sind z.B. Seile und Stahleinlagen im Stahlbeton. Werden Bauteile auf Zug beansprucht, entstehen im Querschnitt Zugspannungen. Ist die Querschnittsfläche z.B. durch Bohrungen geschwächt, so wird zur Berechnung der Zugspannung von der kleinsten Querschnittsfläche ausgegangen.

$$\textbf{Zugspannung} = \frac{\textbf{Zugkraft}}{\textbf{Querschnittsfläche}}$$

$$\sigma_Z = \frac{F}{A}$$

$$F = \sigma_Z \cdot A \qquad A = \frac{F}{\sigma_Z}$$

Beispiel: Am Drahtseil eines Baukranes mit einem Durchmesser d von 24 mm hängt ein Betonkübel mit einer Gewichtskraft F_G von 20 kN **(Bild 185/1)**. Wie groß ist die Zugspannung σ_Z im Seil?

Lösung: $\sigma_Z = \frac{F}{A}$ $\qquad \sigma_Z = \frac{20000\ N}{\frac{24^2 \cdot \pi}{4}\ mm^2}$ $\qquad \sigma_Z \approx \mathbf{44{,}21\ \frac{N}{mm^2}}$

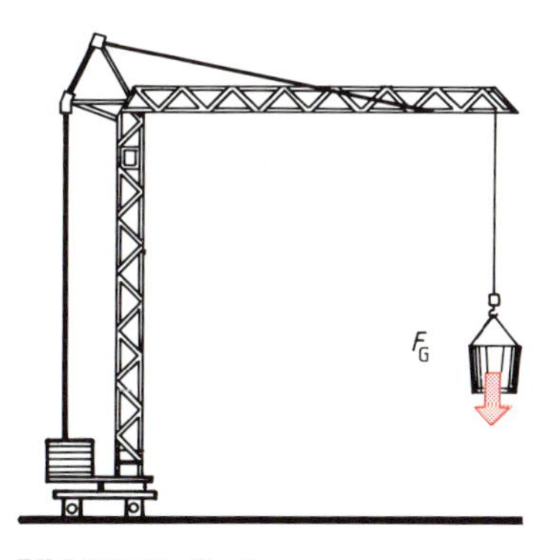

Bild 185/1: Baukran

Beispiel: Ein Holzstab aus Nadelholz der Sortierklasse S 10 wird durch die Last F von 0,1224 MN auf Zug beansprucht **(Bild 185/2)**. Die zulässige Zugspannung zul σ_Z in Faserrichtung beträgt 8,5 $\frac{MN}{m^2}$.

a) Wie groß ist die erforderliche Querschnittsfläche A?

b) Wie groß ist die Kantenlänge l des quadratischen Stabes?

Lösung: a) erf $A = \frac{F}{\sigma_Z}$

erf $A = \frac{0{,}1224\ MN}{8{,}5\ \frac{MN}{m^2}}$

erf A = 0,0144 m²

b) $l = \sqrt{A}$

$l = \sqrt{0{,}0144\ m^2}$

$l = 0{,}12\ m$

$\mathbf{l = 12\ cm}$

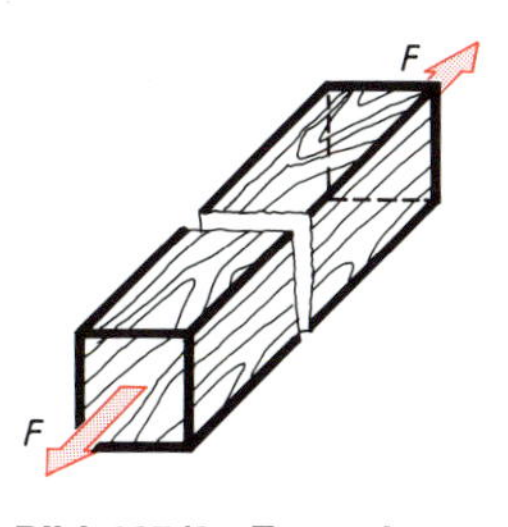

Bild 185/2: Zugstab

8.6.2 Druck

Zur Aufnahme von Druck sind besonders die Baustoffe Beton, Stahl, Holz und Mauersteine geeignet. Hohe Druckfestigkeit ist vor allem bei Wänden, Pfeilern und Fundamenten erforderlich. Wird ein Bauteil auf Druck beansprucht, entstehen im Querschnitt Druckspannungen.

$$\textbf{Druckspannung} = \frac{\textbf{Druckkraft}}{\textbf{Querschnittsfläche}}$$

$$\sigma_D = \frac{F}{A}$$

$$F = \sigma_D \cdot A$$

$$A = \frac{F}{\sigma_D}$$

Fundamente übertragen die Belastung von Gebäuden auf den Baugrund. Unter dem Fundament entstehen Druckspannungen, die vom Baugrund aufzunehmen sind. Diese bezeichnet man als Bodenpressung. Die Fundamentfläche ist so groß zu wählen, daß die vorhandene Bodenpressung kleiner oder gleich ist als die zulässige Bodenpressung. Bei Streifenfundamenten erfolgt der Spannungsnachweis für eine Fundamentlänge von 1 Meter. Die Werte für die zulässige Bodenpressung sowie für die zulässigen Druckspannungen für Bauteile aus unbewehrtem Beton unter Berücksichtigung des Sicherheitsbeiwertes und die Grundwerte der zulässigen Druckspannungen für Mauerwerk sind Tabellen zu entnehmen **(Tabellen A 30/1 bis A 30/4)**.

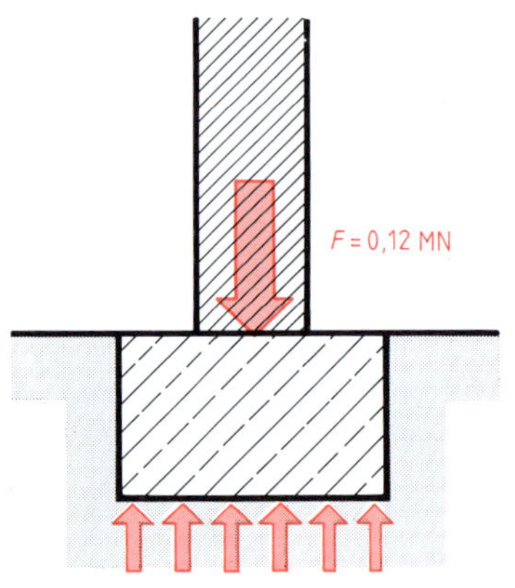

Bild 186/1: Stützenfundament

Beispiel: Das quadratische Fundament einer Stütze hat eine Last F von 0,12 MN auf einen bindigen, halbfesten Boden zu übertragen. Die zulässige Bodenpressung zulσ_D beträgt 0,2 $\frac{MN}{m^2}$ **(Bild 186/1)**.

a) Wie groß ist die erforderliche Auflagefläche A des Fundamentes?

b) Wie groß ist die erforderliche Seitenlänge l?

Lösung:

a) erf $A = \frac{F}{zul\sigma_D}$

erf $A = \frac{0{,}12\ MN}{0{,}2\ \frac{MN}{m^2}}$

erf A = 0,60 m²

b) erf $l = \sqrt{A}$

erf $l = \sqrt{0{,}6\ m^2}$

erf $l \approx 0{,}775$ m

gewählt: l = 0,80 m

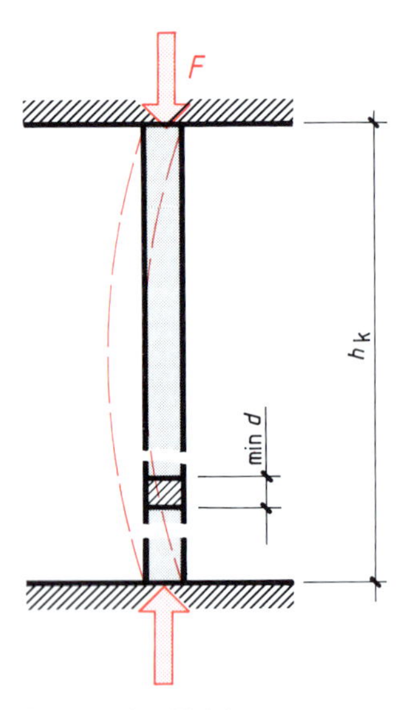

Bild 186/2: Knicken

Knicken

Werden Stützen in Längsrichtung auf Druck belastet, können sie nach der Seite hin ausweichen, sie knicken beim Überschreiten der Knickfestigkeit. Die Knickfestigkeit hängt vom Werkstoff, von der Querschnittsform und von der Knickhöhe h_K des Bauteils ab. Das Verhältnis von Knickhöhe h_K zur kleinsten Dicke min d bezeichnet man als Schlankheit λ. Für Bauteile aus Mauerwerk, die nicht knickgefährdet sind, kann der Grundwert der zulässigen Druckspannung aus **Tabelle A 30/4** abgelesen werden.

$$\textbf{Schlankheit} = \frac{\textbf{Knickhöhe}}{\textbf{kleinste Dicke}}$$

$$\lambda = \frac{h_K}{\min d}$$

Beispiel: Ein gemauerter Pfeiler mit einer Querschnittsfläche A von 24 cm · 36,5 cm wird durch die Einzellast F mittig belastet **(Bild 186/2)**. Die Knickhöhe h_K beträgt 3,25 m. Wie groß ist die Schlankheit des Pfeilers?

Lösung: $\lambda = \frac{h_K}{\min d}$ $\quad \lambda = \frac{3{,}25\ m}{0{,}24\ m}$ $\quad \lambda = \mathbf{13{,}5}$

Aufgaben zu 8.6 Spannung

1 Die fehlenden Werte in der nachfolgenden Tabelle sind zu berechnen.

	a)	b)	c)	d)	e)	f)
F A σ	200 kN 20 cm · 20 cm ? MN/m²	600 kN 60 cm · 60 cm ? MN/m²	5 N 10 mm² ? N/mm²	4 MN 16 m² ? MN/m²	2 kN 4000 mm² ? N/mm²	5 kN 25 cm² ? N/mm²
σ A F	8 N/mm² 20 000 mm² ? N	25 N/mm² 20 cm · 20 cm ? MN	5 MN/m² 80 cm · 80 cm ? kN	160 N/mm² 150 mm² ? MN	600 N/mm² 100 mm² ? MN	2 N/mm² 200 cm² ? N
F σ A	0,2 MN 5 N/mm² ? mm²	0,4 MN 10 N/mm² ? cm²	1 MN 25 N/mm² ? dm²	50 kN 150 N/mm² ? mm²	8 kN 160 N/mm² ? cm²	1,4 MN 30 N/mm² ? m²

2 Ein Betonkübel mit der Gewichtskraft F_G von 1,2 kN (2,5 kN) wird über einem Drahtseil mit einem Durchmesser d von 16 mm hochgezogen. Wie groß ist die Zugspannung σ_Z im Seil?

3 Ein Rundstahl mit einem Durchmesser d von 20 mm (25 mm) hat die Zugkraft F von 55 kN aufzunehmen. Wie groß ist die Zugspannung σ_Z?

4 Eine Stahlstütze aus einem Breitflanschträger HE 100 B (HE 200 B) wird mit der Last F von 350 kN belastet **(Bild 187/1)**.

a) Wie groß ist die Druckspannung σ_D im Stützenquerschnitt?

b) Wie groß ist die Druckspannung unter der Stahlplatte, wenn die Fläche A der Stahlplatte 40 cm x 40 cm groß ist?

5 Die Elemente einer Stahlschalung sind je 1,5 m² Schalfläche mit einem Schalungsanker verspannt **(Bild 187/2)**. Der Frischbeton belastet die Schalung mit der Last F von 60 kN/m² (80 kN/m²). Welchen Durchmesser d muss ein Schalungsanker mindestens haben, wenn die zulässige Zugspannung zul σ 550 N/mm² nicht überschritten werden darf?

6 Die Bruchspannung eines Drahtseiles beträgt 1770 $\frac{N}{mm^2}$. Welche Last F kann das Seil höchstens aufnehmen, wenn der Durchmesser d des Seiles 10 mm (16 mm) beträgt und eine 3,5-fache Sicherheit gefordert wird?

7 Ein Stab aus Rundstahl wird durch die Zugkraft F von 0,15 MN (160 kN) belastet. Welchen Durchmesser d muss der Stab mindestens haben, wenn die zulässige Spannung zul σ 160 N/mm² nicht überschritten werden darf?

8 Die Zugbewehrung eines Stahlbetonbalkens wird durch die Kraft F von 85 kN (108 kN) beansprucht **(Bild 187/3)**. Wie groß ist die Zugspannung σ_Z im Betonstahl?

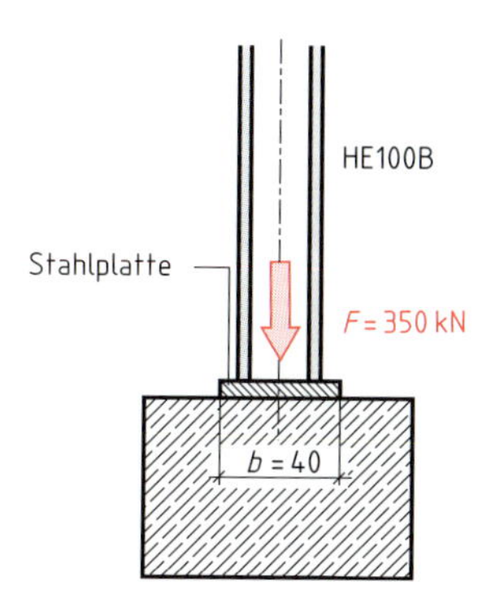

Bild 187/1: Stützenfußpunkt

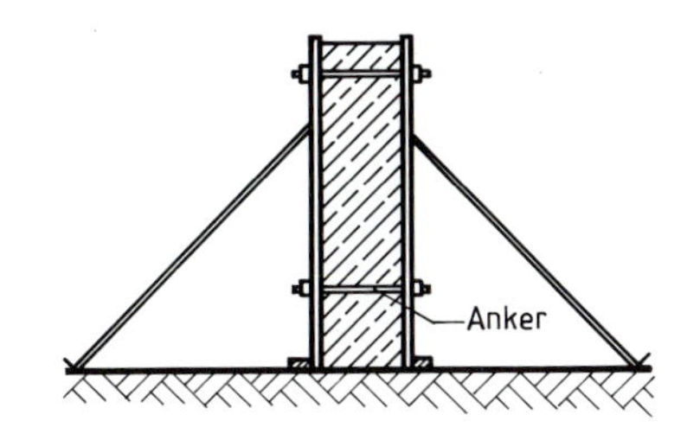

Bild 187/2: Stahlschalung

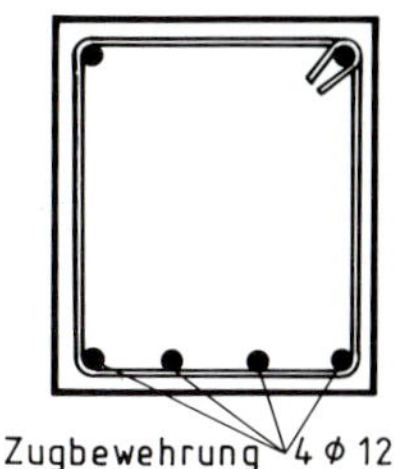

Bild 187/3: Stahlbetonbalken

9 Ein Probewürfel mit einer Kantenlänge l von 20 cm bricht bei einer Belastung F von 1,2 MN (1,45 MN). Wie groß ist die Bruchspannung?

10 Ein Probewürfel mit der Kantenlänge l von 20 cm ist aus Beton C 25/30 (C 35/40) hergestellt. Mit welcher Kraft F muss er mindestens belastbar sein, ohne zu brechen?

11 Bei Druckprüfungen an jeweils 3 Betonprobewürfeln der Kantenlänge l von 15 cm wurden folgende Werte gemessen:

	a)	b)	c)	d)	e)	f)	g)
F_1	325 kN	502 kN	170 kN	283 kN	888 kN	937 kN	994 kN
F_2	400 kN	476 kN	215 kN	317 kN	829 kN	1213 kN	1224 kN
F_3	445 kN	522 kN	228 kN	294 kN	732 kN	905 kN	1333 kN

a) Wie groß ist die Druckfestigkeit der einzelnen Probewürfel in MN/m²?

b) Wie groß ist der Mittelwert der jeweiligen drei Druckversuche?

c) Um welche Betonfestigkeitsklasse handelt es sich?

12 Ein Spannbetonträger liegt auf einer Fläche A von 20 cm × 40 cm auf **(Bild 188/1)**. Durch welche Last F darf das Auflager höchstens belastet werden, wenn die Druckspannung σ_D am Auflager $2{,}5\ \frac{\text{MN}}{\text{m}^2}\ \left(4{,}2\ \frac{\text{MN}}{\text{m}^2}\right)$ nicht überschreiten darf?

13 Das quadratische Fundament einer Stütze überträgt eine Last F von 110 kN (125 kN) auf den Baugrund. Die zulässige Bodenpressung zul σ beträgt $0{,}25\ \frac{\text{MN}}{\text{m}^2}$.

a) Wie groß ist die erforderliche Fläche erf A des Fundamentes?

b) Wie groß ist die Seitenlänge l des Fundamentes?

14 Eine Kellerwand aus Stahlbeton mit Fundament aus Standardbeton C 16/20 wird mit der Streckenlast q von $0{,}11\ \frac{\text{MN}}{\text{m}}$ belastet **(Bild 188/2)**. Die zulässige Bodenpressung zulσ_D beträgt $0{,}22\ \frac{\text{MN}}{\text{m}^2}$. Es ist nachzuprüfen, ob die zulässige Bodenpressung nicht überschritten wird.

15 Die 3,25 m hohe Stahlbetonstütze mit einem Durchmesser d von 30 cm wird durch eine Last F von 80 kN (0,095 MN) belastet **(Bild 188/3)**.

a) Welche Druckspannung herrscht zwischen der Stütze und dem Fundament?

b) Wie groß ist die Bodenpressung an der Fundamentsohle?

16 Ein Fundament mit den Abmessungen $l/b/h$ von 80 cm x 80 cm x 50 cm überträgt die Last F von 0,2 MN (0,25 MN). Wie groß ist die Bodenpressung σ_D unter der Fundamentsohle?

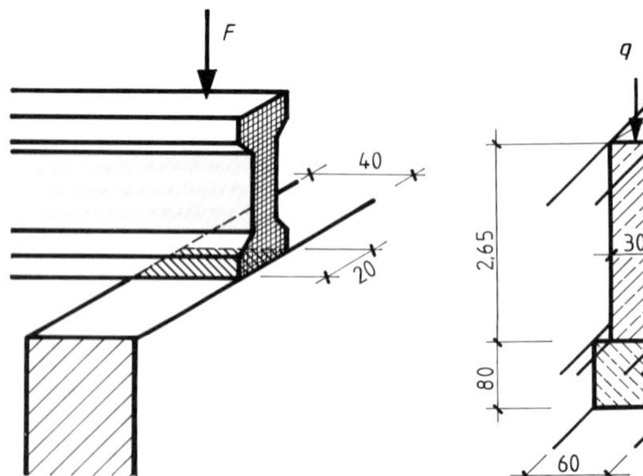

Bild 188/1: Trägerauflager

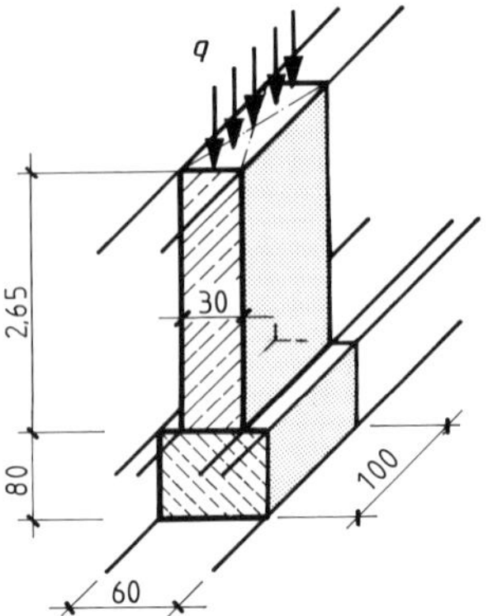

Bild 188/2: Kellerwand

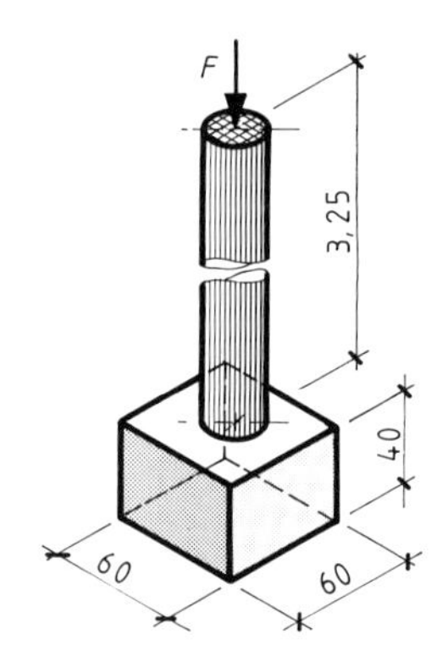

Bild 188/3: Stahlbetonstütze

17 Ein Mauerziegel trägt die Bezeichnung DIN 105 Mz 12-1,8-2 DF (DIN 105 HLz 6-0,7-10 DF). Bei welcher Kraft F ist mit Bruch zu rechnen?

18 Die Druckfestigkeit von Mauerziegeln wird an 10 Probekörpern mit einer Fläche $A = 11{,}5\,\text{cm} \times 11{,}8\,\text{cm}$ ermittelt. Beim Druckversuch wurden folgende Werte gemessen:
$F_1 = 0{,}202$ MN, $F_2 = 0{,}218$ MN, $F_3 = 0{,}201$ MN, $F_4 = 0{,}209$ MN, $F_5 = 0{,}218$ MN, $F_6 = 0{,}215$ MN, $F_7 = 0{,}219$ MN, $F_8 = 0{,}211$ MN, $F_9 = 0{,}224$ MN, $F_{10} = 0{,}200$ MN

a) Welches ist die Druckfestigkeit der einzelnen Probekörper?

b) Wie groß ist die mittlere Druckfestigkeit?

19 Eine Wand ist 4,50 m lang, 2,75 m hoch und 36^5 cm dick. Sie ist mit Kalksandvollsteinen KS 12 und der Mörtelgruppe II gemauert.

a) Welche Schlankheit hat die Wand?

b) Wie groß ist der Grundwert der zulässigen Druckspannung?

c) Mit welcher Last F kann die Wand pro Wandlänge belastet werden?

20 Ein Breitflanschträger HE 300 B überträgt auf einen Pfeiler die Last $F = 0{,}15$ MN. Der Pfeiler hat eine Querschnittsfläche A von 24 cm × 30 cm und eine Höhe h von $2{,}37^5$ m. Als Baustoffe stehen Mauerziegel Mz 28 und Mörtel MG II und MG III zur Verfügung **(Bild 189/1)**.

a) Welche Schlankheit hat der Pfeiler?

b) Wie groß ist die zulässige Druckspannung des Mauerwerks?

c) Wie groß ist die vorhandene Druckspannung des Mauerwerks?

d) Welche Mörtelgruppe ist zu wählen?

21 Eine Außenwand wird mit Porenbetonsteinen PB 4 und Leichtmauermörtel LM 21 (LM 36) ausgeführt. Die Dicke der Wand beträgt 30 cm, ihre Höhe 2,75 m **(Bild 189/2)**.

a) Welche Schlankheit hat die Wand?

b) Wie groß ist der Grundwert der zulässigen Druckspannung?

c) Mit welcher Streckenlast q in kN/m kann die Wand belastet werden?

22 Ein Breitflanschträger HE 200 B liegt auf einer Wand mit der Dicke d von 30 cm. Die Wand ist mit Kalksandvollsteinen KS 12 und der Mörtelgruppe II gemauert **(Bild 189/3)**.

a) Wie groß ist der Grundwert der zulässigen Druckspannung σ_0 des Mauerwerks?

b) Wie groß ist die erforderliche Auflagerlänge erf l des Trägers, wenn am Auflager die Last F von 55 kN (65 kN) übertragen wird?

23 Eine quadratische Stütze wird durch die Last F von 68 kN belastet. Als Baustoffe sind Mauerziegel Mz 12 und die Mörtelgruppe II gewählt. Die Schlankheit der Stütze ist kleiner als 10.

a) Wie groß ist die erforderliche Querschnittsfläche erf A?

b) Welches ist die Kantenlänge des Pfeilerquerschnitts?

c) Wie groß ist die vorhandene Druckspannung vorh σ_D?

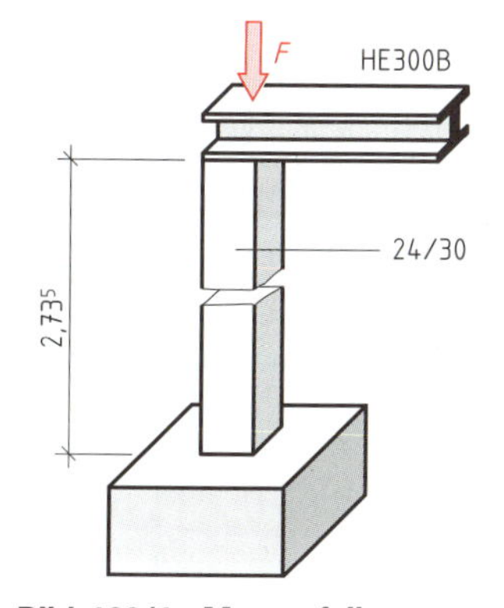

Bild 189/1: Mauerpfeiler

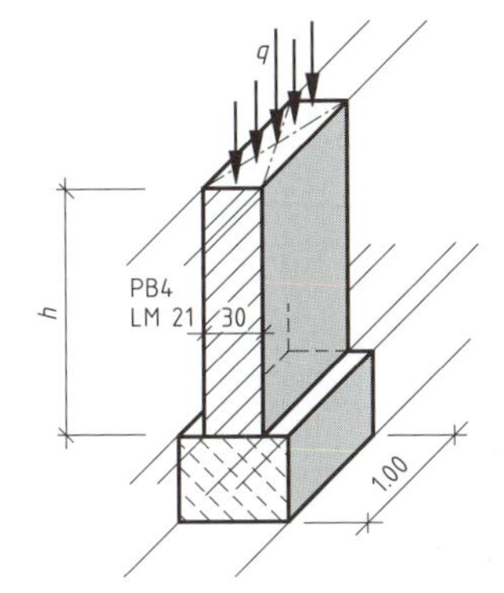

Bild 189/2: Außenwand

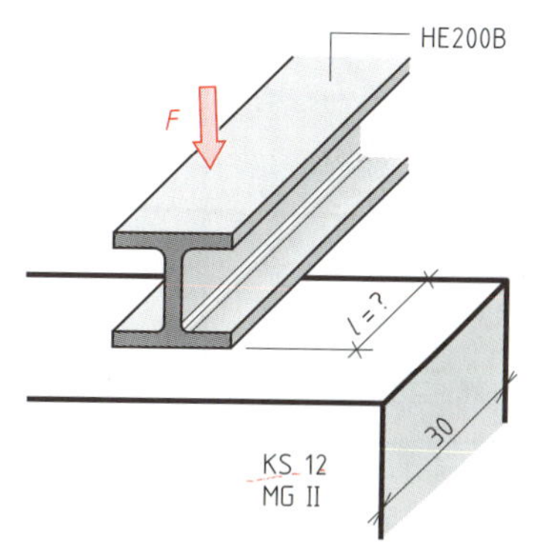

Bild 189/3: Trägerauflager

24 Eine Zugkraft F von 65 kN beansprucht den Zugstab eines Fachwerkbinders. Der Zugstab hat eine Querschnittsfläche A von 10 cm × 12 cm und ist aus Nadelholz der Sortierklasse S 10 hergestellt.

a) Wie groß ist die zulässige Zugspannung σ_Z in Faserrichtung für Nadelholz der Sortierklasse S 10?

b) Wie groß ist die vorhandene Zugspannung vorh σ_Z im Zugstab?

25 Eine Schwelle aus Buchenholz wird durch eine Streckenlast q von 260 $\frac{kN}{m}$ belastet.

a) Wie groß ist die zulässige Druckspannung rechtwinklig zur Faserrichtung?

b) Wie breit muß die Schwelle mindestens sein?

26 Eine Holzstütze mit den Querschnittsabmessungen 10 cm × 12 cm überträgt die Druckkraft F von 18,5 kN (24,2 kN).

a) Welche Druckspannung σ_D ist für Nadelholz der Sortierklasse S 10 in Faserrichtung zulässig?

b) Wie groß ist die vorhandene Druckspannung vorh σ_D?

27 Die quadratische Stütze eines Dachstuhles überträgt eine Last F von 25 kN (36 kN) auf den darunterliegenden Deckenbalken **(Bild 190/1)**. Der Dachstuhl ist aus Nadelholz der Sortierklasse S 10 gefertigt.

a) Wie groß ist die zulässige Druckspannung zul σ_D in der Stütze?

b) Wie groß ist die erforderliche Querschnittsfläche erf A der Stütze?

c) Welche Breite b ist für die Stütze mindestens erforderlich?

28 Ein Holzbalken aus Nadelholz der Sortierklasse S10 wird mit der Last F von 50 kN (55 kN) auf Zug beansprucht. Die Querschnittsabmessungen betragen 10 cm × 16 cm.

a) Welche Zugspannung σ_Z ist höchstens zulässig?

b) Wie groß ist die vorhandene Zugspannung vorh σ_Z?

29 Eine Rundholzstütze aus Nadelholz der Sortierklasse S 10 überträgt eine Last F von 55 kN (82,5 kN) rechtwinklig auf einen Eichenbalken **(Bild 190/2)**.

a) Wie groß ist die zulässige Druckspannung zul σ_D am Auflager?

b) Wie groß ist die erforderliche Fläche erf A der Rundholzstütze?

c) Wie groß ist der Durchmesser d der Stütze?

30 Ein Holzbalken aus Nadelholz der Sortierklasse S 10 und der Breite b von 10 cm (12 cm) überträgt auf eine Wand die Last F von 60 kN **(Bild 190/3)**. Wie groß ist die erforderliche Auflagerlänge erf l?

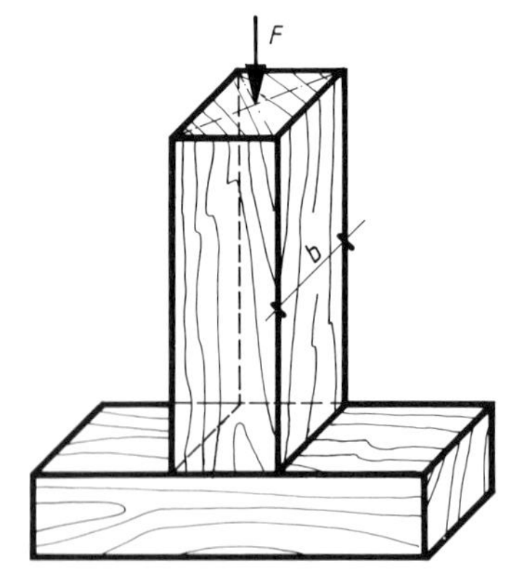

Bild 190/1: Holzstütze

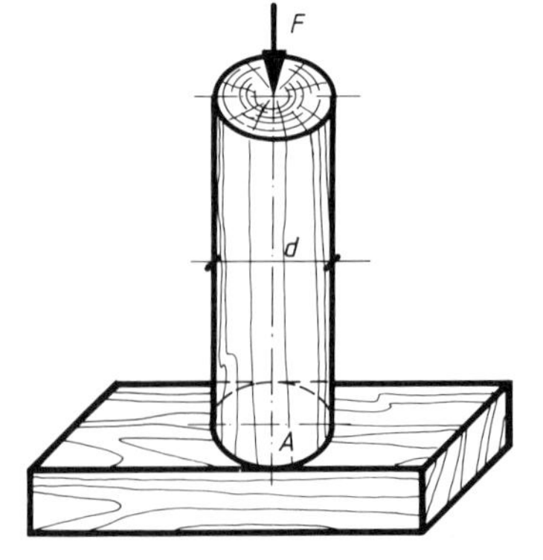

Bild 190/2: Rundholzstütze

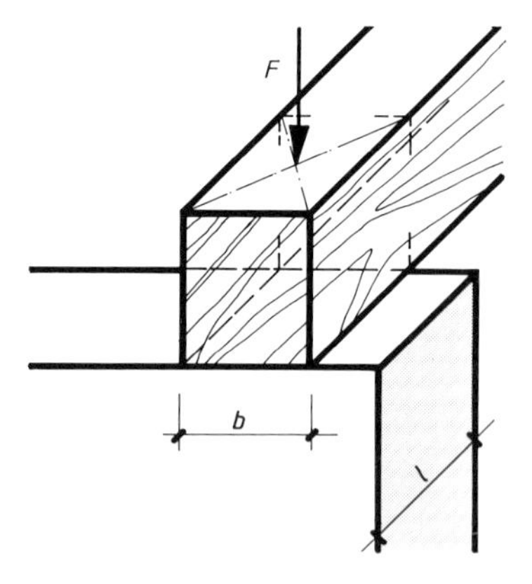

Bild 190/3: Balkenauflager

9 Mauerbögen

Mit Mauerbögen können Maueröffnungen wie z. B. Fenster und Türen überdeckt werden. Wichtige Bogenformen sind der Rundbogen und der Segmentbogen. Werden Mauerbögen in Längsrichtung aneinandergereiht und im Verband gemauert, entstehen Gewölbe, mit denen sich Räume überdecken lassen.

Mauerbögen und Gewölbe werden meist aus kleinformatigen Steinen gemauert, wobei die Anzahl der Schichten und die Fugendicken zu berechnen sind.

Für Mauerbögen gilt allgemein:

- In der Mitte des Bogens ist immer ein Stein, der Schlussstein, angeordnet; die Anzahl der Schichten ist deshalb stets eine ungerade Zahl.
- Die Schichthöhe setzt sich zusammen aus Steinhöhe und Fugendicke.
- Die Steinhöhe ist durch das Steinformat bestimmt.
- An der Bogenleibung muss die Fugendicke mindestens 0,5 cm betragen.
- Am Bogenrücken darf die Fuge höchstens 2,0 cm dick sein. Ergeben sich dickere Fugen, sind Keilsteine zu vermauern.

9.1 Berechnung eines Rundbogens

Beim Rundbogen entspricht die Bogenlänge b_L an der Leibung und die Bogenlänge b_R am Rücken jeweils der Länge von Halbkreisen. Der Mittelpunkt M der Halbkreise liegt in der Mitte der Verbindungslinie zwischen den Kämpferpunkten. Die Länge der Bogenleibung kann auf dem Lehrbogen abgemessen oder errechnet werden.

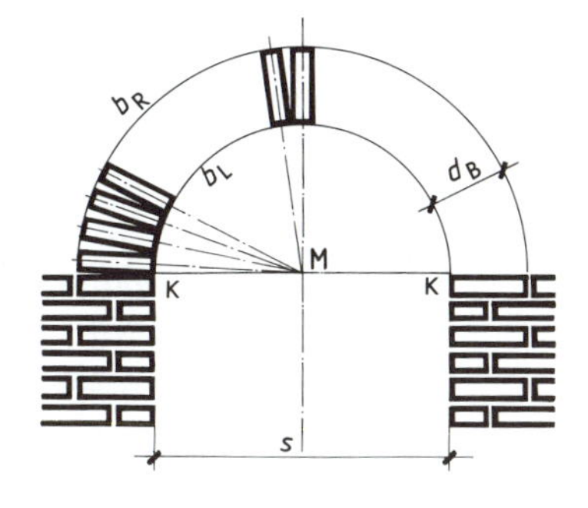

b_L Bogenlänge der Leibung
b_R Bogenlänge des Rückens
d_B Dicke des Bogens
s Spannweite
M Mittelpunkt
K Kämpferpunkte

Bild 191/1: Rundbogen

1 **Berechnung der Länge der Bogenleibung b_L**

Der Durchmesser des Rundbogens an der Bogenleibung entspricht der Spannweite s oder der Breite der Maueröffnung.

$$\textbf{Bogenlänge der Leibung} = \frac{\pi \cdot \textbf{Spannweite}}{2}$$

$$b_L = \frac{\pi \cdot s}{2}$$

Der Durchmesser des Rundbogens am Bogenrücken ergibt sich aus der Spannweite s zuzüglich der zweifachen Bogendicke d_B **(Bild 191/1)**.

$$\text{Bogenlänge am Rücken} = \frac{\pi \cdot (\text{Spannweite} + 2\ \text{Bogendicke})}{2} \qquad b_R = \frac{\pi \cdot (s + 2\, d_B)}{2}$$

2 **Berechnung der Anzahl der Schichten n**

Der Bogen beginnt auf beiden Seiten mit einer Fuge und enthält deshalb eine Fuge mehr als Schichten. Zur Berechnung der Anzahl der Schichten ist deshalb von der Bogenlänge eine Fugendicke abzuziehen. Als Schichthöhe wird die Summe aus Steinhöhe und Mindestfugendicke angesetzt. Dabei geht man von einer Mindestfugendicke von 0,5 cm aus.

$$\textbf{Anzahl der Schichten} = \frac{\textbf{Bogenlänge} - \textbf{Mindestfugendicke}}{\textbf{Schichthöhe}}$$

Ergebnis
– wird immer auf eine ungerade Zahl abgerundet.
Dadurch wird die Fugendicke stets größer als die Mindestfugendicke.

3 Berechnung der Fugendicke d_F

$$\textbf{Fugendicke} = \frac{\textbf{Bogenlänge} - \textbf{Anzahl der Schichten} \cdot \textbf{Steinhöhe}}{\textbf{Anzahl der Schichten} + 1}$$

Ergebnis
- ergibt die Fugendicke an der Bogenleibung
- wird zu der Steinhöhe addiert und als Schichthöhe auf dem Lehrbogen angerissen

Tabelle 192/1: Bogendicke bei Rundbögen

Spannweite	Bogendicke
bis 2,0 m	11^5 cm, 24 cm
2,0 m bis 3,5 m	36^5 cm
3,5 m bis 5,0 m	49 cm

Beim Mauern des Bogens werden die Steine mit ihrer Mittelachse zum Bogenmittelpunkt ausgerichtet. Dadurch entstehen keilförmige Fugen, die am Bogenrücken nicht mehr als 2,0 cm dick sein sollen.

Die Berechnung der Fugendicke am Bogenrücken erfolgt in gleicher Weise wie die Berechnung der Fugendicke an der Bogenleibung. Der Durchmesser des Kreises am Bogenrücken ist jedoch um die doppelte Dicke des Bogens größer als an der Bogenleibung. Die Bogendicke ist abhängig von der Spannweite **(Tabelle 192/1)**.

Beispiel: Ein Rundbogen hat die Spannweite von 1,26 m. Er ist aus Mauersteinen im DF-Format 11^5 cm dick zu mauern.

a) Wie groß ist die Bogenlänge b_L an der Leibung?

b) Wieviele Schichten sind für den Bogen notwendig?

c) Wie dick sind die Fugen an der Bogenleibung?

d) Welche Schichthöhe muß auf dem Lehrbogen angezeichnet werden?

e) Wie dick sind die Fugen am Bogenrücken?

Lösung:

a) $$\text{Bogenlänge} = \frac{\pi \cdot \text{Spannweite}}{2}$$

$$b_L \approx \frac{3{,}14 \cdot 1{,}26\,\text{m}}{2}$$ $\boldsymbol{b_L \approx 1{,}98\,\text{m}}$

b) $$\text{Anzahl der Schichten} = \frac{\text{Bogenlänge} - \text{kleinstmögliche Fugendicke}}{\text{Schichthöhe}}$$

$$n = \frac{198\,\text{cm} - 0{,}5\,\text{cm}}{5{,}2\,\text{cm} + 0{,}5\,\text{cm}}$$

$n = 34{,}65$ gewählt: $\boldsymbol{n}$ **= 33 Schichten**

c) $$\text{tatsächliche Fugendicke} = \frac{\text{Bogenlänge} - \text{Anzahl der Schichten} \cdot \text{Steinhöhe}}{\text{Anzahl der Schichten} + 1}$$

$$d_F = \frac{198\,\text{cm} - 33 \cdot 5{,}2\,\text{cm}}{33 + 1}$$ $\boldsymbol{d_F = 0{,}78\,\text{cm}}$

d) Schichthöhe = Steinhöhe + Fugendicke

Schichthöhe = 5,2 cm + 0,78 cm **Schichthöhe = 6,0 cm**

e) $$\text{Bogenlänge} = \frac{\pi \cdot (\text{Spannweite} + 2 \cdot \text{Bogendicke})}{2}$$

$$b_R \approx \frac{3{,}14 \cdot (1{,}26\,\text{m} + 2 \cdot 0{,}11^5\,\text{m})}{2}$$ $b_R \approx 2{,}34\,\text{m}$

$$\text{tatsächliche Fugendicke} = \frac{\text{Bogenlänge} - \text{Anzahl der Schichten} \cdot \text{Steinhöhe}}{\text{Anzahl der Schichten} + 1}$$

$$d_F = \frac{234\,\text{cm} - 33 \cdot 5{,}2\,\text{cm}}{33 + 1}$$ $\boldsymbol{d_F = 1{,}84\,\text{cm}}$

9.2 Berechnung eines Segmentbogens

Der Segmentbogen ist ein Teil eines Kreisbogens. Beim Segmentbogen muss die Spannweite s und die Stichhöhe h gegeben sein **(Bild 193/1)**.

Die Stichhöhe soll zwischen $\frac{1}{6}$ und $\frac{1}{12}$ der Spannweite liegen. Aus Stichhöhe und Spannweite kann der Bogendurchmesser d_L bzw. der Bogenradius r_L berechnet werden.

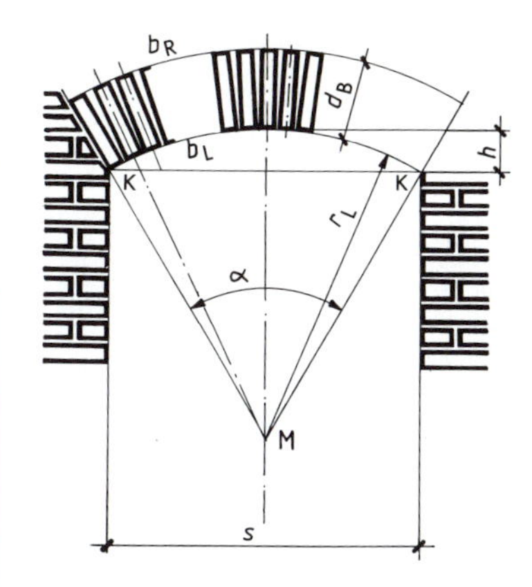

b_L Bogenlänge der Leibung
b_R Bogenlänge des Rückens
r_L Bogenradius der Leibung
d_B Bogendicke
s Spannweite
h Stichhöhe
α Mittelpunktswinkel
M Mittelpunkt
K Kämpferpunkte

Bild 193/1: Segmentbogen

1 Berechnung von Bogendurchmesser und Bogenradius

$$\text{Bogendurchmesser} = \text{Stichhöhe} + \frac{(\text{Spannweite})^2}{4 \cdot \text{Stichhöhe}}$$

$$d_L = h + \frac{s^2}{4 \cdot h}$$

$$r_L = \frac{h}{2} + \frac{s^2}{8 \cdot h}$$

Sind Spannweite, Stichhöhe und Bogendurchmesser bekannt, kann der Lehrbogen aufgerissen und angefertigt werden. Die Bogenlänge b_L an der Leibung lässt sich messen oder berechnen.

Für die Berechnung der Bogenlänge muss der Mittelpunktswinkel α ermittelt werden. Dieser ist vom Verhältnis Stichhöhe zu Spannweite abhängig **(Tabelle 193/1)**.

2 Ermittlung des Mittelpunktwinkels

Das Verhältnis $\frac{\text{Stichhöhe}}{\text{Spannweite}}$ ergibt nach Tabelle den Mittelpunktswinkel α.

Tabelle 193/1: Näherungswerte für Mittelpunktswinkel

$\frac{\text{Stichhöhe}}{\text{Spannweite}}$	$\frac{1}{6}$	$\frac{1}{7}$	$\frac{1}{8}$	$\frac{1}{9}$	$\frac{1}{10}$	$\frac{1}{11}$	$\frac{1}{12}$
Mittelpunktswinkel α	74°	64°	56°	50°	45°	41°	38°

3 Berechnung der Bogenlänge an der Leibung b_L

$$\text{Bogenlänge} = \pi \cdot \text{Durchmesser} \cdot \frac{\alpha}{360°}$$

$$b_L = \pi \cdot d \cdot \frac{\alpha}{360°}$$

$$b_L = \pi \cdot r \cdot \frac{\alpha}{180°}$$

Tabelle 193/2: Bogendicke bei Segmentbögen

Spannweite	Bogendicke
bis 2,0 m	24 cm, 36^5 cm
2,0 m bis 3,5 m	36^5 cm, 49 cm
3,5 m bis 5,0 m	49 cm, 61^5 cm

Die Berechnung der Anzahl der Schichten und der tatsächlichen Fugendicke wird wie beim Rundbogen durchgeführt.

Die Bogendicke eines Segmentbogens ist von der Spannweite abhängig **(Tabelle 193/2)**.

Sonderformen des Segmentbogens sind der **Spitzbogen (Bild 194/1)** und der **Scheitrechte Bogen (Bild 194/2)**. Bogenlängen, Anzahl der Schichten und Fugendicken werden wie beim Segmentbogen berechnet.

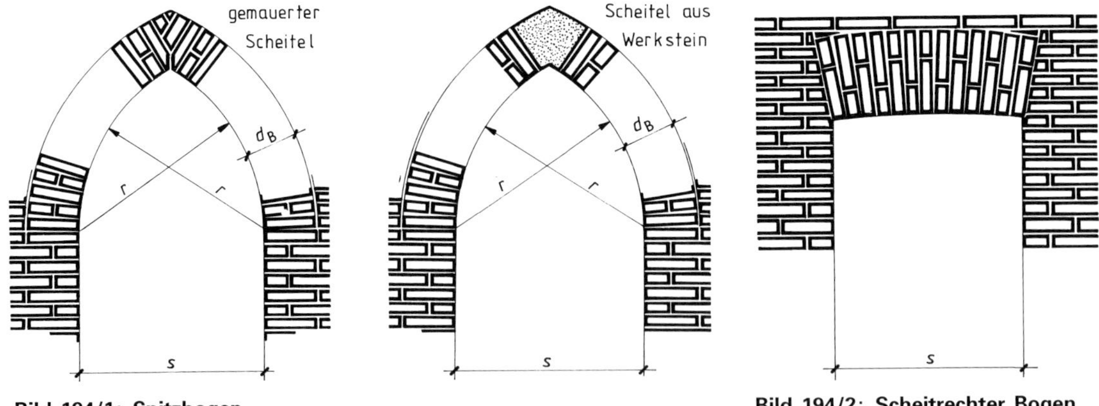

Bild 194/1: Spitzbogen

Bild 194/2: Scheitrechter Bogen

Beispiel: Ein Segmentbogen hat eine Spannweite von 1,76 m und eine Stichhöhe von 22 cm. Er ist aus Mauersteinen im NF-Format zu mauern.

a) Wie groß ist der Bogendurchmesser d_L an der Leibung?

b) Wie groß ist der Mittelpunktswinkel α?

c) Welche Länge b_L hat die Bogenleibung?

d) Wieviele Schichten sind für den Bogen notwendig?

e) Welche Schichthöhe muss auf dem Lehrbogen angerissen werden?

Lösung:

a) $$\text{Bogendurchmesser} = \text{Stichhöhe} + \frac{(\text{Spannweite})^2}{4 \cdot \text{Stichhöhe}}$$

$$d_L = 22\,\text{cm} + \frac{(176\,\text{cm})^2}{4 \cdot 22\,\text{cm}}$$ $$\mathbf{d_L = 3{,}74\,m}$$

b) $$\frac{\text{Stichhöhe}}{\text{Spannweite}} = \frac{22\,\text{cm}}{176\,\text{cm}}$$

$$\frac{h}{s} = \frac{1}{8}$$ Nach Tabelle 193/1 ergibt sich α = **56°**

c) $$\text{Bogenlänge} = \pi \cdot \text{Durchmesser} \cdot \frac{\alpha}{360^\circ}$$

$$b_L \approx 3{,}14 \cdot 3{,}74\,\text{m} \cdot \frac{56^\circ}{360^\circ}$$ $$\mathbf{b_L \approx 1{,}83\,m}$$

d) $$\text{Anzahl der Schichten} = \frac{\text{Bogenlänge} - \text{kleinstmögliche Fugendicke}}{\text{Schichthöhe}}$$

$$n = \frac{183\,\text{cm} - 0{,}5\,\text{cm}}{7{,}1\,\text{cm} + 0{,}5\,\text{cm}}$$

$$n = 24{,}01$$ gewählt: **n = 23 Schichten**

e) $$\text{tatsächliche Fugendicke} = \frac{\text{Bogenlänge} - \text{Anzahl der Schichten} \cdot \text{Steinhöhe}}{\text{Anzahl der Schichten} + 1}$$

$$d_F = \frac{183\,\text{cm} - 23 \cdot 7{,}1\,\text{cm}}{23 + 1}$$

$$d_F = 0{,}82\,\text{cm}$$

$$\text{Schichthöhe} = \text{Steinhöhe} + \text{Fugendicke}$$

$$\text{Schichthöhe} = 7{,}1\,\text{cm} + 0{,}82\,\text{cm}$$ **Schichthöhe = 7,9 cm**

Aufgaben zu 9.1 Berechnung eines Rundbogens

1 Ein Rundbogen hat eine Spannweite s von 2,26 m (2,51 m). Er ist mit Mauersteinen im NF-Format zu mauern.

a) Wie groß ist die Bogenlänge b_L an der Leibung?

b) Wieviele Schichten sind für den Bogen zu mauern?

c) Wie dick sind die Fugen an der Bogenleibung?

d) Welche Schichthöhe muss auf dem Lehrbogen angerissen werden?

e) Wie dick sind die Fugen am Bogenrücken?

2 Ein Rundbogen mit einem Radius r_L an der Bogenleibung von 38 cm (75^5 cm) ist mit Mauersteinen im DF-Format zu mauern.

a) Wie groß ist die Schichthöhe h, die auf dem Lehrbogen angerissen werden muss?

b) Wie groß ist die Fugendicke d_F am Bogenrücken?

c) Die Fugendicke am Bogenrücken übersteigt 2 cm. Der Bogen wird deshalb mit zwei übereinanderliegenden Binderschichten (Rollschichten) gemauert. Wie groß ist die Fugendicke am Bogenrücken bei dieser Ausführungsart?

3 Eine Maueröffnung mit einer Breite von 3,26 m ist mit einem Rundbogen zu überdecken. Die Mauersteine haben NF-Format.

a) Wieviele Schichten sind erforderlich?

b) Welche Schichthöhe muss auf dem Lehrbogen angerissen werden?

c) Welche Fugendicke d_F ergibt sich am Bogenrücken?

d) Die Fugendicke am Bogenrücken übersteigt das zulässige Maß von 2 cm. Welche Möglichkeiten gibt es, den Rundbogen zu mauern und das zulässige Maß für die Fugendicke einzuhalten?

Aufgaben zu 9.2 Berechnung eines Segmentbogens

1 Wie groß ist die Stichhöhe h für einen Segmentbogen mit einer Spannweite s von $2{,}13^5$ m (1,51 m), wenn das Verhältnis von Stichhöhe zu Spannweite $\frac{1}{6}\left(\frac{1}{8}; \frac{1}{10}; \frac{1}{12}\right)$ beträgt?

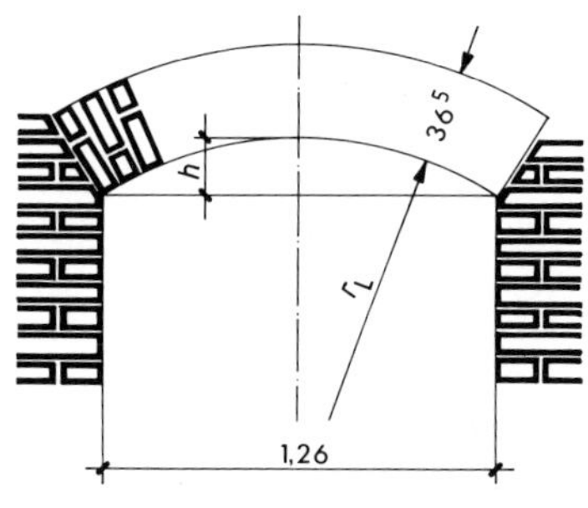

Bild 195/1: Segmentbogen

2 Ein Segmentbogen hat eine Spannweite s von 1,26 m (3,76 m) **(Bild 195/1)**.

a) Wie groß ist die Stichhöhe h bei einem Verhältnis Stichhöhe zu Spannweite von $\frac{1}{8}\left(\frac{1}{12}\right)$?

b) Welcher Mittelpunktswinkel ergibt sich?

c) Wie groß ist der Bogendurchmesser d_L an der Leibung?

d) Wie groß ist die Bogenlänge b_L an der Leibung?

e) Wieviele Schichten sind für den Segmentbogen zu mauern, wenn Mauersteine im NF-Format (DF-Format) verwendet werden?

f) Welche Schichthöhe ist auf dem Lehrbogen anzureißen?

g) Welche Fugendicke d_F ergibt sich bei den verschiedenen Steinformaten am Bogenrücken?

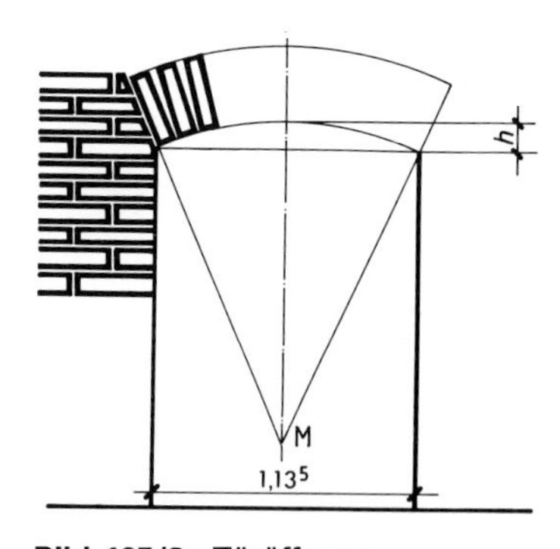

Bild 195/2: Türöffnung

3 Eine Türöffnung mit einer Breite von 88^5 cm ($1{,}13^5$ m) ist mit einem Segmentbogen zu überdecken **(Bild 195/2)**. Die Stichhöhe h ist 11 cm (12^5 cm).

Wieviele Schichten im DF-Format sind zu mauern und welche Schichthöhe ist anzureißen?

9.3 Arbeitsmappe Bögen

RUNDBOGEN / SEGMENTBOGEN

Mit Hilfe des Arbeitsblattes RUNDBOGEN werden die Bogenlängen der Leibung und des Bogenrückens, die Schichthöhe einschließlich Fuge, die ungerade Anzahl der benötigten Schichten und die Fugendicken an der Leibung und am Bogenrücken berechnet **(Bild 196/1)**.

Berechnung eines Rundbogens

Spannweite =	1,26	m
Bogendicke =	11,5	cm
Steinhöhe =	5,2	cm

Anzahl der Schichten =	34,6	
gewählt:	33	Schichten

Bogenlänge		
der Leibung =	1,98	m
am Rücken =	2,34	m

Fugendicke		
an der Leibung	0,77	cm
am Bogenrücken	1,84	cm

Schichthöhe =	5,97	cm

Bild 196/1: Rundbogen

Zusätzlich wird die Mindestfugendicke an der Leibung von 0,5 cm und die Höchstfugendicke am Bogenrücken von 2 cm überprüft. Bei Über- bzw. Unterschreiten der Grenzwerte wird eine Fehlermeldung ausgegeben.

Erforderliche Eingaben sind die Spannweite in m, die Bogendicke in cm und die Steinhöhe in cm.

Seite 195
Aufgaben 1 bis 3

RUNDBOGEN / SEGMENTBOGEN

Für die Segmentbogenberechnung sind die Spannweite in m, die Stichhöhe in cm, die Bogendicke in cm und die Steinhöhe in cm einzugeben **(Bild 197/1)**.

Spannweite	=		m	Anzahl der		
Stichhöhe	=		cm	Schichten =		
Bogendicke	=		cm	gewählt:		Schichten
Steinhöhe	=		cm			
Bogen-ϕ	=		m	Fugendicke		
Mittelpunkts-				an der Leibung		cm
winkel α	=			am Bogenrücken		cm
Bogenlänge						
der Leibung	=		m			
am Rücken	=		m	Schichthöhe =		cm

Bild 197/1: Segmentbogen; leeres Arbeitsblatt

Nach der Eingabe werden automatisch der Bogendurchmesser berechnet, der Mittelpunktswinkel nach Tabelle 175/1 ermittelt, sowie die Bogenlängen an Leibung und am Rücken bestimmt. Das Programm wählt die erforderliche ungerade Anzahl der Schichten aus und berechnet damit die Fugendicken an Leibung und Rücken sowie die Schichthöhe **(Bild 197/2)**.

Berechnung eines Segmentbogens						
Spannweite	=	1,76	m	Anzahl der		
Stichhöhe	=	22	cm	Schichten =	24,0	
Bogendicke	=	24	cm	gewählt:	23	Schichten
Steinhöhe	=	7,1	cm			
Bogen-ϕ	=	3,74	m	Fugendicke		
Mittelpunkts-			weil	an der Leibung	0,81	cm
winkel α	=	56°	h/s = 1/8	am Bogenrücken	1,79	cm
Bogenlänge						
der Leibung	=	1,83	m			
am Rücken	=	2,06	m	Schichthöhe =	7,91	cm

Bild 197/2: Segmentbogen; ausgefülltes Arbeitsblatt

Seite 195
Aufgaben 1 bis 3

10 Treppen

Bei Treppen sind in der Regel Anzahl der Steigungen, Steigungshöhe, Auftrittsbreite, Treppenlänge und Treppenlochlänge zu berechnen **(Bild 198/1)**. Diese **Treppenmaße** beziehen sich immer auf die **fertige Treppe**. Bei der Berechnung der Rohbaumaße sind die Dicken von Bodenbelag und Treppenbelag zu berücksichtigen.

10.1 Berechnung von geraden Treppen

Vor der Treppenberechnung sind einige Vorgaben festzulegen. Danach erfolgt die Berechnung in mehreren Rechenschritten.

Vorgaben zur Treppenberechnung

- Höhenunterschied, z. B. Geschosshöhe nach Zeichnung oder Aufmaß
- anzustrebende Steigungshöhe je nach Nutzung des Gebäudes
- Dicke der Geschossdecken nach Zeichnung oder Aufmaß
- Durchgangshöhe mindestens 2,00 m (je nach Landesbauordnung unterschiedlich)

1 Berechnung der Anzahl der Steigungen *n*

$$\text{Anzahl der Steigungen} = \frac{\text{Geschosshöhe}}{\text{angenommene Steigungshöhe}}$$

Ergebnis
- wird auf eine ganze Zahl gerundet

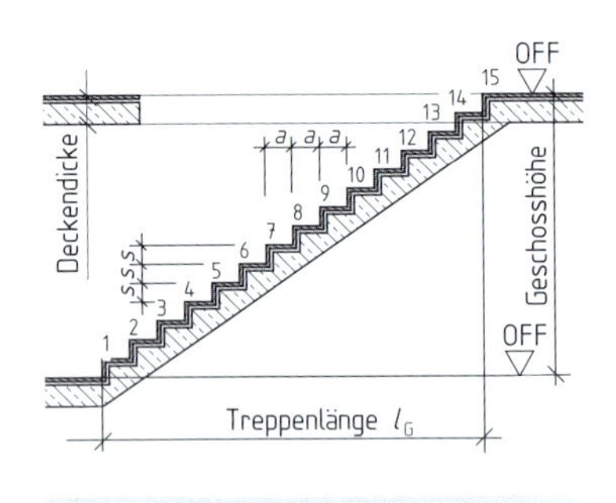

Bild 198/1: Treppenmaße

2 Berechnung der Steigungshöhe *s*

$$\text{Steigungshöhe } s = \frac{\text{Geschosshöhe}}{\text{Anzahl der Steigungen}}$$

Ergebnis
- wird in cm und mm angegeben
- gibt das Fertigmaß der Steigungshöhe an

3 Berechnung der Auftrittsbreite *a*

Schrittmaßregel:

2 Steigungshöhen	+	1 Auftrittsbreite	=	Schrittlänge
$2s$	+	a	=	63 cm

Auftrittsbreite	=	**Schrittlänge**	−	**2 Steigungshöhen**
a	=	**63 cm**	−	$2s$

Ergebnis
- wird in cm und mm angegeben
- gibt die Auftrittsbreite als Abstand zwischen den Vorderkanten zweier aufeinander folgender Treppenstufen an

4 Feststellen des Steigungsverhältnisses

Steigungsverhältnis = Steigungshöhe / Auftrittsbreite oder s / a

Ergebnis
- ist eine wichtige Kenngröße für die Treppe
- bestimmt die Neigung der Treppe
  Anzustrebendes Steigungsverhältnis für Wohnhaustreppen ist 17/29.

5 Berechnung der Treppenlänge l_G

Treppenlänge = (Anzahl der Steigungen − 1) · Auftrittsbreite

Ergebnis
- wird in m angegeben
- gemessen von Vorderkante Antrittsstufe bis Vorderkante Austrittsstufe (Treppengrundmaß) in der Draufsicht (Bild 198/1).

6 Berechnung der Zwischenpodesttiefe l_P

Bei Treppen mit mehr als 18 Steigungen soll ein Zwischenpodest angeordnet werden **(Bild 199/1)**.

Podesttiefe = *n* · Schrittlänge + 1 Auftrittsbreite

Ergebnis
- wird in cm angegeben
- sollte möglichst über 100 cm liegen

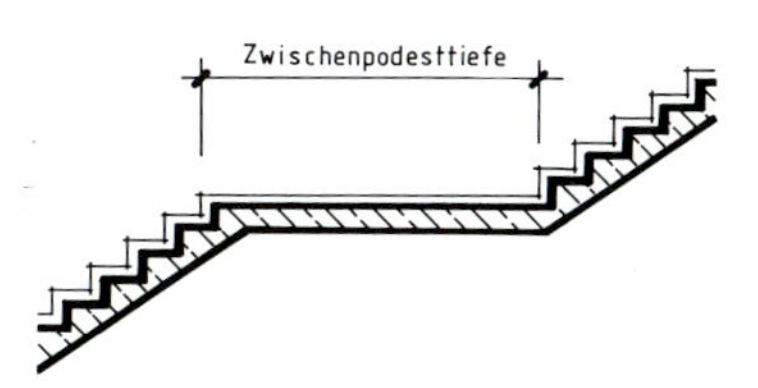

Bild 199/1: Zwischenpodest

7 Berechnung der Treppenlochlänge l_L

Die Treppenlochlänge wird mit Hilfe ähnlicher Dreiecke und der Verhältnisgleichung berechnet **(Bild 199/2)**.

$$\frac{\text{Treppenlochlänge}}{\text{Durchgangshöhe + Deckendicke}} = \frac{\text{Treppenlänge + 1 Auftrittsbreite}}{\text{Geschoßhöhe}}$$

$$\textbf{Treppenlochlänge} = \frac{\textbf{(Treppenlänge + 1 Auftrittsbreite)} \cdot \textbf{(Durchgangshöhe + Deckendicke)}}{\textbf{Geschoßhöhe}}$$

Die Treppenlochlänge kann auch mit Hilfe des Steigungsverhältnisses ermittelt werden.

$$\textbf{Treppenlochlänge} = \frac{\textbf{Auftrittsbreite} \cdot \textbf{(Durchgangshöhe + Deckendicke)}}{\textbf{Steigungshöhe}}$$

Ergebnis
- wird in m angegeben
- gibt die Aussparungslänge des Treppenlochs in der Geschossdecke an
- vergrößert sich bei Zwischenpodesten um die Podesttiefe

Bild 199/2: Treppenlochlänge

8 Feststellen der Rohbaumaße

Die bisher errechneten Treppenmaße sind Fertigmaße. Um die Rohbaumaße zu erhalten, muss die jeweilige Dicke des Fußbodenaufbaus berücksichtigt werden.

Bei allen **Treppenstufen** einer Treppe muss die Dicke des Belags gleich sein. Deshalb sind auch Fertigmaß und Rohbaumaß der Steigungshöhe und der Auftrittsbreite gleich **(Bild 199/3)**.

Bei der **Antrittstufe** wirken sich die unterschiedlichen Dicken des Fußbodenaufbaus auf der Treppenstufe und der Geschossdecke aus (**Bild 199/4**). Zur Berechnung dieser Steigungshöhe als Rohbaumaß s_R ist zum Fertigmaß der Steigungshöhe s_F die Dicke des Fußbodenaufbaus auf der Geschossdecke d_G zu addieren und die Dicke des Treppenbelags d_T zu subtrahieren.

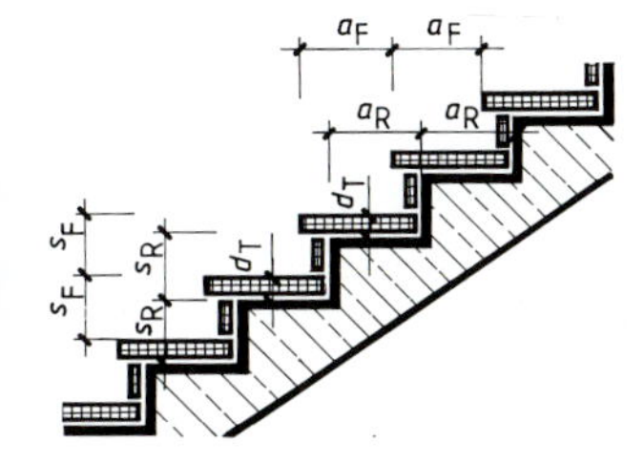

Bild 199/3: Treppenlauf

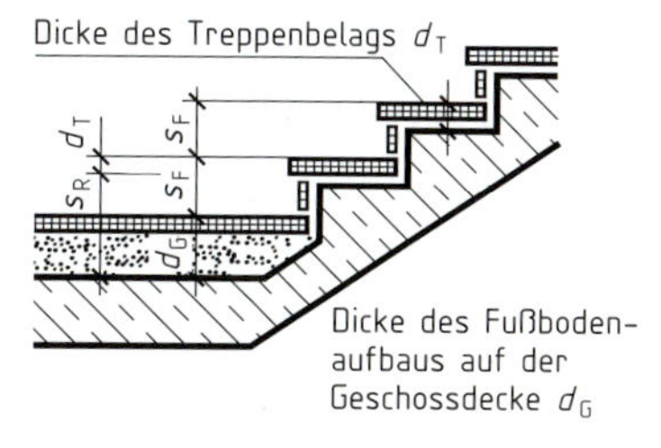

Bild 199/4: Antrittstufe

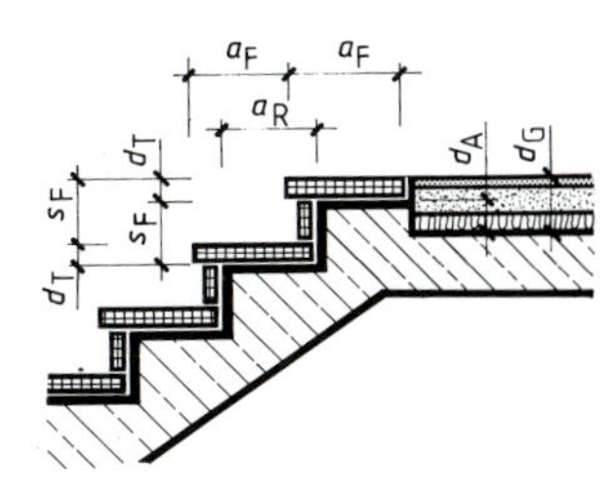

Bild 199/5: Austrittstufe

Die **Austrittstufe,** die auf dem oberen Geschoss oder dem Zwischenpodest liegt, wird wie eine Treppenstufe ausgeführt. Ist die Dicke des Fußbodenaufbaus auf der Geschossdecke oder dem Podest gegenüber der Dicke des Treppenbelags größer, wird dieser Höhenunterschied durch einen Absatz in der Decken- oder Podestoberseite ausgeglichen **(Bild 199/5)**.

Beispiel: In ein Einfamilienhaus mit einer Geschosshöhe von 2,75 m ist eine Treppe einzubauen. Die Steigungshöhe wird mit 18 cm angenommen, die Dicke der Rohdecke beträgt 16 cm und die Durchgangshöhe 2,00 m.

a) Wie groß ist die Anzahl der Steigungen, die Steigungshöhe, die Auftrittsbreite, das Steigungsverhältnis, die Treppenlänge und die Treppenlochlänge, wenn die Dicke des Fußbodenaufbaus mit 6 cm auf den Geschossdecken und der Treppe gleich ist?

b) Wie groß sind die Rohbaumaße der Steigungshöhe von Treppenstufe und Antrittsstufe, wenn der Fußbodenaufbau im unteren Geschoss 14 cm und auf der Treppe 2 cm beträgt?

c) Wie groß muss das Rohbaumaß des Absatzes an der Antrittstufe sein, wenn die Dicke des Fußbodenaufbaus auf der Treppe 2 cm und auf der oberen Geschossdecke 8 cm beträgt?

Lösung: a) 1 Anzahl der Steigungen $= \dfrac{\text{Geschosshöhe}}{\text{angenommene Steigungshöhe}}$

$n = \dfrac{275\text{ cm}}{18\text{ cm}}$ $\quad n = 15{,}3$ $\quad$ gewählt: $\mathbf{n = 15}$

2 Steigungshöhe $= \dfrac{\text{Geschosshöhe}}{\text{Anzahl der Steigungen}}$

$s = \dfrac{275\text{ cm}}{15}$ $\quad$ Steigungshöhe $\mathbf{s = 18{,}33\,cm}$

3 Auftrittsbreite = Schrittlänge — 2 Steigungshöhen

$a = 63\text{ cm} - 2 \cdot 18{,}33\text{ cm}$ $\quad$ Auftrittsbreite $\mathbf{a = 26{,}34\,cm}$

4 Steigungsverhältnis = Steigungshöhe / Auftrittsbreite

Steigungsverhältnis $\mathbf{s/a = 18{,}33/26{,}34}$

5 Treppenlänge = (Anzahl der Steigungen — 1) · Auftrittsbreite

$l_G = (15 - 1) \cdot 26{,}34\text{ cm}$ $\quad$ Treppenlänge $\mathbf{l_G = 3{,}69\,m}$

6 Treppenlochlänge $= \dfrac{\text{Auftrittsbreite} \cdot (\text{Durchgangshöhe} + \text{Deckendicke})}{\text{Steigungshöhe}}$

$l_L = \dfrac{26{,}34\text{ cm} \cdot (200\text{ cm} + 22\text{ cm})}{18{,}33\text{ cm}}$ $\quad$ Treppenlochlänge $\mathbf{l_L = 3{,}19\,m}$

b) Treppenstufen:

Rohbaumaß der Steigungshöhe = Fertigmaß der Steigungshöhe

$s_R = s_F$ $\quad$ Steigungshöhe $\mathbf{s_R = 18{,}33\,cm}$

Antrittstufe:

Rohbaumaß der Steigungshöhe = Fertigmaß der Steigungshöhe + Dicke des Fußbodenaufbaus auf der Geschossdecke – Dicke des Treppenbelags

$s_R = s_F + d_G - d_T$

$s_R = 18{,}33\text{ cm} + 14\text{ cm} - 2\text{ cm}$ $\quad$ Steigungshöhe $\mathbf{s_R = 30{,}33\,cm}$

c) Rohbaumaß des Absatzes = Dicke des Fußbodenaufbaus auf der Geschossdecke – Dicke des Treppenbelags

$d_A = d_G - d_T$

$d_A = 8\text{ cm} - 2\text{ cm}$ $\quad$ Rohbaumaß des Absatzes $\mathbf{d_A = 6\,cm}$

Aufgaben zu 10.1 Berechnung von geraden Treppen

1 Eine Treppe hat eine Steigungshöhe von 18,2 cm (17,8 cm; 16,8 cm; 18,6 cm).

Wie groß ist die Auftrittsbreite nach der Schrittmaßregel?

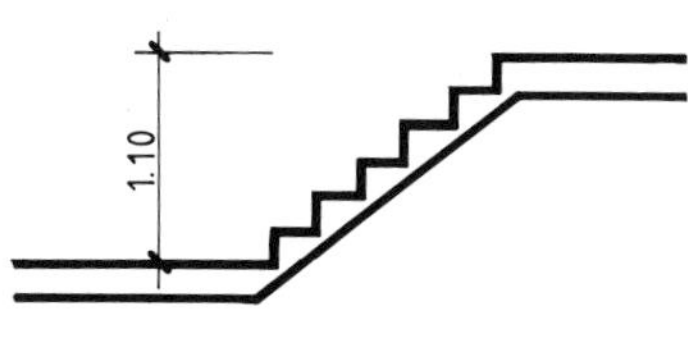

Bild 201/1: Differenztreppe

2 Zwei Geschossdecken sind in der Höhe um 1,10 m (1,50 m) versetzt und sollen durch eine Differenztreppe verbunden werden **(Bild 201/1)**.

a) Wieviel Steigungen hat die Treppe?

b) Wie groß ist das Steigungsverhältnis?

c) Wie lang wird die Treppe?

3 Die Höhe eines Kellergeschosses beträgt 2,58 m (2,40 m).

a) Es soll eine einläufig gerade Treppe eingebaut werden. Welches Steigungsverhältnis hat die Treppe und wie lang wird der Treppenlauf?

b) Die Kellertreppe soll zweiläufig gegenläufig werden und ein Zwischenpodest erhalten. Welche Länge haben die beiden gleichlangen Treppenläufe?

4 Mit einer einläufigen Geschosstreppe ist eine Höhe von $2{,}82^5$ m ($2{,}87^5$ m) zu überwinden. Wie groß ist die Anzahl der Stufen, das Steigungsverhältnis und die Treppenlänge?

5 Der Lauf einer Geschosstreppe ist 4,57 m ($3{,}31^5$ m) lang und hat 18 Steigungen (14 Steigungen).

a) Wie groß ist das Steigungsverhältnis?

b) Welche Geschosshöhe hat das Gebäude?

6 Ein mehrgeschossiges Wohngebäude hat Geschosshöhen von 2,75 m ($2{,}82^5$ m). Es ist eine zweiläufig gegenläufige Treppe mit Zwischenpodest eingebaut **(Bild 201/2)**.

a) Welches Steigungsverhältnis hat die Treppe bei 16 Steigungen?

b) Wie groß ist die Treppenlochlänge, wenn beide Treppenläufe gleich lang sind und die Tiefe des Zwischenpodestes 1,10 m beträgt?

c) Wie lang sind die Treppenläufe, wenn für einen Treppenlauf 10 Steigungen, für den anderen Treppenlauf 6 Steigungen vorgesehen sind?

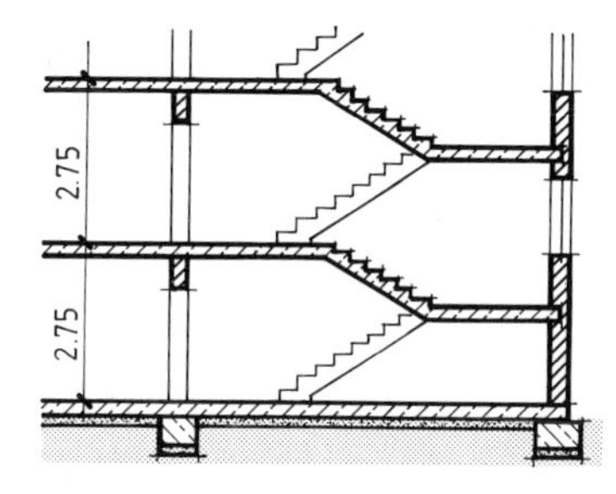

Bild 201/2: Zweiläufig gegenläufige Treppe

7 In ein öffentliches Gebäude ist eine einläufige gerade Treppe einzubauen. Die Geschosshöhe beträgt $3{,}37^5$ m (3,75 m).

a) Wie groß ist die Anzahl der Stufen, und welches Steigungsverhältnis ist zu wählen?

b) Bei Treppen mit mehr als 18 Steigungen sollte ein Zwischenpodest angeordnet werden, dessen Tiefe über 1,00 m liegt.

Wie tief muß das Zwischenpodest mindestens werden?

c) Die Unterseite des Podestes muss aus Sicherheitsgründen 2,00 m über der unteren Geschossdecke liegen.

In welcher Höhe kann das Zwischenpodest angeordnet werden, wenn dieses Podest mit dem Fußbodenaufbau 20 cm dick ist?

d) Wieviel Steigungen erhält der untere Treppenlauf bis zum Zwischenpodest und wie lang ist er?

e) Wie groß ist die Länge der gesamten Treppe einschließlich Zwischenpodest?

10.2 Berechnung von gewendelten Treppen

Bei gewendelten Treppen sind die Auftrittsflächen im Bereich der Wendelung keilförmig. Die für die Herstellung dieser Trittstufen notwendigen Maße können berechnet werden. Die Berechnung der Anzahl der Steigungen und des Steigungsverhältnisses erfolgt wie bei geraden Treppen.

Vorgaben zur Treppenberechnung

- Festlegung der Treppenform z.B. viertelgewendelt, halbgewendelt oder zweimal viertelgewendelt am Anfang und Ende der Treppe.
- Die Treppenlänge entspricht der Länge der Lauflinie. Die Länge der Lauflinie setzt sich zusammen aus einer oder mehreren geraden Treppenarmlängen und jeweils einer Bogenlänge für die Wendelung.
- Alle Treppenstufen haben auf der Lauflinie die gleiche, errechnete Auftrittsbreite *a*.
- An der Innenseite werden die Auftrittsbreiten der Stufen um gleiche Teile verkleinert.
- Die Auftrittsbreite der schmalsten Stufe muss im Abstand von 15 cm von der Innenseite mindestens 10 cm betragen. Dieser Abstand wird in der Zeichnung als Hilfslinie (rote Strichlinie) parallel zur Lauflinie dargestellt **(Bild 202/1)**.
- Festlegung der Anzahl der zu verziehenden Stufen, wobei möglichst eine ungerade Zahl zu wählen ist.

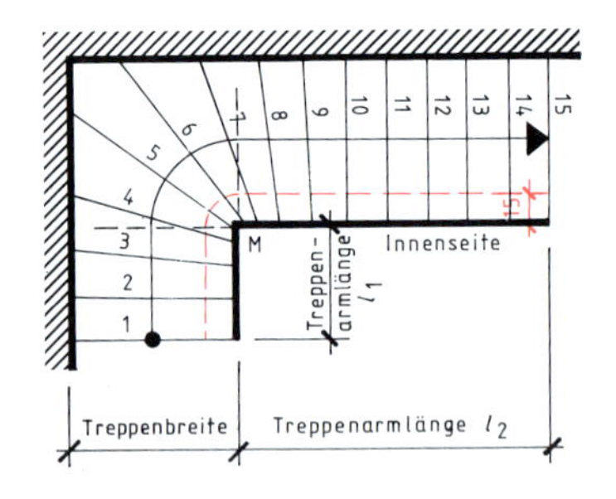

Bild 202/1: Viertelgewendelte Treppe (Winkeltreppe)

1 **Berechnung der Bogenlängen**

Die Lauflinie ist im Bereich der Wendelung kreisförmig.

Bei viertelgewendelten Treppen ist die Lauflinie im Bereich der Wendelung ein Viertelskreis. Sein Mittelpunkt liegt entweder im Eckpunkt der Innenseiten oder um den Abstand von 15 cm bis 20 cm nach innen versetzt.

$$\text{Bogenlänge}_{\text{Lauflinie}} = \frac{\text{Umfang}}{4}$$

Bei halbgewendelten Treppen ist die Lauflinie ein Halbkreis, dessen Mittelpunkt im Treppenauge liegt.

Entsprechend wird die Bogenlänge der Hilfslinie ermittelt.

2 **Berechnung der Bogendifferenz**

$$\text{Bogendifferenz} = \text{Bogenlänge}_{\text{Lauflinie}} - \text{Bogenlänge}_{\text{Hilfslinie}}$$

Ergebnis
- wird in cm angegeben
- ist für die Verminderung der Auftrittsbreiten im Bereich der Wendelung an der Innenseite der Treppe maßgebend.

3 **Berechnung der verminderten Auftrittsbreiten**

Bei im Antritt bzw. im Austritt viertelgewendelten Treppen liegt die Stufe mit der geringsten Auftrittsbreite in der Regel jeweils am Anfang bzw. am Ende der Treppe.

Bei gewinkelten Treppen liegt die Stufe mit der geringsten Auftrittsbreite in der Mitte aller verzogenen Stufen, meist in der Treppenecke als Eckstufe.

zu verziehende Stufen gewählt: 7 Stufen	Verminderung	
	Anzahl der Teile je Stufe	Summe der Teile
Stufe 2 und Stufe 8 Stufe 3 und Stufe 7 Stufe 4 und Stufe 6 Stufe 5	1 Teil 2 Teile 3 Teile 4 Teile	2 Teile 4 Teile 6 Teile 4 Teile
		16 Teile

Wird eine andere Stufenzahl gewählt, so ändert sich die Anzahl der Teile (n) entsprechend.

Größe der Verminderung = Bogendifferenz : Anzahl der Teile

Ergebnis
- wird in cm angegeben
- dient zur Berechnung der verminderten Auftrittsbreite jeder zu verziehenden Stufe

Verminderte Auftrittsbreite = Auftrittsbreite *a* – zugeordnete Anzahl der Teile je Stufe · Größe der Verminderung

Ergebnis
- wird in cm angegeben
- ist auf der roten Hilfslinie abzutragen

Die so ermittelten Punkte sind mit den entsprechenden Punkten auf der Lauflinie zu verbinden. Dadurch ergeben sich die Vorderkanten der verzogenen Stufen.

4 Berechnung der Treppenarmlängen

Treppenarmlängen sind Treppenlängen mit gerader Lauflinie. Eine Treppenarmlänge l_1 ist so festzulegen, dass die Auftrittsbreite der Eckstufe von der Verbindungslinie Wandecke – Mittelpunkt ungefähr halbiert wird.

Treppenarmlänge l_2 = Lauflänge – Bogenlänge$_{Lauflinie}$ – festgelegte Treppenarmlänge l_1

Die Lauflänge der Treppe wird wie bei einer geraden Treppe errechnet.

Länge der Lauflinie = (Anzahl der Steigungen – 1) · Auftrittsbreite

Ergebnis
- wird in m angegeben

Die Treppe wird mit den rechnerisch ermittelten Maßen in den Grundriss eingezeichnet. Es ist zu prüfen, ob der vorhandene Platz ausreicht. Gegebenenfalls ist die Berechnung unter anderen Vorgaben zu wiederholen.

Beispiel: In einem Einfamilienhaus mit einer Geschosshöhe von 2,75 m ist eine Treppe einzubauen. Es ist eine gerade Treppe mit 15 Steigungen, einem Steigungsverhältnis von 18,3/26,5 und eine Treppenlänge von 3,69 m vorgesehen. Da bei diesem Beispiel die Treppe als gerade einläufige Treppe nicht ausgeführt werden kann, wird eine im Antritt viertelgewendelte Treppe in Form einer Winkeltreppe mit dem gleichen Steigungsverhältnis gewählt **(Bild 204/1)**.

a) Wie groß sind die verminderten Auftrittsbreiten auf der Hilfslinie, wenn nach der Antrittstufe die nächsten 7 Stufen verzogen sein sollen?

b) Welche Lauflänge hat die Winkeltreppe?

c) Die Treppenbreite ist 1,05 m, ein Treppenarm mißt 90 cm. Wie lang ist der andere Treppenarm?

Lösung: a) Verminderte Auftrittsbreiten

$$\text{Bogenlänge}_{\text{Lauflinie}} = \frac{\text{Umfang}}{4}$$

$$b_{\text{Ll}} = \frac{\pi \cdot 105\,\text{cm}}{4}$$

$$b_{\text{Ll}} \approx 82{,}47\,\text{cm}$$

$$\text{Bogenlänge}_{\text{Hilfslinie}} = \frac{\pi \cdot 30\,\text{cm}}{4}$$

$$b_{\text{Hl}} = 23{,}56\,\text{cm}$$

$$\text{Bogendifferenz} = b_{\text{Ll}} - b_{\text{Hl}}$$

$$b_{\text{D}} = 82{,}47\,\text{cm} - 23{,}56\,\text{cm}$$

$$b_{\text{D}} = 58{,}90\,\text{cm}$$

Größe der Verminderung = Bogendifferenz : n

$$v = 58{,}90\,\text{cm} : 16$$

$$v = 3{,}68\,\text{cm}$$

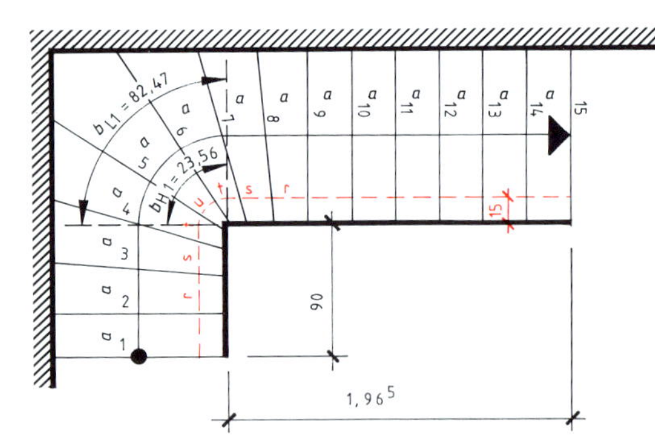

Bild 204/1: Viertelgewendelte Treppe (Winkeltreppe)

zu verziehende Stufen gewählt: 7 Stufen	Verminderung Anzahl der Teile je Stufe	Verminderung Summe der Teile	Größe der Verminderung Verminderte Auftrittsbreite = Auftrittsbreite *a* — zugeordnete Anzahl der Teile je Stufe
Stufe 2 und Stufe 8	1 Teil	2 Teile	26,5 cm − 1 · 3,68 cm = **22,82 cm** = *r*
Stufe 3 und Stufe 7	2 Teile	4 Teile	26,5 cm − 2 · 3,68 cm = **19,14 cm** = *s*
Stufe 4 und Stufe 6	3 Teile	6 Teile	26,5 cm − 3 · 3,68 cm = **15,46 cm** = *t*
Stufe 5	4 Teile	4 Teile	26,5 cm − 4 · 3,68 cm = **11,78 cm** = *u*
		16 Teile	Kontrolle: min *a* = 11,78 cm ≥ 10 cm

b) Länge der Lauflinie = (Anzahl der Steigungen − 1) · Auftrittsbreite

$$l_{\text{L}} = (15 - 1) \cdot 26{,}5\,\text{cm}$$

$$\boldsymbol{l_{\text{L}} = 3{,}71\,\text{m}}$$

c) Treppenarmlänge = Länge der Lauflinie − Bogenlänge$_{\text{Lauflinie}}$ − festgelegte Treppenarmlänge

$$l_2 = 369\,\text{cm} - 82{,}5\,\text{cm} - 90\,\text{cm}$$

$$\boldsymbol{l_2 = 1{,}96^5\,\text{m}}$$

Aufgaben zu 10.2 Berechnung von gewendelten Treppen

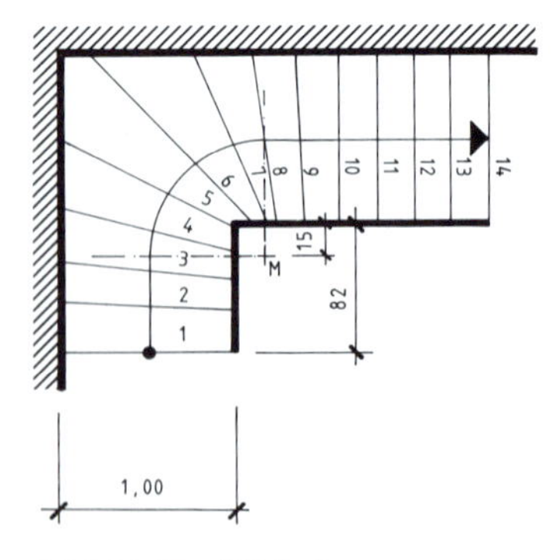

Bild 204/2: Winkeltreppe

1 Eine im Antritt viertelgewendelte Treppe mit 14 Steigungen wird als Winkeltreppe ausgeführt. Es sind die Stufen 1 bis 9 zu verziehen. Die Geschosshöhe beträgt $2{,}62^5$ m, die Laufbreite 1,00 m **(Bild 204/2)**.

a) Wie groß ist das Steigungsverhältnis?

b) Wie groß sind die verminderten Auftrittsbreiten, wenn der Mittelpunkt im Abstand von 15 cm von der Innenseite der Treppe liegt?

c) Welche Lauflänge hat die Winkeltreppe?

d) Eine Treppenarmlänge mißt 82 cm. Wie lang ist die andere Treppenarmlänge?

e) Wie lang sind die beiden Wandseiten der Treppe?

2 In ein Einfamilienhaus ist eine viertelgewendelte Treppe als Winkeltreppe einzubauen. Die Steigungshöhe darf nicht mehr als 18 cm betragen. Die Stufen 1 bis 9 sind zu verziehen. Die Geschosshöhe beträgt 2,75 m (2,87^5 m), die Treppenbreite 1,10 m. Der Mittelpunkt der Ausrundung an der Innenseite der Treppe ist 20 cm von den beiden Innenseiten entfernt. Eine Treppenarmlänge ist mit 1,02 m festgelegt **(Bild 205/1)**.

a) Wie groß ist die Anzahl der Steigungen, das Steigungsverhältnis und die Länge der Lauflinie?

b) Wie groß sind die verminderten Auftrittsbreiten der Treppe, wenn die Hilfslinie mit der Innenseite der Treppe zusammenfällt?

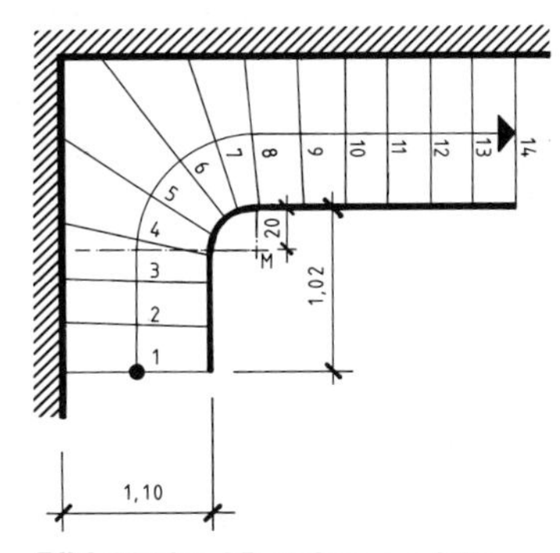

Bild 205/1: Viertelgewendelte Treppe

3 Bei einer im Austritt viertelgewendelten Treppe sollen die obersten 8 Stufen so verzogen werden, dass die Austrittsstufe die Stufe mit der größten verminderten Auftrittsbreite ist. Die Innenseite der Treppe soll an der Wendelung in Form eines Viertelkreises gerundet sein. Der Mittelpunkt dieser Ausrundung hat einen Abstand von 15 cm von den Innenseiten der Treppe. Die Treppenbreite beträgt 1,20 **(Bild 205/2)**. Die Geschosshöhe beträgt 2,50 m.

a) Wie groß sind alle für die Herstellung der Treppe notwendigen Maße, wenn die Treppensteigung nicht mehr als 18 cm betragen soll?

b) Wie groß sind die äußeren Abmessungen der Treppe?

c) Wie groß ist die Treppenlochlänge, wenn die Dicke des Austrittspodestes 18 cm beträgt und der Fußbodenaufbau 8 cm hoch ist?

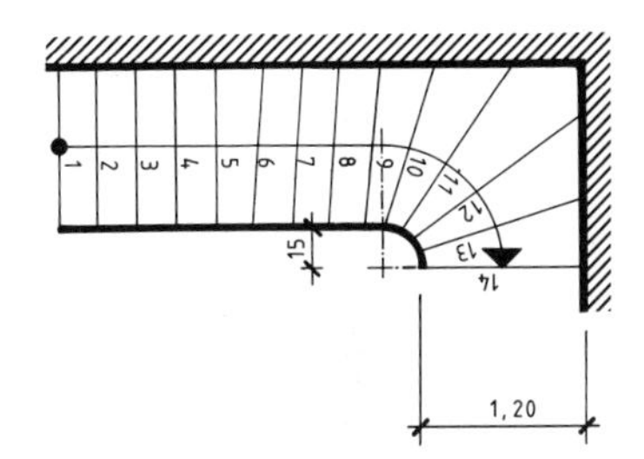

Bild 205/2: Im Austritt viertelgewendelte Treppe

4 Eine einläufige, halbgewendelte Treppe überwindet mit 16 Steigungen eine Geschosshöhe von 2,87^5 m. Es sollen alle Stufen verzogen werden, wobei die Stufe mit der kleinsten verminderten Auftrittsbreite in der Mitte der Treppe liegt. Die Treppenlaufbreite ist 1,15 m, das Treppenauge misst 20 cm **(Bild 205/3)**.

a) Wie groß ist das Steigungsverhältnis?

b) Welche Länge hat die Lauflinie?

c) Wie groß sind die verminderten Auftrittsbreiten auf der Hilfslinie?

d) Welche Länge l und welche Breite b hat die Treppe?

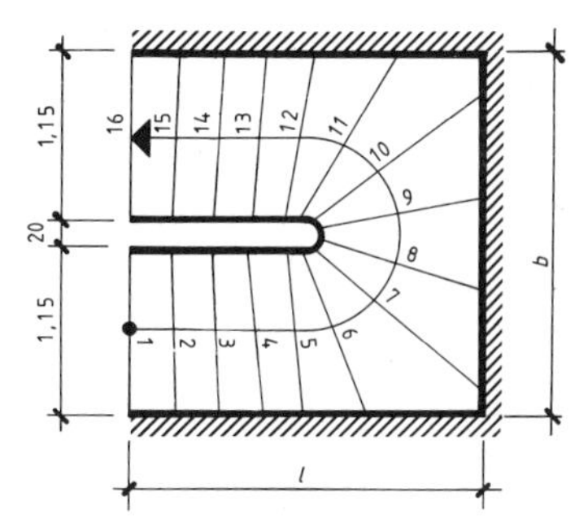

Bild 205/3: Einläufige, halbgewendelte Treppe

5 Eine einläufig halbgewendelte Treppe hat eine Lauflänge von 4,29 m und 16 Steigungen. Die Geschosshöhe beträgt 2,75 m. Die Treppenlaufbreite ist 1,20 m, das Treppenauge 36 cm breit. Der erste Treppenarm im Antritt misst 1,02 m weniger als der zweite Treppenarm am Austritt. Die Stufen 1 bis 15 sollen verzogen werden **(Bild 205/4)**.

a) Wie groß ist das Steigungsverhältnis?

b) Wie breit sind die verminderten Auftrittsflächen auf der Hilfslinie?

c) Wie groß sind die Maße l_1, l_2 und b der Treppe?

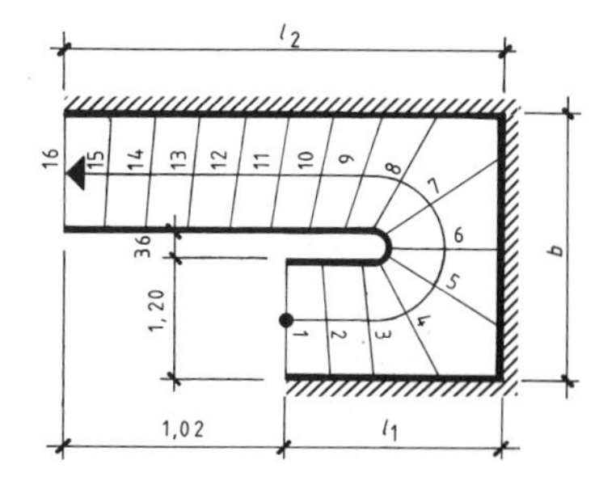

Bild 205/4: Einläufige, halbgewendelte Treppe

10.3 Arbeitsmappe Treppen

GERADE TREPPEN / GEWENDELTE TREPPEN

Das Arbeitsblatt GERADE TREPPEN berechnet nach Eingabe der Geschosshöhe in cm und der angenommenen Steigungshöhe in cm die Anzahl der Steigungen. Das Ergebnis wird nach oben und unten gerundet; im Auswahlfeld ist die gewählte Steigungszahl anzuklicken. Mit dem gewählten Wert werden automatisch die Steigungshöhe, die Auftrittsbreite nach der Schrittmaßformel, das Steigungsverhältnis und die Treppenlänge berechnet **(Bild 206/1)**.

Berechnung von geraden Treppen			
Anzahl der Steigungen	= Geschoßhöhe / ang. Steigungshöhe	= 287,5 cm / 18,0 cm	= 16,0
Anzahl der Steigungen	gewählt:	15 / 16	
Steigungshöhe s	= Geschoßhöhe / Anzahl Steigungen	= 287,5 cm / 16	= 17,97 cm
Auftrittsbreite a	= Schrittlänge - 2 Steigungshöhen	= 63 - 2 * 18,0	= 27,06 cm
Steigungsverhältnis	= Steigungshöhe / Auftrittsbreite =		17,97 / 27,06
Treppenlänge	= (Anzahl Steigungen - 1) * Auftrittsbreite	= (16 - 1) * 27,06	= 406 cm
Deckendicke	= 22,0 cm		
Treppenlochlänge	= Auftrittsbreite * (Durchgangshöhe + Deckendicke) / Steigungshöhe		
Treppenlochlänge	= 27,1 cm * (200 cm + 22,0 cm) / 18,0		= 334 cm

Bild 206/1: Gerade Treppen

Zur Berechnung der Treppenlochlänge muss zusätzlich die Deckendicke im Ausbau in cm eingegeben werden. In der Formel wird die Durchgangshöhe mit 2,00 m angenommen. Bei Treppen mit mehr als 18 Steigungen berechnet das Programm automatisch die erforderliche Podesttiefe.

Seite 201
Aufgaben 2 bis 7

GERADE TREPPEN | **GEWENDELTE TREPPEN**

Das Arbeitsblatt GEWENDELTE TREPPEN übernimmt aus dem Arbeitsblatt GERADE TREPPEN die Werte für die Anzahl der Steigungen, die Steigungshöhe und die Auftrittsbreite. Zur Berechnung der Verziehung sind die Laufbreite, der Lauflinienradius und der Radius der Hilfslauflinie jeweils in cm einzugeben. Zusätzlich ist auszuwählen, ob es sich um eine viertel- oder halbgewendelte Treppe handelt **(Bild 207/1)**.

Berechnung gewendelter Treppen

Anzahl Steigungen	16	
Steigungshöhe	17,97	cm
Auftrittsbreite	27,06	cm

Laufbreite	100	cm	Lauflinienlänge	4,06 m
Lauflinienradius	50	cm	Bogenlänge Ll	157,08 cm
Radius der Hilfslauflinie	15	cm	Bogenlänge Hl	47,12 cm
Treppenart	viertelgewendelt / halbgewendelt		Bogendifferenz	109,96 cm

Zu verziehende Stufen gewählt: 15		Anzahl der Teile je Stufe	Summe	Verminderte Auftrittsbreiten 1 Teil = 109,96/64 = 1,72 cm		
Stufe 1	und 15	1	2	27,06 - 1 * 1,72 =	25,34	cm
Stufe 2	und 14	2	4	27,06 - 2 * 1,72 =	23,62	cm
Stufe 3	und 13	3	6	27,06 - 3 * 1,72 =	21,91	cm
Stufe 4	und 12	4	8	27,06 - 4 * 1,72 =	20,19	cm
Stufe 5	und 11	5	10	27,06 - 5 * 1,72 =	18,47	cm
Stufe 6	und 10	6	12	27,06 - 6 * 1,72 =	16,75	cm
Stufe 7	und 9	7	14	27,06 - 7 * 1,72 =	15,03	cm
Stufe 8		8	8	27,06 - 8 * 1,72 =	13,32	cm
			64			

Bild 207/1: Gewendelte Treppen

Das Ergebnis der Berechnung ist die Länge der Lauflinie, die Bogenlängen der Lauflinie und der Hilfslauflinie sowie die Bogendifferenz. Zur Ermittlung der verminderten Auftrittsbreiten an der Innenwange muss die Anzahl der zu verziehenden Stufen gewählt werden. Das Programm berechnet die für die Verminderung erforderlichen Teile sowie die Größe eines Teils und gibt dann die verminderten Auftrittsbreiten aus. Zusätzlich überprüft das Programm die Mindestauftrittsbreite von 10 cm.

Seite 204
Aufgabe 1
Seite 205
Aufgaben 2,4 und 5

11 Wärme in der Bautechnik

Ein guter Wärmeschutz bei Gebäuden ist unerläßlich für die Gesundheit der Bewohner, für die Behaglichkeit im Raum und für deren wirtschaftliche Nutzung. Der Wärmeschutz wird rechnerisch nachgewiesen und mit den Mindestanforderungen nach DIN 4108 abgestimmt.

11.1 Längenänderung infolge von Temperatureinflüssen

Alle Bauteile dehnen sich bei Erwärmung aus und ziehen sich bei Abkühlung zusammen, d.h. sie verändern bei Temperaturänderung ihre Abmessungen **(Bild 208/1)**. Bei Bauwerken ist vor allem die Längenänderung zu berücksichtigen.

Die Längenänderung Δl hängt ab von

— der Länge l des Bauteils,

— der Temperaturdifferenz ΔT (gesprochen: delta T) als Temperaturzunahme oder -abnahme und

— der Temperaturdehnzahl α des Baustoffes, aus dem das Bauteil besteht.

Die Temperaturdehnzahl α gibt an, um wieviel Millimeter sich ein 1 Meter langer Körper bei einer Temperaturdifferenz von 1 Kelvin ausdehnt oder zusammenzieht.

Die Einheit der Temperaturdehnzahl α ist hier in mm/(m · K) angegeben **(Tabelle A 37/1)**.

Längenzunahme beim Erwärmen

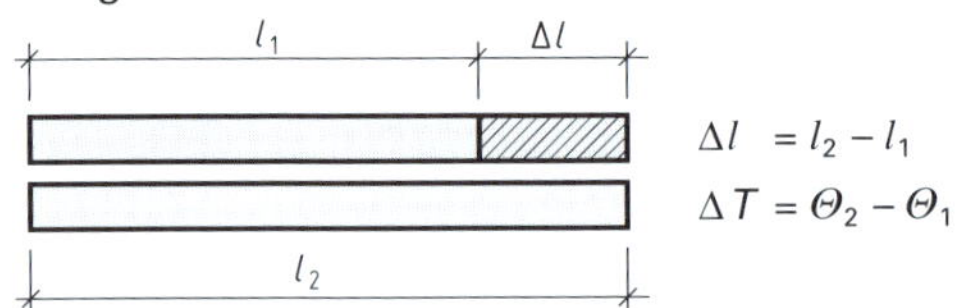

Längenabnahme beim Abkühlen

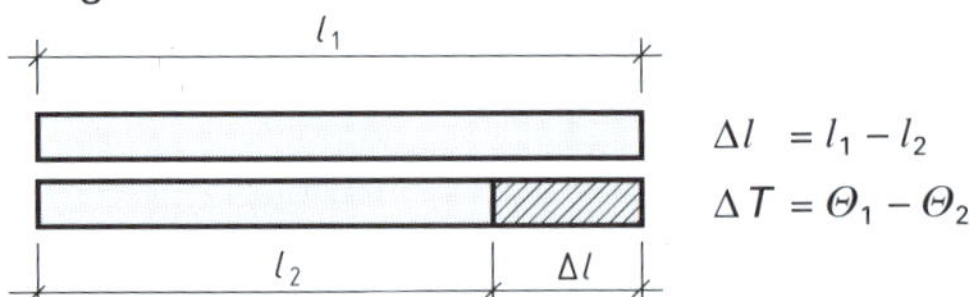

Bild 208/1: Längenänderung bei Temperaturänderung

Längenänderung = Temperaturdehnzahl · Ausgangslänge · Temperaturdifferenz

$$\Delta l = \alpha \cdot l_1 \cdot \Delta T$$

$$l_1 = \frac{\Delta l}{\alpha \cdot \Delta T}$$

$$\Delta T = \frac{\Delta l}{\alpha \cdot l_1}$$

Δl in mm
l_1, l_2 in m
ΔT in K
α in mm/(m · K)

Beispiel: Ein 4,50 m langer Stahlträger wird durch Sonneneinstrahlung von 10 °C auf 60 °C erwärmt. Um wieviel mm verändert er sich in der Länge (α für Stahl = 0,01 mm/[m · K])?

Lösung: $\Delta l = \alpha \cdot l_1 \cdot \Delta T$

$\Delta l = 0{,}01 \frac{\text{mm}}{\text{m} \cdot \text{K}} \cdot 4{,}50\,\text{m} \cdot 50\,\text{K}$

$\mathbf{\Delta l = 2{,}25\,mm}$

Beispiel: Die Länge der Stahlbetonplatte eines Garagendaches beträgt bei einer Temperatur von 45 °C im Sommer 7,70 m. Welche Länge hat sie im Winter bei −20 °C (α für Stahlbeton = 0,01 mm/[m · K])?

Lösung: $\Delta l = \alpha \cdot l_1 \cdot \Delta T$

$\Delta l = 0{,}01 \frac{\text{mm}}{\text{m} \cdot \text{K}} \cdot 7{,}70\,\text{m} \cdot 65\,\text{K}$

$\Delta l = 5{,}0\,\text{mm}$

$l_2 = l_1 - \Delta l$

$l_2 = 7{,}70\,\text{m} - 0{,}005\,\text{m}$

$\mathbf{l_2 = 7{,}695\,m}$

Aufgaben zu 11.1 Längenänderung infolge von Temperatureinflüssen

1 Fahrbahnplatten aus Stahlbeton mit einer Länge von 5,25 m (15 m) werden bei einer Temperatur von 15 °C betoniert. Wie breit müssen die Fugen zwischen den Platten sein, wenn diese im Sommer eine Temperatur von 50 °C erreichen?

2 Die Außenschale eines doppelschaligen Mauerwerks aus Kalksandsteinen hat im Sommer bei einer Temperatur von + 38 °C eine Länge von 11,25 m. Welche Längenänderung tritt ein, wenn die Temperatur der Schale im Winter auf − 28 °C absinkt?

3 Eine 44 m lange Mauerbrüstung ist mit einer Abdeckung aus Aluminiumblech zu versehen. Es sind dazu 21 Bewegungsfugen notwendig. Welche Breite muß jede Bewegungsfuge haben, wenn mit Blechtemperaturen zwischen + 55 °C und − 30 °C gerechnet werden muß?

4 Ein Warmwasser-Heizungsrohr aus Kupfer ist beim Durchlauf von 78 °C heißem Wasser 18 m lang. Wie lang ist das Rohr, wenn sich das Wasser nach dem Abschalten der Heizung auf 12 °C abkühlt?

5 Eine Stahlbrücke hat bei 20°C eine Länge von 68 m (45 m, 120 m). Welche Längenänderung muss berücksichtigt werden, wenn die Brücke Temperaturen zwischen $\Theta_1 = -20°C$ und $\Theta_2 = +38°C$ ausgesetzt ist?

6 Ein kreisförmiges Geländer aus Profilstahl auf der Brüstung eines Aussichtsturmes hat bei einer Temperatur von − 30 °C einen Durchmesser von d_1 = 19,25 m. Wie groß ist der Durchmesser d_2 im Sommer bei einer Temperatur des Profilstahls von 45 °C?

7 Ein Dach wird mit 7,50 m langen Bahnen aus Aluminiumblech eingedeckt. Welche Längenänderung muß am Ende der Blechbahn bei einer Temperaturdifferenz von 80 K berücksichtigt werden?

8 Eine Balkonbrüstung aus Stahlbeton hat bei einer Temperatur von + 60 °C eine Länge von 5,80 m. Wie lang ist sie bei einer Temperatur von − 20 °C?

9 Das Schamotte-Innenrohr eines Industrieschornsteins hat vor Inbetriebnahme der Heizung bei einer Temperatur von 15 °C eine Länge von 100 m (80 m). Wie lang ist das Rohr, wenn die Rauchgastemperatur beim Heizen 240 °C (180 °C) beträgt?

10 Durch das Schamotte-Innenrohr eines Hausschornsteins strömen im Winter beim Beheizen des Hauses die Rauchabgase mit einer Temperatur von 220 °C (205 °C). Die Länge des Innenrohrs beträgt dabei 12,40 m (8,10 m). Wie lang ist das Innenrohr außerhalb der Heizperiode bei einer Temperatur von 18 °C (25 °C)?

11.2 Wärmeschutz

11.2.1 Wärmedurchlaßwiderstand — Wärmedurchgangskoeffizient

Die Wärmedämmfähigkeit eines Bauteil wird mit Hilfe des Wärmedurchlasswiderstandes *R* oder des Wärmedurchgangskoeffizienten *U* (*U*-Wert) bestimmt. Je größer der Wärmedurchlasswiderstand bzw. je kleiner der *U*-Wert ist, desto besser ist die Wärmedämmfähigkeit.

Der Wärmedurchlasswiderstand *R* hängt von der Wärmeleitfähigkeit λ der verwendeten Baustoffe und von der Dicke *d* der einzelnen Bauteilschichten ab. Bei der Ermittlung des *U*-Wertes sind zusätzlich noch die Übergangswiderstände R_{si} und R_{se} zu berücksichtigen.

Die Wärmeleitfähigkeiten der Baustoffe sind in **Tabelle A 38/1**, die Wärmeübergangswiderstände in **Tabelle A 39/1** angegeben.

Wärmedurchlasswiderstand bei **einschichtigen** Bauteilen:

Wärmedurchlasswiderstand = Schichtdicke des Bauteils / Wärmeleitfähigkeit

$$R = \frac{d}{\lambda}$$

$d = R \cdot \lambda$

$\lambda = \frac{d}{R}$

R in $\frac{m^2 \cdot K}{W}$

d in m

λ in $\frac{W}{m \cdot K}$

Beispiel: Eine Außenwand besteht aus Leichtbeton (λ = 0,36 W/[K · m]) und ist 24 cm dick.

a) Wie groß ist der Wärmedurchlasswiderstand?

Lösung: a) $R = \frac{d}{\lambda}$

$R = \frac{0{,}24\ m \cdot m \cdot K}{0{,}36\ W}$

$\mathbf{R = 0{,}67\ \frac{m^2 \cdot K}{W}}$

b) Wie dick müsste die Wand sein, damit sie einen Wärmedurchlasswiderstand von R = 0,79 m² · K/W erreicht?

b) $d = R \cdot \lambda$

$d = 0{,}79\ \frac{m^2 \cdot K}{W} \cdot 0{,}36\ \frac{W}{m \cdot K}$

$\mathbf{d = 0{,}28\ m}$

c) Für die 24 cm dicke Wand ist ein Wärmedurchlasswiderstand von 0,9 m² · K/W gefordert. Welche Wärmeleitfähigkeit muss der Leichtbeton haben?

c) $\lambda = \frac{d}{R}$

$\lambda = \frac{0{,}24\ m \cdot W}{0{,}90\ m^2 \cdot K}$

$\mathbf{\lambda = 0{,}27\ \frac{W}{m \cdot K}}$

Wärmedurchlasswiderstand bei **mehrschichtigen** Bauteilen:

Wärmedurchlasswiderstand = Summe der Wärmedurchlasswiderstände der einzelnen Bauteilschichten

$$R = \frac{d_1}{\lambda_1} + \frac{d_2}{\lambda_2} + \frac{d_3}{\lambda_3} + \frac{d_4}{\lambda_4} + \ldots + \frac{d_n}{\lambda_n}$$

R in $\frac{m^2 \cdot K}{W}$

d in m

λ in $\frac{W}{m \cdot K}$

Beispiel: Eine 24 cm dicke Außenwand aus Hochlochziegel W (λ = 0,21 W/([m · K]) ist außen mit 2 cm Kalkputz (λ = 1,0 W/([m · K]) und innen mit 1,5 cm Gipsputz (λ = 0,51 W/([m · K]) verputzt. Wie groß ist der Wärmedurchlasswiderstand R?

Lösung:

$R = \frac{d_1}{\lambda_1} + \frac{d_2}{\lambda_2} + \frac{d_3}{\lambda_3}$

$R = \frac{0{,}02\ m \cdot m \cdot K}{1{,}0\ W} + \frac{0{,}24\ m \cdot m \cdot K}{0{,}21\ W} + \frac{0{,}015\ m \cdot m \cdot K}{0{,}51\ W}$

$\mathbf{R = 1{,}192\ \frac{m^2 \cdot K}{W}}$

Wärmedurchlasswiderstände von Luftschichten nach DIN EN ISO 6946

Der Wärmedurchlasswiderstand R_g einer ruhenden Luftschicht zwischen zwei Schalen eines Bauteils, die mit der Außenluft und dem Innenraum nicht in Verbindung steht, wird nicht berechnet, sondern der **Tabelle A 37/2** entnommen. Dasselbe gilt für belüftete Luftschichten mit geringen Querschnittsöffnungen in der Außenschale zum Luftaustausch **(Tabelle A 38/1)**.

Stark belüftete Luftschichten liegen in der Regel bei zweischaligem Mauerwerk mit nichttragender Außenschale als Vorsatzschale nach DIN 1053-1 vor.

Der Bemessungswert des Wärmedurchlasswiderstandes einer schwach belüfteten Luftschicht beträgt die Hälfte des entsprechenden Wertes nach **Tabelle A 37/2**.

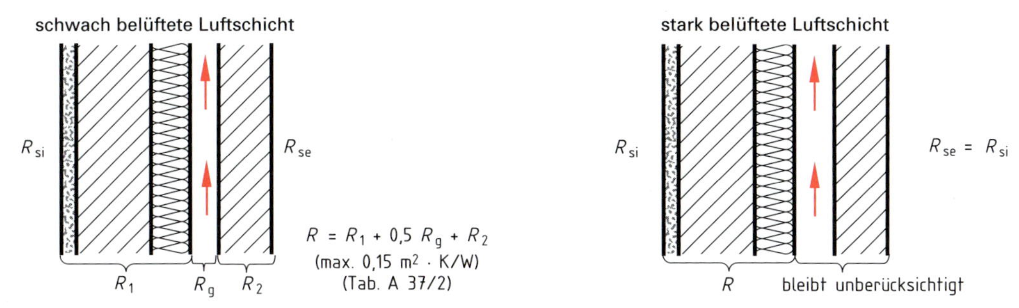

Bild 211/1: Berechnung des Wärmedurchlasswiderstandes *R* einer Wand

Wärmeübergangswiderstände

Beim Übergang der Wärme von der Luft zur Bauteiloberfläche ist ebenfalls ein Widerstand, der Wärmeübergangswiderstand R_s zu berücksichtigen. Dabei unterscheidet man den Wärmeübergangswiderstand innen R_{si} und den Wärmeübergangswiderstand außen R_{se} **(Tabelle A 39/1)**. Die Einheit der Wärmeübergangswiderstände ist $m^2 \cdot K/W$.

Als äußerer Wärmeübergangswiderstand R_{se} einer Wand mit stark belüfteter Luftschicht wird der Wert des inneren Wärmeübergangswiderstandes R_{si} dieses Bauteils verwendet, also $R_{se} = R_{si}$ (siehe oben).

Wärmedurchgangswiderstand

Findet eine Wärmeströmung von der warmen Raumluft zur kalten Außenluft statt, so sind dabei drei wärmespezifische Widerstände zu überwinden: Der Wärmeübergangswiderstand R_{si}, der Wärmedurchlasswiderstand R im Bauteil von Oberfläche zu Oberfläche und der Wärmeübergangswiderstand R_{se}. Die Summe dieser drei Widerstände nennt man den Wärmedurchgangswiderstand R_T.

Wärmedurchgangswiderstand = Summe der Wärmedurchlass- und Wärmeübergangswiderstände

$$R_T = R_{si} + R + R_{se}$$

R_T, R, R_{si}, R_{se} in $\frac{m^2 \cdot K}{W}$

Wärmedurchgangskoeffizient

Der Wärmedurchgangskoeffizient U (U-Wert) ist der Kehrwert von R_T und gibt an, welche Wärmemenge in Joule pro Sekunde (Watt) zwischen Raumluft und der Außenluft über eine Fläche von 1 m^2 ausgetauscht wird, wenn der Temperaturunterschied zwischen Raumluft und Außenluft 1 K beträgt.

Wie der Wärmedurchlasswiderstand R **(Tabelle A 39/2** und **Tabelle A 40/1)** dient auch der U-Wert dem Nachweis des Wärmeschutzes **(Tabelle A 40/2)**.

$$\textbf{Wärmedurchgangskoeffizient} = \frac{1}{\textbf{Wärmedurchgangswiderstand}}$$

$$U = \frac{1}{R_T} = \frac{1}{R_{si} + R + R_{se}}$$

R_T, R_{si}, R, R_{se} in $\frac{m^2 \cdot K}{W}$

U in $\frac{W}{m^2 \cdot K}$

Beispiel: Für eine Außenwand mit einem Wärmedurchlasswiderstand von

$R = 0{,}844\ \text{m}^2 \cdot \text{K/W}$

ist der Wärmedurchgangskoeffizient U zu ermitteln. Die Wärmeübergangswiderstände betragen

$R_{si} = 0{,}13\ \text{m}^2 \cdot \text{K/W}$,

$R_{se} = 0{,}04\ \text{m}^2 \cdot \text{K/W}$.

Lösung:

$$U = \frac{1}{R_{si} + R + R_{se}}$$

$$U = \frac{1}{0{,}13\ \frac{\text{m}^2 \cdot \text{K}}{\text{W}} + 0{,}844\ \frac{\text{m}^2 \cdot \text{K}}{\text{W}} + 0{,}04\ \frac{\text{m}^2 \cdot \text{K}}{\text{W}}}$$

$$\mathbf{U = 0{,}986\ \frac{W}{m^2 \cdot K}}$$

Ist der Wärmedurchlasswiderstand R aus dem Wärmedurchgangskoeffizienten U zu ermitteln, kann er wie folgt berechnet werden:

$$\mathbf{R = R_T - (R_{si} + R_{se})}$$

R_T, R, R_{si}, R_{se} in $\frac{\text{m}^2 \cdot \text{K}}{\text{W}}$

U in $\frac{\text{W}}{\text{m}^2 \cdot \text{K}}$

Beispiel: Eine Außenwand hat einen Wärmedurchgangskoeffizienten von $U = 0{,}5\ \text{W/(m}^2 \cdot \text{K)}$. Die Wärmeübergangswiderstände betragen $R_{si} = 0{,}13\ \text{m}^2 \cdot \text{K/W}$, $R_{se} = 0{,}04\ \text{m}^2 \cdot \text{K/W}$. Wie groß ist der Wärmedurchlasswiderstand R der Wand?

Lösung:

$$R = R_T - (R_{si} + R_{se})$$

$$R = \frac{1\ \text{m}^2 \cdot \text{K}}{0{,}5\ \text{W}} - \left(0{,}13\ \frac{\text{m}^2 \cdot \text{K}}{\text{W}} + 0{,}04\ \frac{\text{m}^2 \cdot \text{K}}{\text{W}}\right)$$

$$\mathbf{R = 1{,}83\ \frac{m^2 \cdot K}{W}}$$

Aufgaben zu 11.2.1 Wärmedurchlasswiderstand – Wärmedurchgangskoeffizient

1 Eine Stahlbetondecke ($\varrho = 2400\ \text{kg/m}^3$) hat eine Dicke von 10 cm (14 cm, 25 cm). Wie groß ist der Wärmedurchlasswiderstand?

2 Eine Wand aus Leichthochlochziegeln ($\varrho = 700\ \text{kg/m}^3$) hat eine Dicke von 17,5 cm (24 cm, 36,5 cm). Welchen Wärmedurchlasswiderstand hat die Wand?

3 Eine Wand aus Leichtbeton ($\varrho = 1000\ \text{kg/m}^3$) hat einen Wärmedurchlasswiderstand von $R = 0{,}79\ \text{m}^2 \cdot \text{K/W}$. Welche Dicke hat die Wand?

4 Eine 12 cm dicke Dämmschicht hat einen Wärmedurchlasswiderstand von $R = 3{,}43\ \text{m}^2 \cdot \text{K/W}$. Wie groß ist die Wärmeleitfähigkeit der Dämmschicht?

5 a) Eine Wand aus Porenbetonsteinen ($\varrho = 600\ \text{kg/m}^3$) ist 30 cm dick. Wie groß ist der Wärmedurchlasswiderstand?

b) Wie dick müsste eine Wand aus Kalksand-Vollsteinen ($\varrho = 1800\ \text{kg/m}^3$) sein, damit sie den gleichen Dämmwert wie die Porenbetonwand hat?

6 Eine nicht hinterlüftete Außenwand hat einen Wärmedurchlasswiderstand von $R = 1{,}10\ \text{m}^2 \cdot \text{K/W}$. Wie groß ist der Wärmedurchgangskoeffizient dieser Wand?

7 Eine doppelschalige Außenwand, 40,5 cm dick, hat folgenden Aufbau:

Kalksand-Lochsteine 24 cm dick, ϱ = 1400 kg/m^3, Polyurethan-Hartschaumplatte 5 cm dick, Wärmeleitfähigkeitsstufe 030, Vollklinker 11,5 cm dick, ϱ = 2000 kg/dm^3.

a) Wie groß ist der Wärmedurchlasswiderstand der Wand?

b) Welchen Wärmedurchgangskoeffizienten hat die Wand?

8 Eine 24 cm dicke Wand aus Porenbetonsteinen hat eine Rohdichte von ϱ = 600 kg/m^3. Eine Wand aus Beton (ϱ = 2400 kg/m^3) hat ebenfalls eine Dicke von 24 cm, ist jedoch einseitig mit einer Dämmschicht (λ = 0,04 W/[m · K]) versehen. Wie dick muss die Dämmschicht sein, damit beide Wandkonstruktionen den gleichen Wärmedurchlasswiderstand haben?

9 Eine 2 cm dicke Wärmedämmschicht aus Styropor ist der Wärmeleitfähigkeitsstufe 035 zugeordnet.

a) Wie groß ist der Wärmedurchlasswiderstand der Dämmschicht?

b) Wie dick müsste eine Wand aus Leichtbeton-Vollsteinen (ϱ = 1200 kg/m^3) mit dem gleichen Wärmedurchlasswiderstand sein?

10 Eine 24 cm dicke Außenwand aus Leichtbeton-Hohlblocksteinen (ϱ = 800 kg/m^3) ist raumseitig mit 1,5 cm dickem Gipsputz (ϱ = 1200 kg/m^3) und außenseitig mit 2 cm dickem Kalkputz (ϱ = 1800 kg/m^3) verputzt.

a) Wie groß ist der Wärmedurchlasswiderstand der Wand?

b) Wie groß ist ihr Wärmedurchgangskoeffizient?

11 Als Kellerdecke eines Gebäudes wurde eine 20 cm dicke Stahlbetonplatte (ϱ = 2400 kg/m^3) eingebaut. Zur Wärmedämmung erhält sie an der Unterseite eine Wärmedämmschicht der Wärmeleitfähigkeitsstufe 035.

a) Wie dick muss die Wärmedämmschicht sein, wenn vom Bauherrn für die Decke ein Wärmedurchlasswiderstand von R = 0,90 m^2 · K/W gefordert wird?

b) Wie groß ist der U-Wert der so gedämmten Decke?

11.2.2 Anforderungen an den Wärmeschutz

In der DIN 4108 – Wärmeschutz und Energieeinsparung in Gebäuden – und in der Energieeinsparverordnung sind für den Wärmeschutz Mindest- bzw. Höchstwerte vorgegeben **(Tabellen A 39/2, A 40/1** und **A 40/2)**. Danach dürfen die Anforderungen an die Wärmedurchlasswiderstände R nicht unterschritten, die Anforderungen an die Wärmedurchgangskoeffizienten U nicht überschritten werden.

Anforderungen nach DIN 4108

Für den **winterlichen Wärmeschutz** werden an die Außenbauteile eines Bauwerks Anforderungen als Mindestwerte vorgegeben. Dabei wird unterschieden zwischen Bauteilen mit einer flächenbezogenen Gesamtmasse von $\geq$ 100 kg/m^2 und leichten Bauteilen mit einer flächenbezogenen Gesamtmasse von $<$ 100 kg/m^2. Dasselbe gilt auch bei Rahmen- und Skelettbauarten. Die entsprechenden Mindestwerte der Wärmedurchlasswiderstände R sind in den **Tabellen A 39/2** und **A 40/1** angegeben.

Anforderungen nach der Energieeinsparverordnung (EnEV)

Der Nachweis der Energieeinsparung erfolgt durch ein umfangreiches Rechenverfahren, in dem alle Möglichkeiten zur Energieeinsparung bei der Beheizung eines Gebäudes einbezogen sind, um einen maximalen Jahres-Primärenergiebedarf nicht zu überschreiten. Diese Anforderungen gelten vor allem für den Neubaubereich.

Bei der Änderung von Außenbauteilen bestehender Gebäude (Altbauten), z. B. bei erstmaligem Einbau, bei Ersatz und Erneuerung von Bauteilen, dürfen für diese Bauteile die in **Tabelle A 40/2** festgelegten Wärmedurchgangskoeffizienten U nicht überschritten werden.

Ablaufplan für die Lösungen der Aufgaben über Anforderungen an den Wärmeschutz

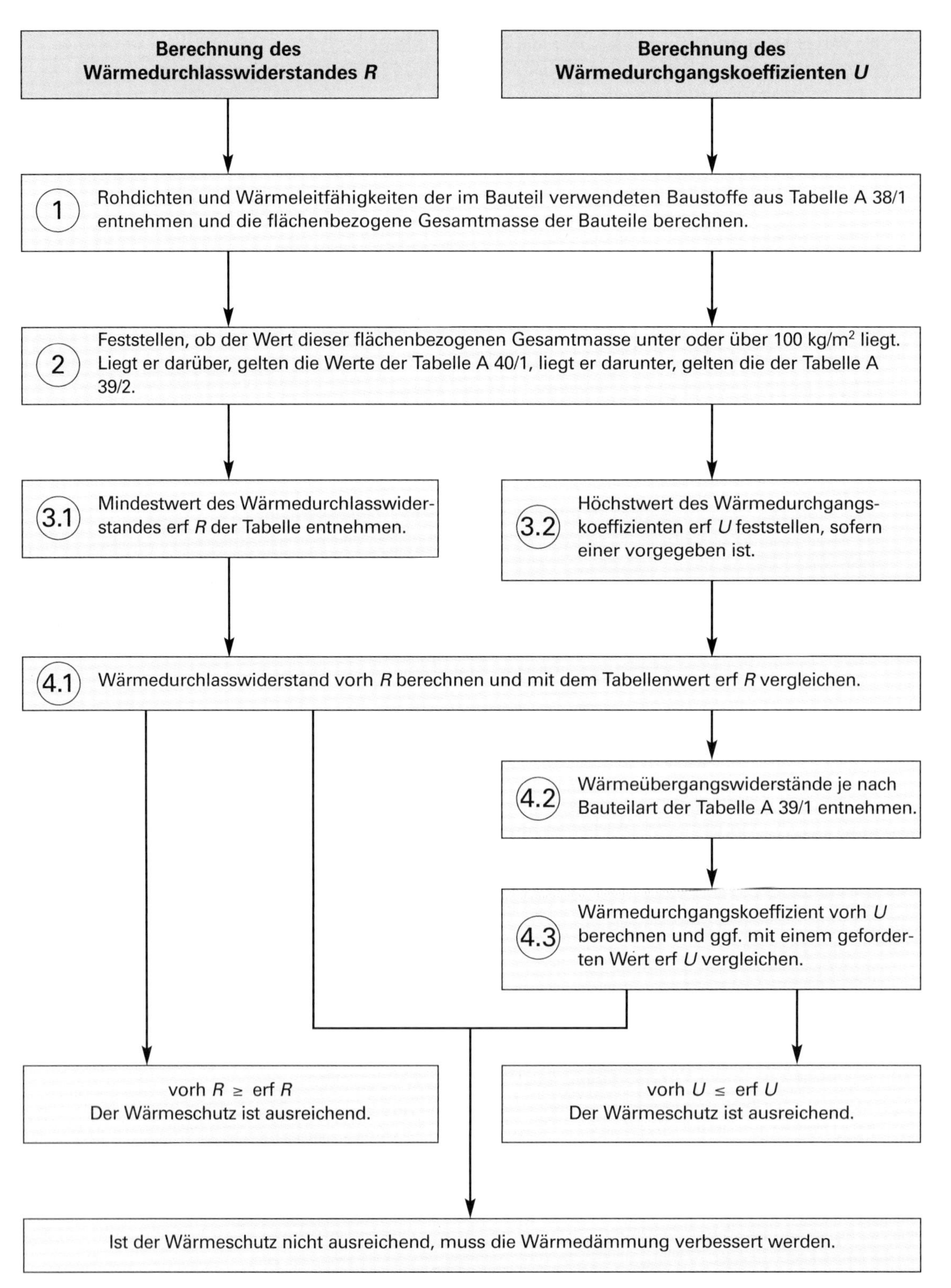

Beispiel: Außenwand, nicht hinterlüftet

a) Eine 24 cm dicke Außenwand aus Hochlochziegeln (ϱ = 1200 kg/m³) ist außen mit einem 2 cm dicken Kalkputz, innen mit einem 1,5 cm dicken Gipsputz versehen **(Bild 215/1)**.

Wird der Mindestwärmeschutz nach DIN 4108 erreicht (R)?

Wie groß ist der Wärmedurchgangskoeffizient U?

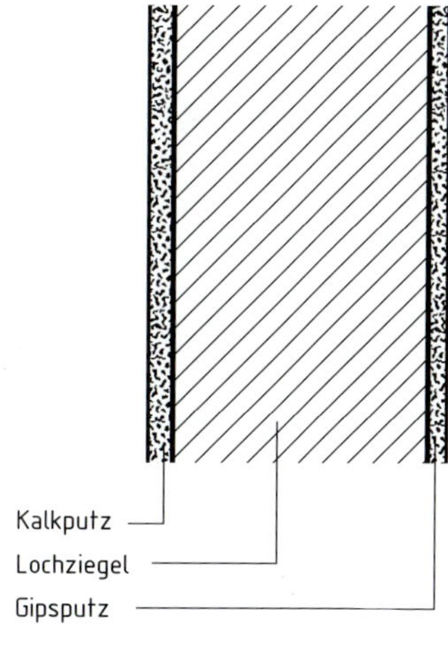

Bild 215/1: Verputzte Wand

Lösung a) (1) Ermittlung von Rohdichte, Wärmeleitfähigkeit und flächenbezogener Masse:

Bauteilschichten	Rohdichte	Wärmeleitfähigkeit	flächenbezogene Masse
Kalkputz	1800 kg/m³	1,00 W/(m · K)	36 kg/m²
Lochziegel	1200 kg/m³	0,50 W/(m · K)	288 kg/m²
Gipsputz	1200 kg/m³	0,51 W/(m · K)	18 kg/m²
			= 342 kg/m²

(2) Feststellen der maßgebenden Tabelle:

Die flächenbezogenen Masse von 342 kg/m² liegt über 100 kg/m². Somit gelten die Dämmwerte der **Tabelle A 40/1**.

(3.1) Mindestwert des Wärmedurchlasswiderstandes: erf $R = 1{,}20\ \text{m}^2 \cdot \text{K/W}$

(3.2) Höchstwert des Wärmedurchgangskoeffizienten: kein Höchstwert gefordert

(4.1) Berechnung des Wärmedurchlasswiderstandes vorh R:

$$\text{vorh } R = \frac{d_1}{\lambda_1} + \frac{d_2}{\lambda_2} + \frac{d_3}{\lambda_3}$$

$$\text{vorh } R = \frac{0{,}02\ \text{m} \cdot \text{m} \cdot \text{K}}{1{,}0\ \text{W}} + \frac{0{,}24\ \text{m} \cdot \text{m} \cdot \text{K}}{0{,}50\ \text{W}} + \frac{0{,}015\ \text{m} \cdot \text{m} \cdot \text{K}}{0{,}51\ \text{W}}$$

$$\textbf{vorh } \boldsymbol{R = 0{,}529\ \frac{\text{m}^2 \cdot \text{K}}{\text{W}}}$$

$$\text{vorh } R = 0{,}529\ \frac{\text{m}^2 \cdot \text{K}}{\text{W}} < \text{erf } R = 1{,}20\ \frac{\text{m}^2 \cdot \text{K}}{\text{W}}$$

Der Mindestwärmeschutz ist nicht erreicht.

(4.2) Ermittlung der Wärmeübergangswiderstände: $R_{si} = 0{,}13\ \text{m}^2 \cdot \text{K/W}$, $R_{se} = 0{,}04\ \text{m}^2 \cdot \text{K/W}$

(4.3) Berechnung des Wärmedurchgangskoeffizienten vorh U:

$$\text{vorh } U = \frac{1}{R_{si} + R + R_{se}}$$

$$\text{vorh } U = \frac{1}{0{,}13\ \frac{\text{m}^2 \cdot \text{K}}{\text{W}} + 0{,}529\ \frac{\text{m}^2 \cdot \text{K}}{\text{W}} + 0{,}04\ \frac{\text{m}^2 \cdot \text{K}}{\text{W}}}$$

$$\text{vorh } U = 1{,}43\ \frac{\text{W}}{\text{m}^2 \cdot \text{K}}$$

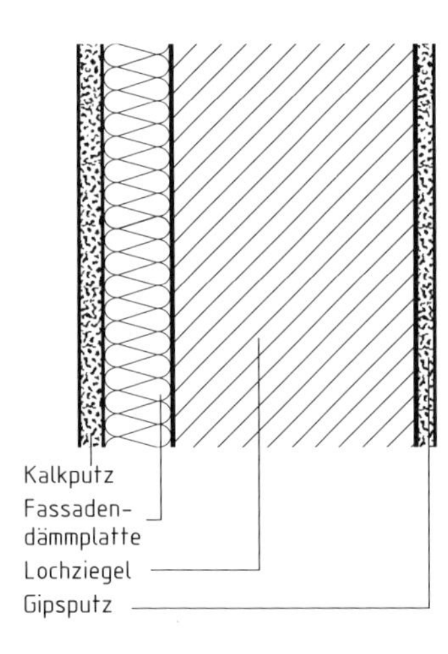

Bild 216/1: Wand mit Wärmedämmschicht

b) Wie dick muss eine zusätzliche Wärmedämmschicht als Fassadendämmplatte (λ = 0,04 W/(m · K)) sein, wenn bei einer Erneuerung der Wand der Mindestwärmeschutz nach der Energieeinsparverordnung von U max = 0,45 W/(m² · K) **(Tabelle A 40/2)** erreicht werden soll **(Bild 216/1)**?

Lösung b): $\text{erf}\ R = \frac{1}{U} - (R_{si} + R_{se})$

$$erf\ R = \frac{1\ \text{m}^2 \cdot \text{K}}{0{,}45\ \text{W}} - \left(0{,}13\ \frac{\text{m}^2 \cdot \text{K}}{\text{W}} + 0{,}04\ \frac{\text{m}^2 \cdot \text{K}}{\text{W}}\right)$$

$$\text{erf}\ R = 2{,}052\ \frac{\text{m}^2 \cdot \text{K}}{\text{W}}$$

Wärmedurchlasswiderstand	$\text{erf}\ R = 2{,}052\ \frac{\text{m}^2 \cdot \text{K}}{\text{W}}$
Wärmedurchlasswiderstand der Wand bei a)	$\text{vorh}\ R = 0{,}529\ \frac{\text{m}^2 \cdot \text{K}}{\text{W}}$
Fehlender Wärmedurchlasswiderstand	$R = 1{,}523\ \frac{\text{m}^2 \cdot \text{K}}{\text{W}}$

Dicke der Dämmschicht:

$$d = R \cdot \lambda$$

$$d = 1{,}523\ \frac{\text{m}^2 \cdot \text{K}}{\text{W}} \cdot 0{,}04\ \frac{\text{W}}{\text{m} \cdot \text{K}}$$

$\boldsymbol{d}$ **= 0,061 m** $\qquad$ $\boldsymbol{d}$ **= 60 mm**

Beispiel: Zweischaliges Mauerwerk

Ein zweischaliges Mauerwerk ist von innen nach außen wie folgt aufgebaut **(Bild 216/2)**:

Gipskalkputz 1,5 cm, Vollziegel 24 cm, Mineralfaserplatte 6 cm (WLS 040), schwach belüftete Luftschicht 4 cm, Vormauer-Kalksand-Vollsteine 11,5 cm. Ist der Mindestwärmeschutz nach DIN 4108 gegeben (R)?

Wie groß ist der Wärmedurchgangskoeffizient U?

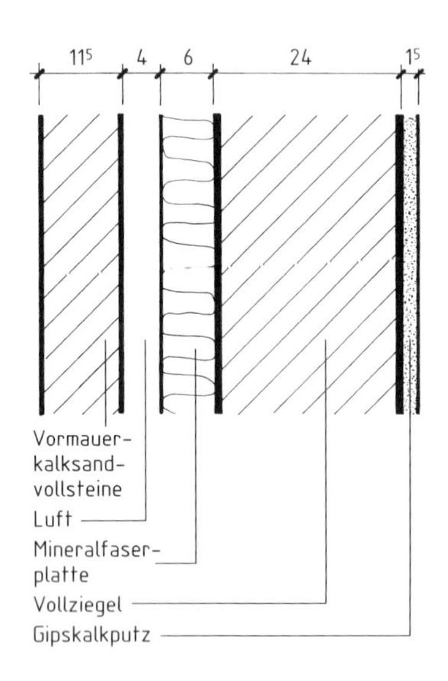

Bild 216/2: Zweischaliges Mauerwerk mit Wärmedämmschicht

Lösung: (1) Ermittlung von Rohdichte, Wärmeleitfähigkeit und flächenbezogener Masse:

Bauteilschichten	Rohdichte	Wärmeleitfähigkeit	flächenbezogene Masse
Gipskalkputz	1400 kg/m³	0,70 W/(m · K)	21,0 kg/m²
Vollziegel	1200 kg/m³	0,50 W/(m · K)	288,0 kg/m²
Dämmschicht	70 kg/m³	0,04 W/(m · K)	4,2 kg/m²
Luftschicht	$R_g = \frac{0{,}18}{2}$ =	0,09 m² · K/W (s. Seite 211)	–
VKS-Vollstein	1800 kg/m³	0,99 W/(m · K)	20,7 kg/m²
			333,9 kg/m²

(2) Feststellen der maßgebenden Tabelle:

Die flächenbezogenen Masse von 333,9 kg/m² liegt über 100 kg/m². Somit gelten die Dämmwerte der **Tabelle A 40/1**.

(3.1) Mindestwert des Wärmedurchlasswiderstandes: erf $R = 1{,}20\ m^2 \cdot K/W$

(3.2) Höchstwert des Wärmedurchgangskoeffizienten: keine Anforderung

(3.3) Berechnung des Wärmedurchlasswiderstandes vorh R:

$$\text{vorh } R = \frac{d_1}{\lambda_1} + \frac{d_2}{\lambda_2} + \frac{d_3}{\lambda_3} + R_g + \frac{d_5}{\lambda_5}$$

$$\text{vorh } R = \frac{0{,}015\ m \cdot m \cdot K}{0{,}70\ W} + \frac{0{,}24\ m \cdot m \cdot K}{0{,}50\ W} + \frac{0{,}06\ m \cdot m \cdot K}{0{,}04\ W} + \frac{0{,}09\ m^2 \cdot K}{W} + \frac{0{,}115\ m \cdot m \cdot K}{0{,}99\ W}$$

$$\mathbf{vorh}\ \boldsymbol{R} = \mathbf{2{,}207\ \frac{m^2 \cdot K}{W}}$$

$$\text{vorh } R = 2{,}207\ \frac{m^2 \cdot K}{W} > \text{erf } R = 1{,}20\ \frac{m^2 \cdot K}{W}$$

Der Wärmeschutz ist ausreichend.

(4.1) Ermittlung der Wärmeübergangswiderstände: $R_{si} = 0{,}13\ m^2 \cdot K/W$, $R_{se} = 0{,}04\ m^2 \cdot K/W$

(4.2) Berechnung des Wärmedurchgangskoeffizienten vorh U:

$$\text{vorh } U = \frac{1}{R_{si} + R + R_{se}}$$

$$\text{vorh } U = \frac{1}{0{,}13\frac{m^2 \cdot K}{W} + 2{,}207\frac{m^2 \cdot K}{W} + 0{,}04\frac{m^2 \cdot K}{W}}$$

$$\mathbf{vorh}\ \boldsymbol{U} = \mathbf{0{,}42\ \frac{W}{m^2 \cdot K}}$$

Beispiel: Fachwerkwand

Die Außenwand eines Fachwerkhauses hat von außen nach innen folgenden Aufbau **(Bild 217/1)**.

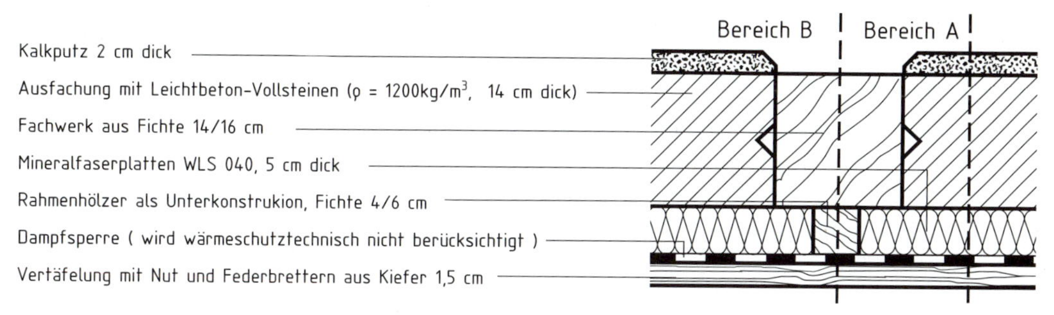

Bild 217/1: Schnitt durch eine Fachwerkwand

Ist der geforderte Mindestwärmeschutz nach DIN 4108 erreicht

a) im Gefachbereich (Bereich A),

b) im Bereich der ungünstigen Stelle (Bereich B)?

Wie hoch ist jeweils der Wärmedurchlasskoeffizient U?

Lösung **a) Berechnung für den Gefachbereich** (Bereich A)

(1) Ermittlung von Rohdichte, Wärmeleitfähigkeit und flächenbezogener Masse:

Bauteilschichten	Rohdichte	Wärmeleitfähigkeit	flächenbezogene Masse
Holzvertäfelung	500 kg/m³	0,13 W/(m · K)	7,5 kg/m²
Mineralfaserplatte	70 kg/m³	0,04 W/(m · K)	3,5 kg/m²
Leichtbeton-Vollsteine	1200 kg/m³	0,54 W/(m · K)	168,0 kg/m²
Kalkputz	1800 kg/m³	1,00 W/(m · K)	36,0 kg/m²
			215,0 kg/m²

(2) Feststellen der maßgebenden Tabelle:

Die flächenbezogene Masse von 215,0 kg/m² liegt über 100 kg/m². Somit gelten nach DIN 4108 die Dämmwerte der **Tabelle A 40/1**.

(3.1) Mindestwert des Wärmedurchlasswiderstandes: erf $R = 1{,}20\ \text{m}^2 \cdot \text{K/W}$

(3.2) Höchstwert des Wärmedurchgangskoeffizienten: keine Anforderung

(4.1) Berechnung des Wärmedurchlasswiderstandes vorh R:

$$\text{vorh } R = \frac{d_1}{\lambda_1} + \frac{d_2}{\lambda_2} + \frac{d_3}{\lambda_3} + \frac{d_4}{\lambda_4}$$

$$\text{vorh } R = \frac{0{,}015\ \text{m} \cdot \text{m} \cdot \text{K}}{0{,}13\ \text{W}} + \frac{0{,}05\ \text{m} \cdot \text{m} \cdot \text{K}}{0{,}04\ \text{W}} + \frac{0{,}14\ \text{m} \cdot \text{m} \cdot \text{K}}{0{,}54\ \text{W}} + \frac{0{,}02\ \text{m} \cdot \text{m} \cdot \text{K}}{1{,}00\ \text{W}}$$

$$\textbf{vorh } \boldsymbol{R = 1{,}644\ \frac{\text{m}^2 \cdot \text{K}}{\text{W}}}$$

$$\text{vorh } R = 1{,}644\ \frac{\text{m}^2 \cdot \text{K}}{\text{W}} > \text{erf } R = 1{,}20\ \frac{\text{m}^2 \cdot \text{K}}{\text{W}}$$

Der Wärmeschutz ist ausreichend.

(4.2) Ermittlung der Wärmeübergangswiderstände: $R_{si} = 0{,}13\ \text{m}^2 \cdot \text{K/W}$, $R_{se} = 0{,}04\ \text{m}^2 \cdot \text{K/W}$

(4.3) Berechnung des Wärmedurchgangskoeffizienten vorh U_A:

$$\text{vorh } U_A = \frac{1}{R_{si} + R + R_{se}}$$

$$\text{vorh } U_A = \frac{1}{0{,}13\ \frac{\text{m}^2 \cdot \text{K}}{\text{W}} + 1{,}644\ \frac{\text{m}^2 \cdot \text{K}}{\text{W}} + 0{,}04\ \frac{\text{m}^2 \cdot \text{K}}{\text{W}}}$$

$$\textbf{vorh } \boldsymbol{U_A = 0{,}55\ \frac{\text{W}}{\text{m}^2 \cdot \text{K}}}$$

b) Berechnung für die ungünstige Stelle (Bereich B)

① Ermittlung von Wärmeleitfähigkeit und Schichtdicke:

Bauteilschichten	Wärmeleitfähigkeit	Schichtdicke
Holzvertäfelung (Kiefer)	0,13 W/(m · K)	$d = 0{,}015$ m
Unterkonstruktion (Fichte)	0,13 W/(m · K)	$d = 0{,}06$ m
Fachwerk (Fichte)	0,13 W/(m · K)	$d = 0{,}14$ m
		$d_{ges} = 0{,}215$ m

② Feststellen der maßgebenden Tabelle:

Für ungünstige Stellen (Wärmebrücken) sind ebenfalls die Anforderungen der **Tabelle A 40/1** maßgebend, ohne Rücksicht auf die flächenbezogene Masse des Bauteils.

(3.1)

Mindestwert des Wärmedurchlasswiderstandes: erf $R = 1{,}20\ \text{m}^2 \cdot \text{K/W}$

(3.2)

Höchstwert des Wärmedurchgangskoeffizienten: keine Anforderung

(4.1)

Berechnung des Wärmedurchlasswiderstandes vorh R:

$$\text{vorh } R = \frac{d}{\lambda}$$

$$\text{vorh } R = \frac{0{,}215\ \text{m} \cdot \text{m} \cdot \text{K}}{0{,}13\ \text{W}}$$

$$\textbf{vorh } \boldsymbol{R} \mathbf{= 1{,}654\ \frac{m^2 \cdot K}{W}}$$

$$\text{vorh } R = 1{,}654\ \frac{\text{m}^2 \cdot \text{K}}{\text{W}} > \text{erf } R = 1{,}20\ \frac{\text{m}^2 \cdot \text{K}}{\text{W}}$$

Der Wärmeschutz ist ausreichend.

(4.2)

Ermittlung der Wärmeübergangswiderstände

$R_{si} = 0{,}13\ \text{m}^2 \cdot \text{K/W}$, $R_{se} = 0{,}04\ \text{m}^2 \cdot \text{K/W}$

(4.3)

Berechnung des Wärmedurchgangskoeffizienten vorh U:

$$\text{vorh } U = \frac{1}{R_{si} + R + R_{se}}$$

$$\text{vorh } U = \frac{1}{0{,}13\ \frac{\text{m}^2 \cdot \text{K}}{\text{W}} + 1{,}654\ \frac{\text{m}^2 \cdot \text{K}}{\text{W}} + 0{,}04\ \frac{\text{m}^2 \cdot \text{K}}{\text{W}}}$$

$$\textbf{vorh } \boldsymbol{U} \mathbf{= 0{,}548\ \frac{W}{m^2 \cdot K}}$$

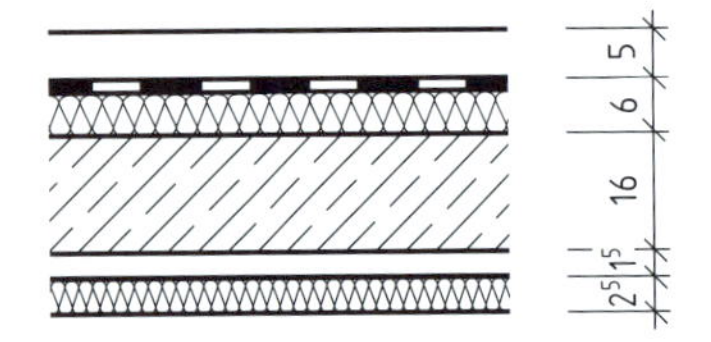

Bild 220/1: Kellerdecke mit schwimmendem Estrich

Beispiel: Kellerdecke

Beim Umbau eines Altbaus soll die Kellerdecke den Anforderungen der Energieeinsparverordnung angepasst werden **(Bild 220/1)**.

Aufbau der Decke:

Eine 16 cm dicke Stahlbetondecke ist an der Deckenunterseite mit einem 1,5 cm dicken Kalkputz versehen. Die Deckenauflage besteht aus einer 6 cm dicken Mineralfaser-Trittschalldämmplatte (WLS 035) und einem 5 cm dicken Zementestrich (Bild 220/1). Die zwei Trennlagen werden wärmeschutztechnisch nicht berücksichtigt.

Wird der Wärmeschutz nach DIN 4108 und nach der Energieeinsparverordnung (vereinfachtes Nachweisverfahren) erreicht, wenn an der Deckenunterseite eine 25 mm dicke Holzwolle-Leichtbauplatte angebracht wird?

Lösung: (1) Ermittlung von Wärmeleitfähigkeit und Schichtdicke

Bauteilschichten	Wärmeleitfähigkeit	Schichtdicke
Zementestrich	1,40 W/(m · K)	0,05 m
Mineralfaser-Trittschalldämmplatte	0,035 W/(m · K)	0,06 m
Stahlbetondecke	2,00 W/(m · K)	0,16 m
Kalkputz	1,00 W/(m · K)	0,015 m
Holzwolle-Leichtbauplatte	0,09 W/(m · K)	0,025 m

(2) Feststellen der maßgebenden Tabelle:

Die Anforderungen an den Wärmeschutz bei Kellerdecken sind in **Tabelle A 40/1** und **A 40/2** angegeben.

(3.1) Mindestwert des Wärmedurchlasswiderstandes: erf $R = 0{,}90\ \text{m}^2 \cdot \text{K/W}$ (nach DIN 4108)

(3.2) Höchstwert des Wärmedurchgangskoeffizienten: erf $U = 0{,}40\ \text{W/(m}^2 \cdot \text{K)}$ (nach EnEV)

(4.1) Berechnung des Wärmedurchlasswiderstandes vorh R:

$$\text{vorh } R = \frac{d_1}{\lambda_1} + \frac{d_2}{\lambda_2} + \frac{d_3}{\lambda_3} + \frac{d_4}{\lambda_4} + \frac{d_5}{\lambda_5}$$

$$\text{vorh } R = \frac{0{,}05\ \text{m} \cdot \text{m} \cdot \text{K}}{1{,}4\ \text{W}} + \frac{0{,}06\ \text{m} \cdot \text{m} \cdot \text{K}}{0{,}035\ \text{W}} + \frac{0{,}16\ \text{m} \cdot \text{m} \cdot \text{K}}{2{,}00\ \text{W}} + \frac{0{,}015\ \text{m} \cdot \text{m} \cdot \text{K}}{1{,}00\ \text{W}} + \frac{0{,}025\ \text{m} \cdot \text{m} \cdot \text{K}}{0{,}09\ \text{W}}$$

$$\textbf{vorh } \boldsymbol{R = 2{,}123\ \frac{m^2 \cdot K}{W}}$$

$\text{vorh } R = 2{,}123\ \frac{\text{m}^2 \cdot \text{K}}{\text{W}} > \text{erf } R = 0{,}90\ \frac{\text{m}^2 \cdot \text{K}}{\text{W}}$

Der Wärmeschutz ist ausreichend.

(4.2) Ermittlung der Wärmeübergangswiderstände

$R_{si} = 0{,}17\ \text{m}^2 \cdot \text{K/W}$, $R_{se} = 0{,}17\ \text{m}^2 \cdot \text{K/W}$

(4.3) Berechnung des Wärmedurchgangskoeffizienten vorh U:

$$\text{vorh } U = \frac{1}{R_{si} + R + R_{se}}$$

$$\text{vorh } U = \frac{1}{0{,}17\ \frac{\text{m}^2 \cdot \text{K}}{\text{W}} + 2{,}123\ \frac{\text{m}^2 \cdot \text{K}}{\text{W}} + 0{,}17\ \frac{\text{m}^2 \cdot \text{K}}{\text{W}}}$$

$$\textbf{vorh } \boldsymbol{U = 0{,}41\ \frac{W}{m^2 \cdot K}}$$

$\text{vorh } U = 0{,}41\ \frac{\text{W}}{\text{m}^2 \cdot \text{K}} \approx \text{erf } U = 0{,}40\ \frac{\text{W}}{\text{m}^2 \cdot \text{K}}$

Der Wärmeschutz ist ausreichend.

Beispiel: Holzbalkendecke

Unter einem nicht ausgebauten Dachgeschoss eines Einfamilienhauses ist eine Holzbalkendecke vorgesehen. Sie hat von oben nach unten folgenden Aufbau **(Bild 221/1)**:

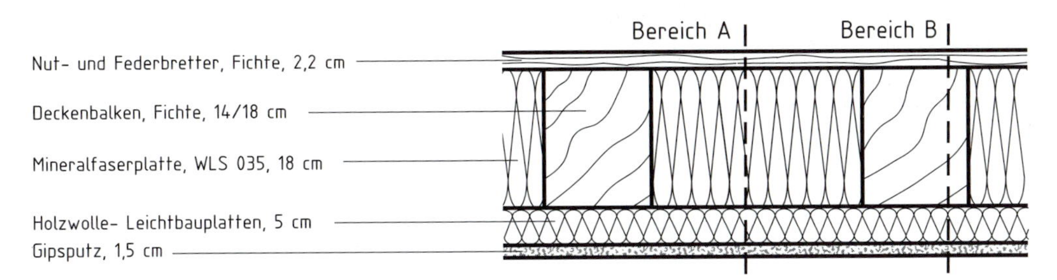

Bild 221/1: Schnitt durch eine Holzbalkendecke

Wird der Mindestwärmeschutz nach DIN 4108 erreicht

a) im Gefachbereich (Bereich A),

b) im Balkenbereich (Bereich B),
Wie groß ist jeweils der Wärmedurchgangskoeffizient U bei den Bereichen A und B?

c) Wie groß ist der Mittelwert U_m, wenn der Flächenanteil der Balkenlage an der gesamten Deckenfläche 20% beträgt?

Lösung: **a) Berechnung für den Gefachbereich** (Bereich A)

① Ermittlung von Rohdichte, Wärmeleitfähigkeit und flächenbezogener Masse:

Bauteilschichten	Rohdichte	Wärmeleitfähigkeit	flächenbezogene Masse
Nut- und Federbretter	500 kg/m³	0,13 W/(m · K)	11,0 kg/m²
Mineralfasermatte	70 kg/m³	0,035 W/(m · K)	11,2 kg/m²
Holzwolle-Leichtbauplatten	480 kg/m³	0,09 W/(m · K)	24,0 kg/m²
Gipsputz	1200 kg/m³	0,51 W/(m · K)	18,0 kg/m²
			64,2 kg/m²

② Feststellen der maßgebenden Tabelle:

Die flächenbezogenen Masse von 64,2 kg/m² liegt unter 100 kg/m². Somit gelten nach DIN 4108 die Dämmwerte der **Tabelle A 39/2.**

(3.1) Mindestwert des Wärmedurchlasswiderstandes: erf R = 1,75 m² · K/W

(3.2) Höchstwert des Wärmedurchgangskoeffizienten: keine Anforderung

(4.1) Berechnung des Wärmedurchlasswiderstandes vorh R_A:

$$\text{vorh } R_A = \frac{d_1}{\lambda_1} + \frac{d_2}{\lambda_2} + \frac{d_3}{\lambda_3} + \frac{d_4}{\lambda_4}$$

$$\text{vorh } R_A = \frac{0{,}022 \text{ m} \cdot \text{m} \cdot \text{K}}{0{,}13 \text{ W}} + \frac{0{,}18 \text{ m} \cdot \text{m} \cdot \text{K}}{0{,}035 \text{ W}} + \frac{0{,}05 \text{ m} \cdot \text{m} \cdot \text{K}}{0{,}09 \text{ W}} + \frac{0{,}015 \text{ m} \cdot \text{m} \cdot \text{K}}{0{,}51 \text{ W}}$$

$$\textbf{vorh } \boldsymbol{R_A = 5{,}897 \frac{m^2 \cdot K}{W}}$$

$$\text{vorh } R_A = 5{,}897 \frac{\text{m}^2 \cdot \text{K}}{\text{W}} > \text{erf } R = 1{,}75 \frac{\text{m}^2 \cdot \text{K}}{\text{W}}$$

Der Wärmeschutz ist ausreichend.

(4.2) Ermittlung der Wärmeübergangswiderstände:

$R_{si} = 0{,}10\ m^2 \cdot K/W$, $R_{se} = 0{,}04\ m^2 \cdot K/W$

(4.3) Berechnung des Wärmedurchgangskoeffizienten vorh U_A:

$$\text{vorh } U_A = \frac{1}{R_{si} + R_A + R_{se}}$$

$$\text{vorh } U_A = \frac{1}{0{,}10 \frac{m^2 \cdot K}{W} + 5{,}897 \frac{m^2 \cdot K}{W} + 0{,}04 \frac{m^2 \cdot K}{W}}$$

$$\textbf{vorh } \boldsymbol{U_A = 0{,}17 \frac{W}{m^2 \cdot K}}$$

b) Berechnung für den Balkenbereich (Bereich B)

(1) Ermittlung von Wärmeleitfähigkeit und Schichtdicke:

Bauteilschichten	Wärmeleitfähigkeit	Schichtdicke
Nut- und Federbretter	0,13 W/(m · K)	0,022 m
Deckenbalken	0,13 W/(m · K)	0,18 m
Holzwolle-Leichtbauplatten	0,09 W/(m · K)	0,05 m
Gipsputz	0,51 W/(m · K)	0,015 m

(2) Feststellen der maßgebenden Tabelle:

Für ungünstige Stellen sind die Anforderungen der **Tabelle A 39/2** einzuhalten, ohne Rücksicht auf die flächenbezogene Masse des Bauteils.

(3.1) Mindestwert des Wärmedurchlasswiderstandes: erf $R = 1{,}75\ m^2 \cdot K/W$

erf $R_m \geq 1{,}00\ m^2 \cdot K/W$, wenn vorh $R_B < R = 1{,}75\ m^2 \cdot K/W$

(3.2) Höchstwert des Wärmedurchgangskoeffizienten: keine Anforderung

(4.1) Berechnung des Wärmedurchlasswiderstandes vorh R_B:

$$\text{vorh } R_B = \frac{d_1}{\lambda_1} + \frac{d_2}{\lambda_2} + \frac{d_3}{\lambda_3} + \frac{d_4}{\lambda_4}$$

$$\text{vorh } R_B = \frac{0{,}022\ m \cdot m \cdot K}{0{,}13\ W} + \frac{0{,}18\ m \cdot m \cdot K}{0{,}13\ W} + \frac{0{,}05\ m \cdot m \cdot K}{0{,}09\ W} + \frac{0{,}015\ m \cdot m \cdot K}{0{,}51\ W}$$

$$\textbf{vorh } \boldsymbol{R_B = 2{,}139 \frac{m^2 \cdot K}{W}}$$

Da vorh R_A und vorh R_B > erf R sind, muss erf $R_m = 1{,}00\ m^2 \cdot K/W$ nicht nachgewiesen werden.

vorh $R_B = 2{,}139 \frac{m^2 \cdot K}{W}$ > erf $R = 1{,}75 \frac{m^2 \cdot K}{W}$

Der Wärmeschutz ist ausreichend.

(4.2) Ermittlung der Wärmeübergangswiderstände: $R_{si} = 0{,}10\ m^2 \cdot K/W$, $R_{se} = 0{,}04\ m^2 \cdot K/W$.

(4.3) Berechnung des Wärmedurchgangskoeffizienten vorh U_B:

$$\text{vorh } U_B = \frac{1}{R_{si} + R_B + R_{se}}$$

$$\text{vorh } U_B = \frac{1}{0{,}10 \frac{m^2 \cdot K}{W} + 2{,}139 \frac{m^2 \cdot K}{W} + 0{,}04 \frac{m^2 \cdot K}{W}}$$

$$\mathbf{vorh}\ \boldsymbol{U_B} = \mathbf{0{,}44\ \frac{W}{m^2 \cdot K}}$$

c) Berechnung des Mittelwertes U_m

(1) Flächenanteile von Gefachbereichen und ungünstigen Stellen an der gesamten Deckenfläche:

Anteil der Gefachbereiche 80%, der Anteil der ungünstigen Stellen (Balken) 20%.

(2) Höchstwert des Wärmedurchgangskoeffizienten: keine Anforderung

(3) Berechnung des Mittelwerts vorh U_m:

$$\text{vorh } U_m = \text{vorh } U_A \cdot 0{,}8 + \text{vorh } U_B \cdot 0{,}2$$

$$\text{vorh } U_m = 0{,}17 \frac{W}{m^2 \cdot K} \cdot 0{,}8 + 0{,}44 \frac{W}{m^2 \cdot K} \cdot 0{,}2$$

$$\mathbf{vorh}\ \boldsymbol{U_m} = \mathbf{0{,}22\ \frac{W}{m^2 \cdot K}}$$

Dieser Wert von vorh $U_m = 0{,}22$ W/(m² · K) würde bei einem erstmaligen Einbau, bei Ersatz oder bei Erneuerung der Decke auch die Anforderungen der Energieeinsparverordnung von $U_{max} = 0{,}30$ W/(m² · K) erfüllen **(Tabelle A 40/2)**.

Beispiel: Steildach, hinterlüftet

Das Dach über einem ausgebauten Dachraum (Dachneigung 36°) erhält einen verbesserten Wärmeschutz. Es hat von außen nach innen folgenden Aufbau **(Bild 223/1)**:

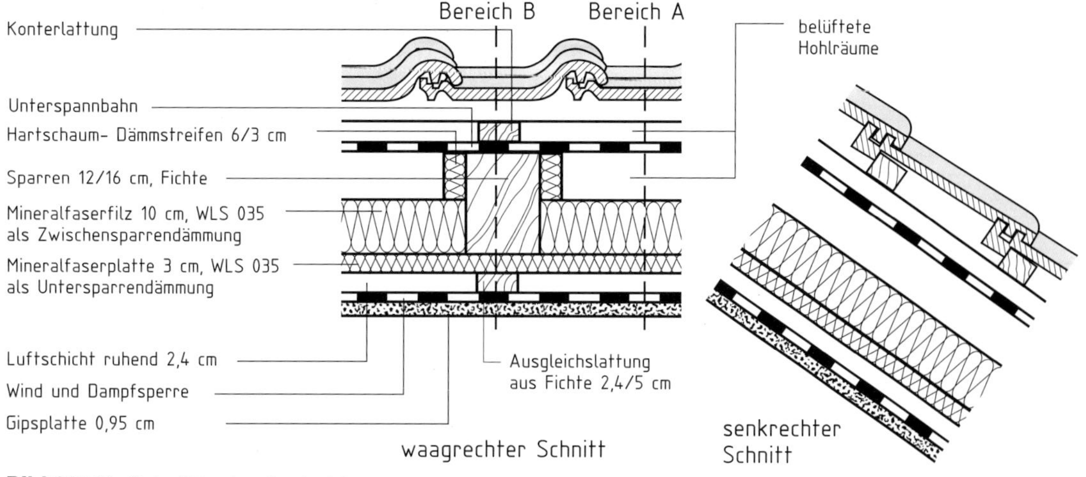

Bild 223/1: Schnitte durch ein hinterlüftetes Steildach

Ist der erforderliche Wärmeschutz nach DIN 4108 und wegen der Erneuerung der Decke nach der Energieeinsparverordnung (vereinfachtes Nachweisverfahren) erreicht

a) im Gefachbereich (Bereich A),

b) im Bereich der ungünstigen Stellen (Bereich B),

c) als Mittelwert U_m, wenn der Anteil der Sparrenflächen an der gesamten Dachfläche 14% beträgt?

Dampfsperre, Unterspannbahn und belüftete Hohlräume werden bei der Wärmeschutzberechnung nicht berücksichtigt.

Lösung: **a) Berechnung für den Gefachbereich** (Bereich A)

① Ermittlung von Rohdichte, Wärmeleitfähigkeit und flächenbezogener Masse:

Bauteilschichten	Rohdichte	Wärmeleitfähigkeit	flächenbezogene Masse
Gipskartonplatte	800 kg/m³	0,25 W/(m · K)	7,6 kg/m²
Ruhende Luftschicht	–	R_g = 0,16 m² · K/W	–
Mineralfaserplatte	70 kg/m³	0,035 W/(m · K)	2,1 kg/m²
Mineralfaserfilz	50 kg/m³	0,035 W/(m · K)	5,0 kg/m²
			14,7 kg/m²

② Feststellen der maßgebenden Tabelle:

Die flächenbezogenen Masse von 14,7 kg/m² liegt unter 100 kg/m². Somit gelten nach DIN 4108 die Dämmwerte der **Tabelle A 39/2**. Der Dämmwert nach der Energieeinsparverordnung ist der **Tabelle 40/2** zu entnehmen.

3.1 Mindestwert des Wärmedurchlasswiderstandes: erf $R = 1{,}75\ \text{m}^2 \cdot \text{K/W}$ (DIN 4108)

3.2 Höchstwert des Wärmedurchgangskoeffizienten: erf $U = 0{,}30\ \text{W/(m}^2 \cdot \text{K)}$ (EnEV)

4.1 Berechnung des Wärmedurchlasswiderstandes vorh R_A:

$$\text{vorh } R_A = \frac{d_1}{\lambda_1} + R_g + \frac{d_2}{\lambda_2} + \frac{d_3}{\lambda_3}$$

$$\text{vorh } R_A = \frac{0{,}0095\ \text{m} \cdot \text{m} \cdot \text{K}}{0{,}25\ \text{W}} + \frac{0{,}16\ \text{m} \cdot \text{m} \cdot \text{K}}{\text{W}} \frac{0{,}03\ \text{m} \cdot \text{m} \cdot \text{K}}{0{,}035\ \text{W}} + \frac{0{,}10\ \text{m} \cdot \text{m} \cdot \text{K}}{0{,}035\ \text{W}}$$

$$\textbf{vorh } \boldsymbol{R_A = 3{,}912\ \frac{m^2 \cdot K}{W}}$$

$$\text{vorh } R_A = 3{,}912\ \frac{\text{m}^2 \cdot \text{K}}{\text{W}} > \text{erf } R = 1{,}75\ \frac{\text{m}^2 \cdot \text{K}}{\text{W}}$$

Der Wärmeschutz ist ausreichend.

4.2 Ermittlung der Wärmeübergangswiderstände:

$R_{si} = 0{,}10\ \text{m}^2 \cdot \text{K/W}$, $R_{se} = 0{,}10\ \text{m}^2 \cdot \text{K/W}$

4.3 Berechnung des Wärmedurchgangskoeffizienten vorh U_A:

$$\text{vorh } U_A = \frac{1}{R_{si} + R_A + R_{se}}$$

$$\text{vorh } U_A = \frac{1}{0{,}10\ \frac{\text{m}^2 \cdot \text{K}}{\text{W}} + 3{,}912\ \frac{\text{m}^2 \cdot \text{K}}{\text{W}} + 0{,}10\ \frac{\text{m}^2 \cdot \text{K}}{\text{W}}}$$

$$\textbf{vorh } \boldsymbol{U_A = 0{,}24\ \frac{W}{m^2 \cdot K}}$$

$$\text{vorh } U_A = 0{,}24\ \frac{\text{W}}{\text{m}^2 \cdot \text{K}} < \text{erf } U = 0{,}30\ \frac{\text{W}}{\text{m}^2 \cdot \text{K}}$$

Der Wärmeschutz ist ausreichend.

b) Berechnung für den Balkenbereich (Bereich B)

① Ermittlung von Wärmeleitfähigkeit und Schichtdicke

Bauteilschichten	Wärmeleitfähigkeit	Schichtdicke
Gipsplatte	0,25 W/(m · K)	0,95 cm
Ausgleichslattung	0,13 W/(m · K)	2,40 cm
Mineralfaserplatte	0,035 W/(m · K)	3,00 cm
Sparren	0,13 W/(m · K)	16,00 cm

Der Sparren wird wärmeschutztechnisch in voller Höhe berücksichtigt, da er seitlich durch die Dämmschicht und die Hartschaumstreifen gedämmt ist.

② Feststellen der maßgebenden Tabelle:

Für ungünstige Stellen (Wärmebrücken) sind die Anforderungen der **Tabelle A 39/2** einzuhalten, ohne Rücksicht auf die flächenbezogene Masse des Bauteils.

3.1 Mindestwert des Wärmedurchlasswiderstandes: erf $R_B = 1{,}75\ m^2 \cdot K/W$ (DIN 4108)

3.2 Höchstwert des Wärmedurchgangskoeffizienten: erf $U = 0{,}30\ W/(m^2 \cdot K)$ (EnEV)

4.1 Berechnung des Wärmedurchlasswiderstandes vorh R_B:

$$\text{vorh } R_B = \frac{d_1}{\lambda_1} + \frac{d_2}{\lambda_2} + \frac{d_3}{\lambda_3} + \frac{d_4}{\lambda_4}$$

$$\text{vorh } R_B = \frac{0{,}0095\ m \cdot m \cdot K}{0{,}25\ W} + \frac{0{,}024\ m \cdot m \cdot K}{0{,}13\ W} + \frac{0{,}03\ m \cdot m \cdot K}{0{,}035\ W} + \frac{0{,}16\ m \cdot m \cdot K}{0{,}13\ W}$$

$$\textbf{vorh } R_B = 2{,}311\ \frac{m^2 \cdot K}{W}$$

$$\text{vorh } R_B = 2{,}311\ \frac{m^2 \cdot K}{W} > \text{erf } R = 1{,}75\ \frac{m^2 \cdot K}{W}$$

Der Wärmeschutz ist ausreichend.

4.2 Ermittlung der Wärmeübergangswiderstände:

$R_{si} = 0{,}10\ m^2 \cdot K/W$, $R_{se} = 0{,}10\ m^2 \cdot K/W$

4.3 Berechnung des Wärmedurchgangskoeffizienten vorh U_B:

$$\text{vorh } U_B = \frac{1}{R_{si} + R_B + R_{se}}$$

$$\text{vorh } U_B = \frac{1}{0{,}10\ \frac{m^2 \cdot K}{W} + 2{,}311\ \frac{m^2 \cdot K}{W} + 0{,}10\ \frac{m^2 \cdot K}{W}}$$

$$\textbf{vorh } U_B = 0{,}40\ \frac{W}{m^2 \cdot K}$$

$$\text{vorh } U_B = 0{,}40\ \frac{W}{m^2 \cdot K} > \text{erf } U = 0{,}30\ \frac{W}{m^2 \cdot K}$$

Der Wärmeschutz ist nach EnEV nicht ausreichend.

c) Berechnung des Mittelwertes U_m

Da im Bereich der ungünstigen Stellen (Sparrenbereich) der Mindestwärmeschutz nach der Energieeinsparverordnung (erf $U = 0{,}30\ W/[m^2 \cdot K]$) nicht erreicht wurde, ist noch der Mittelwert zu U_m zu bestimmen.

① Flächenanteile von Gefachbereichen und ungünstigen Stellen (Sparrenbereich) an der gesamten Dachfläche:

Anteil der Gefachbereiche 86%, der Anteil der ungünstigen Stellen 14%.

③ Berechnung des Mittelwerts vorh U_m:

$$\text{vorh } U_m = \text{vorh } U_A \cdot 0{,}86 + \text{vorh } U_B \cdot 0{,}14$$

$$\text{vorh } U_m = 0{,}24 \frac{W}{m^2 \cdot K} \cdot 0{,}86 + 0{,}40 \frac{W}{m^2 \cdot K} \cdot 0{,}14$$

$$\mathbf{vorh}\ \boldsymbol{U_m} = \mathbf{0{,}27} \frac{\mathbf{W}}{\mathbf{m^2 \cdot K}}$$

$$\text{vorh } U_m = 0{,}27 \frac{W}{m^2 \cdot K} < \text{erf } U = 0{,}30 \frac{W}{m^2 \cdot K}$$

Der Wärmeschutz ist ausreichend.

Aufgaben zu 11.2.2 Anforderungen an den Wärmeschutz

1 Die erforderlichen Wärmedurchlasswiderstände R nach DIN 4108 sind zu ermitteln für

1.1 Bauteile mit einer flächenbezogenen Gesamtmasse **unter 100 kg/m²** als

a) Außenwand, nicht hinterlüftet,
b) Außenwand, hinterlüftet,
c) Decke unter nicht ausgebautem Dachraum,
d) Rollladenkasten,
e) nichttransparenter Teil (60%) einer Fensterwandausfachung **(Bild 227/1)**.

1.2 Bauteile mit einer flächenbezogenen Gesamtmasse **über 100 kg/m²** als

a) Außenwand mit hinterlüfteter Außenhaut,
b) Decke über einer Durchfahrt,
c) Kellerdecke,
d) Dach über einem Aufenthaltsraum,
e) Decke unter nicht ausgebautem Dachraum,
f) Treppenraumwand zum frostfreien Treppenhaus **(Bild 227/1)**.

2 Die maximalen Wärmedurchgangskoeffizienten U_{max} sind nach der Energiesparverordnung zu ermitteln für Bauteile in bestehenden Gebäuden, die erneuert oder ersetzt werden sollen als

a) Außenwände,
b) Flachdächer,
c) Dachschräge über einem Aufenthaltsraum,
d) Wand eines beheizten Raumes gegen Erdreich **(Bild 227/1)**.

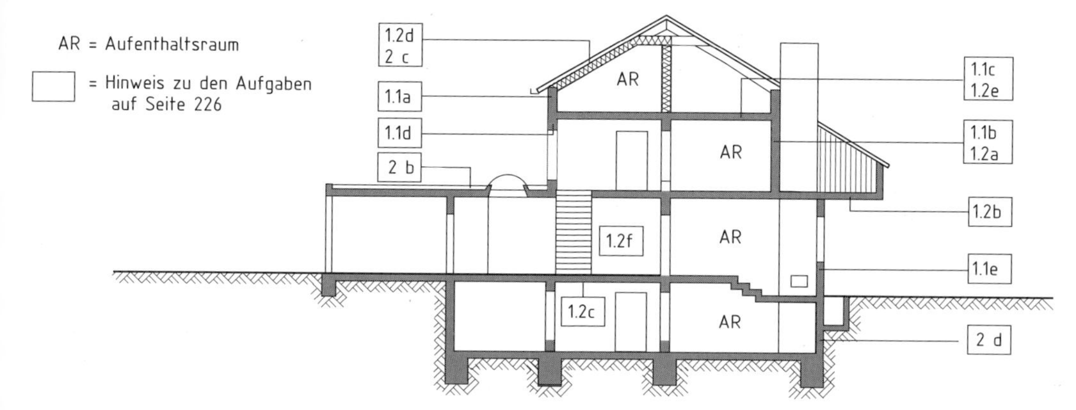

Bild 227/1: Schnitt durch den Rohbau eines Wohnhauses

3 Eine Kellerwand, die an das Erdreich grenzt, besteht aus Beton. Sie ist 25 cm dick und innen mit 1,5 cm dickem Kalkputz verputzt. Da der Kellerraum künftig als Aufenthaltsraum (Hobbyraum) genutzt werden soll, ist an der Außenseite der Wand nachträglich eine Dämmschicht aus geschlossenzelligem Polystyrol-Hartschaum (WLS 040) anzubringen **(Bild 227/2)**.

Wie dick muss die Dämmschicht sein, damit der geforderte Wärmeschutz nach der Energieeinsparverordnung (vereinfachtes Nachweisverfahren) erreicht wird?

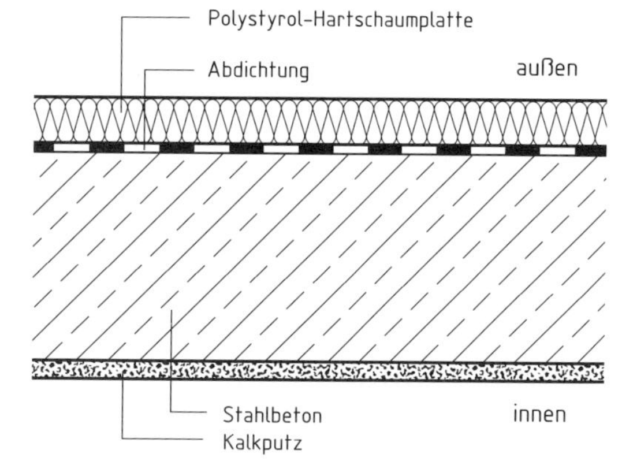

Bild 227/2: Kellerwand mit Wärmedämmschicht

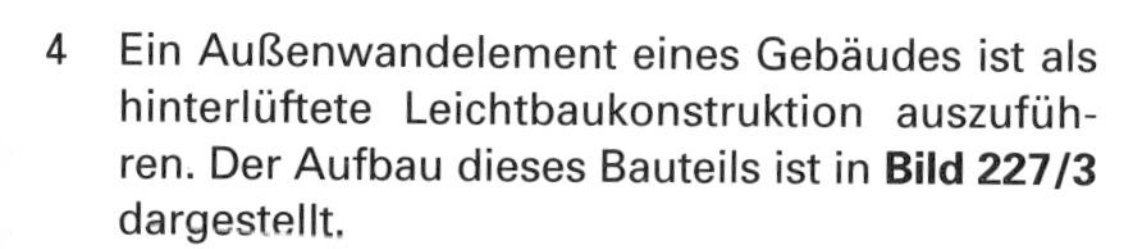

4 Ein Außenwandelement eines Gebäudes ist als hinterlüftete Leichtbaukonstruktion auszuführen. Der Aufbau dieses Bauteils ist in **Bild 227/3** dargestellt.

Ist der geforderte Mindestwärmeschutz nach DIN 4108 erreicht

a) im Gefachbereich (Bereich A),

b) im Bereich der ungünstigen Stellen (Bereich B)

c) als Mittelwert R_m, wenn im ungünstigen Bereich die Anforderungen nach DIN 4108 nicht erreicht werden?

Die Flächenanteile der Kanthölzer an der gesamten Wandfläche betragen 13%.

Die Dampfsperre, der Hohlraum für die äußere Hinterlüftung und die Faserzementplatten werden bei der Wärmeschutzberechnung nicht berücksichtigt.

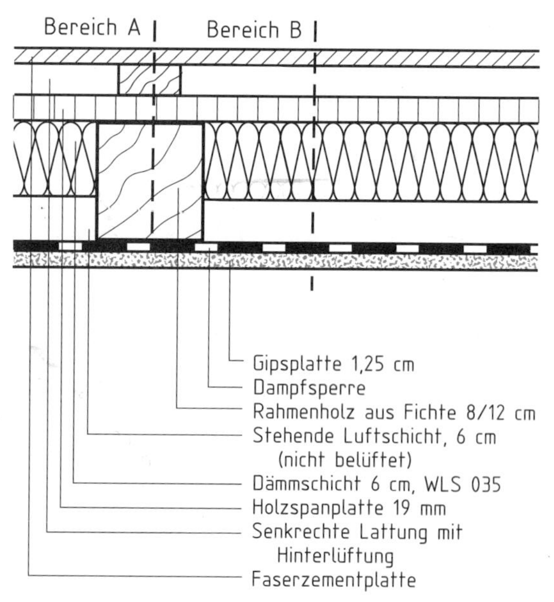

Bild 227/3: Schnitt durch eine Leichtbauwand

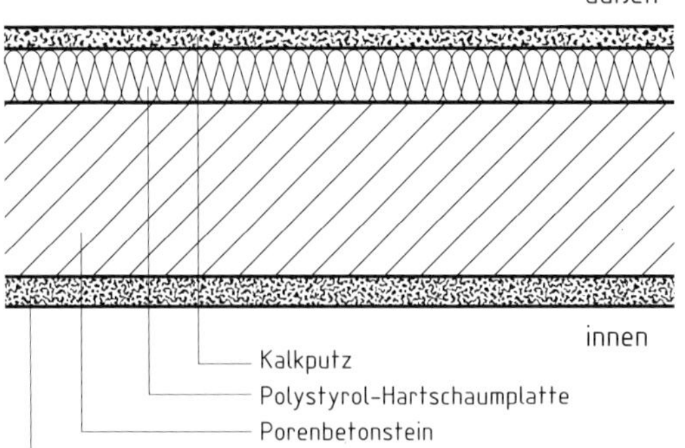

Bild 228/1: Fensterbrüstung mit Wärmedämmschicht

5 Die gemauerte Fensterbrüstung eines Einfamilienhauses aus 11,5 cm dicken Porenbetonsteinen (ϱ = 600 kg/m^3) mit einem 1,5 cm dicken Gipsputz auf der Innenseite, soll außen eine 8 cm dicke Dämmschicht aus Polystyrol-Hartschaumplatten (WLS 035) und einen 2 cm dicken Kalkputz erhalten **(Bild 228/1)**.

Wird der Mindestwärmeschutz nach DIN 4108 und nach der Energieeinsparverordnung (Erneuerung der Wand) erreicht?

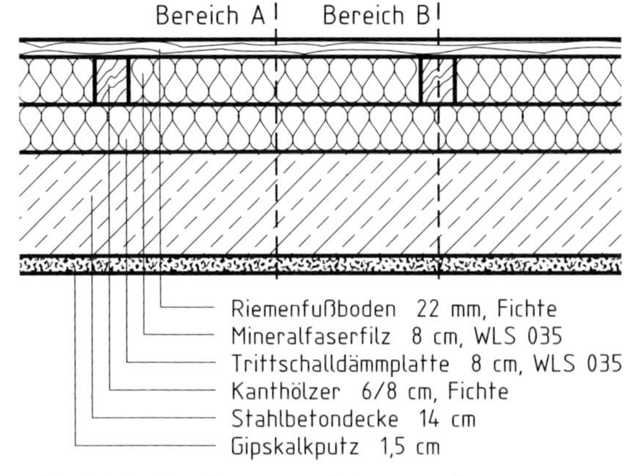

Bild 228/2: Decke unter nicht ausgebautem Dachraum

6 Die Decke unter einem nicht ausgebauten Dachraum soll im Rahmen eines Umbaus den in **Bild 228/2** gezeigten Aufbau erhalten.

Wird der geforderte Wärmeschutz nach DIN 4108 und nach der Energieeinsparverordnung erreicht?

a) im Gefachbereich (Bereich A),

b) im Bereich der ungünstigen Stellen (Bereich B),

c) als Mittelwert U_m, wenn der Flächenanteil der Kanthölzer an der gesamten Bodenfläche 8% beträgt?

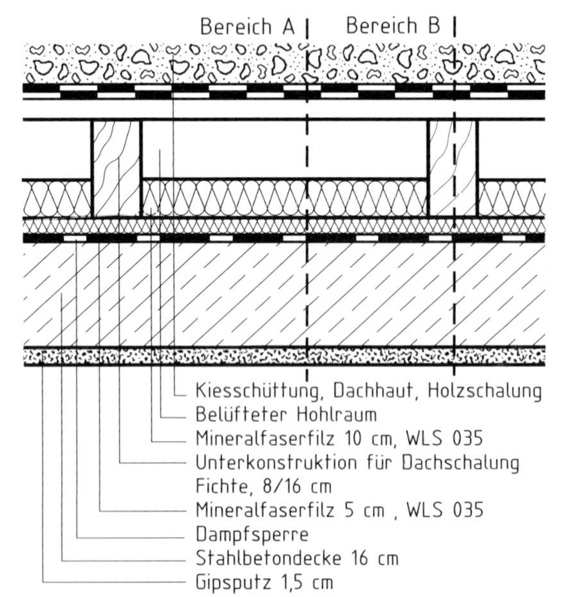

Bild 228/3: Flachdach (Kaltdach)

7 Auf einem Gebäude wird das belüftete Flachdach (Kaltdach) erneuert und mit einem verbesserten Wärmeschutz versehen. In **Bild 228/3** ist der Aufbau des Daches dargestellt.

Wird der geforderte Mindestwärmeschutz nach DIN 4108 und nach der Energieeinsparverordnung (vereinfachtes Nachweisverfahren bei Erneuerung) erreicht

a) im Gefachbereich (Bereich A),

b) im Bereich der ungünstigen Stellen (Bereich B),

c) als Mittelwert U_m, wenn der Flächenanteil der Hölzer der Unterkonstruktion an der gesamten Dachfläche 12% beträgt?

Die Dachhaut aus Kiesschüttung, die Holzschalung, der belüftete Hohlraum und die Dampfsperre werden bei der Berechnung des Wärmeschutzes nicht berücksichtigt.

8 In einem Gebäude befindet sich unter einem Wohnraum eine offene Durchfahrt. Die Decke, die diesen Aufenthaltsraum nach unten gegen die Außenluft abgrenzt, erhält eine verbesserte Wärmedämmung. In **Bild 229/1** ist der Aufbau der Decke dargestellt.

Wird der geforderte Wärmeschutz nach DIN 4108 erreicht?

Wie groß ist der Wärmedurchgangskoeffizient?

Die Trennlage unter dem Zementestrich sowie die beiden Beplankungen bei den Mehrschicht-Leichtbauplatten werden bei der Berechnung des Wärmeschutzes nicht berücksichtigt.

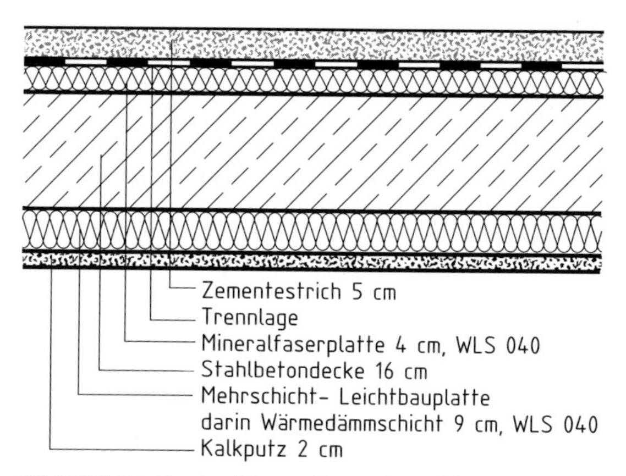

Bild 229/1: Decke über offener Durchfahrt

9 Der Fußboden eines Hobbyraumes im Kellergeschoss eines kleinen Wohngebäudes grenzt unmittelbar an das Erdreich. Den konstruktiven Aufbau des Fußbodens zeigt **Bild 229/2**.

Wie dick muss bei einer Erneuerung des Bodens die Wärmedämmschicht aus Polyurethan-Hartschaumplatten sein, damit der Mindestwärmeschutz nach DIN 4108 und nach der Energieeinsparverordnung (vereinfachtes Nachweisverfahren) erreicht wird?

Für die Berechnung des Wärmeschutzes kann nur der Zementestrich und die Wärmedämmschicht berücksichtigt werden.

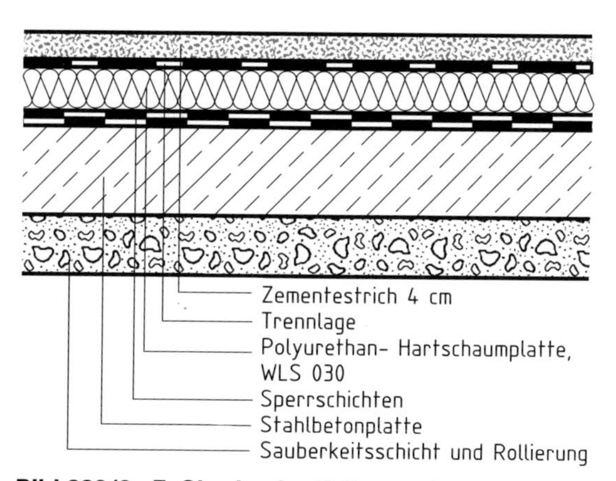

Bild 229/2: Fußboden im Kellergeschoss

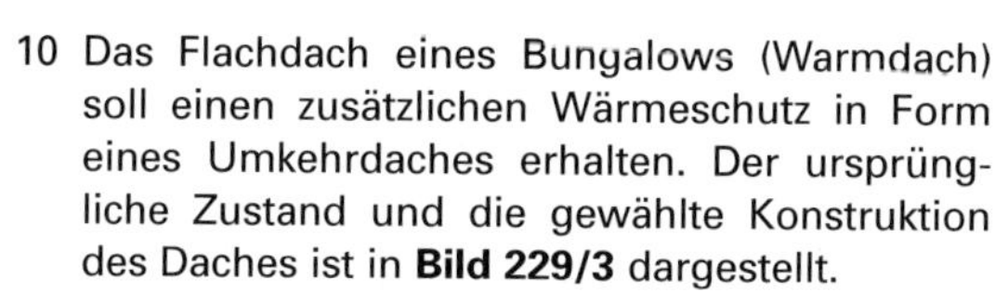

10 Das Flachdach eines Bungalows (Warmdach) soll einen zusätzlichen Wärmeschutz in Form eines Umkehrdaches erhalten. Der ursprüngliche Zustand und die gewählte Konstruktion des Daches ist in **Bild 229/3** dargestellt.

Wird der erforderliche Mindestwärmeschutz nach DIN 4108 erreicht?

Dampfsperre, Dachhaut, Filtervlies und Kiesschüttung werden bei der Berechnung des Wärmeschutzes nicht berücksichtigt.

Dabei ist zu berücksichtigen:

$$\text{erf } U = \frac{1}{R_{si} + \text{erf } R + R_{se}} + \Delta U$$

Nach DIN 4108-2, Tabelle 4, ist für diese Konstruktion $\Delta U = 0{,}03$ W/(m² · K).

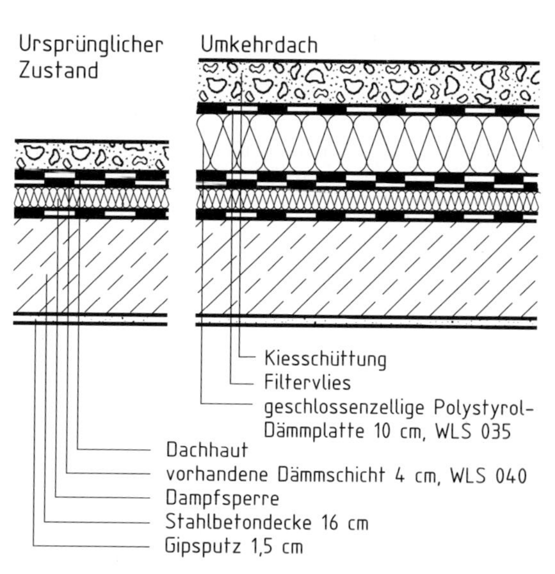

Bild 229/3: Umkehrdach

11.3 Arbeitsmappe Wärme

LÄNGENÄNDERUNG / EINSCHICHTIGE BAUT. / U-WERTE / U-WERTE BAUTEILE MIT GEFACHEN

Das Arbeitsblatt LÄNGENÄNDERUNG dient zur Berechnung der Längenänderung von Bauteilen infolge Erwärmung oder Abkühlung **(Bild 230/1)**.

Längenänderung infolge von Temperatureinflüssen

Baustoff	Temperaturdehnzahl α (mm/m*K)
Stahlbeton	0,01
Mauerwerk aus Klinker	0,01
Mauerwerk aus Kalksandstein, Gasbeton, Leichtbeton	0,008
Mauerwerk aus Mauerziegeln	0,006
Kalkmörtel, Zementmörtel	0,008
Schamottestein	0,008
Glas, Fliesen	0,008
Stahl	0,01
Kupfer	0,017
Aluminium	0,024
Zink, Blei	0,029

Ausgangslänge: 7,70 m

Temperaturdifferenz: -65 K

Baustoff: Stahlbeton

Längenänderung: -5,0 mm neue Bauteillänge: 7,695 m

LÄNGENÄNDERUNG / EINSCHICHTIGE BAUT. / U-WERTE / U-WERTE BAUTEILE MIT GEFACHEN

Bild 230/1: Längenänderung von Bauteilen

Die wichtigsten Baustoffe und deren Temperaturdehnzahl α sind tabellarisch aufgeführt. Zur Berechnung der Längenänderung sind die Ausgangslänge des Bauteils in m und die Temperaturdifferenz in K (bei Abkühlung mit negativem Vorzeichen) einzugeben. Im Listenfeld ist die Baustoffgruppe auszuwählen.

Als Ergebnis wird die Längenänderung des Bauteils und seine Länge nach der Temperaturänderung ausgegeben.

LÄNGENÄNDERUNG | **EINSCHICHTIGE BAUT.** | U-WERTE | U-WERTE BAUTEILE MIT GEFACHEN

Dieses Arbeitsblatt enthält die Formel für den Wärmedurchlaßwiderstand zur Berechnung einschichtiger Bauteile **(Bild 231/1)**. Es können entweder die Bauteildicke, die Wärmeleitfähigkeit des Baustoffes oder der Wärmedurchlaßwiderstand des Bauteils ermittelt werden. Dazu sind jeweils zwei bekannte Größen einzugeben.

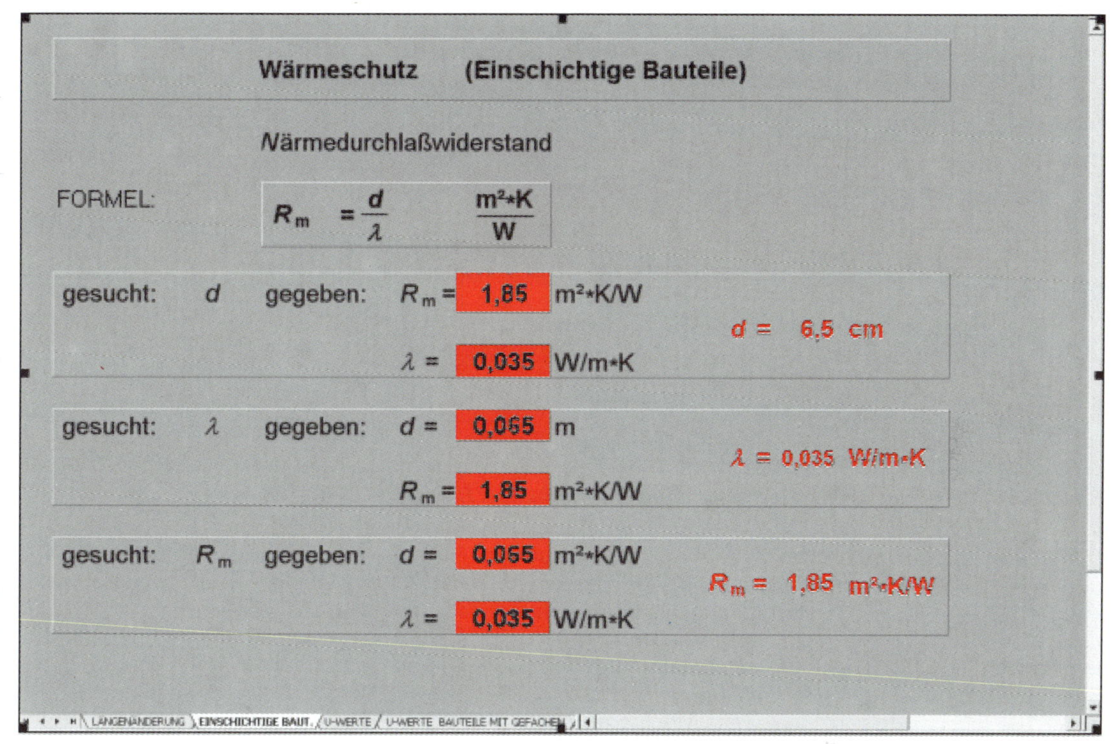

Bild 231/1: Berechnung einschichtiger Bauteile

Seite 212
Aufgabe 1 bis 5

LÄNGENÄNDERUNG | EINSCHICHTIGE BAUT. | **U-WERTE** | U-WERTE BAUTEILE MIT GEFACHEN

Das Arbeitsblatt *U*-WERTE ermöglicht

- die Berechnung des Wärmedurchlasswiderstandes *R*
- die Berechnung des Wärmedurchlasskoeffizienten *U*
- den Vergleich mit dem erforderlichen Wärmedurchlasswiderstand *R*
- den Vergleich mit dem maximal zulässigen Wärmeduchgangskoeffizienten *U*
- die Berechnung der Mindestdicke erforderlicher Dämmschichten für die WLG 030, 035 und 040.

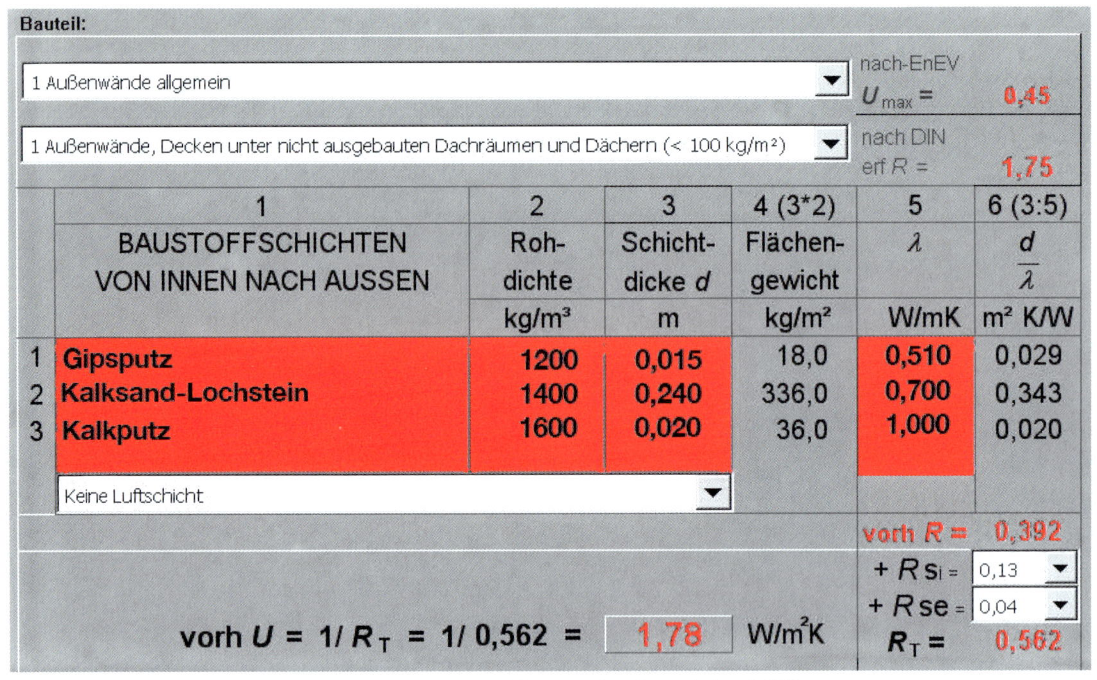

Bauteil:

1 Außenwände allgemein — nach-EnEV U_{max} = 0,45

1 Außenwände, Decken unter nicht ausgebauten Dachräumen und Dächern (< 100 kg/m²) — nach DIN erf R = 1,75

	1	2	3	4 (3*2)	5	6 (3:5)
	BAUSTOFFSCHICHTEN VON INNEN NACH AUSSEN	Rohdichte	Schichtdicke d	Flächengewicht	λ	$\frac{d}{\lambda}$
		kg/m³	m	kg/m²	W/mK	m² K/W
1	Gipsputz	1200	0,015	18,0	0,510	0,029
2	Kalksand-Lochstein	1400	0,240	336,0	0,700	0,343
3	Kalkputz	1600	0,020	36,0	1,000	0,020

Keine Luftschicht

vorh R = 0,392

+ R_{si} = 0,13

+ R_{se} = 0,04

R_T = 0,562

vorh $U = 1/R_T = 1/0,562 =$ 1,78 W/m²K

Bild 232/1: Berechnung des Wärmedurchlasswiderstandes *R* und des *U*-Wertes

Das Bauteil ist durch Anklicken im Auswahlfeld festzulegen. Nach der Auswahl wird der für das Bauteil erforderliche Mindestwert *R* nach DIN 4108 (entsprechend) Bild 232/1 und Tabelle A 40/1) sowie der maximal zulässige *U*-Wert nach der Energieeinsparverordnung (Tabelle A 40/2) ausgegeben.

Einzugeben sind die Baustoffe der Bauteilschichten von innen nach außen, deren Rohdichte in kg/m³, Schichtdicke in m und Wärmeleitfähigkeit in W/(m · K). Die Eingabe kann direkt in die entsprechenden Zellen der Tabelle erfolgen. Eine zweite Möglichkeit besteht darin, eine Eingabemaske mit der Schaltfläche Dateneingabe aufzurufen **(Bild 232/2)**.

U-WERTE

Position:	3	3 von 6
Baustoff:	Kalkputz	Neu
Rohdichte (kg/m³):	1800	Löschen
Schichtdicke (m):	0,02	Wiederherstellen
Flächengewicht (kg) wird berechnet:	36,0	Vorherigen suchen
Wärmeleitfähigkeit (W/mK):	1,00	Weitersuchen
Schichtdicke/Lambda (m²K/W) wird berechnet:	0,020	Kriterien
		Schließen

Bild 232/2: Eingabemaske zur *U*-Wert-Berechnung

Mit Hilfe der Tabulatortaste wird zum nächsten Eingabefeld gewechselt. Bei Betätigung der Eingabetaste werden die Werte in die Tabelle übernommen und die nächste Position ausgewählt.

Das Flächengewicht und der Wärmedurchlasswiderstand d/λ der einzelnen Bauteilschichten werden automatisch berechnet und aufsummiert. Danach ist eine eventuell vorhandene Luftschicht auszuwählen. Der Wärmedurchlasswiderstand der gewählten Luftschicht wird in das Formblatt übernommen **(Tabelle A 37/2)**.

Ergebnis der automatischen Berechnung ist das Flächengewicht und der Wärmedurchlasswiderstand R des Bauteils. Zum Vergleich mit dem erforderlichen Wärmedurchlasswiderstand wird dieser abhängig vom Flächengewicht vom Programm nach DIN 4108 berechnet (entsprechend **Tabelle A 39/2** und **Tabelle 40/1**). Das Programm zeigt an, ob der Wert ausreicht.

Zur Berechnung des Wärmedurchgangskoeffizienten U müssen die Wärmeübergangswiderstände R_{si} und R_{se} eingetragen werden **(Tabelle 39/1)**. Als Ergebnis wird der Wärmedurchgangswiderstand R_T und als Kehrwert der U-Wert ausgegeben.

Bei nicht ausreichendem Wärmedurchlasswiderstand und damit zu großem U-Wert zeigt das Programm die Dicke von zusätzlich erforderlichen Dämmschichten für Dämmstoffe der drei Wärmeleitfähigkeitsstufen 030, 035 und 040 an **(Bild 233/1)**. Dabei werden die Anforderungen nach DIN 4108 und den erhöhten Anforderungen der Energieeinsparverordnung unterschieden.

vorh R = 0,392 m² · K/W < erf R = 1,20 m² · K/W (Bild 232/1)
vorh U = 1,78 W/ m² · K > max U = 0,45 W/m² · K (Bild 232/1)

Nach DIN 4108 reicht der Wärmeschutz nicht aus

Erforderliche zusätzliche Dämmstoffdicke (nach DIN 4108)

bei WLS 030:	2,4 cm
bei WLS 035:	2,8 cm
bei WLS 040:	3,2 cm

Nach der EnEV reicht der Wärmeschutz nicht aus

Erforderliche zusätzliche Dämmstoffdicke (nach EnEV)

bei WLS 030:	4,9 cm
bei WLS 035:	5,8 cm
bei WLS 040:	6,6 cm

Bild 233/1: Nicht ausreichende Wärmedämmung

Rechenbeispiel für WLS 030:

Wärmedurchlasswiderstand erf R = 1,200 m² · K/W
Wärmedurchlasswiderstand vorh R = 0,392 m² · K/W
fehlender R = 0,808 m² · K/W

$d = R \cdot \lambda$

$d = 0{,}808\ \text{m}^2 \cdot \text{K/W} \quad 0{,}030\ \text{W/ m} \cdot \text{K}$

$d = 0{,}24$ m **d = 2,4 cm**

Seite 212
Aufgabe 6

Seite 213
Aufgaben 7 bis 11

Seite 227
Aufgabe 3

Seite 228
Aufgaben 5 und 6

Seite 229
Aufgaben 8 bis 10

EINSCHICHTIGE BAUT. | U-WERTE | **U-WERTE BAUTEILE MIT GEFACHEN**

Bei Bauteilen mit Gefachen (z. B. Fachwerkwand, Holzbalkendecke oder Dach) ist die Berechnung des Wärmedurchlasswiderstandes für den Gefachbereich und den Balkenbereich (als ungünstigste Stelle) getrennt durchzuführen. Die Eingaben sind wie im Arbeitsblatt *U*-WERTE entweder direkt in die Zellen oder mit Hilfe der Datenmaske vorzunehmen.

Zusätzlich einzugeben ist der prozentuale Anteil des Gefachbereichs bei Holzbalkendecke und Dach. Mit diesen Werten berechnet das Programm den prozentualen Anteil des Balkenbereichs und den mittleren *R bzw. U*-Wert **(Bild 234/1)**.

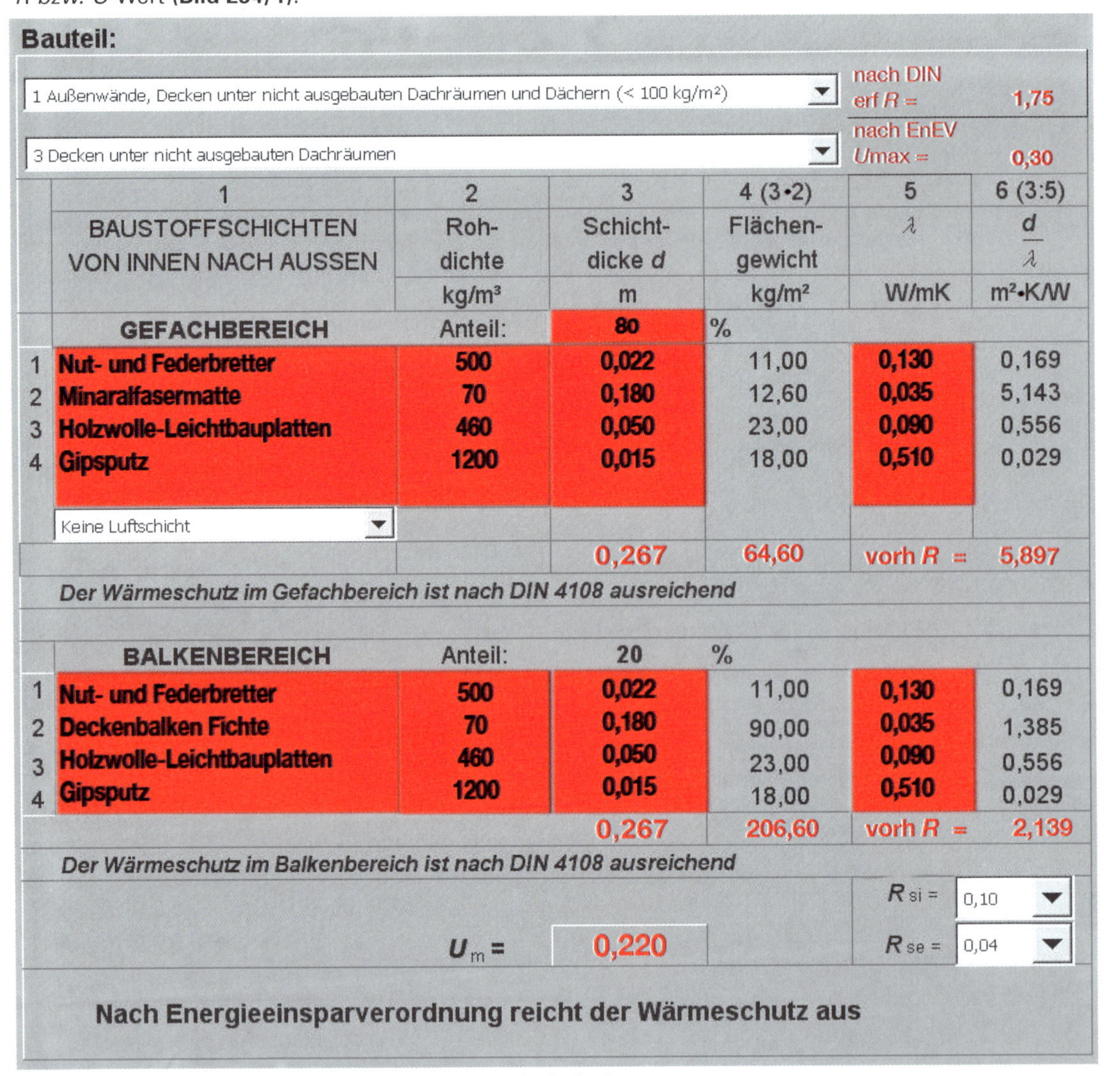

Bauteil:

1 Außenwände, Decken unter nicht ausgebauten Dachräumen und Dächern (< 100 kg/m²) — nach DIN erf *R* = 1,75

3 Decken unter nicht ausgebauten Dachräumen — nach EnEV *U*max = 0,30

	1	2	3	4 (3•2)	5	6 (3:5)
	BAUSTOFFSCHICHTEN VON INNEN NACH AUSSEN	Roh-dichte	Schicht-dicke *d*	Flächen-gewicht	λ	$\frac{d}{\lambda}$
		kg/m³	m	kg/m²	W/mK	m²•K/W
	GEFACHBEREICH	Anteil:	80	%		
1	Nut- und Federbretter	500	0,022	11,00	0,130	0,169
2	Minaralfasermatte	70	0,180	12,60	0,035	5,143
3	Holzwolle-Leichtbauplatten	460	0,050	23,00	0,090	0,556
4	Gipsputz	1200	0,015	18,00	0,510	0,029
	Keine Luftschicht					
			0,267	64,60	vorh *R* =	5,897
	Der Wärmeschutz im Gefachbereich ist nach DIN 4108 ausreichend					
	BALKENBEREICH	Anteil:	20	%		
1	Nut- und Federbretter	500	0,022	11,00	0,130	0,169
2	Deckenbalken Fichte	70	0,180	90,00	0,035	1,385
3	Holzwolle-Leichtbauplatten	460	0,050	23,00	0,090	0,556
4	Gipsputz	1200	0,015	18,00	0,510	0,029
			0,267	206,60	vorh *R* =	2,139
	Der Wärmeschutz im Balkenbereich ist nach DIN 4108 ausreichend					
					*R*si =	0,10
		*U*m =	0,220		*R*se =	0,04

Nach Energieeinsparverordnung reicht der Wärmeschutz aus

Bild 234/1: ***U*-Wert-Berechnung bei Bauteilen mit Gefachen**

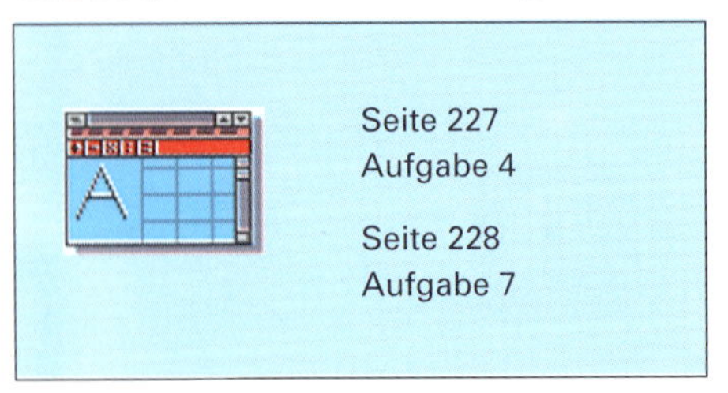

12 Berechnungen für Baueingaben

Das Bauen stellt sich in den vielfältigsten Formen, Größen und Nutzungen dar. Daher ist es erforderlich, Berechnungsgrundlagen, die für alle Hochbauten Gültigkeit haben, anzuwenden. Diese sind in der Baunutzungsverordnung (BauNVO) sowie in den Bauordnungen der jeweiligen Bundesländer verankert. Weiterhin sind insbesondere die DIN 277 Teil 1 „Grundflächen und Rauminhalte von Bauwerken im Hochbau; Begriffe, Berechnungsgrundlagen" sowie die DIN 276 „Kosten im Hochbau" für die Berechnungen maßgebend. Sie sind bereits bei den Baueingaben zu beachten.

12.1 Flächen des Baugrundstückes (DIN 277)

Baugrundstücke sind durch die Grenzpunkte (Grenzsteine) festgelegt. Die Fläche ebener Grundstücke wird nach den tatsächlichen Abmessungen ermittelt. Grundstücksflächen, die schräg liegen, werden in die Waagerechte projiziert. Die waagerechte Fläche (A) des in Wirklichkeit schräg liegenden Grundstückes (A_1) wird als anrechenbare Grundstücksfläche bezeichnet **(Bild 235/1)**.

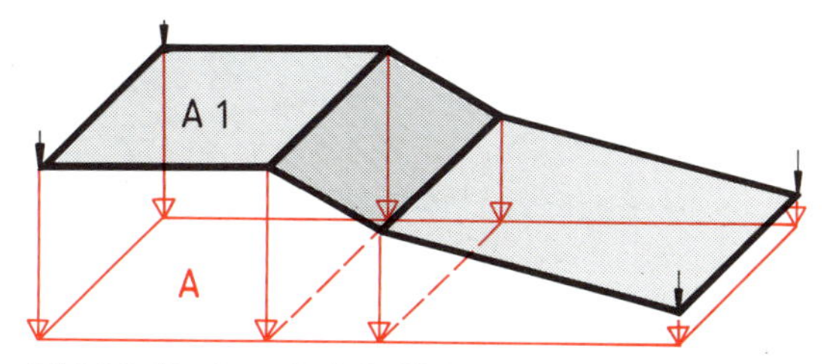

Bild 235/1: Grundstücksfläche

Beispiel: Für das Baugrundstück in Hanglage ist die geneigte Hangfläche sowie die anrechenbare Grundstücksfläche zu berechnen **(Bild 235/2)**.

Lösung: Hangfläche A_1

$A_1 = l_1 \cdot b$

$A_1 = 25{,}00\,\text{m} \cdot 16{,}00\,\text{m}$

$\boldsymbol{A_1 = 400{,}00\,\text{m}^2}$

Die geneigte Hangfläche beträgt 400,00 m².

Berechnung der anrechenbaren Grundstücksfläche A

$A = l \cdot b$

$A = 24{,}82\,\text{m} \cdot 16{,}00\,\text{m}$

$\boldsymbol{A = 397{,}12\,\text{m}^2}$

Die anrechenbare Grundstücksfläche beträgt 397,12 m².

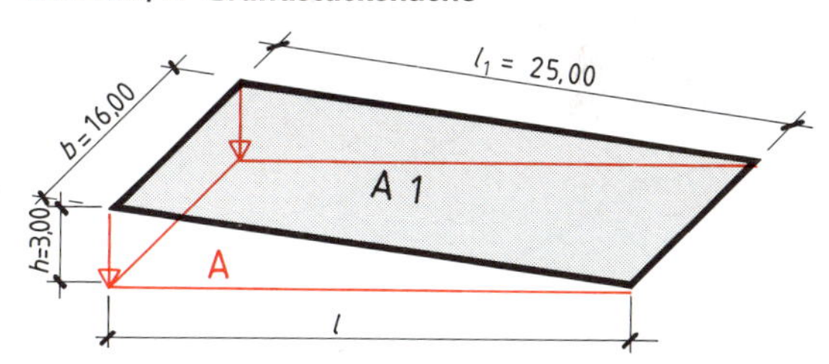

Bild 235/2: Anrechenbare Grundstücksfläche

Ermittlung der Projektionslänge

$l = \sqrt{l_1^2 - h^2}$

$l = \sqrt{(25{,}00\,\text{m})^2 - (3{,}00\,\text{m})^2}$

$l = \sqrt{616{,}00\,\text{m}^2}$

$l = 24{,}82\,\text{m}$

Aufgaben zu 12.1 Flächen des Baugrundstückes

1 Für die Erschließung eines Baugebietes in ebenem Gelände wird auf dem vorhandenen Grundstück eine Straße abgegrenzt **(Bild 235/3)**.

a) Wie groß ist der verbleibende Bauplatz?

b) Wieviel m² Straßenfläche ist abzutreten?

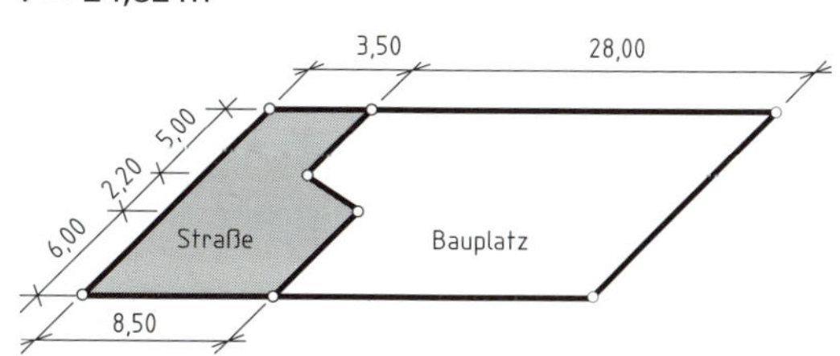

Bild 235/3: Grundstück

2 Zur Ermittlung der Grundstücksflächen wurden die Geländehöhen nivelliert und die Längen an den Grenzen gemessen **(Bild 235/4)**.

a) Wie groß ist der Höhenunterschied innerhalb des Geländes?

b) Ermittle die anrechenbare Grundstücksfläche.

c) Wieviel m² beträgt die tatsächliche Fläche?

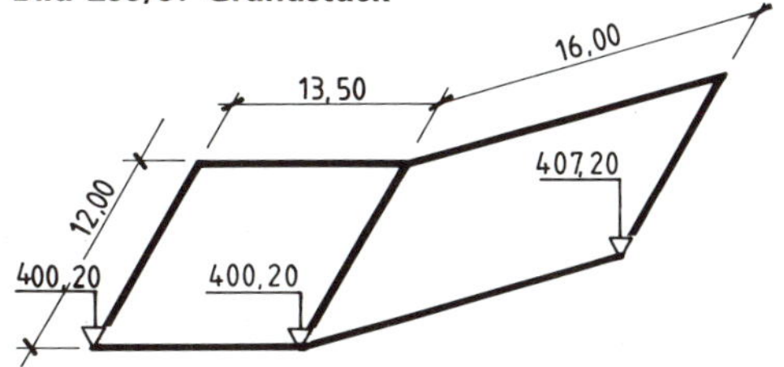

Bild 235/4: Grundstücksfläche

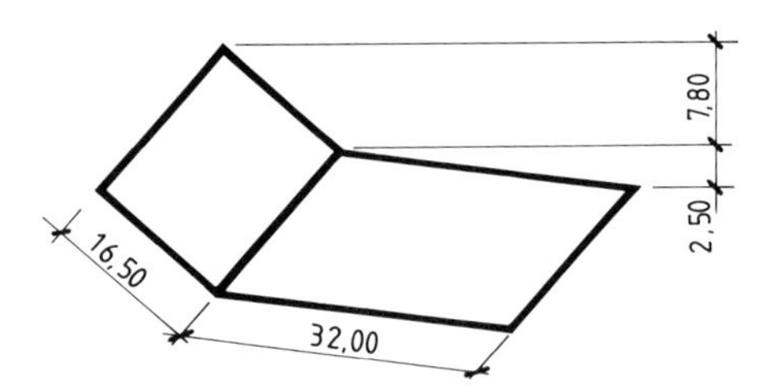

Bild 236/1: Baugrundstück

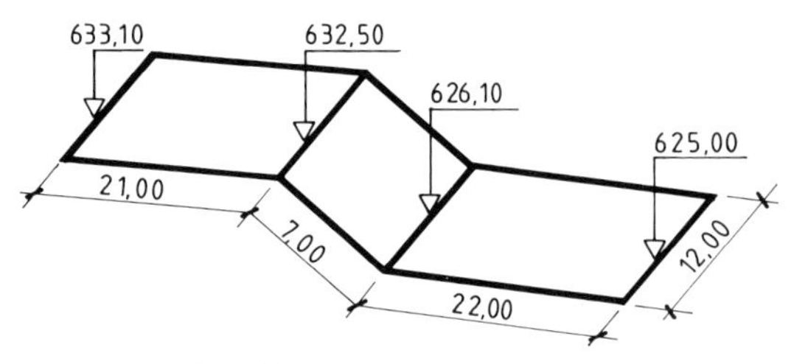

Bild 236/2: Bauplätze

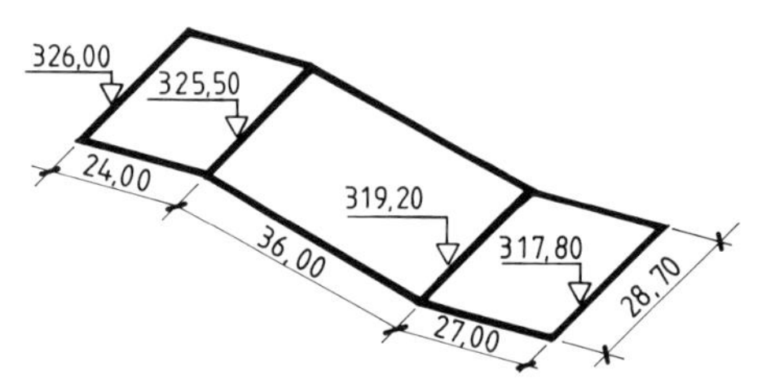

Bild 236/3: Wohnbauland

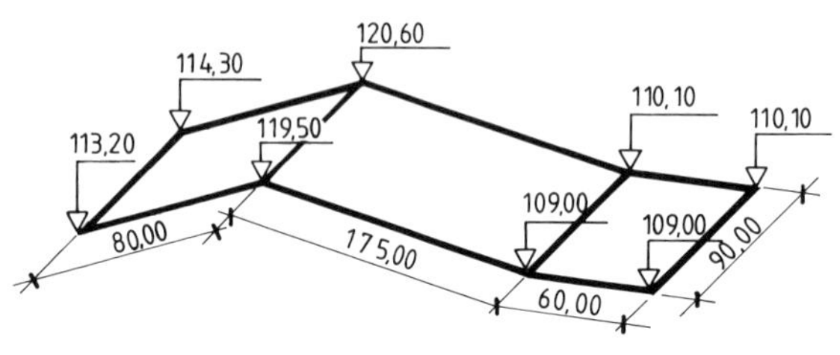

Bild 236/4: Grundstück

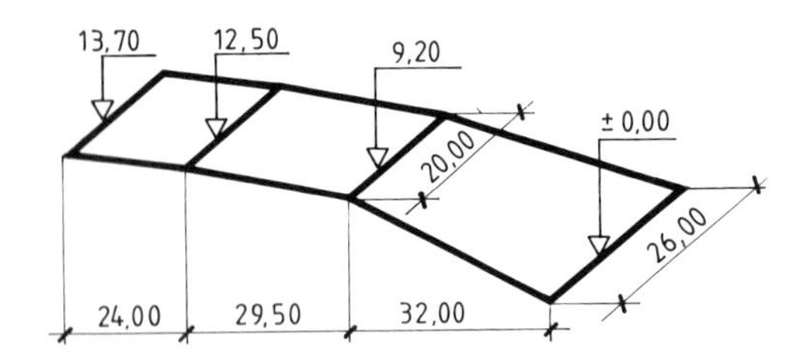

Bild 236/5: Gartengrundstück

3 Ein Baugrundstück mit Lärmschutzwall wird verkauft. Die Grundstücksbreite beträgt 24,50 m **(Bild 236/1)**.

a) Wie groß ist die tatsächliche Grundstücksfläche?

b) Wie groß ist die anrechenbare Grundstücksfläche?

c) Welchen Kaufpreis muss man bezahlen, wenn für den Lärmschutzwall 21,50 €/m² und für das flach geneigte Gelände 120,00 €/m² gefordert werden?

4 Eine landwirtschaftlich genutzte Fläche wird umgelegt und in 2 Bauplätze aufgeteilt. Die stark geneigte und bewachsene Hangfläche muss zur Erhaltung des Landschaftsbildes von der Bebauung frei bleiben **(Bild 236/2)**.

a) Wie groß ist der Verkaufspreis der landwirtschaftlich genutzten Fläche bei einem Preis von 27,00 €/m²?

b) Wieviel m² betragen die wahren Flächen der beiden Bauplätze und der Böschung?

c) Was kostet der obere und der untere Bauplatz, wenn die Böschung je zur Hälfte aufgeteilt wird, der Bauplatzpreis 163,50 €/m² und der Böschungspreis 64,00 €/m² beträgt?

5 Ein Brachgelände wird in Wohnbauland umgewandelt. Dabei hat der Eigentümer 27% des Geländes als Gemeinbedarfsfläche an die Gemeinde abzutreten **(Bild 236/3)**.

a) Wie groß ist die Fläche des Brachgeländes?

b) Welche Fläche bekommt der Eigentümer als Bauplatz zugewiesen?

6 Für ein Grundstück wird der Kanal zur Oberflächenentwässerung geplant **(Bild 236/4)**.

a) Wie groß ist die zu entwässernde Fläche?

b) Welche Regenmenge fällt auf dem Grundstück an, wenn die angenommene Regenspende 180 l/s je ha beträgt?

7 Ein Gartengrundstück erhält eine Einfriedung. Diese wird mit Betonsaumsteinen hergestellt **(Bild 236/5)**.

a) Wie groß ist das Grundstück?

b) Wieviel Saumsteine mit einer Länge von 1,00 m sind erforderlich?

c) Welche Betonmenge ist erforderlich, wenn je 10,00 m Einfriedungslänge 0,40 m³ benötigt werden?

12.2 Bebaute Flächen (BF)

Als bebaute Flächen werden diejenigen Grundstücksflächen angesetzt, die von Gebäuden wie z.B. von Wohngebäuden, Industriegebäuden, Garagen überdeckt sind.

Die Berechnung dieser Flächen erfolgt nach den tatsächlichen Gebäudeabmessungen im ferigen Zustand des Bauwerks. Für die Ermittlung der bebauten Fläche wird in der Regel der Erdgeschoss-Grundrissplan des Baugesuches verwendet. Dabei ist jedoch der Außenputz oder die Außenbekleidung des Gebäudes zuzurechnen.

Unberücksichtigt bleiben bei der Berechnung der bebauten Fläche untergeordnete Bauteile wie z.B. Lichtschächte, Außentreppen, frei auskragende Balkone, Vordächer, Dachvorsprünge, Terrassen, Pergolen sowie Flächen von Außenanlagen **(Bild 237/1)**.

Bauwerksteile unterhalb der Geländeoberfläche wie z.B. Kellerausweitungen, unterirdische Garagen, Hausschutzräume oder Kanalbauwerke werden ebenfalls nicht berücksichtigt.

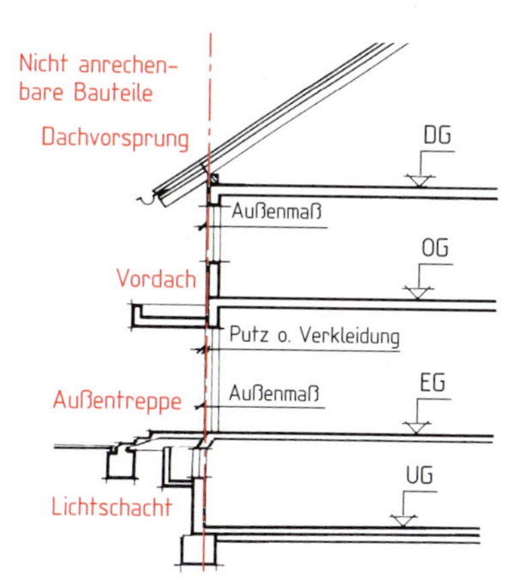

Bild 237/1: Untergeordnete Bauteile

Überdachte und konstruktiv umschlossene Bauteile wie z.B. Erker, auskragende Obergeschosse, Loggien und Laubengänge werden jedoch den bebauten Flächen zugerechnet. Bei solchen Bauteilen, gleichgültig, ob sie frei auskragen oder auf Stützen ruhen, gilt für die Flächenberechnung die lotrechte Projektion dieser Bauteile in die Grundrissebene **(Bild 237/2)**.

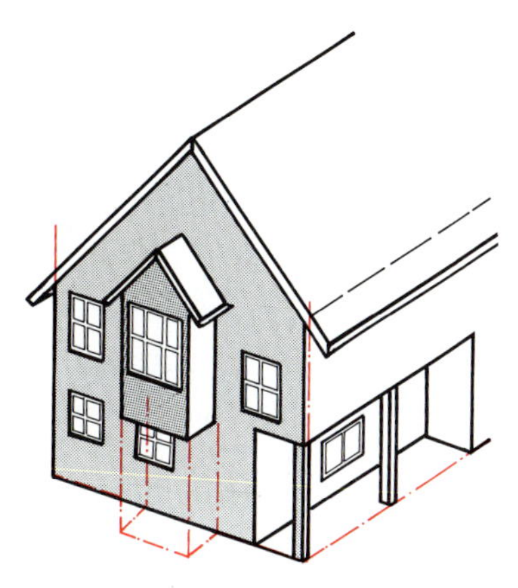

Bild 237/2: Konstruktiv umschlossene Bauteile

Beispiel: Auf einem Baugrundstück mit einer Fläche von 850 m² wird ein Wohnhaus mit dem dargestellten Erdgeschoss-Grundriss errichtet. Das Gebäude wird mit einem 6 cm dicken Dämmputz einschließlich Oberputz versehen. Der erkerförmige Vorbau im Esszimmer wird mit einer wärmedämmenden Holzkonstruktion abgegrenzt.

Die bebaute Fläche sowie die unbebaute Fläche sind zu berechnen **(Bild 237/3)**.

Lösung:

Bebaute Fläche
(12,985 m + 2 · 0,06 m) ·
(11,735 m + 2 · 0,06 m) = 155,36 m²

Vorspringender Bauteil
2,50 m · (0,50 m – 0,06 m) = 1,10 m²

Bebaute Fläche (BF) = **156,46 m²**

Unbebaute Fläche
Grundstücksfläche 850,00 m²
Abzüglich BF – 156,46 m²
Unbebaute Fläche = **693,54 m²**

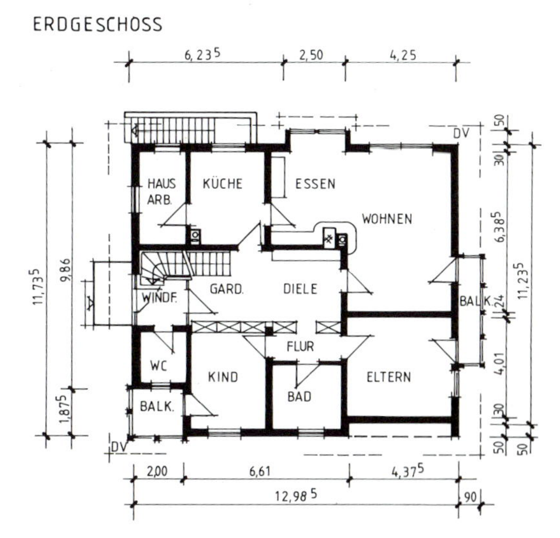

Bild 237/3: Grundriss

Aufgaben zu 12.2 Bebaute Flächen

1 Ein bestehendes Laden- und Werkstattgebäude soll erweitert werden. Weiterhin wird ein Container-Abstellplatz mit Überdachung in Stahlskelettbauweise angebaut **(Bild 238/1)**. Auf der gesamten Außenfläche des Laden- und Werkstattgebäudes wird ein 2,5 cm dicker Außenputz aufgebracht.

a) Wie groß ist die bestehende und die erweiterte bebaute Fläche?

b) Welche Fläche wird von dem 1130 m^2 großen Grundstück bebaut und welche Fläche bleibt unbebaut?

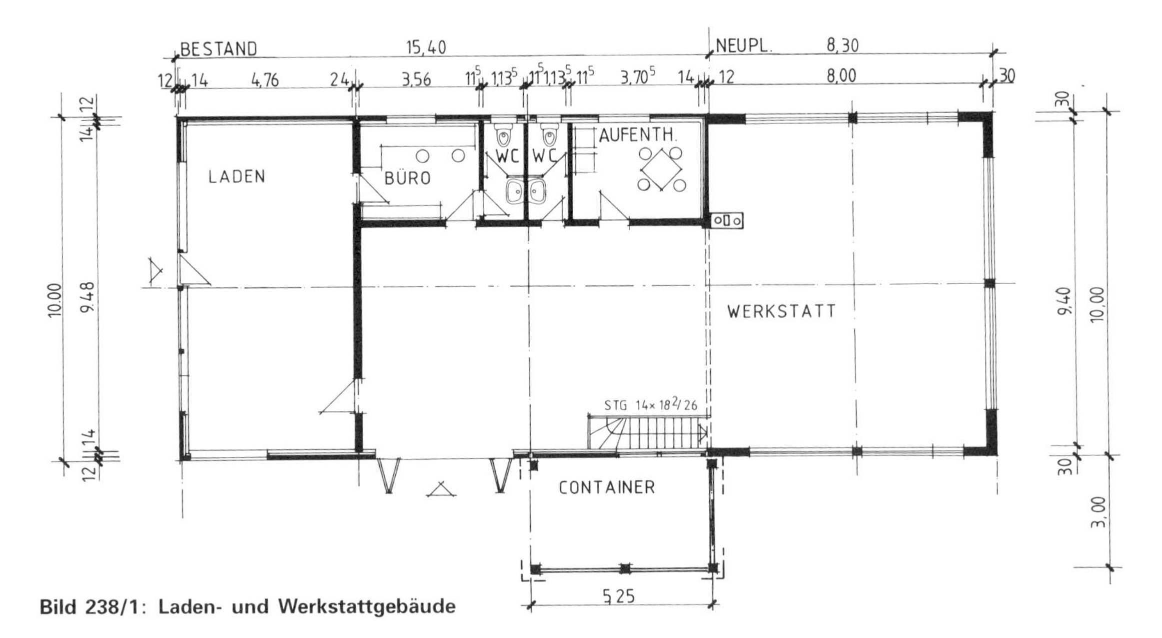

Bild 238/1: Laden- und Werkstattgebäude

2 Die bebaute Fläche eines Wohnhauses mit Garage ist zu berechnen **(Bild 238/2)**. Dabei ist zu berücksichtigen, dass im Obergeschoss der Eingang überbaut ist. Das geplante Gebäude erhält ringsum eine Holzschalung mit einer gesamten Konstruktionsdicke von 8 cm.

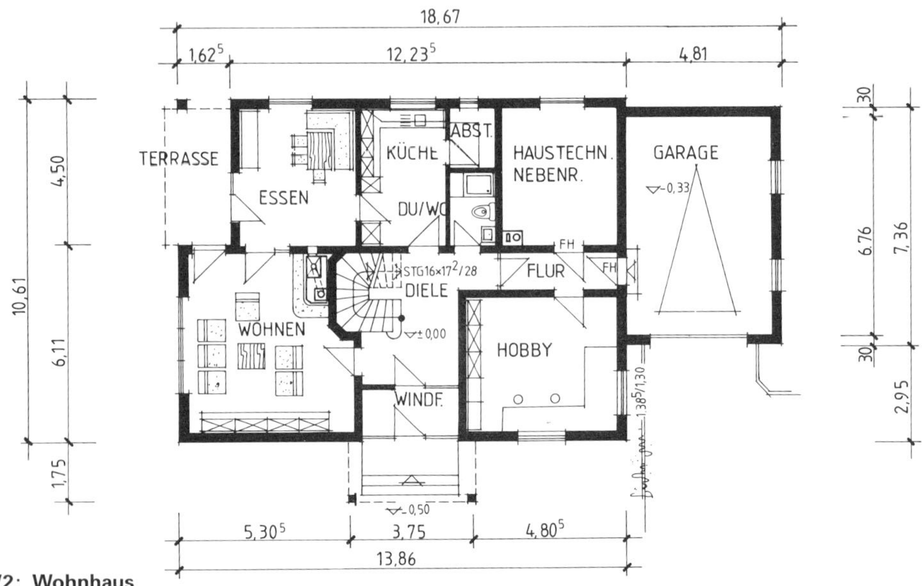

Bild 238/2: Wohnhaus

12.3 Art und Maß der baulichen Nutzung von Baugrundstücken

In den Bebauungsplänen von Baugebieten werden nach der Baunutzungsverordnung (BauNVO) sowohl die Art als auch das Maß der baulichen Nutzung eines Baugebietes festgelegt.

Nach der Art der baulichen Nutzung werden die Bauflächen in Wohnbauflächen (W), gemischte Bauflächen (M), gewerbliche Bauflächen (G) und Sonderbauflächen (S) eingeteilt.

Das Maß der baulichen Nutzung dient als festgelegte Größe zur Ermittlung der möglichen Überbaubarkeit eines Baugrundstückes. Die festgelegten Größen sind z. B. die Grundflächenzahl (GRZ), die Geschossflächenzahl (GFZ) und die Geschosszahl (Z).

Art und Maß der baulichen Nutzung sind in der Baunutzungsverordnung in Abhängigkeit voneinander festgelegt. Damit wird sichergestellt, dass in den Baugebieten gesunde Wohn- und Arbeitsverhältnisse erreicht und eine gestalterische Vielfalt der Gebäude ermöglicht werden **(Tabelle 239/1)**.

Tabelle 239/1 Obergrenzen für die Bestimmung des Maßes der baulichen Nutzung (§ 17 Bau NVO)

Baugebiet (Geb.-plan) Beispiele	Zahl der Vollgeschosse	Grundflächen-zahl (GRZ)	Geschossflächen-zahl (GFZ)	Baumassen-zahl (BMZ)
Kleinsiedlungsgebiet (WS)	bestimmt durch Festsetzung im Bebauungsplan, z. B. als – Höchstmaß – Mindestmaß – zwingend	0,2	0,4	–
Reines Wohngebiet (WR) Allgemeines Wohngebiet (WA)		0,4	1,2	–
Dorfgebiet (MD) Mischgebiet (MI)		0,6	1,2	–
Gewerbegebiet (GE) Industriegebiet (GI)		0,8	2,4	10,0

Die **Grundflächenzahl (GRZ)** gibt das Verhältnis von Grundfläche (bebaute Fläche) zur Grundstücksfläche an.

$$\textbf{Grundflächenzahl (GRZ)} = \frac{\textbf{Grundfläche (m}^2\textbf{)}}{\textbf{Grundstücksfläche (m}^2\textbf{)}}$$

Die **Geschossflächenzahl (GFZ)** gibt das Verhältnis von Geschossfläche (Summe der bebauten Fläche aller Geschosse) zur Grundstücksfläche an.

$$\textbf{Geschossflächenzahl (GFZ)} = \frac{\textbf{Geschossfläche (m}^2\textbf{)}}{\textbf{Grundstücksfläche (m}^2\textbf{)}}$$

Die Grundflächenzahl und die Geschossflächenzahl werden je in zwei Dezimalen ausgedrückt.

Beispiel: Ein Bauplatz in einem reinen Wohngebiet hat die Größe von 900 m². Die geplante Gebäudegrundfläche beträgt 250 m². Wie groß ist die Grundflächenzahl (GRZ)?

Lösung:

$$\text{Grundflächenzahl} = \frac{\text{Grundfläche (m}^2\text{)}}{\text{Grundstücksfläche (m}^2\text{)}}$$

$$\text{GRZ} = \frac{250\ \text{m}^2}{900\ \text{m}^2} \qquad \text{GRZ} = 0{,}27$$

$$\textbf{GRZ} = \textbf{0,27}$$

Beispiel: Eine Baulücke im Mischgebiet einer Kleinstadt darf mit einem 3-geschossigen Gebäude bebaut werden. Die Grundstücksfläche beträgt 300 m² und die geplanten Geschossflächen 360 m².

a) Wie groß ist die Geschossflächenzahl (GFZ))

b) Ist dieses Bauvorhaben zulässig?

Lösung:

a) $$\text{Geschossflächenzahl} = \frac{\text{Geschossfläche (m}^2\text{)}}{\text{Grundstücksfläche (m}^2\text{)}}$$

$$\text{GFZ} = \frac{360\ \text{m}^2}{300\ \text{m}^2}$$

$$\textbf{GFZ = 1,2}$$

Die Geschossflächenzahl beträgt **1,2.**

b) Die maximal zulässige Geschossflächenzahl nach BauNVO beträgt 1,2.

Das Bauvorhaben ist zulässig.

12.4 Berechnung der Grundflächen nach DIN 277

Bei der Ermittlung der Grundflächen werden die Flächen aller Geschossebenen erfasst. Dabei werden nach DIN 277 unterschiedliche Flächen eingeteilt **(Bild 240/1)**.

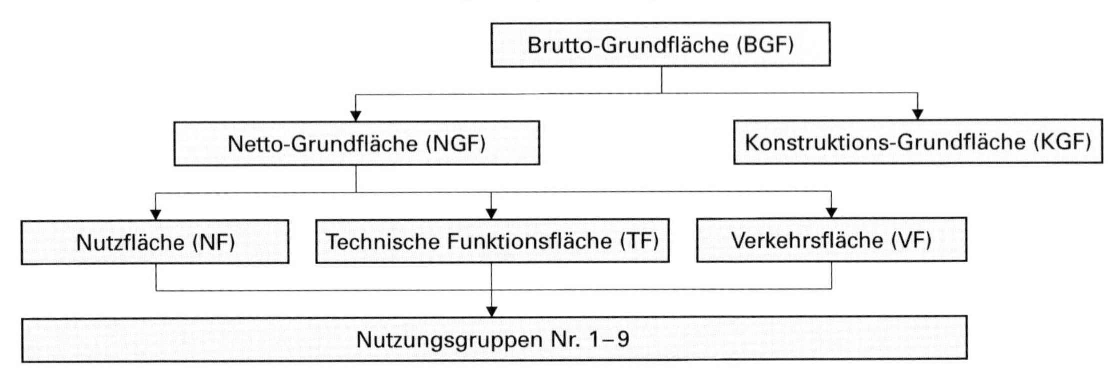

Bild 240/1: Flächen nach DIN 277

Die **Brutto-Grundfläche (BGF)** ist die Summe der Flächen aller nutzbarer Geschosse, wie der Kellergeschosse, des Erdgeschosses, der Obergeschosse und der Dachgeschosse. Maßgebend sind die Außenabmessungen des Baukörpers in Fußbodenhöhe einschließlich Verkleidungen. Gestalterische Vor- und Rücksprünge sowie Profile bleiben unberücksichtigt.

Bei der Ermittlung der Brutto-Grundfläche wird nach DIN 277 unterschieden in:

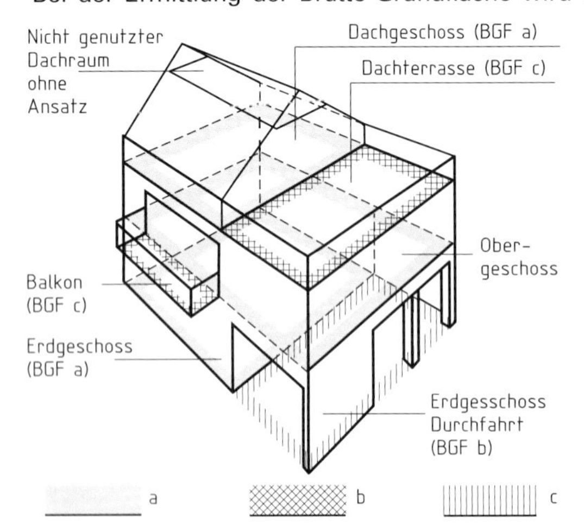

Bild 240/2: Brutto-Grundflächen (BGF)

a Grundflächen, die **allseitig umschlossen** und **überdeckt** sind. Hierzu zählen Bauwerksteile die von Boden, Decke und Wänden umschlossen sind. Öffnungen wie z.B. Fenster, Türen müssen verschließbar sein.

b Grundflächen, die **nicht allseitig** umschlossen, jedoch **überdeckt** sind, wie z.B. Durchfahrten, Loggien und Schutzdächer.

c Grundflächen, die von Bauteilen **umschlossen**, jedoch **nicht überdeckt** sind, wie z.B. Balkone und Dachterrassen, deren Nutzung durch seitliche Umwehrungen (Geländer) möglich ist.

Die Brutto-Grundflächen der Bauwerke sind nach diesen Unterscheidungsmerkmalen getrennt zu erfassen **(Bild 240/2)**.

Die **Netto-Grundfläche (NGF)** ist die nutzbare Grundfläche zwischen begrenzenden Bauteilen von Außen- und Innenwänden. Es ist dabei stets von den Fertigmaßen auszugehen. Die Grundflächen von Tür- und Fensteröffnungen sowie von Aussparungen und Nischen in Wänden bleiben unberücksichtigt. Die Netto-Grundfläche setzt sich aus Nutzfläche (NF), Technische Funktionsfläche (TF) und Verkehrsfläche (VF) zusammen. Die Netto-Grundfläche wird wie die Brutto-Grundfläche für jedes nutzbare Geschoss ermittelt **(Bild 241/1)**.

Die **Konstruktions-Grundfläche (KGF)** ist die Grundfläche der begrenzenden Bauteile, wie z.B. Wände, Pfeiler, Stützen und Schornsteine, die innerhalb der Brutto-Grundfläche liegen. Sie wird als Differenz von Brutto-Grundfläche (BGF) und Netto-Grundfläche (NGF) ermittelt.

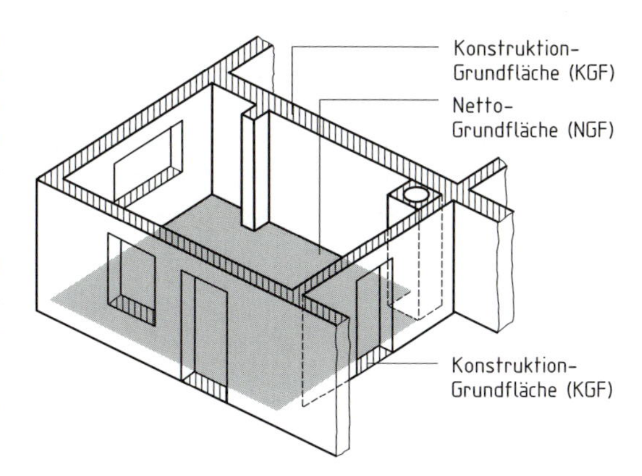

Bild 241/1: Netto-Grundfläche (NGF)

Konstruktions-Grundfläche = Brutto-Grundfläche – Netto-Grundfläche

KGF = BGF – NGF

Die Nettogrundrissflächen von Nutzfläche, Technischer Funktionsfläche und Verkehrsfläche werden nach **Nutzungsgruppen** gegliedert. Diesen Nutzungsgruppen werden die jeweiligen Grundflächen und Räume entsprechend ihrer Nutzungsart zugeordnet **(Bild 241/2)**.

Nutzfläche (NF) Nutzungsgruppe Nr. 1–7 1. Wohnen und Aufenthalt 2. Büroarbeit 3. Produktion, Hand- und Maschinenarbeit, Experimente 4. Lagern, Verteilen und Verkaufen 5. Bildung, Unterricht und Kultur 6. Heilen und Pflegen 7. Sonstige Nutzflächen	Beispiele: Wohnräume, Gemeinschaftsräume, Pausenräume, Warteräume Büroräume, Besprechungsräume, Schalterräume Werkhallen, Werkstätten, Labors, Räume für Tierhaltung, Küchen, Sonderarbeitsräume Lagerräume, Archive, Verkaufsräume, Ausstellungsräume Unterrichtsräume, Bibliothekräume, Sport- u. Versammlungsräume Räume mit medizinischer Ausstattung, Bettenräume im Krankenhaus Sanitärräume, Garderoben, Abstellräume, Fahrzeugabstellflächen
Technische Funktionsfläche (TF) Nutzungsgruppe Nr. 8 8. Technische Anlagen	Beispiele: Betriebstechnische Räume für die Ver- und Entsorgung von Gebäuden
Verkehrsfläche (VF) Nutzungsgruppe Nr. 9 9. Verkehrserschließung- und -sicherung	Beispiele: Flure, Hallen, Treppen, Fahrzeugverkehrsflächen

Bild 241/2: Nettogrundrissfläche; Gliederung in Nutzungsgruppen

Die einzelnen Nutzungsgruppen sind nicht einer Gebäudeart, z.B. Wohngebäude, Bürogebäude, Sporthalle, gleichzusetzen. Bei der Berechnung der Nettogrundrissfläche für ein Bauwerk mit unterschiedlichen Nutzungen gliedert diese sich nach den vorhandenen Flächenarten sowie deren Nutzungsgruppen mit den zugeordneten Grundflächen und Räumen.

Bei der Berechnung der Grundflächen werden alle Längenmaße in Metern (m) angegeben. Deshalb kann auf das Anschreiben der Einheit Meter (m) verzichtet werden.

Beispiel: Für ein Betriebsgebäude sind die Grundflächen nach DIN 277 gegliedert zu erfassen **(Bild 242/1)**. Nach der Baubeschreibung werden alle Außenwände mit einem sogenannten „Vollwärmeschutz" versehen. Dieser besteht aus 4 cm dicken PS-Platten und einem 10 mm dicken Kunstharz-Reibeputz. Der Innenputz ist als Maschinenputz P II, Dicke 1,5 cm, vorgesehen. Das Gebäude wird über Elektro-Speicheröfen beheizt.

a) Wie groß ist die Brutto-Grundfläche?

b) Wie groß ist die Netto-Grundfläche?

c) Wie groß ist die Konstruktions-Grundfläche?

d) Zusammenstellung der Flächen nach Nutzungsgruppen.

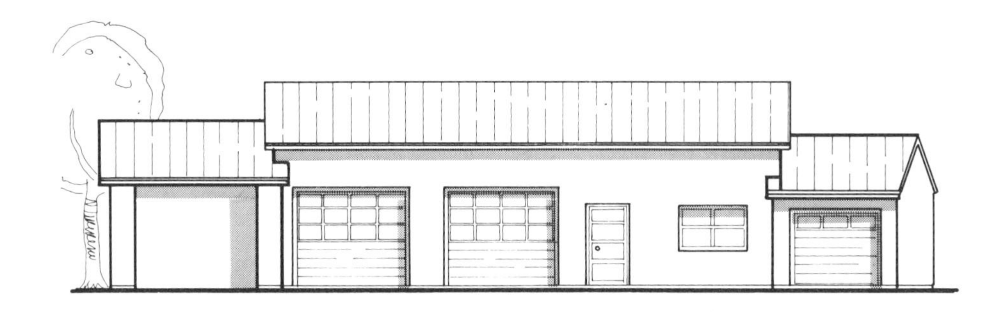

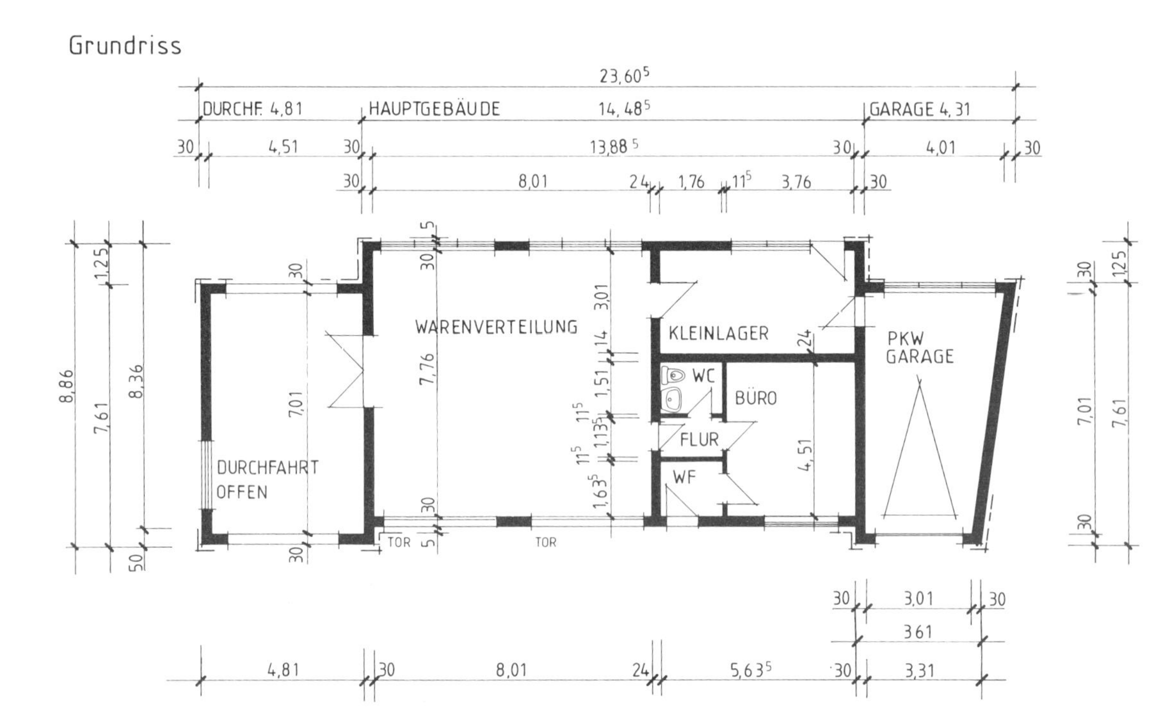

Bild 242/1: Betriebsgebäude

Lösung: a) Ermittlung der Brutto-Grundfläche (BGF)

BGF a (allseitig umschlossen, überdeckt)

Hauptgebäude	$14{,}485\,m \cdot (8{,}36\,m + 0{,}05\,m \cdot 2)$	$= 122{,}54\,m^2$
	$1{,}25\,m \cdot 0{,}05\,m \cdot 2$	$= 0{,}13\,m^2$
Pkw-Garage	$(7{,}61\,m + 0{,}05\,m \cdot 2) \cdot \frac{4{,}31\,m + 0{,}05\,m + 3{,}31\,m + 0{,}05\,m}{2}$	$= 29{,}76\,m^2$
	$0{,}50\,m \cdot (0{,}30\,m + 0{,}05\,m)$	$= 0{,}18\,m^2$
	BGF a	$= 152{,}61\,m^2$

BGF b (nicht allseitig umschlossen, überdeckt)

Durchfahrt	$(7{,}61\,m + 0{,}05\,m \cdot 2) \cdot (4{,}81\,m + 0{,}05\,m)$	$= 37{,}47\,m^2$
	$0{,}50\,m \cdot (0{,}30\,m + 0{,}05\,m)$	$= 0{,}18\,m^2$
	BGF b	$= 37{,}65\,m^2$

Die Brutto-Grundfläche BGF beträgt: BGF a + BGF b = $152{,}61\,m^2 + 37{,}65\,m^2$ = **$190{,}26\,m^2$**

b) Ermittlung der Netto-Grundfläche (NGF)

NGF a (allseitig umschlossen, überdeckt)

Warenverteilung	$(8{,}01\,m - 0{,}015\,m \cdot 2) \cdot (7{,}76\,m - 0{,}015\,m \cdot 2)$	$= 61{,}69\,m^2$
Kleinlager	$(5{,}635\,m - 0{,}015\,m \cdot 2) \cdot (3{,}01\,m - 0{,}015\,m \cdot 2)$	$= 16{,}70\,m^2$
Büro	$(4{,}51\,m - 0{,}015\,m \cdot 2) \cdot (3{,}76\,m - 0{,}015\,m \cdot 2)$	$= 16{,}71\,m^2$
WC	$(1{,}76\,m - 0{,}015\,m \cdot 2) \cdot (1{,}51\,m - 0{,}015\,m \cdot 2)$	$= 2{,}56\,m^2$
Flur	$(1{,}76\,m - 0{,}015\,m \cdot 2) \cdot (1{,}135\,m - 0{,}015\,m \cdot 2)$	$= 1{,}74\,m^2$
Windfang	$(1{,}76\,m - 0{,}015\,m \cdot 2) \cdot (1{,}635\,m - 0{,}015\,m \cdot 2)$	$= 2{,}78\,m^2$

Pkw-Garage

$$(7{,}01\,m - 0{,}015\,m \cdot 2) \cdot \frac{(4{,}01\,m - 0{,}015\,m \cdot 2) + (3{,}01\,m - 0{,}015\,m \cdot 2)}{2} = 24{,}29\,m^2$$

NGF a $= 126{,}47\,m^2$

NGF b (nicht allseitig umschlossen, überdeckt)

Durchfahrt	$(4{,}51\,m - 0{,}015\,m \cdot 2) \cdot (7{,}01\,m - 0{,}015\,m \cdot 2)$	$= 31{,}27\,m^2$
	NGF b	$= 31{,}27\,m^2$

Die Netto-Grundfläche NGF beträgt: NGF a + NGF b = $126{,}47\,m^2 + 31{,}27\,m^2$ = **$157{,}74\,m^2$**

c) Ermittlung der Konstruktions-Grundfläche (KGF)

KGF = BGF − NGF

KGF = $190{,}26\,m^2 - 157{,}74\,m^2$

KGF = $32{,}52\,m^2$ Die Konstruktions-Grundfläche beträgt $32{,}52\,m^2$.

d) Zusammenstellung der Flächen nach Nutzungsgruppen

Raumbezeichnung	NF 1	NF 2	NF 3	NF 4	NF 5	NF 6	NF 7	TF 8	VF 9	NGF
Warenverteilung				61,69						
Kleinlager				16,70						
Büro		16,71								
WC							2,56			
Flur									1,74	
Windfang							24,29		2,78	
Pkw-Garage										
Durchfahrt									31,27	
Gesamt (m^2)		16,71		78,39			26,85		35,79	157,74

12.5 Berechnung der Rauminhalte nach DIN 277

Die Rauminhalte werden mit Hilfe der Grundflächen berechnet und für die einzelnen Geschossebenen getrennt erfasst. Dabei werden nach DIN 277 der **Brutto-Rauminhalt (BRI)**, der **Netto-Rauminhalt (NRI)** und der **Konstruktions-Rauminhalt (KRI)** unterschieden. Für die Beurteilung von Bauwerken ist jedoch meistens der Brutto-Rauminhalt ausreichend. Dieser wird bestimmt durch das Produkt aus Brutto-Grundfläche und der maßgeblichen Geschoss- oder Bauteilhöhe, die in DIN 277 festgelegt ist **(Tabelle 244/1)**. Die Ermittlung des Brutto-Rauminhaltes (BRI) für die einzelnen Geschosse wird nach folgenden Merkmalen vorgenommen.

a Brutto-Rauminhalt für Geschosse die allseitig umschlossen und überdeckt sind **(BRI a)**.

b Brutto-Rauminhalt für Geschosse die nicht allseitig umschlossen, jedoch überdeckt sind **(BRI b)**.

c Brutto-Rauminhalt für Bauteile die umschlossen, jedoch nicht überdeckt sind **(BRI c)**.

Nicht zum Brutto-Rauminhalt gehören die Rauminhalte von Tief- und Flachgründungen, Lichtschächten, Außentreppen, Eingangsüberdachungen und Dachvorsprünge.

Tabelle 244/1: Maßgebliche Höhe nach DIN 277

Geschosse allseitig umschlossen und überdeckt BRI a		Geschosse nicht allseitig umschlossen, jedoch überdeckt BRI b		Bauteile umschlossen, jedoch nicht überdeckt BRI c	
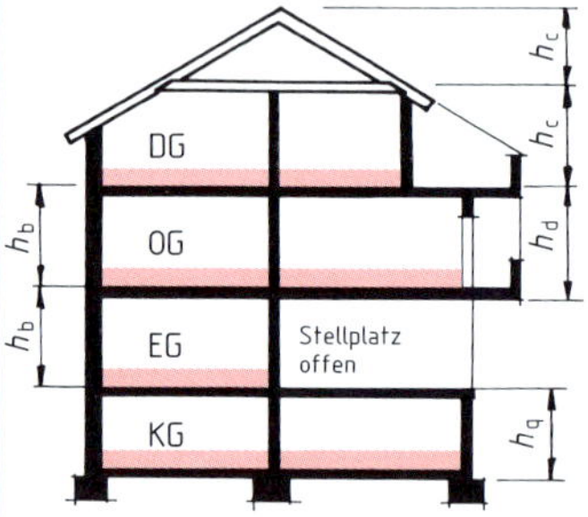		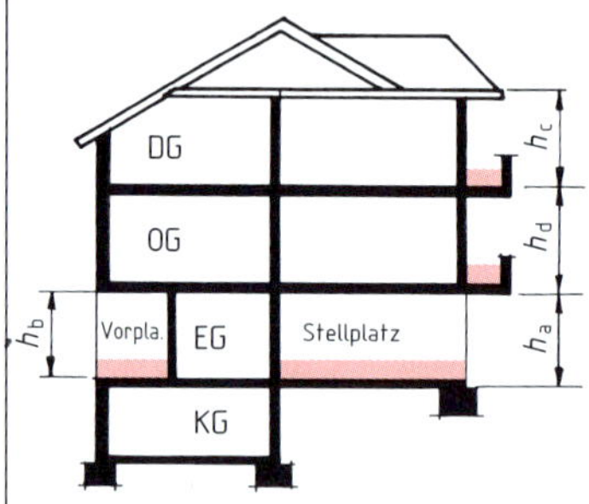		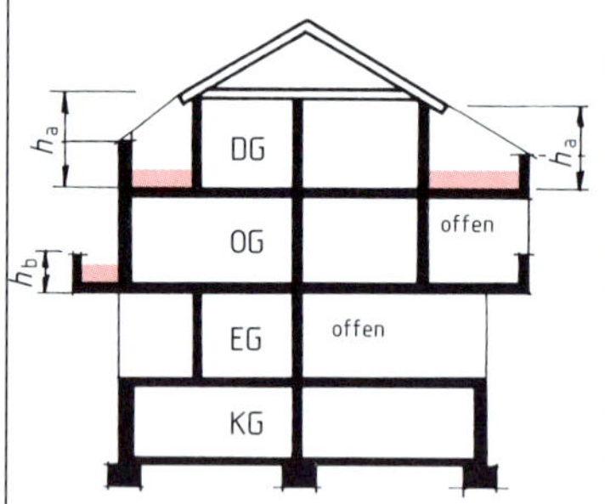	
h_a	für Flächen im unteren Geschoss h_a = Raumhöhe + Dicke von Boden und Decke	h_a	für Flächen im untersten Geschoss, das durch ein umschlossenes Geschoss überdeckt ist h_a = Raumhöhe + Dicke des Bodens	h_a	für Flächen von Dachterrassen h_a = Höhe der umschließenden Bauteile
h_b	für Flächen in normalen Geschossen h_b = Raumhöhe + Dicke der oberen Decke	h_b	für Flächen zwischen zwei umschlossenen Geschossen h_b = Raumhöhe	h_b	für Flächen von auskragenden Bauteilen h_b = Höhe des umschließenden Bauteils + Dicke des Bodens
h_c	für Flächen in Geschossen deren Decke zugleich Dachfläche ist h_c = Raumhöhe + Dicke der Dachdecke	h_c	für Flächen unter nicht umschlossenem Geschoss h_c = Raumhöhe + Dicke der oberen Decke		
h_d	für Flächen in Geschossen über offenen Durchfahrten oder Hallen h_d = Raumhöhe + Dicke von Boden und Decke	h_d	für Flächen unter einem nicht umschlossenen Geschoss h_d = Raumhöhe + Dicke von Boden und Decke		

Beispiel: Für das Betriebsgebäude (Beispiel Seite 242) wurden die Bauwerksflächen nach DIN 277 ermittelt **(Bild 245/1)**.

Die Brutto-Grundfläche (allseitig umschlossen, überdeckt) BGF a beträgt 152,61 m^2.
Die Brutto-Grundfläche (nicht allseitig umschlossen, überdeckt) BGF b beträgt 37,65 m^2.

Die maßgeblichen Höhen sind aus den Schnittzeichnungen zu entnehmen (Bild 245/1).

a) Die Brutto-Rauminhalte BRI a und BRI b sind zu ermitteln.
b) Wie groß ist der gesamte Brutto-Rauminhalt des Betriebsgebäudes?

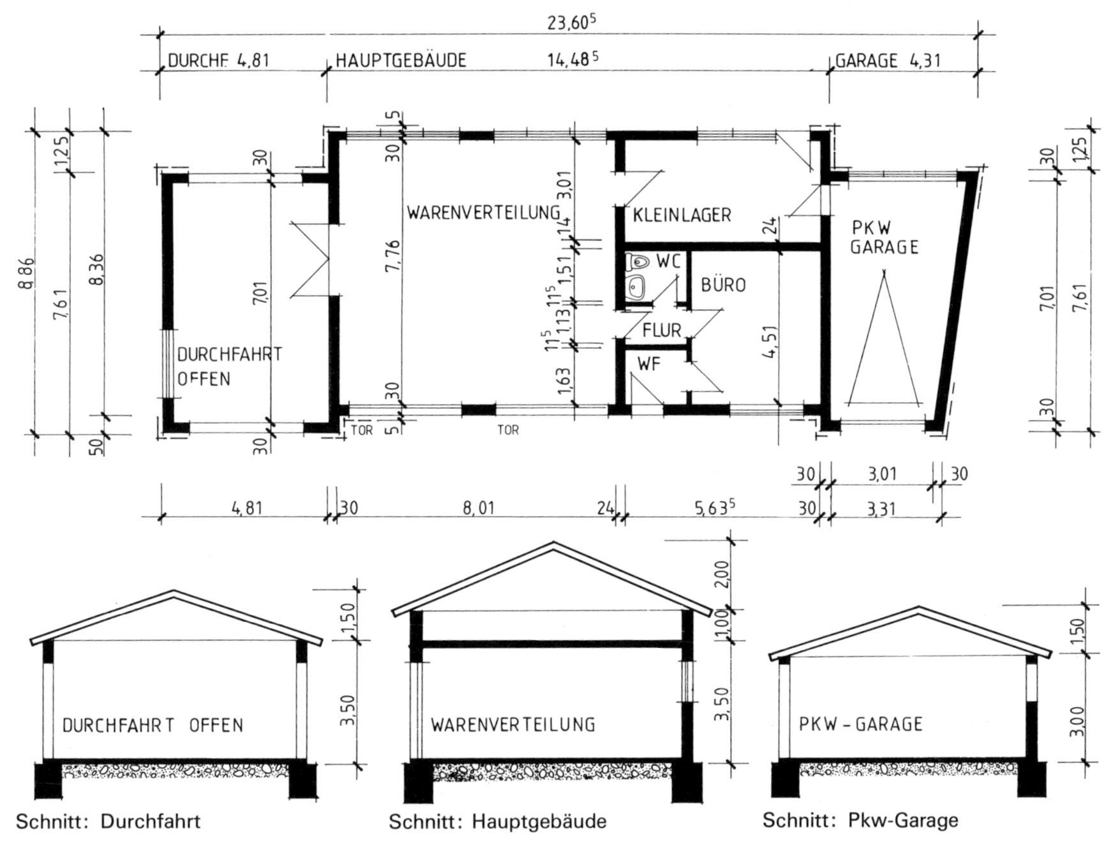

Schnitt: Durchfahrt | Schnitt: Hauptgebäude | Schnitt: Pkw-Garage

Bild 245/1: Schnitte zu Betriebsgebäude

Lösung: a) Ermittlung der Brutto-Rauminhalte BRI

BRI a (Geschosse allseitig umschlossen, überdeckt) BGF a gesamt = 152,61 m^2

Hauptgebäude (BGF a 122,67 m^2)	$122{,}67\ m^2 \cdot 3{,}50\ m$	$= 429{,}345\ m^3$
	$122{,}67\ m^2 \cdot 1{,}00\ m$	$= 122{,}670\ m^3$
	$122{,}67\ m^2 \cdot 2{,}00\ m \cdot \frac{1}{2}$	$= 122{,}670\ m^3$
Pkw Garage (BGF a 29,94 m^2)	$29{,}94\ m^2 \cdot 3{,}00\ m$	$= 89{,}820\ m^3$
	$29{,}94\ m^2 \cdot 1{,}50\ m \cdot \frac{1}{2}$	$= 22{,}455\ m^3$
		786,960 m^3

BRI b (Geschosse nicht allseitig umschlossen, überdeckt) BGF b = 37,65 m^2

Durchfahrt	$37{,}65\ m^2 \cdot 3{,}50\ m$	$= 131{,}775\ m^3$
	$37{,}65\ m^2 \cdot 1{,}50\ m \cdot \frac{1}{2}$	$= 28{,}237\ m^3$
		160,012 m^3

b) Brutto-Rauminhalt insgesamt

BRI = BRI a + BRI b
BRI = 786,960 m^3 + 160,012 m^3
BRI = 946,972 m^3

12.6 Kosten im Hochbau nach DIN 276

Kosten von Baumaßnahmen müssen entsprechend dem jeweiligen Stand der Planung erfasst werden. Auf der Grundlage einer Kostengliederung mit Kostenermittlung ist es dem Bauherrn möglich, einen entsprechenden Finanzierungsplan für das Projekt aufzustellen.

12.6.1 Kostengliederung

Die Kostengliederung dient der systematischen Auflistung aller Aufwendungen, die mit dem Bauen verbunden sind. Sie ist entsprechend dem Bauablauf geordnet. Die **Gesamtkosten** gliedern sich in **7 Kostengruppen**. Diese werden wiederum in **Untergruppen, den Kostengruppen der 2. und 3. Ebene**, eingeteilt **(Tabelle 246/1)**.

Tabelle 246/1: Kostengliederung nach DIN 276 (Auszug)

Kostengruppen (1. Ebene)		Untergruppen (2. Ebene)	
100	Grundstück	110	Grundstückswert
		120	Grundstücksnebenkosten
		130	Freimachen
200	Herrichten und Erschließen	210	Herrichten
		220	Öffentliche Erschließung
		230	Nichtöffentliche Erschließung
		240	Ausgleichsabgaben
		250	Übergangsmaßnahmen
300	Bauwerk – Baukonstruktionen	310	Baugrube
		320	Gründung
		330	Außenwände
		340	Innenwände
		350	Decken
		360	Dächer
		370	Konstruktive Einbauten
		390	Sonstige Maßnahmen für Baukonstruktionen
400	Bauwerk – Technische Anlagen	410	Abwasser-, Wasser-, Gasanlagen
		420	Wärmeversorgungsanlagen
		430	Lufttechnische Anlagen
		440	Starkstromanlagen
		450	Fernmelde- u. informationstechnische Anlagen
		460	Förderanlagen
		470	Nutzungsspezifische Anlagen
		480	Gebäudeautomation
		490	Sonstige Maßnahmen für Technische Anlagen
500	Außenanlagen	510	Geländeflächen
		520	Befestigte Flächen
		530	Baukonstruktionen in Außenanlagen
		540	Technische Anlagen in Außenanlagen
		550	Einbauten in Außenanlagen
		560	Wasserflächen
		570	Pflanz- und Saatflächen
		590	Sonstige Maßnahmen für Außenanlagen
600	Ausstattung und Kunstwerke	610	Ausstattung
		620	Kunstwerke
700	Baunebenkosten	710	Bauherrenaufgaben
		720	Vorbereitung der Objektplanung
		730	Architekten- und Ingenieurleistungen
		740	Gutachten und Beratung
		750	Kunst
		760	Finanzierung
		770	Allgemeine Baunebenkosten
		790	Sonstige Baunebenkosten
Gesamtkosten			

12.6.2 Kostenermittlung

Die Kostenermittlung dient dazu, die Kosten vorauszuberechnen, oder entstandene Kosten in tatsächlicher Höhe (brutto, einschließlich Umsatzsteuer) festzustellen. Die Kostengliederung bildet die Ordnungsstruktur für die Kostenermittlung. Als Bezugsgrößen dienen die Grundflächen oder Rauminhalte nach DIN 277 sowie die genauen Massenermittlungen für die einzelnen Gewerke. Je nach Stand der Planung oder Bauausführung unterscheidet man verschiedene Arten von Kostenermittlungen **(Tabelle 247/1)**.

Tabelle 247/1: Kostenermittlung nach DIN 276		
Arten	Planungs- und Ausführungsstand	Inhalt, Grundlage
1 Kostenschätzung	Aufstellung während der Vorplanungsphase	Die Kostenschätzung dient der **überschlägigen** Ermittlung der Gesamtkosten auf der Grundlage von Erfahrungswerten wie z. B. €/m² NF, €/Nutzungseinheit, €/m³ BRI
2 Kostenberechnung	Aufstellung während der Entwurfsbearbeitung unter Berücksichtigung der genauen Baubeschreibung	Die Kostenberechnung dient zur **genauen** Ermittlung der Gesamtkosten und ist ausschlaggebend dafür, ob das Bauvorhaben wie geplant durchgeführt werden kann. Grundlagen sind die Mengen- und Kostenansätze von Einzelbauteilen.
3 Kostenanschlag	Aufstellung während der Ausführungs- und Detailplanung durch Erstellen von Leistungsverzeichnissen und Einholen von Angeboten für die Baugewerke	Der Kostenanschlag dient zur **genauen** Ermittlung der **tatsächlich zu erwartenden** Kosten. Grundlagen sind genaue Massenermittlungen mit Einheitspreisen einschließlich Zusammenstellung aller im Zusammenhang mit der Baumaßnahme anfallenden Kosten.
4 Kostenfeststellung	Nachweis der tatsächlich entstandenen Kosten durch Zusammenstellung aller geprüften Schlußrechnungen und Kostenbelege	Die Kostenfeststellung dient zur Ermittlung der **tatsächlichen** Gesamtkosten. Sie ist Grundlage des Nachweises der Baukosten gegenüber Geldgeber für Finanzierungsmittel. Weiterhin dient sie zur Erstellung von Vergleichs- oder Richtwerten für andere Baumaßnahmen.

Die auf der Grundlage einer Kostenfeststellung ermittelten Kostenrichtwerte, wie z.B. Kosten je Flächeneinheit (€/m² NF), Kosten je Rauminhalt (€/m³ BRI) oder Kosten je Nutzungseinheit (€/Wohnung), können wiederum bei Kostenschätzungen für ähnliche Bauwerke eingesetzt werden. Dabei ist jedoch zu beachten, dass die Richtwerte dem sich ändernden Kostengefüge der Wirtschaft, z. B. infolge von Preisveränderungen, angepasst oder fortgeschrieben werden.

Beispiel: Für das Betriebsgebäude (Beispiel Seite 242) sind die Kosten der Baumaßnahme in Form einer Kostenschätzung zu ermitteln.

Dabei sind folgende Kostengruppen zu berücksichtigen:

100 Grundstück
(5,40 a mit 37,50 €/m²)

200 Herrichten und Erschließen
pauschal mit 13 500,00 €

300 Bauwerk – Baukonstruktionen
947,000 m³ mit 140,00 €/m³

400 Bauwerk – Technische Anlagen
947,000 m³ mit 20,00 €/m³

500 Außenanlagen
pauschal mit 10 000,00 €

600 Ausstattung und Kunstwerke
pauschal mit 2 000,00 €

700 Baunebenkosten
12% aus Kostengruppe 300 bis 600

Lösung: Kostenschätzung nach DIN 276 Projekt: Betriebsgebäude

Kostengruppe	Einheit · Richtwert	Gesamtbetrag
100 Grundstück	540,00 m² · 37,50 €/m²	20 250,00 €
200 Herrichten und Erschließen	pauschal	13 500,00 €
300 Bauwerk – Baukonstruktionen	947,000 m³ · 140,00 €/m³	132 580,00 €
400 Bauwerk – Technische Anlagen	947,000 m³ · 20,00 €/m³	18 940,00 €
500 Außenanlagen	pauschal	10 000,00 €
600 Ausstattung und Kunstwerk	pauschal	2 000,00 €
700 Baunebenkosten	163 520,00 € · 0,12	19 622,40 €
Gesamtkosten		216 892,40 €
Gesamtkosten gerundet		**217 000,00 €**

Aufgaben zu 12.3 Art und Maß der baulichen Nutzung von Baugrundstücken

12.4 Berechnung der Grundflächen nach DIN 277

12.5 Berechnung der Rauminhalte nach DIN 277

12.6 Kosten im Hochbau nach DIN 276

In einem „Allgemeinen Wohngebiet" wird ein eingeschossiges Wohnhaus auf einem 890 m² großen Bauplatz geplant **(Bild 249/1)**.

Für die Baueingabe sind die erforderlichen Berechnungen und für die Finanzierung ist eine Kostenschätzung zu erstellen.

a) Wie groß ist die bebaute Fläche und das Maß der baulichen Nutzung des Baugrundstückes?

b) Wie groß ist die Brutto-Grundfläche, die Netto-Grundfläche und die Konstruktions-Grundfläche, wenn für die Dicke des Innenwandputzes 1 cm zu berücksichtigen ist?

Der Fertigteilschornstein ist mit einer Fläche von 0,40 m² anzusetzen. Eine Zusammenstellung der Netto-Grundflächen, gegliedert nach Nutzungsarten, ist zu fertigen.

c) Wie groß ist der Brutto-Rauminhalt des Wohnhauses?

d) Die Kosten der Baumaßnahme sind in Form einer Kostenschätzung zusammenzustellen. Den einzelnen Kostengruppen sind folgende Angaben und Richtwerte zuzuordnen:
Kosten des Bauplatzes 43,00 €/m²; Kosten der öffentlichen Erschließung 33,00 €/m²; Kosten der Baukonstruktion 196,00 €/m³; Mehrkosten für Verblendmauerwerk pauschal 9 000,00 €; Kosten der technischen Anlagen 45,00 €/m³; Kosten für befestigte Wege, Zufahrten und Terrasse pauschal 10 000,00 €; Kosten der Grünflächen auf dem Grundstück pauschal 2 500,00 €; die Baunebenkosten betragen 10% aus den Kostengruppen 300 bis 600.

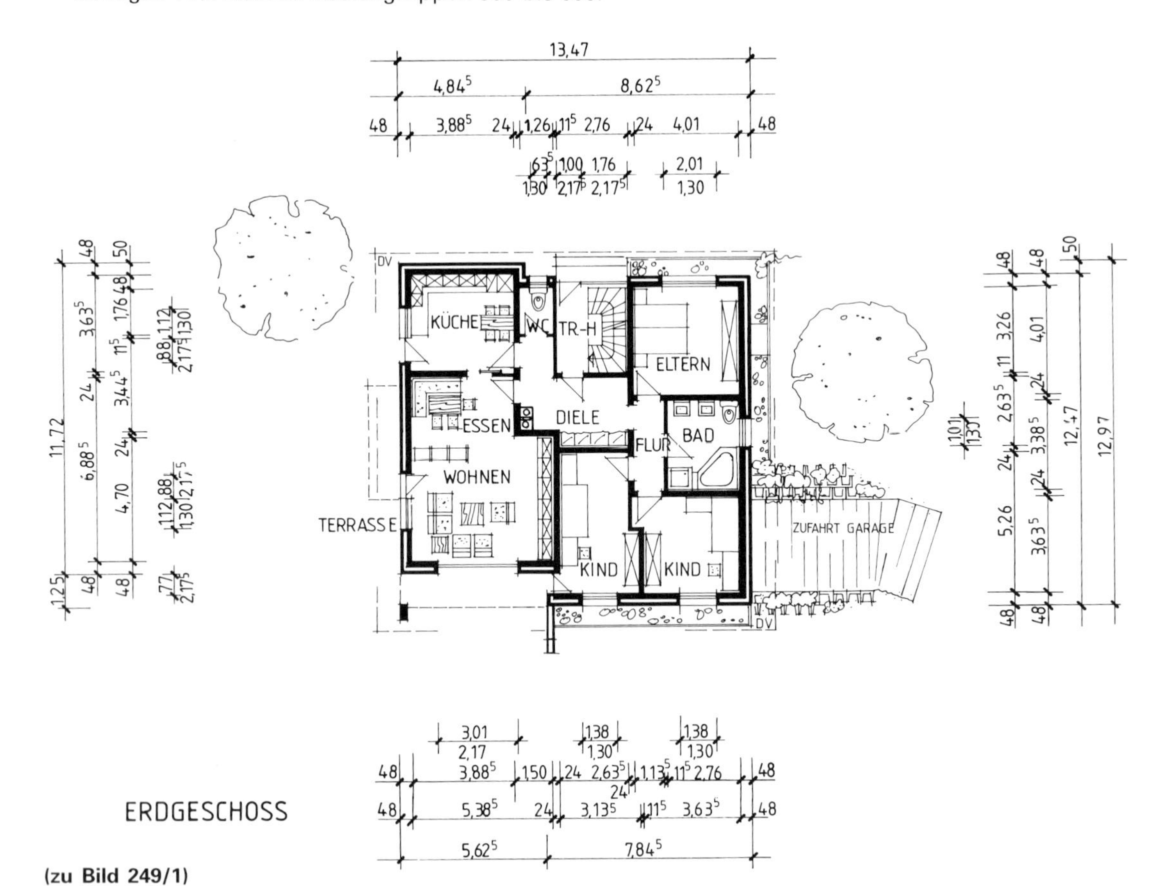

(zu Bild 249/1)

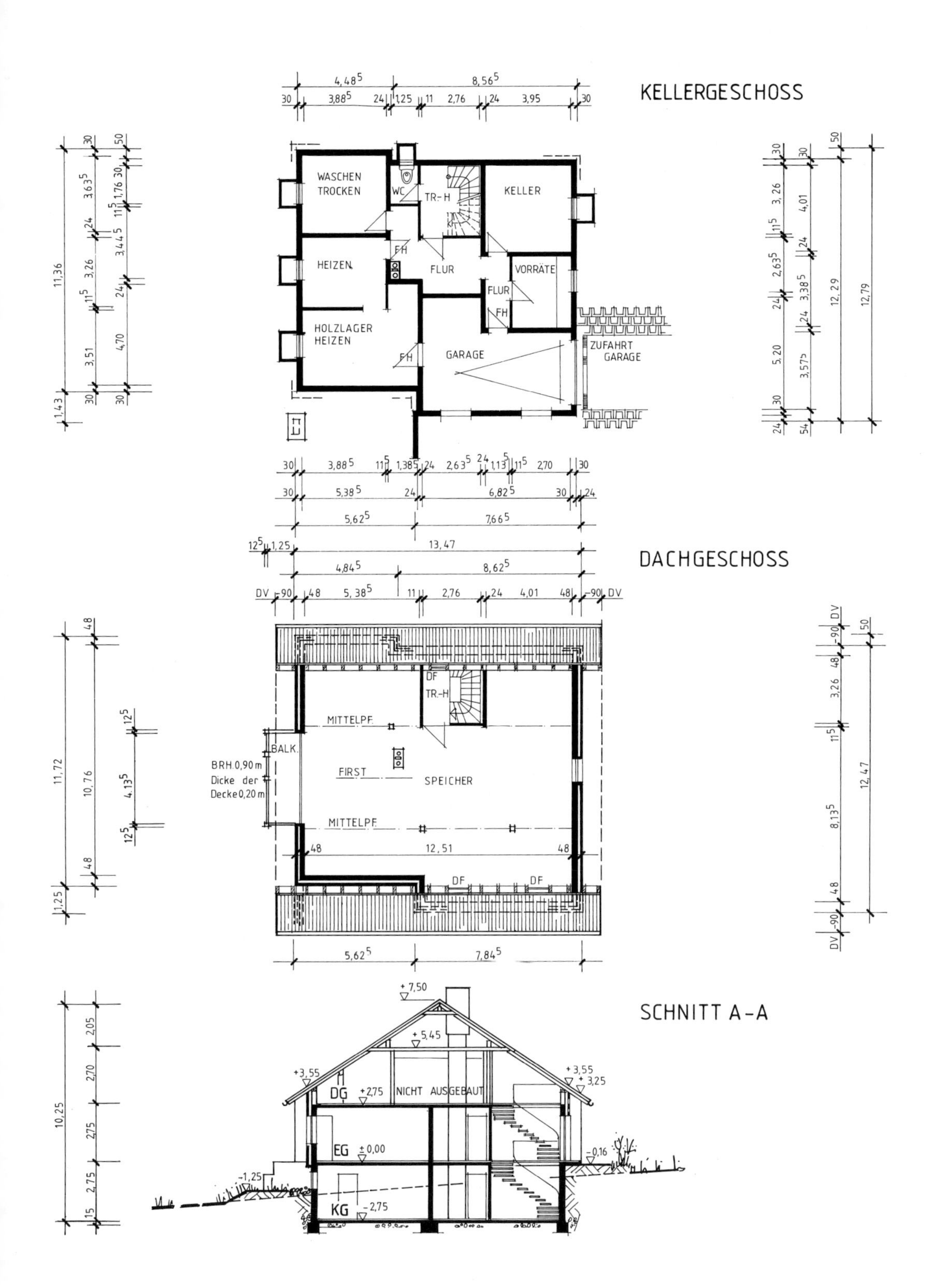

Bild 249/1: Wohnhaus

13 Abrechnung von Bauleistungen

13.1 Aufmaß und Abrechnung nach VOB

In der VOB (Vergabe- und Vertragsordnung für Bauleistungen) Teil C sind die allgemeinen technischen Vertragsbedingungen für Bauleistungen aufgeführt. Sie bilden für den Bauherrn und den Unternehmer die Grundlage für die Ausführung und für die Abrechnung von Bauleistungen, wie z. B. von Erdarbeiten, Mauerarbeiten sowie Betonarbeiten. Die Abrechnung von Bauleistungen erfolgt nach dem Aufmaß. Unter Aufmaß versteht man die Feststellung der Abmessungen für die Massenermittlung. Das Aufmaß erfolgt nach Zeichnung, sofern diese mit dem fertigen Bau übereinstimmt. Ist dies nicht der Fall, gelten die Maße am Bau. Für Aufmaß und Abrechnung bestehen je nach Gewerk besondere Regeln.

13.1.1 Abrechnungsregeln bei Erdarbeiten (Tabelle 250/1)

Tabelle 250/1: Aufmaß und Abrechnung bei Erdarbeiten nach VOB/C (DIN 18300)

Bauteile	Abrechnungs-einheiten	Abrechnungsregeln
Aushub von Baugruben und Gräben	m^3	a) Die Aushubtiefe wird von der Oberfläche der auszuhebenden Baugrube bis zur Sohle der Baugrube gerechnet b) Breite der Baugrubensohle: Außenmaße des Bauwerkes, zuzüglich mindestens 50 cm Arbeitsraum und der erforderlichen Maße für Schalungs- und Verbaukonstruktionen c) Böschungswinkel β, Böschungsbreite b in Abhängigkeit von der Baugrubentiefe t bei Bodenklasse 3 und 4 $\beta = 45°$ $b = t$ bei Bodenklasse 5 $\beta = 60°$ $b = 0{,}58\ t$ bei Bodenklasse 6 und 7 $\beta = 80°$ $b = 0{,}18\ t$
Einbau von Boden	m^3	Das Raummaß von Baukörpern, jeder Leitung, Sickerkörpern und Steinpackungen mit einem äußeren Querschnitt von mehr als 0,1 m^2 wird abgezogen.
Verdichten von Boden	m^2, m^3	Aufmaß wie beim Einbau von Boden

Beispiel: Für ein rundes Becken mit einem Außendurchmesser von 4,50 m ist eine Baugrube auszuheben **(Bild 250/1)**. Der Aushub entspricht der Bodenklasse 6 (Tabelle 250/1).

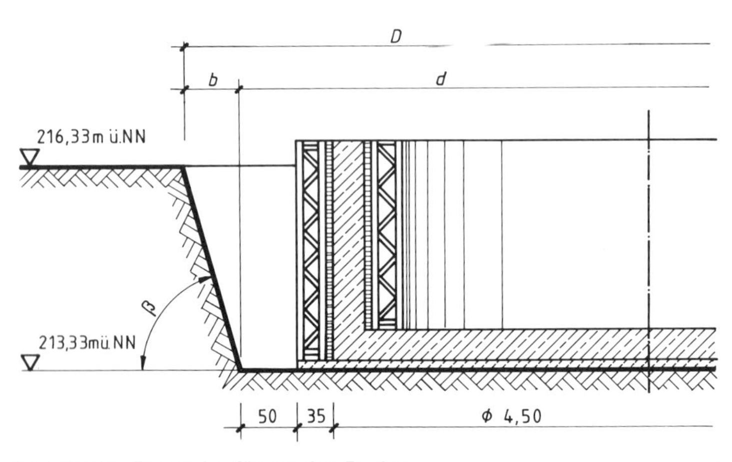

Bild 250/1: Baugrube für rundes Becken

a) Wie groß ist der Böschungswinkel β?
b) Wie tief ist die Baugrube?
c) Wie groß ist der Mindestdurchmesser d an der Baugrubensohle?
d) Wie groß ist der Durchmesser D an der Baugrubenkrone?
e) Wieviel m^3 Boden sind nach VOB unter Berücksichtigung der Mindestdicke der Schalung und der Mindestbreite des Arbeitsraumes aufzumessen und abzurechnen?
f) Wieviel m^3 Boden sind zum Verfüllen des Arbeitsraumes notwendig?
g) Wieviel m^2 Boden sind an der Baugrubenkrone zu verdichten?

Lösung: a) Böschungswinkel:

β = **80°**

b) Baugrubentiefe:

$t = 216{,}33\,\text{m} - 213{,}33\,\text{m}$

$\boldsymbol{t = 3{,}00\,\text{m}}$

c) Mindestdurchmesser an der Baugrubensohle:

$d = 4{,}50\,\text{m} + 2 \cdot (0{,}50 + 0{,}35\,\text{m})$

$\boldsymbol{d = 6{,}20\,\text{m}}$

d) Durchmesser an der Baugrubenkrone:

$D = d + 2 \cdot b$

$D = d + 2 \cdot 0{,}18\ t$

$D = 6{,}20\,\text{m} + 2 \cdot 0{,}18 \cdot 3{,}00\,\text{m}$

$\boldsymbol{D = 7{,}28\,\text{m}}$

e) Baugrubenaushub:

$$V = \frac{\pi}{12}\,(D^2 + d^2 + D \cdot d) \cdot h$$

$$V = \frac{\pi}{12}\,(7{,}28\,\text{m} \cdot 7{,}28\,\text{m} + 6{,}20\,\text{m} \cdot 6{,}20\,\text{m} + 7{,}28\,\text{m} \cdot 6{,}20\,\text{m}) \cdot 3{,}00\,\text{m}$$

$\boldsymbol{V \approx 107{,}27\,\text{m}^3}$

f) Verfüllen:

$V = V_{\text{Aushub}} - V_{\text{Becken}}$

$$V = 107{,}27\,\text{m}^3 - 4{,}50\,\text{m} \cdot 4{,}50\,\text{m} \cdot \frac{\pi}{4} \cdot 3{,}00\,\text{m}$$

$\boldsymbol{V \approx 59{,}56\,\text{m}^3}$

g) zu verdichtende Bodenfläche:

$$A = (D^2 - d^2) \cdot \frac{\pi}{4}$$

$$A = (7{,}28\,\text{m} \cdot 7{,}28\,\text{m} - 4{,}50\,\text{m} \cdot 4{,}50\,\text{m}) \cdot \frac{\pi}{4}$$

$\boldsymbol{A \approx 25{,}70\,\text{m}^2}$

13.1.2 Abrechnungsregeln bei Mauerarbeiten (Tabelle 251/1)

Tabelle 251/1: Aufmaß und Abrechnung bei Mauerarbeiten nach VOB/C (DIN 18 330)

Bauteile	Abrechnungseinheiten	Abrechnungsregeln
Mauerwerk	m, m², m³	Für Bauteile aus Mauerwerk, Sicht- und Verblendmauerwerk liegen deren Maße zugrunde. Bei Wanddurchdringungen wird nur eine Wand durchgehend berücksichtigt, bei Wänden ungleicher Dicke die dickere Wand. Rahmen, Riegel, Ständer, Deckenbalken, Vorlagen und Fachwerkteile aus Holz, Beton oder Metall bis 30 cm Einzelbreite werden übermessen.
	m³	Bei Abrechnung nach Raummaß (m³) werden abgezogen: – Öffnungen und Nischen über 0,5 m³ Einzelgröße – Schlitze für Rohrleitungen über je 0,1 m² Querschnittsgröße
	m²	Bei Abrechnung nach Flächenmaß (m²) werden abgezogen: – Öffnungen über 2,5 m² Einzelgröße – durchbindende Bauteile, z. B. Deckenplatten, über 0,5 m² Einzelgröße
	m	Bei Abrechnung nach Längenmaß werden Bauteile, wie z.B. Leibungen bei Sicht- und Verblendmauerwerk, Sohlbänke, Gesimse, Stürze, gemauerte Stufen usw., in ihrer größten Länge gemessen.
Schornsteine aus Formstücken	m	Bei Schornsteinen aus Formstücken wird das Längenmaß in der Achse bis Oberkante Formstück gemessen.
Bewehrung	kg, t	Bei Bewehrungsstahl (Liefern, Schneiden, Biegen, Einbauen) ist das errechnete Gewicht maßgebend.

Beispiel: In einem Gebäude wird nachträglich eine 11,5 cm dicke Zwischenwand eingezogen **(Bild 252/1)**. Wieviel m² Mauerwerk sind für die Zwischenwand aufzumessen und abzurechnen?

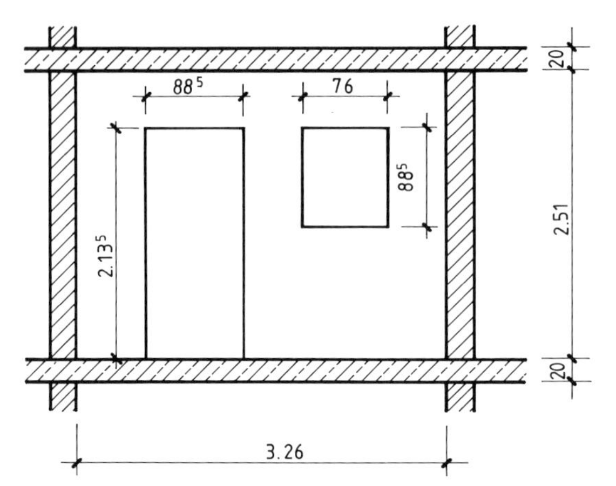

Bild 252/1: Zwischenwand mit Öffnungen

Lösung:

$A_{Wand} = 3{,}26\,m \cdot 2{,}51\,m$

$A_{Wand} = 8{,}18\,m^2$

$A_{Türe} = 2{,}13^5\,m \cdot 0{,}88^5\,m$

$A_{Türe} = 1{,}89\,m^2$

$A_{Fenster} = 0{,}88^5\,m \cdot 0{,}76\,m$

$A_{Fenster} = 0{,}67\,m^2$

Fenster und Türe sind jeweils kleiner als 2,5 m² und bleiben deshalb unberücksichtigt.

Abzurechnende Fläche A:

$\mathbf{A_{Wand} = 8{,}18\,m^2}$

13.1.3 Abrechnungsregeln bei Betonarbeiten (Tabelle 252/1)

Tabelle 252/1: Aufmaß und Abrechnung bei Betonarbeiten nach VOB/C (DIN 18 331)

Bauteile, Schalung, Bewehrung	Abrechnungseinheiten	Abrechnungsregeln
Bauteile aus Beton oder Stahlbeton	m², m³	Tatsächliche Abmessungen werden abgerechnet; durch die Bewehrung, z. B. durch Betonstabstähle oder Profilstähle, verdrängte Betonmengen, werden nicht abgezogen.
Öffnungen in Bauteilen	m², m³	Bei Abrechnung nach Raummaß (m³): Öffnungen über 0,5 m³ sowie Schlitze u. ä. über 0,1 m³ je m Länge werden abgezogen. Bei Abrechnung nach Flächenmaß (m²): Öffnungen, Durchdringungen und Einbindungen über 2,5 m² Einzelgröße werden abgezogen.
Durchdringungen	m³	Bei Wanddurchdringungen wird nur eine Wand durchgerechnet, bei ungleicher Wanddicke die dickere Wand.
Einbindungen	m³	Bei Wänden, Pfeilervorlagen und Stützen, die in Decken einbinden, wird die Höhe von Oberfläche Rohdecke bzw. Fundament bis Unterfläche Rohdecke gerechnet.
Fugenbänder	m	Fugenbänder und -bleche u. Ä. werden nach ihrer größten Länge, z. B. bei Schrägschnitten, gerechnet.
Schalungen	m²	Die Schalung von Bauteilen wird in der Abwicklung der geschalten Flächen gerechnet; Nischen, Schlitze, Kanäle, Fugen u. Ä. werden übermessen. Deckenschalung wird zwischen Wänden und Unterzügen oder Balken nach den geschalten Flächen der Deckenplatten gerechnet. Schalung für Aussparungen wird bei der Abrechnung nach Flächenmaß in der Abwicklung der geschalten Betonfläche gerechnet. Öffnungen, Durchdringungen, Einbindungen, Anschlüsse von Bauteilen u. Ä. über 2,5 m² Einzelgröße werden abgezogen.
Bewehrung	kg, t	Das Gewicht der Bewehrung wird nach den Stahllisten abgerechnet; zur Bewehrung gehören auch die Unterstützungen, z. B. Stahlböcke und Abstandhalter aus Stahl.

Beispiel: Eine Garage mit einem Fenster ist in Ortbeton zu fertigen **(Bild 253/1)**. Die mittig angeordneten Fundamente bestehen aus Beton C16/20, die übrigen Bauteile aus Beton C25/30.

a) Wieviel m^3 Beton C16/20 und Beton C25/30 sind abzurechnen?

b) Wieviel kg Betonstahl sind abzurechnen, wenn die Bodenplatte mit $3{,}5\,\frac{kg}{m^2}$, die Wand mit $4{,}5\,\frac{kg}{m^2}$ sowie die Decke und der Sturz mit $7{,}0\,\frac{kg}{m^2}$ Betonstahl angesetzt werden?

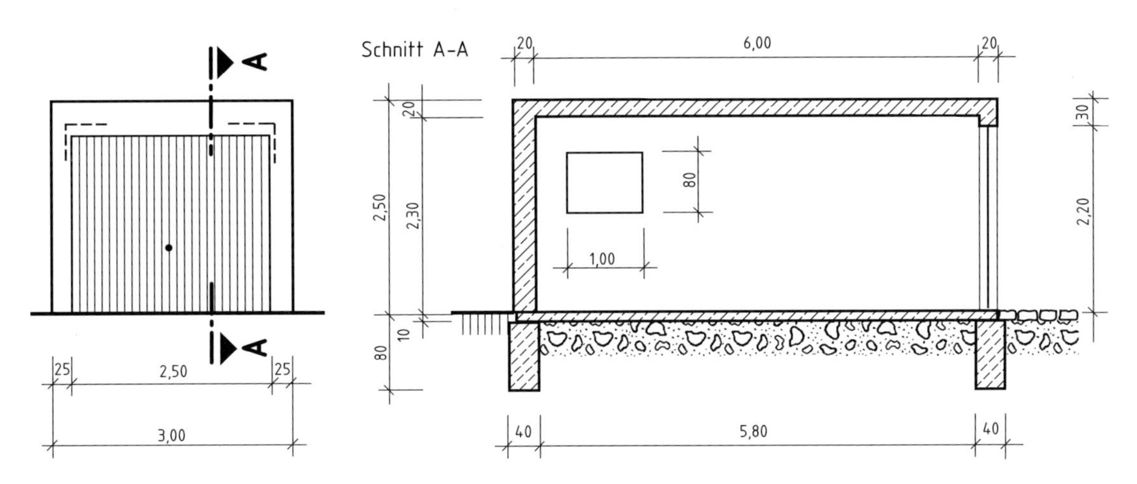

Bild 253/1: Garage

Lösung: a) **Beton C16/20**

$V_{Fundament}$ = 0,40 m · 0,80 m (2 · 3,20 m + 2 · 5,80 m)
= 5,760 m³ = 5,760 m³

Abzurechnender Beton C16/20 $V_{C16/20}$ = **5,760 m³**

Beton C25/30

$V_{Bodenplatte}$ = 6,40 m · 3,00 m · 0,10 m
= 1,920 m³ = 1,920 m³

V_{Decke} = 6,40 m · 3,00 m · 0,20 m
= 3,840 m³ = 3,840 m³

V_{Wand} = 2,30 m · 3,00 m · 0,20 m + 2 · 2,30 m · 6,20 m · 0,20 m
+ 2 · 2,20 m · 0,20 m · 0,05 m
= 7,128 m³ = 7,128 m³

V_{Sturz} = 2,60 m · 0,20 m · 0,10 m
= 0,052 m³ = 0,052 m³

Abzurechnender Beton C25/30 $V_{C25/30}$ = **12,940 m³**

$V_{Fenster}$ = 1,00 m · 0,80 m · 0,20 m
= 0,160 m³

Die Aussparung für das Fenster ist kleiner als 0,50 m³ und bleibt deshalb unberücksichtigt.

b) **Bewehrte Flächen:**

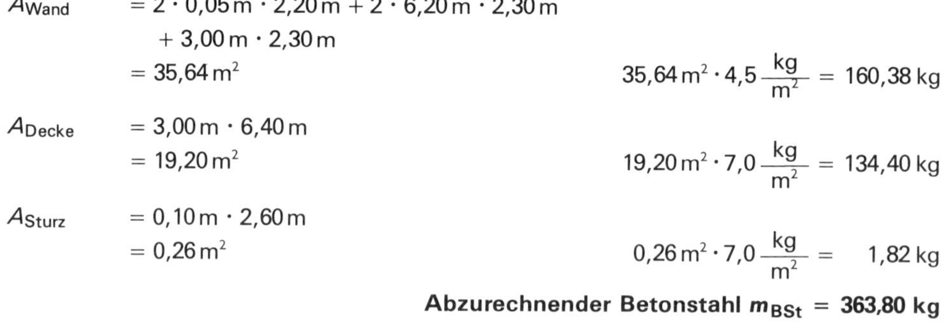

$A_{Bodenplatte} = 6{,}40\,m \cdot 3{,}00\,m$
$= 19{,}20\,m^2$ $\qquad 19{,}20\,m^2 \cdot 3{,}5\,\frac{kg}{m^2} = 67{,}20\,kg$

$A_{Wand} = 2 \cdot 0{,}05\,m \cdot 2{,}20\,m + 2 \cdot 6{,}20\,m \cdot 2{,}30\,m$
$+ 3{,}00\,m \cdot 2{,}30\,m$
$= 35{,}64\,m^2$ $\qquad 35{,}64\,m^2 \cdot 4{,}5\,\frac{kg}{m^2} = 160{,}38\,kg$

$A_{Decke} = 3{,}00\,m \cdot 6{,}40\,m$
$= 19{,}20\,m^2$ $\qquad 19{,}20\,m^2 \cdot 7{,}0\,\frac{kg}{m^2} = 134{,}40\,kg$

$A_{Sturz} = 0{,}10\,m \cdot 2{,}60\,m$
$= 0{,}26\,m^2$ $\qquad 0{,}26\,m^2 \cdot 7{,}0\,\frac{kg}{m^2} = 1{,}82\,kg$

Abzurechnender Betonstahl m_{BSt} = 363,80 kg

Aufgaben zu 13.1 Aufmaß und Abrechnung nach VOB

1 Für ein Wohnhaus ist eine 1,60 m tiefe Baugrube ausgehoben. Die Baugrubensohle hat eine Fläche A_1 von 106 m², die Fläche A_2 an der Baugrubenkrone beträgt 134 m². Wieviel m³ Bodenaushub können abgerechnet werden?

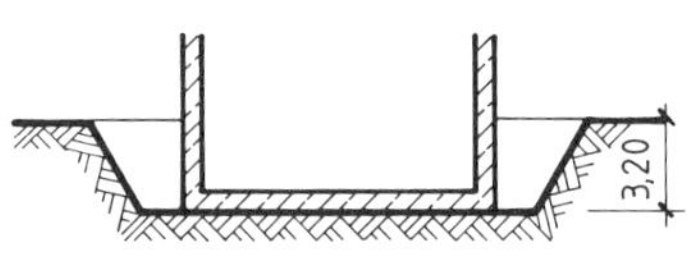

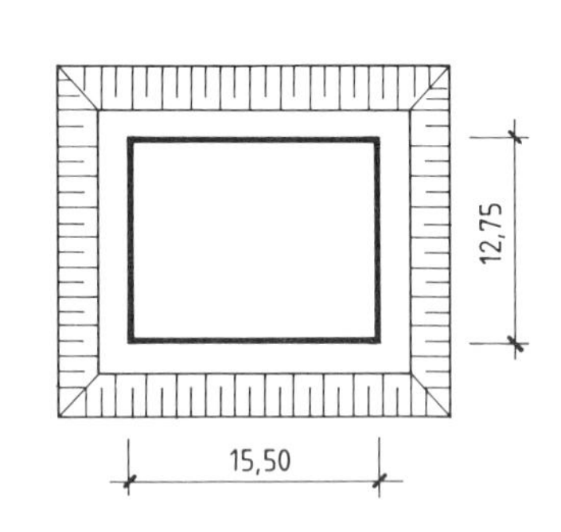

Bild 254/1: Baugrube

2 Für ein Gebäude mit Fundamentplatte ist eine Baugrube auszuheben **(Bild 254/1)**.

a) Wieviel m³ Aushub sind unter Berücksichtigung des Arbeitsraumes und der Mindestdicke der Schalung abzurechnen, wenn der anstehende Boden der Bodenklasse 3 entspricht?

b) Wieviel m³ Boden werden zum Wiederverfüllen der Baugrube benötigt, wenn für die Verdichtung ein Zuschlag von 15% berücksichtigt werden muss?

3 In einer Straße werden in einem 2,352 km langen und durchschnittlich 2,10 m tiefen verbauten Graben Betonrohre mit einem Außendurchmesser *d* von 1,20 m verlegt. Der Graben ist einschließlich der Verbaudicke von 15 cm 2,35 m breit.

a) Wieviel m³ Boden können für den Aushub abgerechnet werden?

b) Wieviel m³ Boden werden zum Verfüllen benötigt, wenn für die Verdichtung ein Zuschlag von 18 % berücksichtigt werden muss?

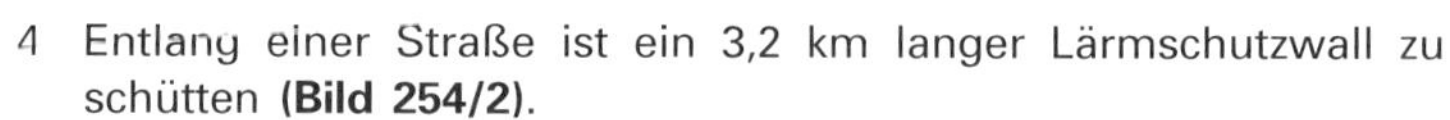

4 Entlang einer Straße ist ein 3,2 km langer Lärmschutzwall zu schütten **(Bild 254/2)**.

a) Wieviel m² Oberboden sind vor dem Bau des Dammes abzutragen und seitlich zu lagern?

b) Wieviel m³ Boden sind für den Kern des Dammes zu schütten und zu sichern?

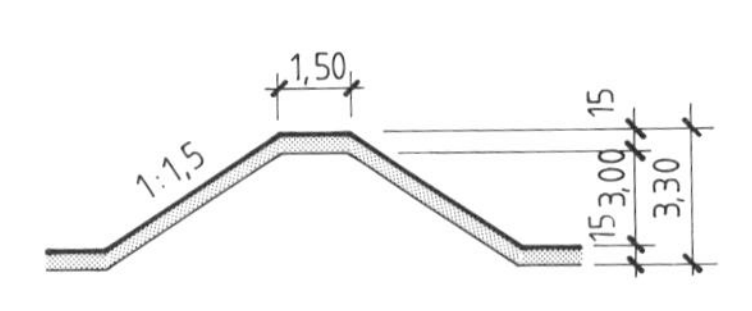

Bild 254/2: Lärmschutzwall

5 Ein Kanal mit trapezförmigem Querschnitt ist 2,15 m tief, an der Sohle 1,25 m breit, 875 m lang und unter einem Winkel β von 45° abgeböscht. Wieviel m³ Bodenaushub können dafür abgerechnet werden?

6 Für eine Kläranlage wird eine 2,85 m tiefe runde Baugrube ausgehoben. Die Fläche A_1 an der Baugrubensohle beträgt 122 m², die Fläche A_2 an der Baugrubenkrone 146 m². Der Oberboden ist durchschnittlich 15 cm dick.

a) Wieviel m³ Oberboden sind abzutragen und auf der Baustelle zwischenzulagern?

b) Wieviel m³ Baugrubenaushub sind von der Baustelle abzufahren?

7 In einem geneigten Gelände ist eine Baugrube auszuheben **(Bild 255/1)**. Wieviel m³ Bodenaushub sind dafür abzurechnen?

8 Die Entwässerung eines Neubaugebietes erfolgt im Trennverfahren. Die Länge des Rohrgrabens beträgt 550 m **(Bild 255/2)**.

a) Wieviel m³ Bodenaushub (Bodenklasse 3) sind nach VOB dafür in Rechnung zu stellen?

b) Wieviel m³ Sand werden für das 15 cm dicke Sandbett der Rohre benötigt?

c) Wieviel m³ Boden werden zum Wiederverfüllen des Grabens benötigt, wenn sich der Boden um 15% verdichten lässt und das Volumen der Rohre im Verdichtungsfaktor enthalten ist?

9 Für ein Kraftwerk ist ein 755 m langer, 2,20 m tiefer und an der Sohle 8,50 m breiter Kanal herzustellen. Der Böschungswinkel β beträgt 60°. Wieviel m³ Bodenaushub sind für diese Baumaßnahme abzurechnen?

10 Ein Wohnhaus wird teilweise mit Klinker verkleidet **(Bild 255/3)**. Das Dach hat eine Neigung von 45°. Wieviel m² Klinkermauerwerk sind dafür abzurechnen?

11 Die Fassade eines Geschäftshauses wird mit Natursteinplatten gestaltet **(Bild 255/4)**. Die Leibungsbreite der Fenster beträgt 8 cm. Wieviel m² Natursteinplatten sind für ein Fassadenelement von Achse zu Achse abzurechnen?

12 Die Fassade einer Fabrikhalle wird mit einer Vormauerung versehen **(Bild 255/5)**. Wieviel m² Mauerwerk sind dafür je Hallenabschnitt abzurechnen?

13 Für ein Wohnhaus sind 60 cm tiefe Fundamentgräben auszuheben **(Bild 255/6)**. Wieviel m³ Bodenaushub können dafür abgerechnet werden?

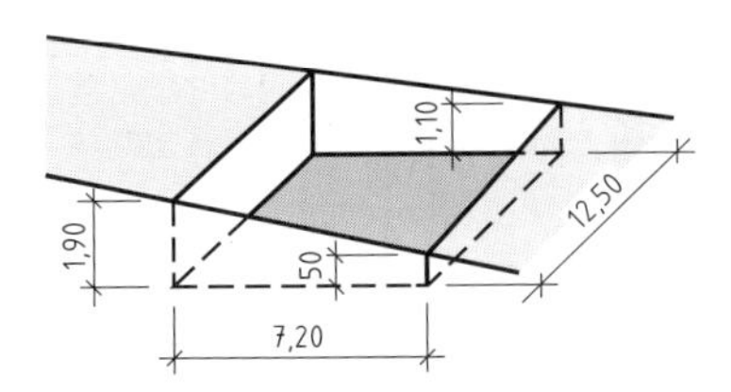

Bild 255/1: Baugrube

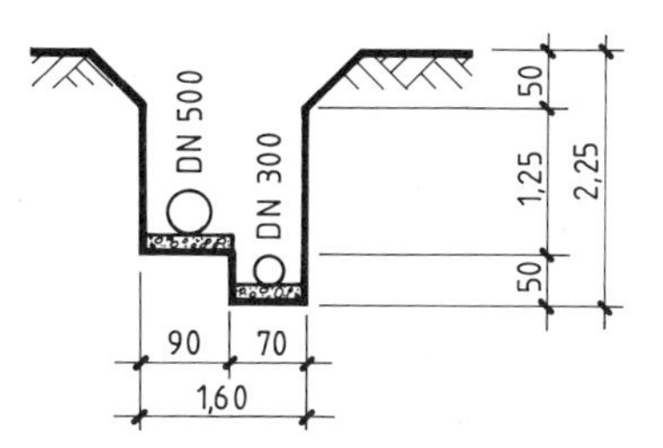

Bild 255/2: Rohrgraben

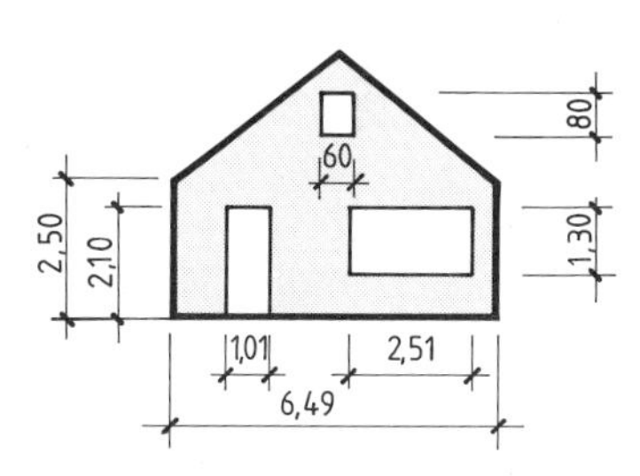

Bild 255/3: Wohnhaus

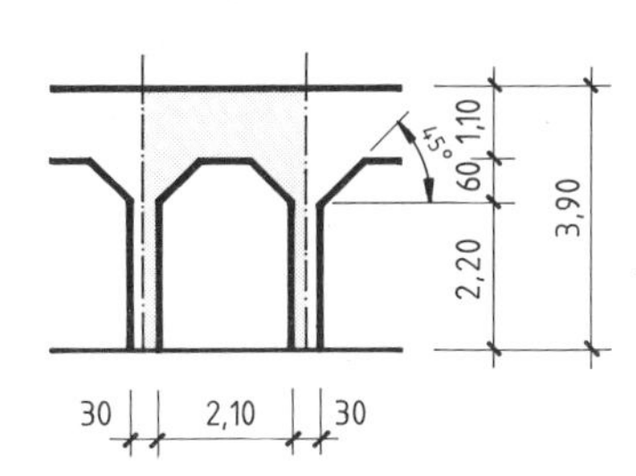

Bild 255/4: Fassadenelement

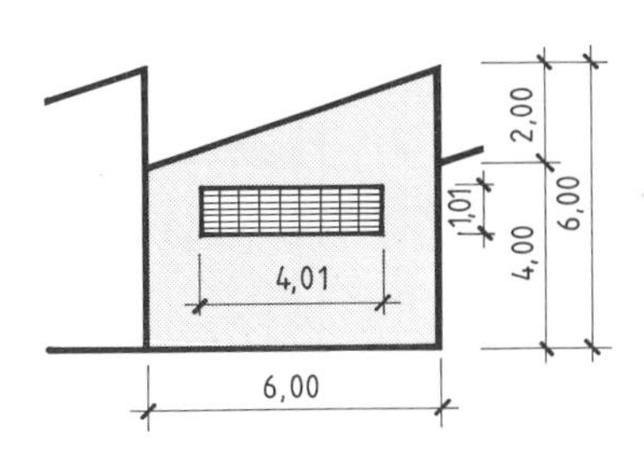

Bild 255/5: Fabrikhalle

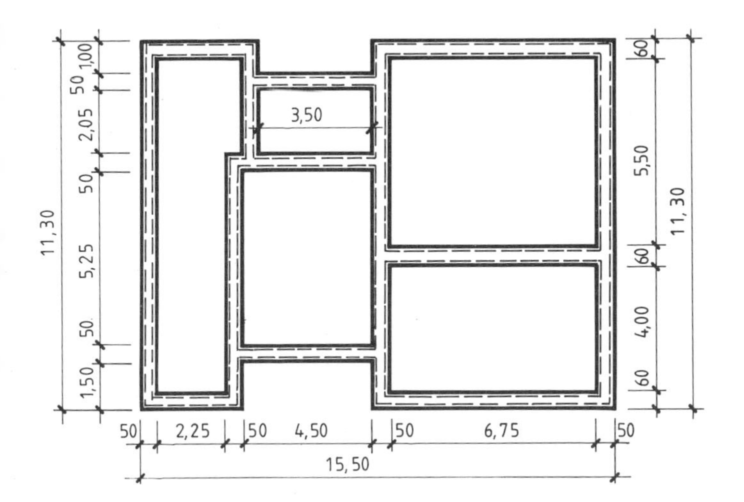

Bild 255/6: Fundamentplan

14 Entlang eines Grundstückes wird eine 28,50 m lange Stützwand aus Stahlbeton errichtet **(Bild 256/1)**.

a) Wieviel m^2 Sauberkeitsschicht sind aus Beton C8/10 abzurechnen?

b) Wieviel m^3 Beton C20/25 sind für die Stützwand abzurechnen?

c) Wieviel kg Betonstahl sind abzurechnen, wenn je m^3 Beton 25 kg Betonstahl benötigt werden?

15 In einem Wohnhaus wird nachträglich eine Trennwand mit Türe halbkreisförmiger Öffnung eingezogen **(Bild 256/2)**. Wieviel m^2 Mauerwerk sind dafür abzurechnen?

16 Für ein Wohngebäude sind die Kellerwände abzurechnen **(Bild 256/3)**. Die Wandhöhe beträgt 2,20 m. Die Stürze über den Öffnungen bleiben unberücksichtigt.

Es sind abzurechnen:

a) die Umfassungswände aus Stahlbeton nach m^2 und m^3,

b) die Innenwände aus Mauerwerk nach m^2.

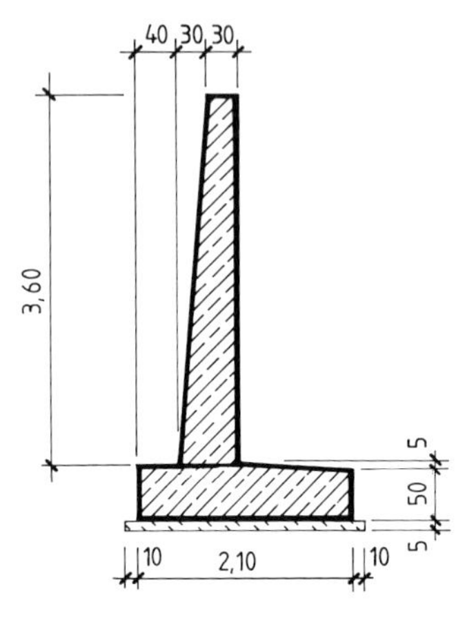

Bild 256/1: Stützwand

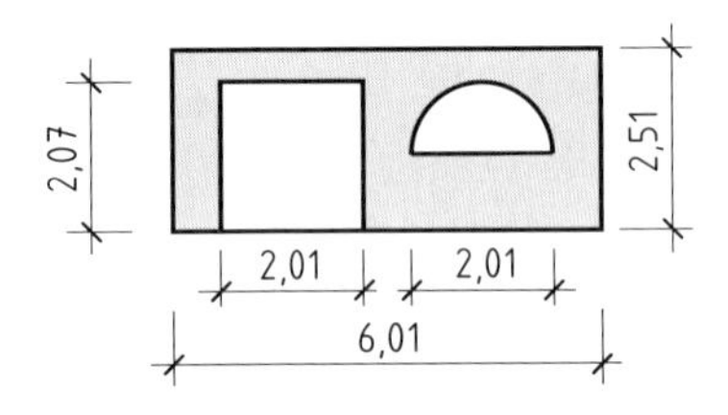

Bild 256/2: Wohnungstrennwand

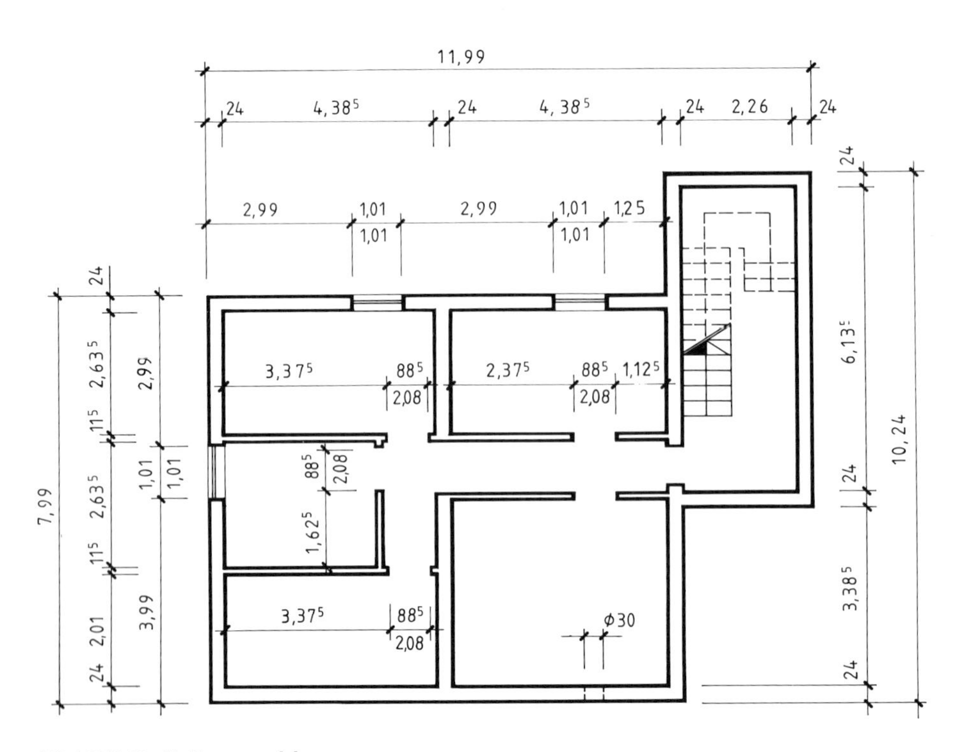

Bild 256/3: Kellergrundriss

13.2 Preisermittlung

Der Angebotspreis für ein Bauwerk wird vor dessen Erstellung ermittelt. Um den Angebotspreis zu erhalten, wird das Bauvorhaben anhand einer Leistungsbeschreibung in Teilleistungen aufgeteilt. Teilleistungen sind z. B. Erdarbeiten, Mauerarbeiten und Stahlbetonarbeiten.
Der Preis für eine Teilleistung wird über die jeweiligen Einheitspreise ermittelt. Der Einheitspreis wird in € je Leistungseinheit angegeben z. B. $\frac{€}{m}$, $\frac{€}{m^2}$, $\frac{€}{m^3}$, $\frac{€}{kg}$. Der Einheitspreis muss die Selbstkosten decken und einen angemessenen Zuschlag für Wagnis und Gewinn beinhalten. Die Selbstkosten setzen sich aus den Herstellkosten und den Gemeinkosten zusammen. Die Herstellkosten ergeben sich aus den Baustoff- und den Lohnkosten sowie den Sonstigen Kosten **(Bild 257/1)**. Der Angebotspreis für ein Bauvorhaben muss außerdem noch die gesetzliche Mehrwertsteuer enthalten.

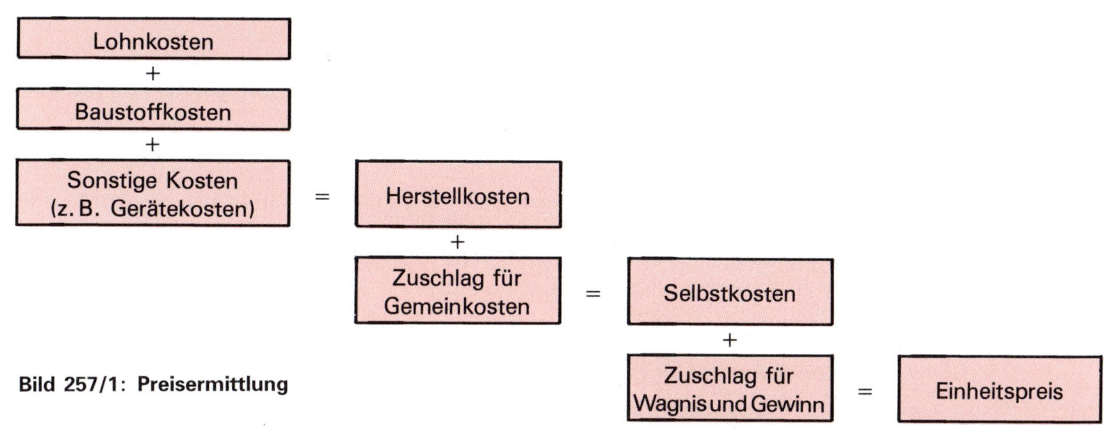

Bild 257/1: Preisermittlung

13.2.1 Lohnkosten

Die Lohnkosten werden mit Hilfe des Mittellohns berechnet. Unter dem Mittellohn versteht man den durchschnittlichen Stundenlohn für die jeweilige Baustelle zuzüglich der Sozialkosten, z. B. Beiträge zur Sozialversicherung und der Lohnnebenkosten, z. B. Fahrtkostenersatz. Zur Berechnung der Lohnkosten je Leistungseinheit werden die für die Teilleistung erforderlichen Arbeitsstunden mit dem Mittellohn multipliziert.

Lohnkosten = Mittellohn · Anzahl der Arbeitsstunden

Beispiel: Auf einer Baustelle sind 1 Polier, 1 Bauvorarbeiter, 2 gehobene Baufacharbeiter, 7 Baufacharbeiter und 4 Bauwerker zum Einsatz vorgesehen. Die Sozialkosten betragen 105% und die Lohnnebenkosten 15% des durchschnittlichen Stundenlohns.

a) Welcher Mittellohn ist für die Baustelle anzusetzen?
b) Wie hoch sind die Lohnkosten für die Teilleistung „Herstellen einer Wandschalung", wenn dazu eine Arbeitszeit von 4,5 Stunden erforderlich ist?

Lösung: a) Mittellohn der Baustelle:

1 Polier	Monatsgehalt einschließlich Vermögensbildung 2 955,50 € je Stunde 2 955,50 € : 172 h		=	$17{,}18\ \frac{€}{h}$
1 Bauvorarbeiter		$1 \cdot 13{,}27\ \frac{€}{h}$	=	$13{,}27\ \frac{€}{h}$
2 gehobene Baufacharbeiter		$2 \cdot 11{,}57\ \frac{€}{h}$	=	$23{,}14\ \frac{€}{h}$
7 Baufacharbeiter		$7 \cdot 11{,}25\ \frac{€}{h}$	=	$78{,}75\ \frac{€}{h}$
4 Bauwerker		$4 \cdot 10{,}80\ \frac{€}{h}$	=	$43{,}20\ \frac{€}{h}$
		Summe	**=**	$\mathbf{175{,}54\ \frac{€}{h}}$

Durchschnittlicher Stundenlohn: $175{,}54\,\frac{€}{h} : 14 = 12{,}54\,\frac{€}{h}$

(Der Polier führt Aufsicht und wird nicht mitgerechnet)

Sozialkosten:
105% des durchschnittlichen Stundenlohns $12{,}54\,\frac{€}{h} \cdot 1{,}05 = 13{,}17\,\frac{€}{h}$

Lohnnebenkosten:
15% des durchschnittlichen Stundenlohns $12{,}54\,\frac{€}{h} \cdot 0{,}15 = 1{,}88\,\frac{€}{h}$

Mittellohn für die Baustelle = $27{,}59\,\frac{€}{h}$

b) Lohnkosten für die Teilleistung „Herstellen einer Wandschalung"

Lohnkosten = Mittellohn · Anzahl der Arbeitsstunden

Lohnkosten = $27{,}59\,\frac{€}{h} \cdot 4{,}5\,h$ **Lohnkosten = 124,16 €**

13.2.2 Baustoffkosten

Die Baustoffkosten für eine Bauleistung, z. B. für das Herstellen von 1 m³ Beton, setzen sich aus den Kosten der einzelnen Baustoffe (Zement, Zugabewasser und Gesteinskörnung) zusammen. Die Einzelkosten werden aus dem Baustoffbedarf je Mengeneinheit und dem Preis je Mengeneinheit ermittelt. Den jeweiligen Einzelkosten der Baustoffe werden nach Abzug der Rabatte weitere Kosten, z. B. Transportkosten, Verschnitt und Bruch zugerechnet.

Baustoffkosten = Summe der Kosten für die einzelnen Baustoffe
Einzelkosten = Baustoffbedarf je Mengeneinheit · Preis je Mengeneinheit

Beispiel: Auf einer Baustelle soll Beton C20/25 mit plastischer Konsistenz hergestellt werden. Die Gesteinskörnung (feucht) setzt sich aus 35% Sand 0/4 mm und 65% Kies 4/31,5 mm zusammen. Es sind je m³ 1902 kg Zuschlag, 160 l Zugabewasser und 310 kg Portlandzement der Festigkeitsklasse 32,5 R erforderlich. Die Preise frei Baustelle betragen für Sand 0/4 mm $10{,}25\,\frac{€}{t}$, für Kies 4/31,5 mm $10{,}00\,\frac{€}{t}$, für Wasser $1{,}63\,\frac{€}{m^3}$ und für Zement $82{,}75\,\frac{€}{t}$. Wie hoch sind die Baustoffkosten für 1 m³ Beton?

Lösung: **Baustoffkosten je m³**

Zement	$0{,}31\,t \cdot 82{,}75\,\frac{€}{t}$	=	25,65 €
Zugabewasser	$0{,}160\,m^3 \cdot 1{,}63\,\frac{€}{m^3}$	=	0,26 €
Sand 0/4 mm	$1{,}902\,t \cdot \frac{35}{100} \cdot 10{,}25\,\frac{€}{t}$	=	6,82 €
Kies 4/31,5 mm	$1{,}902\,t \cdot \frac{65}{100} \cdot 10{,}00\,\frac{€}{t}$	=	12,36 €
		=	**45,09 €**

Beispiel: Für 1 m³ Mauerwerk werden 384 NF-Steine und 248 l Mörtel benötigt. Für Bruch und Verlust werden den Steinen 8%, für Verlust und Verdichtung dem Mörtel 10% zugeschlagen. Ein Stein kostet 0,23 €, 1 l Mörtel 0,11 €. Wie hoch sind die Baustoffkosten für 1 m³ Mauerwerk?

Lösung: **Baustoffkosten je m³**

Steine	$384\,Stck. \cdot 0{,}23\,\frac{€}{Stck.} \cdot 1{,}08$	=	95,39 €
Mörtel	$248\,l \cdot 0{,}11\,\frac{€}{l} \cdot 1{,}10$	=	30,01 €
	Summe	**=**	**125,40 €**

13.2.3 Sonstige Kosten

Zu den sonstigen Kosten gehören hauptsächlich die Gerätekosten, z. B. für Raupenlader oder Betonmischer, Kosten für Schalung und Rüstung, für Baustelleneinrichtung und Fremdarbeit. Eine wichtige Kostengruppe sind dabei die Gerätekosten. Diese setzen sich aus Festkosten und Betriebskosten zusammen. Eine genaue Ermittlung der Gerätekosten in Baubetrieben ist im voraus nicht möglich. Deshalb erfolgt die Ermittlung der Gerätekosten mit Hilfe der Baugeräteliste (BGL). Die Baugeräteliste enthält Anhaltswerte für die monatlichen Festkosten, z. B. Abschreibung, Verzinsung und Reparaturkosten und für die Betriebskosten, z. B. Kraft- und Schmierstoffe.

Gerätekosten = Festkosten + Betriebskosten

Beispiel: Auf einer Baustelle ist ein Raupenlader mit einer Leistung von 40 kW monatlich 120 Stunden in Betrieb. Die monatliche Abschreibung und Verzinsung beträgt nach BGL 1 550,00 €, die monatlichen Reparaturkosten 1 225,00 €. Als Kraftstoffverbrauch sind 0,22 $\frac{l}{kWh}$ und als Schmierstoffkosten 20% der Kraftstoffkosten anzunehmen. Der Kraftstoffpreis beträgt 0,80 € je Liter.

a) Wie hoch sind die Festkosten je Betriebsstunde?

b) Wie hoch sind die Betriebskosten je Betriebsstunde?

c) Wie hoch sind die Gerätekosten je Betriebsstunde?

Lösung a) Festkosten

Monatliche Abschreibung und Verzinsung	=	1 550,00 €
Monatliche Reparaturkosten	=	1 225,00 €
Festkosten je Monat	=	2 775,00 €
Festkosten je Betriebsstunde $\frac{2\,775{,}00\ €}{120}$		
Festkosten je Betriebsstunde	**=**	**23,13 €**

b) Betriebskosten

Kraftstoffkosten je Betriebsstunde

$40\ kW \cdot 0{,}22\ \frac{l}{kWh} \cdot 0{,}80\ \frac{€}{l} \cdot 1\ h = 7{,}04\ €$

Schmierstoffkosten je Betriebsstunde

$7{,}04\ € \cdot 0{,}20 = 1{,}41\ €$

= 8,45 €

Betriebskosten je Stunde = 8,45 €

c) Gerätekosten

Gerätekosten = Festkosten + Betriebskosten

Gerätekosten = 23,13 € + 8,45 €

Gerätekosten je Betriebsstunde = 31,58 €

Beispiel: Für einen Betonmischer entstehen monatliche Festkosten in Höhe von 212,00 € für Abschreibung, Verzinsung und Reparaturen. Die Motorleistung beträgt 5 kW, 1 kWh kostet 0,30 €. Der Mischer ist monatlich 80 Stunden in Betrieb. Wie hoch sind die Gerätekosten je Betriebsstunde?

Lösung: **Gerätekosten**

Festkosten je Betriebsstunde $\frac{212{,}00\ €}{80} = 2{,}65\ €$

Festkosten je Betriebsstunde $5\ kW\ \frac{0{,}30\ €}{kWh} \cdot 1\ h = 1{,}50\ €$

Gerätekosten je Betriebsstunde

Gerätekosten = Festkosten + Betriebskosten

Gerätekosten = 2,65 € + 1,50 €

Gerätekosten je Betriebsstunde = 4,15 €

13.2.4 Gemeinkosten

Die Gemeinkosten setzen sich aus den Gemeinkosten der Baustelle und den Allgemeinen Geschäftskosten zusammen. Die Gemeinkosten der Baustelle entstehen durch das Betreiben der Baustelle, z. B. durch Kosten für Gerüste, Werkzeuge, Kleingeräte und Baubuden, sowie für Diebstahlversicherung. Die Allgemeinen Geschäftskosten entstehen überwiegend durch die Verwaltung des Unternehmens, z. B. durch den Unternehmerlohn, Gehälter und soziale Aufwendungen für Angestellte, Haftpflichtversicherungen, Steuern und Abgaben, Beiträge für berufsständische Organisationen, sowie durch Rechts- und Steuerberatung. Sie können den einzelnen Bauleistungen nicht direkt zugerechnet werden. Sie werden deshalb prozentual den Lohn- und Baustoffkosten sowie den Sonstigen Kosten zugeschlagen.

13.2.5 Wagnis und Gewinn

Durch Wagnis und Gewinn soll das allgemeine Unternehmerrisiko abgedeckt werden, das z. B. durch Unfälle, Prozeßkosten, uneinbringliche Forderungen entstehen kann. Wagnis und Gewinn werden prozentual den Selbstkosten zugeschlagen. Ohne diesen Zuschlag können Unternehmen langfristig nicht existenzfähig bleiben. Außerdem können damit Rücklagen für künftige Investitionen gebildet werden.

13.2.6 Berechnung von Einheitspreisen

Unter Einheitspreis versteht man den Preis für eine Leistung je Maßeinheit, z. B. für die Herstellung von 1 m^3 Mauerwerk oder für 1 m^2 Verbundpflaster. Bei der Ermittlung des Einheitspreises geht man von den Selbstkosten aus. Diese ergeben sich aus den Herstellkosten zuzüglich dem Zuschlag für Gemeinkosten. Den Einheitspreis erhält man, indem man den Selbstkosten einen Zuschlag für Wagnis und Gewinn zurechnet. Einheitspreise sind Nettopreise, in denen die gesetzliche Mehrwertsteuer nicht enthalten ist.

Beispiel: Um 1 m^3 Mauerwerk aus Steinen im Format 20 DF herzustellen, sind 3,6 Arbeitsstunden erforderlich. Die Baustoffkosten betragen 72,25 €, der Zuschlag für Wagnis und Gewinn 5% der Selbstkosten. Wie hoch ist der Einheitspreis dieser Teilleistung bei einem Mittellohn von 27,59 $\frac{€}{h}$, wenn die Gemeinkosten 20% der Lohnkosten und 10% der Baustoffkosten betragen?

Lösung: Berechnung des Einheitspreises

Lohnkosten $3{,}6\,\frac{h}{m^3} \cdot 27{,}59\,\frac{€}{h} = 99{,}32\,\frac{€}{m^3}$

Baustoffkosten $= 72{,}25\,\frac{€}{m^3}$

Herstellkosten $= 171{,}57\,\frac{€}{m^3}$

Zuschlag für Gemeinkosten

20% der Lohnkosten $99{,}32\,\frac{€}{m^3} \cdot 0{,}20 = 19{,}86\,\frac{€}{m^3}$

10% der Baustoffkosten $72{,}25\,\frac{€}{m^3} \cdot 0{,}10 = 7{,}22\,\frac{€}{m^3}$

Gemeinkosten $= 27{,}08\,\frac{€}{m^3}$

Selbstkosten $= 198{,}65\,\frac{€}{m^3}$

Zuschlag für Wagnis und Gewinn

5% der Lohnkosten $198{,}65\,\frac{€}{m^3} \cdot 0{,}05 = 9{,}93\,\frac{€}{m^3}$

Einheitspreis $\mathbf{= 208{,}57\,\frac{€}{m^3}}$

Beispiel: Zum Aushub einer Baugrube ist ein Hydraulikbagger mit Tieflöffeleinrichtung vorgesehen. Das Gerät löst und lädt stündlich 25 m^3 Boden. Die Lohnkosten und Gerätekosten je Betriebsstunde betragen 56,45 €. Wie hoch ist der Einheitspreis für das Lösen von 1 m^3 Boden, wenn der Zuschlag für Gemeinkosten 25% und der Zuschlag für Wagnis und Gewinn 5% betragen?

Lösung: Berechnung des Einheitspreises

Lohnkosten und Gerätekosten (Lösen und Laden von 1 m^3 Aushub) $56{,}45 \frac{€}{h} : 25 \frac{m^3}{h} = 2{,}26 \frac{€}{m^3}$

Zuschlag für Gemeinkosten 25% der Herstellkosten $2{,}26 \frac{€}{m^3} \cdot 0{,}25 = 0{,}57 \frac{€}{m^3}$

Selbstkosten $= 2{,}83 \frac{€}{m^3}$

Zuschlag für Wagnis und Gewinn 5% der Selbstkosten $2{,}83 \frac{€}{m^3} \cdot 0{,}05 = 0{,}14 \frac{€}{m^3}$

Einheitspreis $= \mathbf{2{,}97 \frac{€}{m^3}}$

Beispiel: Zur Herstellung von 1 m^2 sägerauher Schalung ist ein Zeitaufwand von 1,2 Stunden erforderlich. Die Schalungskosten betragen $4{,}25 \frac{€}{m^2}$, der Mittellohn $27{,}75 \frac{€}{h}$.

Wie groß ist der Einheitspreis, wenn die Gemeinkosten 25% der Lohnkosten und 10% der Schalungskosten, der Zuschlag für Wagnis und Gewinn 5% der Selbstkosten betragen?

Lösung: Berechnung des Einheitspreises

Lohnkosten $1{,}2 \frac{h}{m^2} \cdot 27{,}75 \frac{€}{h} = 33{,}30 \frac{€}{m^2}$

Schalungskosten $= 4{,}25 \frac{€}{m^2}$

Herstellkosten $= 37{,}55 \frac{€}{m^2}$

Zuschlag für Gemeinkosten

25% der Lohnkosten $33{,}30 \frac{€}{m^2} \cdot 0{,}25 = 8{,}33 \frac{€}{m^2}$

10% der Schalungskosten $4{,}25 \frac{€}{m^2} \cdot 0{,}10 = 0{,}43 \frac{€}{m^2}$

Gemeinkosten $= 8{,}76 \frac{€}{m^2}$

Selbstkosten $= 46{,}31 \frac{€}{m^2}$

Zuschlag für Wagnis und Gewinn 5% der Selbstkosten $46{,}31 \frac{€}{m^2} \cdot 0{,}05 = 2{,}32 \frac{€}{m^2}$

Einheitspreis $= \mathbf{48{,}63 \frac{€}{m^2}}$

13.3 Kostenvergleiche

Sind bei der Durchführung eines Bauvorhabens verschiedene Verfahren möglich, ist zu prüfen, welches Verfahren hinsichtlich der Kosten am günstigsten ist. Dazu werden für jedes Verfahren die Kosten getrennt ermittelt und im Kostenvergleich einander gegenüber gestellt. Gewählt wird in der Regel das Verfahren, bei dem die geringsten Kosten entstehen.

Beispiel: In einem Bauwerk sind Stahlbetonstützen einzubauen. Zwei Verfahren stehen zur Auswahl.

Verfahren 1: Die Stützen werden von einem Fertigteilbetrieb hergestellt und auf der Baustelle eingebaut. Die Kosten je Stütze betragen 130,00 € frei Baustelle zuzüglich 10,00 € für den Einbau.

Verfahren 2: Die Stützen werden in Ortbeton hergestellt. Die Lohnkosten je Stütze betragen 80,00 €, die Baustoffkosten für Beton und Betonstahl, sowie für die Schalung 27,00 €. Die Gemeinkosten werden mit 20% angesetzt.

Welches Verfahren ist kostengünstiger?

Lösung: Kosten der Stützen nach Verfahren 1:

Herstellung und Anlieferung frei Baustelle		=	130,00 €
Einbau		=	10,00 €
	Selbstkosten	**=**	**140,00 €**

Kosten der Stützen nach Verfahren 2:

Lohnkosten		=	80,00 €
Baustoffkosten		=	27,00 €
Herstellkosten		=	107,00 €
20% Zuschlag für Gemeinkosten	107,00 € · 0,20	=	21,40 €
	Selbstkosten	**=**	**128,40 €**

Der Kostenvergleich der beiden Verfahren zeigt, dass die Herstellung der Stützen in Ortbeton (Verfahren 2) das kostengünstigere Verfahren ist.

Aufgaben zu 13.2 Preisermittlung und 13.3 Kostenvergleiche

Hinweis zur Lösung der Aufgaben: Die Preisangaben in den einzelnen Aufgaben sind Beispiele und entsprechen nicht den aktuellen Preisen.

1 Auf einer Baustelle sind 1 Bauvorarbeiter mit einem Stundenlohn von 13,27 €, 5 Baufacharbeiter mit je 11,25 € und 3 Bauwerker mit je 10,80 € Stundenlohn beschäftigt. Zur Aufsicht ist ein Polier mit einem Grundgehalt von 2955,50 € je Monat eingesetzt. Die tariflich vereinbarte Arbeitszeit wird nicht überschritten. Wie hoch ist der Mittellohn?

a) ohne Berücksichtigung der Aufsichtskosten,

b) mit anteiligen Aufsichtskosten und

c) unter Berücksichtigung eines Sozial- und Lohnnebenkostenzuschlags von 120%?

2 Um 1 m^3 Mauerwerk mit Steinen im Format 16 DF herzustellen, sind 5,7 Arbeitsstunden erforderlich Wie hoch sind die Lohnkosten bei einem Mittellohn von $28{,}10\,\frac{€}{h}$ $\left(28{,}40\,\frac{€}{h}\right)$?

3 In einem Gebäude sind 22 m^2 Klinkermauerwerk mit NF Steinen auszuführen. Die Wanddicke beträgt 11,5 cm. Ein Klinker kostet 0,72 €, 100 l Mörtel 11,00 €. Je m^2 Mauerwerk werden 27 l Mörtel benötigt. Wie hoch sind die Baustoffkosten bei 3% Stein- und 5% Mörtelverlust?

4 Für einen Neubau sind 82 m^3 Kalksandsteinmauerwerk im Format 16 DF vorgesehen. Die Wanddicke beträgt 24 cm. Ein Stein kostet 1,80 €, 1 m^3 Mörtel kostet 110,00 €. Für 1 m^3 Mauerwerk sind 90 l Mörtel erforderlich. Wie hoch sind die Baustoffkosten für das Mauerwerk bei 3% Stein- und 5% Mörtelverlust?

5 Um 1 m^2 Schalung für eine Wand herzustellen sind 1,2 Arbeitsstunden erforderlich. Die Stoffkosten betragen je m^2 4,25 €. Die Gemeinkosten betragen 20% der Lohn- und 10% der Stoffkosten. Wie hoch ist der Einheitspreis je m^2 der Teilleistung „Herstellen von Wandschalung" bei einem Mittellohn von 27,60 € und 10% Zuschlag für Wagnis und Gewinn?

6 Für die Wand eines Kellers ist der Einbau von Beton C20/25 vorgesehen. Dabei fallen 0,61 Arbeitsstunden und 72,50 € für Baustoffkosten je m^3 Beton an. Die Gemeinkosten betragen 15% der Lohnkosten und 10% der Baustoffkosten. Mit welchem Einheitspreis ist einem Mittellohn von $28{,}80\,\frac{€}{h}$ und 8% Zuschlag für Wagnis und Gewinn zu rechnen?

7 Die Baustoffkosten für 1 m^3 Mauerwerk mit Steinen im Format 16 DF betragen 62,80 €, die Lohnkosten 104,86 €. Für das Mauerwerk sind zu berechnen:

a) die Herstellkosten,

b) die Selbstkosten, wenn die Gemeinkosten mit 20% der Lohnkosten und 10% der Baustoffkosten betragen, sowie

c) der Einheitspreis, wenn für Wagnis und Gewinn 5% der Selbstkosten zugeschlagen werden.

8 Auf einer Baustelle ist ein Raupenlader mit einer Leistung von 55 kW monatlich 120 Stunden in Betrieb. Der monatliche Satz für Abschreibung und Verzinsung sowie für Reparaturkosten beträgt nach BGL 3312,50 €. Als Kraftstoffverbrauch sind 0,24 l je kWh, als Kraftstoffkosten 0,80 $\frac{€}{l}$ in Rechnung zu stellen. Die Kosten für Schmierstoffe sind mit 20% der Kraftstoffkosten anzunehmen. Wie hoch sind die Gerätekosten je Betriebsstunde?

9 Auf einer Baustelle sind monatlich 2500 m^3 Beton einzubauen.

Verfahren 1: Der Beton wird angeliefert und kostet frei Baustelle 72,50 $\frac{€}{m^3}$.

Verfahren 2: Der Beton wird auf der Baustelle hergestellt. Die Herstellkosten betragen 61,25 $\frac{€}{m^3}$.

Außerdem fallen Festkosten in Höhe von 12000 € je Monat an. Der Gemeinkostenzuschlag beträgt 15%.

Welches Verfahren ist kostengünstiger?

10 Auf einer Baustelle soll ein Treppenlauf eingebaut werden. Die Laufbreite der Treppe beträgt 1 m. Die Treppe hat 16 Auftritte mit einer Auftrittsbreite von 28 cm. Der Einheitspreis für 1 m^2 Treppenauftritt einschließlich Bewehrung und Schalung beträgt 160,00 €. Vom Fertigteilwerk wird die Treppe zu einem Preis von 32,50 € je Auftritt frei Baustelle angeboten. Für den Einbau des Fertigteils werden 10,00 € je Auftritt berechnet. Welches ist das kostengünstigere Verfahren?

Sachwortverzeichnis

A

B

C

D

E

F

R

Sch

S

T

U

V

W

Z